U0199653

赤脚建筑师

绿色建筑手册

THE BAREFOOT ARCHITECT

A Handbook for Green Building

[荷]约翰·范伦根　著

谭刚毅　钱　闽　译

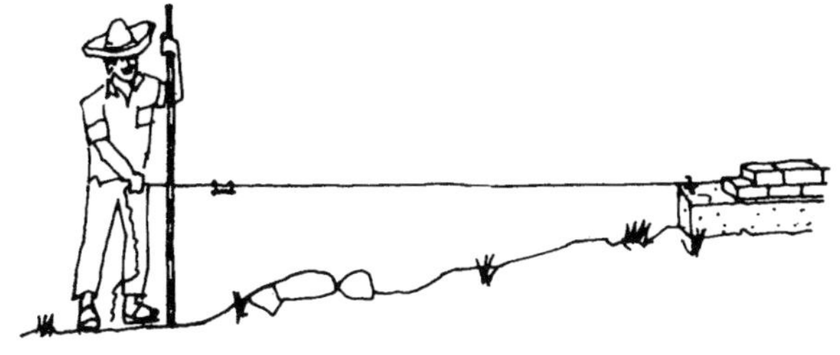

華中科技大學出版社

http://press.hust.edu.cn

中国·武汉

图书在版编目 (CIP) 数据

赤脚建筑师：绿色建筑手册 /(荷) 约翰・范伦根著；谭刚毅，钱闽译.
—武汉：华中科技大学出版社，2022.9(2025.2 重印)
ISBN 978-7-5680-7767-5

Ⅰ.①赤… Ⅱ.①约… ②谭… ③钱… Ⅲ.①生态建筑-建筑设计-手册 Ⅳ.①TU201.5-62

中国版本图书馆 CIP 数据核字 (2022) 第 071709 号

湖北省版权局著作权合同登记　图字:17-2022-067号

赤脚建筑师：绿色建筑手册　　[荷] 约翰・范伦根　著
Chijiao Jianzhushi：Lüse Jianzhu Shouce　　谭刚毅　钱　闽　译

责任编辑：王一洁
封面设计：璞　间
版式设计：谭刚毅　赵慧萍　王一洁
责任校对：刘　竣
责任监印：朱　玢
出版发行：华中科技大学出版社（中国・武汉）　电话：(027)81321913
武汉市东湖新技术开发区华工科技园　邮编：430223
录　　排：华中科技大学出版社美编室
印　　刷：武汉精一佳印刷有限公司
开　　本：787mm×1092mm　1/32
印　　张：23
字　　数：576 千字
版　　次：2025 年 2 月第 1 版第 3 次印刷
定　　价：99.60 元

I dedicate this book to the memory of Rose.

谨以此书纪念罗丝。

内容简介

本书是为那些梦想建造一个家的人准备的，也是为那些从事建筑行业的人，包括木匠、泥瓦匠、水管工等工匠，以及城市规划者、乡村技术人员和小型社区的设计者等准备的。本书内容包括基本的设计、各种天然材料的使用、施工细节、自然采暖和冷却、供水和卫生技术等。尽管展示的方式方法大都是传统的，但也不乏现代的技术。作者向读者建议：绝对地遵循乡土技术可能会令人沮丧，采用两全其美的方式来打造和谐的生活环境会更好。

“赤脚建筑师”这个词的灵感来自最早的建筑师——古代的建筑工匠，他们光着脚踩着泥巴来制作土坯。赤脚建筑师建造了世上令人难以置信的古代建筑，比如古巴比伦的空中花园，以及世界各地最大量的民间建筑……

本书呈现的信息以图像为主，采用简单的绘图，而不是长篇大论的文字，来传达信息和解释说明。

1982 年，约翰·范伦根（Johan van Lengen）在墨西哥用西班牙文撰写并绘制了本书。政府购买了 4 万册，墨西哥每个图书馆都有一本。这本书后来在拉丁美洲销售了 20 多万册，还在巴西出版了葡萄牙文的加长版；2007 年，在美国出版了英文版。本书是第一个中文译本。

Preface to the Chinese Edition

中文版序

亲爱的读者：

非常荣幸我的书能以中文呈现。

多年来，我一直是中国传统文化及乡土建筑的崇拜者和爱好者。我多次受到中国本土生态知识的启发，包括手工制作的、地方性的、低廉的、可持续的和韧性的建筑技术。

我设计的空间深受风水哲学和如何与自然共生的原则影响。年轻时，我甚至热心地尝试学习普通话，尽管没有成功。

所以，亲爱的读者，你可以理解我是多么高兴能在你们有着千年传统的基础上播下一些种子，并期待其发芽吗？

撰写这本书是为创造或改造个人和社区的环境提供帮助和赋能。书中提出的生态建筑（Bio-architecture）的概念将生态学、建筑学和城市学结合起来，传授可持续的技术，帮助改善生活，同时将人们转变为其住所的生态建筑师（Bio-architects）。

同时，这本书也是关于如何将场所、社区和自然建立联系，让这些“如此简单的理念”能够在今日世界重建的。它是关于在我们各种社会和文化历史已完成的工作基础之上，去寻找正发挥作用的和那些需要被创造或修复的联系，这对我们所有人来说应该都是挑战。

我们目前正生活在人类历史上最大的建设热潮中，而其正由中国引领。从来没有一个国家像中国这样利用大型项目进行国家建设并达到今天这样的程度。这种情况带来了各种好处，但同时也带来了许多不可预知的风险。中国人民将如何应对它们?

我相信，生态思维的能力——将世界视为人、地、自然之间的联系网络的能力——深深植根于中国文化。结合基于亲属关系和资源共享的特色社会体系，中国将找到恢复生态平衡的法与道。

我热切地希望你能应用和挑战本书中的一些技术和理念，看看它们是否行之有效，或在什么条件下才有效。有效性是对专业知识的最终检验。亲爱的读者，这些理念的价值将由你的经验决定。

当你阅读这本书时，我希望你能感觉到你正在与一位工作伙伴进行交流。虽然我可能不知道你的名字或个人境况，但我与你有着同样的问题和梦想，这些问题和梦想可能使你看到这本书，我希望书中的思想能让我们更加亲近。

约翰·范伦根

2021年6月

Translator's Preface

译者序

这是一本迟来的译著，因为原著早在1982年就已写成。这本译著也并非专门为当下中国如火如荼的乡村建设或社区营建而推出，因为书中的那些营建技术和传统智慧千百年前就在那里，且沿用至今。

《赤脚建筑师：绿色建筑手册》（The Barefoot Architect: A Handbook for Green Building）由约翰·范伦根（Johan van Lengen）于1982年在墨西哥以西班牙文写成，后翻译成英文于2007年在美国出版，皆广受好评。该书西班牙文版已经售出超过20万册，英文版进入亚马逊图书畅销排行榜（Amazon Best Sellers Rank）。两个文种的版本出版时间相隔20多年且都持续热销，证明了本书的价值和持久影响力。该书也被很多政府采购作为图书馆的必备书籍。

范伦根在1987年和他的妻子罗丝（Rose）创立了直觉技术与生态建筑中心（TIBÁ），这是一所致力于教授人与环境和谐共融的社区学校。范伦根是一名有着丰富建筑经历的建筑师，也曾是联合国的工作人员，其工作团队的足迹遍布世界各地。他和他的团队收集整理了世界不同气候地区的绿色低成本建造技术，本书可谓他们多年的心血和智慧的结晶。范伦根以人为中心展开讨论，指出只有我们自己才能对建造未来负责。他通过结合传统与现代的技术提出实用的解决方案，这些技术的整合将指引建造者创建一个和谐的人居环境。

范伦根创造的直觉技术（Intuition Technology）的概念，涵盖了大量天然材料的使用和构造、天然的采暖和降温技术、日常的生活起居和环境卫生，与自然建造不无关联。本书记录了众多自然建造的工法与技艺，有如西方现代版的《天工开物》。很多我们今天在乡村建设中看到的创新设计其实古已有之，有些技术看似过时甚或“落后”，实则引发一种源头式的思考，这些粗陋的方式方法其实有其科学性和适宜性。书中介绍了大量原始的甚至笨拙的方式，如仅用自然的材料和简单的工具，全凭人力实现旱地取水等生存和“住居”的基本需求。书中讲述的很多做法和技能甚至让人想到流行的“荒野生存”等挑战游戏。本书或可作为中小学物理、科学和劳动课程，以及户外研学、拓展课程的辅助教材。材料的物性和构造的初始形态其实就孕育着其发展的基因。自然建造讲究建筑与自然环境的融合，同时也是一种人与建筑和谐共生的状态，一如中国人理想的住屋是自己的一方小天地与自然环境相适应、同频共融。阅读本书时会很有画面感，房屋的设计与建造更多的是基于对生活的考量，也会让有一些过往生活经历的人回想起早年在乡村盖房子，或单位公共食堂过滤水、降温、保存食物等场景。

本书不只是一本关于绿色建筑（Green Building）的手册，更是基于生态思维（Ecological Thinking）对相关的材料选择、建造技术和设计过程的感悟和阐释，是真正贴近人与自然、贴近民间建筑思想和行为的经验总结。书中的技术多采用地方乡土材料，体现出极强的地域气候适应性和低成本的优势，不仅适合中低收入人群，也丰富了当今建筑技术的选择。书中谈及的建筑或聚落选址、空间分布等原则都是谦和、内敛的，对于风景和历史建筑是要退让（敬畏），而不是"占有"或是置身其中……对建筑（人造物）与环境（风景）的"关系"的认识和建构反映出设计者或建造者的价值判断。作者认为建筑应是和谐的，基于常识而后求变，只有以一种负责任的和富有同理心的方式才能完成。或许做一个"拙匠"反而更能打动人。简单即智慧，原初而静谧。

本书的架构从设计开篇，分别基于不同气候区和不同材料、设施类型展开。从建筑单体到聚落逐节铺陈，对简单细密的"规则"逐条加以阐述，让读者（我们）明白古城、古镇街区和宜人的街道是怎样"炼"成的。这种不合时宜的"刻板"的原则才真正造就了历史城镇和街区，在自然中孕育人文。本书的撰写和编排深入浅出，从设计到施工，从原理分析到实际运用，从专业知识到图示表达，清晰明了，可谓是一部非常好的建筑启蒙教材。在看似简单的乡村建设中为什么学生无从下手，或方案无法落地？

本书对乡土建筑的研究和乡村建设的实践一定会起到很好的启发和指导作用。

设计从何开始？怎样用简单的方式、清晰的图示让更多的人了解怎样建造一所恰如其分、美好和谐的房子？不应只追求美的形式，而对基本的材料、要素和构造置若罔闻。或许该如本书那样，从最简单的住宅设计开始，按照本书的编排在课堂上进行“随堂练习”，一月有余的时间就可以让学生完成从简单到复杂的住宅（平面）设计，知晓从建筑设计到建造的全过程，以及建筑单体与自然环境和城镇聚落的关联。本书可作为建筑学入门的初步设计教程，能让学生从日常熟悉的知识入手，“速成”对建筑的工程属性和物质属性的认知，让学生在收获小小的成就感之后思考住宅等建筑的复杂性和多样性，认识尺度、朝向与家庭规模、气候、地形等因素的关系，进而就建造材料进行选择、分析和研判，再通过案例分析和生成方法的演练，让学生创造性地设计出具有特定使用方式的住宅，或某种具有地方特点的住宅，或批量化定制的住宅……

本书是对传统民居和乡土营建的系统总结，虽然主要是以南半球为例，但同样适用于中国等北半球的国家和地区。中国幅员辽阔，气候多样，但在书中都可找到相应的材料、构造和技术。本书可以作为中国传统民居建造技术的“参照系”，成为中国传统民居尤其是其营建技术和方式的调研指导手册或参考书。

本书不仅关乎人本，而且对材料物性的理解和运用、建筑技术的存续思考等均有涉及，平实的表达中透露出真知，触及建筑学的本质。书中用最朴实的语言道出了空间组织和使用的基本逻辑，用最常用的建筑构造阐明了基本的构造原理，用简洁的文字和图片介绍了材料基本的特性及其使用方式。我们的建筑教育的启蒙以及乡村建设和社区营建过程中的交流不也应该如此吗？

传统的乡村建筑是“没有建筑师参与的建筑”，过去的农民都会一些泥瓦活，都能参与协力造屋……难道社会分工后只有通过再教育（而不是耳濡目染的日常）才能让新一代农民掌握一些基本的建造技能（甚至包括农业技能）？难道学校教育就是让“手”跟“脑”分立，“专业”教育下的学子在乡村真正广阔的大地上却难以施展拳脚？或许本书能些许弥合“专业”教育所带来的某种裂缝，带着初学者和专业人士回到建造现场，回到生活场景，回到常识——生活的常识和建筑的常识。这本册子可作为学生和专业人士的案头书或枕边书，亦可随时随地翻阅，开卷有益。

“在地性”曾一度成为国内学术讨论的一个热点问题，但这个问题对于赤脚建筑师来说应该是不存在的。自新中国成立以来有着数次“设计下乡”，队伍中也不乏如本书作者这样的“赤脚建筑师”。我国在各个年代都出版过农村自建房或集体共建房屋的图集或指导手册，但编撰体例完全不同，并不是本书这种系统全面、浅显易懂的原理讲述和具体操作指导。今天“三师”下乡（“三师”指建筑师、规划师、景观师）向民间学习的同时也贡献了新的理念和实践作品，但作品的主体性和价值取向似乎与本书倡导的有那么一点儿不同。

当今中国正如火如荼地进行着美丽乡村建设，由脱贫攻坚到全面推进乡村振兴，各级政府、专业人士以及其他社会各界人士身体力行开展新型村镇建设的实验和实践，都涉及乡土设计和建造技术。或许有读者认为书中很多做法太“低技术”了，今天不适用了。但当你真正走向广袤的乡野，劳作在山间，便不会有此观点，不论是在中国的大江南北，还是在世界其他的某个角落。这本乡土建造技术“百科全书”式的“宝典”具有极强的实践指导性，不仅涵盖了建造的各个环节，在教会读者理解建筑本质的同时，提醒读者每一个基本要素的效度（正确性），还传达出环境共生的责任意识和同理心。这样的建造，是真正意义上的自然、谦和的建造。

谭刚毅

华中科技大学建筑与城市规划学院 教授

钱　闽

一级注册建筑师

Preface

序

约翰·范伦根不仅是一名建筑师，也是社区的建设者。1987 年，范伦根和他的妻子罗丝创建了名为直觉技术与生态建筑中心（Centro de Tecnologia Intuitiva e Bio-Arquitetura，TIBÁ) 的巴西社区学校。这是一所致力于教授人与环境和谐共融的建筑学校。

范伦根的方法的不同之处在于他将人类置于中心来讨论，指出建设未来的责任在于我们自己。

我们无法回避这样一个事实，即我们应对地球的健康负责。正如我们如今痛苦地意识到的那样，无节制的发展正在导致环境的破坏。如果城市和周边乡村的这种破坏性增长不符合全球人类的愿望，那么以某种方式降低其速度岂不是明智之举？这是一个值得思考的问题，而范伦根的工作对这场持续的讨论具有很大的启发。

隐含在范伦根的方法中的是他明确地追求简单。这是我最佩服他的品质之一，也是我热切信奉的，无论在个人生活还是职业生涯中，我一直把简单作为我未来的基础。

遗憾的是，这种态度有时会造成困难，因为很多人追求的是能给他们带来物质利益的解决方案，或者有一种错觉，认为积累宏大和雄厚的财产才更具魅力。

当今世界有很多人宣扬生活中的一切都必须是复杂的，但这些推销复杂的人并没有意识到只有从简单的、易于实施的元素入手，我们才会在未来拥有一个更先进的、可持续发展的系统。

范伦根教会我们建筑的精髓，提醒我们每一个基本要素的有效性：设计、材料、门窗、供水、气候、场地布局、供热、卫生设施，甚至炉灶。

本书的最大价值在于作者阐释他理念的方式。范伦根用重要而基础的语言和清晰简明的图画，为读者详细介绍了建筑的整个过程。因此，这本看似技术性很强的书变得很有吸引力，让读者细细品读建筑的每一个环节，赋予包括空间布局、材料使用、场地准备等在内的项目的每一个步骤以价值。这里，作者理念的独特之处在于，其认为只有以负责任和富有同理心的态度进行建造，建筑才会和谐。

约翰·范伦根写这本书并不是为了用优美的语言来吸引读者。相反，他的书向我们传递了一个非常强烈的信息：当你建造一栋房子的同时，你也在建造一个家。一组自身和谐的家，将会组成一个和谐的社区，形成一个富有成效的、健康的人居环境。

建筑师杰米·雷勒（Jaime Lerner）

巴西　库里提巴

Introduction
导　言

本书献给那些梦想建造一个家的人。我将描述房子与环境之间的关系：局限性和可能性。希望查阅本书，能帮助你找到实现梦想的方法。

本书主要通过图表呈现信息。我相信用这种简单的透视图比一页又一页的文字更能传达信息。本书不仅适合于个人建造者，也适合于政府的“血汗钱”项目，这些项目需要社区中的业主、建设者参与。

我不是非要你用乡土方式建房。世界已经发生了很大的变化，往往没有适合乡土建筑的材料或必要的技术。在许多情况下，执意遵循传统的建筑方法被证明会令人沮丧。本书旨在应对当今建筑中的现实挑战，并通过结合传统和现代技术，提出切实可行的解决方案。同时，不是采用这些提出的替代方法就会自动产生一个神奇的住所，而是这些技术的结合将引导你创建一个和谐的生活环境。

“赤脚建筑师”这个词的灵感来自最早的建筑师，他们生活在遥远的过去，光着脚踩着泥巴来制作土坯。赤脚建筑师们创造了古代最不可思议的建筑，如古巴比伦的空中花园。

如何使用本书

本书并没有提出硬性的建筑规则，而是展示了用各种材料建造房屋的多种方法，从而让你在建造房屋时有很大的选择余地。

在你不是亲自完成所有建造工作的情况下，了解本书中的概念和实例，以及在建造过程中如何使用这些理念，会让你能够与负责建造的人进行更有效的对话。

当使用替代的、非常规的建筑技术时，你应该进行质量监测，特别是在制造关键结构部件的时候。笔者不对任何不符合公认的建筑结构安全惯例的工序负责。

在选择材料和技术时要考虑当地的气候，以最小的成本达到最大限度的环境和谐。

本书全面展示了绿色建筑相关的事项。在决定最合适的材料和技术之前，请先阅读所有章节。

鸣谢

最能激发我收集和分享这些建筑知识的人，是那些住在农村地区和大城市“廉租房”街坊的人。尽管日常生活困难重重，但他们希望改善生活条件，这种信念成为本书的灵感源泉。

显然，本书引用的技术不都是我发明的。不少人分享了他们的经验，在这里我要向他们一一表示感谢：阿尔瓦罗·奥尔特加（Álvaro Ortega）、克劳迪奥·法维耶（Claudio

Favier)、加布里埃尔·卡马拉(Gabriel Camara)、格尔诺特·明克(Gernot Minke)、约翰·特纳(John Turner)、舒尔德·尼恩休斯(Sjoerd Nienhuys)和伊夫·卡巴纳(Yves Cabannes)。

如果没有在卡里奥卡(Carrioca)的妻子罗丝的倾情帮助,我根本不可能在墨西哥写就最初西班牙文版的本书。

我很感谢来自加拿大的建筑师卡琳娜·罗丝(Carina Rose),她将巴西版翻译成英文。另外,感谢阿加·普罗巴拉(Aga Probala)对新版版面的精心修改,感谢维罗妮卡·弗洛雷斯(Veronica Flores)对法律事务的处理,感谢我的儿子马克(Marc)和彼得(Peter),他们在测试书中新概念的真实性时给予了全力支持。感谢你们所有人!

约翰·范伦根

里约热内卢

2007年9月

一年树谷，
十年树木，
百年树人。

——中国古语

Contents
目　录

THE BAREFOOT ARCHITECT: A Handbook for Green Building

赤脚建筑师：绿色建筑手册

设计

DESIGN

DRAWING
绘图

造房子并不一定需要图纸。但是，图纸有助于我们与他人讨论或向他人解释布局或我们的想法。有时，申请融资、从城建部门获得技术建议或建造公共建筑（如学校），图纸都是必需的。因此，基于多种原因，可能有必要将我们的想法呈现于纸上。

房屋或建筑物的平面图

建筑设计在图纸上有三种基本的表现方式：

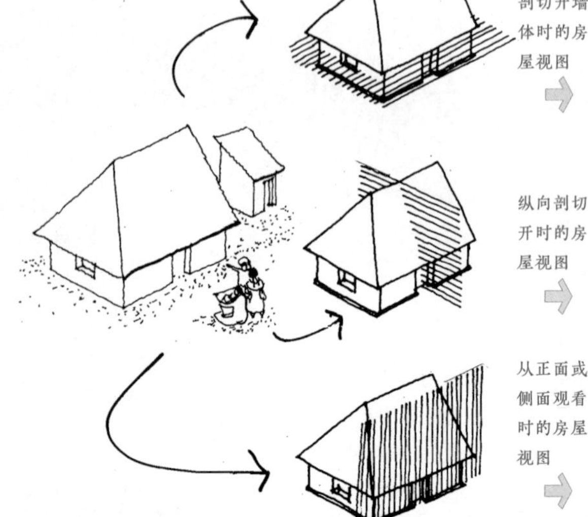

在既定高度上水平剖切开墙体时的房屋视图

纵向剖切开时的房屋视图

从正面或侧面观看时的房屋视图

这些图纸必须充分展示细节，以便使人确切知道在施工过程中应遵循哪些步骤。必须清楚地标明每个空间和建筑部位的大小和尺寸。在立面图和剖面图上，要标注地板、屋顶、窗户、楼梯的高度和尺寸并提供建筑材料的说明。

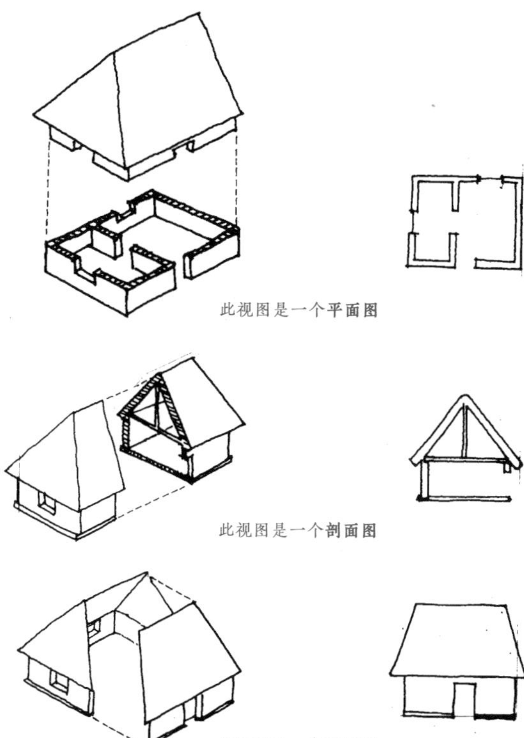

此视图是一个**平面图**

此视图是一个**剖面图**

此视图是一个**立面图**

➡ 在楼层平面图中标明门窗的位置。

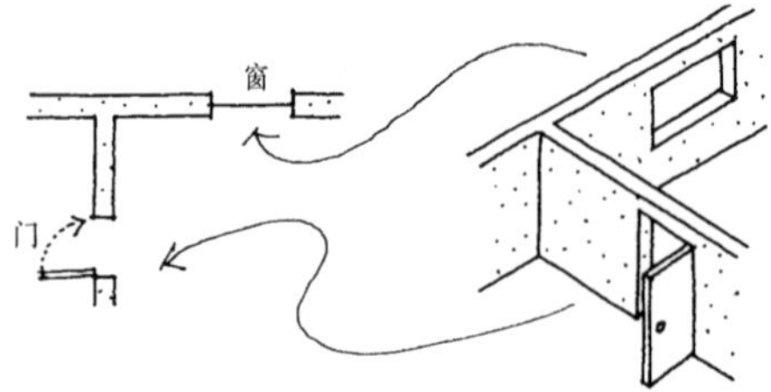

有必要标明每个空间的功能以及墙与墙之间的尺寸。

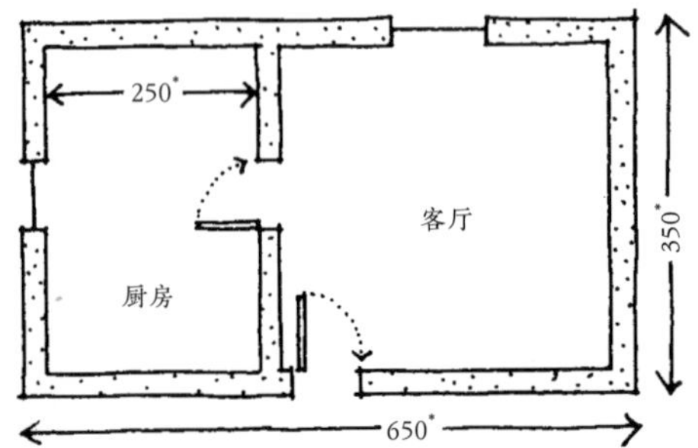

施工人员需要更详细的图纸。这些图纸被称为施工图，包括水和管道分配系统及其装置（水槽、淋浴器、水龙头）的位置和说明，以及电气和布线系统及其配件（开关、插座）。

➡ 淋浴间、马桶和盥洗室的尺寸都得画出来，以确认它们是否充分契合卫生间和厨房。

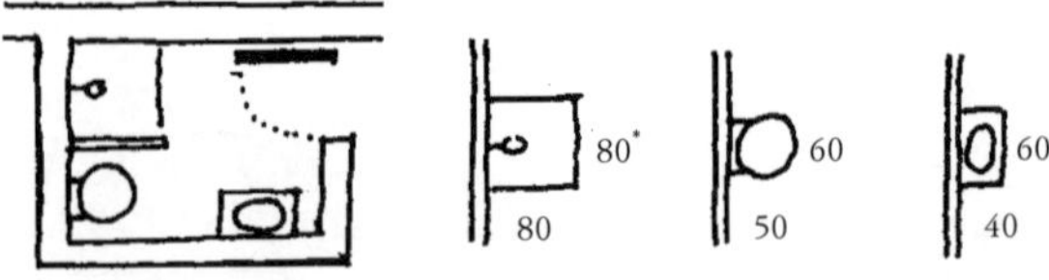

*［译者注］ 中国的建筑制图规范是以毫米为单位标注尺寸，原著多以厘米（少量以米）为单位标注，请读者注意。

房屋的图纸是根据比例，以缩小的尺寸绘制的。比例尺用来建立图纸和真实建筑之间的关系，其比例保持不变。例如，如果窗户的实际高度是 1 米，在图纸上画成 1 厘米，这个比例尺就是一比一百（1 ： 100）。换句话说，当使用这种比例尺时，图纸上的每一厘米都等于建筑物的一米。

下面的剖面图显示了墙体的高度和屋顶结构。

图纸上也标明了建筑材料的种类。

立面图显示了从外部看到的门窗，以及项目所有其他建造物和构件的位置。

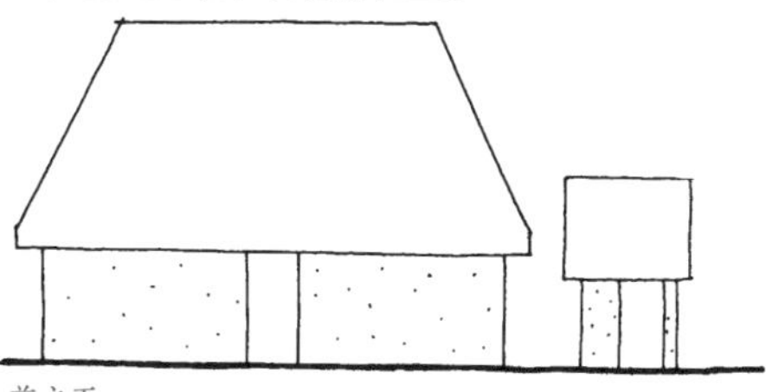

场地平面图

场地平面图是另一类图纸。它显示了一个区域内的建筑物和房屋，以及周围元素的位置，包括街道、河流和公园等。

场地平面图用符号来表示地皮上或城镇中的人造构筑物和自然元素，如下图所示。

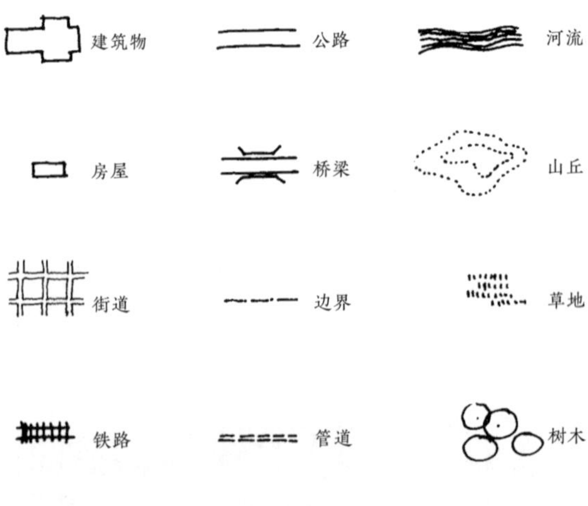

来识别一下这张平面图上的符号吧。

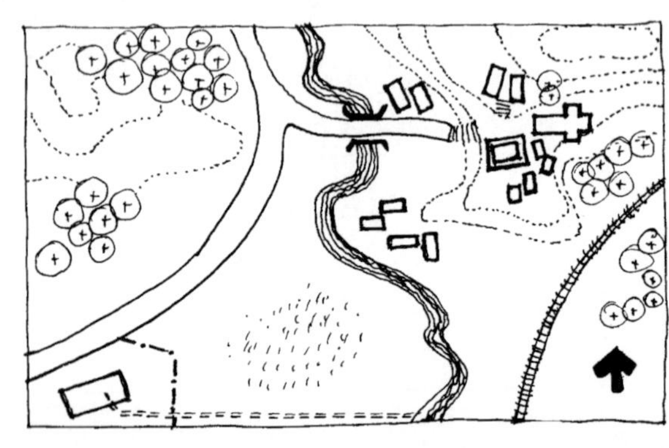

现在将上一页的图与下面的透视图进行对比，透视图描绘了有道路、河流、房屋等自然环境要素的一片田野。

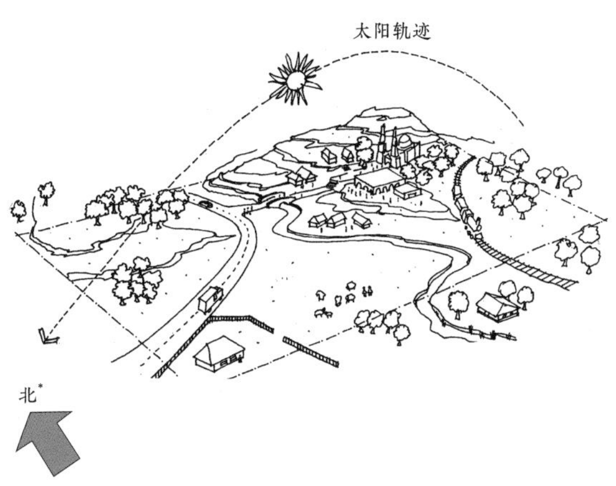

该图适用于南半球，在北半球则相反*

*［**译者注**］ 本书中生态建筑的导则和相关图示，大多以南半球为例。在中国和其他北半球国家运用时，有关建筑朝向、坡地利用、自然采光等与日照相关方面的图示及方法请注意研判，一般情况下采用相反的方向。

HOUSE FORM 房屋形式

在气候炎热的农村地区，人们大部分时间在户外活动，屋顶往往只覆盖房屋的两个区域：厨房和卧室。卫生间有时位于室外。

内墙通常采用与外墙相同的材料，但更薄、更轻。嵌入式的落地柜或衣柜有时被用作房间的隔断。

入口大门面向街道，或者在气候炎热的情况下，朝向主导风向，以利于打开时为室内空间降温。

↘ 怎样设计一所房子

下面介绍如何规划布局一所房子并组合所有必要的空间。

➡ 以下是三种基本布局：

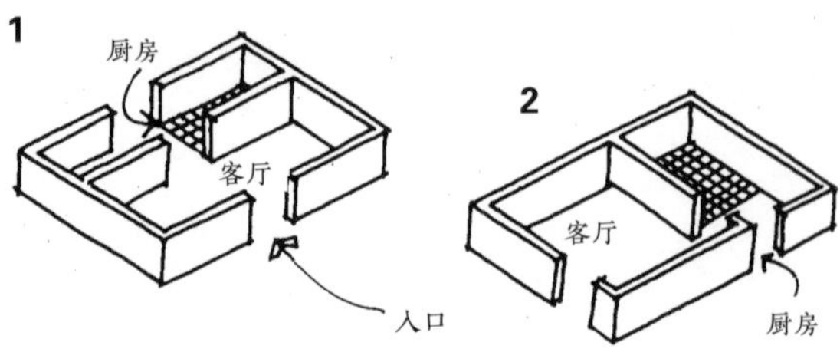

客厅背后是厨房　　　　厨房在客厅侧面

注意：这些图只显示了墙体的一半高度，就像房子正在施工一样，以便使人更好地了解门洞的位置。

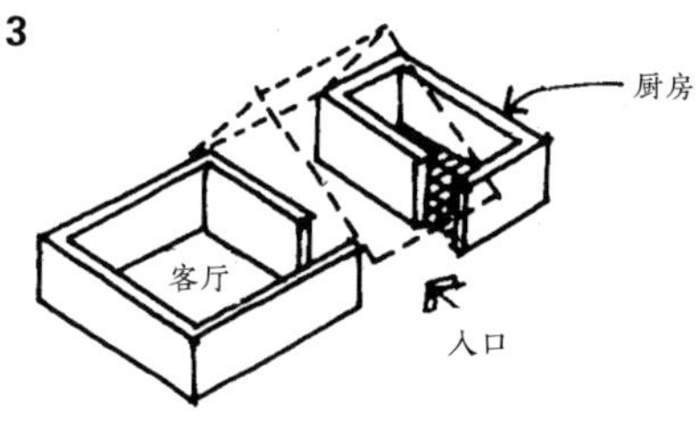

客厅和厨房分开布局

第三种布局是在厨房和客厅之间的中央区域覆盖一个屋顶。这个开放的空间可以作为吃饭的地方，也可以作为长时间下雨时避雨的地方。

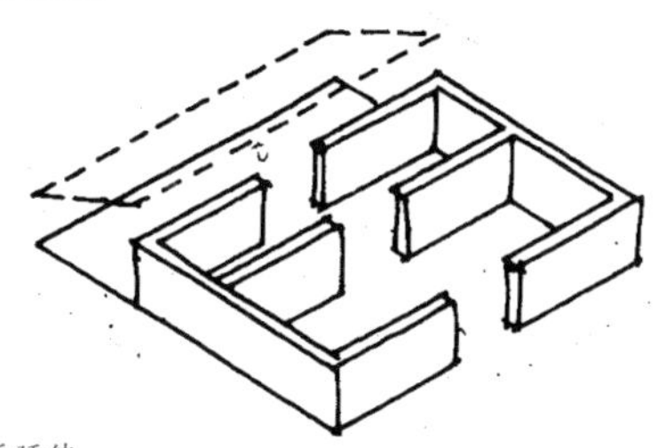

屋顶向后延伸

采用第一种布局，将屋顶向后延伸，就可以创造一个遮阴避雨的区域*。

采用第二种布局，有两种方法可以提供更多的庇护空间：

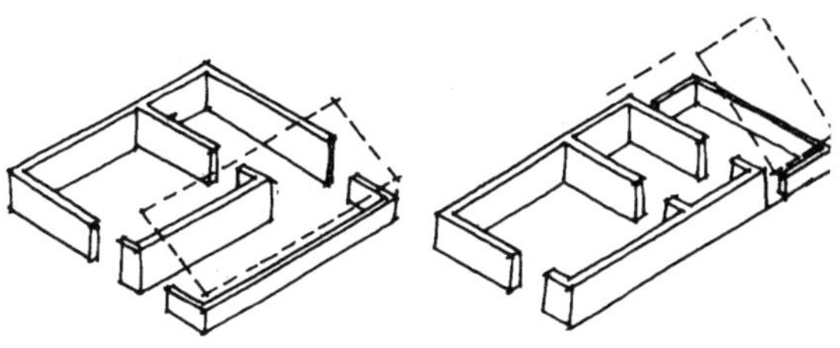

屋顶在前面　　屋顶在侧面

*［**译者注**］　在北半球，屋顶则向前延伸。

采用相同的基本布局，增加一个卫生间。

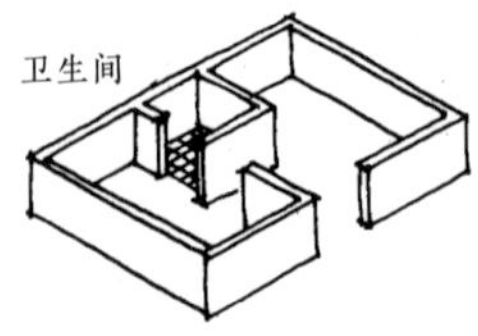

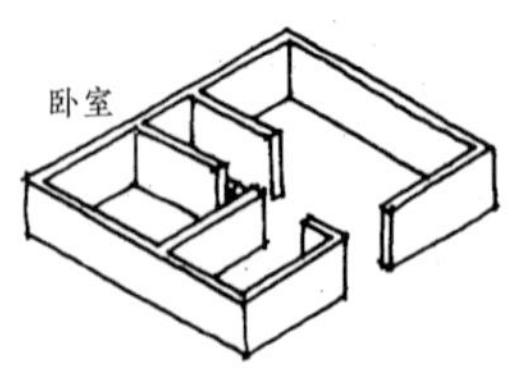

通过延伸山墙，可以设计一所有两间卧室的房子

下一步就是将烹饪区与客厅隔开，提供一个独立的厨房。

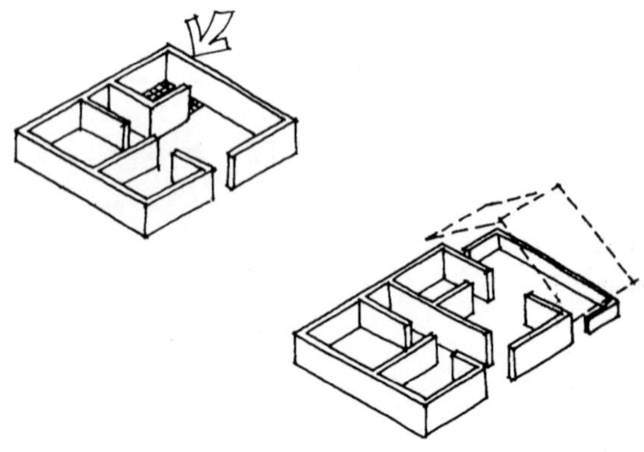

将客厅和卧室隔开，增加一个有顶的外部空间，比如门廊

注意：这些图没有显示窗户。它们的位置取决于房间的日照和风向。参见本书“采光”和“通风”部分。

下面的房屋布局常用于热带湿润地区有主导侧风的平坦场地。

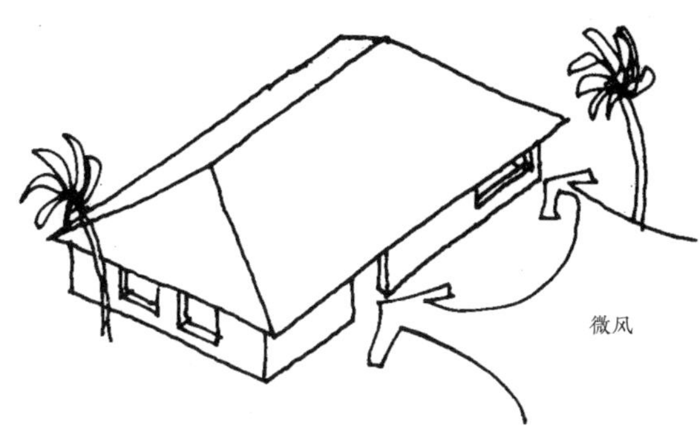

同一类型的房屋在热带干燥地区有不同的布局，如下图所示：所有的房间都围绕着一个内部庭院布置。

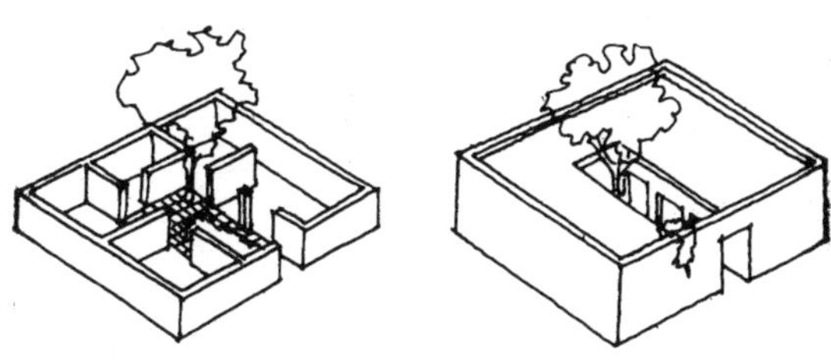

平面布置图　　　　房屋的景象

这些例子只是布局的几种类型，不应该被视为唯一的模式。其实每一个成功的空间布局都应该是不同的，因为每一个设计都基于一系列独特的条件，包括气候、景观、植被、家庭规模及其生活方式、可用的建筑材料和当地的施工技术。

长方形的房间易于建造和装修。而形状不规则的区域可以在我们从一个房间进入另一个房间时带来惊喜。

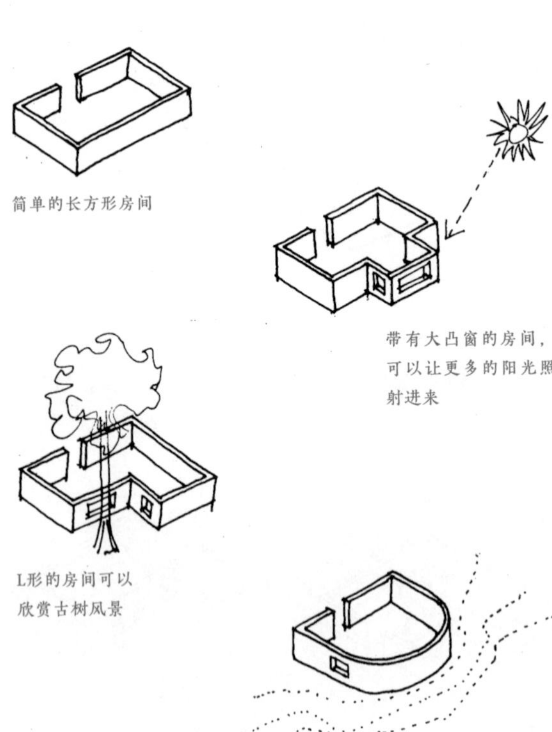

如上所示，房屋形状受场地的地形和植被的影响。

如果用地是在一个斜坡上，可将房间放置在不同的楼层上，并用楼梯连接这些楼层。

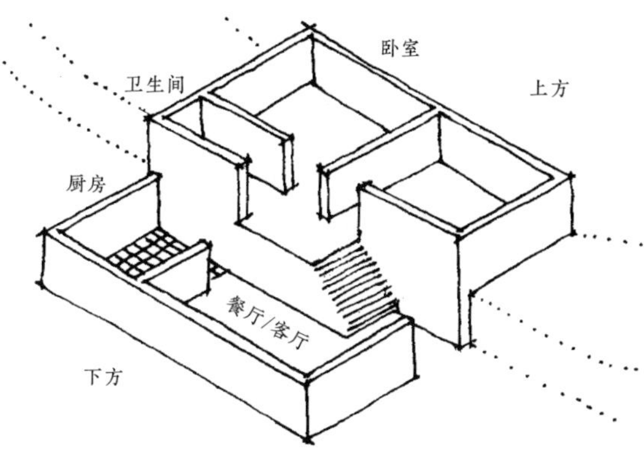

相关联的空间应该放在同一楼层。如上图所示，厨房紧邻餐厅，卧室靠近卫生间。

在平坦的场地上，改变天花板的高度可以创造不同形状的空间。这样可以改善穿过房屋的空气流动，在热带湿润地区，这是一个重要的考虑因素。

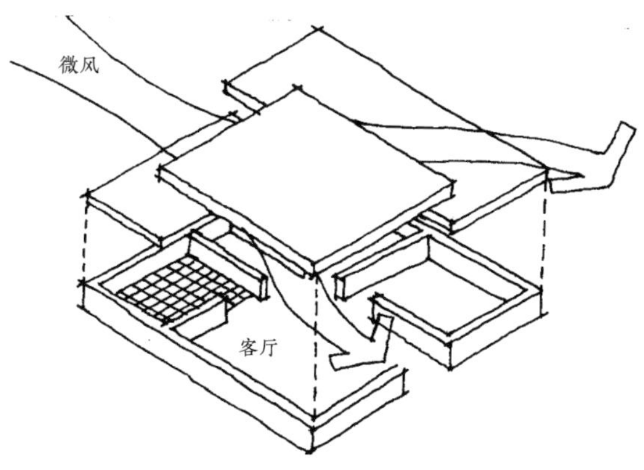

微风能够到达房屋的各个区域

在地块面积更小的城市环境中，房屋往往采用两层或多层布局。

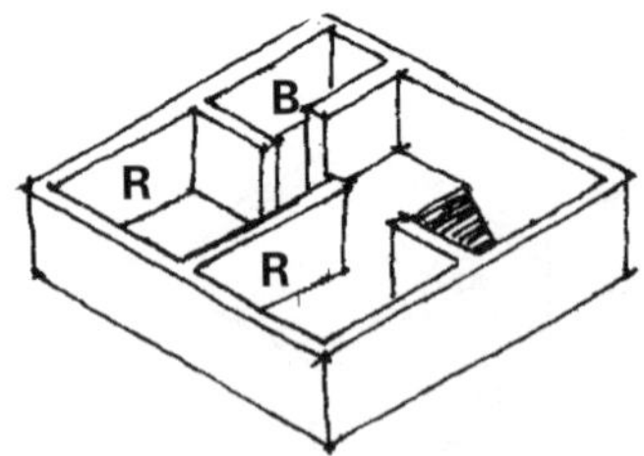

楼上
B. 卫生间

R. 卧室

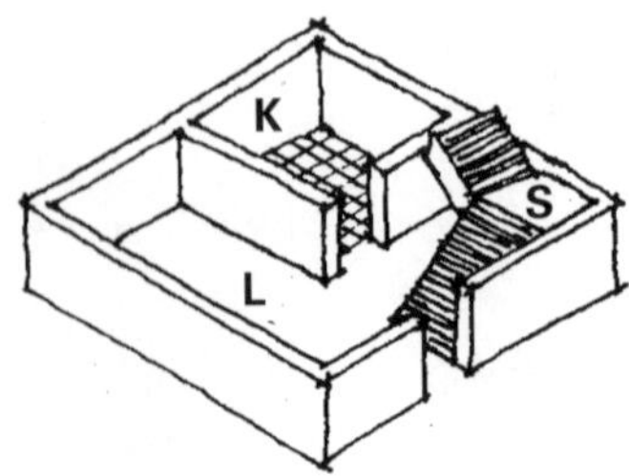

楼下
L. 客厅
K. 厨房
S. 楼梯

城市住屋的基本布局

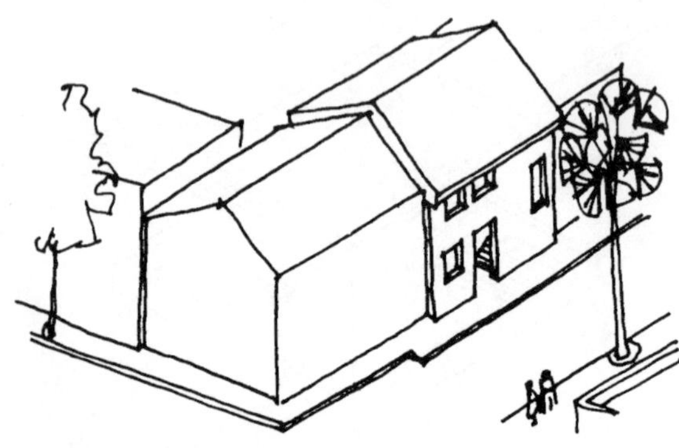

城市环境中的住屋

SPACES
空间

住宅空间的特征是由居住者的生活方式决定的。对于那些喜欢做饭的人来说，一个大小合适的厨房是非常重要的。有的人可能喜欢夜晚凉爽的空气，所以他们的卧室应该有一个面向花园的平台或露台，或者在楼上有一个大阳台。

餐厅—厨房

卧室—阳台

在设计空间布局时，想象一下居住者未来的生活方式，并考虑他们在房间里可能使用的家具和设施的种类。

设计最重要的结果是让居住者享受他们的空间，没有必要模仿当地、其他地区或城市的房子。房屋的建造必须满足居住者自己的要求和品位，没必要寻求邻居的羡慕。

一个好的布局可以节省空间。例如，位置得当的走廊可以占用较少的空间且方便进入许多房间。有了这些节省下来的空间，就能腾出更多的面积给其他房间使用，同时还能保持房子的整体尺度。

对比下面两种布局。房屋尺寸为 8 米 ×7 米，即 56 平方米。

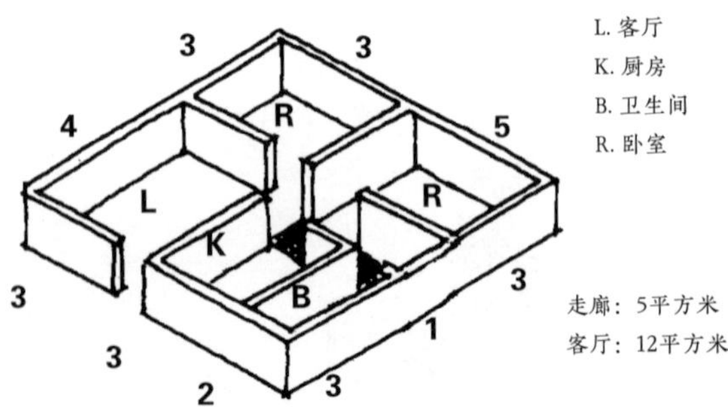

A设计

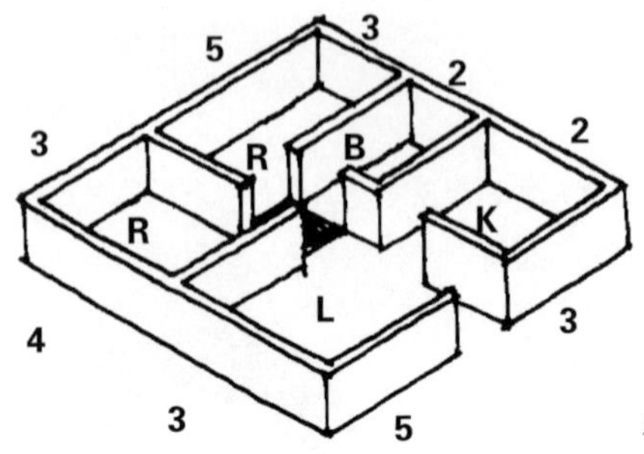

走廊：2平方米
客厅：15平方米

B设计

两种设计中卧室、卫生间和厨房的面积一样，但 B 设计中客厅的面积大了 3 平方米。

以下是一层住屋的布局：

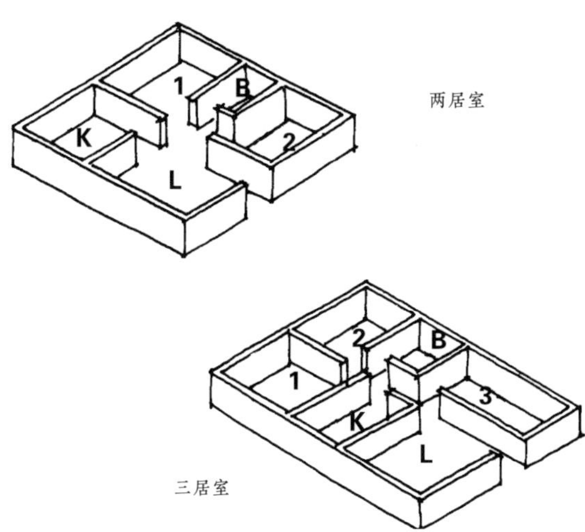

两层住屋可以像这样布局：

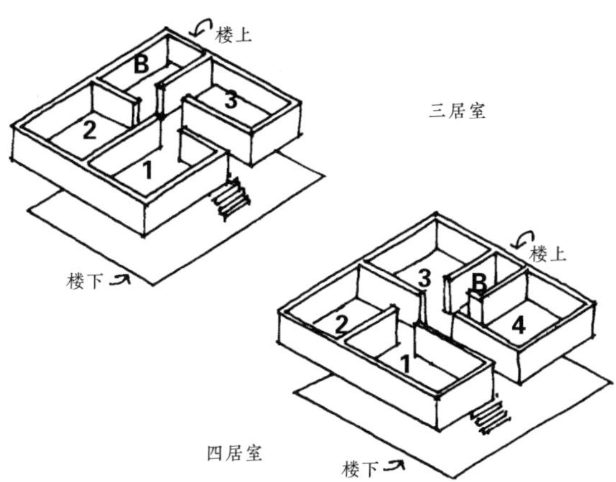

客厅和厨房位于底层。

HOW TO DESIGN A HOUSE
如何设计房子

为了进一步了解设计过程和如何布局空间，以下面的一所小房子为例，尺寸为 6 米 ×9 米，有两个卧室、一个客厅、一个卫生间和一个厨房。

空间布局

1. 从厨房和卫生间开始。

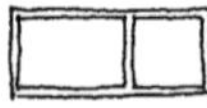

2. 增加客厅。

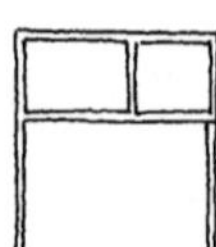

3. 然后增加 2 间卧室。

这就是基本布局。

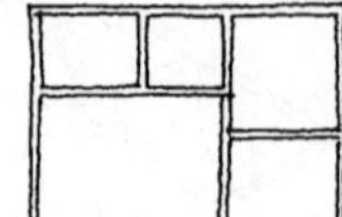

4. 现在安上门窗。

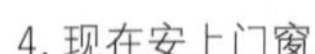

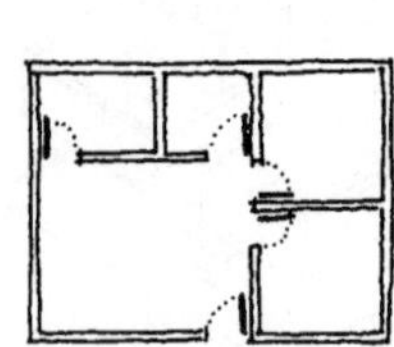

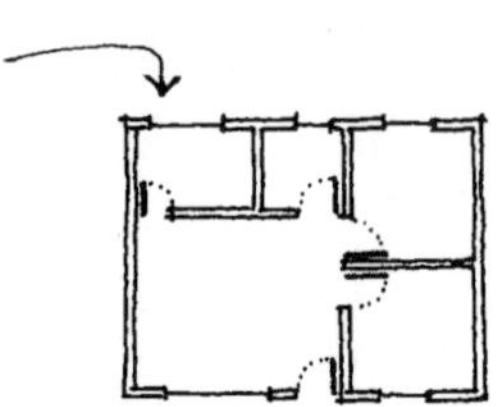

当用地是坡地时，房间可以分布在不同楼层并通过楼梯连接。

这张图中划线的部分表示房子的不同楼层

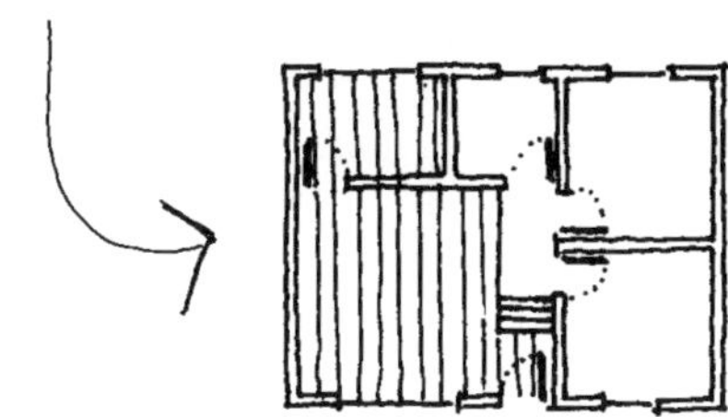

↘外观

为了避免房子的外观像盒子一样，可以将一些房间转换或移动，使布局呈现出不规则的形状，这样也能增加外立面的趣味性。

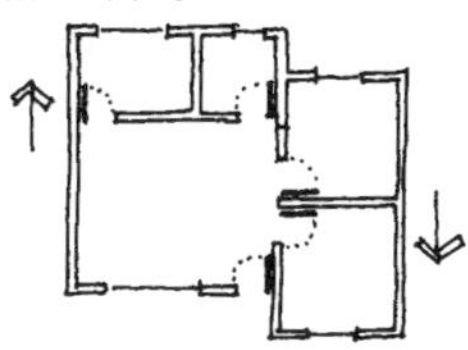

向前移位

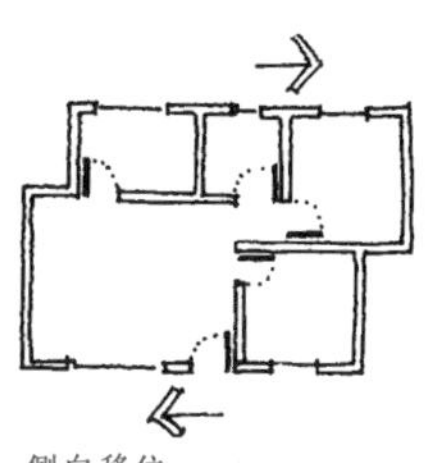

侧向移位

移位过多会导致混乱。

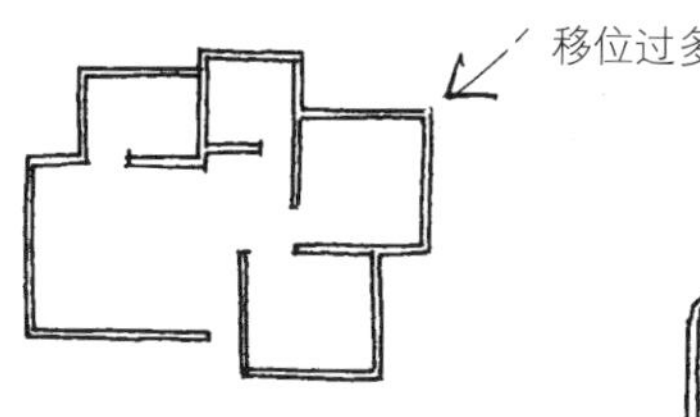

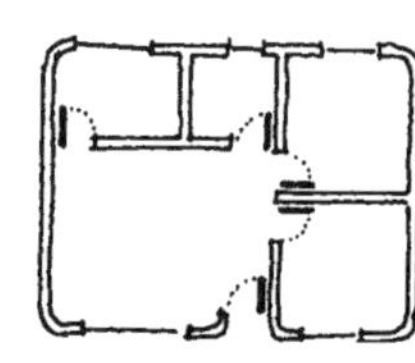

圆角也会带来一种非盒子状的外观。

↘ 场地

房子的朝向首先取决于地块与街巷通道的关系：

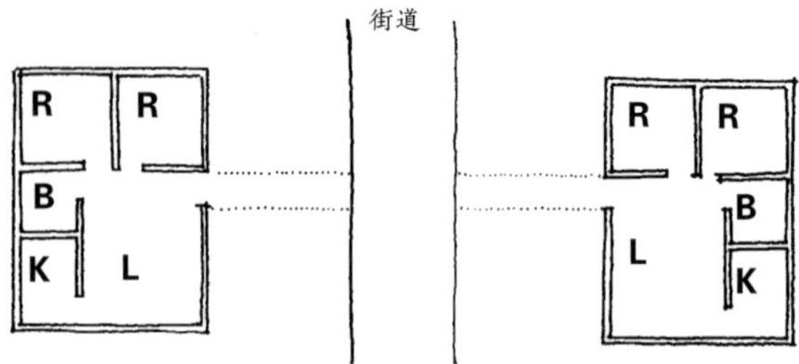

其次取决于太阳的轨迹：

在气候干燥的地方，房间围绕庭院布置：

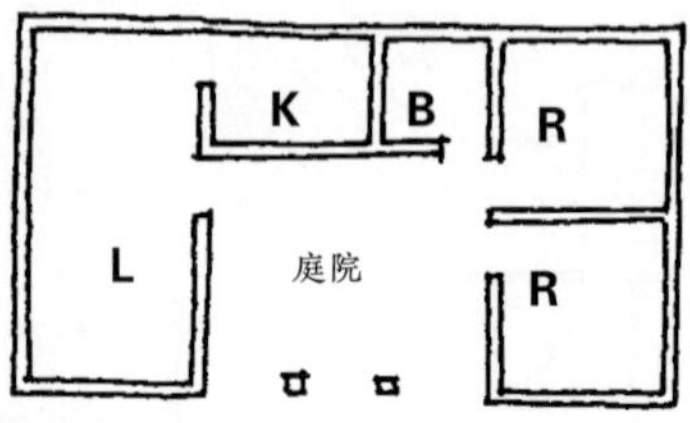

在上面的例子中，客厅的形状从正方形变成了长方形。在设计和绘图过程中，宜保持灵活性来进行调整和发现新的可能性或替代方案。

↘扩展

下图用一间三居室的房子取代了前例中的两居室房子。

为了容纳额外的卧室，扩大了这所房子的平面并增加了一条走廊（c），以改善房间之间的交流。客厅被扩大了，多余的空间可以用来做一个入口的门廊。在热带湿润地区，通过在走廊墙壁上部靠近天花板的部分开高窗来创造房间之间的空气对流。

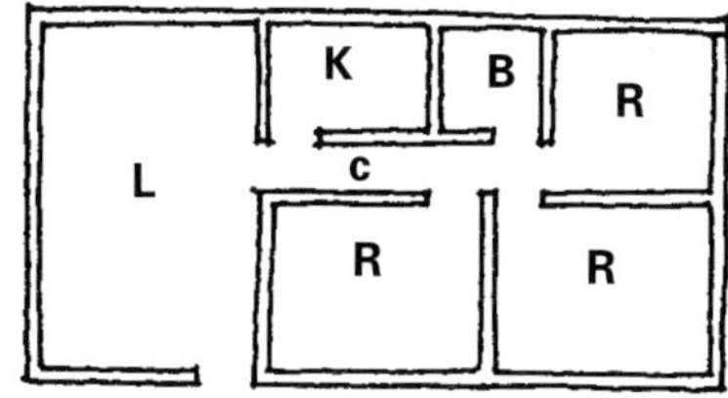

另一种扩大平面的方法是从主矩形空间向外凸出一个空间。通过这样的移动能多出一间卧室。

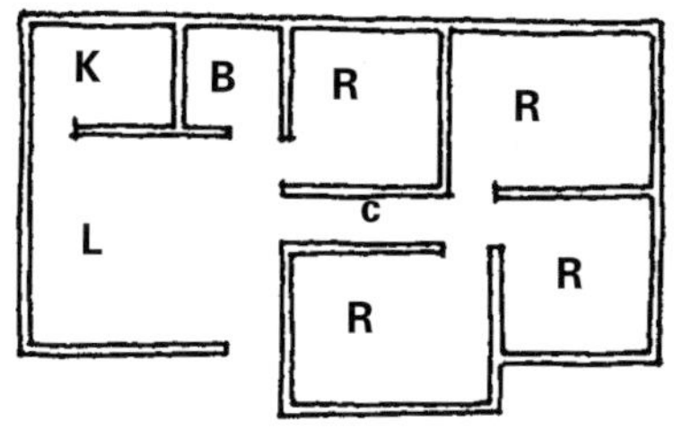

在这种布局中，客厅和卧室都比较大。走廊呈L形，可以通向所有房间。

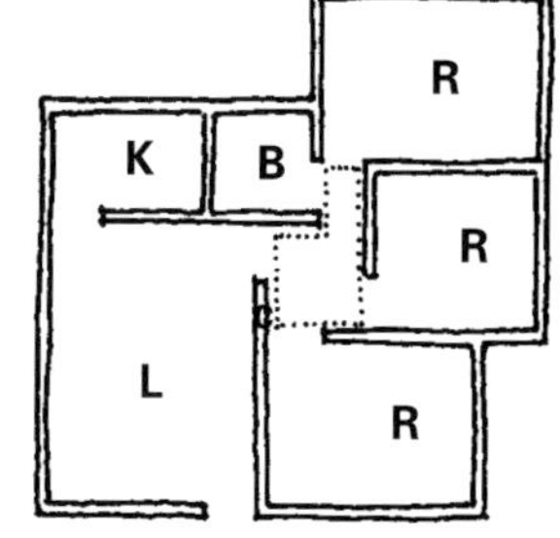

如果觉得上述平面过于复杂，按照右图所示，稍微移动一下空间就可创造出一个更清晰的平面。

所有卧室都可以通过客厅和一条短走廊（C）进入。

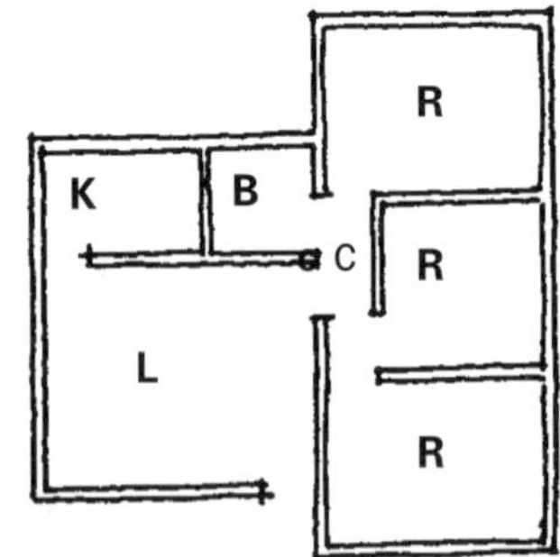

这种类型的地面层的平面可以创造出多样而有趣的空间。同样的平面可以用在有坡度的场地上，用楼梯连接上下层。

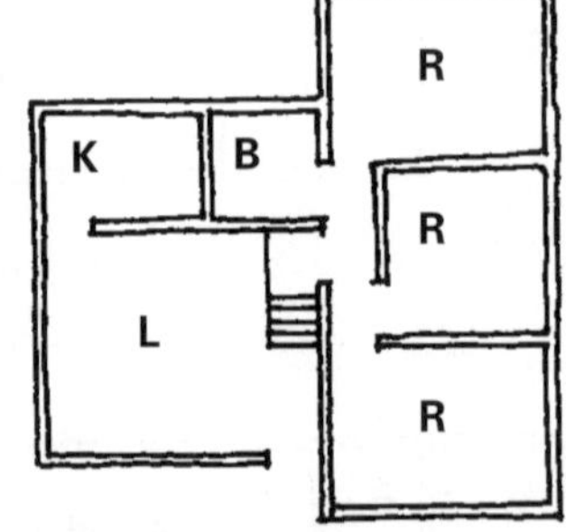

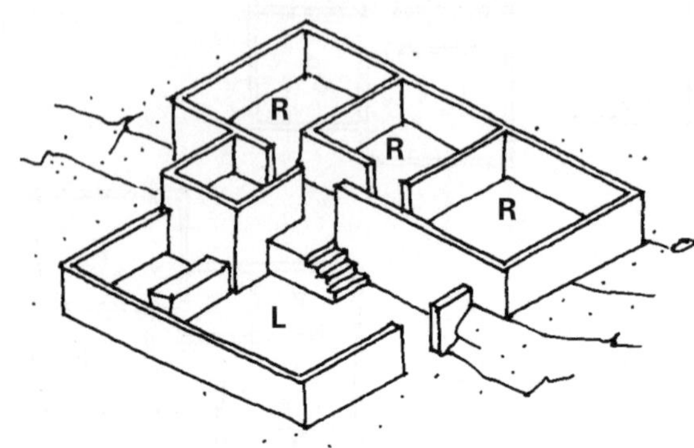

内部空间透视图

我们的直觉常常会给我们提供一个最初的好想法。有时与其尝试不同的解决方案，不如在这个最初的想法上继续改进，直到使之成为一个满意的设计。当然如果一个方案不可行，最好是尝试其他可行的想法。

空间布局一经设计就很难缩小，所以开始设计时空间可以小一点，如果需要较大的空间，以后再扩大尺寸。

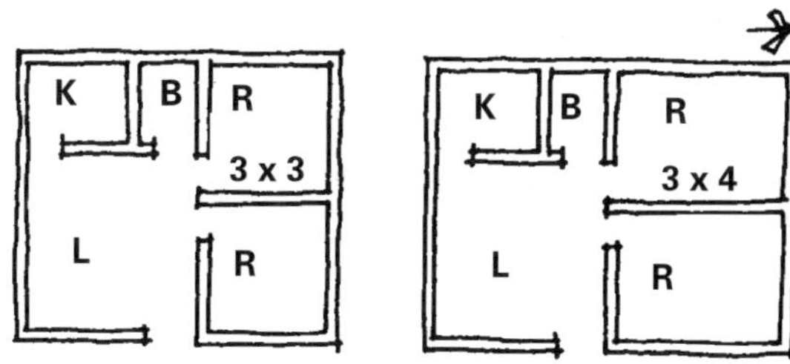

作为房屋一部分的作坊和店铺应设在靠近客厅的地方，这样它们之中的活动就不会干扰房屋其他地方的隐私。

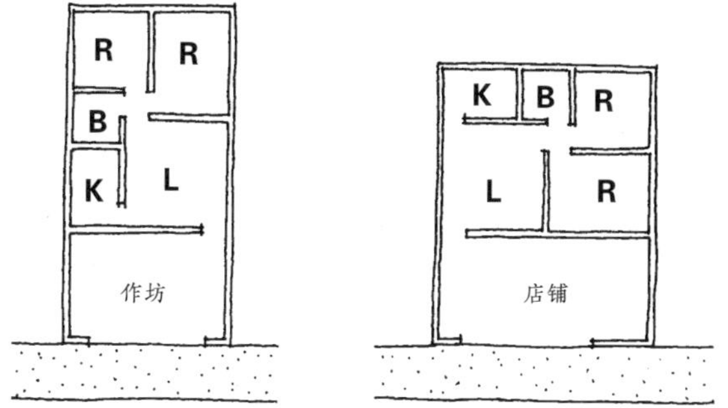

在狭窄的地块上，在起居空间和卧室之间建立内部庭院，可使空间自然采光和通风。

↘ 布局调整

可以通过移动周边要素调整布局。例如，如果窗户或门不能位于最初规划的位置，那么可考虑将厨房和卫生间放在客厅的另一侧。

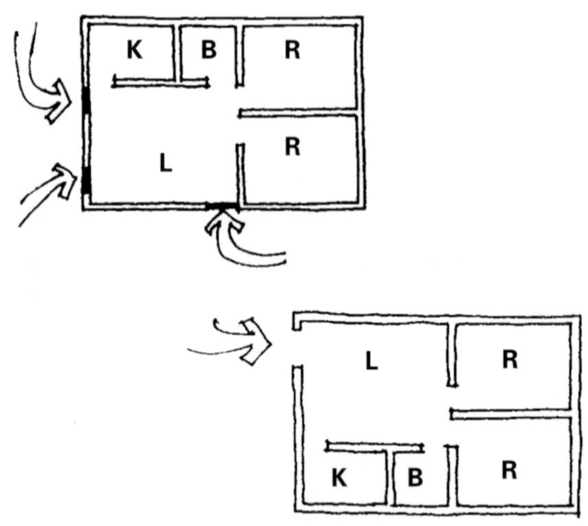

卧室的位置要适当朝向东边，这样居住者可以伴着太阳升起起床。卧室设置在西边，在晚上睡觉的时候会非常温暖*。

↘ 楼上

在小场地上，一些房间可以设置在二楼。

以最初的计划为起点。将两间卧室放在楼上。楼梯可以靠着厨房和卫生间的墙。

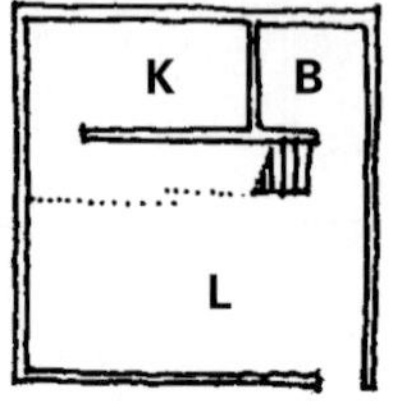

地面层平面

*［译者注］ 适用于昼夜温差较大地区。

将这面墙作为支撑，装上扶手来爬楼梯。通往卧室的通道是一条短走廊。

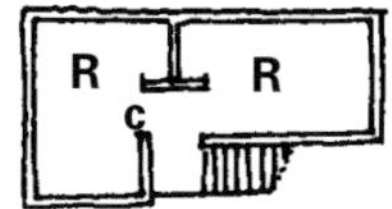

上层平面

整个空间都会有一个屋顶，客厅可以有一个高的天花板，楼上可以是一个夹层。这种布局创造了一所小而舒适的房子。

当场地狭窄且有坡度时，房间就得一个接一个地布置。

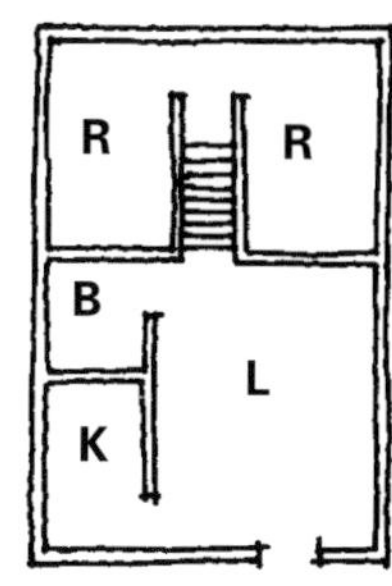

为了给楼梯腾出空间，卧室的尺寸由 3 米 ×3 米修改为 4 米 ×2.5 米。

如下图所示，对于一所较大的三居室房子，屋顶可以更高，以便在厨房和其中一间卧室中设置窗户。

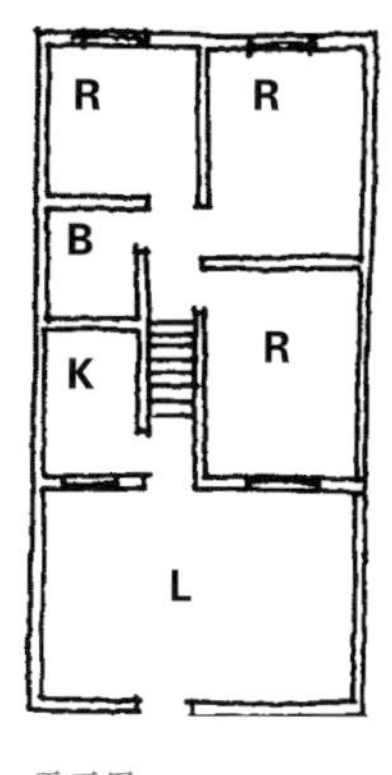

平面图

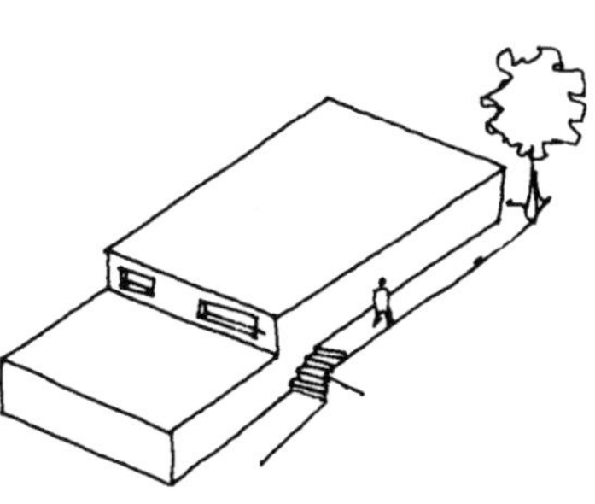
透视图

衣柜

嵌入式衣柜的最佳位置是靠近每个房间的入口处，沿着隔墙位置。

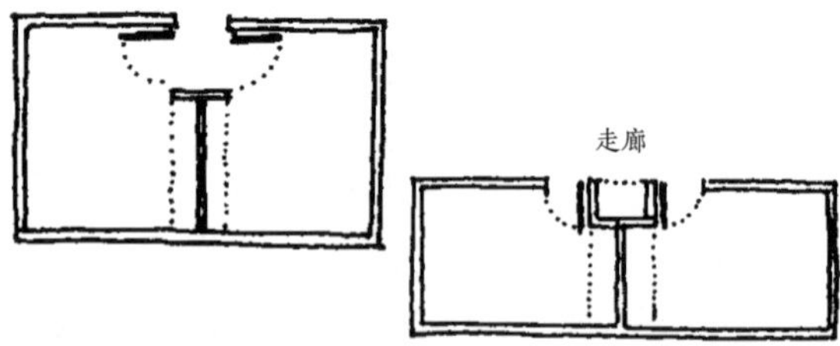

右图显示了在走廊上的第三个衣柜。

设计一所舒适的房子

人们往往认为舒适的房子只有通过使用昂贵的材料或花费大量时间和精力才能实现。然而，房子的豪华和舒适与其大小或建筑材料的类型没有关系。真正的豪华意味着居住在完全适合自己的习惯和生活方式的房子里。

接下来将介绍如何设计理想的房子，使你的梦想空间成真。例如，有六个可用于休息、吃饭、睡觉、工作的空间……

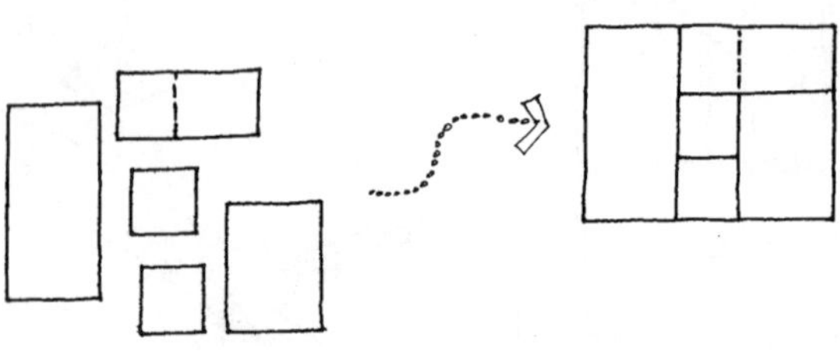

这些空间连在一起就成了一所房子。

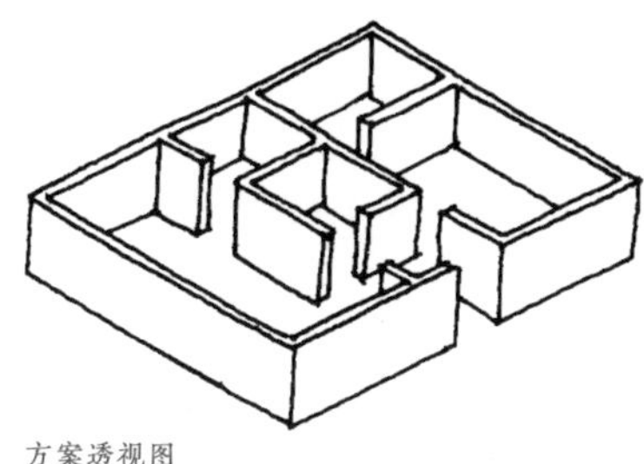

方案透视图

这个设计并没有任何吸引我们注意的特点。

但是，如果把一些空间内外移动，比如下图所示的三个房间，房子的形状就会略有变化。虽然这种设计可能花费的工夫比较多，但增加了空间的趣味性。

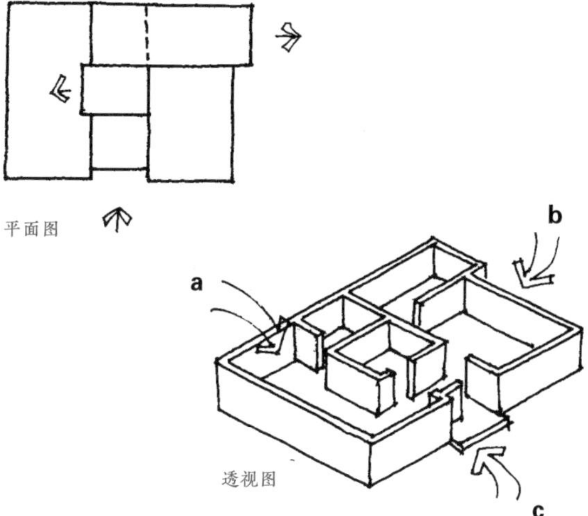

平面图

透视图

这一移动产生了新的空间布局可能性，比如：

a. 放书柜的地方；

b. 宽大的长椅或走廊；

c. 一个舒适的入口。

↘地域气候

在气候炎热干燥的地区，屋顶应该是平坦的，可以移动墙壁或改变天花板的高度来创造一个更有吸引力的立面。

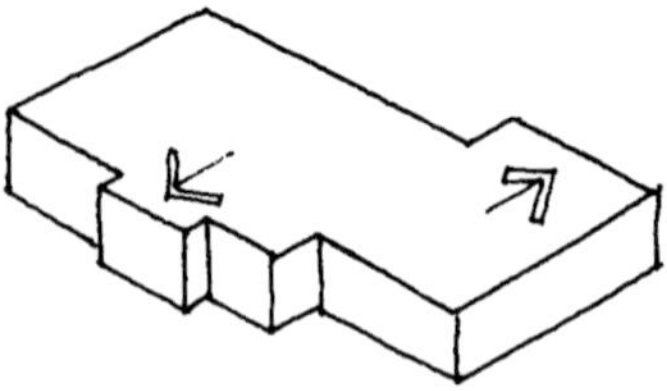

空间内外移动

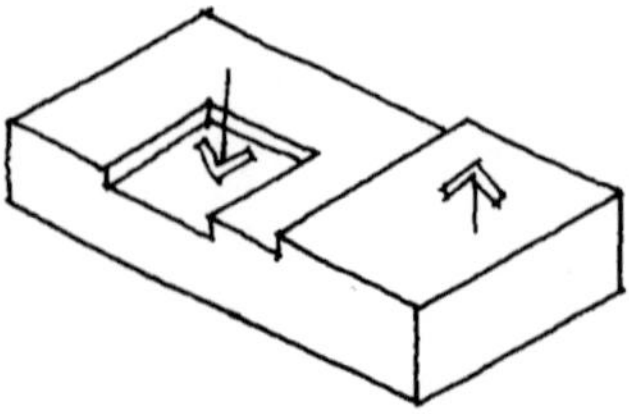

改变屋顶的高度

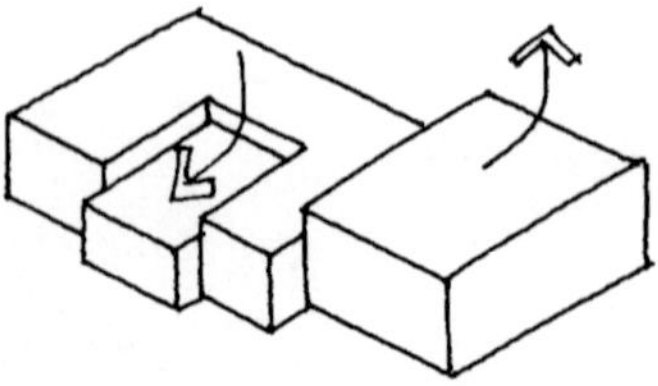

二者兼而有之

在热带湿润气候或温带气候下，可采用坡屋顶。

高度不同的坡屋顶：

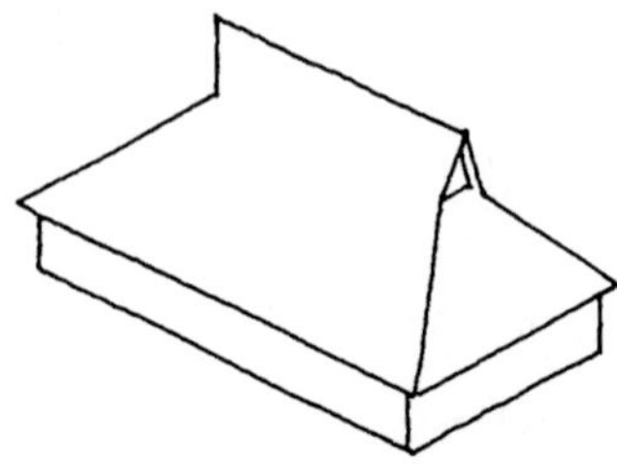

坡度不同的坡屋顶：

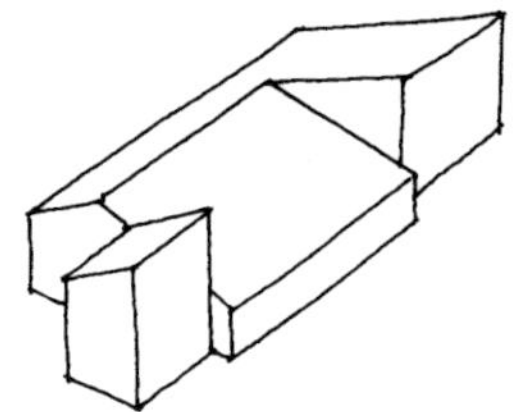

类型不同的坡屋顶：

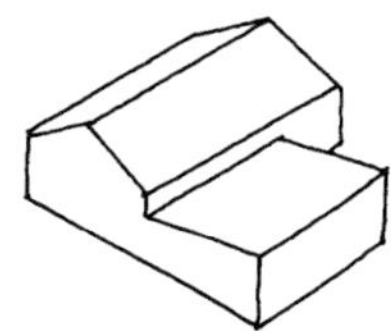

在各种气候条件下，设计精美的房屋立面也能生成一些令人注目的外观。试着整合：

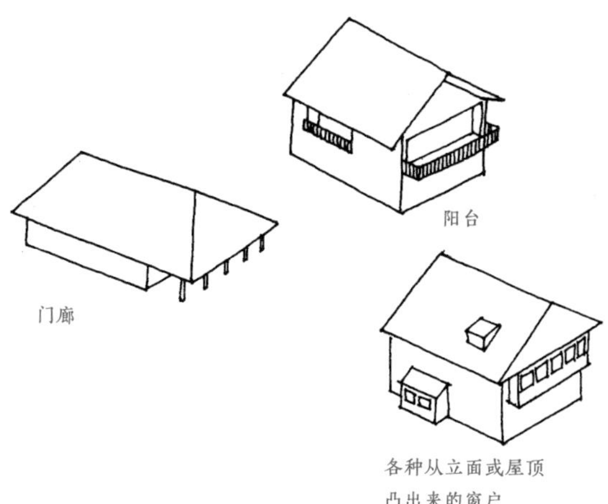

MODELS
模型

↘ 用模型设计

有时很难从平面图、剖面图和立面图中想象设计的结果。模型可以帮助理解和验证空间的大小和房子的外观。一个好模型可以用纸板或厚纸制作。以下是制作一个比例为 1 ：50 的模型的说明。

1. 切下一些 5 厘米宽的纸板条，用它们代表 2.5 米高的墙。

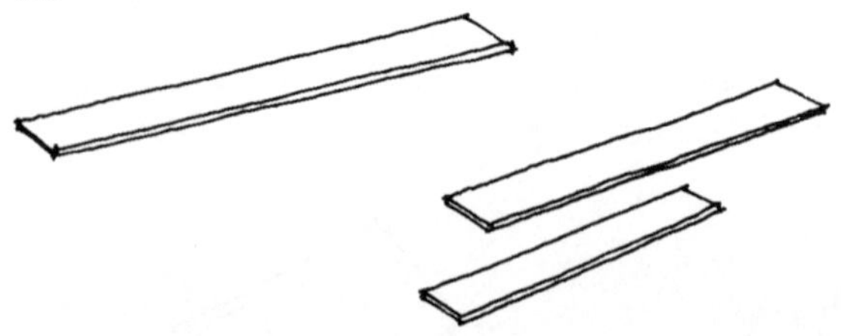

2. 在一张纸上画出平面草图。每 1 米等于图中的 2 厘米。留出空间来显示打开的门窗。

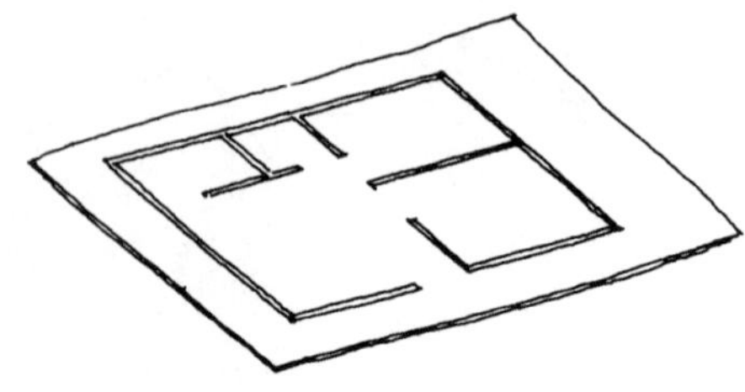

上面的例子是一个典型的房屋平面图，有一个客厅、两间卧室、一个厨房和一个卫生间。

3. 剪下与平面图上墙体线条一样长的纸板条，并将其粘在线条上。

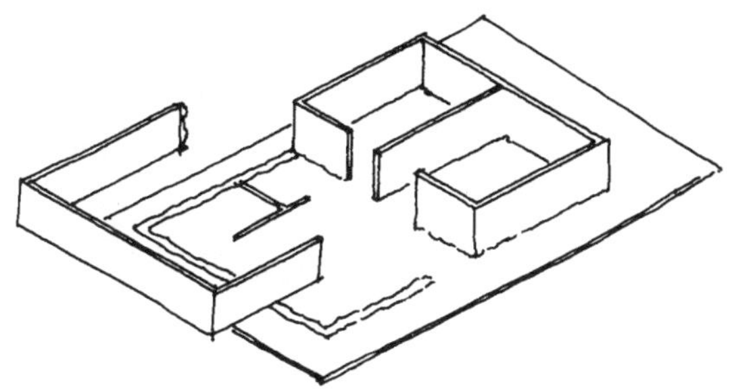

4. 检查这个平面是否表达了原来的想法。有可能需要修改或重新定位模型的一些元素，如门和墙等。

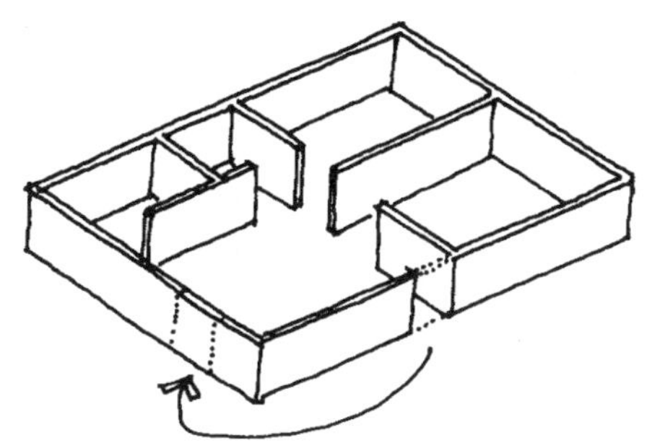

5. 当所有的元素都处于恰当的位置时,剪出或画上窗户。

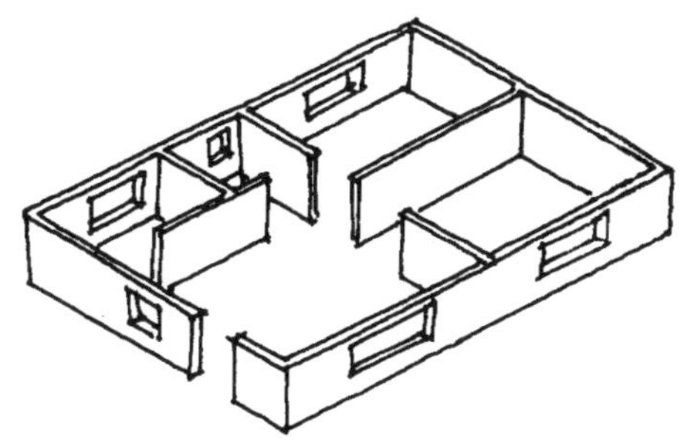

6. 在模型上画出给水、排水管的管线，以及照明的位置。

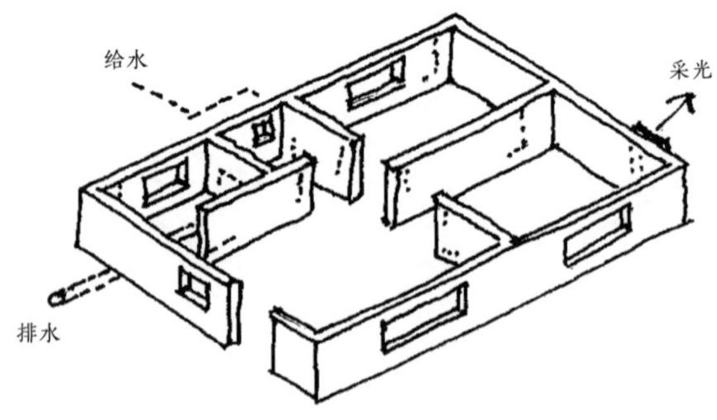

7. 根据气候和建筑材料的不同，决定最合适的屋顶形状。

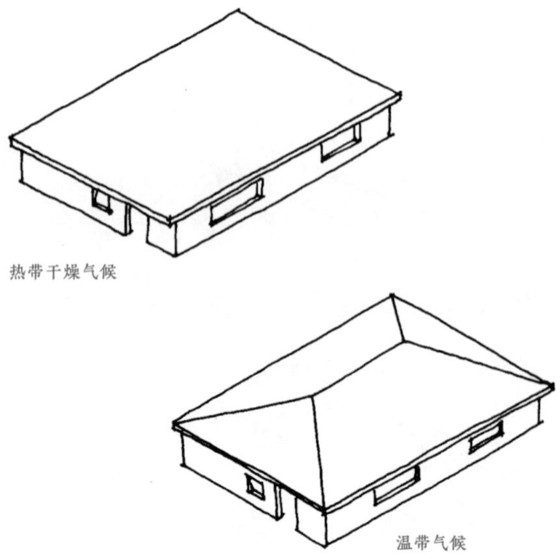

如果全家人都同意这个设计，那么就可以开工啦！

下面就以在有一定难度的场地中建一所简单、低造价的房屋为例。

卧室和卫生间在楼上。

起居室和厨房在楼下。

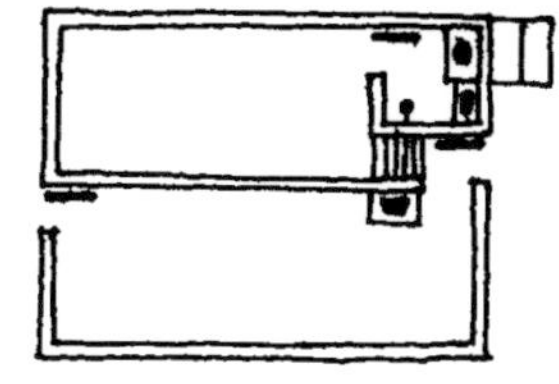

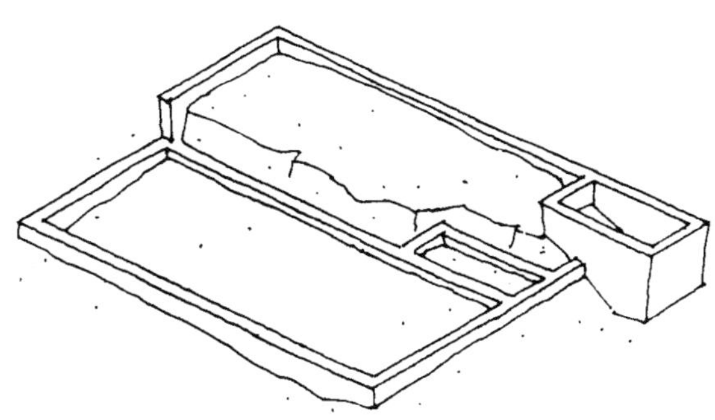

基础也在不同高度。

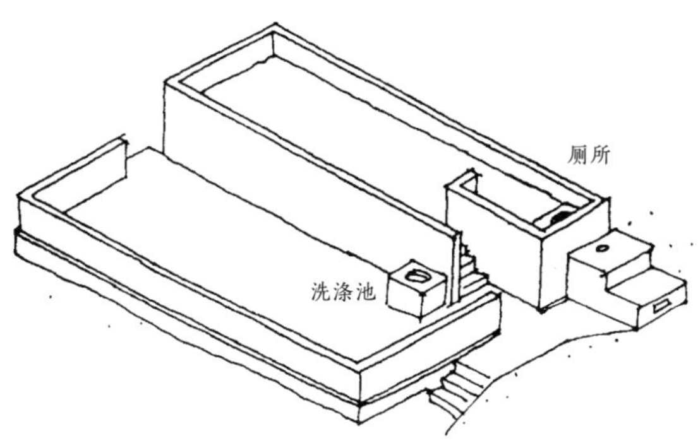

使模型的墙壁高度减半以看清内部空间。

这种类型的布局可用于滩涂或山地。

DIMENSIONS
尺度

设计时要对房子的尺寸有一个概念，可以你现在所住房间的尺度为参考。例如，假设你所住房间的尺寸为 3 米 ×3 米。

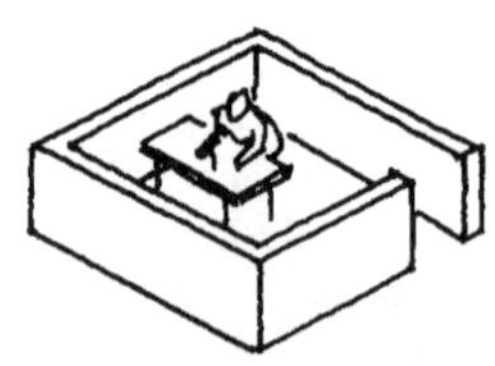

开始画设计图的快速方法是使用格子纸。假设 1 厘米等于 1 米。

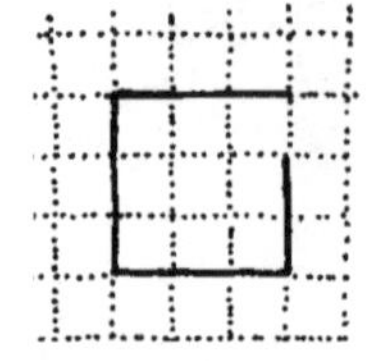

如果想要一个比你现在所住空间大一倍的客厅，就画出一个两倍于 3 米 ×3 米尺寸的正方形，或者一个面积大约等于 18 平方米的空间。灵活设计，选择最合适的形状。

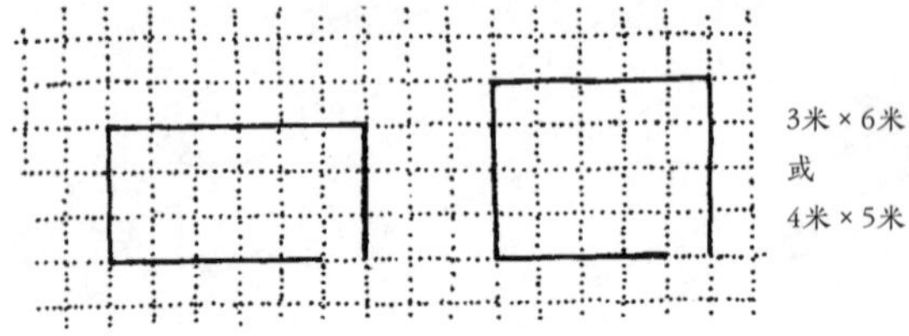

3米 × 6米
或
4米 × 5米

当增加更多的空间时，要确认它们是如何组合在一起的。

↘尺寸标注

在简单的图纸上决定空间的大小和它们之间的关系后，再为建造者或承包商制作另一种类型的楼层平面图。

举个例子，右图是设计最终布局的简图。

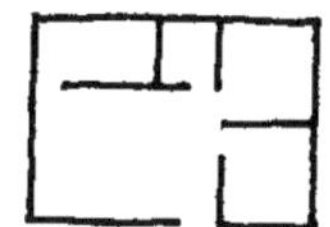

在给建造者的新图中，用双线表示所有的墙体并标出门窗的位置。

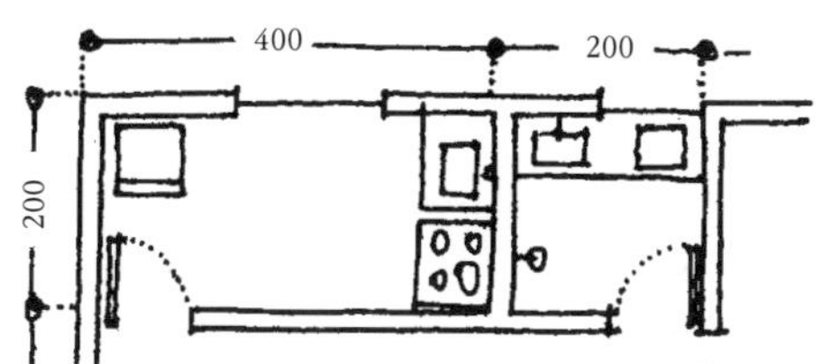

为了定位墙体，以墙角为参照画出它们的尺寸，然后测量这些点之间的空间。在施工过程中，用这些尺寸在地面上确定墙体的位置。

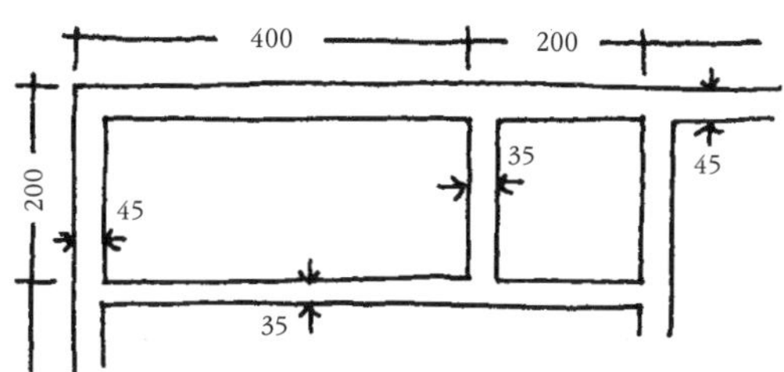

房屋基础的开槽要点对点地全方位测量和标线并用木桩标记。

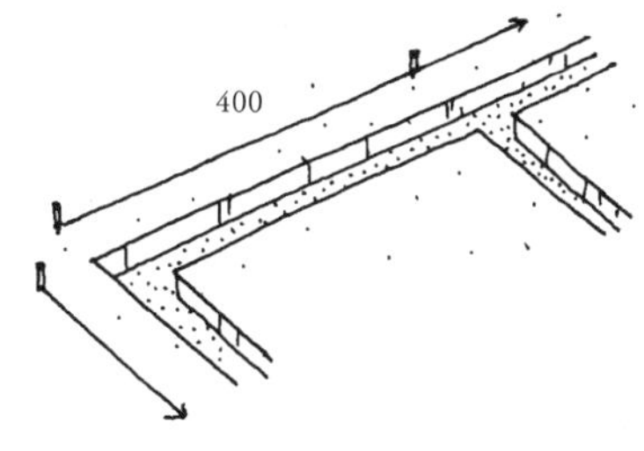

上图为开挖的沟槽。

以下是房屋空间的典型尺寸，面积单位为平方米。

客厅 5 4	面积 20	卧室 4 3	面积 12
厨房 3 2	6	卫生间 1.5 2	3

结构

为了防止在地震、强风或洪泛区出现结构问题，必须考虑以下原则：

- 墙越厚，强度越高。
- 墙越长，越容易弯曲。
- 墙越高，越容易倒塌。
- 屋顶越重，墙的承重越大。
- 方角易损。

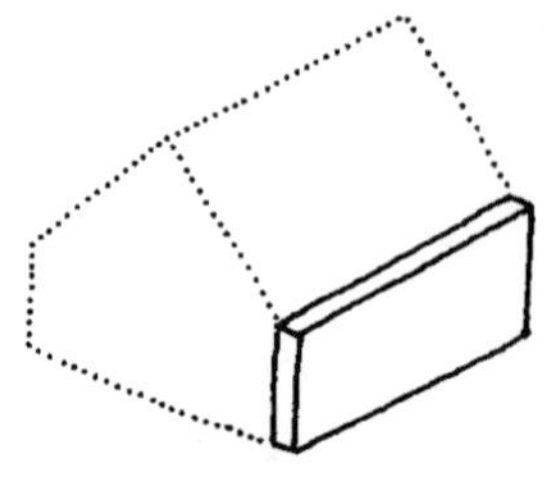

下表展示的是支撑板式屋顶的墙体的抗力系数。强度系数随墙体的大小而变化。系数越高，墙体抗倒塌的能力越强。

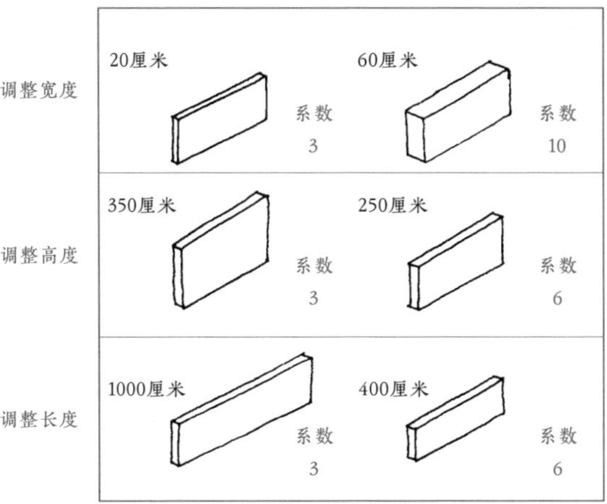

不同类型屋顶的重量会影响抗力系数。

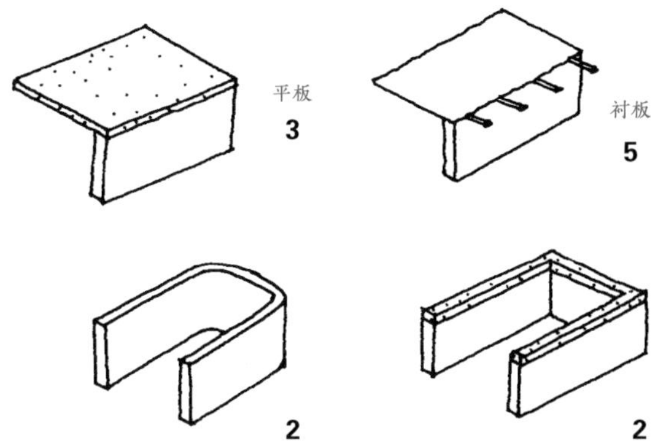

墙角的形状也很重要。半圆形的墙体与用钢筋加固的方形墙体具有相同的强度。

ENVIRONMENT
环境

房屋使我们免受各种气候条件的影响，不管是炎热、下雨、寒冷还是潮湿。因此，在设计或建造房屋之前，首先要仔细观察当地的气候。

有三种基本气候:

- 热带湿润气候，气温很高，昼夜温差不大，雨量充沛，植被丰富。
- 热带干燥气候，虽然气温也很高，但昼夜温差大，降水少，因此植被稀少。
- 温带气候，有着寒冷的季节和寒冷的夜晚。

移民们往往在新的家园建造以前他们居住的同种类型的房子。这是一个常见的错误，会使他们的房子不适应当地的气候条件，屋内不是太热就是太冷。

在设计之前，观察当地人如何建造他们的房子。这将有助于避免采用不适应当地条件的设计和材料。住屋必须适应气候。

本书“热带湿润地区”“热带干燥地区”和“温带地区”章节将分别介绍三种基本气候类型的特征是如何影响整个设计和施工的。

↘热带湿润气候

将房屋建在靠近山丘或高的地方，因为那里的空气更为流通。

- 建造薄墙，以免湿气积聚。
- 建造坡屋顶以疏散雨水。
- 使用木头、竹子、芦苇等材料。
- 安装大窗户，改善通风。
- 将房屋分隔开，让凉风流通。
- 在房屋周围建造遮檐，以防下雨时被淋湿。
- 抬高底层，避免地面潮湿。

热带干燥气候

- 在有山丘的地区，将房屋建在空气更为流通的高处。
- 使用厚实的墙体，以减少白天热量的渗透和夜晚寒气的侵袭。
- 使用石头、土坯、砖块等材料。
- 安装小窗户，防止灰尘和阳光的进入。
- 将房屋连接起来，尽量少让墙体暴露在阳光下，这样房屋之间就可以相互遮阴。
- 建室内庭院，使房间通风。
- 将底层建在地表上，以利用凉爽的地温。

↘温带气候

- 在有阳光照射的地方建造房屋。
- 建造厚墙，防止热量散失。
- 建造坡度适中的屋顶。
- 使用木头、土坯、砖和砌块等材料。
- 在南面安装小窗户，在北面安装大窗户。这种方式适用于南半球，北半球则相反。
- 用植被和土坝保护房屋免受风灾。
- 利用阳光为房间供暖。将地板与寒冷的地面隔开。

建筑所在地的环境条件并不总是能由这三种基本的气候来明确界定。在一些热带湿润地区，森林资源被破坏，造成建筑用的木料匮乏；也有一些拥有绿色山谷和丰富的棕榈林的热带干燥地区，那里的房屋全部用木材建造。

因此，建议建造符合生态理性、与当地环境相协调的房子。

如今，可以使用新型材料或进口材料来建造房子，但最好还是使用与传统建筑类型相融合的材料。通过改换所有材料、房屋形状、室内布局和空间使用，设计出一所不同于当地建筑结构的房屋，最终将导致“水土不服”的状况，就像下面这样：

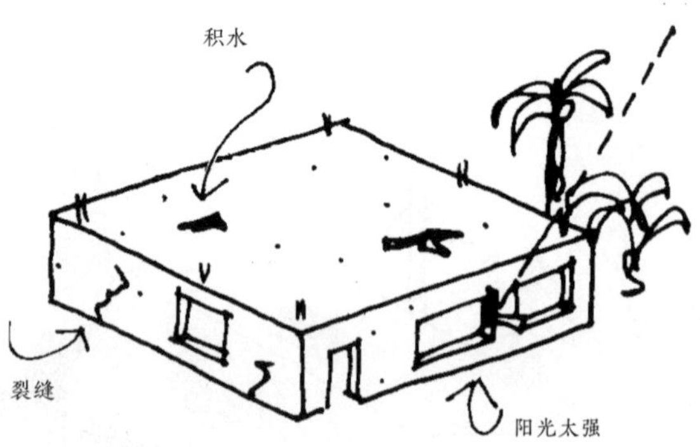

↘ 房屋及其构成要素

房子的庇护功能主要体现在三个方面：

1. 遮阴挡雨。
2. 防止地面潮湿。
3. 防风。

房子要能抗风和承受重型车辆带来的震动。

房子由以下三类要素组成：

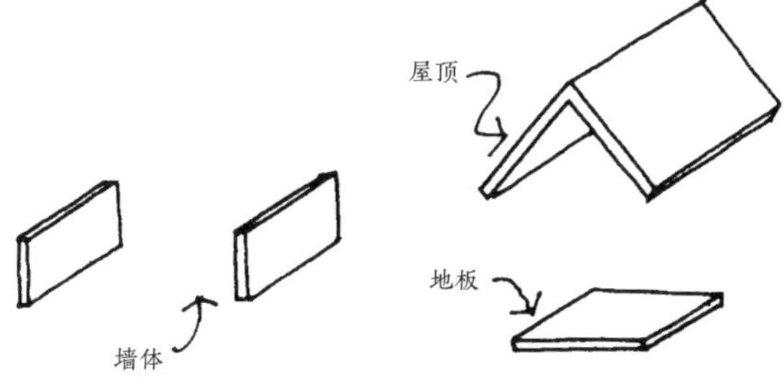

诸如渗水、虫蛀、过热或过冷等问题首先出现在屋顶、地板和墙体等构件的接缝或连接处。

历经风吹雨打或地震之后，任何施工的缺陷往往首先出现在这些节点部位。

↘ 利用环境改善住房

环境条件往往因被误解而不被利用。通过仔细观察环境，我们可以利用环境来改善居住和房屋系统。

不宜模仿其他地区不同环境条件下的元素或建筑风格。例如，在寒冷气候下，一扇窗可以让阳光进入，使房间暖和起来，但在干燥的热带气候下，同样的窗户会使房间过热，使人无法忍受。

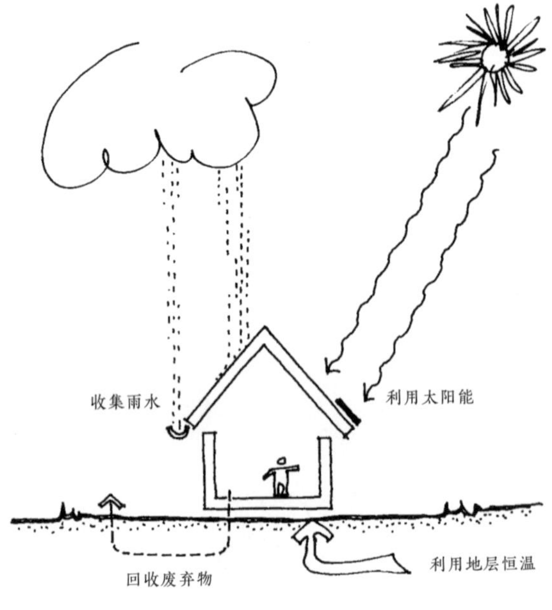

屋顶、地板和墙体的设置应结合自然环境和气候并加以有效利用。在后面的章节中，将详细介绍如何做到这一点。

↘ 坡地建房

将坡地上的房屋建造得与平地上的房屋一样，其结果往往是在地基和墙体的建设费用上超支，并且破坏了环境。当场地坡度很大时，应进行挖方和填方，但建筑平面应始终符合场地形状。

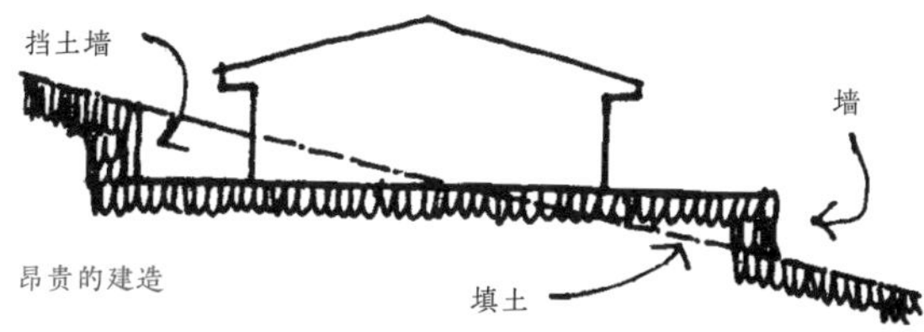

昂贵的建造

通过将空间分为几层，可以在坡地上建造出空间效率更高的房屋。

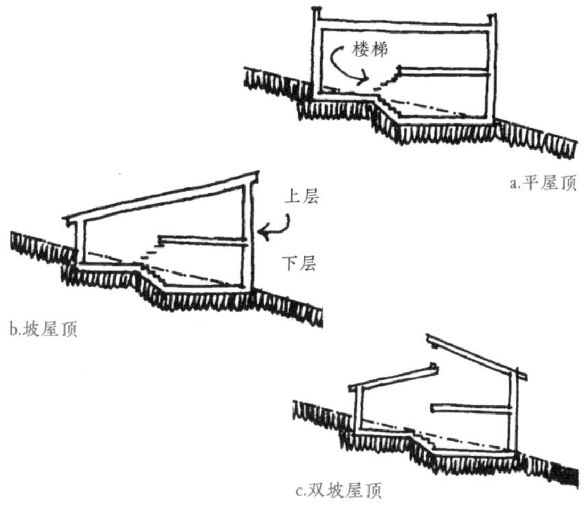

a.平屋顶

b.坡屋顶

c.双坡屋顶

房屋剖面图

修建挡土墙和填土的费用可以用于改善房屋的其他区域或部位。

↘阳光和风环境

为了防止室内过热，应遵循以下原则：

1. 可通过以下方式防止太阳光照射到墙壁上。

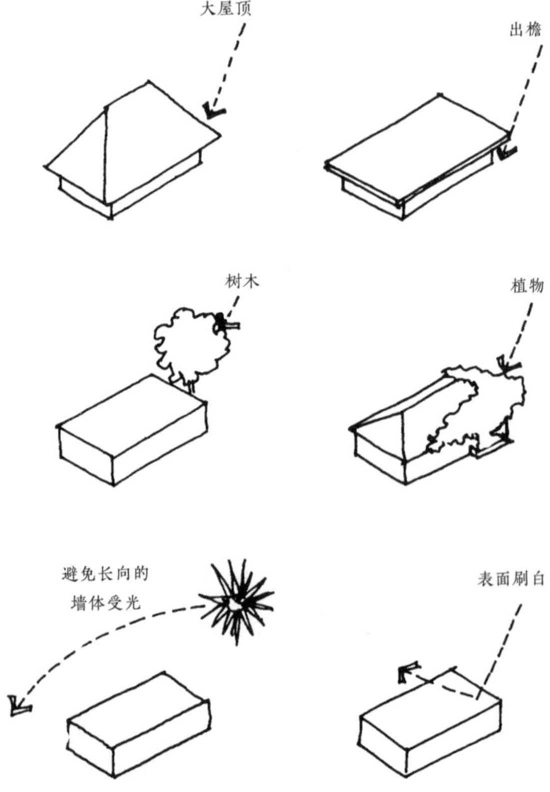

外墙受阳光照射后，会受热升温，最终热量渗透到室内空间，导致屋内的温度升高。

2. 可通过以下方式防止其他表面的阳光反射。

如果一栋房子有很多玻璃窗，太阳光就会从玻璃窗反射出去，照射到街对面的街坊家。

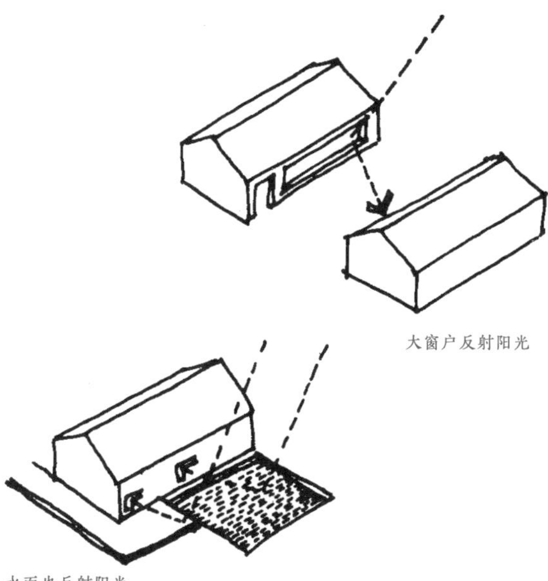

大窗户反射阳光

水面也反射阳光

深色路面或沥青会吸收热量并辐射到周围的建筑物上。

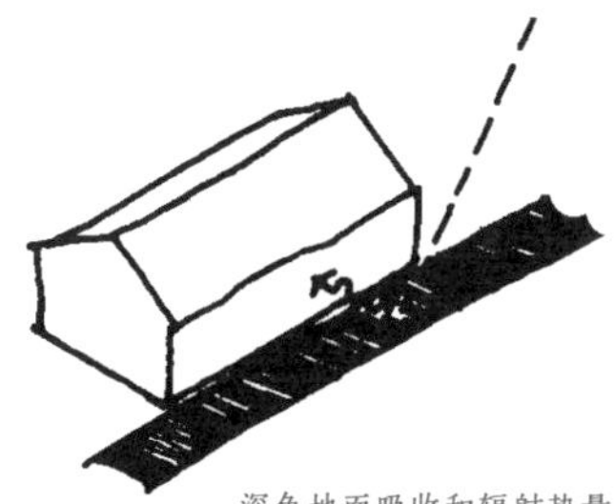

深色地面吸收和辐射热量

防止外界热量增加的最佳防护措施是植物和树木，它们在枝叶间储存着凉爽的空气。

3. 为使室内通风良好并保持热空气循环、不停滞，门窗的位置应与主导风向相对。

上部开窗：热空气在上面流动

下部开窗：凉风习习

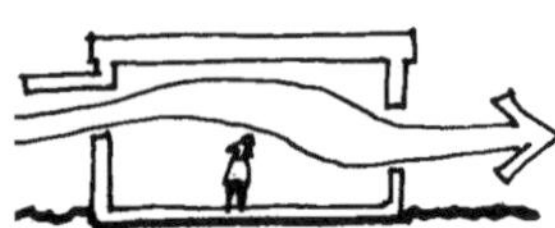

檐下风

廊架或顶篷与墙体分离

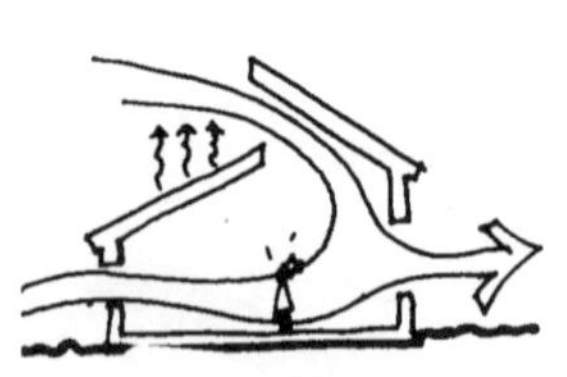

热量通过屋顶进入

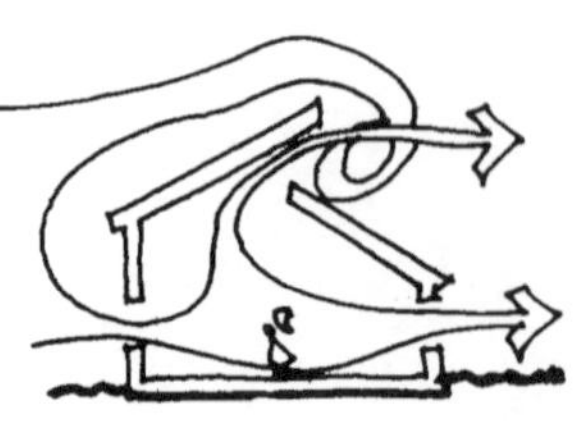

热量从房间散失

空气从上而下流通效率不高

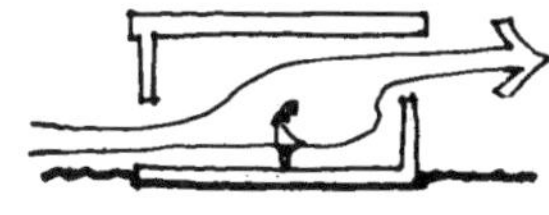

空气从下而上流通效率更高

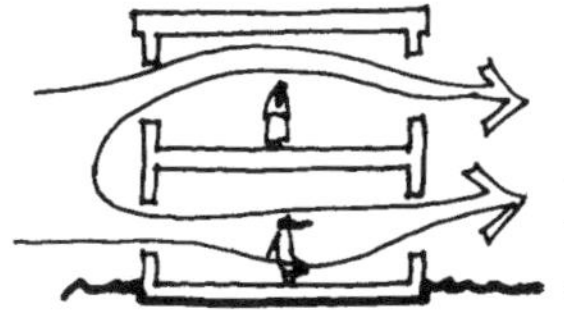

热空气离头部越近，你就会觉得越暖和

在门的下半部分开口，交叉循环更有效

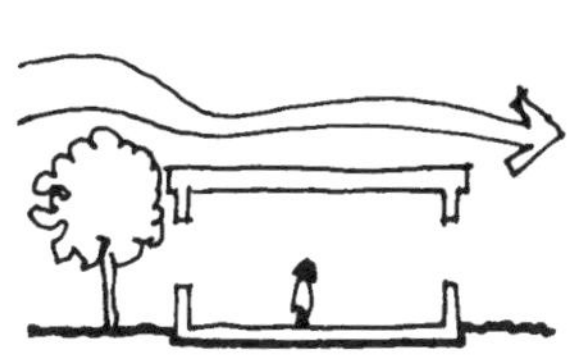

低矮树木使微风上升而不能进入室内

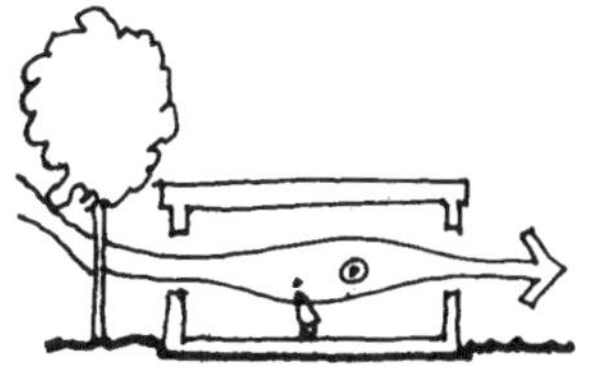

高大树木让清风下行，室内变得凉爽

植物或树木与房屋之间的距离也很重要。例如：

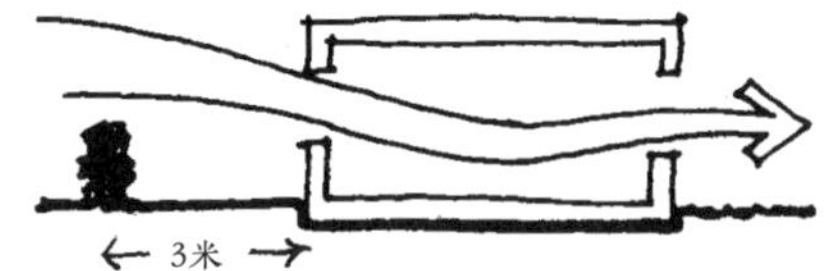

当绿篱植物距离房屋3米远时，会有微风进入

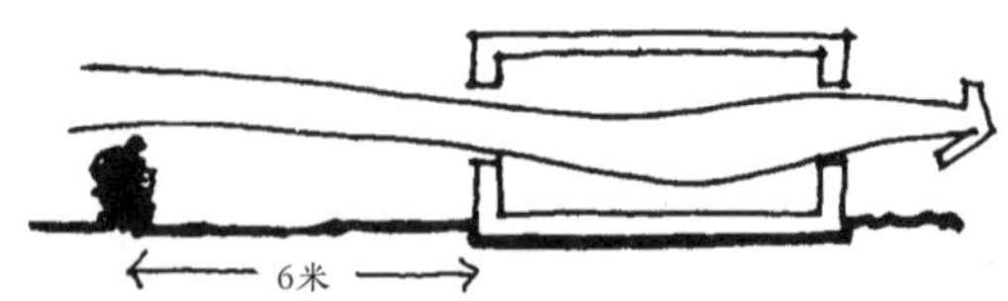

当绿篱植物距离房屋6米远时，会有较强的风进入

树木靠近建筑物种植时，降温效果更好。

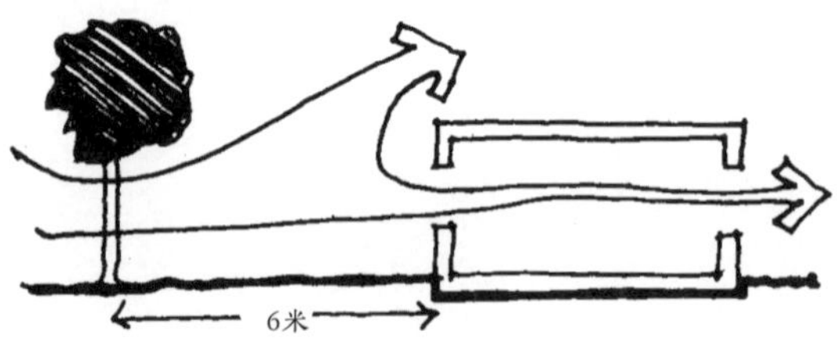

当一棵树距离房屋6米远时，几乎没有风

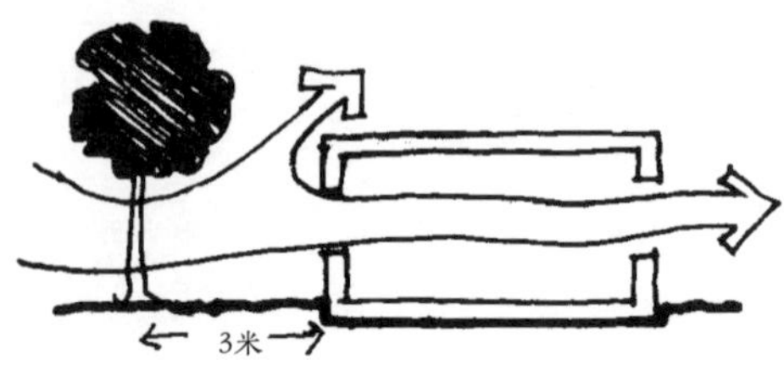

当一棵树距离房屋3米远时，会有更多凉风进入室内

在房屋周围种植绿篱，还可以改变主导风的流通性。

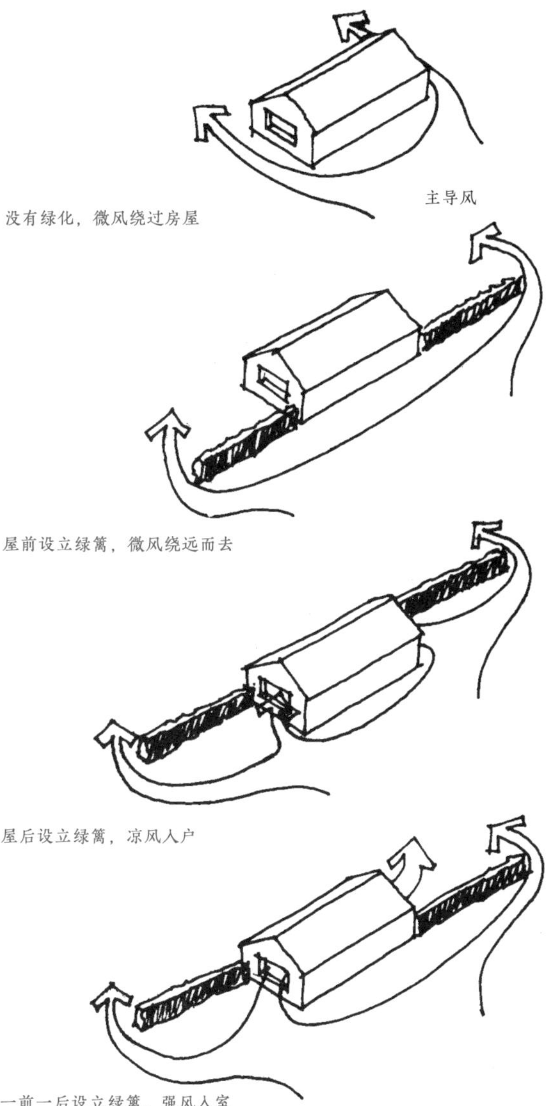

没有绿化，微风绕过房屋

屋前设立绿篱，微风绕远而去

屋后设立绿篱，凉风入户

一前一后设立绿篱，强风入室

↘ 屋顶通风口

防止房屋内部升温的方法之一是在墙体上部或屋顶上开通风口。由于热空气总是往上升，这些通风口为热量提供了出口。

通风的方式有三种：

1. 让室内的热空气排出。

要想让外面的凉爽空气进入，就必须将室内的热空气排出去

举例如下：

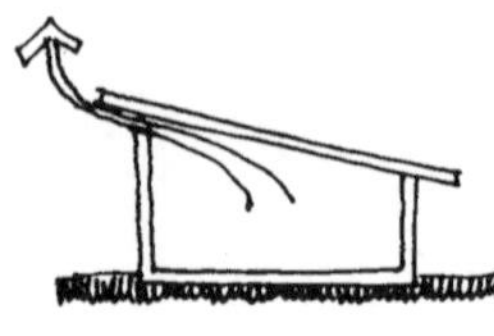

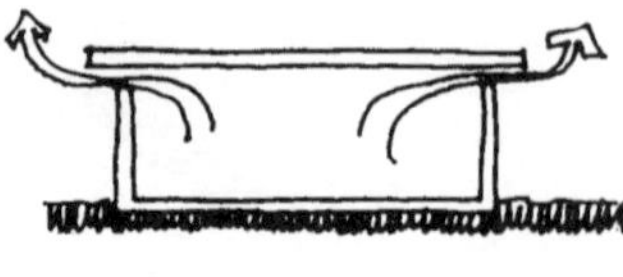

热空气从墙体上部通风口排出

热空气从屋顶通风口排出

2. 阻止热空气进入房间。

热空气从屋檐下流入，从屋脊附近的通风口排出

举例如下：

另一类在屋脊附近的通风口

3. 抽出屋顶和墙顶之间的热空气。

因为是平屋顶，微风吹动阻滞在屋檐下的空气

举例如下：

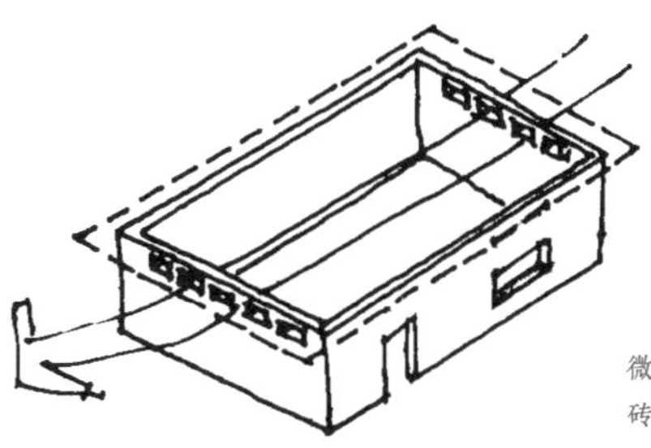

微风通过墙体上部砖瓦孔洞进入

LIGHTING
采光

房屋采光

在前面的内容中，举例说明了如何定位窗户以有效地利用自然风通风，从而提高房屋的舒适度。在定位窗户时，另一个需要考虑的因素是如何利用窗户来采光，因为阳光是白天照亮房间的最佳方式。

有时，为了防止热空气或噪声进入，或者因为没有足够可用的窗户材料（如木头或玻璃）来制作大窗户，就会安装小窗户。即使安装小窗户，也要知道房间如何采光，这是很有用的。

以下是决定房间采光质量的几个因素。

1. 窗户尺寸。

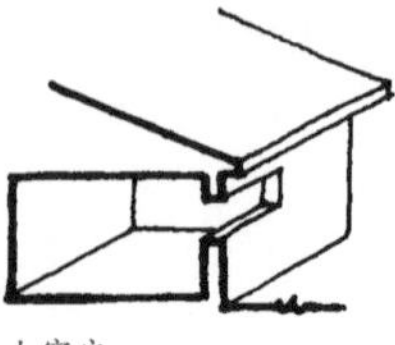

小窗户

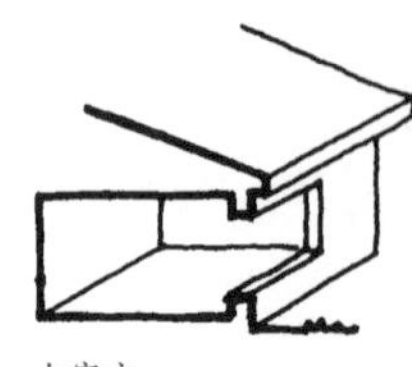

大窗户

2. 房间形状：狭窄的房间光线更充分。

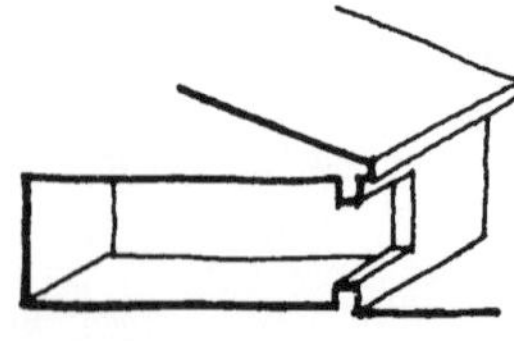

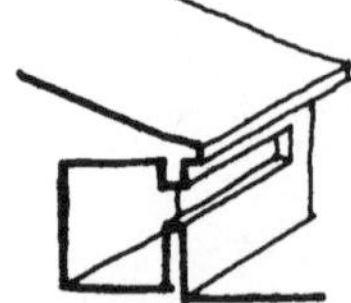

3. 房屋朝向：在**赤道以南**地区，朝北的房间比朝南的房间采光更好。

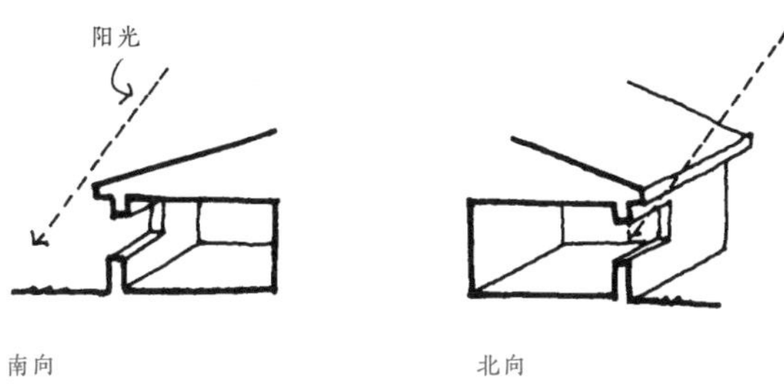

4. 外表面的阳光反射：浅色的表面会将更多的光和热量反射到房子里；植被能吸收阳光。

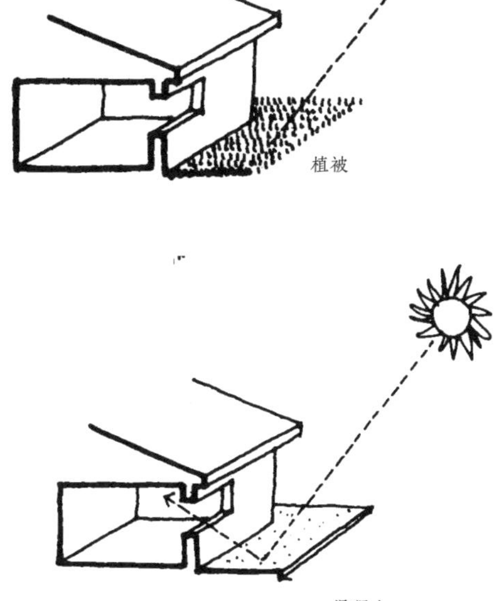

5. 太阳对其他植物和建筑物的影响可以改善或恶化房屋的采光。

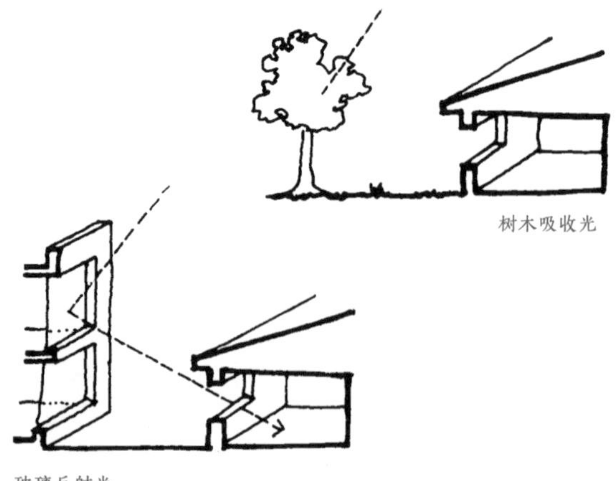

树木吸收光

玻璃反射光

6. 材料种类和房间颜色：浅色比深色更能反射光。

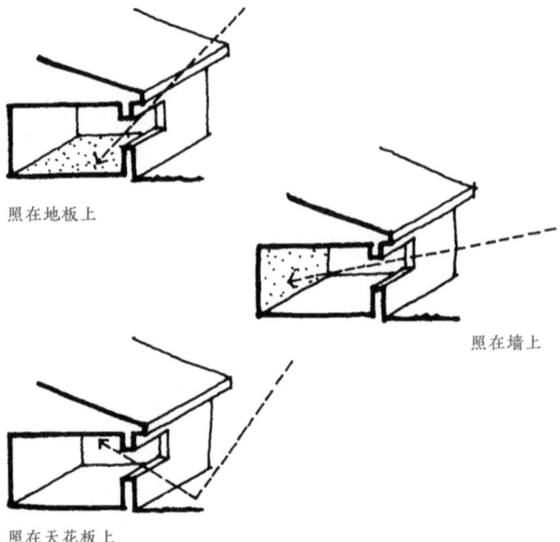

照在地板上

照在墙上

照在天花板上

7. 在一天中的某些时段，周围的地形会影响光照强度。

这个例子中，早上几乎没有阳光直射，但后来阳光照射到房子上

8. 其他建筑物或植被的遮挡：建筑物的高度，或者树叶的高度和密度，都会对采光产生影响。

在森林里　　在沙漠中

9. 气候条件：热带湿润地区的典型天气——阴天，与热带干燥地区的晴天有着不同的影响。

热带湿润地区　　热带干燥地区

窗户的大小和位置要根据场地条件而定。

但是，如果在考虑了所有场地条件后，仍然难以解决采光问题，可以采取其他措施：

- 当有过多阳光进入时，可使用百叶窗、板条、窗帘或植物。

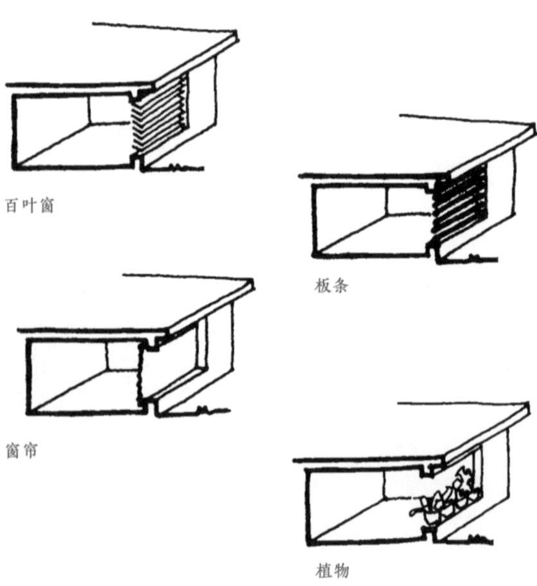

百叶窗

板条

窗帘

植物

- 当没有足够的阳光进入时，就想办法制造开口。

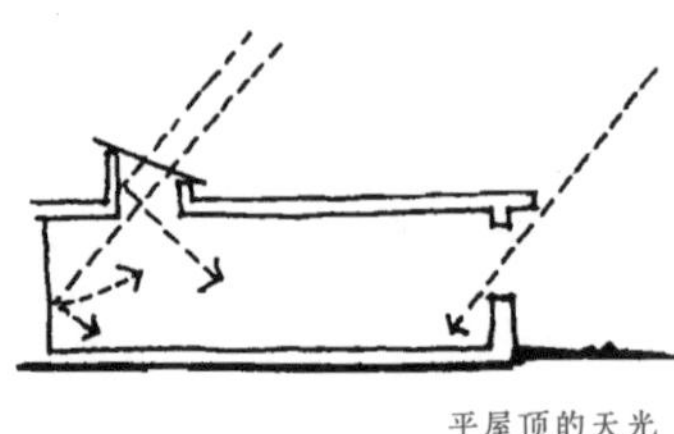

平屋顶的天光

另一种有趣的解决方式：

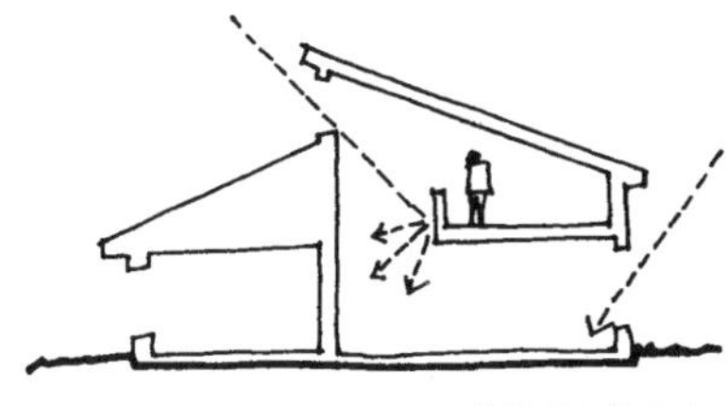

坡屋顶上的窗户

↘ 窗户高度

窗户的位置和大小要适应房屋内每个空间中进行的活动的类型。因此，每个空间的窗户高度可以不同。

例如：

客厅　餐厅　办公室　厨房　作坊　卫生间

以上所有尺度都是以厘米为单位。

↘阳光有益健康

蛹虫、真菌、病毒和细菌会在阳光不足的房间里滋生，比如窗户过小的房间或封闭的房间。

这样会导致居住者频繁地生病。

因此应尽量将窗户的位置设置在阳光能够进入的地方，净化室内的环境。

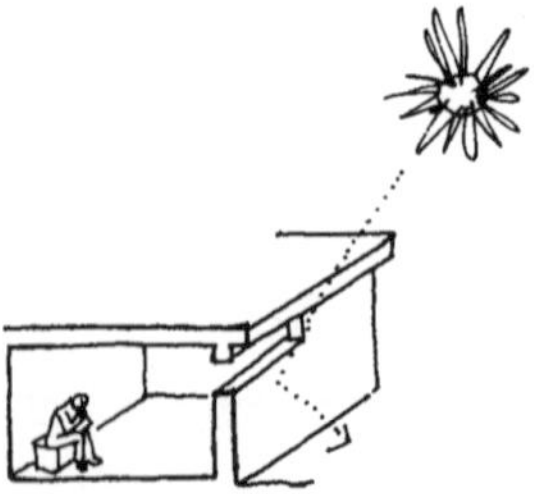

房内空气不洁净

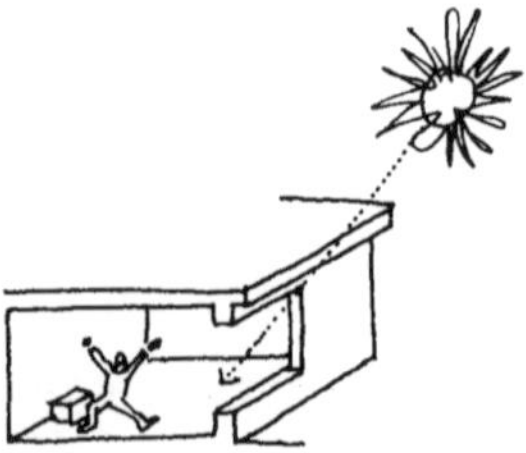

房内空气洁净

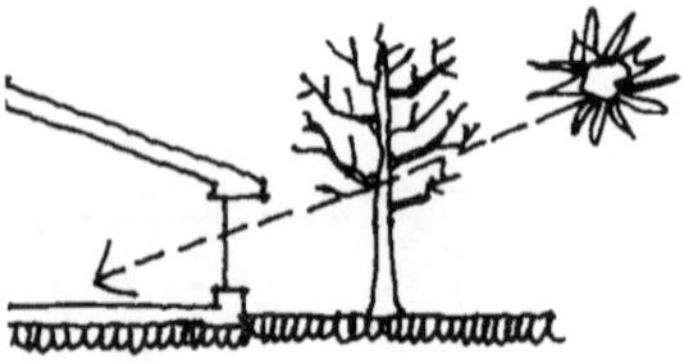

冬天

夏天

要想让阳光在寒冷的季节从大窗户进入，可以种植落叶乔木（冬天落叶的树）。

↘框景

通常会用大窗户或玻璃墙来框住风景。然而，从这里看窗外的乐趣迟早会被耗尽，风景也就被忽略了。

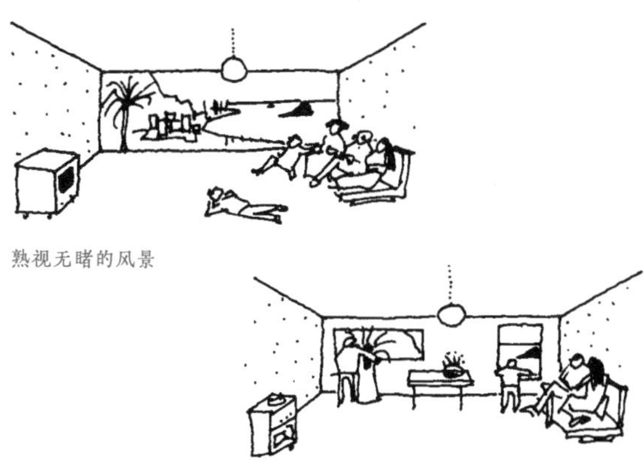

熟视无睹的风景

发现风景

由于事先很难想象每个房间的所有细节，所以有些决定可以在开工前或开工时做出，有些则留待以后再做。

例如，当知道窗户的尺寸后，可以购买、制作或找到回收的窗户。

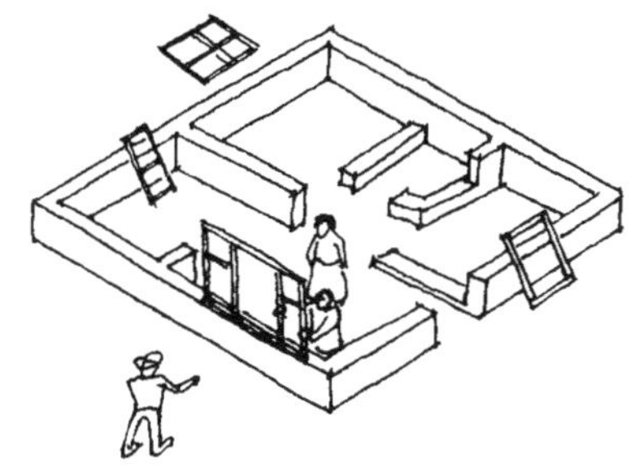

确定窗户位置的一个方法是先把墙砌到半米高，在房子里面走一圈，然后决定窗户最合适的位置和尺寸。

SITING A HOUSE
房屋选址

场地问题有许多类型，包括气味、噪声、烟雾、污水、没有吸引力的区域、被破坏的景观和艰难的基础设施。

工业活动往往是造成城市污染的原因。

如果这些工业活动位于人烟稀少的地区则危害较小。所有的工厂都应该安装废物处置设备，处理后再排放。

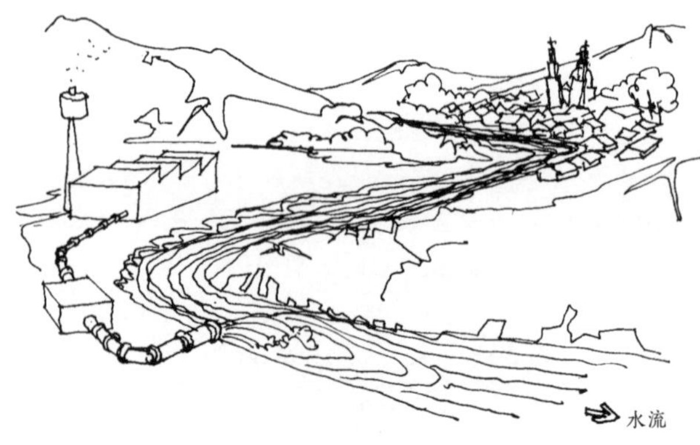

上图中，由于河水流向远离村庄，所以工厂排出的废物不会影响到很多人

将房屋设在远离污染源的地方。

用地细分

场地的最佳区域应作为公共集会场所，如公园、广场、学校、剧院或市场。这些区域的特点是有美丽的景观，包括小树林、开阔的视野或宜人的风。城镇的规划应使公众能够方便地进入这类区域。

不太有趣的区域应该规划大型建筑物或需要大幅改变自然环境的设施，如公共汽车站、停车场、工厂和高速公路通道。

城镇街道和广场的布局和规划必须以土方量最少为前提，并且使雨水能够顺着场地以自然方式排走。

小型住宅区必须包括社区商业活动用地。要避免商店集中在严格规划的商业区。

地块的大小不应全都相同，因为每个地块的价值并不相等。应考虑有树、有水、视野好的区域的价值。由于每个买家的经济状况都不一样，所以各种不同的地块尺寸给买家提供了更多的选择。

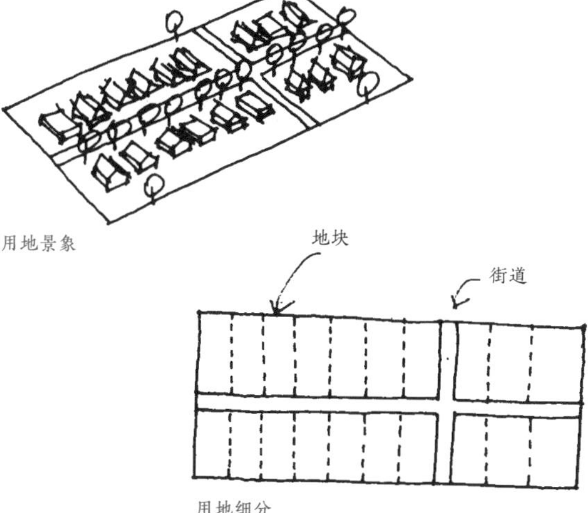

用地景象

用地细分

因此，与其规划相同的地块，不如按以下方式进行划分：

- 规划街道，使其遵循景观的形状。
- 然后开始划定一些地块，仔细标明它们的产权界限。如果街道是弯曲的，那么接触街道的地块的边缘就是弯曲的。地块之间的产权线可以不规则，根据每户购买的面积大小不同而不同。

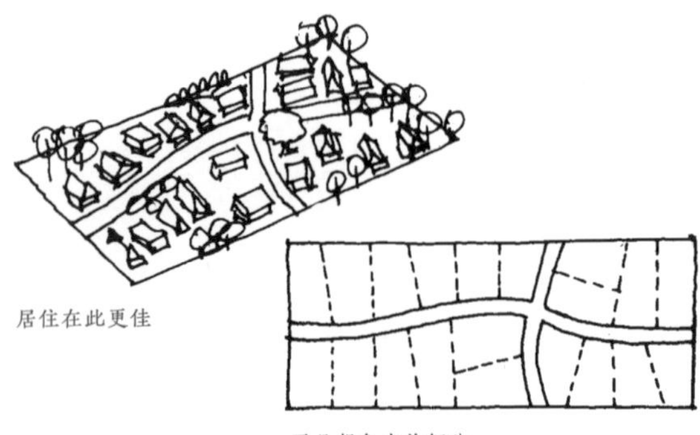

居住在此更佳

更具想象力的细分

久而久之，这种土地细分就不那么死板了，显得更加美观。

地块的价值不仅取决于它的面积，还取决于地块的美感和造就舒适房屋的潜力。

不同气候区的地块

在湿润地区，为了改善通风和使房屋更凉爽，应在房屋前和街道之间设置大面积的场地。在干燥地区，地块应该更窄、更长，房屋应该有共同的墙壁。详见本书“热带湿润地区”和“热带干燥地区”章节。

为了未来的居民，一定要保护场地上的树木。树叶可以遮阴，树根可以保护地基土。请重视树木。

在热带湿润地区，住宅地块的比例与热带干燥地区的不同。

热带湿润地区的地块：花园环绕着房子，这个外部空间能为房子通风。

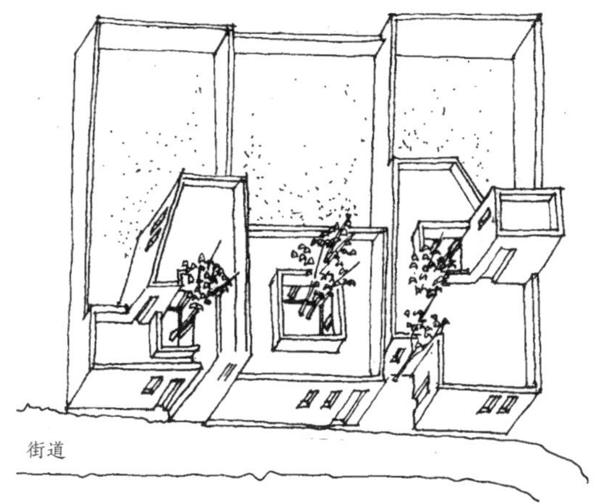

热带干燥地区的地块：内院的花园用于房间通风，后院的空间用于未来房屋扩建。

↘地块尺寸

将地块划分为同等大小，更容易计算其价值。然而，不同的地块大小更能激发买家的建造热情，从而创造出更具吸引力的社区。

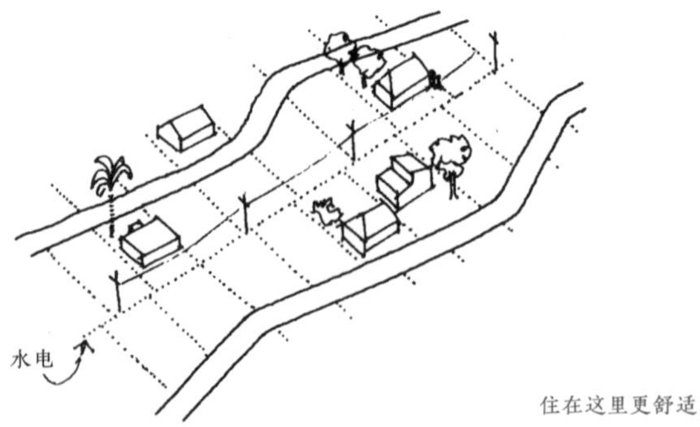

住在这里更舒适

两条街道之间的分界线应该拉直，便于安装电线、水管等设施。

面对大小不规则的地块，业主将有更多的选择。

使用新型的环卫系统（户用污水处理系统）就不再需要小区污水处理系统，因此街道的形状可以不那么死板。

↘ 房屋与场地融合

山地

➾ 一栋房子或一组房子不宜建在山顶或山脚：

江河湖海

➾ 房屋应建在水面形成湾并向陆地弯曲的地方，而不是陆地向水面延伸的地方。

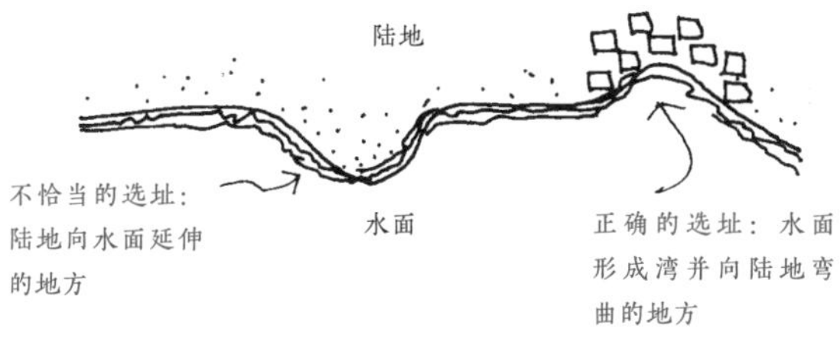

➾ 当房屋位于坡地上时，通往房屋的道路应该是弯曲的。

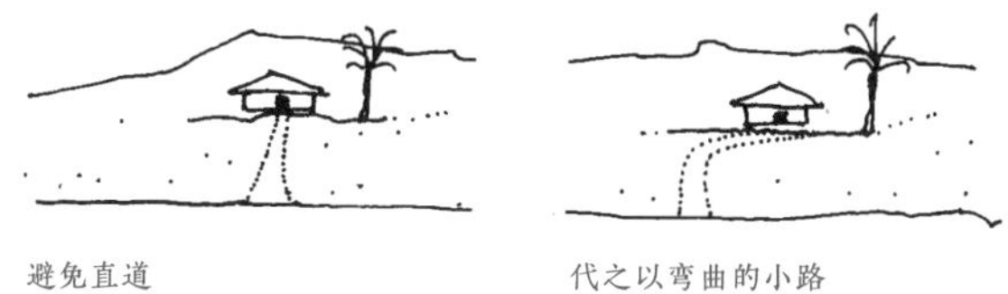

避免直道　　　代之以弯曲的小路

在一块大的地皮上，往往很难决定将房子建在哪里。有许多可能的选点，而且有各种理由把它建在这个地方而不是那个地方。在这种情况下，用直觉来指导决策。在场地周围走走，寻找空地，这些空地往往是建造房屋的好地方。

房屋应与现有元素融为一体。

每一块场地都有不同的方式来确定房屋的位置。

➡ 开放的场地：在中心线的两侧布置房屋。

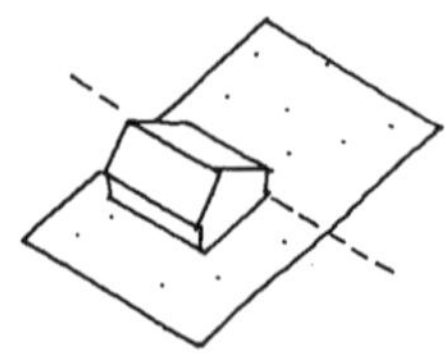

➡ 有一个元素的场地：把房屋建在其对面。

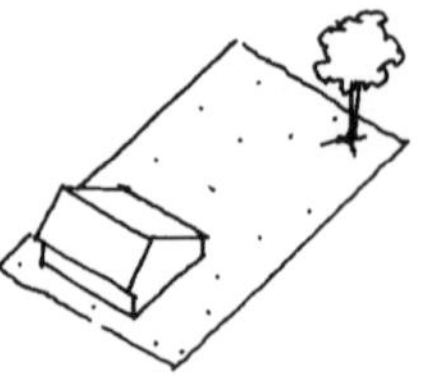

➡ 不平衡的选址：自然元素和建筑元素离得太近。

↘ 房屋形态

在一所房子里，往往有一些区域让我们感觉更舒适。我们享受空间是因为它们的朝向、采光、通风、材料的类型或颜色。

➾ 入口两边的区域被用作客厅或客房。

➾ 在L形房屋中，最好将床或工作台靠在a墙上。

➾ b区域是设置房屋的客厅或主房间的好区域。

➾ 在L形的空地上可以装上一棵树、大石头或喷泉。

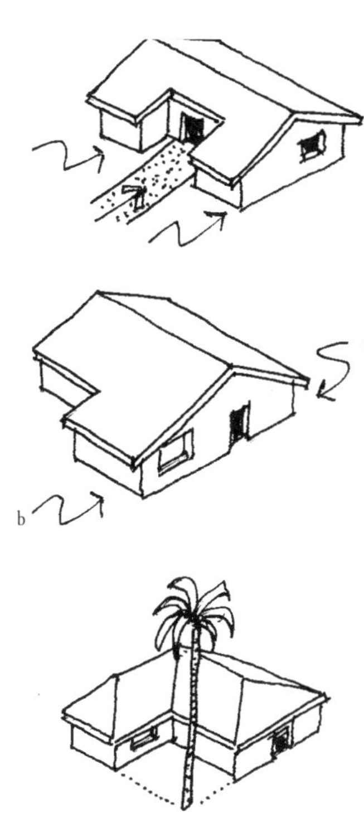

房子不仅是一座为居住者遮风挡雨、避暑驱寒的建筑，也是一个让家人感到愉悦的地方，还是一个可以邀请宾朋的处所。无论是在房子内部还是外部，都应该有一块供人独处、工作或休息的地方。

↘洪泛区的房屋

在洪泛区和沼泽地，建议将房屋建在柱子或平台上。特别是在没有铺装街道或排水不畅的非城市地区，更应如此。

当街道最终建成，发生洪水或形成沼泽的风险较小时，可将房屋下层的墙壁砌上，以提供额外的围合空间。

像这样开始

然后砌筑底层墙体

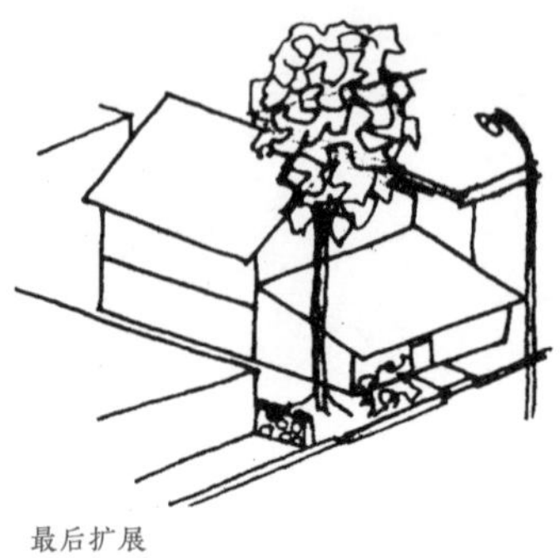

最后扩展

当场地平整好，需要更多的空间来满足家庭壮大的需要时，可以通过一些方式来增加房间。

城镇化总是按以下方式发展：最初的聚落（居住区）是简单的建筑群，往往是为贫穷的居民建造的，随着时间的推移，这些建筑得到改善、扩建和翻修，沿着有吸引力的街道成为漂亮的房屋。

有着几年历史的聚落

多年以后的同一个聚落

“当你不再改善你的房子时，你就离死亡不远了。”

——阿拉伯谚语

↘ 朝向

通风良好的房屋总是规划有服务空间，如卫生间和厨房，还有一面墙面向花园、庭院或街道。

这些服务空间应避免主导风将热量或气味传送到房屋的其他空间。

- 在**赤道以南**炎热潮湿的气候下，厨房应朝向南方，以避免来自北方和西方的阳光加热墙壁。
- 卧室或睡眠空间应在房屋的东侧。在寒冷的气候下，居住者早上起床时，太阳会使房间变热。在炎热的气候下，下午阳光来自西边，不会使卧室变热。卧室保持凉爽，睡眠更舒适。
- 客厅应该在西边。在寒冷地区，下午和晚上，客厅成为屋内最温暖的空间，而此时居住者最常使用这些空间。

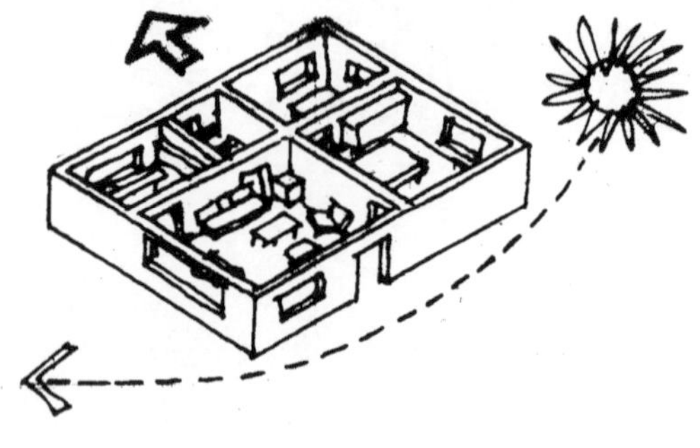

BUILDINGS
建筑

居住在一个社区里的人常常会建造他们自己的公共建筑。当社区发展起来，这些建筑需要扩建时，就会出现问题。应该预留场地上的额外空间用于未来的建设。

为了规划这种扩建，下面推荐了几种方案，并为不同类型的公共建筑提供了示例。

考虑一下设计一座大型建筑的影响。一个重要的因素是车流量的增加和对停车位的需求。公共空间必须与这些服务空间很好地区分开来。

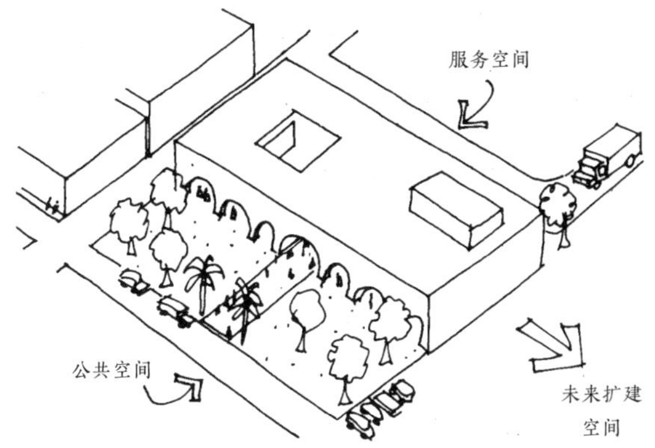

↘学校

	功能	规模面积/平方米
A	教室（40 个学生）	50~60
B	教师办公室	20
C	男用盥洗室	10
D	女用盥洗室	10

空间分布：

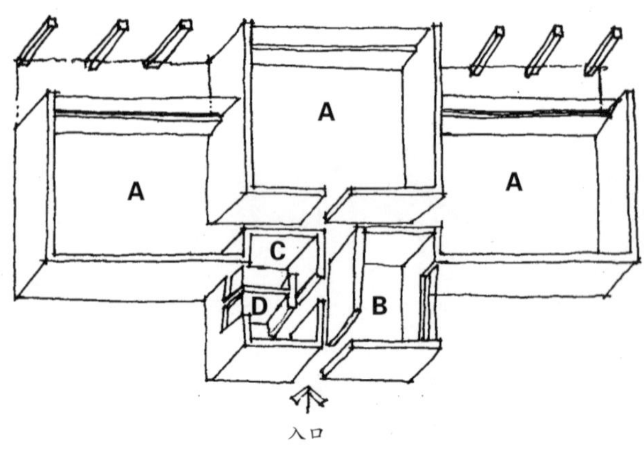

这个基本布局可以在水平方向或垂直方向重复。

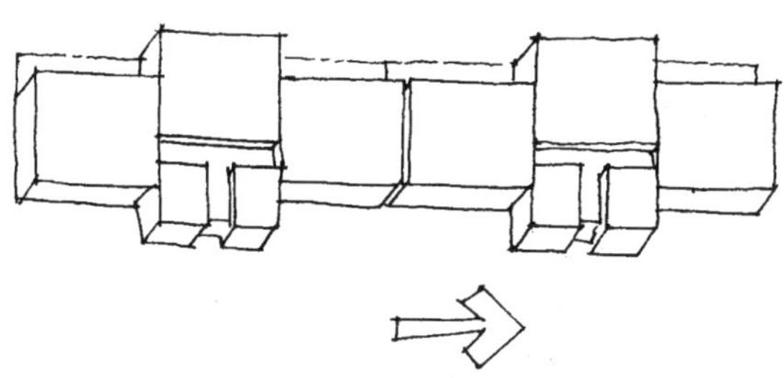

水平方向重复

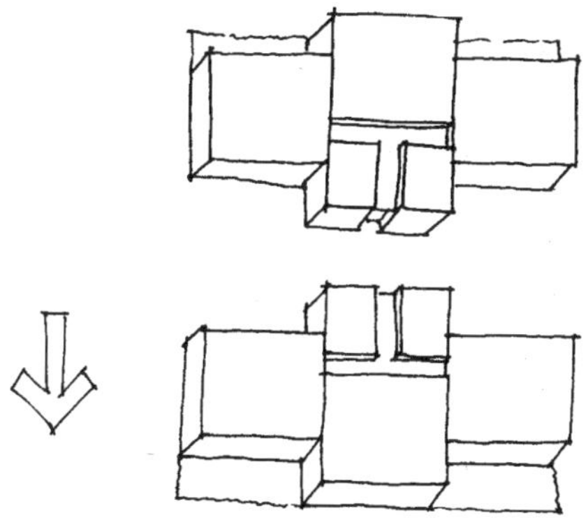

垂直方向重复

扩建的方向取决于场地面积、通道位置、现有植被类型和土壤条件。

这个基本布局也适用于坡地。

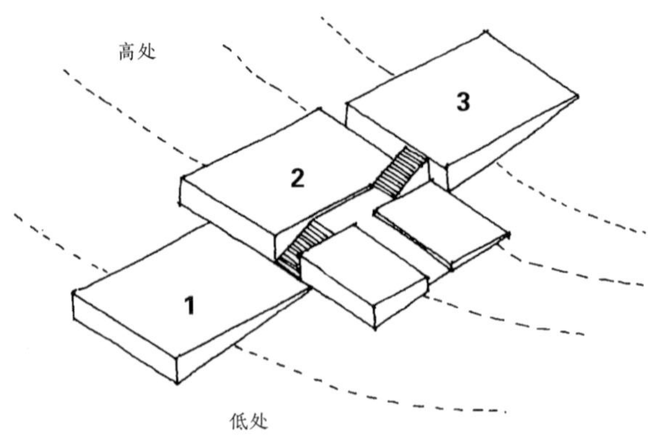

上图中的空间分为三层。从左到右，从最低处（第 1 层）上升到最高处（第 3 层）。

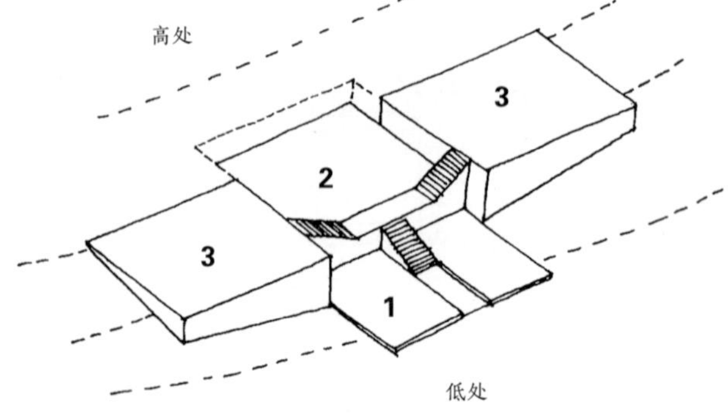

上图中，空间也分为三层，从中间升到第 2 层，然后向右或向左转到第 3 层。

当一所学校扩建时，往往会增加额外的功能，需要特殊的空间，例如：

- 一个大房间，可用于体操训练和召开会议，也可用于举办庆祝活动和团体集会。
- 一个工作坊，用于召开学生会议和家长会，以及制作东西，如社区用的工具等。

观察

- 小学的规模不宜过大。如果社区发展，应在其他地方增建学校。这样可以避免学生走远路。
- 学校应设在安静的地方，远离交通和主要街道。
- 学校也应远离工业区或有噪声和污染活动的地方，以免危害学生的健康。
- 学校的建筑材料应与当地房屋的材料相同，这样能融入社区，并形成和谐一致的视觉效果。
- 学校周围的休闲区应该有树木，为学生遮阴和提供水果。

↘诊所

	功能	规模面积/平方米
A	接待室（候诊室）	40
B	检查室	10
C	化验室	20
D	配药房，仓库	20
E	小手术室	20
F	医务室	40
G	厨房	20
H	盥洗室	20
I	员工房间	20

空间分布：

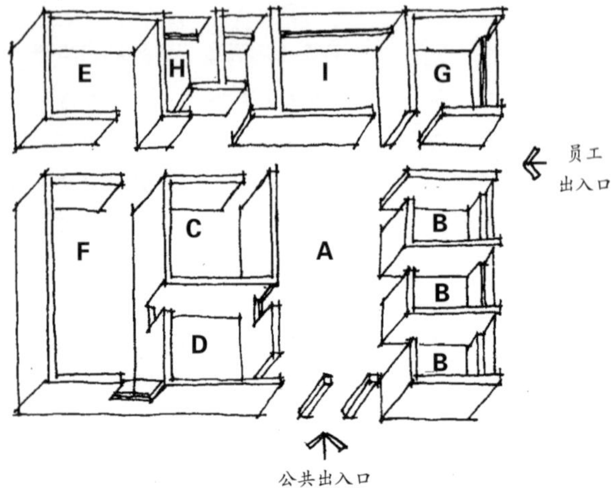

↘ 空间描述

A. 接待室和候诊室是与病人初次接触的地方。接待护士决定病人是否可以立即接受治疗或需要医生的关注。

B. 检查室用于对病人进行检查，设有一个仪器桌和一张床。

C. 化验室用于简单的检验，存放仪器和医疗器械。

D. 药房仓库用于存放药品和医务室材料（毛巾等），也可用于给病人分发处方。

E. 小手术室用于小型急诊手术。

F. 医务室用于手术后的病人休养，如分娩或局部治疗后。

G. 厨房用于为病人和员工准备食物。

H. 盥洗室。

I. 员工房间用于休息、更换衣服和存放个人物品。

从上一页诊所的基本布局开始，按以下方式扩展医疗服务范围：

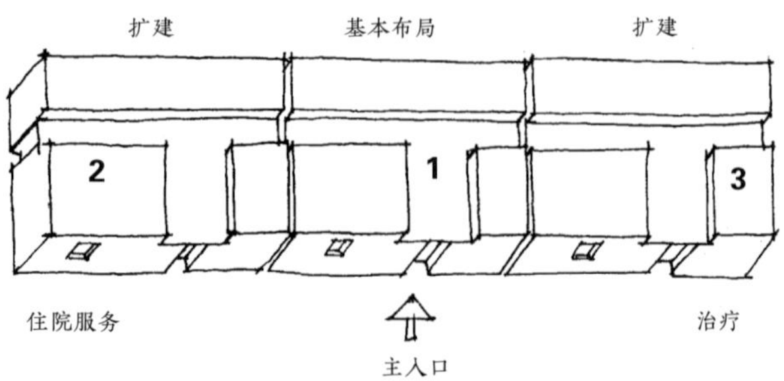

中心区（1）的一侧扩大了床位（2），另一侧则增加了诊室（3）。

如果要进一步扩建，有必要咨询建筑师，因为糟糕的医院布局会造成延误和流线问题。还需要充分考虑当地的气候，使病人的房间不至于潮湿和炎热。

医院使用的设备会消耗大量的电和水，所以从一开始，设计就必须考虑水管、电线和管道的位置。

例如，放射室需要进行特殊的表面处理，以防止X射线伤害其他房间的使用者。

↘观察

- 诊所应有较好的可达性，它应设在中心地带，并尽可能设在场地中安静的区域。
- 许多关于建学校的建议也适用于建诊所，例如使用当地材料、在建筑物周围植树、避免建在受污染的地区。
- 针对不同的用途应该设置不同的入口：病人入口、急诊入口、服务入口（食品和材料运送）。
- 诊所正面入口应该用一个大的顶篷或其他类型的装置来遮挡阳光和雨水。当发生紧急情况或灾难，接待空间必须用于检查和治疗时，病人可以在这个保护区域等候。

入口景象

↘市政厅

	功能	规模面积
A	接待和安保区	空间的大小与人口的多少成正比
B	市政管理区	
C	公务员办公室	
D	档案室	
E	会议室	
F	服务区和洗手间	

空间布局：

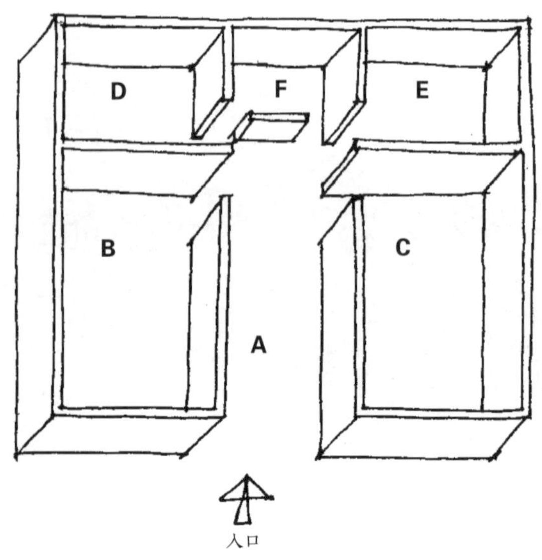

一层建筑

这一分布展示了空间关系。接待区只有一个入口，以控制公众从街上进入。公众可以进入市政管理区和公务员办公室。

市政管理区与档案室在同一侧，会议室就在附近。服务区、储藏室、卫生间和带用餐区的厨房在后面，并有一个单独的配送区。

市政厅往往是一个小城市中最大的建筑，所以要精心设计和建造。市政厅往往有一层以上的高度，一般位于主要广场或中心位置。A、B、D、F 空间可设在一层，C、E 空间设在二层。

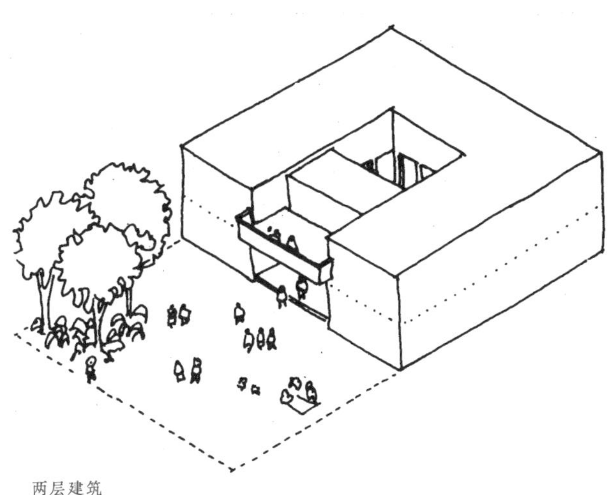

两层建筑

↘旅馆

	功能	规模面积/平方米
A	客房	最小20
B	餐厅	2
C	厨房	1
D	洗衣房	0.5
E	员工房间	1
F	办公管理和接待区	0.5
G	储藏间	1
H	停车场	16

注意：面积是按照房间数的比例计算的。例如，一家有20个房间的酒店，厨房面积为20×1=20平方米。

空间分布：

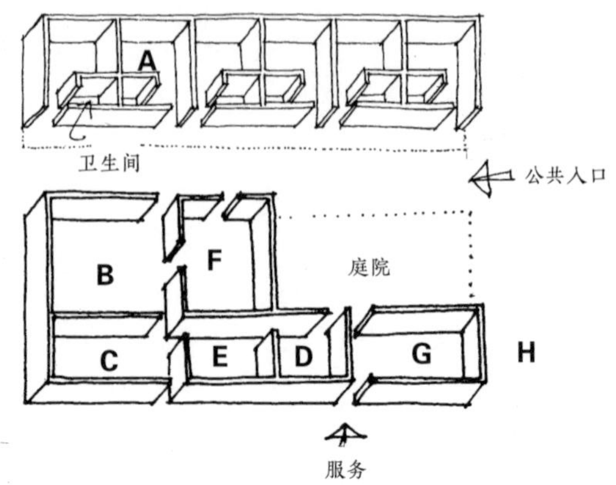

在上图中，并未显示所有房间。

↘观察

- 双人间，带一个卫生间，面积应该在 20 平方米左右。
- 酒店想要有一个标准的布局是非常困难的，因为每个场地都有独特而富有特色的周边环境，应突出客人的感受。客房以及餐厅、候车区等公共空间的设计，应引发人们对自然景观或历史建筑之美的关注。
- 客房的设计取决于很多因素，如周围的景观（风景优美的酒店可以有阳台、露台或花园），客房的使用时间（靠近汽车站的酒店有夜间客源），或客人的平均停留时间（靠近海滩或旅游景点的酒店，客人的停留时间可能更长）。
- 空间可以具有多功能，例如，靠近等候区或庭院的餐厅可以改造成举办庆祝活动的大型区域。另外，洗衣房、厨房、接待区等服务空间应集中在一起，其供水管道也应设在一个区域。
- 应尽量避免让游客暴露在噪声污染中。在有瀑布、树林、古迹等特色的旅游景点附近，不应进行任何建设。例如停车场和商店等服务设施会产生交通拥堵和噪声，极大地削弱了这些景点对游客的吸引力。

↘市场

	功能	规模面积/平方米
A	市场摊位仓库	可变
B	洗涤区	可变
C	公共厕所	最小20
D	垃圾贮存处	最小10
E	有顶/室内区域	最小250
F	扩展/室外区域	—

空间分布：

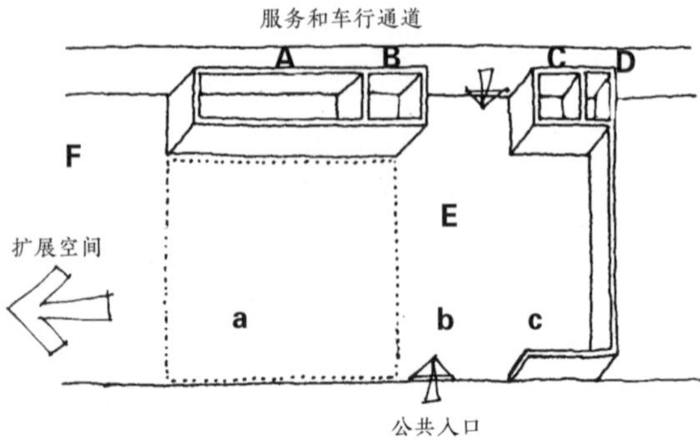

↘空间描述

A. 一个有顶且围合的区域，可设置原来在市场露天区域设置的市场摊位结构，也可以在这里设置一个小房间，供市场管理部门使用。

B. 一间有顶的房间，用于清洗市场设备和清洁材料及农产品。

C. 公共厕所。

D. 一个存放垃圾的地方，这些垃圾将由城市垃圾车从该区域清走。

E. 这个区域可以分为三个不同的空间：

a. 最大的空间是市场区域，摊贩在此设置可拆卸的摊位。货摊应该用适宜的材料制作，或者向城市租借。

b. 一个有顶的空间，如一个大的门户，小贩们可以把商品摆放在桌子上。

c. 一个拥有固定和围合摊位的区域。

↘观察

- 通道非常重要。如有可能，将运送商品的卡车的停车区与公共流通区分开。
- 在卡车送货通道区附近，设置仓储区、洗手间、垃圾区和清洗区等服务设施。将这些服务设施集中在一起比较经济。
- 预留一个可供扩建的区域，在此期间可用于停车。
- 有顶的市场区域也可以用于博览会和庆祝活动。因此，可以用露台和树木使该区域更具吸引力。

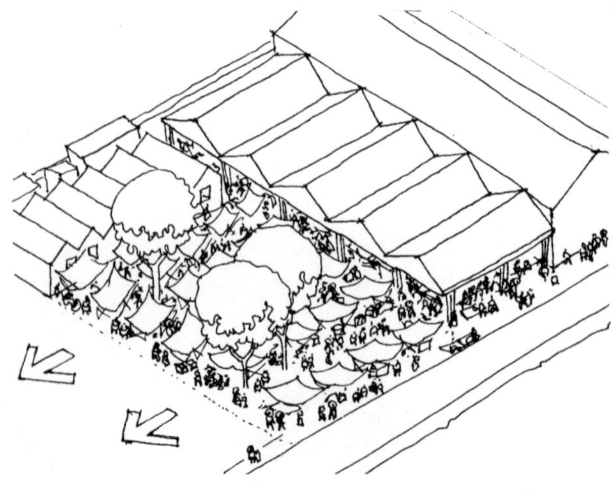

上图仅是利用市场空间的一种方式。根据场地的条件、道路的通达性和周围的建筑，还有很多其他的可能性。

SETTLEMENTS 聚落

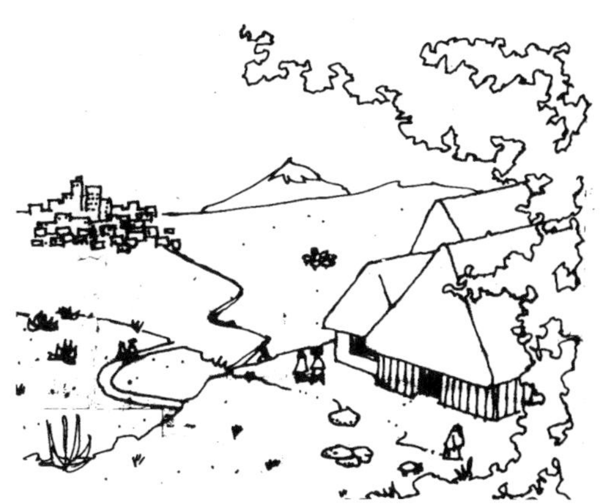

如前文所示，无论是热带湿润气候、热带干燥气候还是温带气候，每种气候下的房屋设计都是不同的。就如每个地区都有其独特的条件一样，每个小地方、聚落、村庄或城市也是如此。这些地区的房屋类型取决于当地具体的条件、周边情况和环境。

↘ 热带湿润地区

1.有树木的广场

2.有遮雨门廊的商业区

3.周围有开放空间、通风好的房子

4.两旁有林荫的宽阔街道

5.有顶的大型公共活动区

6.顺应自然景观高差的街道，排水通向河流或湖泊

↘ 热带干燥地区

1.高楼林立的小广场

2.有遮阴门廊的商业区

3.南北走向的主要街道，使得一侧始终处于阴凉处

4.狭窄的街道，能获得更多的阴凉

5.房屋连在一起，有内院

6.公园位于较低的地面层，以排水作为灌溉水源

↘ 河滩湖沼地区

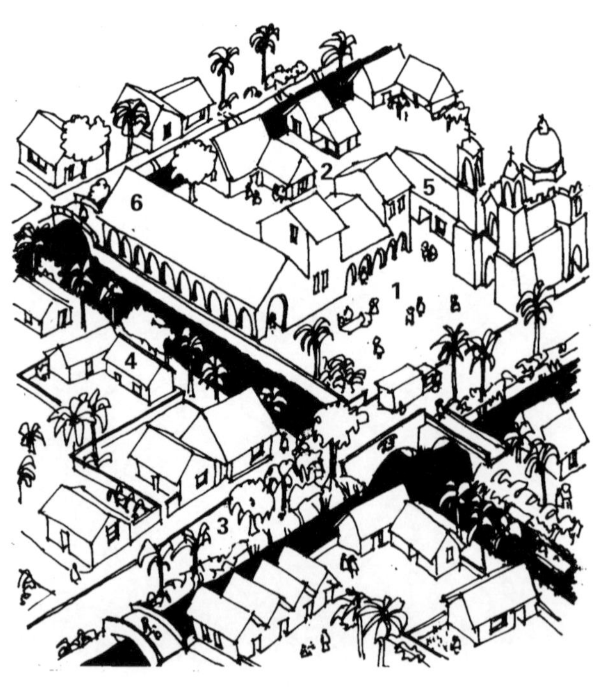

1.面向运河的小广场

2.横跨运河的直街

3.运河两侧的树木

4.连在一起的房屋，从运河通风

5.不同层数的房屋，二层为居住空间，一层为储藏室

6.商业区位于运河与街道交汇处，靠近桥梁

↘森林地区

1.岛屿的空地由穿过森林的小路连接
2.聚落（居民点）临近河流，方便交流
3.每块空地都有一个广场或聚集区
4.建筑彼此分开，便于通风
5.建筑物位于已开垦和利于排水的较高的林地上，水排向较低林地
6.将小路架起来，以避洪灾

↘ 沼泽地上的建筑

以下是对在洪泛区和河滩湖沼之地聚居的指导。

沼泽地剖面图

1. 修筑堤坝和种树来保护堤岸。

2. 把小沟渠的土挖出来形成大渠，把两堤之间的区域填平，形成一个岛。

3. 在地势不稳的时候，建造轻质房屋。其余建筑可以在地面稳定后再建。

↘森林聚落

准备在林地定居时，应做如下考虑。

在自然环境中，不同类型和大小的植被共同生长，因为它们相互依存。空地边缘或河边有较小的树木和植被，而森林的深处有更大的植物。

为了开辟更大的空地而砍伐森林，会破坏当地的生态环境，使一片绿色健康的土地变得荒芜而无法生长复原。

在这种山林被砍伐的环境中建造房屋居住会让人感到不舒适。

自然空地呈V字形

下面是一个建得不好的林中空地聚落的例子。

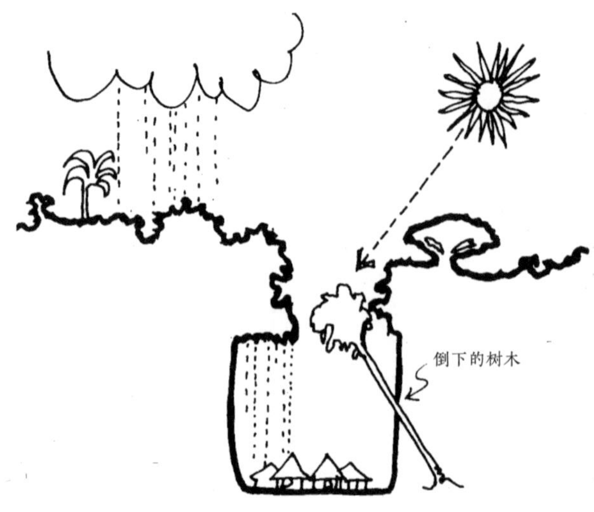

为什么这个聚落建得不好？

- 高大树木的根部通常不是很深，如果没有低矮树木的自然支撑，这些高大的树木就会被强风吹倒，落在空地中央。
- 暴雨过后，水还会继续从树上落到居所上。
- 居所被遮挡，阳光无法穿透空地，无法使地面和房子的屋顶保持干燥。

注意：上图为森林中房屋外立面的剖面图。断面部分用粗线表示。

下图所示是在林中空地建聚落的正确方式。

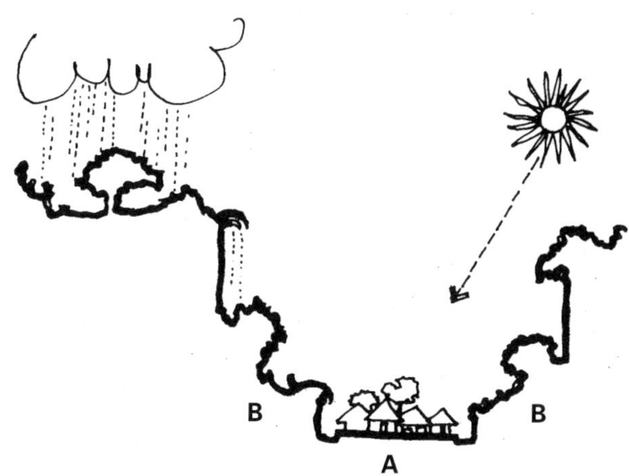

- 高大的树木由低矮的树木支撑。在 A 部分的空地，所有的树都被砍掉，在 B 部分，只有高大的树木被移走。
- 雨水在空地和森林之间的小水渠中流动。一定要防止这些水成为积水而滋生蚊虫。
- 阳光穿透树木进入空地，使房屋保持干燥。

可以在房屋之间种植树木，为居住区提供果实和阴凉。

CLIMATE
气候

在设计房屋时，必须考虑三个气候条件：阳光、雨和风。

太阳

建造的房屋不应因阳光的反射而互相致热。

下面是一个设计不佳的街道和建筑群的例子。它们的朝向、与太阳的关系以及各要素的位置导致了以下问题：

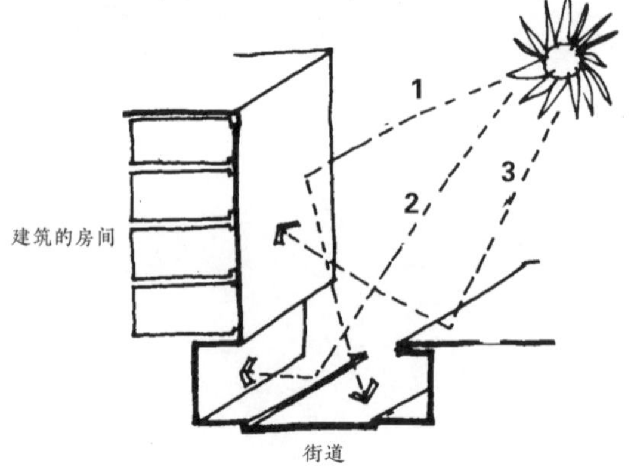

街道

1. 阳光照在建筑的玻璃幕墙上，并反射到街道上和其他建筑上，导致整个区域变热。

2. 沥青街道吸收了大量的热量，并将其散发到空气中，因此使居民感觉过热。

3. 平屋顶将阳光反射到对面建筑的外墙上，同样使房间变热。

这几页的图纸都是剖面图。

打造舒适性设计并不难。提前考虑如何避免从阳光中获得过多热量，如何阻隔热量进入。当然，所有的建筑都会升温，但有些设计更奏效，不需要使用消耗大量能源的昂贵的冷却系统。

当无法偏转阳光时，要想办法将热量从空间中排出去。记住，热空气总是向上升的。

下面是一个设计得较好的区域，原因如下：

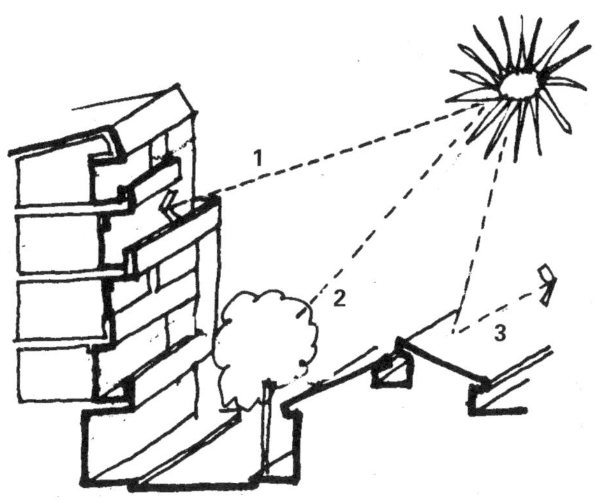

1. 不规则外立面上的阳台和凸出部分可以提供阴凉。

2. 树木能够为沥青遮阴。

3. 不同的屋顶形状和坡度使阳光以不规则的方式反射。

↘雨

在多雨地区，建筑群和房屋应位于地面最高处，以便水能流向低处的树木。在干旱地区则相反。

位于多雨地区山脚的房屋会被洪水淹没。

位于高地的房屋可以免受洪水的侵袭。

↘风

在炎热地区，应引导冷空气在房屋或建筑物中流动。

当建筑物有大面积的墙而没有窗户时，风会掠过建筑而不进入。

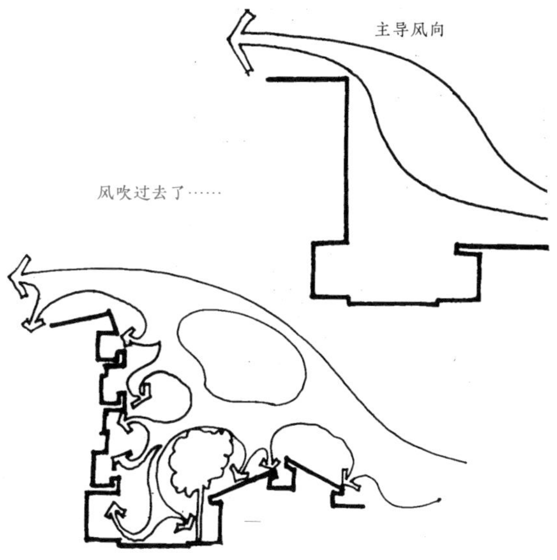

风使建筑物降温

风必须有流动空间，才能让外墙和屋顶降温，并进入建筑内部。因此，建筑物应建有阳台、悬挑檐和坡屋顶来捕捉风。

一个聚落必须位于环境条件最有利的地方，避开不理想的地区。例如，在山坡上建房时，必须检验土壤条件，以及太阳和风的模式。

下图为寒冷地区日照和风向对一个区位好的聚落的影响。

阳光温暖整个聚落

聚落必须建在太阳能把所有房子都晒热的地方。

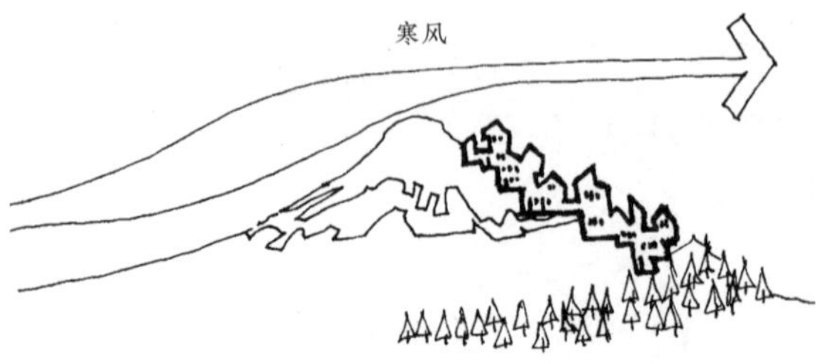

寒风越过聚落

寒冷地区的聚落必须要防止寒风侵袭。山丘是抵御寒风的天然屏障。

假设风、太阳与山丘的关系与上一页相同，那么炎热地区的聚落应该位于山丘的另一侧。下图说明了山丘是如何提供几个小时的阴凉来避免聚落被太阳晒到的。

聚落被遮挡

在炎热的气候下，聚落最好位于迎风面。

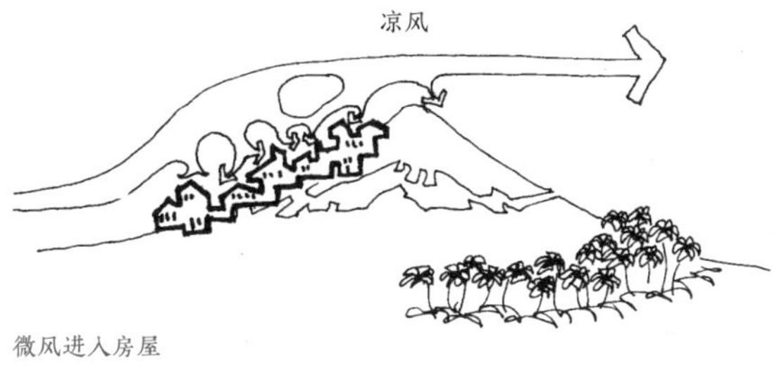

微风进入房屋

以上的例子表明，气候和景观决定了建筑群的选址。

通风

大型建筑可以建在能帮助其他建筑物抵御主导风的位置。

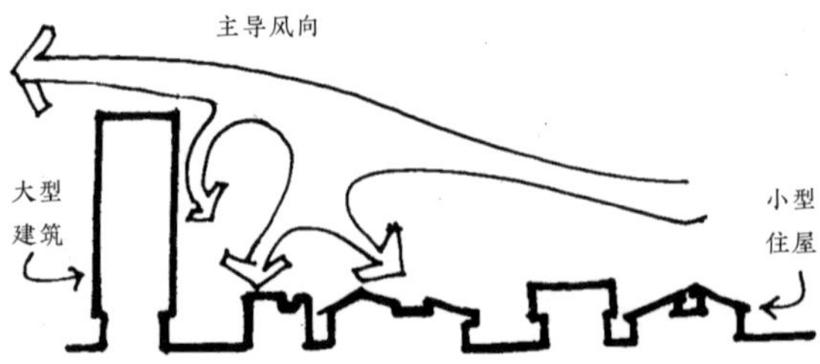

上图是一个位于炎热地区的街区的例子。凉风吹过低矮房屋的区域。

防护

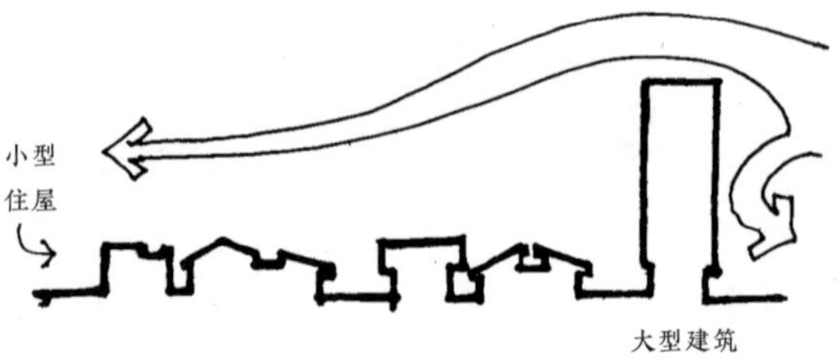

在寒冷地区，高大的建筑犹如屏障一样阻隔冷空气，从而使风从房屋上经过。

↘ 街道朝向

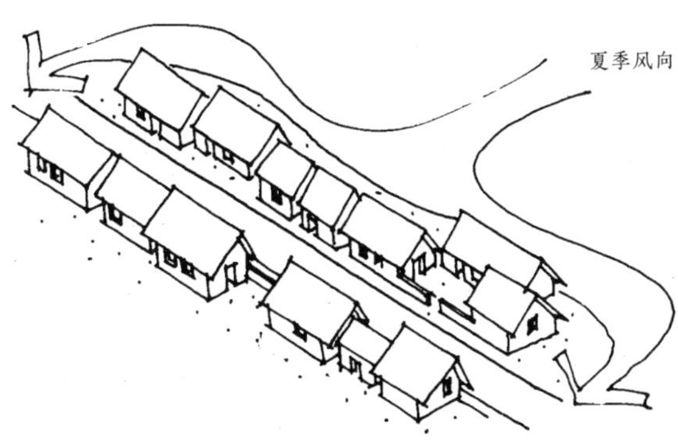

不正确的街道布局：街道一侧的房屋阻碍风到达另一侧。

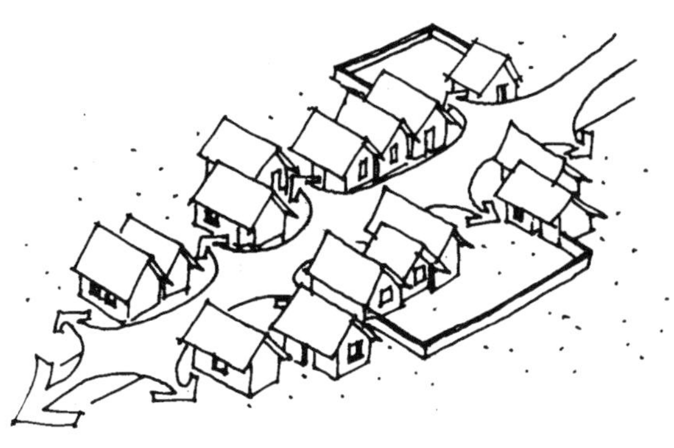

正确的街道布局：主导风能到达所有房屋。

URBAN SPACES
城市空间

几乎所有的城市一开始都是小村庄，只是有些城市比其他城市扩张得更快。重要的是，最初的聚落已经具备了发展成为一个具有吸引力和人性化聚落的基本特征。

许多大城市，通常还有一些小城市，都存在交通问题。

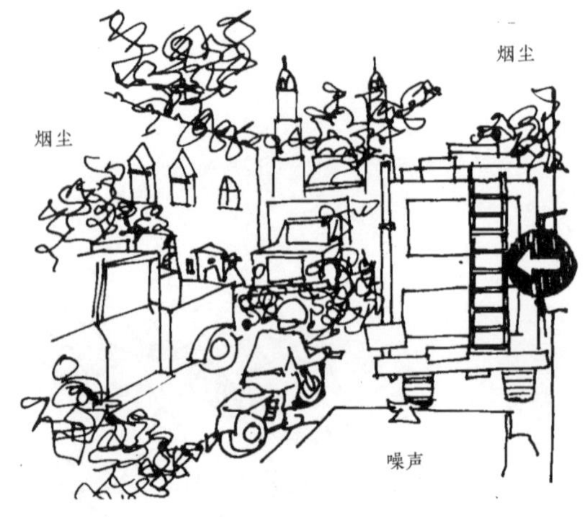

为了尽量减少交通问题，可以选择性地将一些建筑放置于其他建筑附近。所有的建筑物都应该有一条畅通的通道，以便人流动、避免突发事件及逃离火灾现场。

在所有前都市化的地区都有一定数量的活动最初可以安排在一个房间里，但随着社区的发展，这些活动最终需要一个建筑（如学校）才能开展。

每种功能所需的空间类型及车辆通道都应进行充分考虑。

通风降温

城市绿地是非常重要的，不仅是在郊区，在市中心也要有绿地。这些绿地被称为城市的“肺”。

当风吹过乔木或灌木丛时，温度会降低，从而使居民感到凉爽。

下面举例说明在城市中可以一起进行的活动和功能。

公共空间

所有城市都有一个主广场。下面介绍如何规划这些公共场所。

以下三种主要功能应该有自己的空间。

市政功能——市政厅

宗教功能——教堂

商业功能——公共市场

这些功能通常被放置在一个中心广场周围或彼此相邻。

下面几页中的图将介绍如何组织用于社区活动的公共空间。当然，每个社区及其场地条件都需要一个独特的解决方案。

A——市政功能
B——宗教功能
C——商业功能

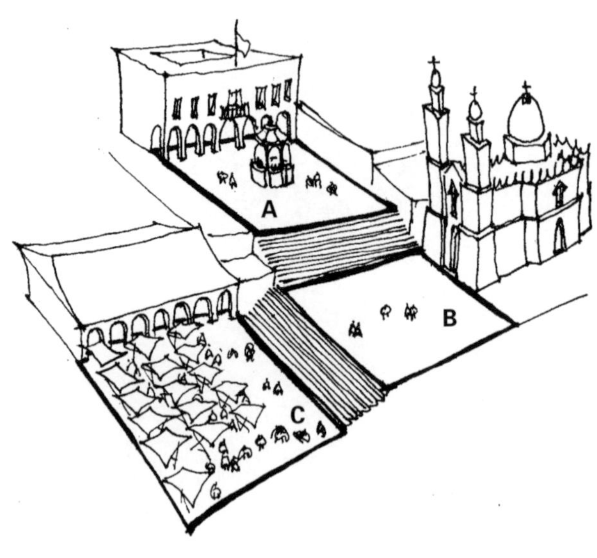

上述布局常被用于山区，以便在施工过程中尽量少动土方。这种布局还有利于排水，特别是在潮湿地区。

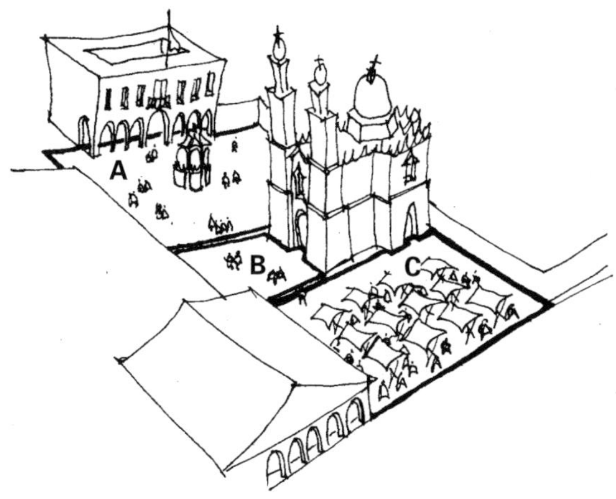

在平原或平地，建筑位于中心位置，如上图中的教堂，创造了三个独特的空间，每个空间都有不一样的功能。

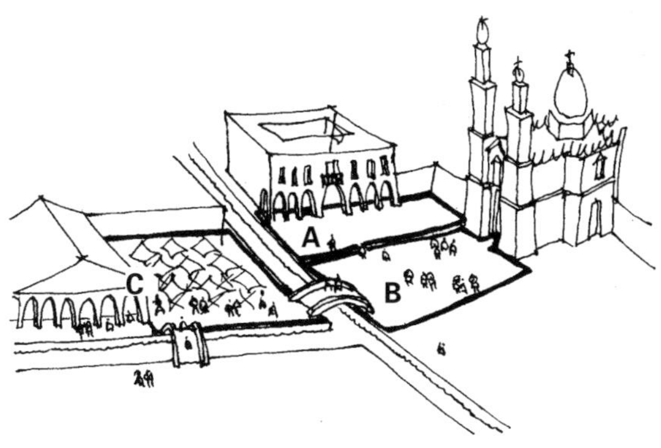

在河滩湖沼之地，水被引向运河。这些运河将空间划分为不同的功能。

小村庄往往只有一个中心广场。在这种情况下，应该为中心地区以外的居民规划未来的广场。市场、学校、剧院或商店可以设在这些远处的广场上。

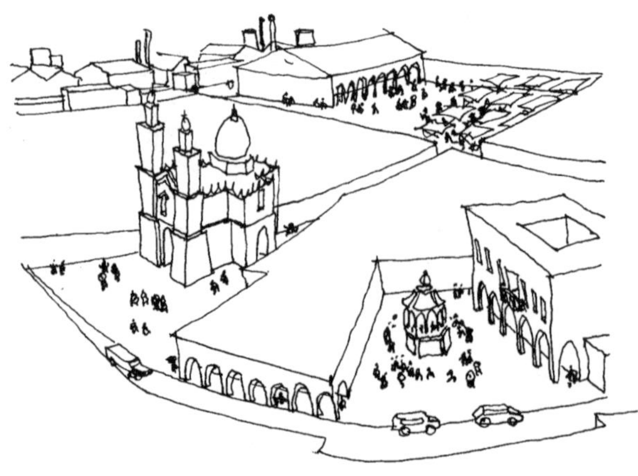

每个公共空间都环绕着房屋和商店

公共广场

公共广场位于聚落中最有吸引力的地方，因为这里是居民使用最多的地方。如下一页所示，这些地方具有别样的风貌特色，如美丽的树林、景观或河岸。

下面是四个公共广场用地的案例。

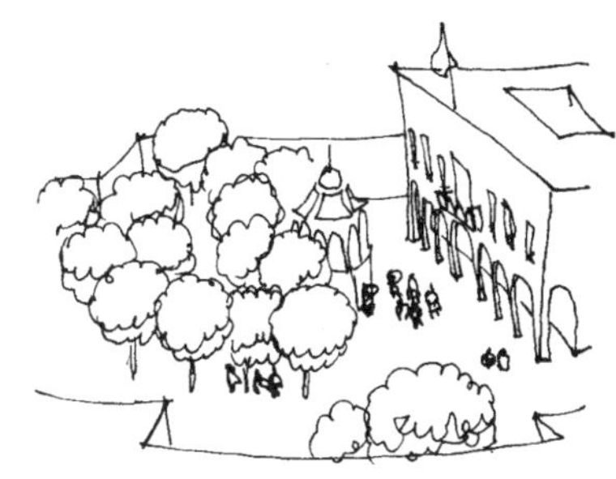

靠近枝叶繁茂的树林

位于河堤上

位于山顶上

位于景色优美的一隅

↘ 小广场

可以在街道转弯处、拐角处、十字路口或有优美景色或树木等独特风貌的地方扩宽街道，从而创造小型聚会空间。

既有的小树林

交叉的道路

优美的风景

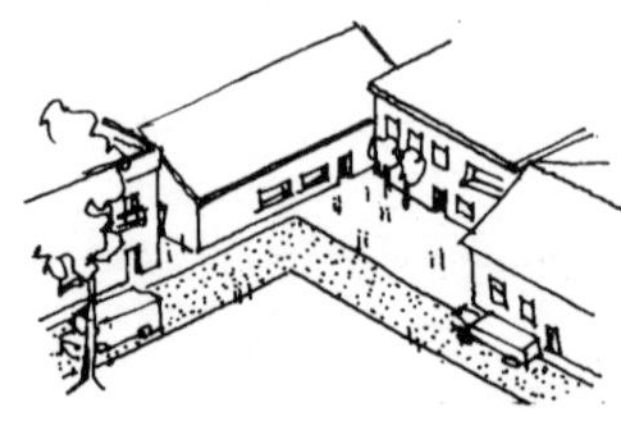

街道拐角

重要的是，要避免相似的功能集中在一个区域。例如，一个只有商业活动的区域会使居民减少步行而更多地使用汽车，从而增加交通流量。应始终将功能结合起来考虑，在住宅区内混合商业和公共区域。

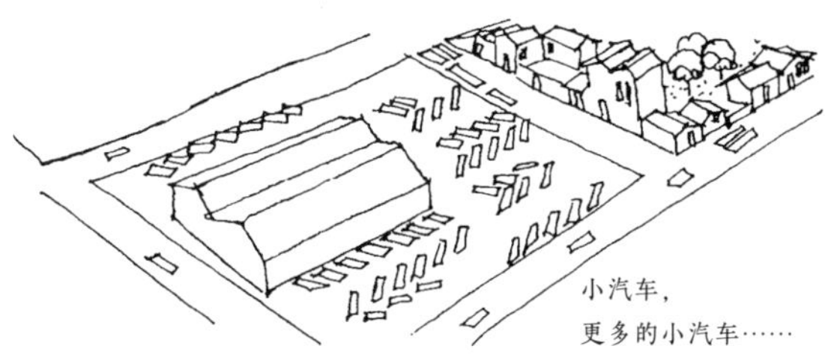

这是个灾难：应避免这种商业中心的出现

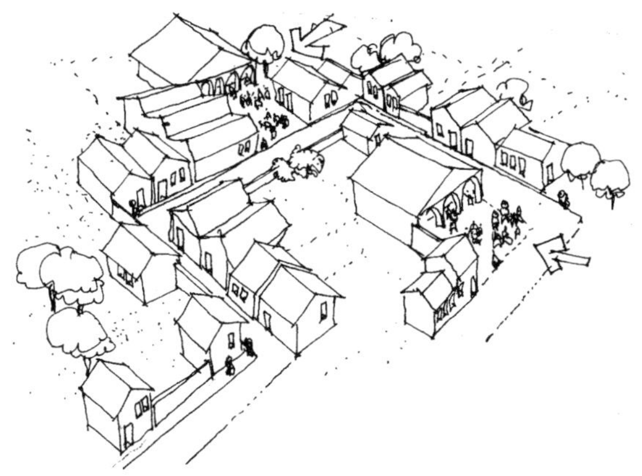

创造许多小型中心会更好

↘观念

我们并不是总能意识到周围环境和建成环境对我们日常生活和情绪的影响。这种影响的来源很难确定。我们的情绪会同时受到以下因素的影响。

↘尺寸

不同高度和体量的建筑创造了生动的视觉和活跃的环境……

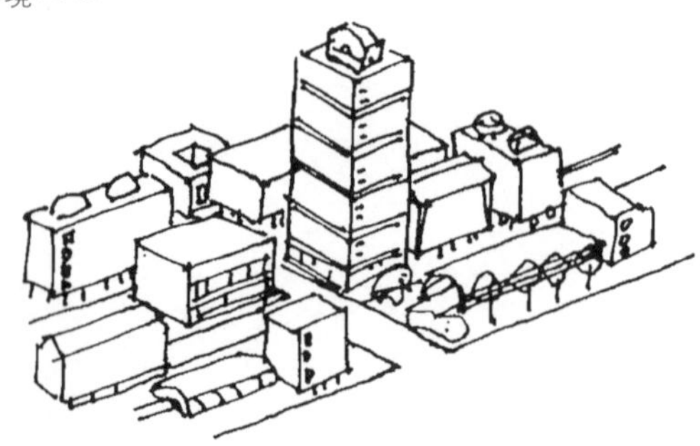

↘对比

不同形状和颜色的对比，让建成区、步行区、广场和花园之间形成对话，刺激视觉感官。

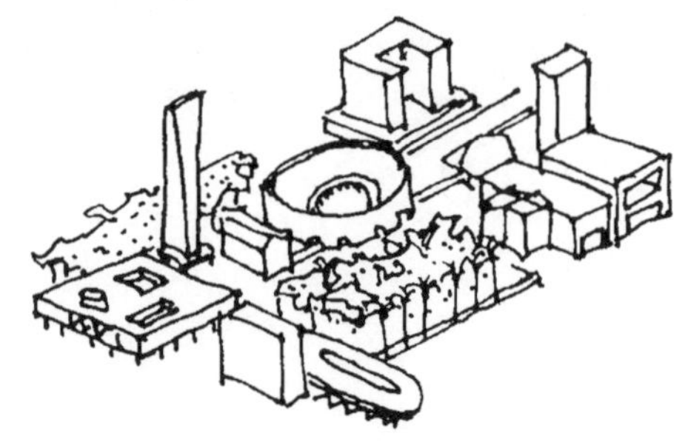

当然，还要时刻考虑基本的建筑构成……

↘ 象征性

建筑物代表了从宗教到经济的各种领域的实力。有些建筑给人以鼓舞和喜悦，有些则让人忧虑甚至恐惧……

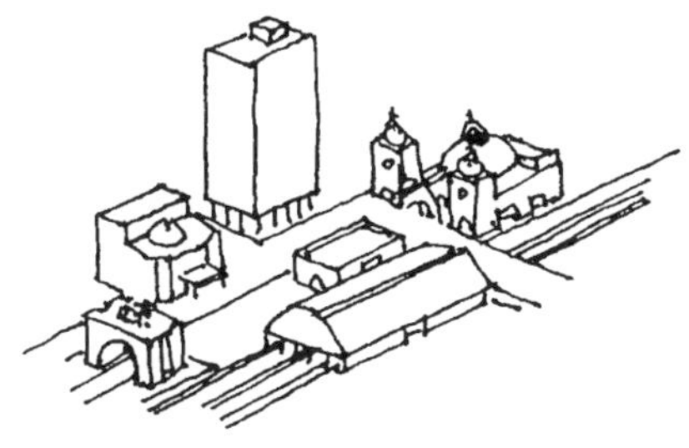

↘ 复杂性

有着各种类型建筑的密集多功能区可以生动有趣而不混乱。

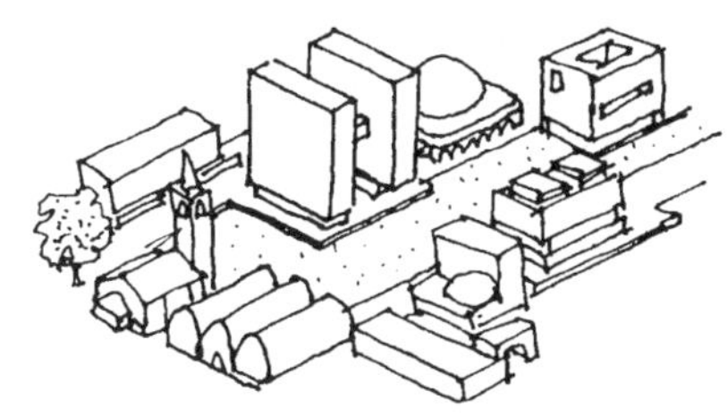

↘ 使人惊奇

城市路径可以在各种各样的环境中建设，并且每种环境都有其自身的特点，有供工作、沉思、散步和恋爱的空间。

CIRCULATION
流线

小城镇通常不会出现交通问题。但一旦城镇发展成小城市，交通问题随即出现。增加的交通流量往往不是来自本地，而是来自穿过城市去往其他地方的人。

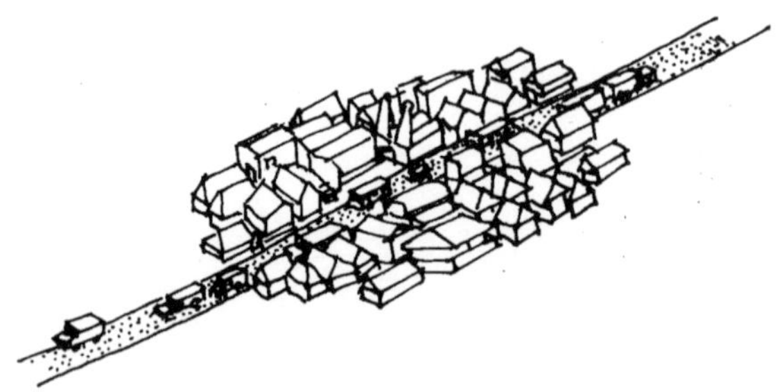

当聚落的扩展发生在交通公路附近时，如果将城市一分为二，就会出现很多交通问题。

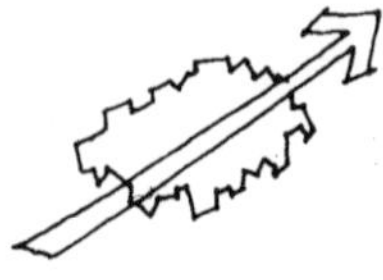
不正确的扩展

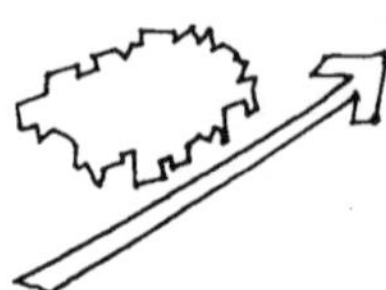
正确的扩展

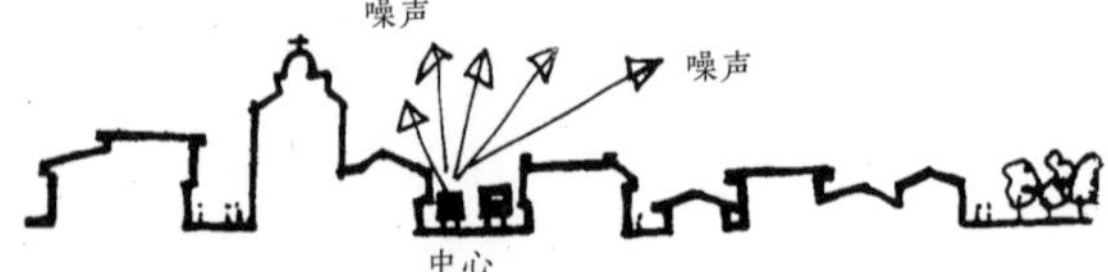

交通线路应位于城镇的外侧；然后在三面而不是四面进行扩建。

建议将作坊和工厂设在公路的另一侧。

如下图所示，通往现有城镇的新公路应建在城镇外，只有一条路可以进出。

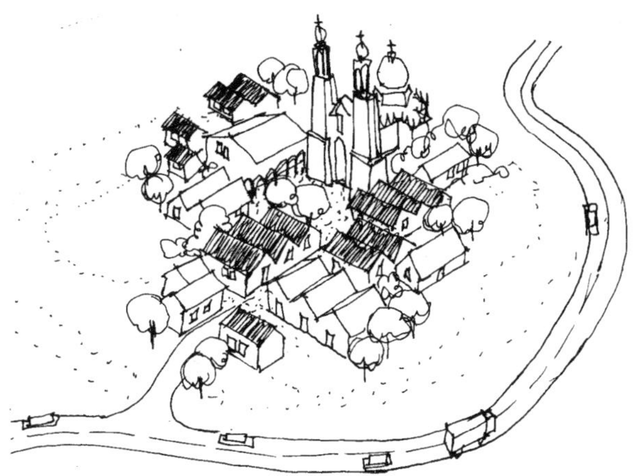

服务

建议在房屋中建造堆肥厕所，这样不会污染饮用水，也不会污染河流和土壤。洗澡和厨房用的水可以过滤后再用于灌溉花园和公园。这些绿地可以设在城镇的低洼地区。有了这种卫生系统，就不需要修建下水道或水处理站。详见本书“供水”和“卫生设施”章节。

许多小社区用电来照明，但很少用电来做饭，因为天然气和木材比较便宜。

在居民拥有牲畜的农村地区，动物的粪便可以转化为沼气。一组房屋（10户或更少的家庭）产生的垃圾可以集中收集，因为建造和维护一个沼气处理站比较容易。见本书“卫生设施”章节。

小型燃油发电机不应设在房屋附近，因为它们会产生噪声和难闻气味，并增大道路交通量。不过，如果它们离得太远，能量就会在传输分配中损失。

通常情况下，将水电分配到一个新社区的所有房屋中是很困难的，因为它们之间的距离很远。在这种情况下，应该多设几个发电站，以免在配电过程中浪费能源。这些发电站可以使用石油、天然气或垃圾来提供动力。

住宅区应该靠近商业和娱乐设施。每个住宅区都应该有自己的小型中心，建有商店和办公区。这样可以避免交通流量过大的问题。

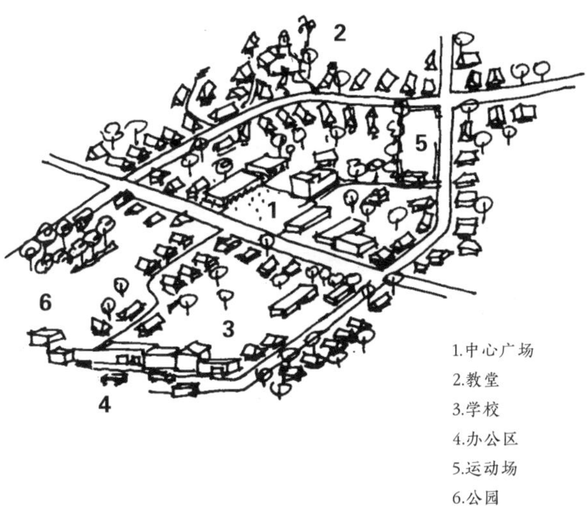

一个住宅区及其中心的景象

下面是一个小城市的剖面图，显示了公共区域和工作/服务区之间的居住区。

在公共区域，建有政府办公楼、体育场馆及其他类型娱乐设施的建筑物。

如前文所述，除了住区外，聚落还必须有包括学校、市场、诊所及行政管理、办公和娱乐建筑的服务区。在设计聚落时，还必须规划服务和交通基础设施。这意味着要确定街道、饮用水的分配和电力线路的位置。

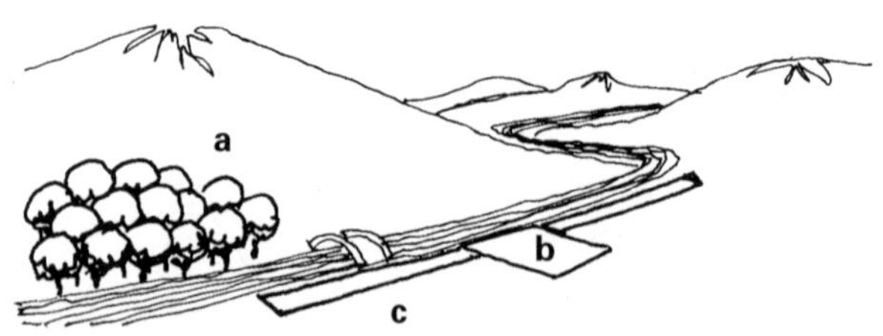

1. 首先将公共区域,如公园（a）、广场（b）、文娱区（c）设在自然景观优美的地方。

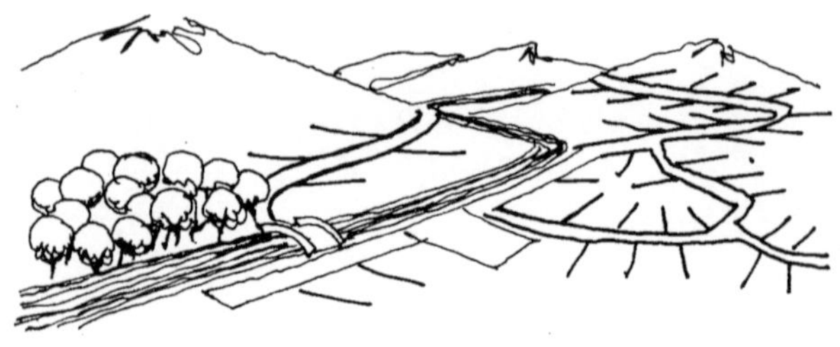

2. 然后确定流线和地块网络，如街道和道路、公共区域和地块的分区。应保留和保护土地形态，也就是地势变化，以利于雨水排放。

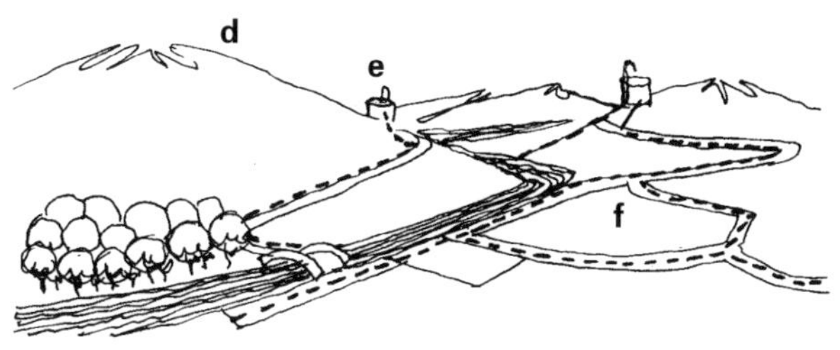

3. 确定分水岭(d)、蓄水池(e)和输水管道(f)的位置。

4. 然后将发电机设在不扰民但离作坊等主要用户较近的地方。

↘ 市政垃圾

堆肥是用有机垃圾制成的，可以用来给花园施肥。在花园的适当角落里开一个洞，用有机垃圾填满，然后用土盖住洞口。几个月后将分解后的有机垃圾从地里移走，此时这种有机垃圾叫堆肥，它看起来像土，可用作肥料。每隔几个月就开其他的洞，装填上新的垃圾。

非有机垃圾是指一切人工制造出来的东西，如用塑料、铁皮、玻璃等制成的物品。这类垃圾可以用来填埋社区的下层地面。如果能把这些垃圾回收利用就更好了。有一些行业会对这类垃圾进行再利用。

选择不用于施工的填埋区来填埋垃圾，因为这片土地会变得不稳定。如果压实，这些区域可以用来建小路，但不能用来建大道。

更妙的是，在垃圾上覆盖一层土，可以建一个植被茂盛的公园。

今天的填埋区就是明天的公园

下图并不是场地规划图，只用来显示城市不同区域之间的关系。

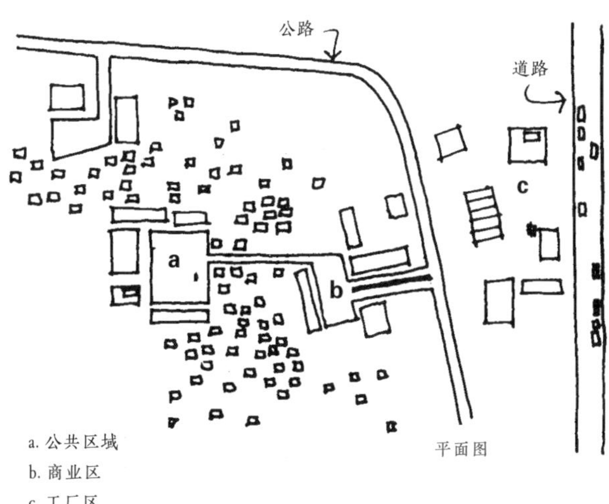

一个精准的规划取决于该地区的自然环境，比如山丘、河流和树林。

↘ 街道

在规划道路布局时，必须尽可能少地改变地形，即土地的形状和高程变化。在有地震发生的地区，如果选址不当和排水不畅，道路可能会被洪水或滑坡毁坏。

规划好街道的排水系统相当重要，即使下暴雨，雨水也能有效地排向地势较低的河流或山谷。街道应顺应土地的自然形状和高度。这种方式需要更多的时间来规划，但从长远角度来讲，其结果对居民来说更好，也更符合成本效益。

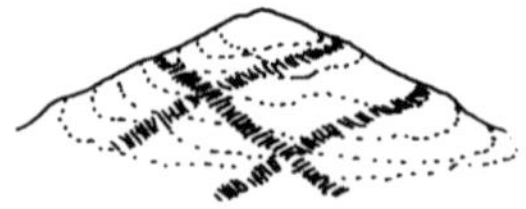

违背地形的布局

顺应地形的布局

此外，风在街道上的流通也很重要，可用来降温和清除灰尘。因此，主要街道的走向应顺应主导风向。

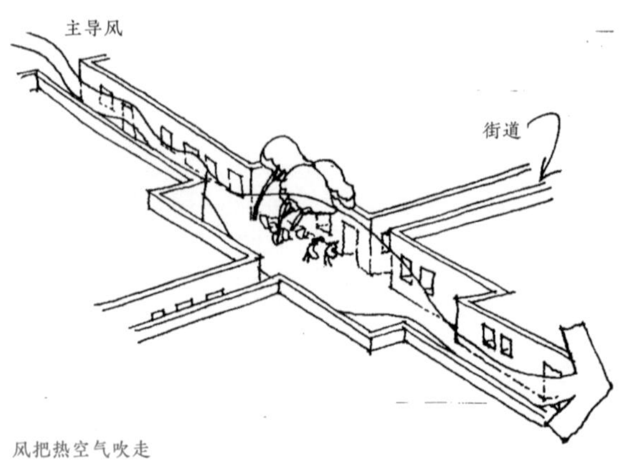

风把热空气吹走

为了达到最好的效果，可以扩大街角的面积来改变风速。这样风可以把空气从通风较差的十字路口吹出来。

这些开放的街角是理想的小型商贸区。

市中心的街道必须提供遮阴挡雨的功能，可以通过以下方式实现。

➡ 利用街道的走向遮阴。

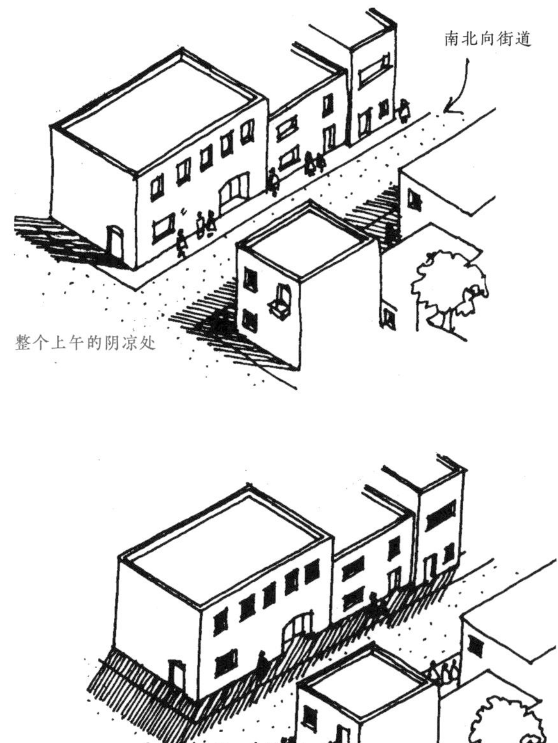

上图是一条南北走向街道的两幅景象。东侧上午可遮阴，西侧下午和傍晚可遮阴。

对东西走向的街道而言，可以：

- 在广场周围或行人较多的地方设置有门廊的公共建筑和商务区(a)。
- 设计有遮阳篷的住宅和商店(b)。
- 在街道两旁种植树木(c)。
- 上面楼层可以凸出于底层(d)。

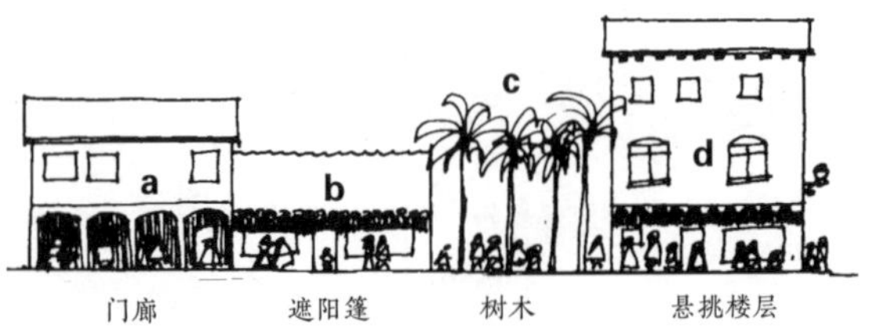

房屋和商店立面图

广场

广场是供人娱乐的地方。应禁止车辆在其中停放或通行。因此，应建造围墙或设置障碍物，如台阶、树木、水平高度变化、河渠或门廊。

车辆应能靠近广场，但不能进入。

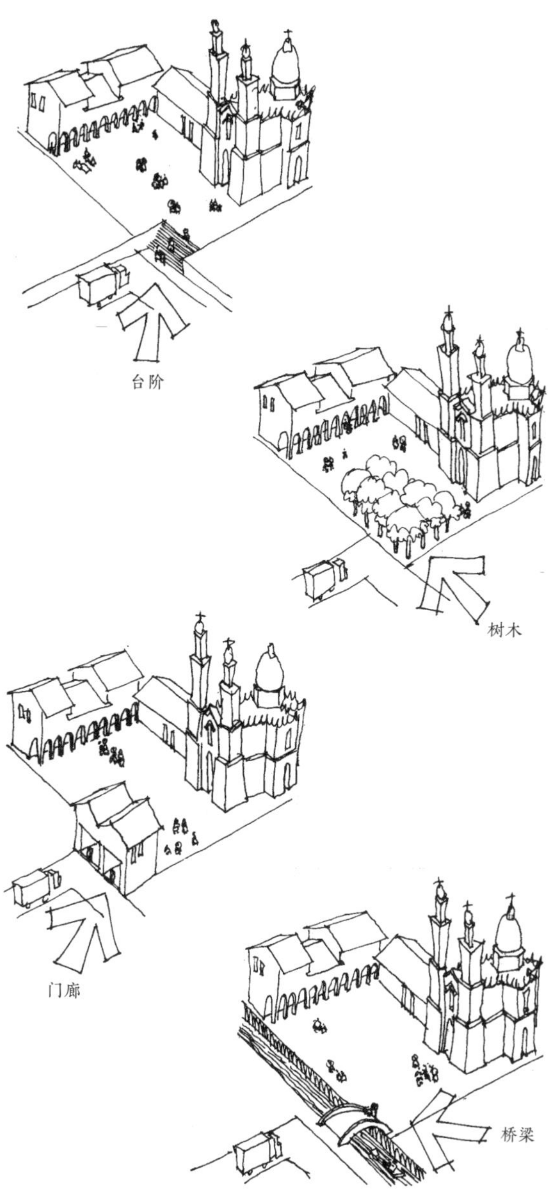
台阶
树木
门廊
桥梁

有两种类型的街道通往主广场，并连接较小的广场：第一种街道商店林立、行人多、车辆少，为行人提供了足够的通行空间；第二种街道有很多手工业者的作坊，车行道路宽阔，人行空间狭窄。

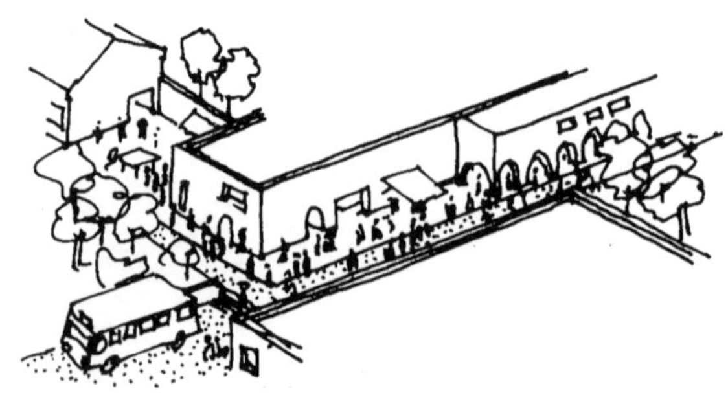

商店林立的街道：行人多，车辆少

作坊并排的街道：行人少，车辆多

在确定公共区域、广场和街道的位置后，保留现有的不妨碍通行的树木。种植更多的树木，以遮阴和美化这些公共空间。

山区的街道全部铺设路面后，从山上流下来的雨水会造成洪涝灾害，而高处的树木却因缺水而干枯。

坡地上的树木应该在坡下有几个这样的地方：土壤吸收并过滤水到地基土中。

当街道顺应土地的形状，水就会被吸收：

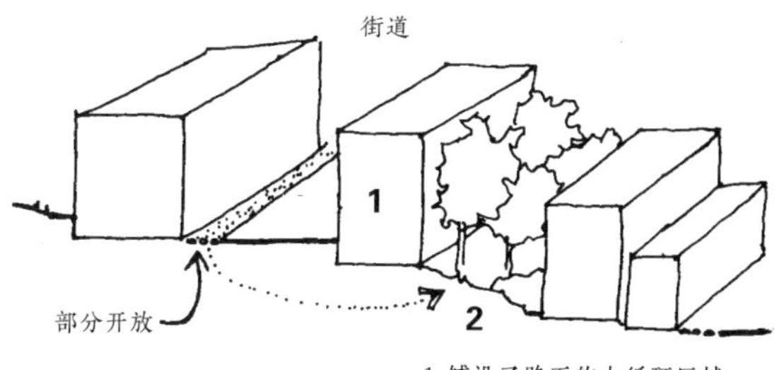

1. 铺设了路面的水循环区域
2. 排水区域

在非常干旱的地区，可以利用街道和广场的公共蓄水池收集雨水。

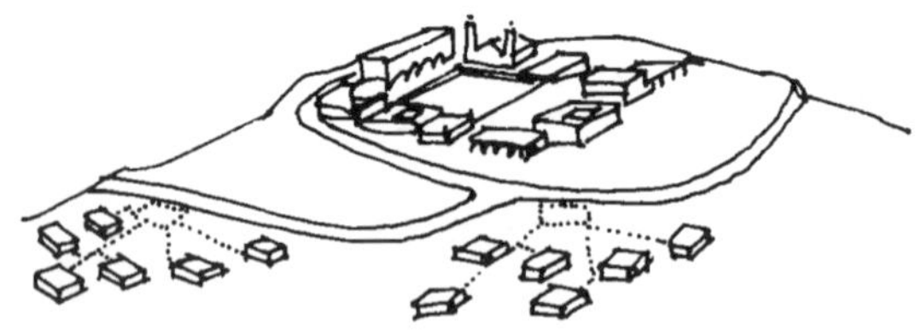
蓄水池

➡ 街道系统的设计应使街道从城市的最高点开始，到最低点即蓄水池所在的地方结束。

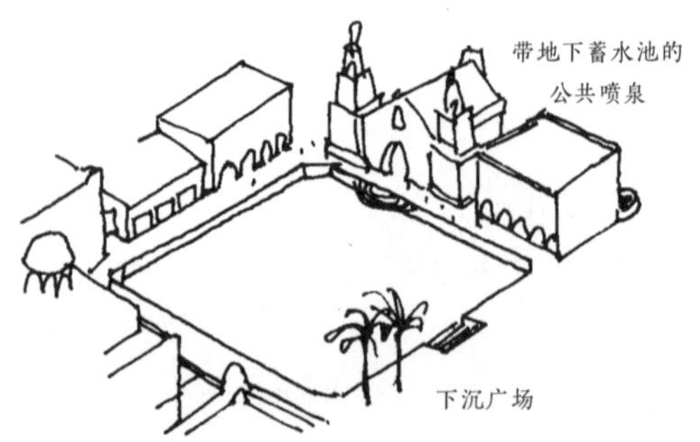

➡ 广场应建在一个较低的下沉面上。广场周围的公共建筑均建有地下蓄水池。

在人口较少的城镇，这些蓄水池中的水可能不需要供家庭或其他建筑使用，因此可以用来灌溉广场上的花草树木。

以下是两个规划案例。

第一个是个糟糕的规划。居民需要走很远的路或者坐公交车去商业区或学校。

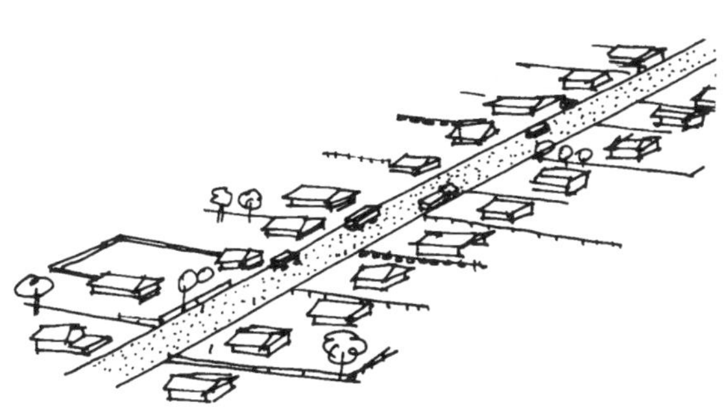

第二个规划设计得很好。居民住在离一个小型中心很近的地方，周围有各种必需的服务。

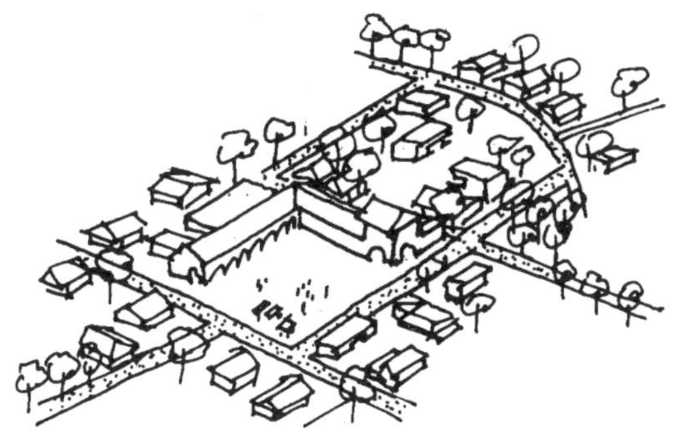

这种布局适合于不太肥沃的土地。随着时间的推移，这片土地的土质可以通过添加旱厕的堆肥和房屋的中水来改善。

一个社区必须为其居民而不是为汽车服务。

↘ 环境和我们的视觉

当你的视觉不经常受到刺激时，眼部肌肉就会因失去弹性而僵硬。为了提高你的视力，请让视线在物体上移动，就像触摸每一根线条一样。

观察房子的形状和细节时，也可以这样做。

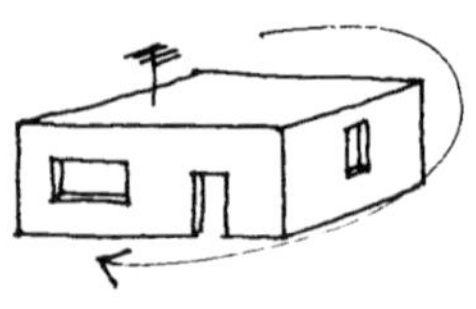

观察这种房子时，人的眼球运动是紧张和僵硬的

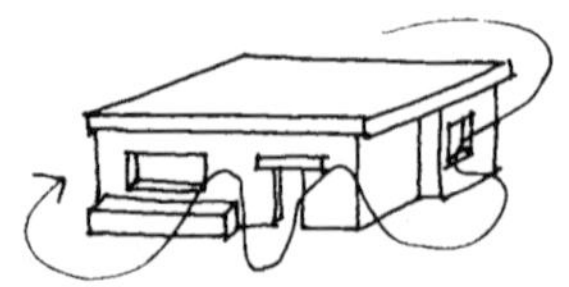

观察这种房子时，人的眼球运动是流畅的

下图显示的是一个设计糟糕的城市。统一和重复的形状使视线僵硬，因为没有吸引人的细节。

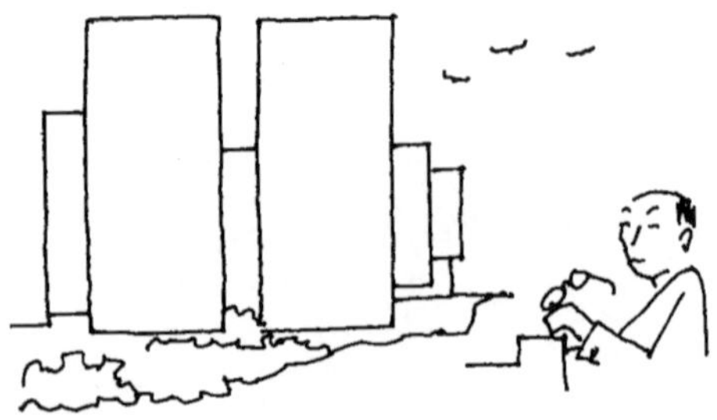

下面的建筑轮廓吸引眼球……

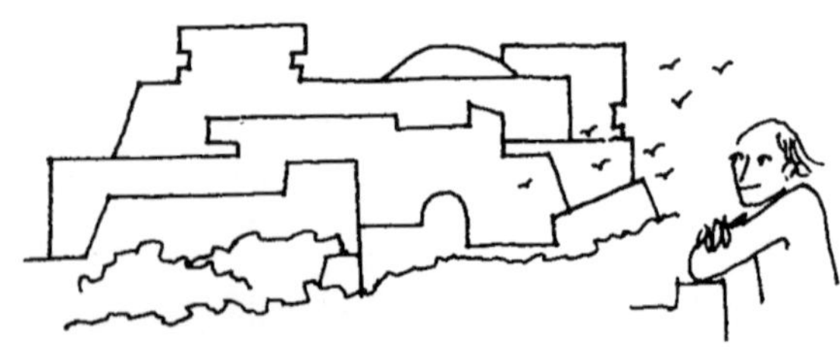

NATURAL ENVIRONMENT
自然环境

绿地

所有正在扩张的社区都应该有足够的绿地。如果规划为居住区的场地现在没有优美的自然景观，就应该留出一些区域将来建公园。

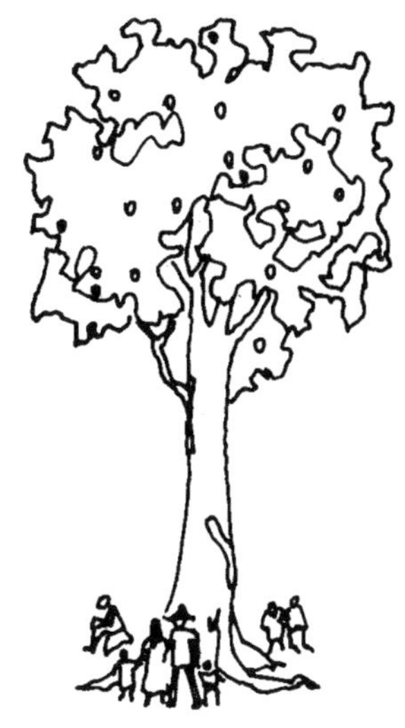

规划绿地应与规划街道布局同时进行。新建的森林聚落应留存大片树林，供未来居民享用。

在村镇房屋及其小菜园和远处农田之间往往留有一个可供扩建的区域。这些房屋不应该沿着一条主干道一个接一个地排列，因为随着扩张，城镇将变成线性的，房屋和田地之间的距离也会增加。为了使这两个区域之间保持舒适的步行距离，城镇应集中在一个环形的布局中，周围环绕着田野。

离开农村去大城市附近找工作和居住的人，往往会在房子外面使用大量的水泥。人们普遍认为，植物会招来虫子，房产应该看起来很“干净”。其实这种推理是不正确的，甚至恰恰相反。铺设路面的地方比较热，其平直表面会形成积水，同时灰尘和污垢也会聚集，进一步扰乱居民的生活。

植被和树木，除了提供水果和蔬菜，还有助于调节温度。下图显示了森林地区和田野之间的温差。

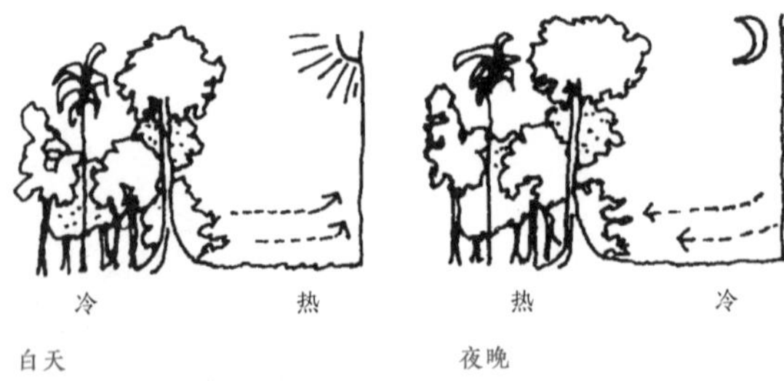

在温带气候下，茂密的森林比开阔的森林冷得多。

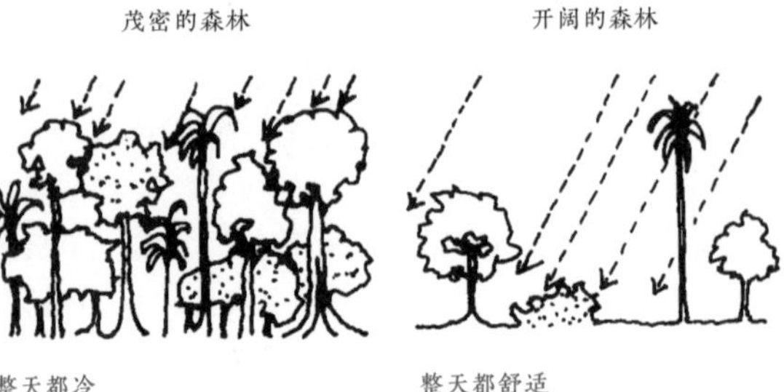

在寒冷地区，植被也是抵御寒风的屏障。

例如，在寒冷地区，当风的温度为 15℃时，房屋之间空间的温度为 10℃。

无防风设施的聚落

如果有高大的植物作为屏障，墙体的热量不会被风吹走，所以温度会高一些。

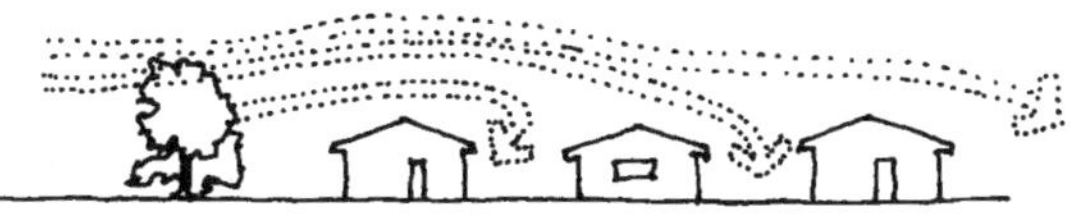

以树木作屏障的聚落

在房屋之间种植更多的树木和植被，这类屏障会进一步升高温度。

外围有树林、房屋间有更多植被的聚落

建在空旷地带或田野上的房屋，如农舍，应有花园保护。

在城市地区，改善环境条件和当地气候的最经济、最迅速的方法是利用植被。

下图显示了城市居民所呼吸的污染物和粉尘的数量。

➡ 公园树木上方的粉尘颗粒是城市的千分之一。

➡ 绿树成荫的街道上的粉尘是没有植被的街道的五分之一。

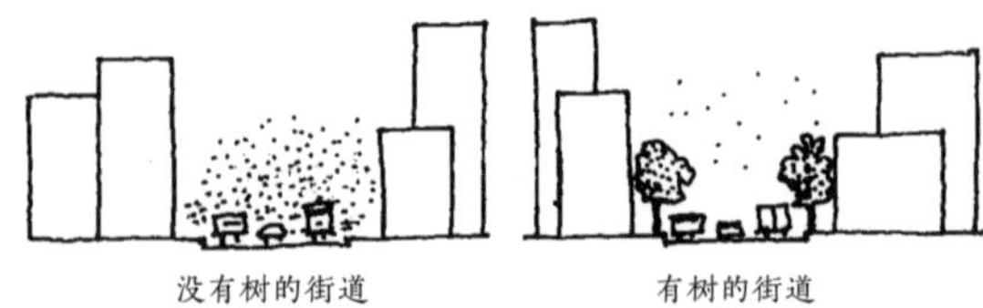

城市公园有许多优点：

大都市的树

地基土

应仔细考虑场地的地基条件。必须了解地基的类型，以便决定建筑物基础的材料和结构。这些信息对于规划建筑物之间的区域也很重要。

林区的地基土比田野的地基土更富生命力。

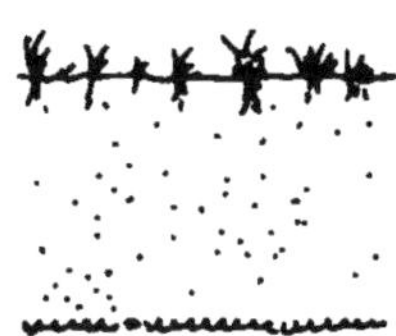

地下水位

田野

森林

“把田地里牛的总重量和土地里蚯蚓的总重量相比较，你会发现在健康的土地上它们的重量是相等的。”

——《新科学家》，1989 年 7 月

一棵 25 米高的树可以净化 10 个人所需的空气！

我们常常会忘记一棵树的生长需要多长时间，也很少有人考虑树木的大小。下图描述了树木的生长时间。

胡桃树

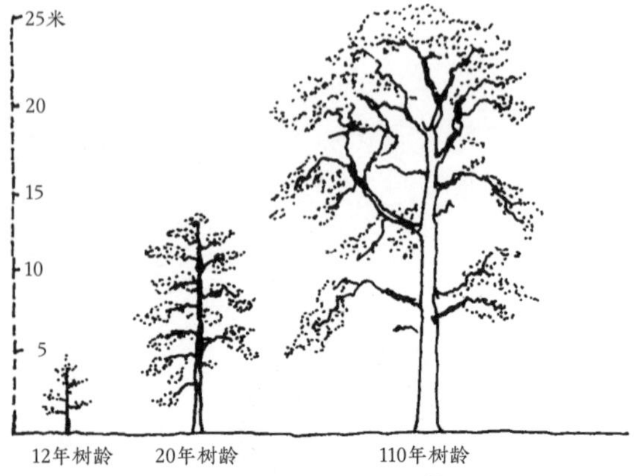

松树

由此可见，树，晚种不如早种……

↘污染

关于污染问题，人们已经讨论了很多。由于工厂、卡车、小汽车以及其他污染源产生的烟雾和废气，当今大城市的空气远不如乡村的干净。为了避免与这些污染物直接接触，工业区和交通繁忙的道路必须远离居民区。

还有一个鲜为人知的视觉污染问题，如成堆的垃圾、晃眼的大指示牌、不合理的规划等。为了防止这种视觉污染，要创造优美的景观、公共区域和广场，周围要有精心设计和建造的建筑。

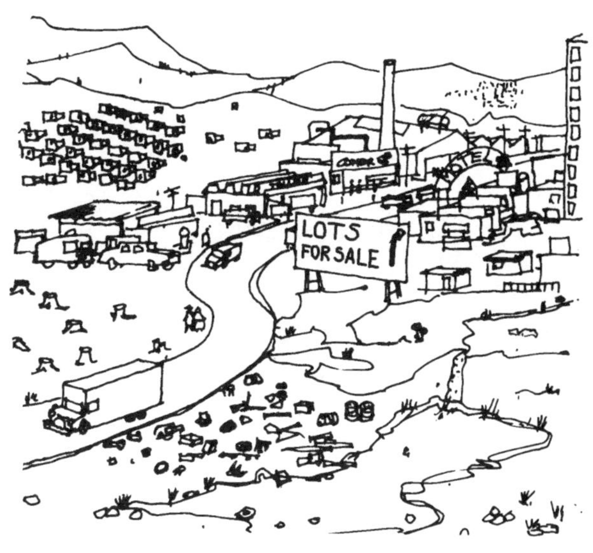

在这幅图中可以发现哪些类型的污染？

THE
BAREFOOT ARCHITECT:
A Handbook for
Green Building

赤脚建筑师：绿色建筑手册

热带湿润地区

HUMID TROPICS

HOUSE SHAPES
房屋形状

热带湿润气候下的住居

在热带湿润地区建房，有许多房屋样式可供考虑。建筑物的形状是由多种因素决定的，包括材料的可得性、工艺类型、当地的习俗和传统、使用其他地区材料的可能性以及社区的经济状况。

- 用木材或黏土做墙就是这样一个决策的例子。如果这些材料可得，可以有多种方式用它们建造房屋：

全用木材

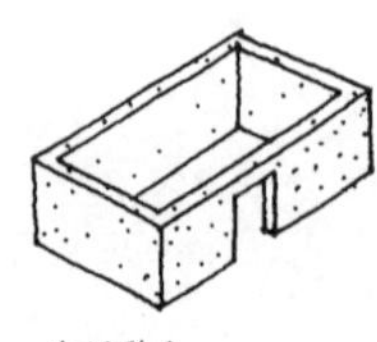
全用黏土

- 或者这些材料可以这样结合：

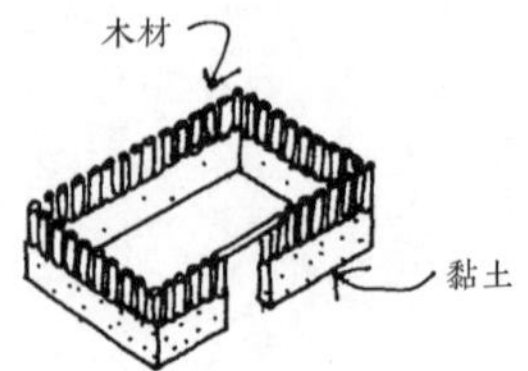

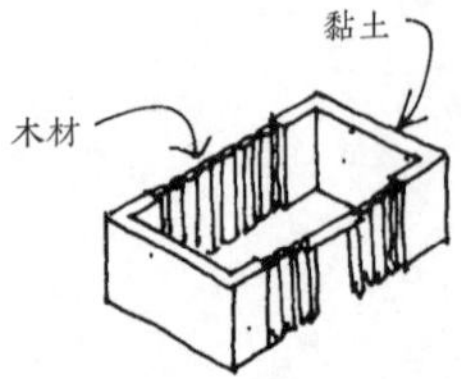

房屋的形状取决于以下因素：

- 家庭规模；
- 材料的可得性和购买材料的方式；
- 传统建筑方法；
- 建设者（和使用者）的想象力和创造力；
- 地域气候；
- 空间使用方面的地域习俗；
- 场地条件。

本书并不推荐一种可供许多人和所有地区通用的房屋类型样板。每个山谷、每座山丘、每片树林都有特定的条件。一个社区内的人与人之间也有差异，因为他们的活动有很大的不同，所以房子的类型也千差万别。

因此，下文解释了几种建造方式，并提供了一些可行的理念。所介绍的形状和结构多种多样，足以应付热带湿润气候。建造者可选择一种最合适的。

开始之前，要研究所有的可能性，以便用你的想象力为你的项目创造一座整合相应方法和技术的房子。

ROOFS
屋顶

住宅的屋顶

热带湿润地区房屋的屋顶坡度比其他地区的更陡，原因如下：

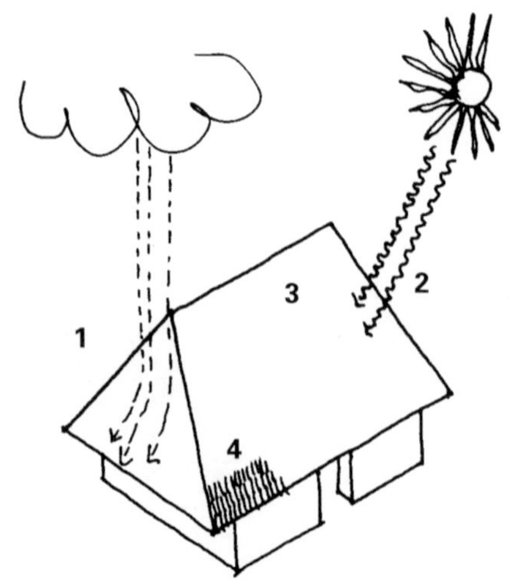

1. 雨水从屋顶流走的速度更快。

2. 太阳不会使屋顶材料过于受热；坡面比平面受太阳光的影响更小。

3. 屋顶高处的空间对热量的渗透有缓冲作用。

4. 这些地区在大多数时候都可获得的材料，如茅草、树叶和屋瓦等，可以用于坡面安装。

下面详细介绍一下房屋降温的几种方法：

从基本的四坡屋顶开始；4 个坡屋面形成 4 个屋檐。

在屋顶上部较小的部分开一个通风口，以改善空气流通。

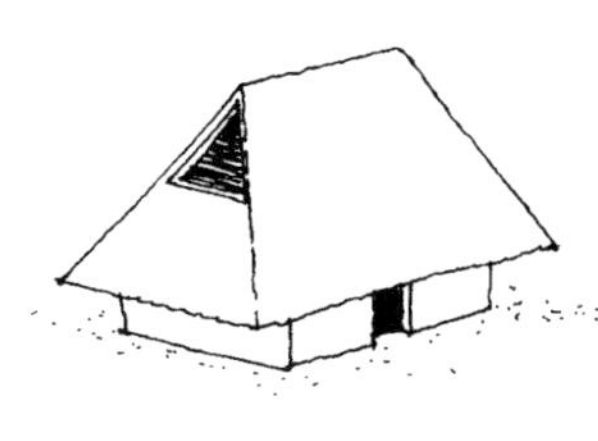

将屋顶的屋脊沿长向延伸，以防雨水从通风口处进入。

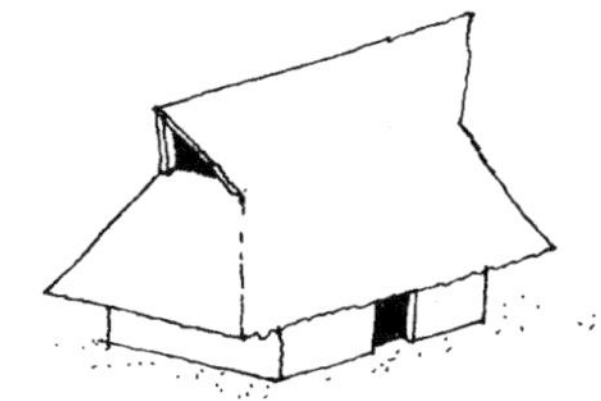

通风口可以用倾斜的木格栅或百叶窗部分封闭，以防雨水进入。

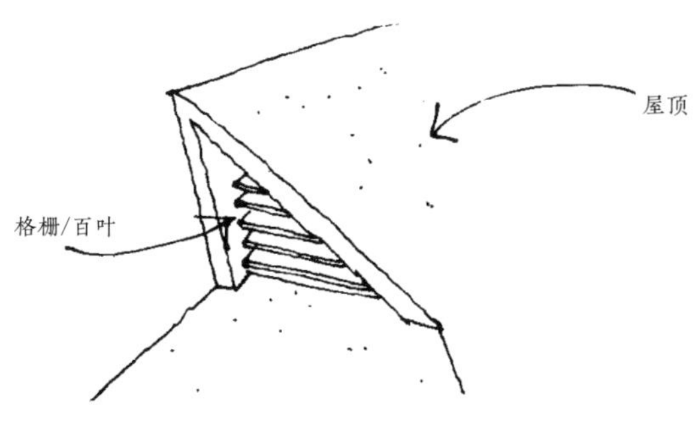

↘ 屋檐

屋檐可以保护墙体免受日晒雨淋的侵蚀。

由于屋檐向外凸出，所以在屋顶的下部可以使用较小的坡度。

有两种不同坡度的屋顶

下图是一所带屋檐的房屋的剖面图，屋檐和屋顶的坡度相同。

低窗

下面的剖面图显示的则是一所屋檐与屋顶坡度不同的房屋。在这个例子中，窗户的高度更为合适。

这样处理更好

↘ 适当的通风

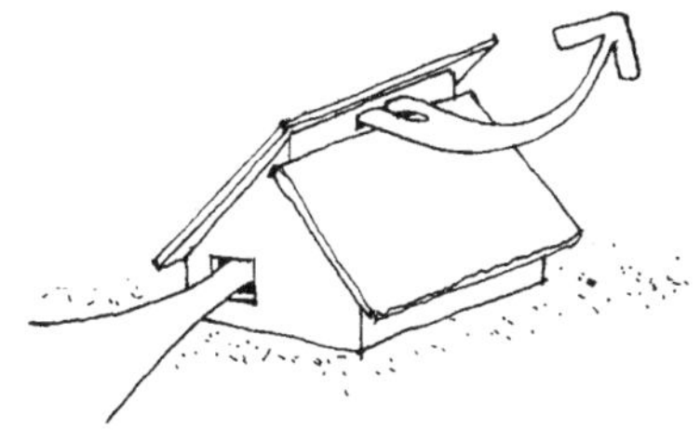

为了给房屋适当通风，可把屋顶的两个屋面分开。当冷空气从下层窗户进入时，热空气从上层通风口排出。

上图是一个热带湿润气候地区房屋的例子，有一处地板（中间部分）高过其他地方。

屋顶有三个面（形成一体）。第四面是与主导风方向相反的独立屋顶，屋脊下方有一个通风口用于空气流通。屋顶顶部的热空气流出，地面的冷空气进入。

抬高屋顶的一部分，以利用屋顶和天花板之间的空间。

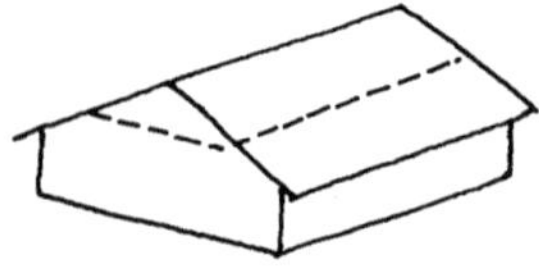

抬高屋顶的中间部分。

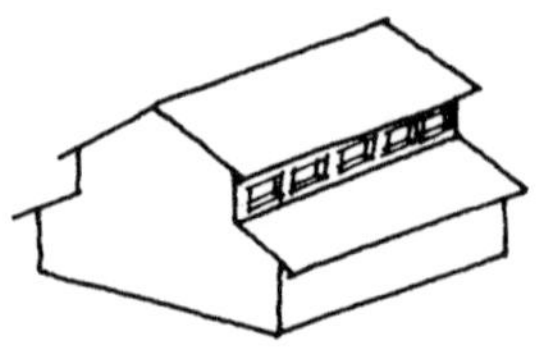

在两个屋顶之间的空间两侧设置窗户。

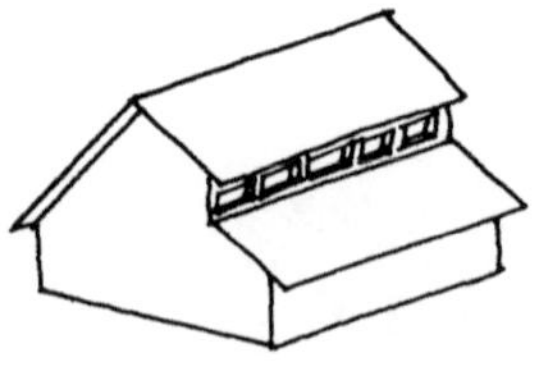

也可以只在一侧设置窗户。

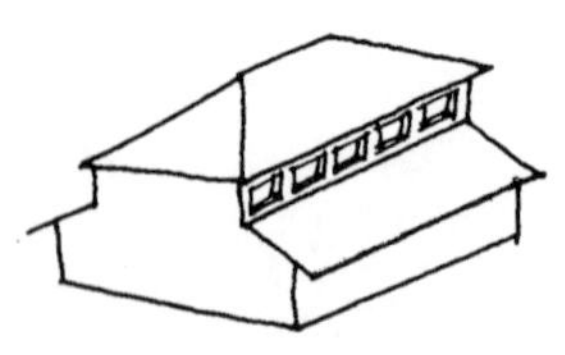

这种形状也适用于四坡屋顶（有四个屋面的屋顶）。

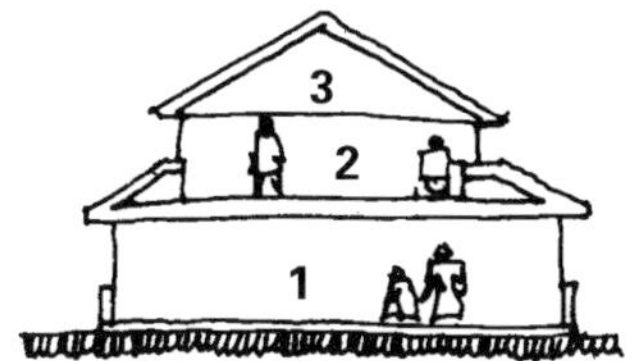

这幅房屋剖面图显示了第一层（1）和第二层（2）的房间。空的上部空间可用作储藏室（3）。

在缺乏用于建造大型屋顶结构的木材的地区，可以为每个房间分别建造屋顶，如下图所示。

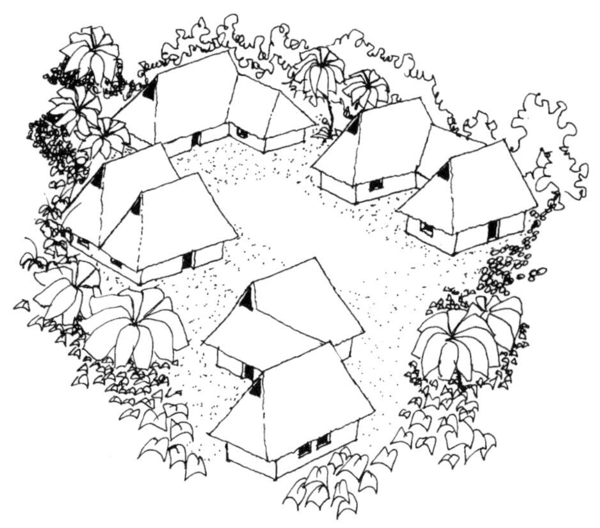

大屋顶

在高雨量地区，人们很难像其他地区一样，在广场等外部公共场所聚会。

幸运的是，这些地区有足够多可用的材料（大树），可开发为能够遮蔽大型公共集会场所的结构。

土著文化在建造、空间利用和通风方面创造了大量的建筑解决方案，可用于建造聚会空间。以下三个例子包括了一些解决方案。

所有这些大型空间的例子都设有通风用的开口。

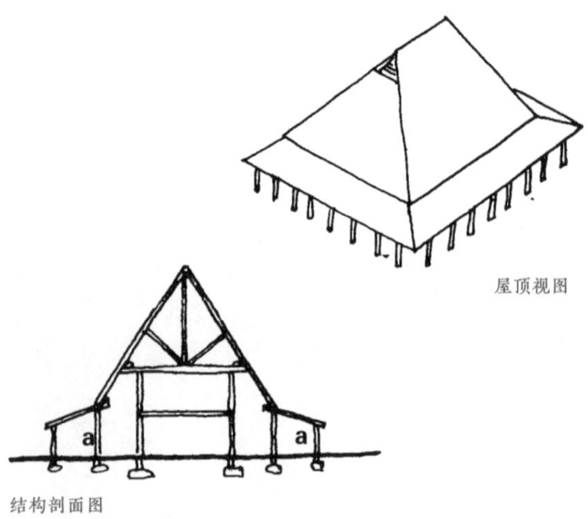

屋顶视图

结构剖面图

第一个例子如上图所示，是一个简单的中心柱结构。围绕空间的是一个柱廊。里面有两层，有一个储物区。侧边的空间(a)可以用来做贮藏间。

注意：中心柱的基脚比其他柱子要大。

这种结构适用于搭盖市场或小作坊组群。

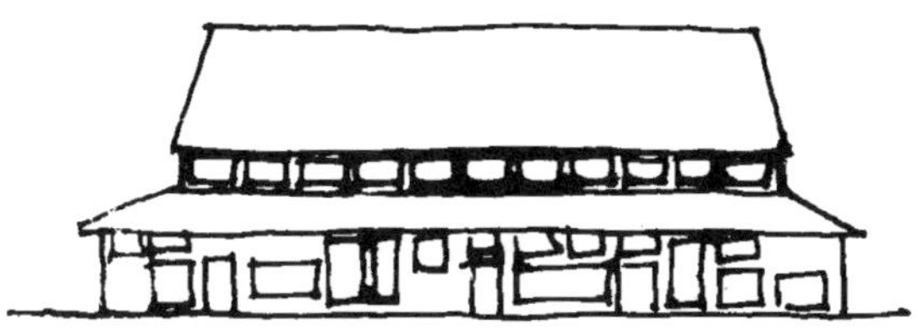

在屋顶两个坡面交汇的地方开窗

走廊的一部分可以封闭起来作为贮藏间，其他部分则保持开敞。

另一个方案是将中心结构抬高，在两边形成两层空间（a）。

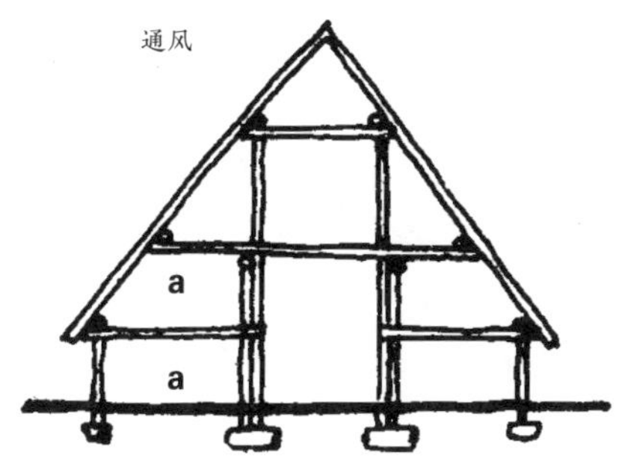

结构剖面图

由于中心区域较高，结构上需要更大尺寸的原木。内侧空间变成了夹层或抬起的拱廊。由于屋面必须较低，所以可以在山墙面中央插入一个大三角窗来照亮空间。

要建造这种类型的建筑物，首先要把第二层的结构竖立起来，并把它作为工作平台(1)。

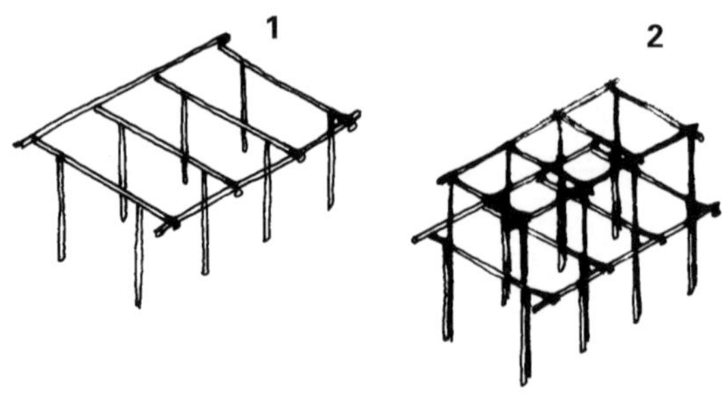

然后将更高一层的柱子安在已有柱子旁边(2)。再安装夹层外墙和中间楼层的柱子(3)。

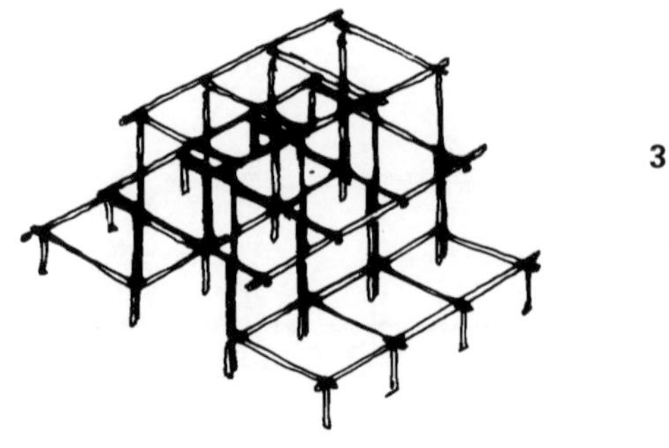

最后，安装屋顶椽子。

这个小建筑或棚子拥有很大的内部空间，具有多种用途。

第二个例子是一个圆形结构，是公共建筑的另一种有趣的形状。这种形状也可以实现多种空间用途。下面是这种类型建筑的平面图和外观图。

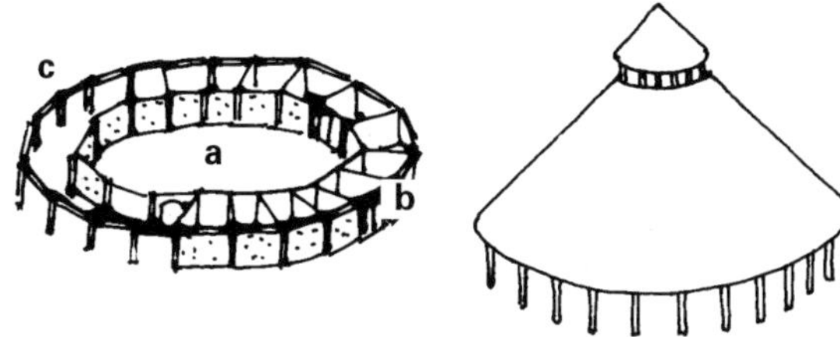

在这个例子中，有一个有遮盖的内部(a)和上部通风，有封闭的区域和内外出入口(b)，有一个可以扩建的外廊（c）。这种类型的空间可以布置成市场、集市、小学或社区中心。

下图所示的结构比第一个例子更复杂。柱子(a)打入地面，并很好地固定在房屋的梁上，梁由其他柱子(b)支撑。位于柱子上部的横梁围绕着整个圆形。上面是用一圈原木连接起来的圆屋顶，用对角线加固（c）。圆顶的塔有自己的屋顶。

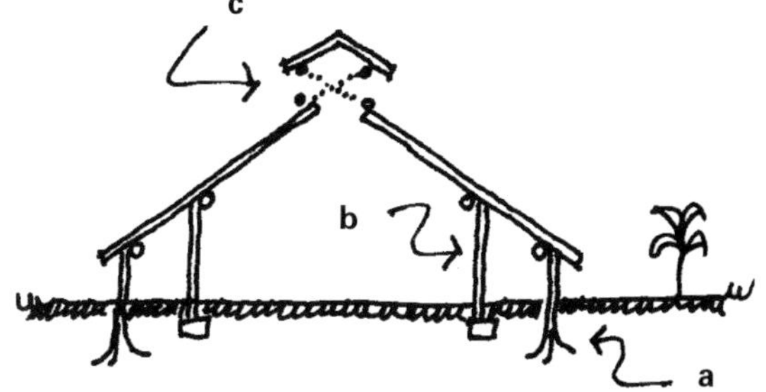

这种结构的稳定性取决于连接的强度。为了了解作用在这种结构上的力的性能，建议先建造一个较小的建筑物，如饲养家禽或牛的棚子。

这些技术自然也可以用在住宅上，如下面第三个例子所示。

对于主体结构，首先竖起直径为 15 厘米的柱子，相互之间的距离为 4 米。

然后再为脊檩安装小柱。安装好脊檩后，再安装外墙的柱和梁，用来支撑屋顶下部的椽子。

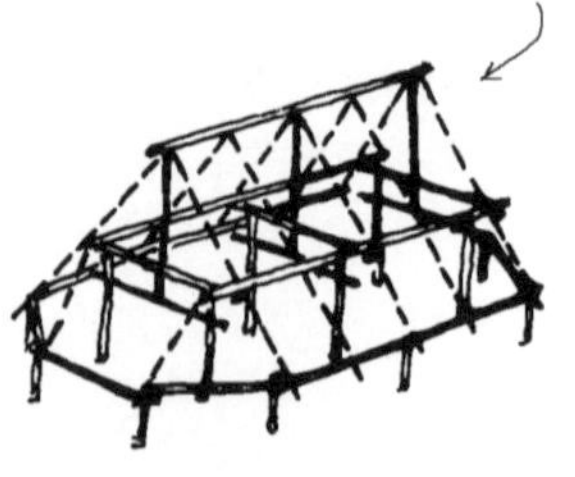

屋顶短侧的屋面是正方形(a)和三角形的边角(b):

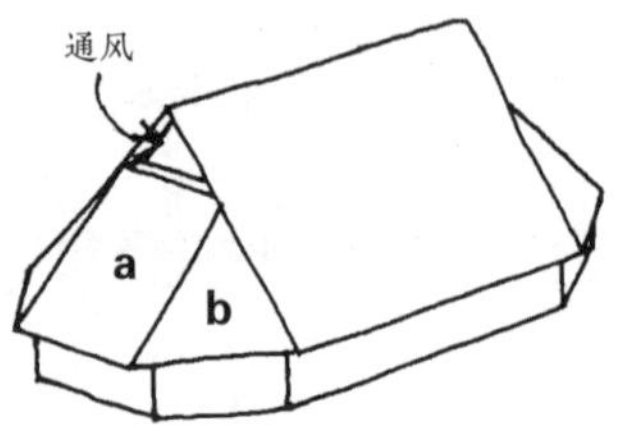

最终建成一所非常舒适、通风良好的房子。室内空间可以根据居住者的需求灵活布置。

在湖沼或低洼地区，房屋建在柱子上，如下图所示。屋顶结构与支撑地板和墙壁的结构是分开的。这种技术使屋顶重量从墙上移除了，因为当房屋在不稳定的地面上稍微移动，墙壁就可能会被损坏。

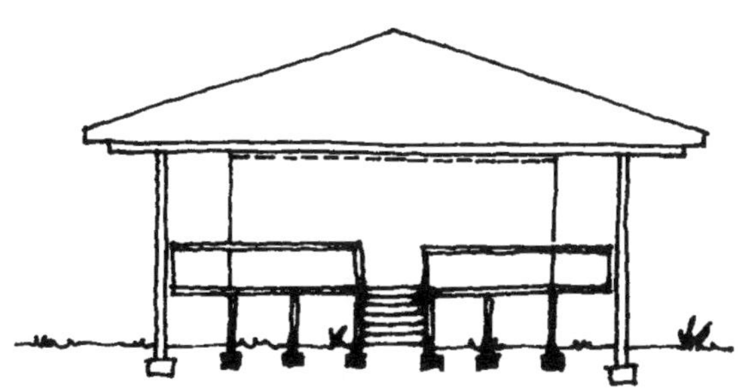

在本书下个章节关于热带干燥地区的内容里，有如何防止昆虫进入房屋的建议。在那样的气候条件下，害虫会从地面层进入房屋。然而，在热带湿润地区，昆虫和不受欢迎的动物会从屋顶和墙上部之间的通风口进入。除了昆虫之外，还有老鼠、鼠貂、蝙蝠和蜥蜴会经常进入并在通风口处安家。

当封闭墙壁和屋椽之间的空间时，必须将木板放在垫木的内侧，使余下的空间处于建筑外部。

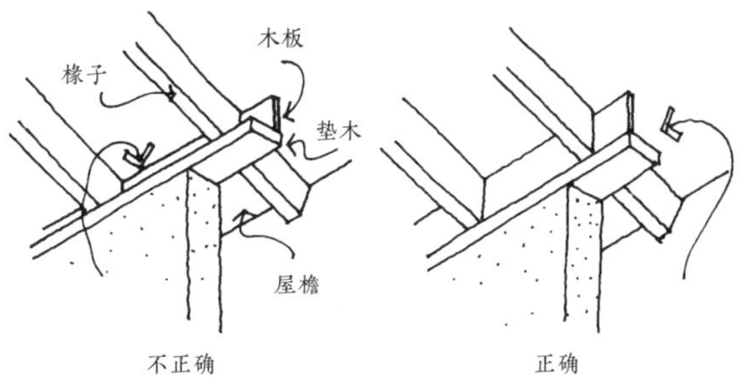

不正确

内部空间容纳害虫

正确

外部空间是鸟类的栖息地

建造阶段

当用地小而你又想建两层楼房时，通常的做法是把结构加高，用第一层的混凝土屋盖板作为第二层的地板。当你的资金有限，不能一次建好整栋房子时，就先建第一层，再建第二层。

在热带气候条件下，这种房屋的防晒防雨功能不足，房屋温度高，雨季时非常潮湿，混凝土板屋顶上会有积水。

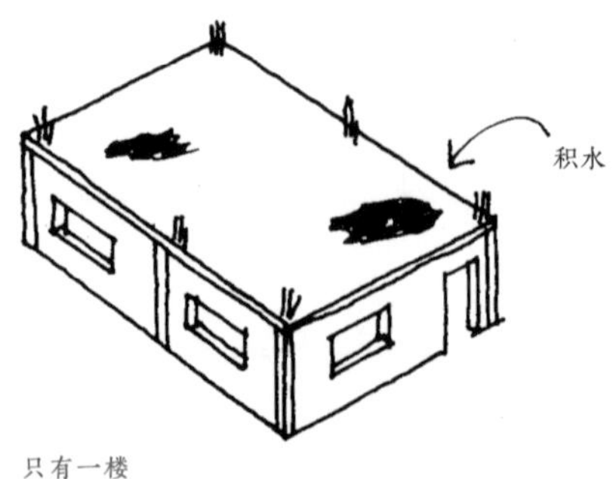

只有一楼

最好是将第一层和第二层一次性建好，并做好屋顶的防护措施。采用这种方法，墙体可以用较轻的材料，成本较低。同时，楼板下的空间可以作为休息区、餐厅或作坊。

只有二楼（一楼架空）

以后可以把一楼围合起来，向两边扩展。

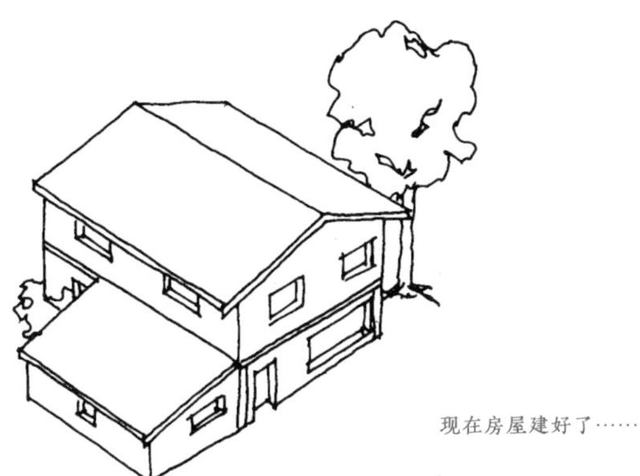

现在房屋建好了……

而不是这样：

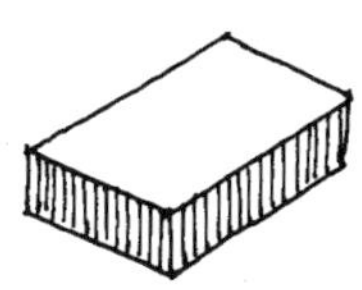

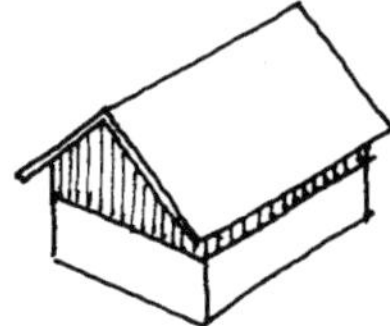

再试试这种方法：

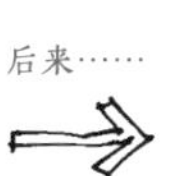

另一种解决方案是在一楼的筒状拱形楼板上*，建一个绿化屋顶。这种屋顶不会使房屋大幅升温或降温，以后可以用作二楼的绿化屋顶。

---

*［**译者注**］　参见后文“楼板”相关内容。

STRUCTURES
结构

↘ 结构

当墙体用砖、石或混凝土块等坚固耐用的材料砌成时，屋顶结构可由墙体支撑。

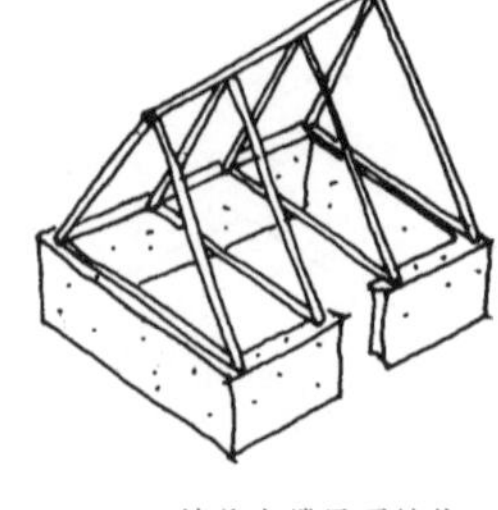

墙体支撑屋顶结构

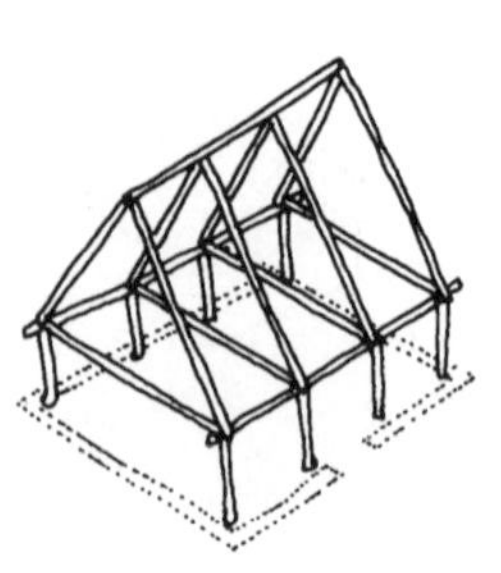

墙体独立于结构之外

当墙体不作为支撑物，或分期建造时，最好安装一个独立于墙体的结构来支撑屋顶。

无论墙体采用哪种材料，屋顶都应该是坡屋面，可以是单坡或多坡屋面。屋顶的边缘应该有宽大的屋檐以保护墙体不受雨淋。

下图所示为小型房屋的基本屋顶结构。较大的房屋需要增加主柱和主梁。

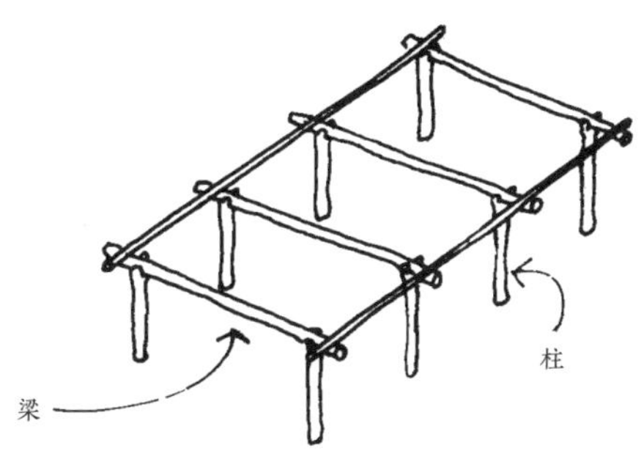

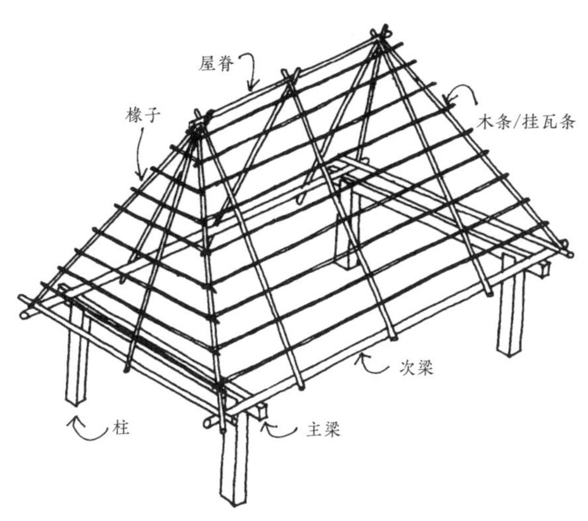

支撑屋顶结构的柱子有各种定位方式：

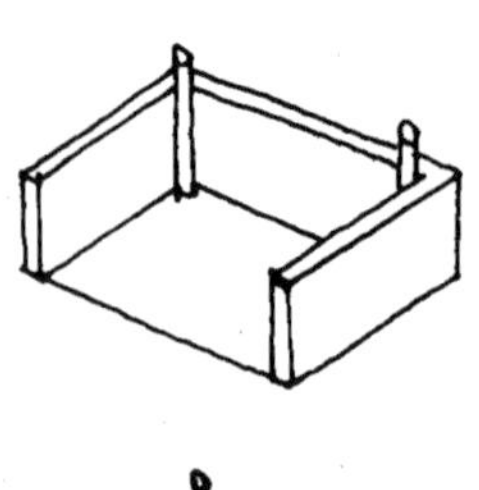

柱子置于屋内，可以防止受潮。

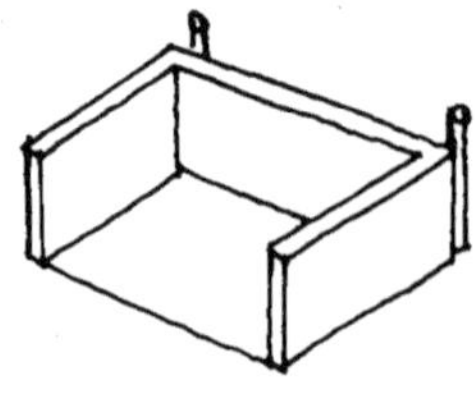

柱子在墙外，不占用房屋的内部空间。

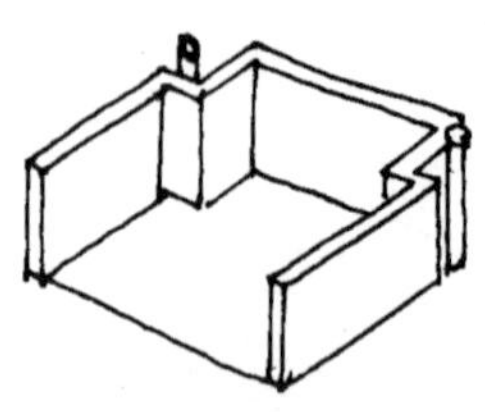

建议把柱子往外放一点。拐角多的墙体更能抵抗地层运动。

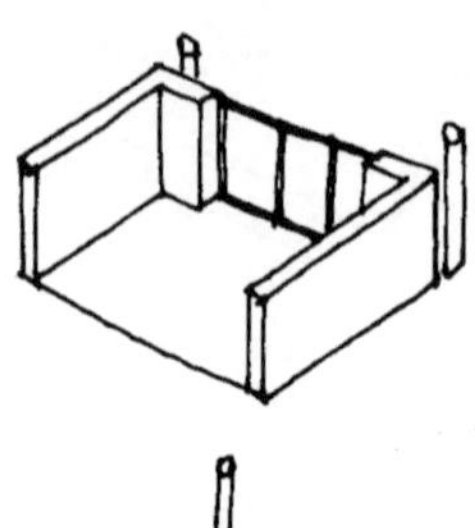

在这个例子中，柱子的位置有利于安装大窗户或开放的墙壁。墙体被保护起来，免受雨淋。

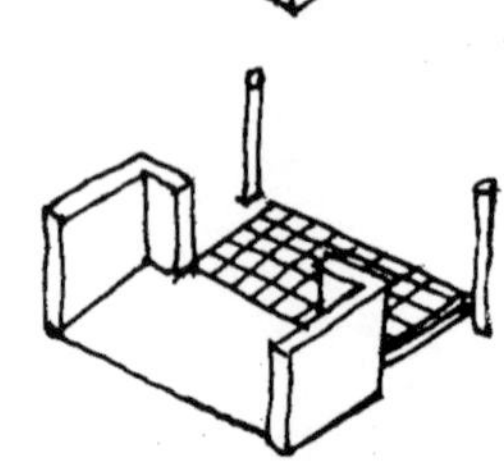

将墙柱前移，形成一个有顶的外廊。

当没有大块木料做柱或梁时，可以用铁丝或麻绳将一些小木料拼合起来。

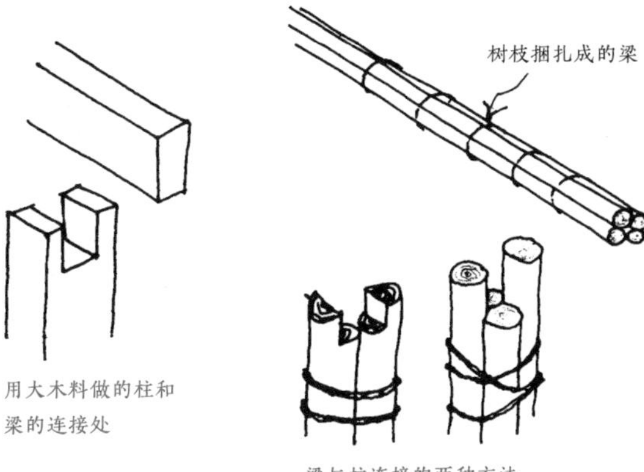

用大木料做的柱和梁的连接处

梁与柱连接的两种方法

阁楼楼板可以是屋顶或墙体结构的一部分。

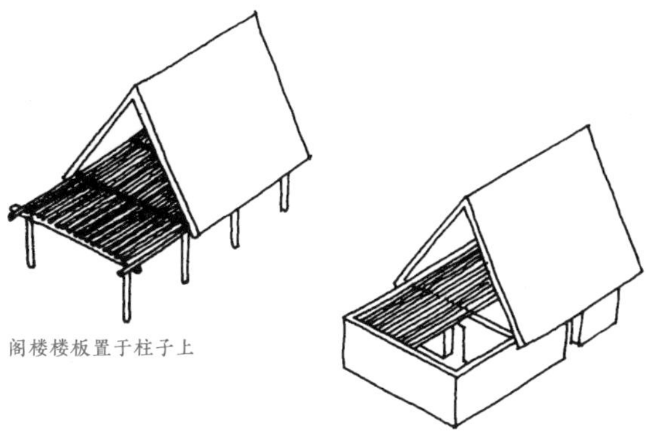

阁楼楼板置于柱子上

阁楼楼板置于墙体上

阁楼（ATTICS）

阁楼可以用来改善房间的通风、存放物品，或者晾晒粮食、种子或水果。可以用竹席或芦苇铺上一层薄薄的石膏，或用格栅铺上一层薄薄的泥巴和稻草。

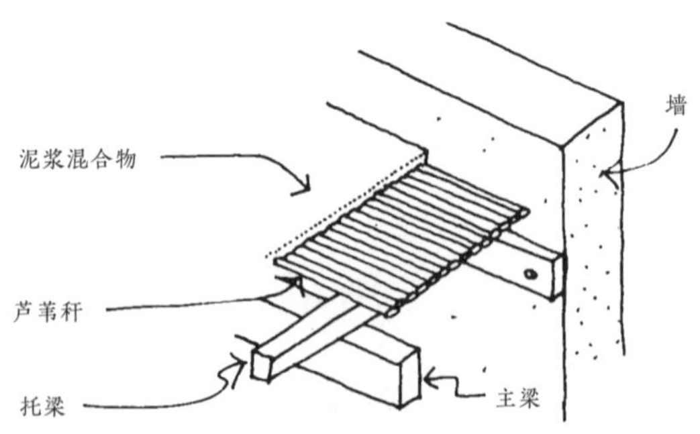

在可能的情况下，相邻房间的天花板应处于不同的高度，便于空间通风。

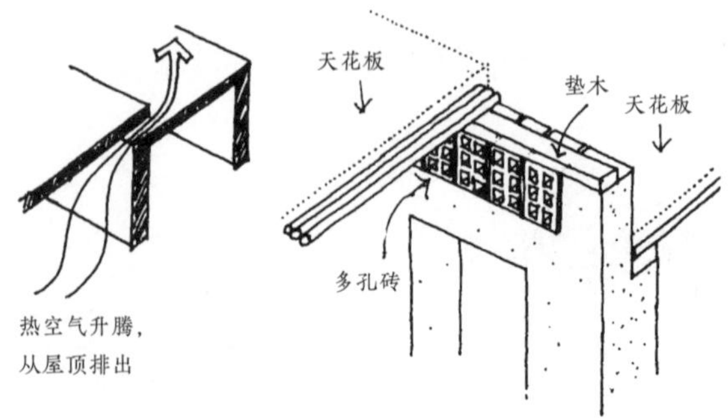

建造小贴士：使用多孔砖可以让上升的热空气排出。关于建筑天花板面板的更多信息，参见本书“建造”章节。

↘托梁（JOISTS）

连接坡屋顶椽子的垫木或托梁由梁或墙支撑。

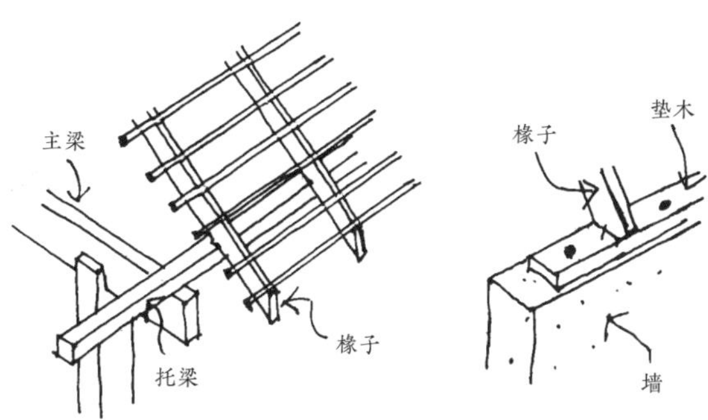

垫木或托梁应连接良好。如果它滑落，屋顶椽子可能会松动，整个结构可能会倒塌。

要建造一个有两个坡的屋顶，需要安装三类托梁：

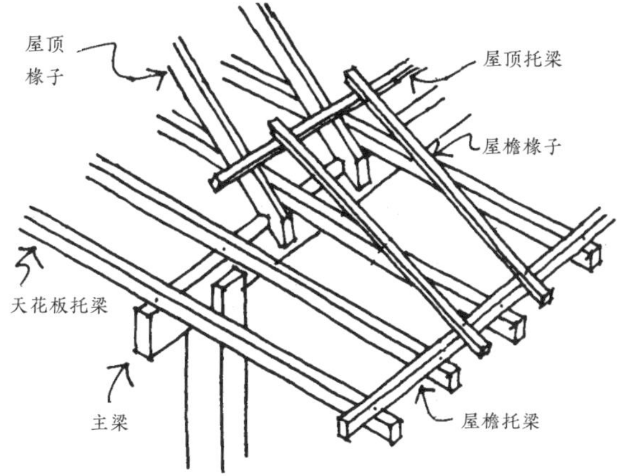

↘屋檐（EAVES）

当屋檐较宽时，椽子的延伸需要支撑柱。屋顶梁可以通过墙体延伸来支撑这些柱子。

在非常潮湿的地区，建造宽挑檐屋顶以保护墙体的饰面，并为行人遮阴挡雨。

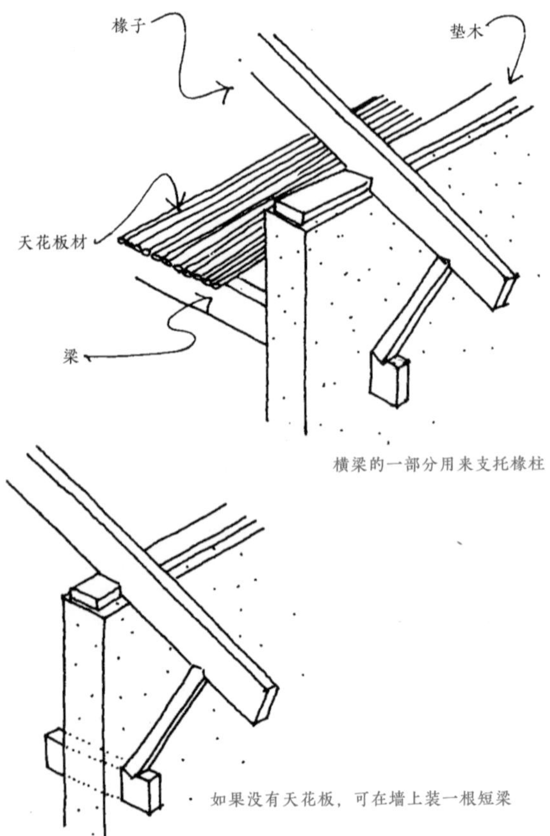

横梁的一部分用来支托椽柱

如果没有天花板，可在墙上装一根短梁

竹子的运用

在本书“材料”章节，有一节介绍如何处理竹子，使其使用寿命更长。在使用这种材料建造房屋之前，建议你先做一些小物件来练习，比如下面介绍的凳子。

1. 在一段竹子上划两道切口，然后把薄而有弹性的“肘部”弯起来。这段竹子就像一座桥，用来连接板凳的腿和梁。

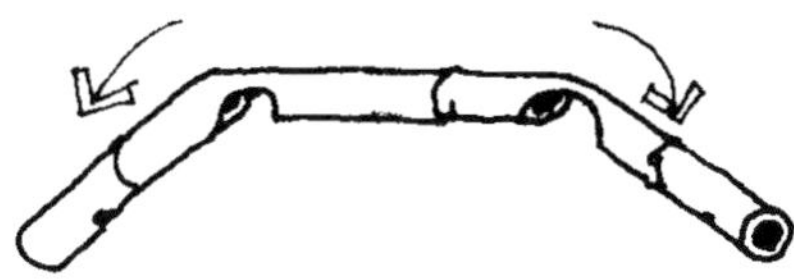

2. 用细竹将每条腿连接起来，用两个钉子固定，防止腿部分离。

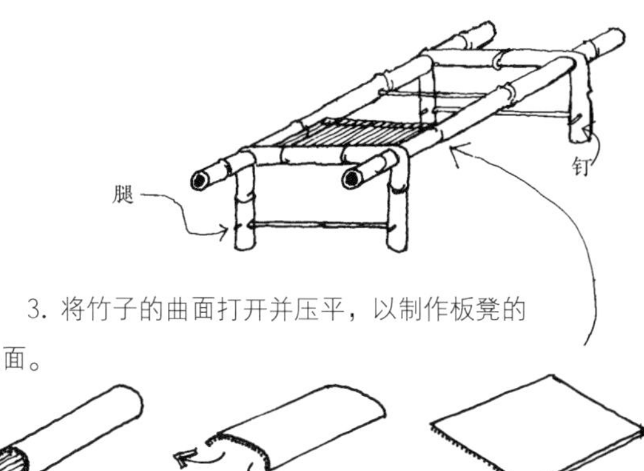

3. 将竹子的曲面打开并压平，以制作板凳的坐面。

竹结构

竹子适合用作屋顶结构，但节点必须精心设计。不仅要将两根连接的竹竿很好地绑在一起，而且两根竹竿的形状必须相适应。接头的切口必须始终靠近竹节。两个竹节之间部分比靠近竹节的地方更脆弱。

最常见的连接竹竿的方式有：

a. 简单的连接。

b. 用榫头连接。

c. 用销子连接。

在靠近竹节处插入一根硬木销子，并使其两端伸出，作为藤蔓、绳索或铁丝等制成的绑扎带的支护。

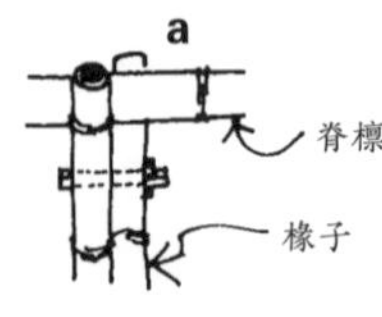

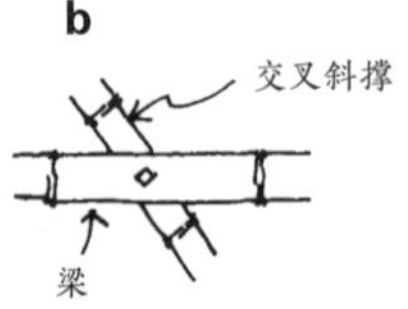

正视图

侧视图

下图所示为没有室内分隔的小型房屋的结构。

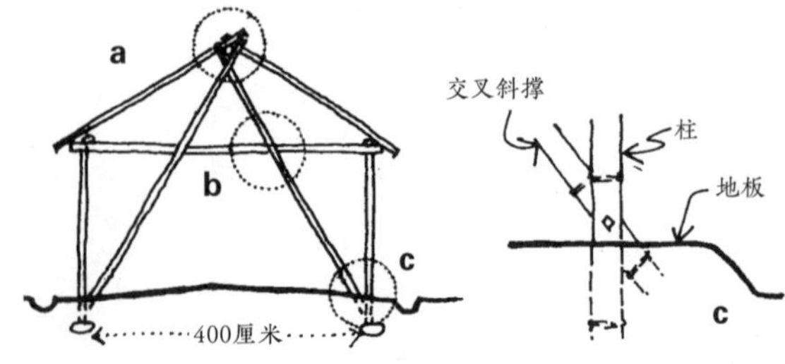

注意：圆圈代表的是上面大图中描述的细部大样的位置。

在较大的房屋中，内墙应设在有交叉斜撑的地方，进而使梁中心（受力）得以加强。

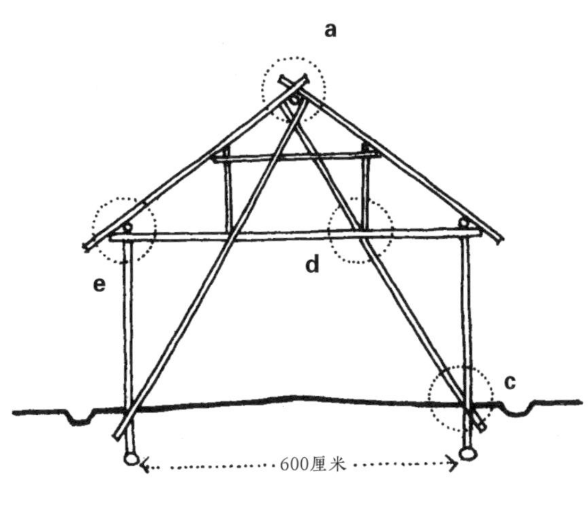

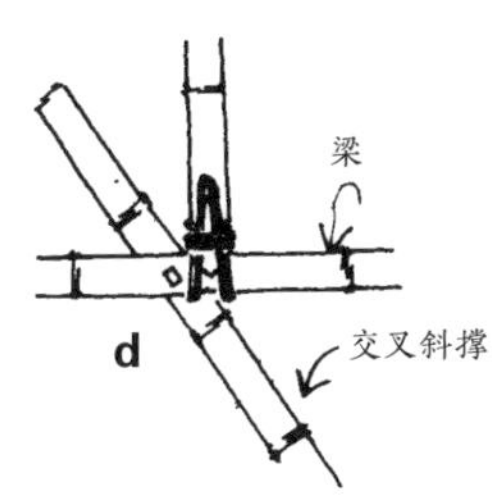

三根竹的联合：
屋顶的主柱由梁支撑，并绑在梁上，交叉斜撑用销子固定

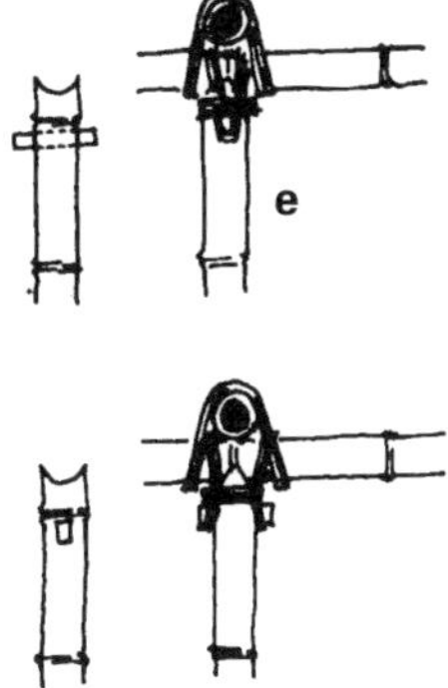

以上是连接柱和梁的两种方式

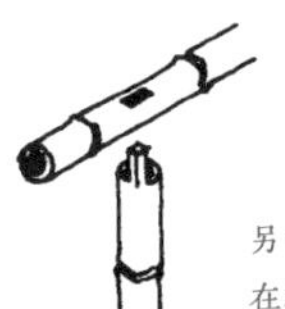

另一种连接柱和梁的方式：
在柱的顶端有一个榫头

↘其他竹节点

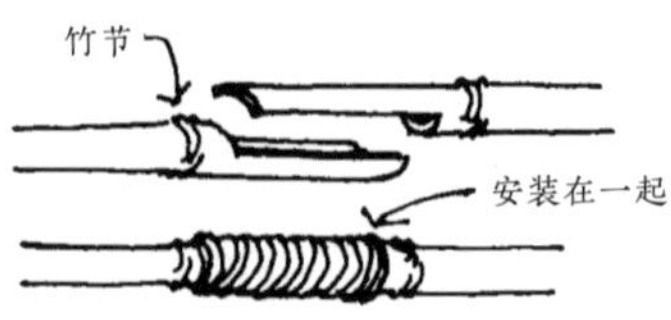

纵向剖切

上图所示是一种不宜用来承重的竹节点。

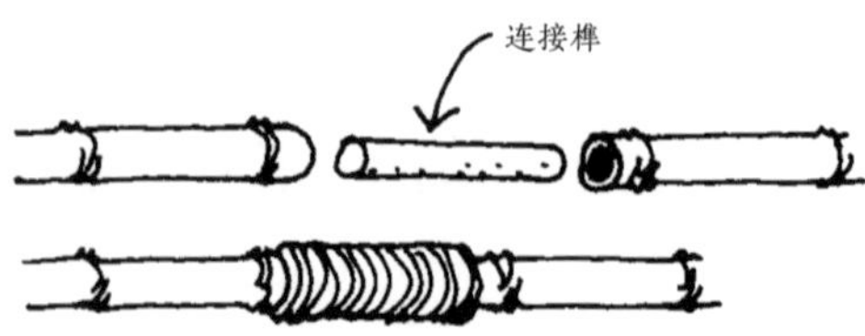

绑扎在一起

上图所示是一种竹子受压时可以使用的节点。榫头插入两段竹节之间。这是一种非常坚固的节点。

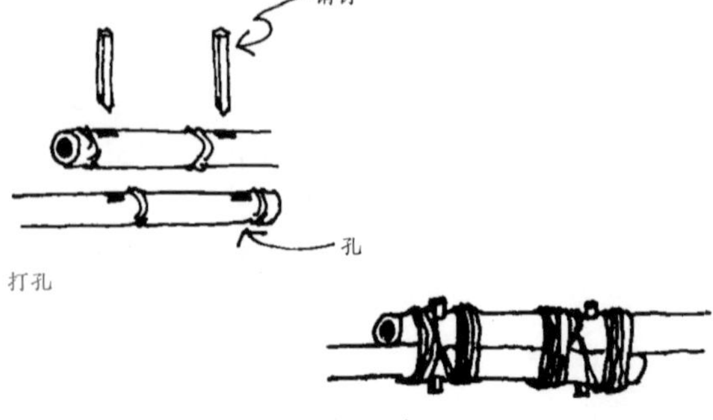

打孔

绑扎一起

当结构需要一个抗压更强的节点时，最好使用硬木销子。这样可以保证连接处足够牢固。

竹节点是用销子（竹或木销钉）和藤蔓或绳索制成的。一般来说，销子的位置靠近竹子的自然分界（竹节）。在竹节的上方开一个凹槽，使两段竹子能很好地接合。

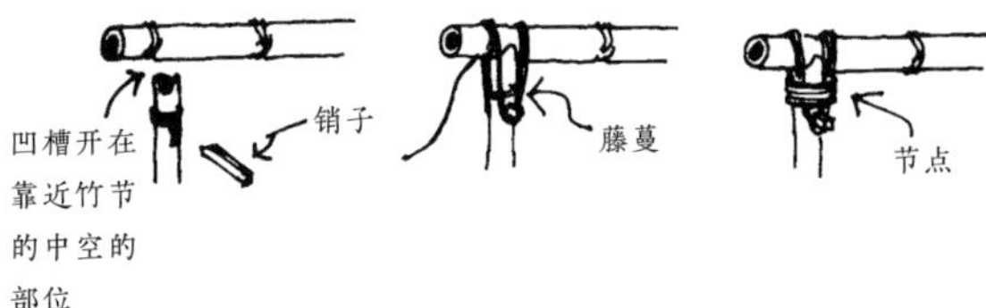

将柱和梁连接起来，使它们契合，并用藤蔓将它们绑在一起，藤蔓缠绕在销子的凸出部分。

另一种节点是在柱上（竹节上方）切出一个榫头，把它弯过来，然后把榫头和柱的其他部分绑在一起。

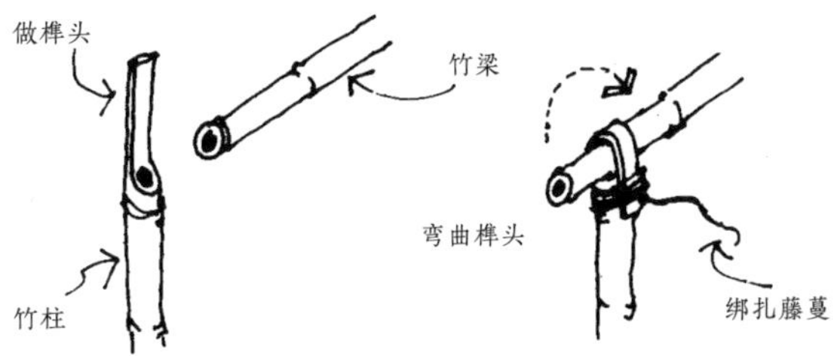

脊檩的绑扎方法也是一样的，要使用销子使节点贴合。

切勿在竹结构中使用钉子，因为它们会削弱和劈裂竹材。

下图是用中心柱建造的房子的细部。这所房子在中心柱的两边有两个 4 米宽的房间。房间的内部分隔是围绕着柱子而建的。

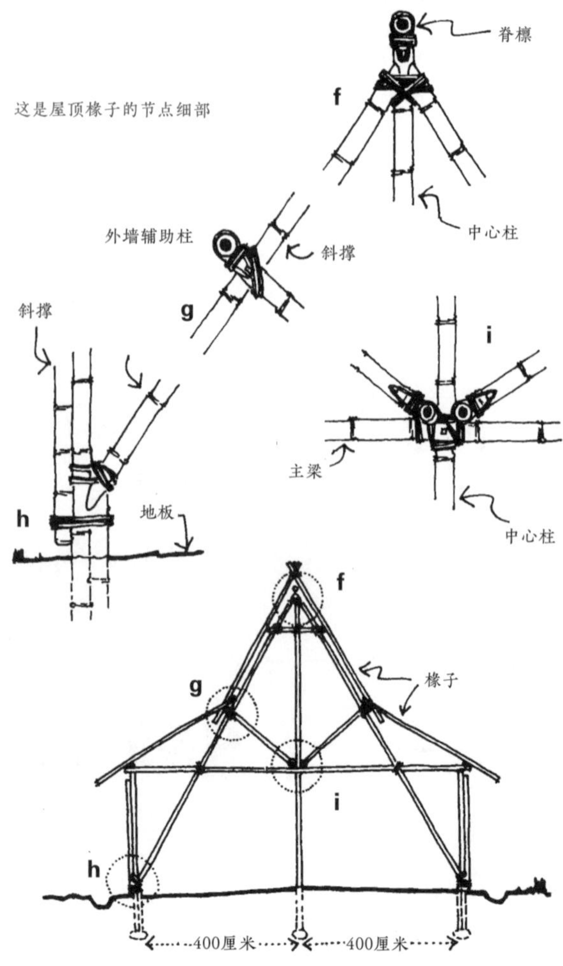

下图所示为屋面结构的椽子和脊檩的细部。

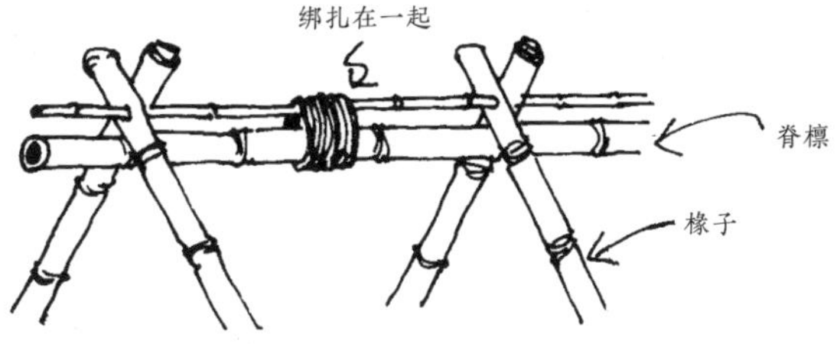

基本型的细部

在风大的地区，可使用两根脊檩，中间使用一根较小的竹竿。

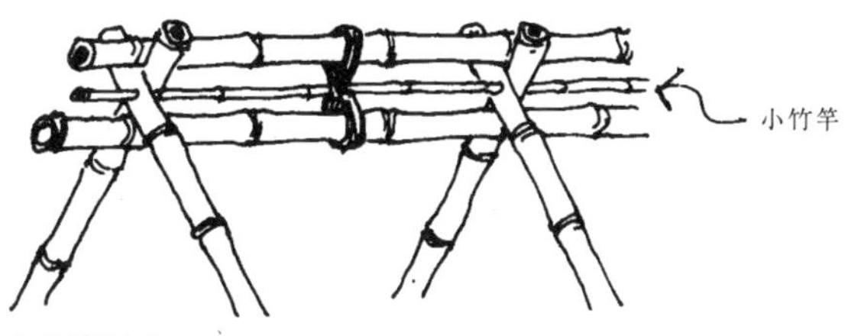

加强型的细部

对于陡峭的坡屋顶，可安装两根脊檩，其中一根安装在顶部外侧。对于平缓的坡屋顶，则并排安装脊檩。

陡坡　　缓坡

两根脊檩必须绑好，使椽子有一个强有力的支撑。

用来将竹材或其他任何材料连接在一起的材料都是有风险的。植物（如藤蔓）会被虫子侵袭，金属（如铁丝）会生锈。因此，节点应该是可见的，以便于定期检查并在需要时进行更换。

↘竹编板材

要为墙面、隔断或浮式地板做编织竹垫，首先要把竹竿切开，去掉内部的节子。然后把竹竿摊开，在上面放上重物，让它干燥平整。

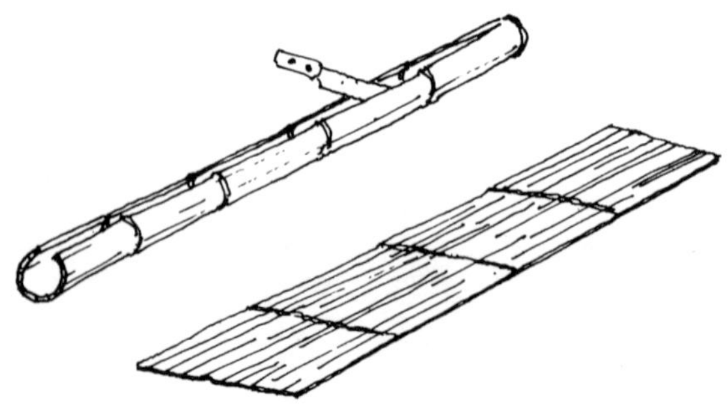

对于不太大的房屋，可将整块的竹板连接在一起铺设地板或墙壁。

为了使板材更结实，可将板片切成 3 厘米宽的条状。

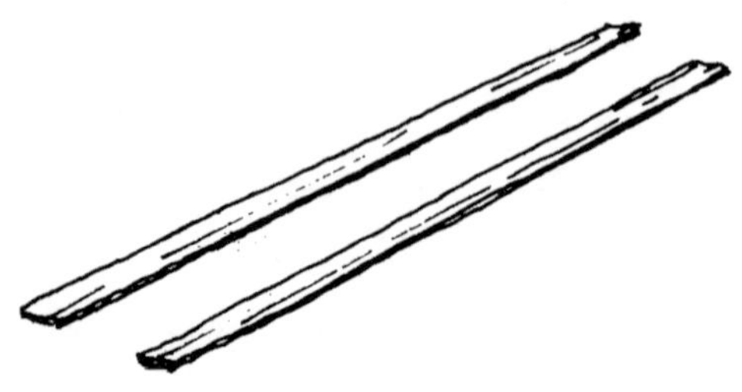

一般来说，板材的高度是房间高度的一半，通常约为 1.5 米长，0.5 米宽。

竹编方式有两种:

A. 开放式编织方式适用于轻质板材，既能提供一定的私密性，又能透过微风（不适合寒冷多风地区）。

B. 紧密式编织方式可以用来做更多的成品墙。先用焦油沥青覆盖外侧，并涂上砂；然后用黏土、石灰和仙人掌汁的混合物涂抹两面。

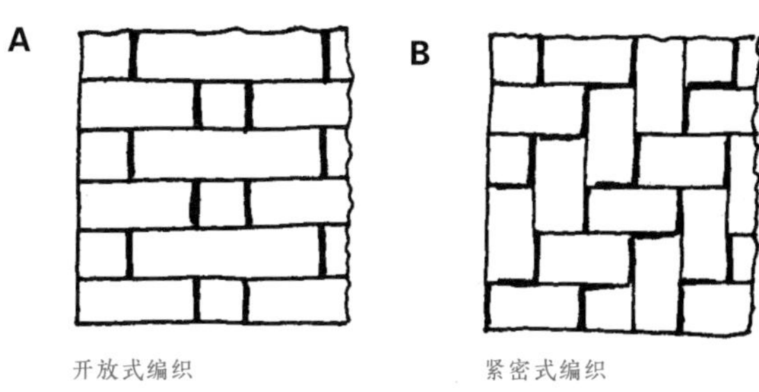

开放式编织　　　　紧密式编织

在编好一块竹板后，将竹条的两端用火烤（以防腐），然后铺平，在上面抹上焦油沥青和砂。在涂抹第一层之后，让板材在阳光下晾晒。等到完全干燥后再抹第二层，最后确保最外层覆盖黑色焦油沥青。用竹条带加固边缘，每边一条，用绳子或铁丝将条带绑在面板上，形成一个框架。也可以使用一个有开口的小竹竿来收边，如下图所示。

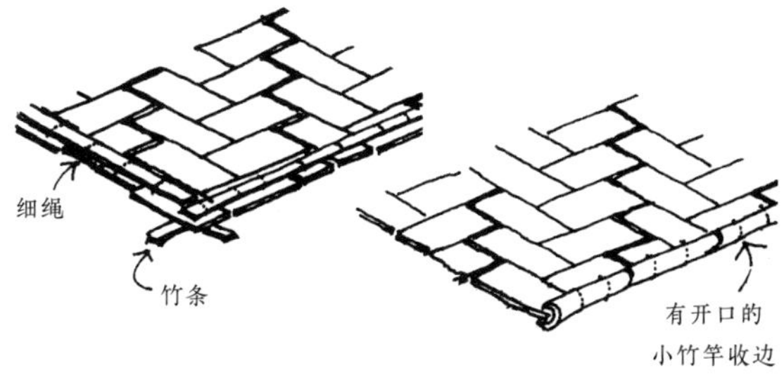

↘ 圆木框架结构

将木材的端部收窄，使其节点牢固、贴合。对于小型结构，

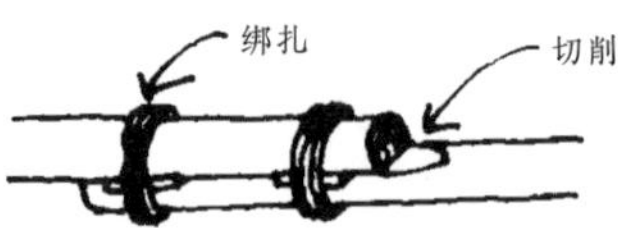

用绳索、藤蔓或金属丝捆绑节点。原木必须是直的，树皮必须去除。对于大型结构，节点间最好用螺母和螺栓连接。

可用小木楔子提高上述节点的强度。要注意切割的形状。

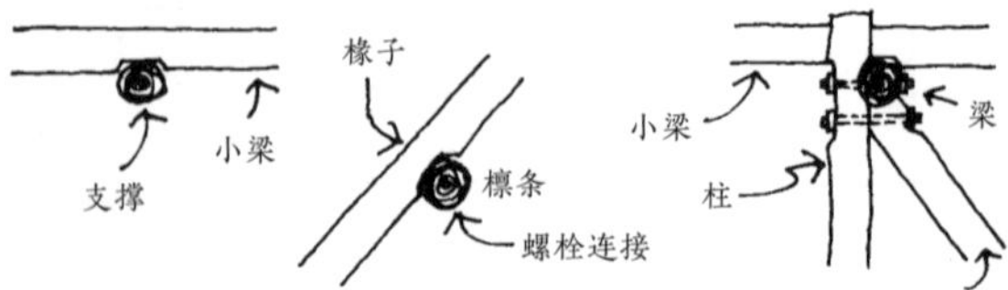

为了使节点更加贴合，可以在椽子和柱子上切出一个小缺口。

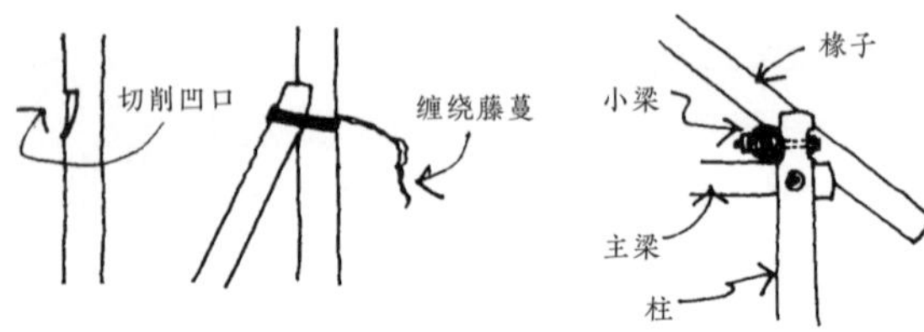

下图所示为原木基础（基脚）的细部。

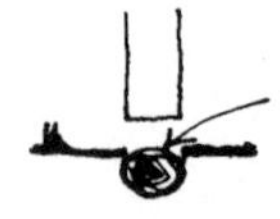

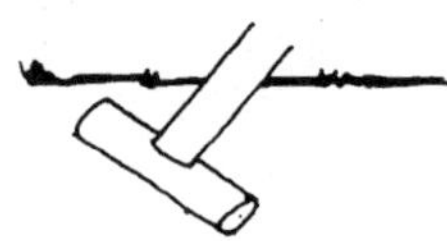

在原木切口的地方要小心。

下图展示了另一种建造屋顶结构的方法。可以用竹材或其他材料制作房柱。无论选择哪种材料，在地面以下的部分必须用焦油沥青或通过用油烧的方式来防腐保护。

下图所示为一间边长相等、由中心柱支撑的小型房屋。

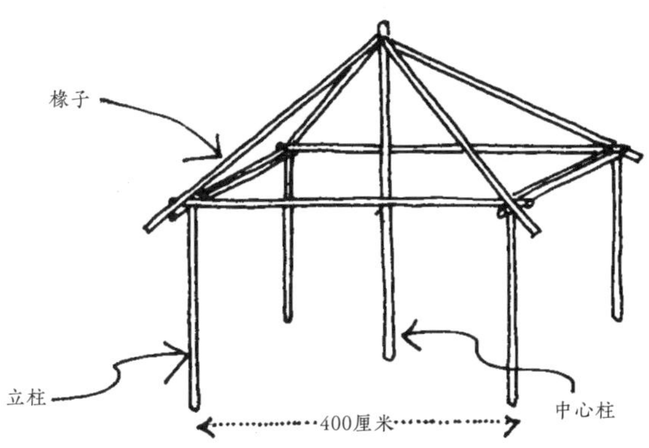

如果是比上图所示房屋大一倍的房屋，则需要更复杂的屋顶结构、更多的立柱和加倍的中心柱。

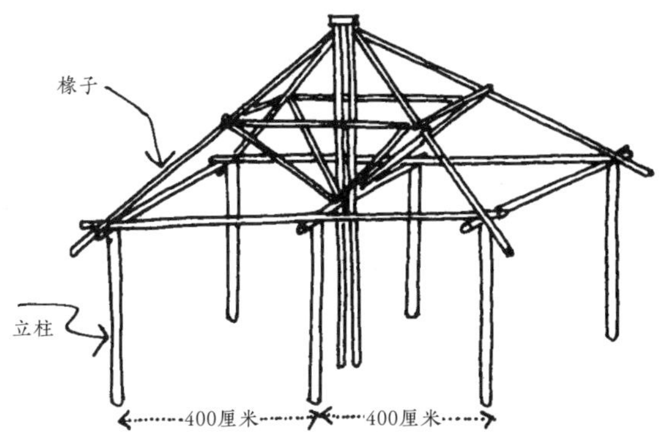

对于作坊或棚屋来说，在没有墙、屋顶又轻的情况下宜使用较小的部件。

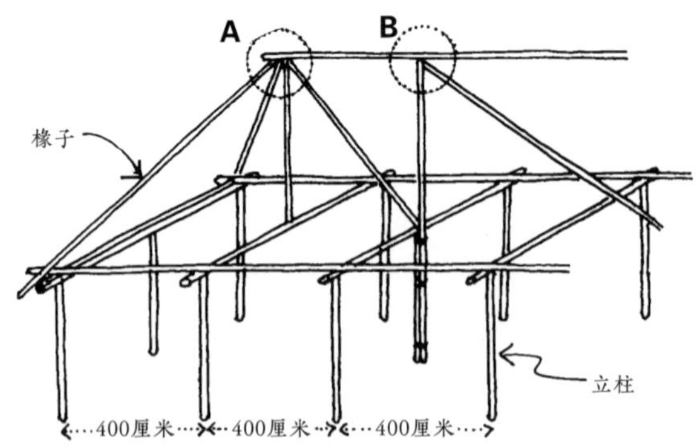

大结构营造大空间

下面是脊檩的一些细部。

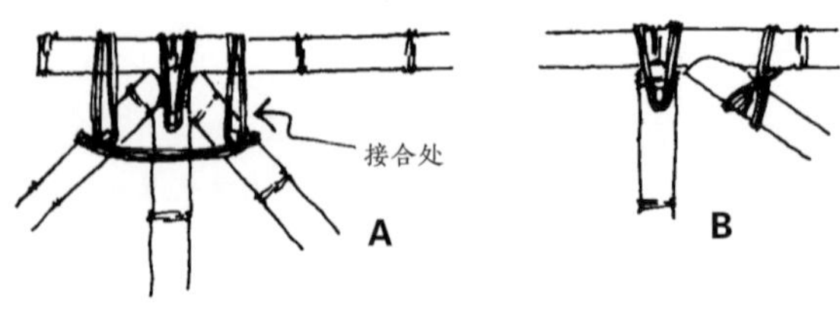

节点细部

制作一个好屋顶的秘诀是节点制作工艺精良，也就是说，接缝处的各个部分都要很好地接合。一定要在靠近竹节的地方砍下竹竿，用凸出的销子来紧固绑扎。虽然需要花费更多时间，但这样节点更耐久。

然后用轻型结构的檩条加固基本的屋顶结构来支撑屋顶层。

如果要建更大跨度的房子，可以在脊檩和椽子之间用斜撑加强结构。斜撑从中心柱上与梁同样高度的地方开始。

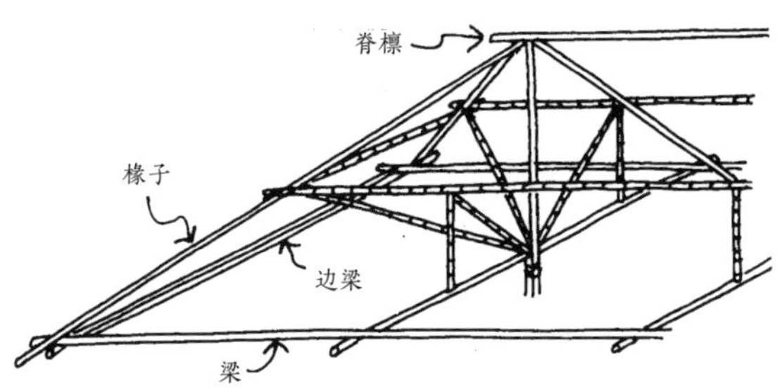

图中没有显示立柱

在地面潮湿的地区，要将地板抬离地面。

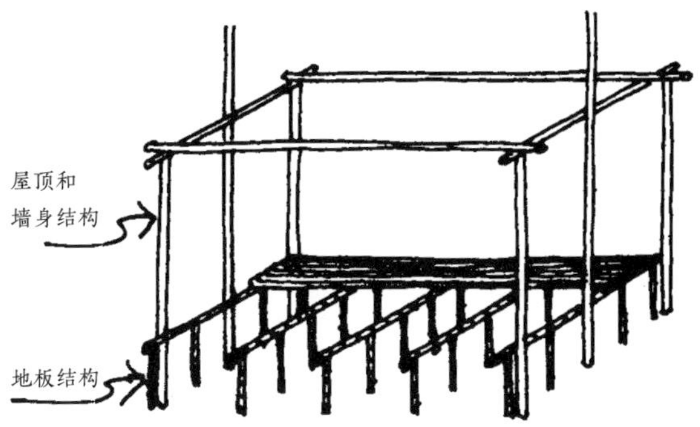

抬高的地板的支撑结构与墙壁和屋顶的支撑结构分开。

↘ 成型木材框架结构

对于学校或诊所等公共建筑，最好使用机器加工成型的木材。木材用螺栓和螺母以及齿形支架连接。

下图所示是一个跨度为 6 米的结构的细部。地板可以用磨光水泥面或瓷砖制作。

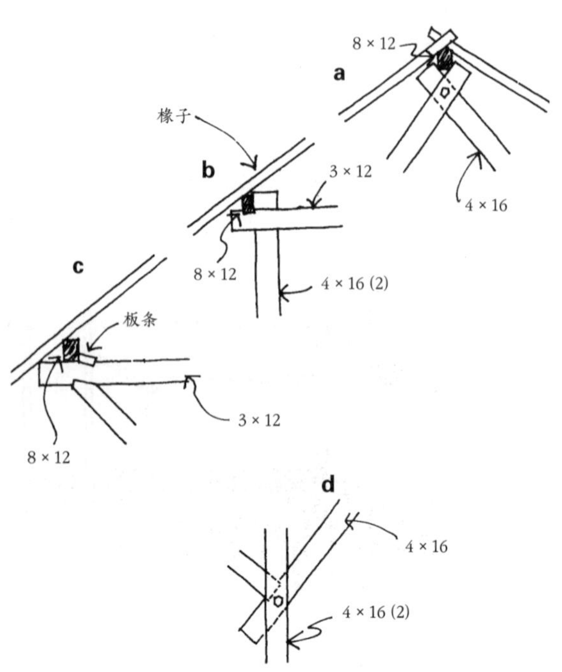

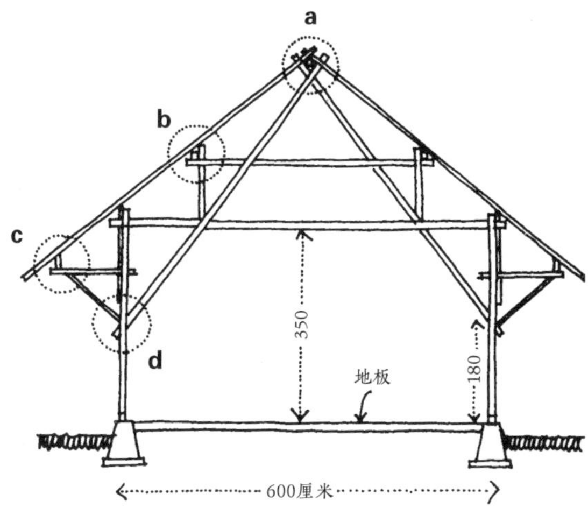

上图所示结构中，脊檩高出地面 5.5 米。柱子和交叉斜撑的尺寸为 4 厘米 ×16 厘米，梁为 3 厘米 ×12 厘米，檩条为 8 厘米 ×12 厘米。椽子可采用 4 厘米 ×7 厘米尺寸，具体取决于可用木材的大小。如果它们的尺寸较小，则应把它们排得更密。

柱子和交叉斜撑的尺寸以厘米为单位。例如，右图所示是一块 4 厘米 ×8 厘米的木材。括号中的数字表示连接在一起的木材数量。

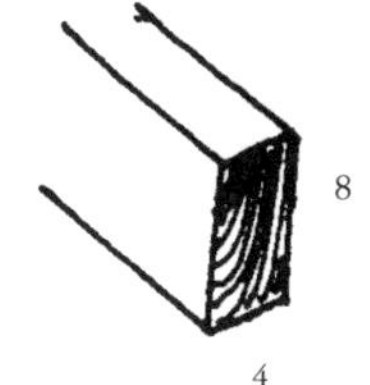

脊檩和檩条不应随着椽子的重量而移动。

在右边这个细部图中，一根板条将檩条固定在梁上，防止其移位。

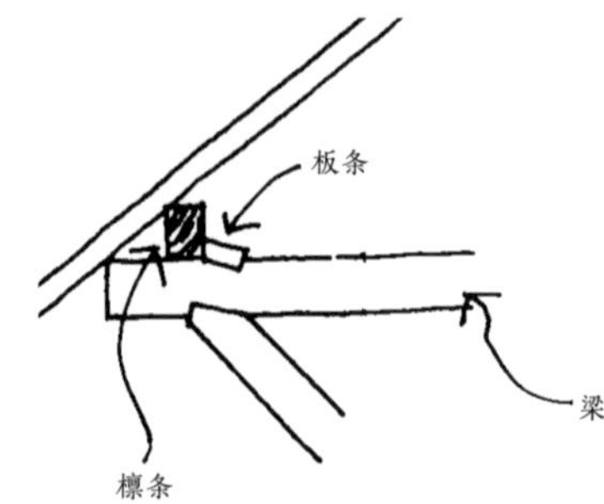

下图显示的是一个轻型结构，跨度为 12 米，可以用作工厂或市场。其节点细部与 6 米跨度的小型建筑相同。这种结构实际上是一个屋顶下的两座小型建筑。细部 e 显示了中心柱的节点。

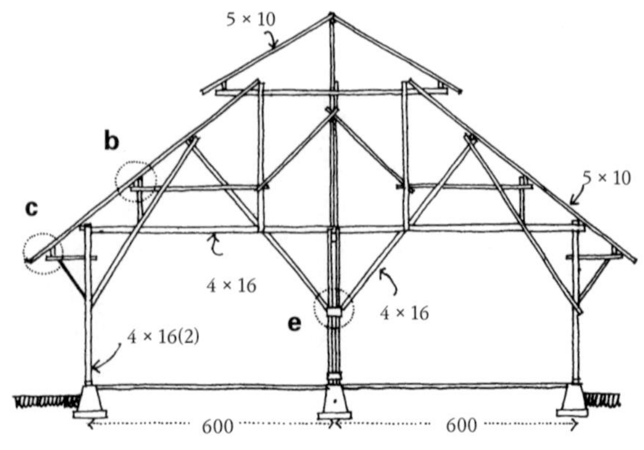

注意：脊檩应升上去，以便热空气流出。该图没有显示椽子上的板条，也没有显示屋顶材料。

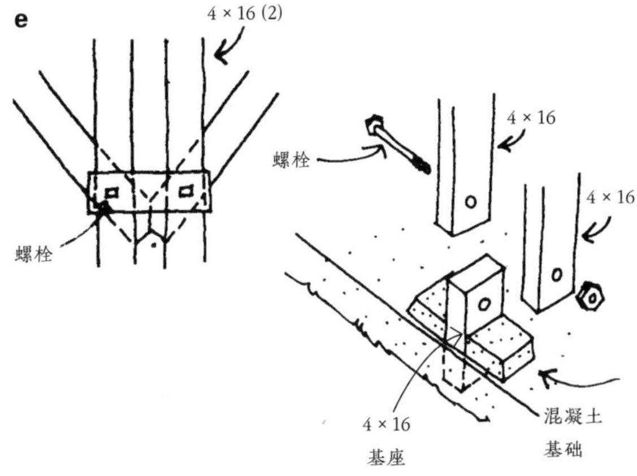

连续板基座必须有一个基座来连接两根立柱。基座要嵌入基础里，基础使用混凝土可以使木材不腐烂。基座的尺寸也是 4 厘米 ×16 厘米，应涂上油膏或做其他类型的防腐保护密封。详见本书“建造”章节。

下面是另一种（榫型）节点组装的例子。

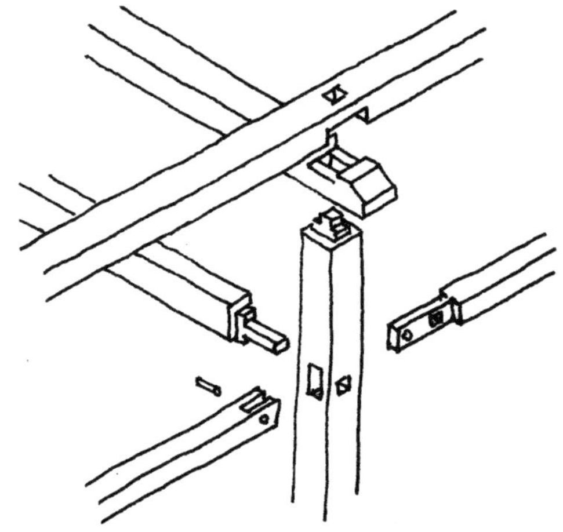

↘ 编织棕榈叶

先把叶子的两端剪掉，然后把叶子分成两半，并把“脊柱”或叶茎的边缘磨圆，防止编织时割伤手。

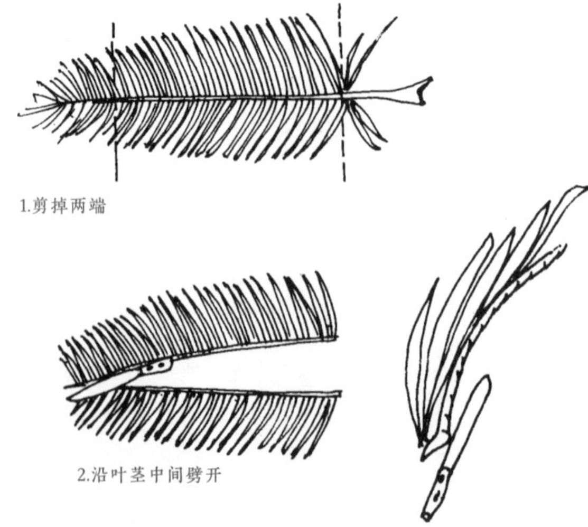

1.剪掉两端

2.沿叶茎中间劈开

3.磨圆叶茎

现在一次编织一个面，做一个用叶条编成的大垫子。

编织

编成的垫子

下面展示的是另一种用棕榈叶做屋顶材料的方法。这种方法比较耗费人力，但效果很好。

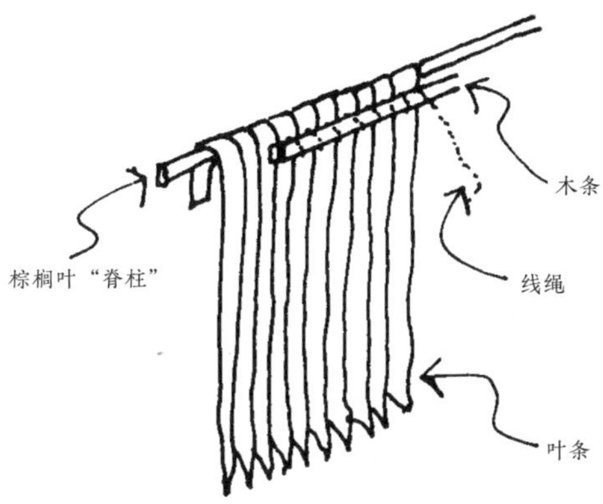

从大叶子上取下叶片（有时也叫复叶）。然后把叶片绕在“脊柱”或叶茎上。在“脊柱”的两边放上两根木条，然后用线绳将叶片绑在木条上。

用这种茅草（棕榈叶）覆盖的屋顶可以使用很多年。

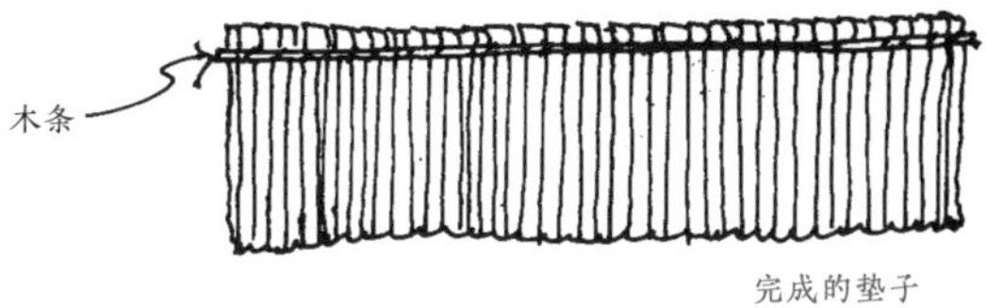

完成的垫子

可以将一根竹竿切成线绳一样的细条，用细条将叶片绑在一起。

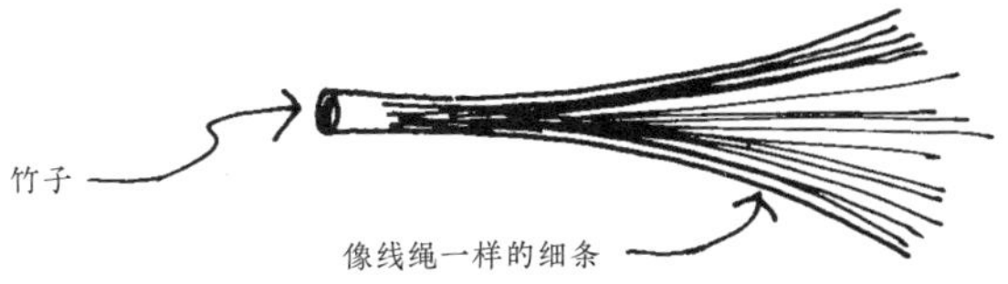

要使用这种茅草（棕榈叶）作为屋顶，需要把上一层的草排盖在下一层草排的三分之一以上，如下图所示这样把草排重叠起来。

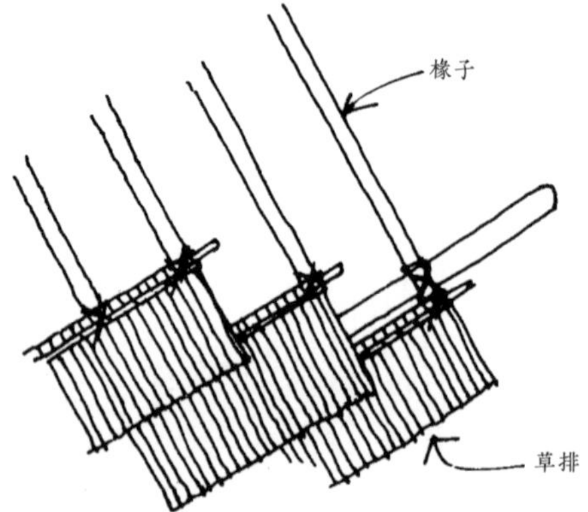

为了加强脊檩屋顶的强度，草排须紧密连接并在上面绑扎小竹竿形成脊盖，然后把这个脊盖组装到屋顶结构上。

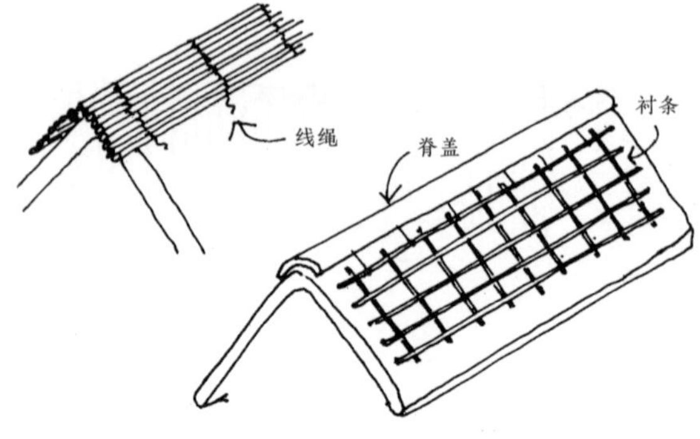

在有强风的地区，（用竹木竿）制作网格状的衬条，从屋脊开始压在茅草屋顶上。这样可以防止风对草排的破坏。

↘ 脊檩的铺盖

另一种保护脊檩的方法是搭建一个草排脊檩“帽子”(脊盖)。

首先用 4 片草排做一个屋顶组件，上面绑上 4 根结实的竹板条。

1. 层叠 4 片草排。

2. 绑上 4 根结实的竹板条，上下两边各 2 条，中间空出。

3. 弯折并将竹板条绑扎在屋顶结构上。

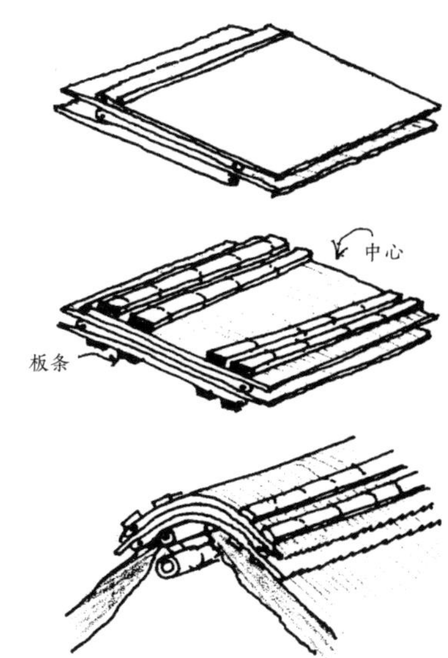

下面的剖面图显示了如何将螺纹线绳穿在板条和脊檩上。

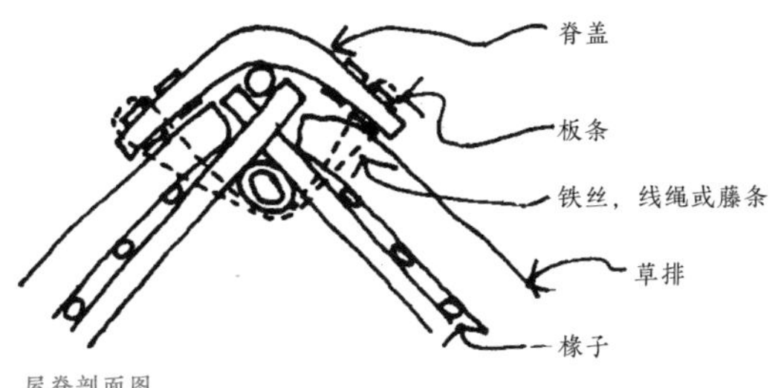

屋脊剖面图

棕榈树小屋

很多地区都长有扇形叶棕榈树。用这种棕榈树做材料可以制造出舒适的房子。当然，需要不止一棵棕榈树。

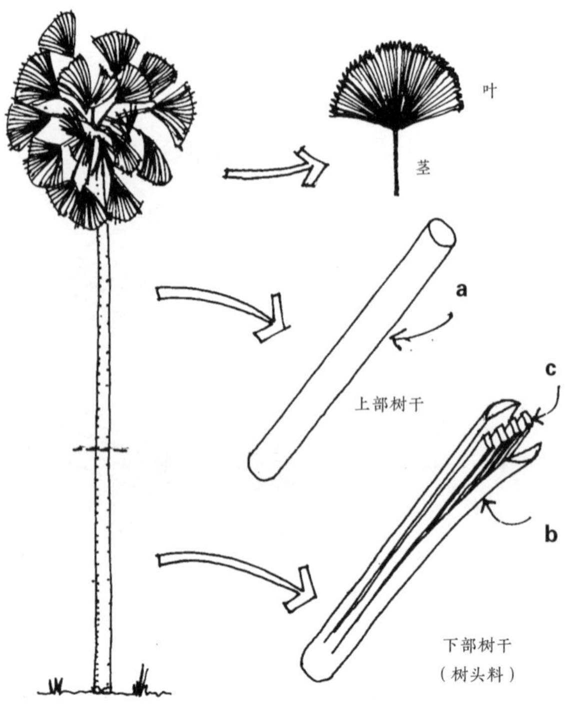

这种棕榈树也被称为布里蒂（buriti）棕榈树或毛里求斯（Mauritian）棕榈树。

婴儿出生时，父母会种植一些棕榈树，这样当他或她成年后就可以用这些成熟的树木作材料建造房子。

叶子用来做屋顶，茎用来覆盖墙壁，同时：

树干的 a 部分用来做柱子；

树干的 b 部分用来做梁；

树干的 c 部分用来做檩条和墙体。

树干的 b 和 c 部分满足结构所需的尺寸。

下图中的 a 部分是从树干的较粗部分获取的，b 和 c 部分是从较细部分获取的。

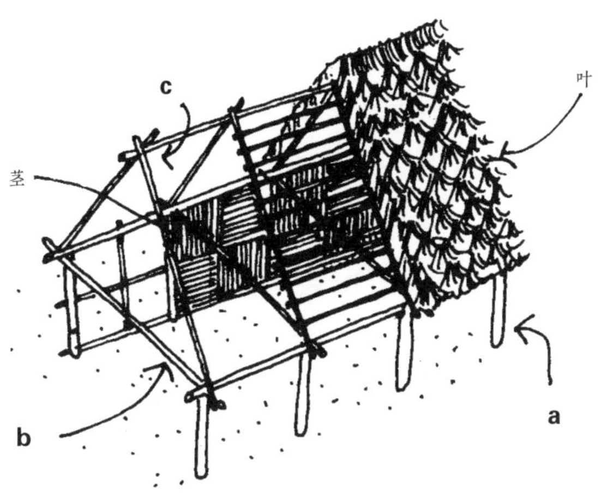

注意：在干燥地区，棕榈树的树干被用作柱子。在潮湿地区，它很快就会腐烂，因此需要一种耐用性更好的地方性树种。

隔断

这些墙用于分隔房间，并与支撑柱相连。

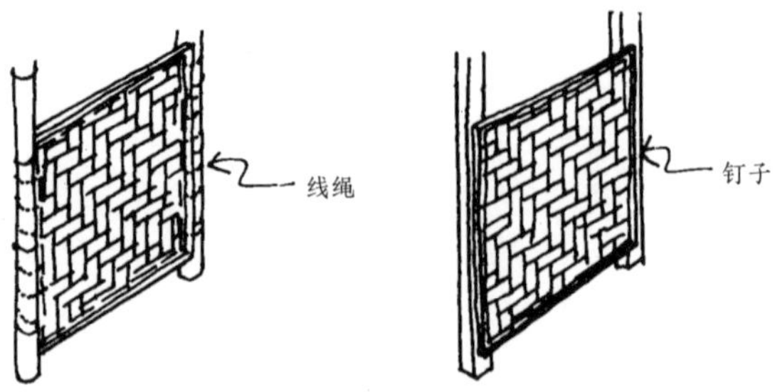

隔断安装在实木柱上时，可以用钉子固定。

下图是一个小竹屋，其中一半的地板空间被用作平台，可坐可卧，也可在上面存放东西。

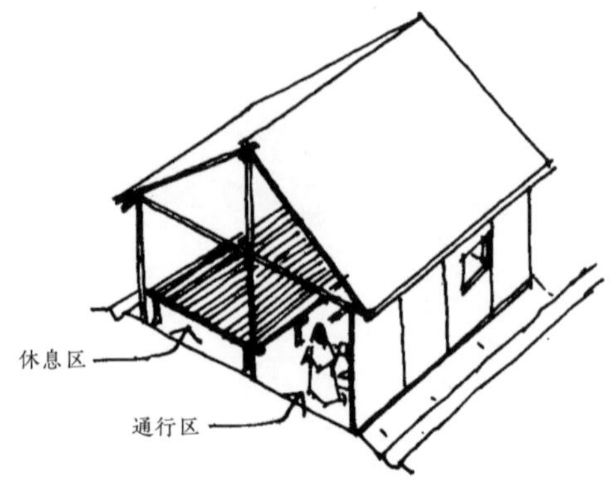

在有坡度的场地上，例如在山坡上，可以建几个平台作为地面层。

当地面很不规则时，在斜坡最平坦或最坚固的地方安装石块或混凝土基座。这样可以稳定第一层的柱子。

土与木

下图是一所用多种材料建造的房子的例子，有瓦片屋顶，竹编泥墙等。外墙施工阶段如下：

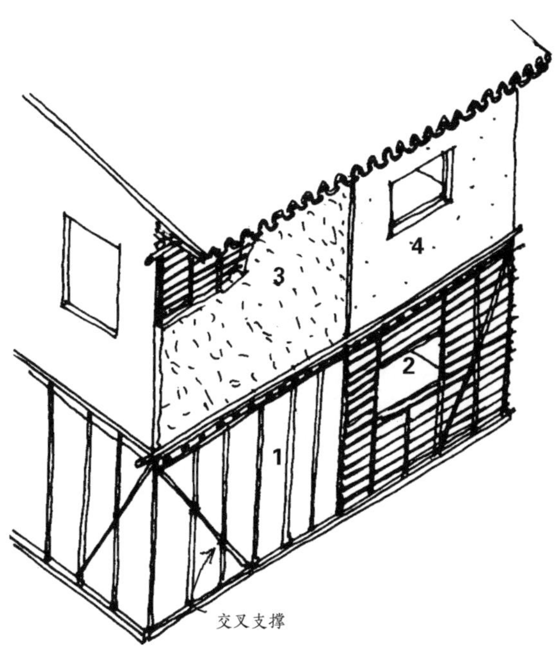

1. 墙体结构采用长竹片制成。

2. 在外侧，将竹条绑在竖向竹片上，间距 10 厘米。

3. 在竹条上覆盖泥浆和碎稻草（草筋）。

4. 最后一层用石灰粉刷。

注意：墙体安装了交叉支撑，用以加强抗震和防风能力。

房屋、街道和花园可以建在坡地上。

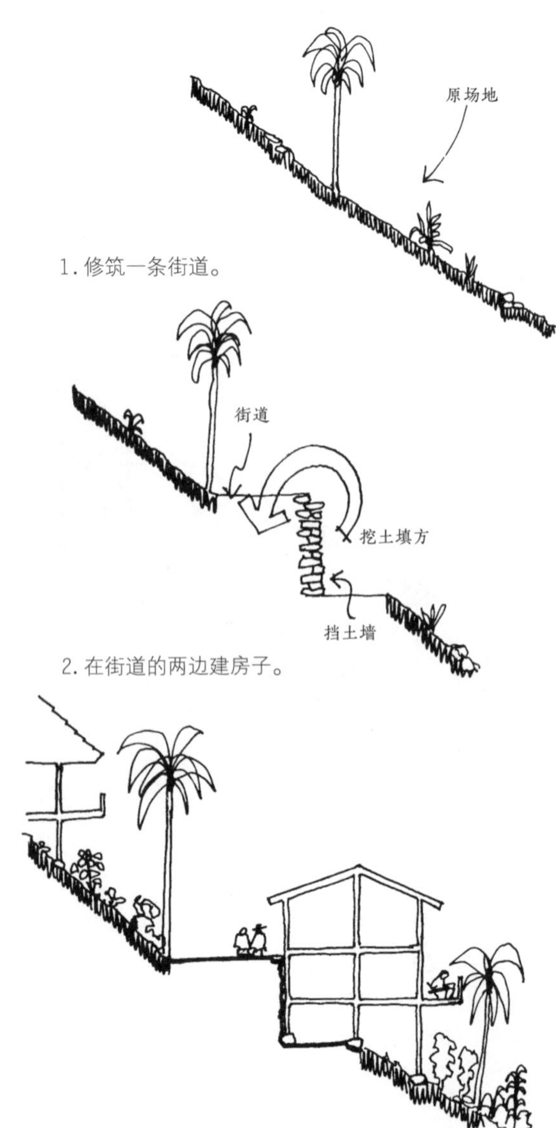

三角形法

木柱做成的墙体，其结构框架应是三角形的。

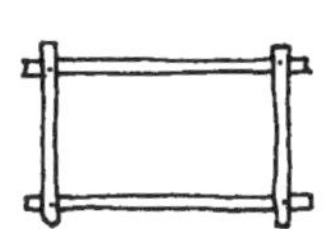

附加重量后

如果木匠不使用三角形法，结构将无法抵抗地震，房屋可能会倒塌。

在框架的对角线安装一条木板，框架便可以抵抗施加在结构上的力。

下图为一个三角形结构支撑地板的例子。

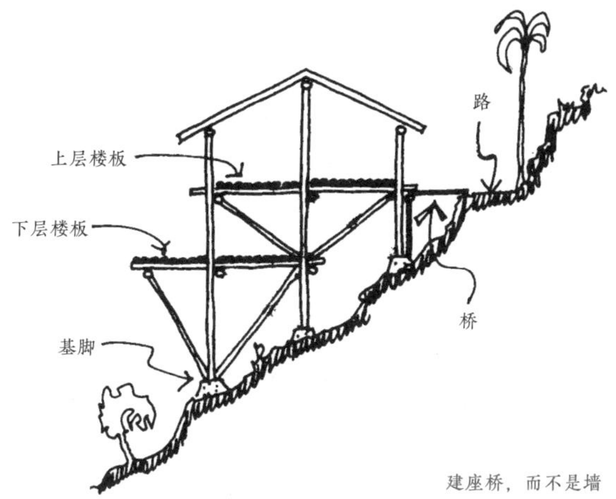

建座桥，而不是墙

在热带湿润地区，用石头、砖、陶瓷或水泥制成的地板更受欢迎，原因如下：

- 它们很容易用水清洗，不会损坏。
- 它们能保持凉爽。
- 它们不会被昆虫栖息或破坏。

瓷砖地面

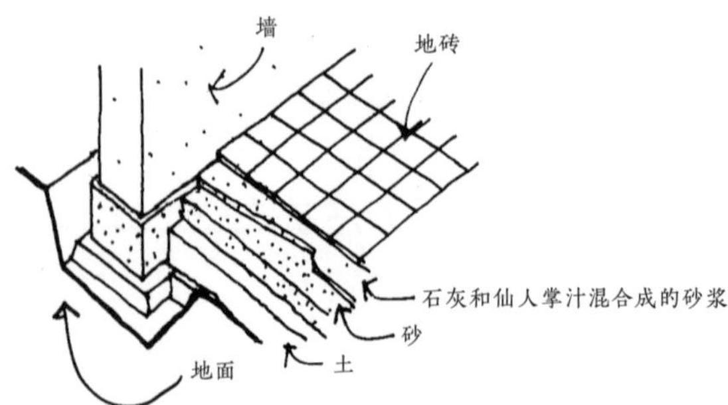

木地面

在冬季较寒冷的地区，用镶木拼花地板铺在混凝土地面上。

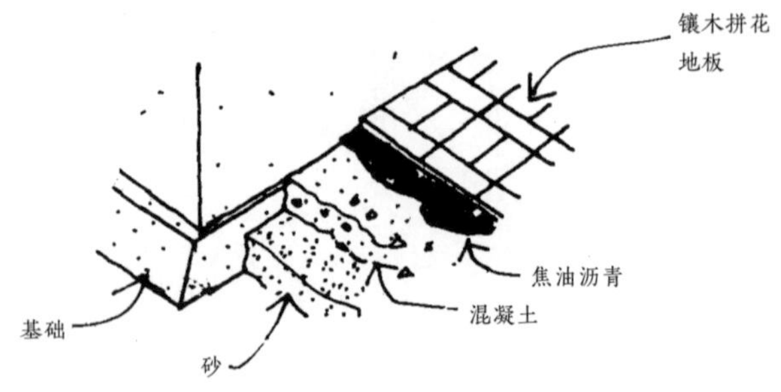

拼花地板是用硬木制成的，每片 2 厘米厚、6 厘米 ×25 厘米大小，用新的焦油沥青安装并打磨后涂油保护。

可以用不同颜色的木材来创造图案。

竹楼板

适用于潮湿地面条件的高架地板，可以在竹托梁上用垫子制成。垫子用板条压住并固定在托梁上。

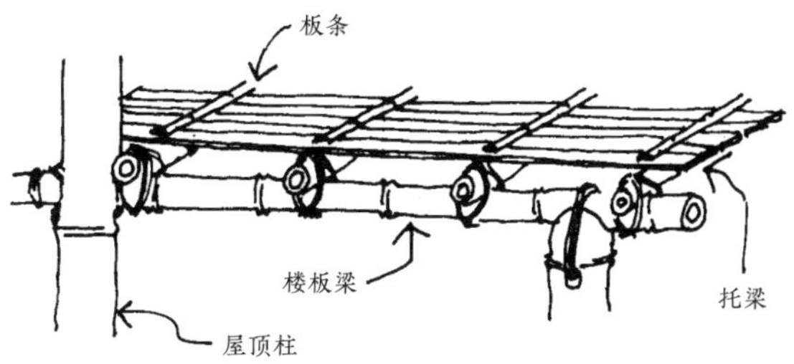

PESTS
虫害

下面介绍防止害虫（如蝙蝠、老鼠和昆虫）侵蚀结构的方法。

请考虑以下两点：

- 检查所有节点是否有缝隙或孔洞，防止动物筑巢。
- 修改构造细节，让结构的角落从内部暴露出来。此外，给建筑物内的脊檩涂上石灰，以防动物在此筑巢。

举例

脊檩的位置是一个很好的例子。如果按照通常的做法将其安装在正方形的位置上，老鼠或其他害虫就可以在平面上筑巢。如果椽子是竹子，需要封闭其两端的开口。

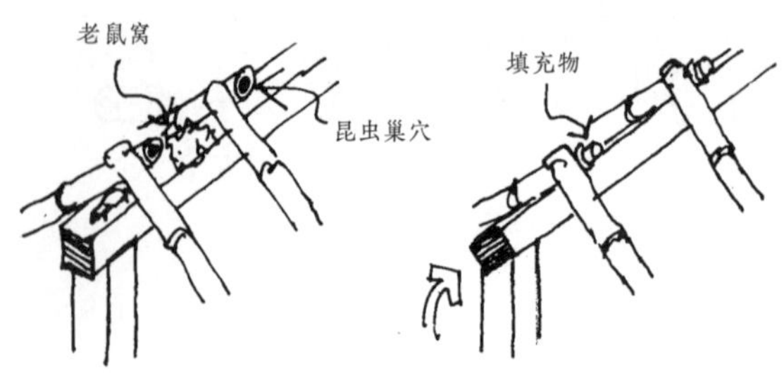

不正确的脊檩安装方式　　正确的脊檩安装方式

编织的垫子或竹板应该只覆盖墙的一面，以防动物在夹壁间栖居。

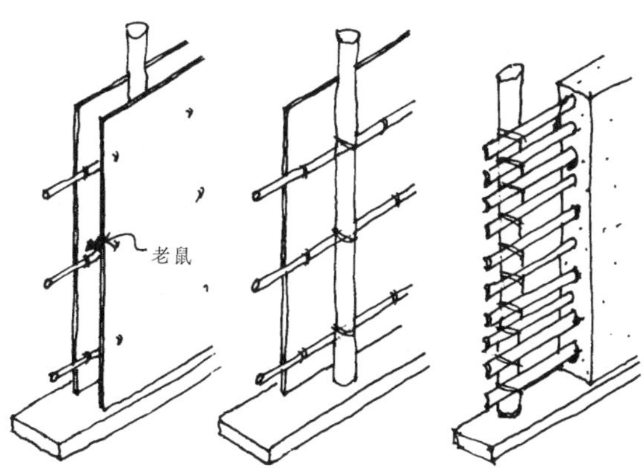

动物会侵驻夹壁间的空间　　单面墙更可取

另一种解决办法是用竹竿做墙，然后用泥巴、茅草或稻草填充，干燥后用石灰粉刷饰面。

同时将主梁延伸部分的表面做成斜面，防止动物在平的出挑面上筑巢。

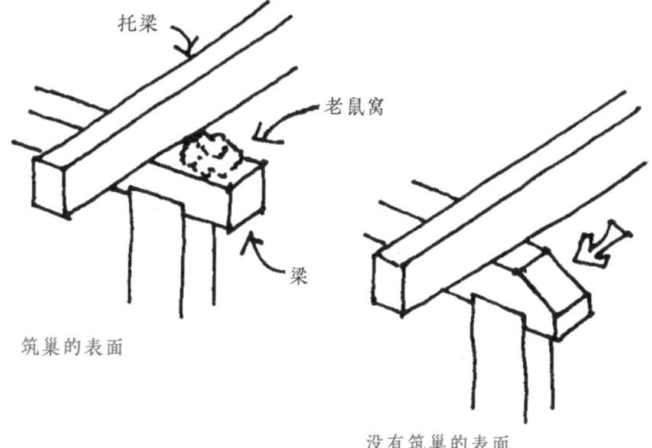

筑巢的表面

没有筑巢的表面

当主屋顶下面有一层或几层屋面时，下层屋架的所有支撑构件都应斜切*。

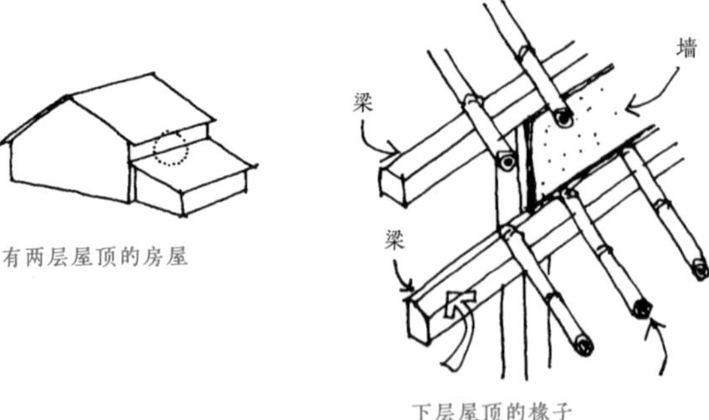

有两层屋顶的房屋

下层屋顶的椽子

房屋上层的竹地板应该是可见的。垫席应平整且密铺。

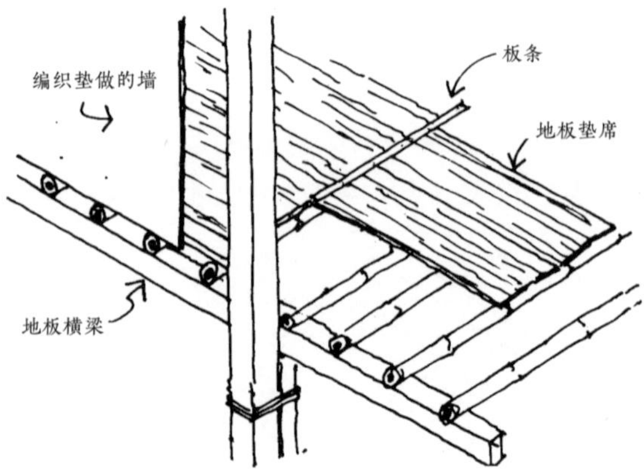

关于准备建筑材料来防虫害的方法，也可参见本书“材料”章节。

*［**译者注**］ 例如梁的上表面、椽子端头等，都应斜切。

在混凝土中嵌入一排瓶子，可以防止蝎子通过爬墙从窗户进入室内。

将瓶颈嵌入混凝土中，再用混凝土填平至瓶底，然后继续砌墙。

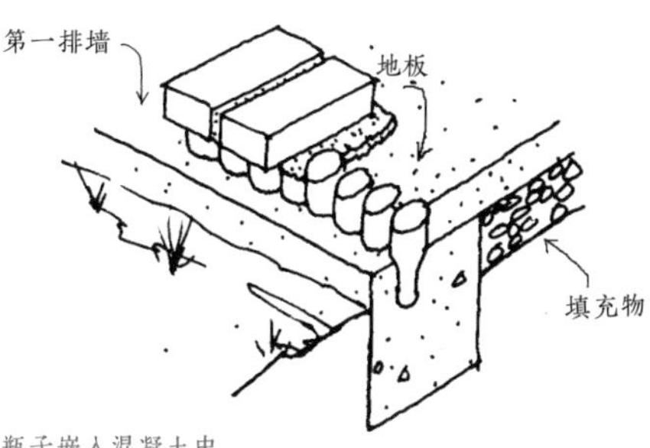

瓶子嵌入混凝土中

砌墙的三个步骤：

1. 把瓶子嵌入新铺的混凝土基础中，然后准备好铺了细石混凝土的地板基底。

2. 用水泥砂浆填满瓶子和地板之间的空隙。

3. 往上砌墙。

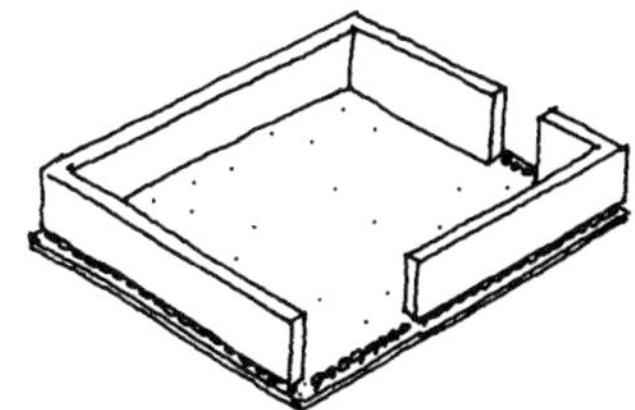

两层以上的房屋不建议采用这种方式。

烟气流通

用竹子、芦苇或其他植物做屋顶的问题之一是白蚁和螟虫等昆虫造成的破坏。

阻止这些虫害的方法之一是让厨房的烟气流向天花板、阁楼空间或昆虫所在的地方。

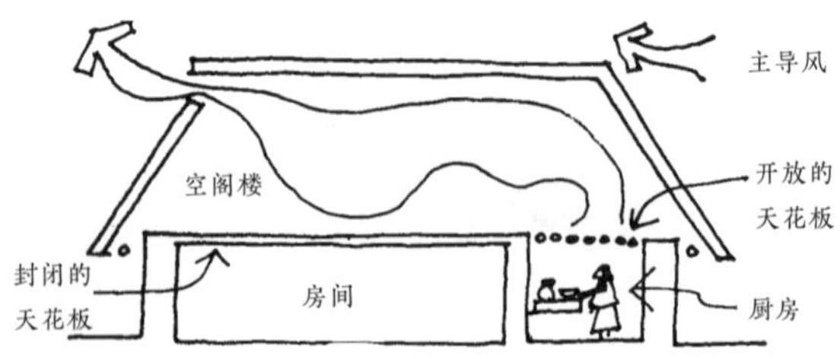

房屋烟气流通剖面图

厨房和屋顶通风口的位置允许主导风从较高的空间吸入烟气。厨房的天花板是开放的，其他房间的天花板是封闭的。

其他控制方法

- 制作辣椒、卷烟和小茴香的混合物。燃烧少量该混合物并关闭房屋几个小时。桉树香也有同样效果。
- 在靠近房屋墙壁的地方，种上一圈带有驱虫香味的植物，如香茅草、罗勒、普通芸香和葛根。
- 把苍蝇最多的地方（如马厩或厨房）涂成蓝色。

DOORS AND WINDOWS
门窗

门框是墙体结构的一部分，在门框上安装另一个框架，作为门本身的结构。

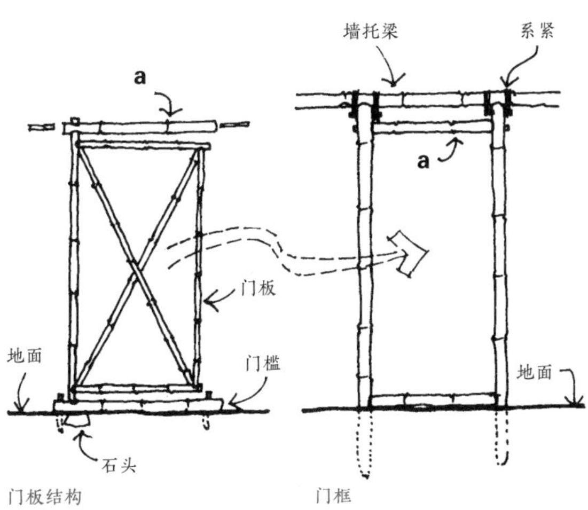

门板结构　　门框

在上面两张图中，a 部分是一样的。这部分由两个榫头连接到框架上。门槛用销钉固定在地面上或固定在框架立柱上，框架则由立柱插入地面。门板结构上铺贴竹编垫，并在门槛底部放置石头作为门轴转动的支点。

注意：除了这些细节，还要注意竹子的开口端可能会有昆虫侵入。因此，竹子的两端应该在靠近竹节的地方砍掉或者填平。

同样的技术也用在窗户上。有三种类型的铰链。第一种用于下面第一个例子所示的竖铰链窗，类似于门系统。第二种用于推拉窗，第三种用于遮阴窗。a 部分即窗户本身，与 b 部分即窗框相连。

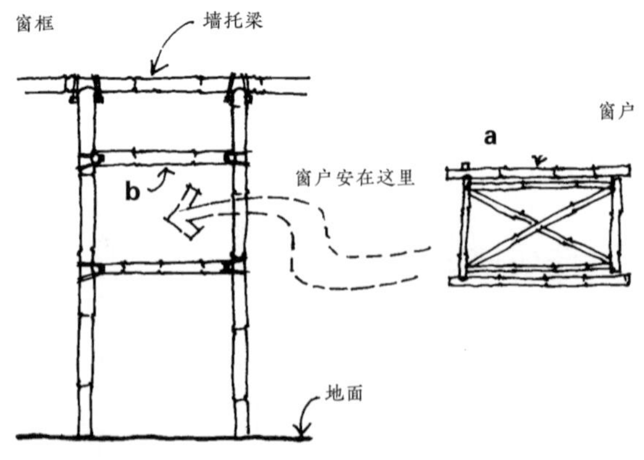

铰链

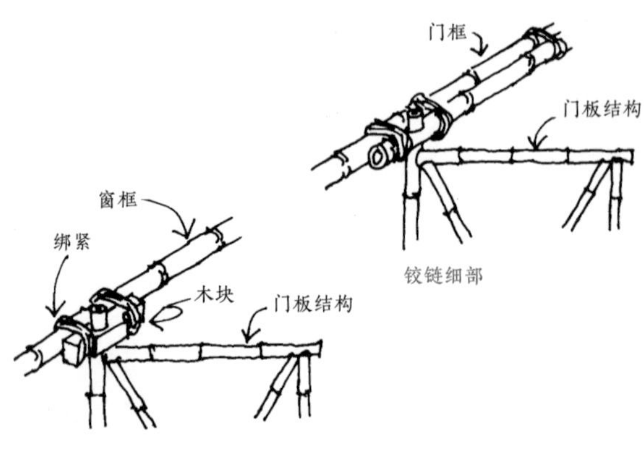

用一块（有孔的）木头代替竹子将门与窗框连接起来。

推拉窗通过用硬木条制成的轨道沿墙面滑动。推拉窗一部分用垫席覆盖，另一部分作为窗户敞开。

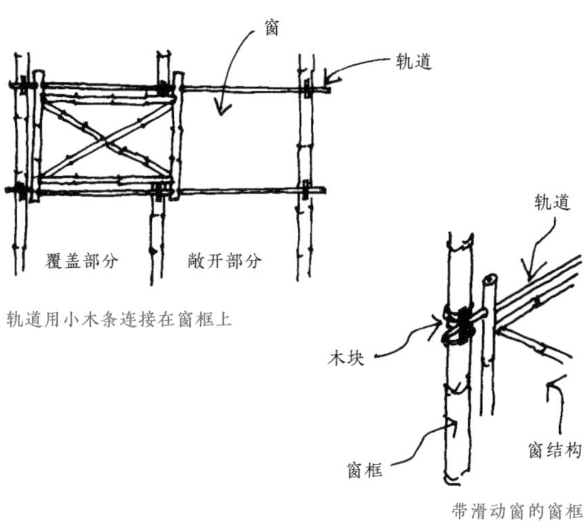

轨道用小木条连接在窗框上

带滑动窗的窗框

遮阳窗的窗体结构用一根杆或钩子连接在屋檐上，保持开启。铰链系得较松。

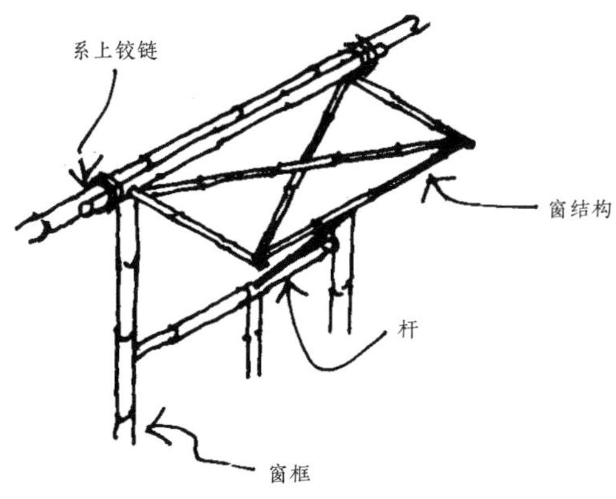

VENTILATION
通风

在热带湿润气候中，天花板可以与屋顶隔开，但天花板与屋顶之间的空间应开放，保持通风良好。天花板可以用板条和石膏来做，或用芦苇编织而成。

热空气会上升，因此应在房屋上部区域开通风口，让热空气排出。在较低的墙体上开通风口让冷空气进入也很重要。详见本书“设计”章节。

根据可用的材料、风向和屋顶的形状，有许多通风的方法。下面是三个例子。

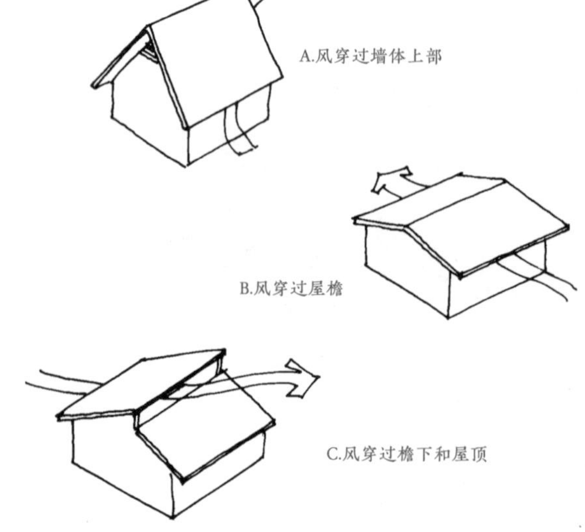

↘ 屋顶通风口

一种方法是在坡屋顶的上部、屋脊下方开一个三角形的通风口。

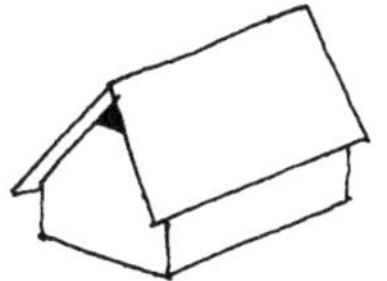
带山墙的屋顶——2个屋面

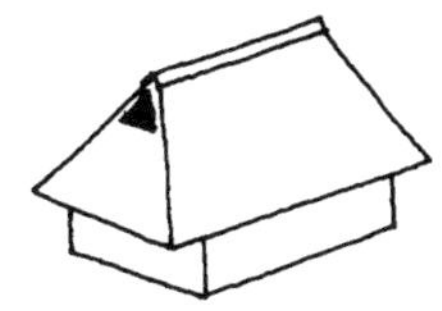
四坡屋顶——4个屋面

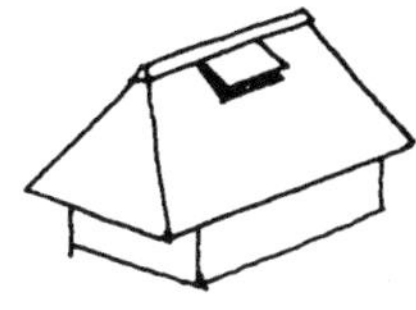

另一种方法是在坡屋顶的中上部靠近屋脊的地方建一个带遮阳篷的通风口。这个开口可以用撑杆一直打开。

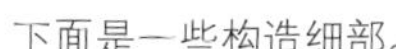

下面是一些构造细部。

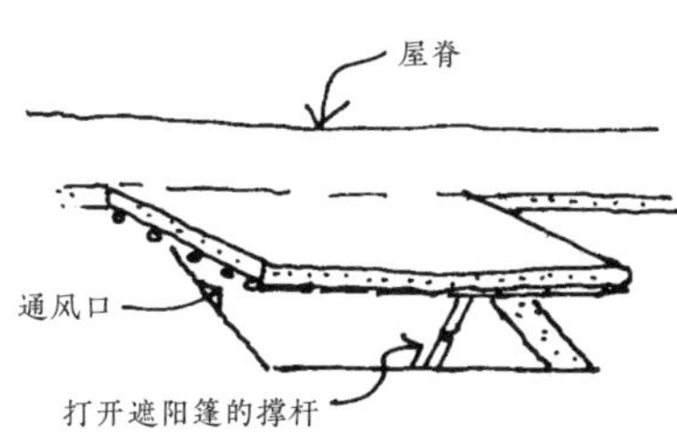

不下雨的时候让遮阳篷保持开启，可将撑杆水平放置。平放位置不同、通风口大小也不一样。

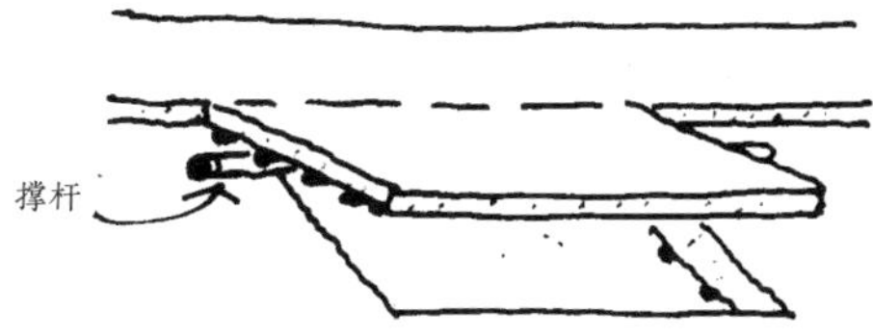

HUMIDITY
潮湿

木屋建筑必须防潮才能耐用，因此应尽量保持木材的干燥。下面介绍几种防潮方法。

A. 建造屋檐。它们可以保护墙壁免受日晒雨淋。

它们应该至少有 60 厘米宽，最好是 1.2 米宽。

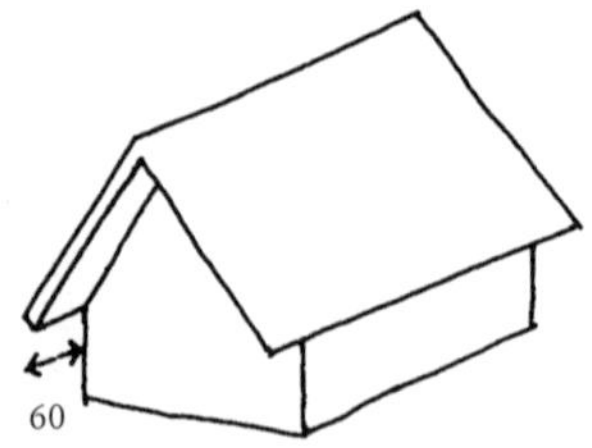

B. 用焦油沥青或油漆保护木板的外露端头。湿气对木板两端的渗透比对侧面的渗透要严重。

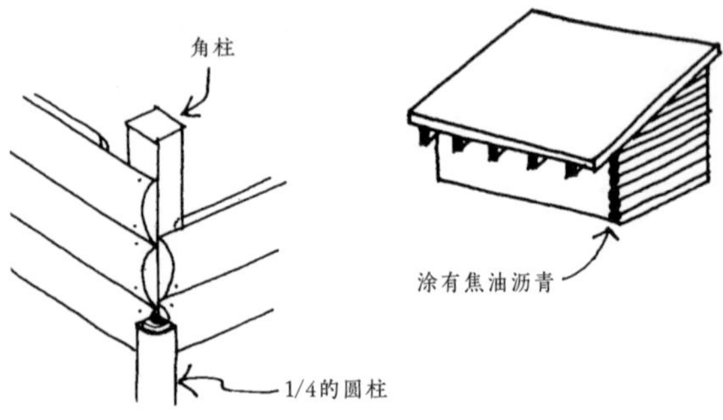

另一种方法是将一根原木纵向切成 4 块，用 1/4 的圆柱来覆盖木板裸露的端部。

C. 保护下层墙体，防止地面潮湿。用芦苇、细木板和石膏制作的墙面装饰物会受到地面湿度的影响。因此地面往上 20 ～ 40 厘米的墙体应采用石块、混凝土、砖块或大块木料等耐用材料。

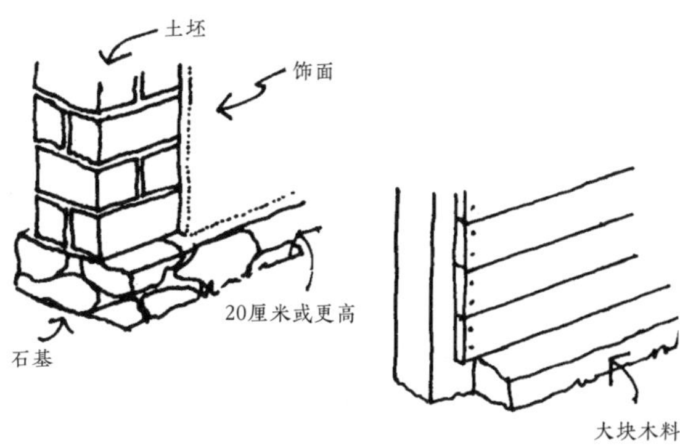

D. 防止柱子与地面直接接触。用焦油沥青或混凝土保护柱子，或烧焦埋置部分。

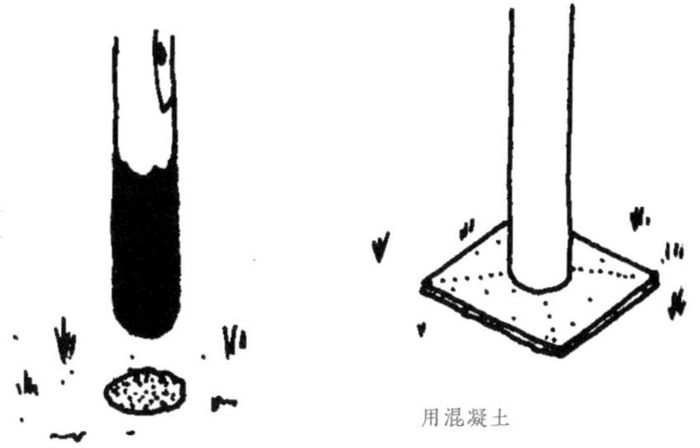

↘ 热带湿润地区的砌体

并非总能建造足够大的屋檐来保护外墙不受热带降雨的影响。对于两层楼的房屋，可以尝试将二楼悬挑伸至一楼墙体外。

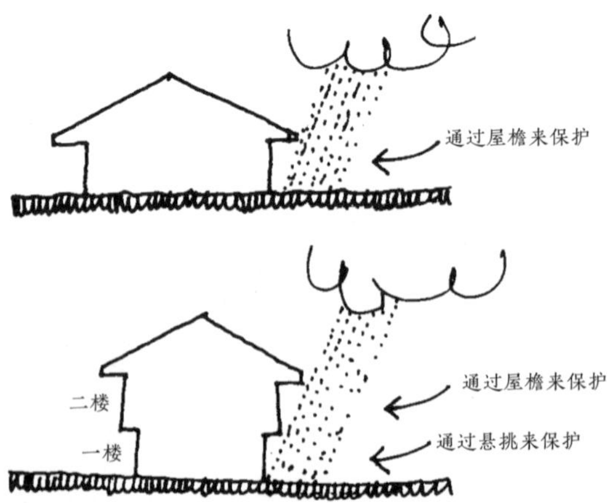

必须为平屋顶、其他形状屋顶或城市地区较高的建筑物找到其他防雨措施。湿气不仅破坏墙体材料，还使室内不舒适。

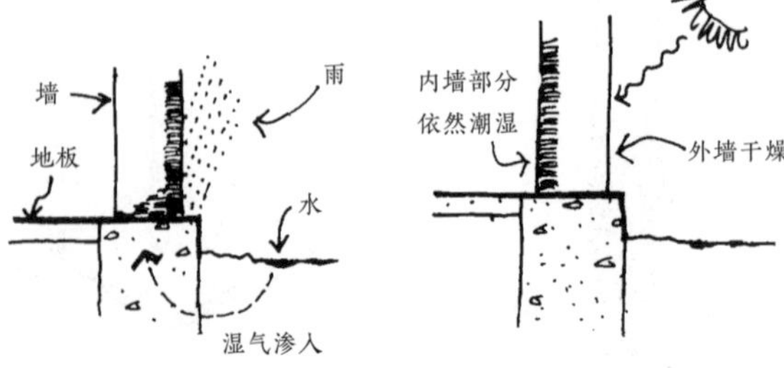

雨中的墙体：湿气进入　　　　雨后阳光下的墙体：湿气渗入

暴雨过后，由于湿气渗入墙体，墙体在阳光下并不能完全干燥。

下面介绍两种防止湿气渗入墙体的方法：

A. 建造双层外墙，两层外墙之间留有空气间层。

将两面独立的墙体建好，两层墙体之间留有 5 厘米的空隙。用钢锚栓将两层墙连接起来。每隔一米在砂浆接缝处的水平和垂直方向放置锚栓。

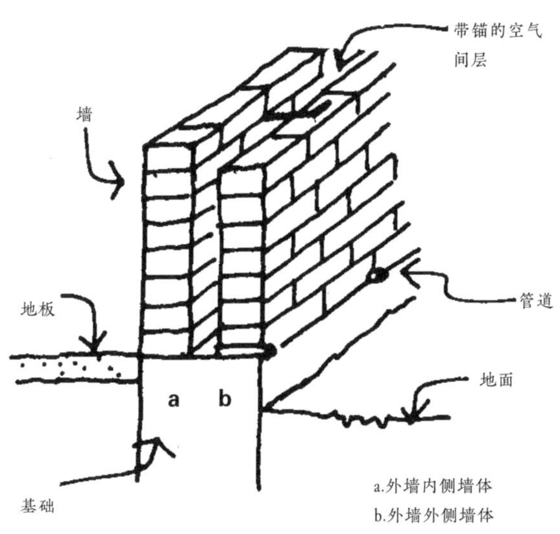

用这种方法，湿气不会渗透到内侧墙体，水汽会从空气间层中排出。在下层外侧墙体中，每隔 4 米放置一条管道让水排出。此系统可大幅度改善室内气候。

B. 用石灰和仙人掌汁做不透水的外墙饰面，防止水渗入。

C. 为防止地面湿度影响下部墙体，在基础顶部和外侧涂抹焦油沥青。

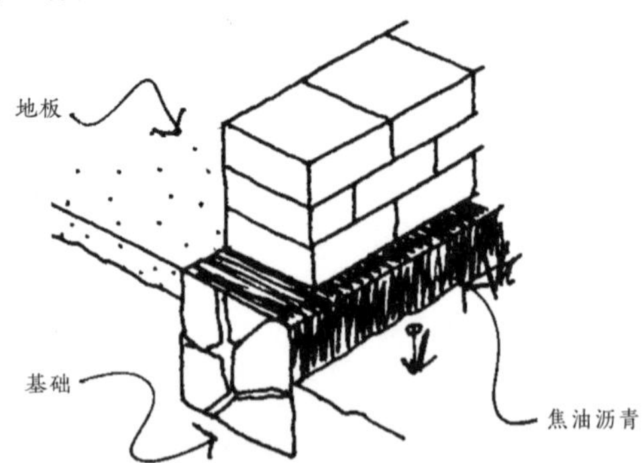

为防止水渗入，对土墙进行如下处理：

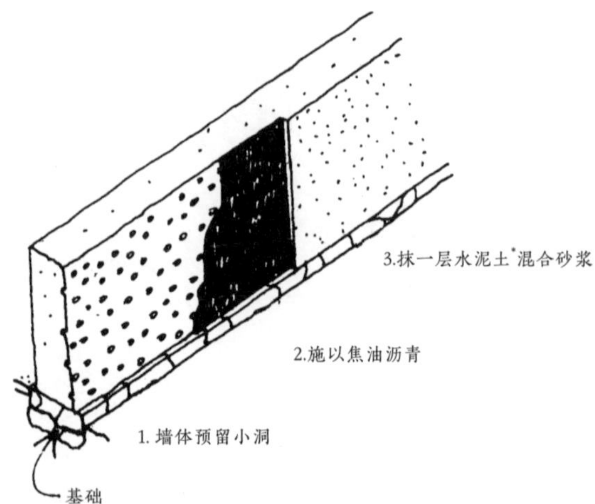

在没有仙人掌汁做外层保护性密封的地区，可以用焦油沥青代替。

*［**译者注**］ 水泥土（earth—cement）是土和水泥按照一定比例（如10：1）混合拌匀后的一种气硬性胶凝建筑材料。水泥土硬化较快，较坚固密实。水泥土与传统三合土的最大差别是组分中没有石灰。

➡ 在城市地区，墙体的下部会受到磨损。宜使用更耐用的材料保护墙体表面，比如使用砖块。

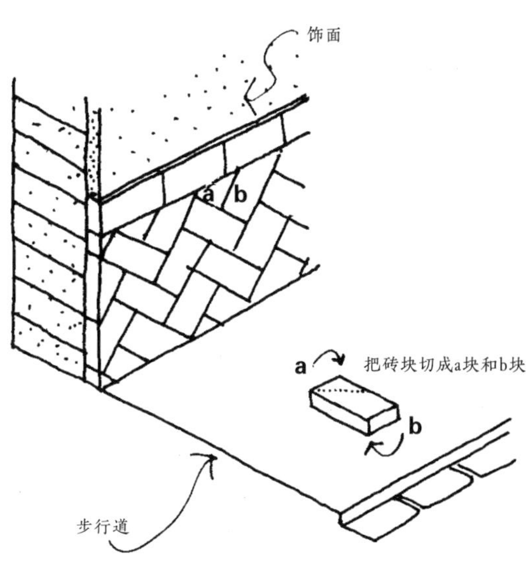

➡ 在农村地区，如下图所示，外墙下部会受到降雨和地面湿气的影响。饲养的猪等家畜也会通过拱挖根部破坏泥墙。

可用原木或石块加固外墙下部，或将家畜圈养在圈舍中。

ROADS AND BRIDGES
道路和桥梁

在热带湿润地区，小河或小溪经常会交错而过。下面介绍建造简单的木桥或竹桥的施工技术。

↘ 道路

在热带地区，小路是在旱季修建的，往往在雨季时，部分小路会被破坏，其边缘也会坍塌。为防止这种侵蚀，应将水引到沟渠中，使用原木筑岸（可以用那些为清理路径而砍下的原木）。

1.从树干上砍下树枝。

2.将原木锤入地面。

3.用沟渠里的土填平小路。

4.夯实土层。

注意：在原木上留一些树枝，这样在原木作为木桩使用时可防止其滑移。

当水渠横穿小路时，可以将大孔竹竿制成的管道置于路面土床下，让水渠连贯。

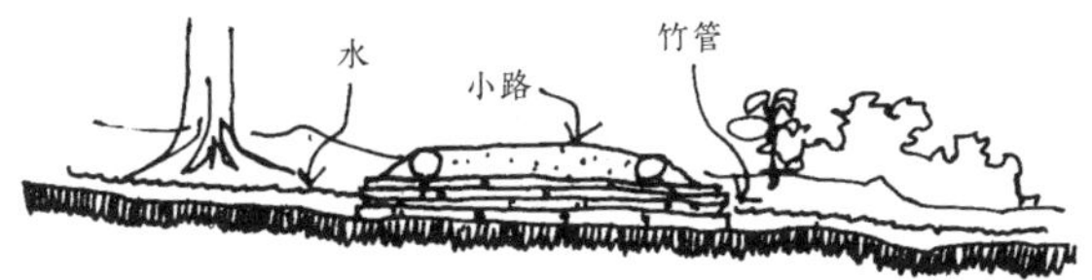

排水管剖面图

水渠较深时，需要修建桥梁跨过水渠。

令人愉快的散步……

尽量少砍伐树木，保持小路的阴凉。

桥

要想建一座坚固耐用的桥，首先要在河岸上搭建坚固的支撑。这些支撑是用四根原木制成的，河岸的两边各有两根。它们由木桩固定在地面上。

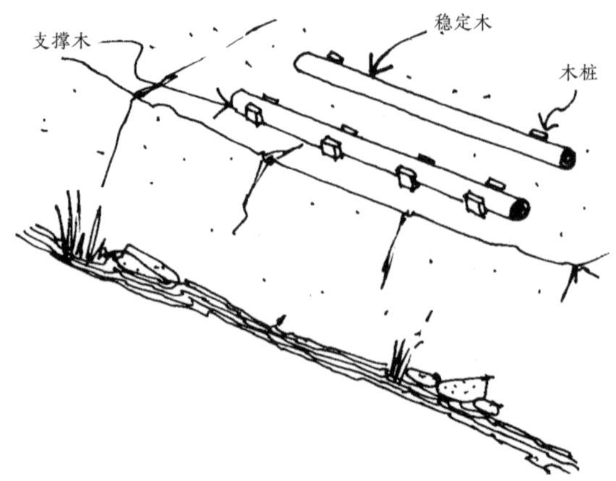

1.支撑木支承着横跨河面的横梁。当有人在桥上行走时，稳定木能使横梁保持原位。

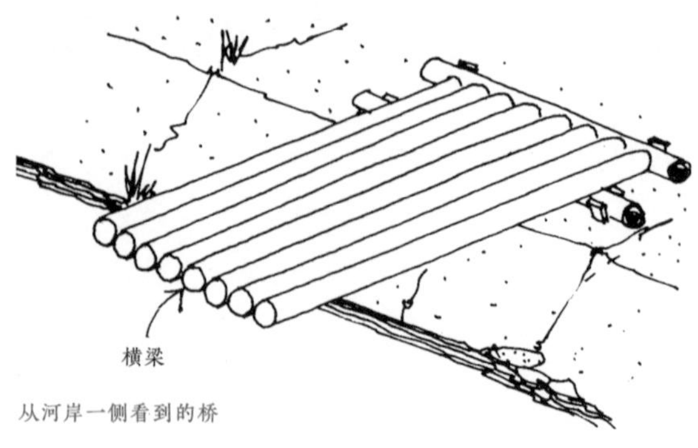

从河岸一侧看到的桥

2.在岸边安装好（支撑的）原木后，再加上横梁。

3. 桥两侧横梁上都有圆挡木，用来防止覆盖层滑落。在用泥土覆盖前，先在原木上放上树叶或竹子。

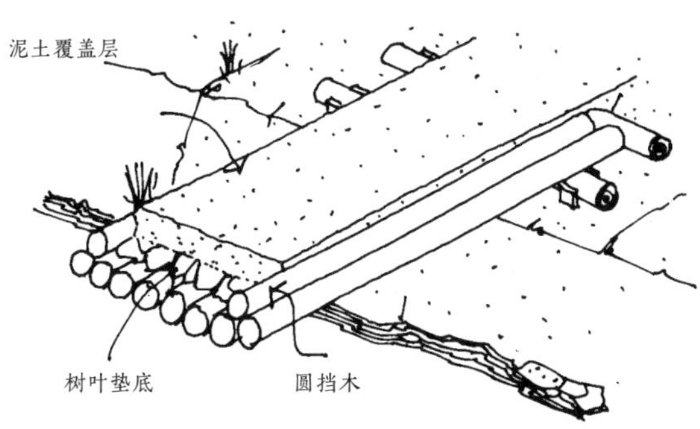

可以使用少量间隔较大的横梁做一座轻巧的桥，仅供行人通行。桥面覆盖层是用芦苇、树枝或竹子纵切成的板条。

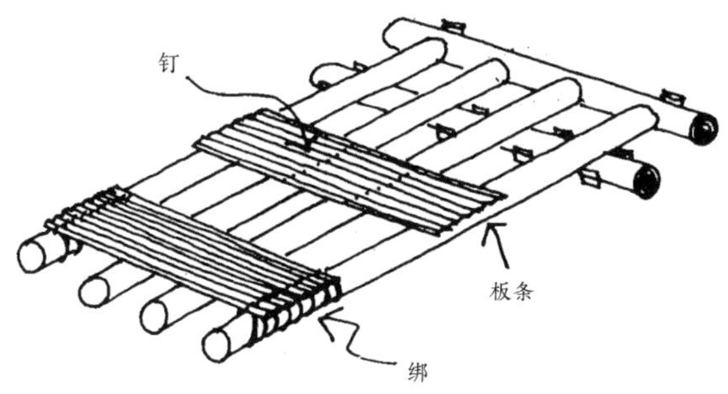

有两种方法来连接覆盖物：将板条或垫板绑在两边的横梁上，或者只将其钉在中间的横梁上。

对于有连接梁的桥梁施工，用下表确定跨度。

	行人			车辆		
跨度/米	2	4	6	4	4	6
梁的尺寸/厘米	10 10 8×10	16 15 10×16	22 20 18×20	15 14 10×14	18 20 18×20	21 20 18×20

↘ 长跨距桥

横梁和其他不与水接触的部分都可以用竹子制作。在水里的支架用原木制作。下梁可以防止柱子沉入河泥中。

在河床上布满石头的地方，需要抬高下梁，使原木柱支架深入河床的砂中。

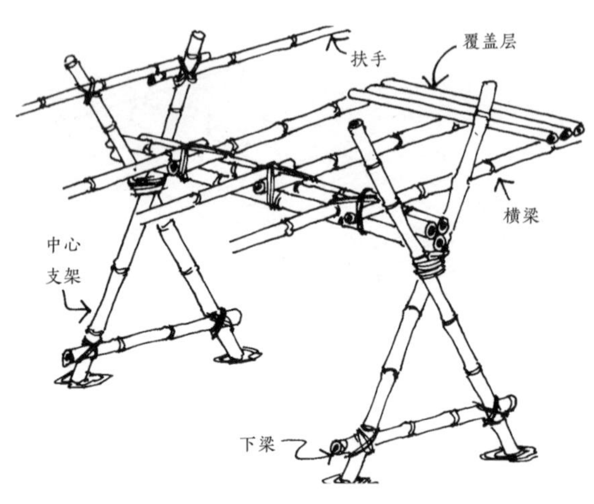

较宽河流上的桥梁必须有中间支架，彼此间距为 3 米。例如，在 12 米宽的河流上架设的桥梁要有三个支架。

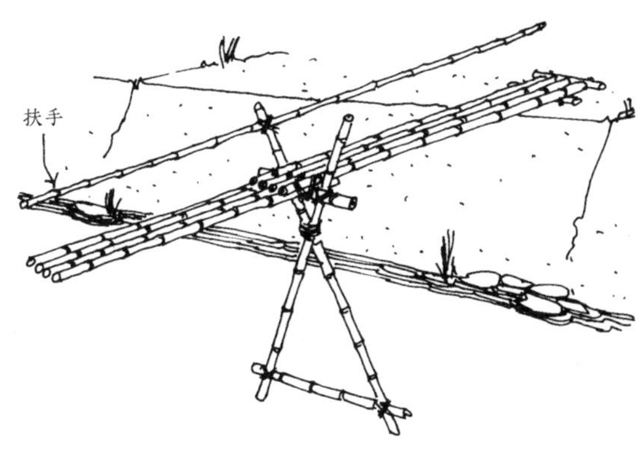

上图是宽河上的轻型桥的局部图。重型桥的重量更大。

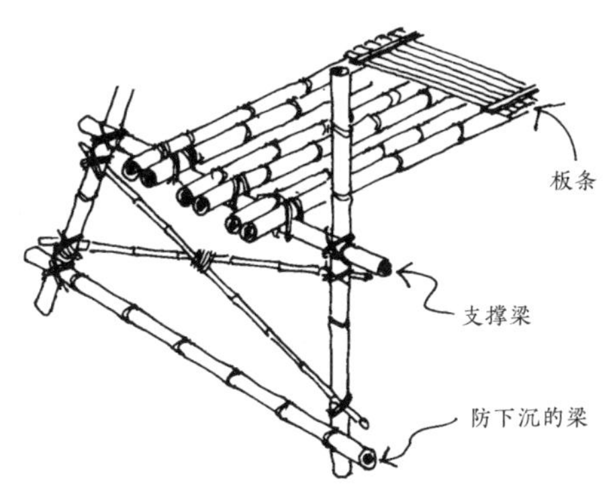

注意：为了让上图更清晰明了，并没有显示出所有的梁，而且板条上的该有的覆盖层也没有显示。

↘改善河岸状况

要想保护河岸或筑堤坝，先将大竹竿做成篮子一样的容器，用它装满石头。

1. 首先将大竹竿切成 2 ～ 3 厘米宽的竹条，留下实心的端头作为把手。

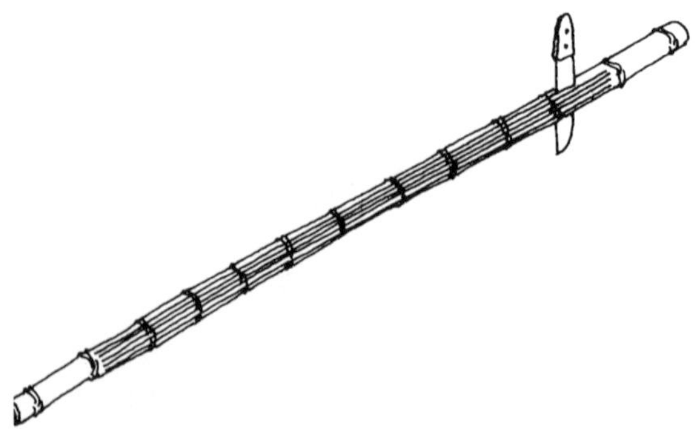

2. 将竹条撑开，再横向绑扎其他竹条，做成篮子的形状。在篮子表面留一个小开口。

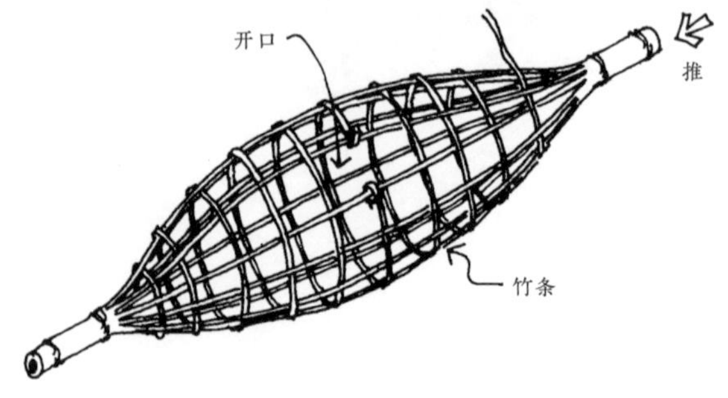

3. 将石头通过开口填入竹篮，置于河岸边。

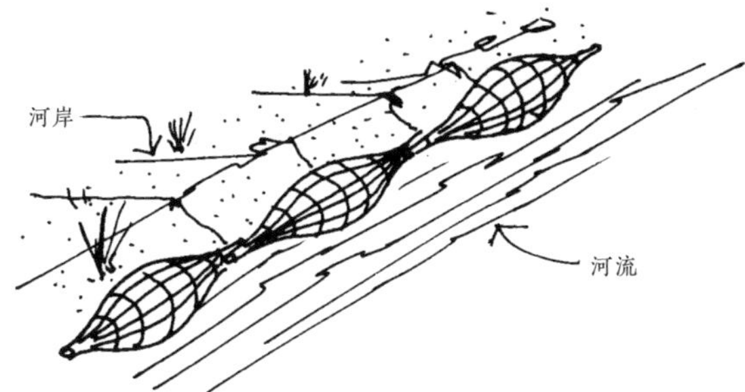

4. 多做几排这样的竹篮，并盖上石头和泥土。

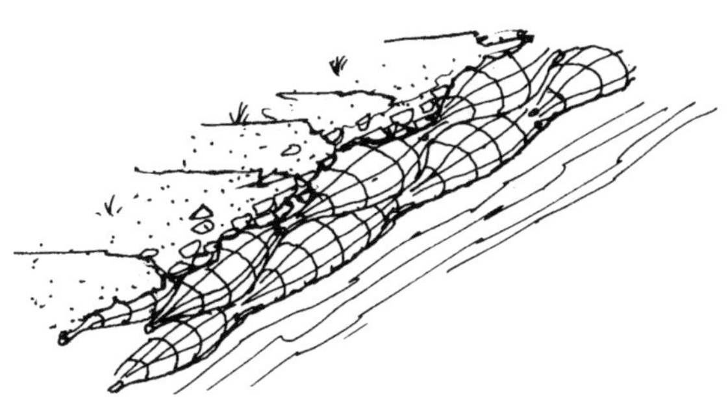

5. 现在河岸保留住了。河堤和拦河坝可使用同样的方法保留住。

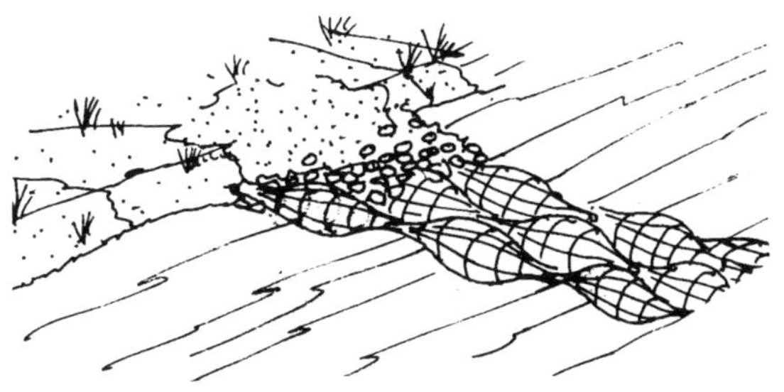

要想渡过深度大于 1.5 米的河流，就要用筏子搭桥。有三种方法可以搭建轻巧的浮桥：

A. 将香蕉树的树干用竹销子拴在一起。这种桥虽然建得快，但不耐用。

B. 将原木或杆子与垂直放置的小原木捆绑在一起。

C. 将编织垫覆盖在几层竹子上，用绳子绑在一起。

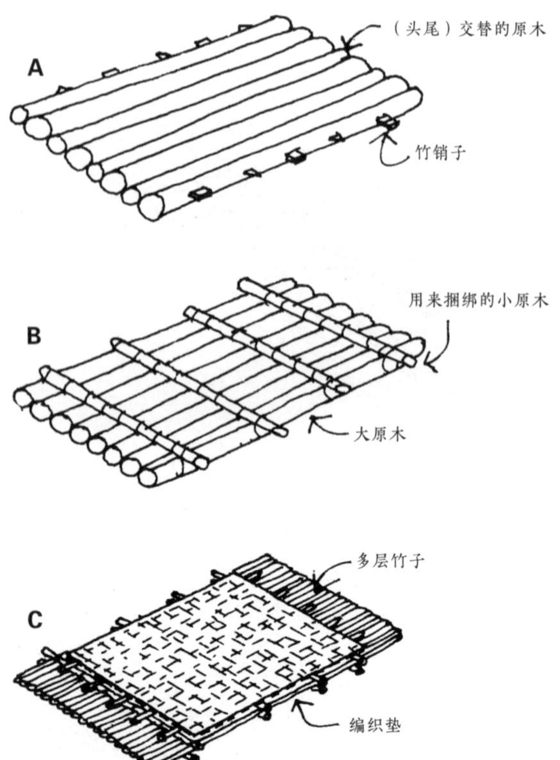

自航式运输

由于热带气候地区有很多河流不一定能架设桥梁，可以考虑用自航式木筏过河。

在木筏的一侧拴上一根结实的绳子或一根带有金属棒的缆绳。将缆绳从河的一侧穿过木筏连接到河的另一侧。水流的力量使木筏移动。

要改变木筏的移动方向，可将缆绳移到金属棒的另一侧。

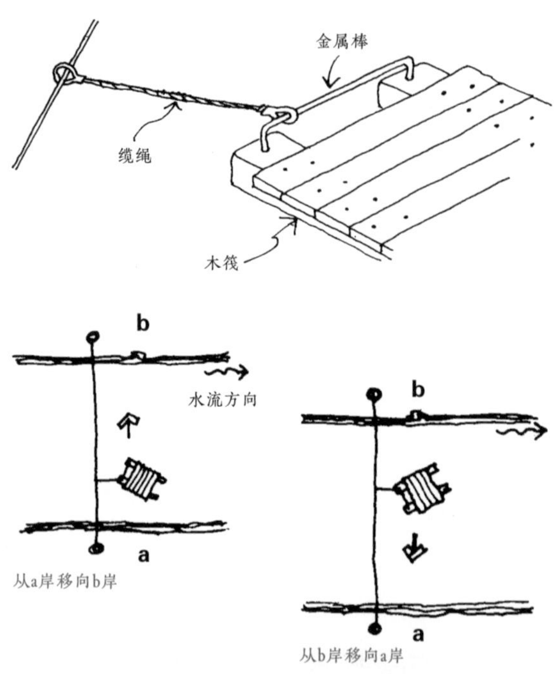

上图显示了如何改变木筏的移动方向。

↘ 漂浮的圈栏

水葫芦生长在许多热带湿润地区的河流和湖泊中。它们一开始是用来净化被污染的水，但它们的生长速度 过快，密集的叶片阻挡了阳光造成水体缺氧，从而导致鱼类死亡。有一种方法是喂养牲畜来控制水葫芦的生长。这可以通过建造一个在水葫芦上缓慢移动的漂浮的圈栏来实现。

水葫芦可以继续净化被污染的水，同时喂养猪等动物。要确保水葫芦上没有蜗牛寄生。它们被动物摄入会导致疾病。

圈栏剖面图

如上图所示，有 a 和 b 两个平行的空间。中央空间可放置更多的食物。它们之间的地板有空间供排泄粪便。

下面展示的是一个带有倾斜格栅的不同类型的圈栏的例子。这种格栅在木筏移动时会收集水葫芦，当木筏装满水葫芦后就会被抬起。

1. 木筏和放低的格栅在移动中都会收割水葫芦。

2. 装满水葫芦的格栅被抬起，用来喂猪。

木筏移动

水葫芦也可用于生物分解。详细信息见本书“卫生设施”章节。

赤脚建筑师：绿色建筑手册

THE BAREFOOT ARCHITECT: A Handbook for Green Building

热带干燥地区

DRY TROPICS

HOUSE SHAPES
房屋形状

在热带干燥气候地区，一个好的建造者应该使用以下方法来设计房屋形状，使房屋内部保持舒适的温度。

要记住的主要规则是热空气比冷空气轻，当热空气上升时，冷空气会被吸入空间。这就是通风的原理。

- 在植被稀少的地区，房屋应该有一个阴凉的庭院来降温。

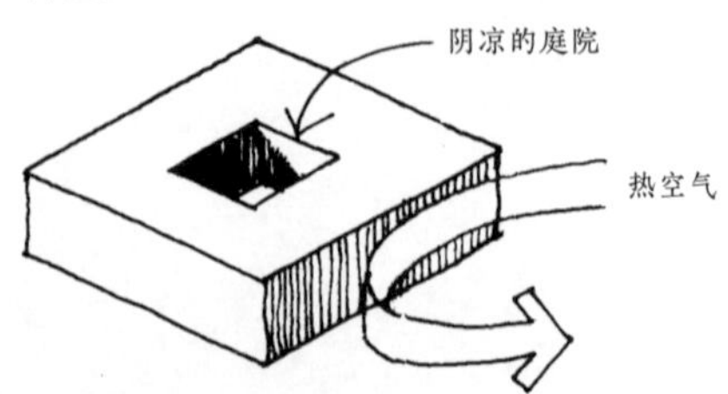

屋外的阴凉处接触循环的热空气，很快就会变热。

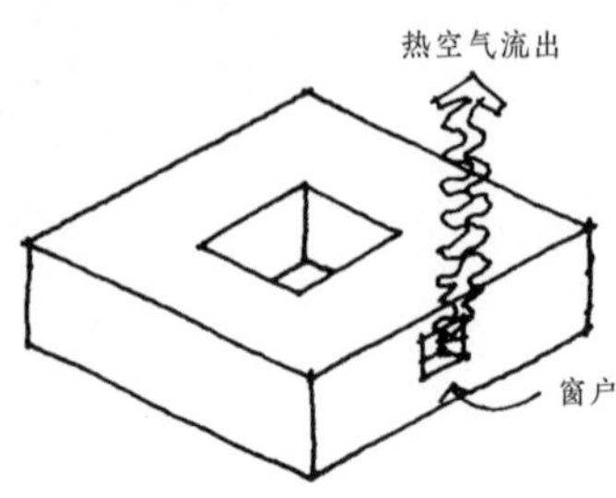

- 当在墙上开个通风口或开个窗时，房间里的热空气就会排向屋外。

➡ 因此，当热空气从窗户排出时，来自庭院的冷空气进入房间。通过这种房屋形状的设计，冷空气在房子的各个角落流动。还可以通过在庭院中种植物和建喷泉来进一步改进这种方法。

植物进一步为空气降温

↘ 庭院和街道

房屋应紧靠在一起，使太阳尽可能少地加热墙面。狭窄的街道和尽可能多的阴凉处有助于冷却空气。

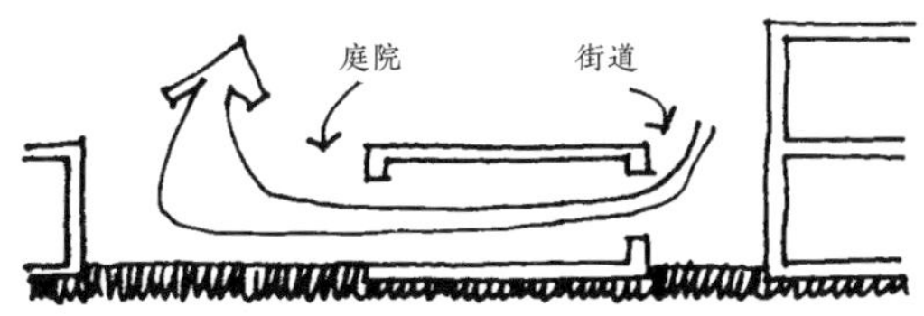

为了改善空气流通，可以建造两个大小不同的庭院。小庭院的空气比大庭院的空气要凉爽，因为大庭院的遮挡较少。大庭院里的热空气上升并将小庭院里的冷空气从房屋的各个房间里抽出来。

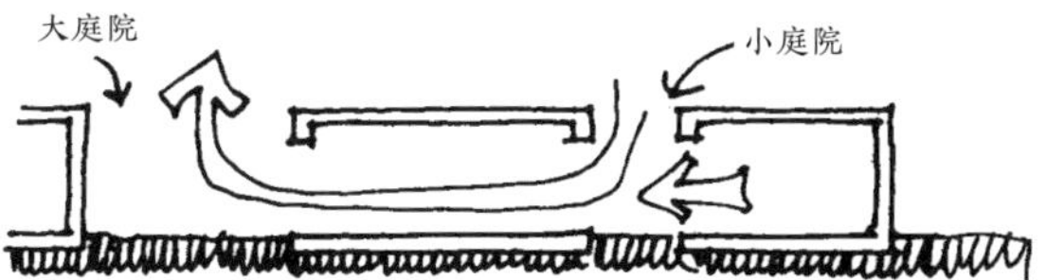

土层隔热

在热带干燥气候地区，还有一种方法可以减少白天的炎热和晚上的寒冷，特别是当建筑物的砖墙或水泥砌块墙较薄时。

热量在薄墙中传导很快，因此用土覆盖外墙的下部是一种有效的隔热方法。在墙体实心部位修建土坡，并留出房屋入口。

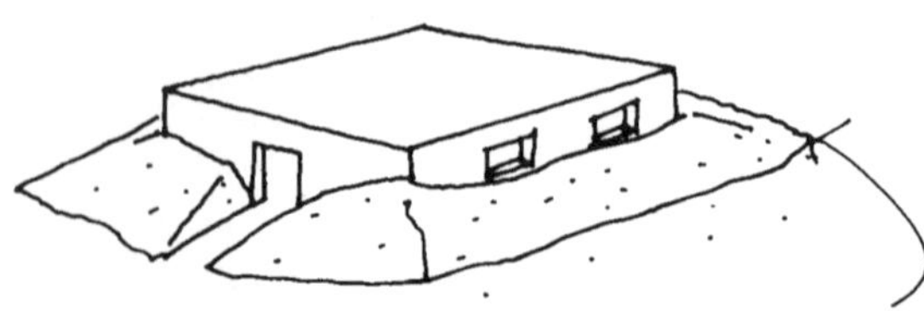

墙体实心部位堆土成坡形

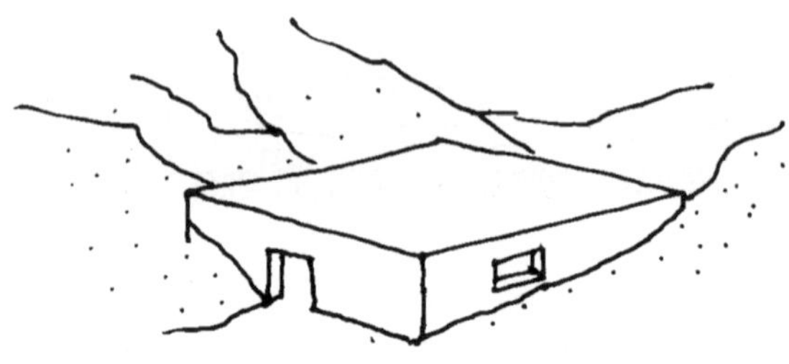

山区的部分掩土房屋

用土覆盖的屋顶可以进一步保护房屋不受温度变化的影响。由于这些地区很少下雨，所以没有湿气积聚的问题。

在资金非常有限的情况下，可以通过部分掩埋房屋来节省建筑材料。只需要建造上半部分的墙壁，包括门窗及其过梁。

如下图所示，进门的一侧有台阶下到屋内。挖出的土可以做成坡地基座以便排水。未挖土区域可以做成床和长椅。低矮的屋顶可以防风。

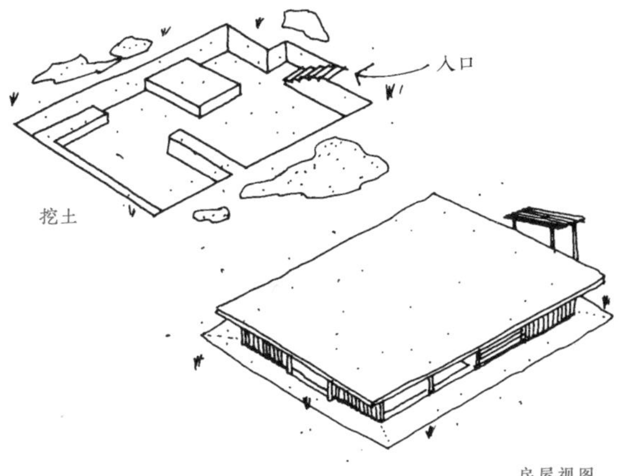

房屋视图

砂
绑在屋顶边缘的小圆挡木
梁
波纹板
斜坡地基
地面
地板

墙体剖面图

沥青油毡是最便宜的屋顶材料，但冷空气或热空气都很容易通过。将沥青油毡涂成白色可以增强其反射太阳光的能力，但最好用棕榈叶、其他类型的树叶、碎石，或者在非常干燥的地区用砂石将其覆盖。

VENTILATION 通风

在热带干燥气候地区，离地面越高风越大。在这些地区，如果窗户和热带湿润气候地区的一样大，通常不能充分地防尘和隔热。屋檐较大的建筑物也会积聚灰尘。

建房前必须了解当地的气候条件。在潮湿多雨地区，坡度大的屋顶比较好；但在干燥地区，平屋顶的性能更好。由于在这些干燥地区几乎没有通风和植被，靠近地面的空气很热。因此，在干燥地区和类似沙漠的地区，用凉爽的空气给房屋通风的方法是不同的。

在这些地区，要尽量捕捉高处凉爽而清新的空气。

如果木料可得的话，要建平顶屋，坡度要缓，以排出雨水、防止积水。

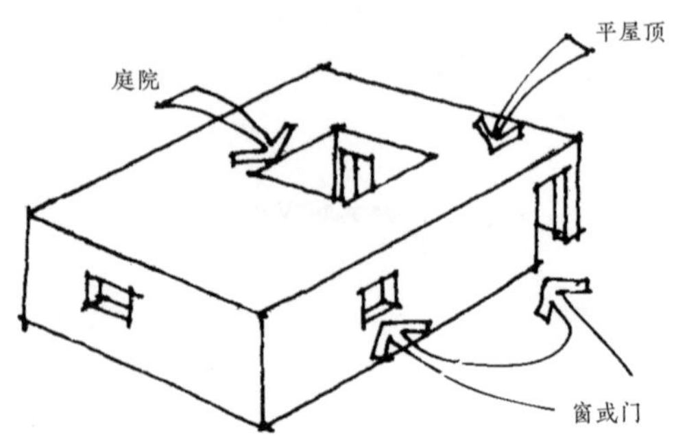

门窗要小，房屋要有露天区域，比如庭院，以利于室内空气的流通。

↘捕风斗

下图详细说明了改造屋顶以使房间降温的方法。所述的第一种方法是在有棕榈树的干燥地区用于典型木屋的简单通风系统。

1. 为了让尽可能多的空气在屋内流动，将庭院的角柱延伸到屋顶以上两米处。

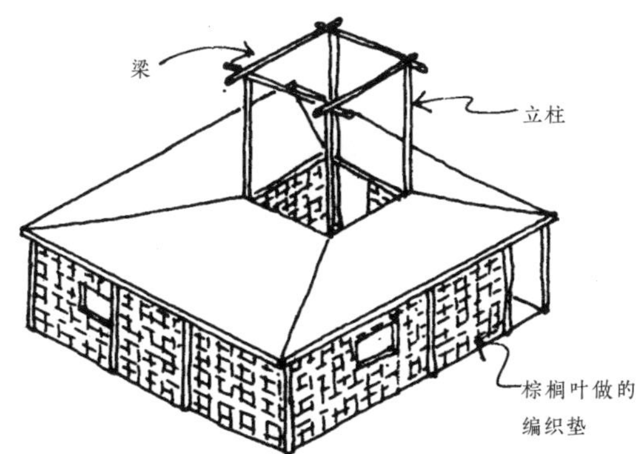

2. 用 4 根梁把立柱连接起来，再设置 2 根交叉梁。

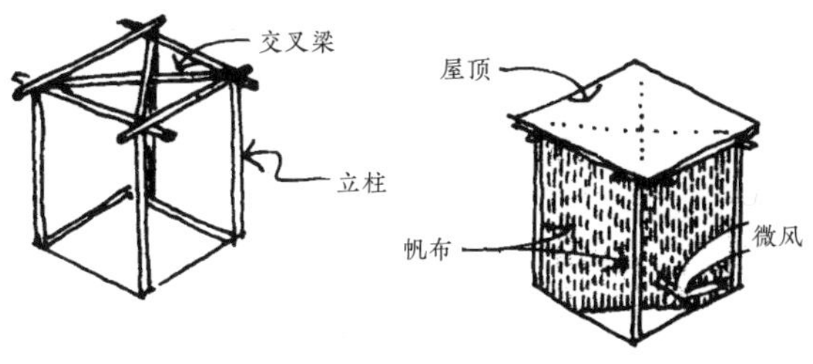

3. 做一个小屋顶来遮盖这些梁。在 4 根横梁上放置 4 张在中心处连接的编织垫或帆布片。空气被这些交叉的元素捕获并下降到房间里。

用这种方法，无论风从哪个方向来，都能捕捉到。通过窗户的开启和关闭，微风被引入室内，同时还能防尘。

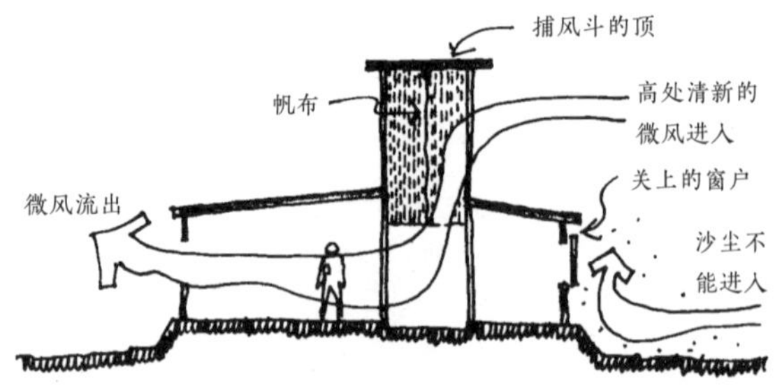

↘ 捕风斗的位置

一个四面开放、中间交叉、顶部水平的捕风斗，可以捕捉来自各个方向的风。

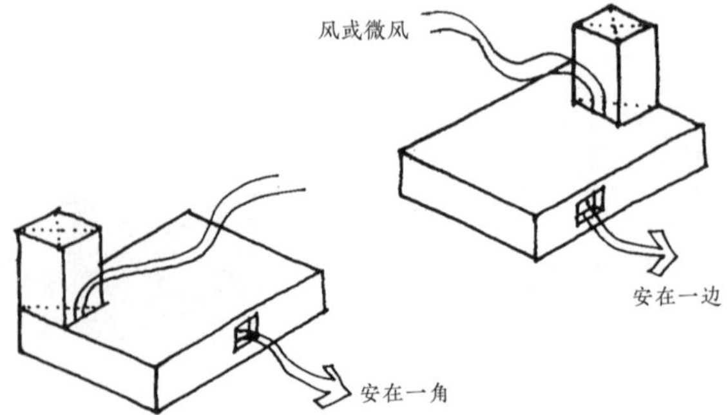

这种类型的捕风斗可以安在屋顶的任何部位。通常将其安在能使空气流经最拥挤或最热的房间的位置。

在风总是来自同一方向的地区，捕风斗的开口设置在有夏季凉风的一侧。

可根据屋顶下房间的功能，建造不同大小和高度的捕风斗。捕风斗的形状由当地的建筑技术和可用材料决定。

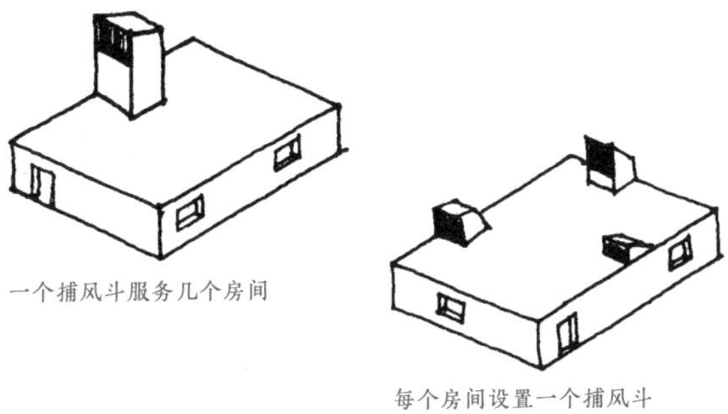

一个捕风斗服务几个房间

每个房间设置一个捕风斗

有房屋及其捕风斗的街道的景象

下面展示的是用木板或编织垫制成的两个捕风斗。左图是一个单面开口、用木板制成的捕风斗的例子。当空气中尘土飞扬时，用薄布盖住通风口，使尘土附着在布上，不会从通风口处进入。

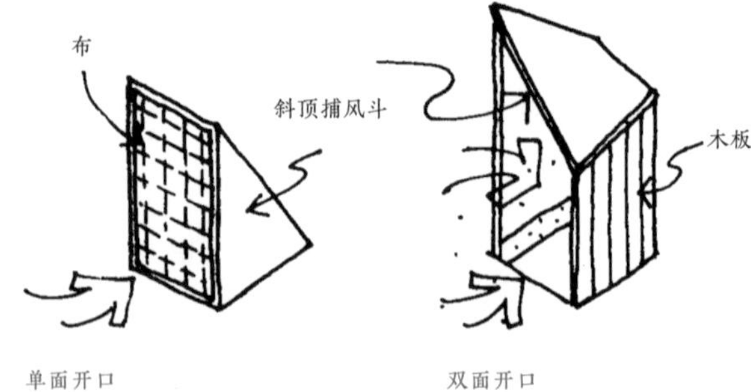

单面开口　　　　双面开口

在风量小的地区，捕风斗应该有两个开放的侧面和一个斜顶以引导空气向下，如右图所示。

一天之内使用不同的空间

可利用太阳的运动，提高炎热地区的舒适度。早上太阳升起、阳光照射到东墙时，就住到太阳落山的那边，即房子的西边区域。下午，当西墙开始升温，再移动到房子的东边区域。夏天，尽量少待在房子的南边*，冬天，避开北边。

因此，房屋的布局也是由太阳的位置决定的。不同的空间，如办公室或卧室，在一天中的不同时间被使用。它们必须位于在使用时最凉爽的区域。

在确定空间位置时，墙的位置很重要，以便区分哪些空间将会比其他空间获得更多的阳光。受阳光影响最大的空间需要较高的捕风斗，或在墙上开出较大的洞。

*[注]　适用于南半球，在北半球则相反。

↘ 两面墙的捕风斗

这种捕风斗有两面高墙，成直角相交。在风来的一侧有两面矮墙，以防有人从屋顶开口处坠落。

坡屋顶可以用轻质材料制作，如木结构的面板。中间梁上有一根柱子支撑。

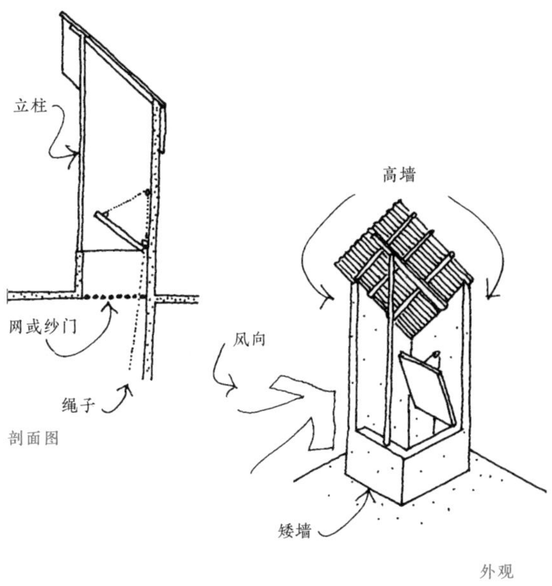

剖面图

外观

在开口的矮墙高度位置设置一个木盖，以调节进入房间的空气流量。盖板的角度用绳子调整。在盖板下面安装一张网或纱门，以防鸟类和蝙蝠进入房屋。

↘ 风塔

“风塔”一词用来形容用耐用材料建成的高大的捕风斗。

风塔适用于砖房或混凝土砌块房。其形式和功能与用编织垫和帆布制作的捕风斗相同。

由于塔内的温度与塔外不同，屋内的热空气不断向上流动，所以即使没有明显的微风，风塔也能发挥作用。下图是房屋的剖面图，显示了空气流通的方式。

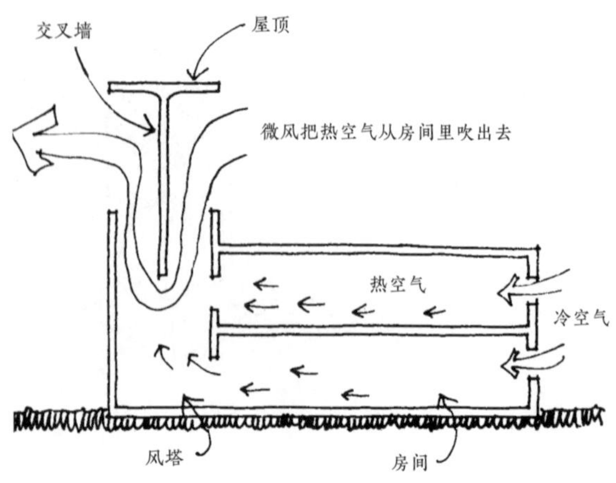

由于风从风塔的一侧进入，从另一侧出去，所以房间里的热空气被吸入风塔内，冷空气从窗户进来。

在冬天，风塔和房间之间的开口是关闭的。

下面的房屋剖面图说明了怎样建风塔。

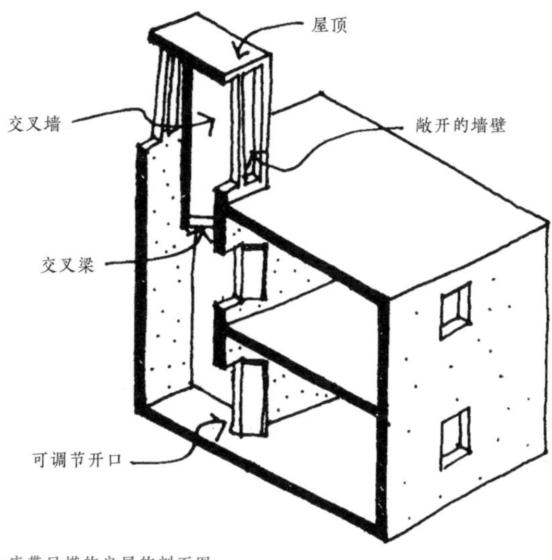

一座带风塔的房屋的剖面图

冷空气的流通由风塔和房间之间的门以及外墙的窗户来控制。

交叉墙开始于门的上方或顶层的开口处。它们由一根大混凝土梁或木梁支撑。塔的上部墙壁有开口。首先建造大尺寸开口并测试其效率。可以根据风的类型、邻近的房屋和空气中的粉尘量来调整和缩减其大小。

↘ 风塔的位置

风塔可以位于新建或现有房屋屋顶的任何部位。当风塔与房屋分离时，会有一条地下通道或管线连接。

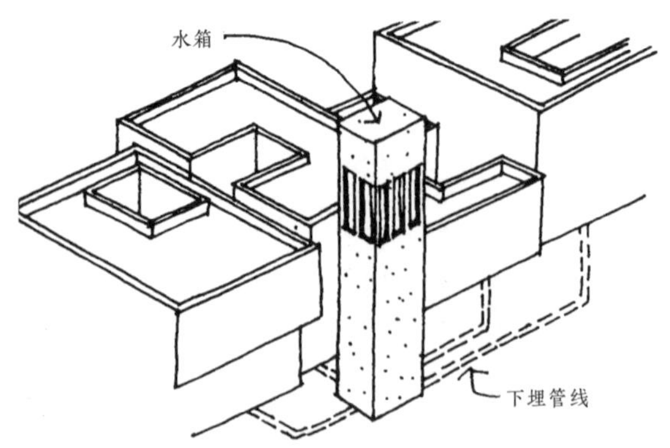

如上图所示，一个风塔可以同时为多间房屋降温。风塔也可以作为容纳水箱的墙体结构。

空气流通

使空气流通的一种方式是设置中央走廊。冷空气从大门进入，从各个房间的窗户出去。

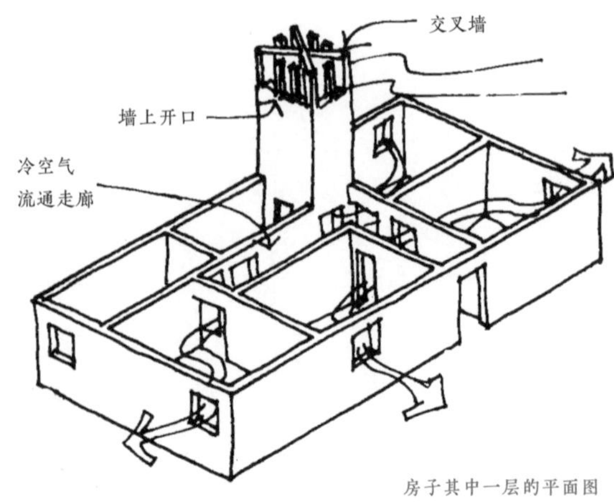

房子其中一层的平面图

在上图中，没有显示风塔的屋顶。

↘ 风塔的建造

建造风塔和建房屋墙体的方法一样：

1. 先从较低的外墙开始建造。对于较高的风塔，需要较厚的墙体来支撑其重量。

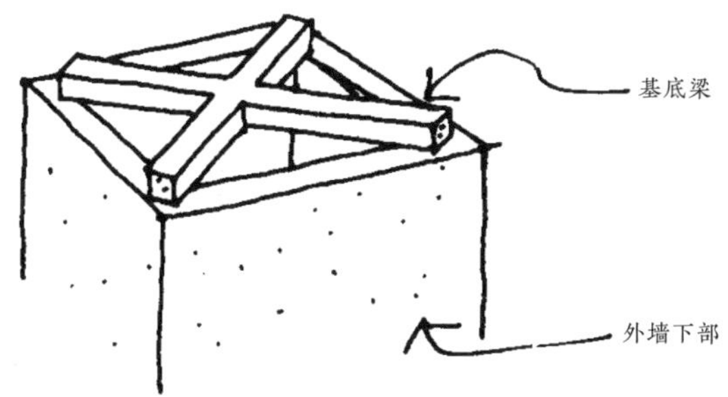

交叉墙的基座是由外墙支撑的交叉的木梁或混凝土梁。

2. 建造交叉墙。

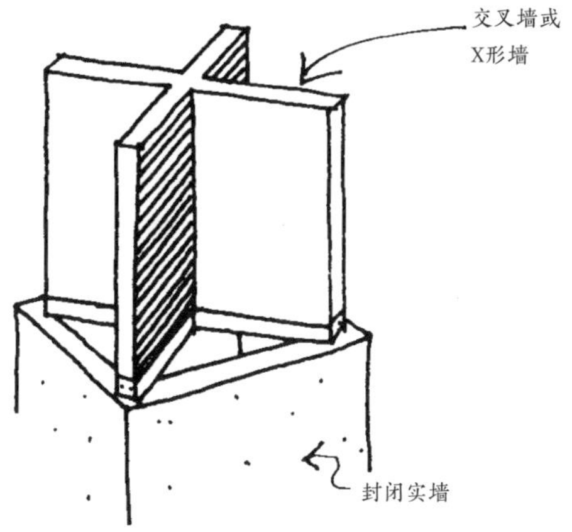

3. 然后建带开口的外墙。最后要建造的部分是用水平混凝土板或拱顶制作的风塔的屋顶。

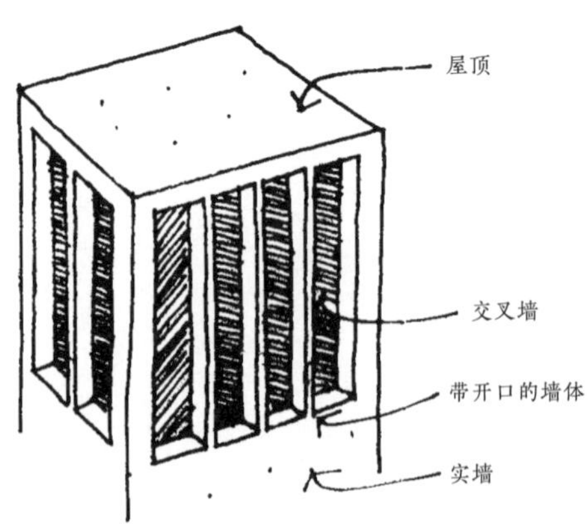

当用带孔的混凝土砌块砌筑风塔墙体时，要将孔洞填平以减少热量的进入。

↘ 带开口的墙

带开口的墙的制作方法有很多。

A. 用倾斜的砖制作。

B. 用预制多孔砖制作。

C. 用弧形瓦制作。

↘ 蓄水池

在沙漠地区，可以考虑在蓄水池上建房。为了容纳几个独立且互通的蓄水池，房屋的基础必须更深。

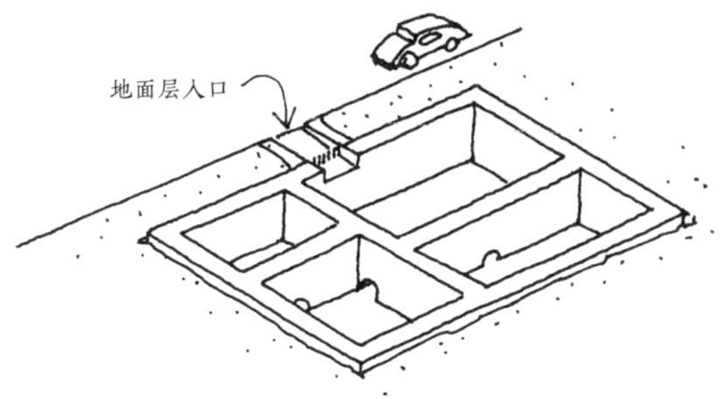

为了收集街上流淌的雨水，就要建一条水渠。刚下暴雨时的雨水不应进入蓄水池，因为里面含有较多的灰尘和污垢。

朝向街道的开口要用网罩保护好，防止老鼠和其他动物进入。

空气流过蓄水池的水面。

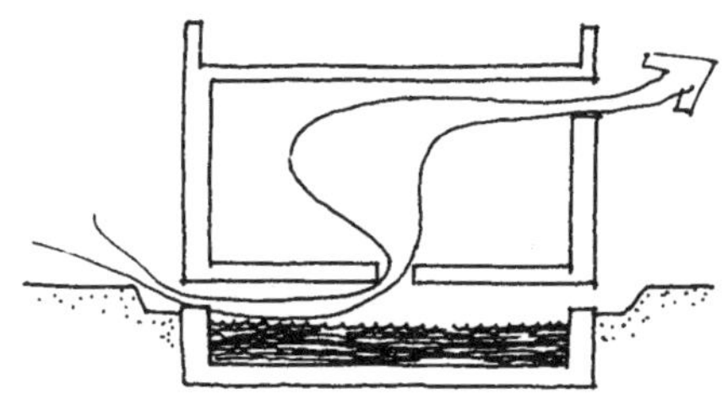

做双层墙，防止异味进入屋内。

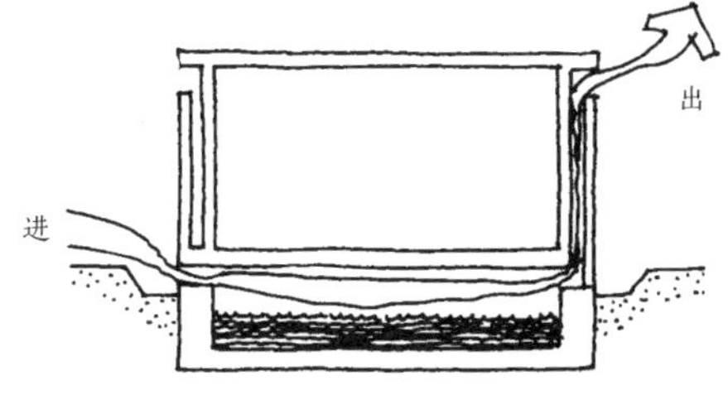

出入口的高度相反以形成流经蓄水池的交叉通风。

↘ 地下通风

另一种引导冷空气穿过房屋的方法是利用空气和地层温度的差异。在炎热的日子里，地面温度比空气温度要低得多，尤其是在房子下面。

在炎热的日子里可以利用这种温差使房间更加舒适。

具体怎么操作呢?

- 房子就像一个盒子。墙壁和屋顶吸收了阳光，当墙壁的热量进入房屋时，室内的温度会升高。
- 室外的空气可能更凉爽，但它不会进入房屋，即使窗户是打开的。

墙壁和屋顶的热量会使住户感到不适

- 由于热空气总是上升的，所以可以在屋顶或墙壁上部开通风口让热空气排出。

有了两个开口，气流循环就会把热空气吸上来

现在，由于外部空气进入，使得房子里的空气流通。值得研究的是如何进一步降低空气的温度。

其中一种方法是在空气进入房屋之前，让空气通过地面循环冷却。空气必须在地面以下至少两米处循环才能冷却。

要使空气循环，可使用10厘米厚的黏土或水泥排水管。

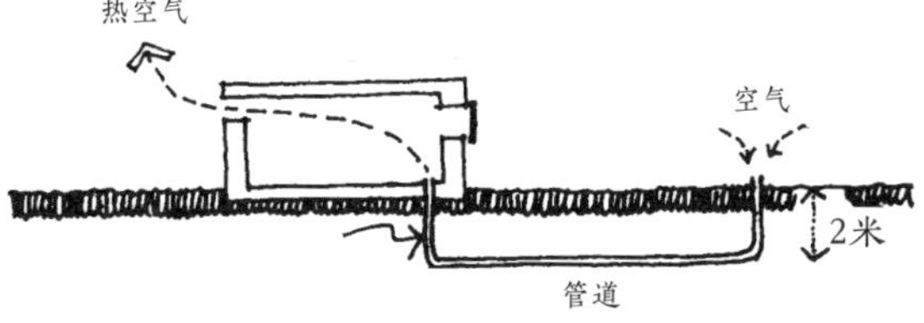

地面以上的管道口用金属帽保护，以防雨水进入，同时仍允许空气进入。

进入房间的出口有一个纱门，以防昆虫进入。这个纱门连接在一个框架上，框架用螺丝固定在墙上以便定期清理。在框架的顶部，可以固定一个格栅来控制进入的空气量。

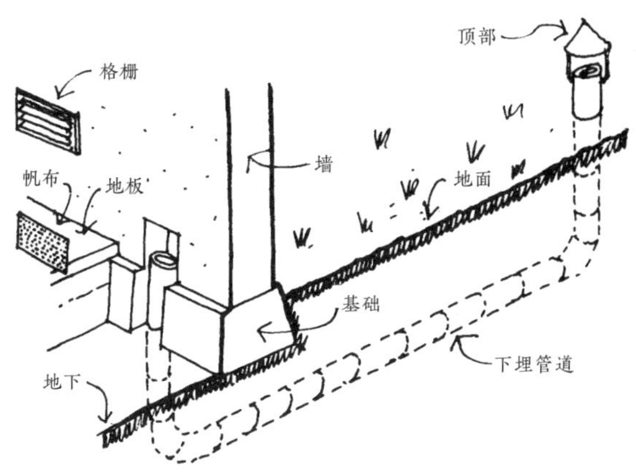

地下系统剖面图

空气的入口通道位于阴凉的地方，如树下或灌木丛中。如果附近有芳香植物如茉莉花，房间里的空气就会有一种香味。

下图说明了如何将空气的入口通道隐藏在长凳下面或壁橱底部。

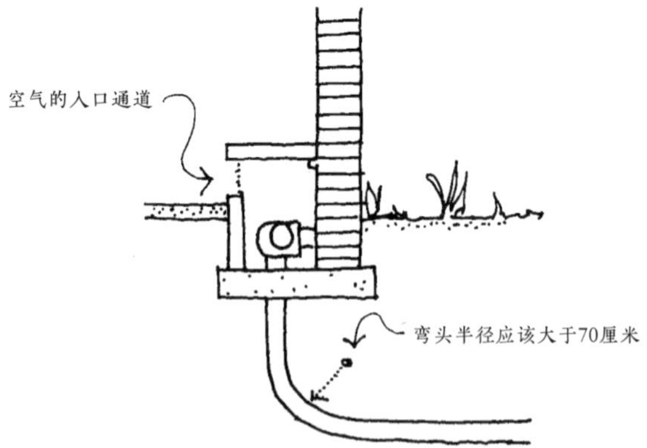

当水位（地下水）高于埋设的管道时，这种通风系统就不能使用。因此，在决定使用哪种通风系统之前，应先确认地下水位的深度。

对于管道的长度没有规定。这取决于许多因素，如地面湿度、房间大小、植被、物业大小等。

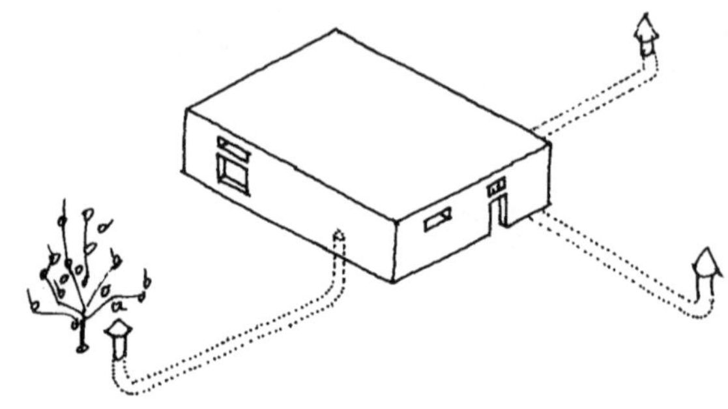

当物业非常大时，每个房间的管道都应是独立且较短的。

ROOFS
屋顶

热带干燥气候地区的屋顶可以是平的，也可以是略微倾斜的。平屋顶的结构不像坡屋顶那样需要大量的木材（木材在干旱地区很稀缺）。

用泥土和木材建造的建筑，屋顶是用梁、树枝和土做的。

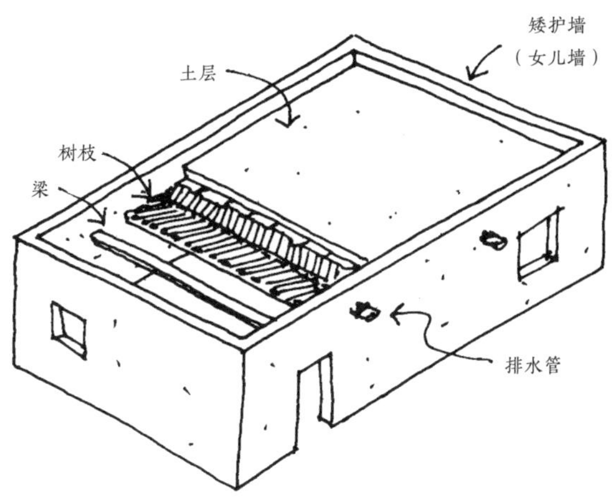

梁的坡度为 4%（每米倾斜 4 厘米），这样雨水就会流向排水管。

在炎热的夜晚，可以在屋顶上睡觉。女儿墙可以防止坠落并增加屋顶空间的私密性。

↘ 水泥土屋顶

在屋梁上铺设经过绑扎的芦苇或树枝。在此基础上，浇筑一层 10 厘米厚的水泥土混合砂浆。

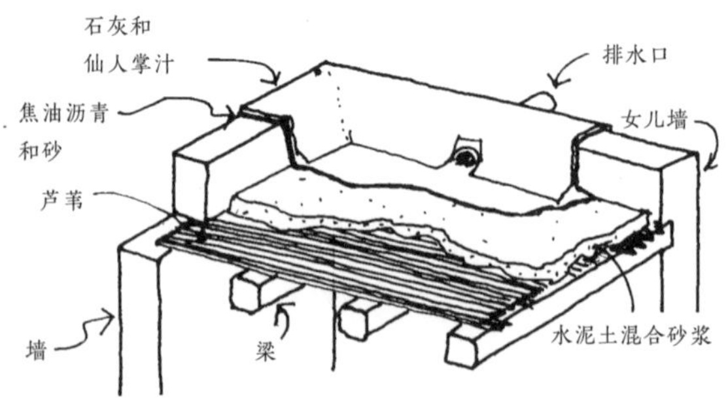

在水泥土层上涂抹焦油沥青和砂，作为饰面层的基础。然后再粉刷一层石灰，使最终的表面呈浅色以反射阳光。

在昼夜温差较大的地区，先在塑料膜或沥青油毡上放置一层土以增强其隔热能力。

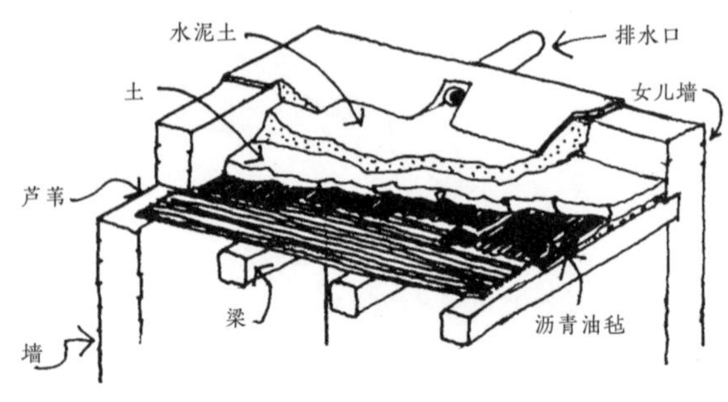

↘ 带顶的门廊

在这个例子中，屋顶延伸到入口处，形成门廊。

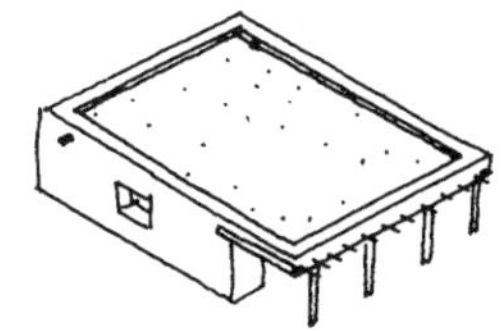

下图显示了一个土屋顶房屋的细部。

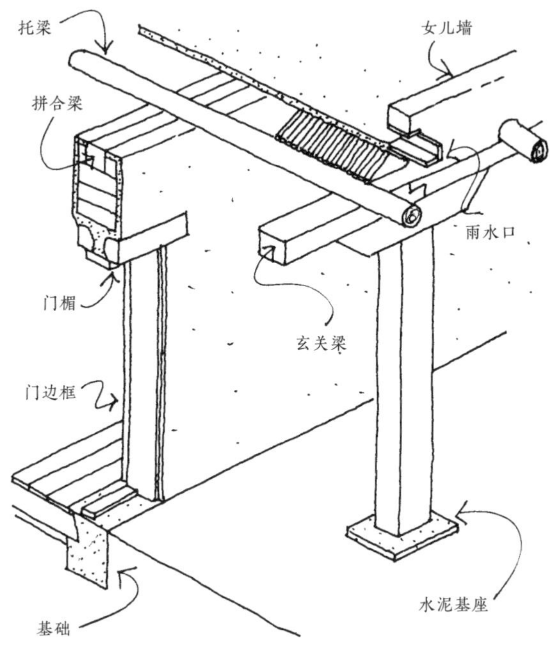

由于沙漠地区树木稀少，可能很难找到大木梁来跨接整个屋顶。在这种情况下，梁和托梁可以按以下方式制作。

最先安装四角的梁和托梁，让其呈对角线状（1），然后增设沿边的托梁（2），最后安装中间的托梁（3）。

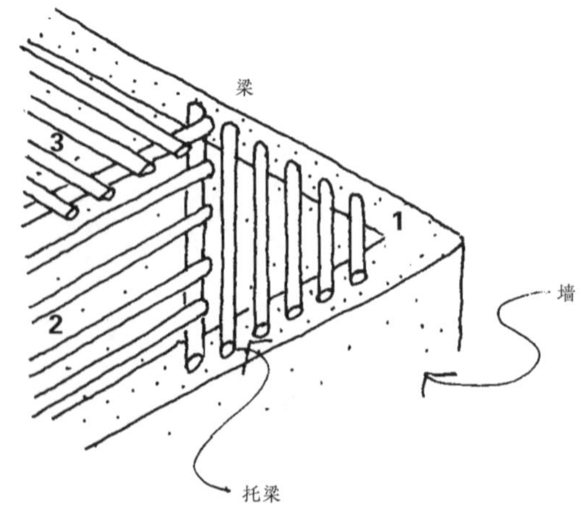

一个 4 米 ×4 米的空间可以用跨度不超过 2.8 米的木梁来搭盖，用芦苇和土铺装屋顶。从室内看屋顶，如下图所示，屋顶外观很吸引人。

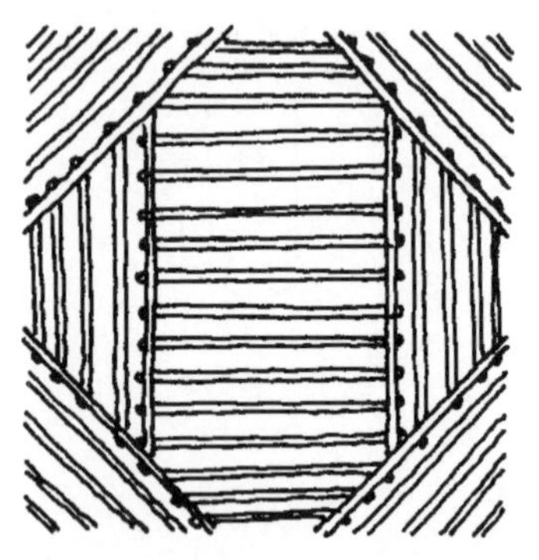

从室内看屋顶

瓦屋顶

屋顶上的瓦有两种安装方法。下图显示的是大瓦的安装方法。如果瓦的尺寸小于梁的跨度，则使用第二种方法。

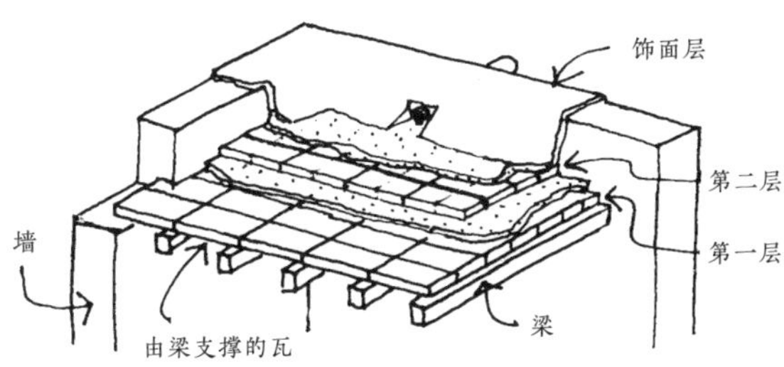

在第二种方法中，小瓦的安装方法如下。

1. 第一层瓦片用石膏水泥安装，因为水少，所以硬化得快。将石膏水泥涂抹在干瓦的两面，然后与已经定型的瓦迅速连接。

2. 安装第二层时，用水泥和砂按 1 ∶ 3 的比例制成砂浆。瓦的铺贴方向与第一层相反。

3. 最后再涂上一层水泥灰浆。

↘ 筒形拱顶

拱顶的优点是它是不需要木的结构，而且比平顶凉爽，因为拱顶的曲线增加了外界空气的流动。筒形拱顶应设置在与主导风正对的方向。

对于大空间，屋顶可以采用穹顶。无论风从哪个方向来，都能使穹顶降温。

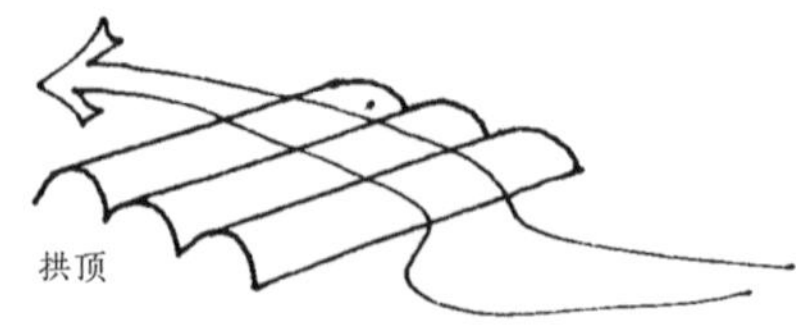

拱顶

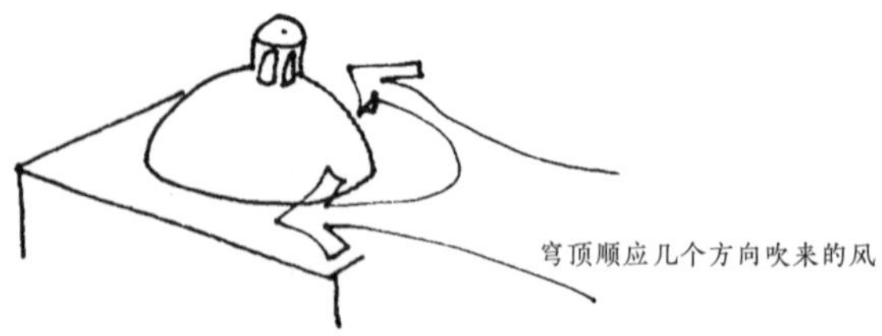

穹顶顺应几个方向吹来的风

顶部建一个圆顶塔，以便热空气可以排出。

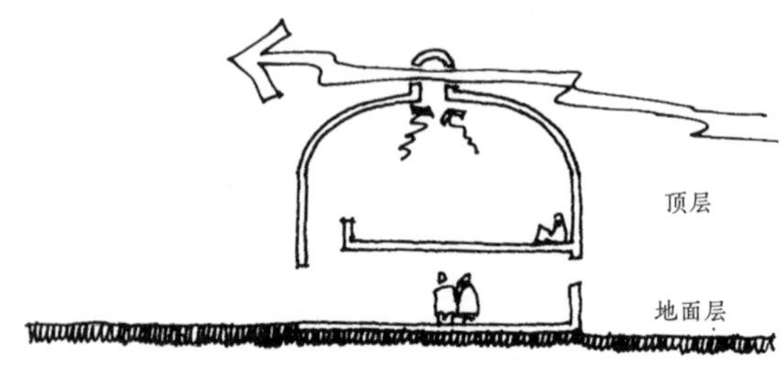

穹顶剖面图

弧形屋面板很容易组装。当墙体建成后，可以立即安装这些弧形板。

板与板之间的接缝处用不透水的焦油沥青或一层薄水泥填充。

板两端的内曲线应该用砖充分支撑起来。更多细节请见本书“材料”章节。

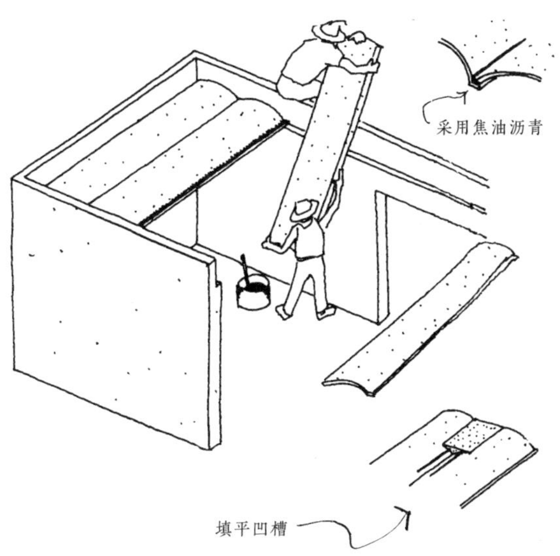

如使用这个屋顶作为楼板，可用砂浆填平曲线之间的凹槽，将其铺平。用钢筋或竹竿作加强筋加固砂浆。

无论弧形板是作为屋瓦裸露在外，还是做成楼板，都要安装一个临时梁支撑于弧形板的中间，直到水泥固化。

详见本书“建造”章节。

以下是施工过程中的一些注意事项。

a. 确保拱形板连接良好，如果板与板之间有间隔，屋顶可能会坍塌。

b. 当使用这种面板作为屋顶瓦时，要用绝热材料（如锯末和水泥的混合物）填充板间的凹槽，使屋顶能隔热。

c. 铺一层薄水泥，形成不透水的屋顶。

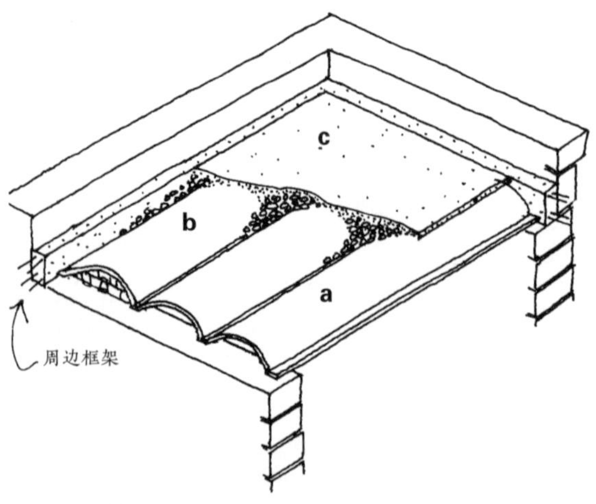

当筒形拱顶板的两端暴露在外或延伸到墙外时，要让一些端头敞开，以便热空气排出。

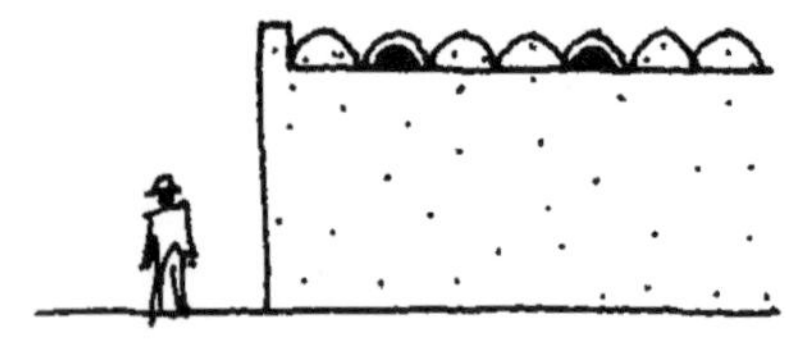

如本书“建造”章节所述，拱形面板通常为 3 米长，最长可达 4 米。设计房屋时必须考虑拱形板材的尺寸。在下面的例子中，客厅的宽度是 4 米，卧室是 3 米，浴室是 2 米。

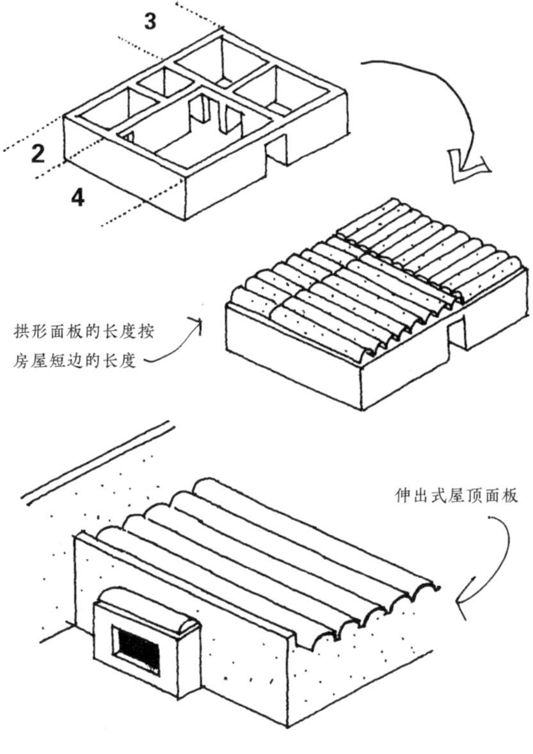

筒形拱顶板也可以用来做凸窗或延伸到主墙外的屋顶。

低拱筒形拱的建造

建造低拱拱顶，施工时要用到木模板。下面介绍一种在木材稀缺地区不用模板建造拱顶的技术。

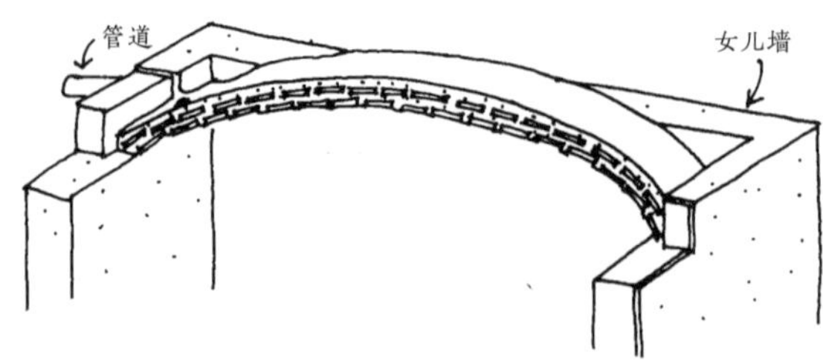

低拱拱顶剖面图

这种拱顶是用两层 3 厘米厚的砖砌成的。在两层砖之间有水泥和砂的混合砂浆。第二层砖覆盖着厚厚的水泥砂浆，形成不透水的表面。第二层砖的铺砌方向与第一层相反。

高拱筒形拱的建造

要想在不使用模板的情况下建造一个筒形拱顶，需要在房间的两端建造支撑墙。在这面墙上画一个半圆形。

靠着这面墙开始建造筒形拱顶的拱券，用含水最少的石膏水泥砂浆开始砌筑，使接缝迅速干燥。第一个拱券靠墙，用半块砖逐渐砌高。第二个拱券再凸出来一点，第三个拱券用整砖砌成完整的拱形。

用角砖一个接一个地砌筑拱券，一直到支撑墙的另一端。拱券外立面要加一层水泥砂浆的防渗饰面层。

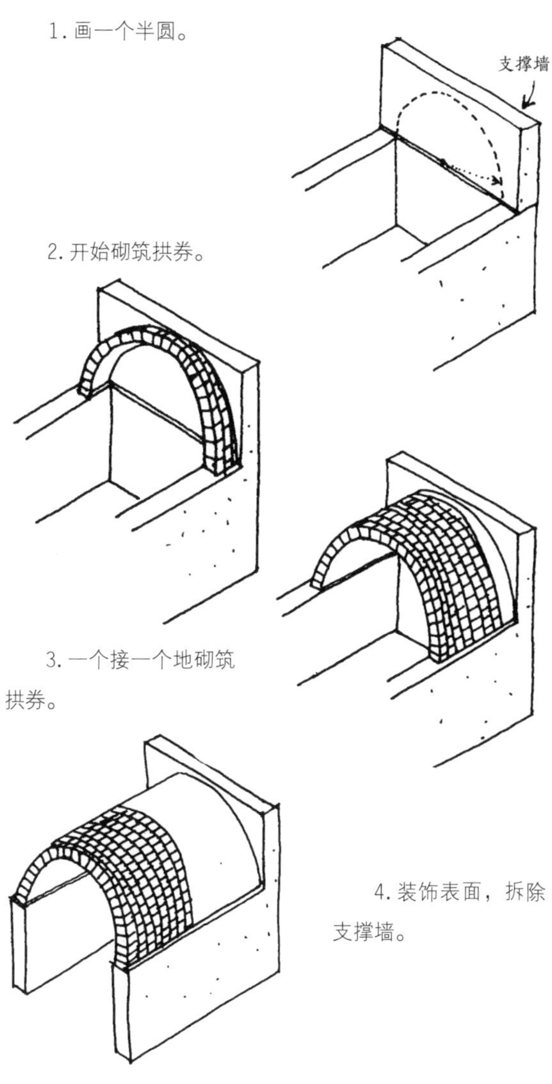

拱顶定型后拆除支撑墙，用砖填平开口或安装窗户。

要建造一个完美的拱很有难度。为了确保拱顶的弧度始终相等，请做好以下工作：

- 站在脚手架上，在圆的中心点上钉一颗钉子。在钉子上拴一根绳子，绳子延伸到泥瓦匠的手腕处。一个助手将水泥砂浆糊在砖上，然后递给泥瓦匠。混合砂浆与平屋顶上使用的一样，饰面是一层水泥或石灰。
- 可以使用专门为这种建造加工的小块砖。

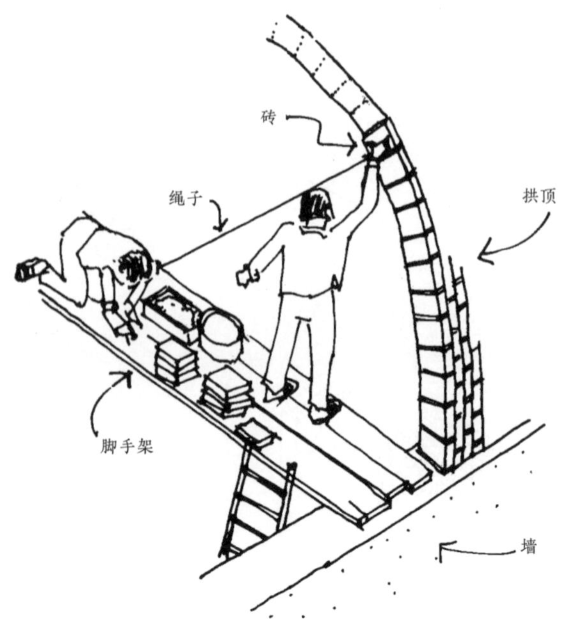

因为使用绳子（控制距离），砖与拱券中心的距离总是相等的，所以可以做出一个完美的拱。

↘穹顶

穹顶支撑在筒形拱顶末端的半圆形墙上。

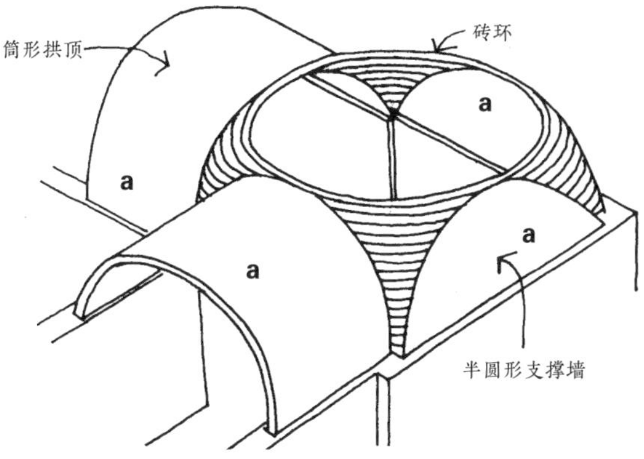

由筒形拱顶和穹顶创建的大空间

首先建造支撑拱券（a），然后将拱之间的空隙填平，形成一个圆环，按半径递减的环形建造穹顶，再加上圆屋顶或窗户，以及饰面。

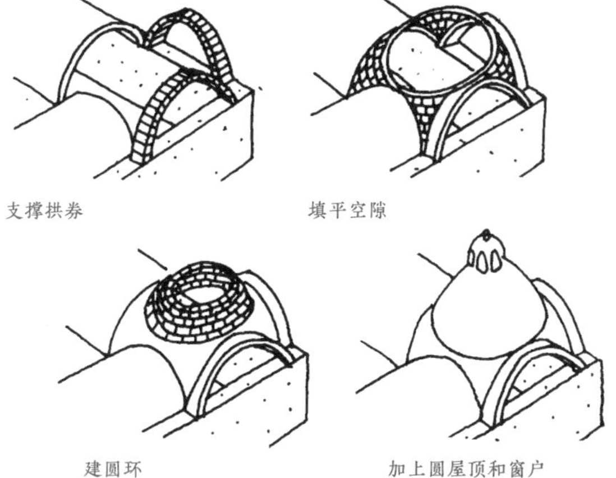

支撑拱券　　填平空隙

建圆环　　加上圆屋顶和窗户

↘ 十字拱顶的建造

建十字拱顶用的砖与砌墙用的砖相似，但比较薄（3厘米厚）。

泥瓦匠使用的是两面已经抹上了石膏砂浆的砖，这些砂浆是由泥瓦匠的助手抹上去的，因为这种砂浆干得很快，所以助手要不断地做一批批新的。然后，泥瓦匠将砖砌在其他砖上（1）。

砖必须牢牢地靠在已经砌好的砖的侧面。将砖固定好，直到石膏开始干燥。

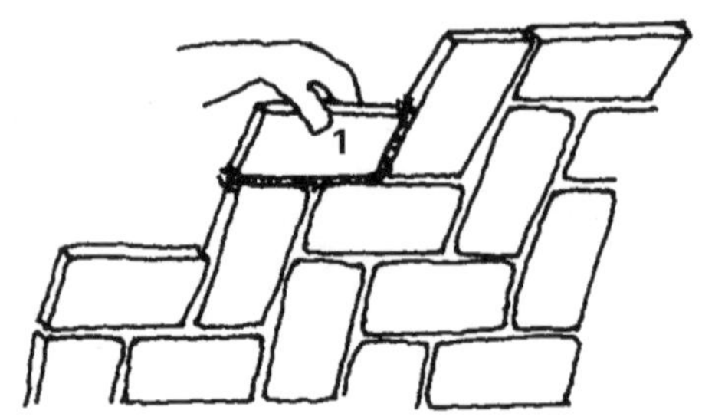

下一块砖的砌筑如下图所示。

先打湿砖块，以免它们吸收石膏砂浆的水分。当石膏变硬后，再砌下一块砖并除去多余的石膏砂浆。由于砖的内侧没有灰浆饰面，所以要确保接缝处的清洁。

泥瓦匠的手腕上系着一根绳子以保持拱券的弧度。为了确定砖的位置，助手将绳子的另一端沿着对面墙的同一点握住。

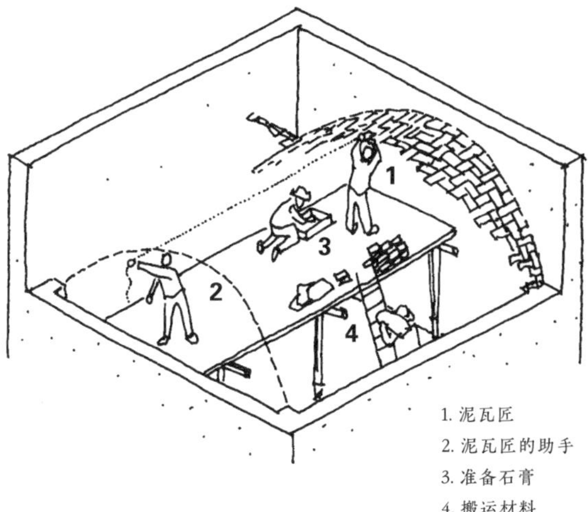

1. 泥瓦匠
2. 泥瓦匠的助手
3. 准备石膏
4. 搬运材料

筒形拱顶建造起来很简单，但对于较大的空间，建议采用十字拱顶。

始终从拱券的最低点开始砌筑砖块。然后在相邻的拱顶上同时向上施工，以使拱顶形成交接。参见下一页图示。

下面几幅图展示了建造十字拱顶的步骤。

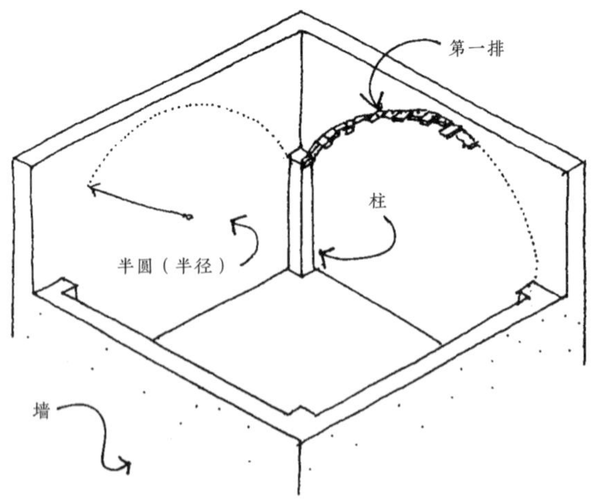

1. 从墙和柱相交的角落开始建造拱顶。

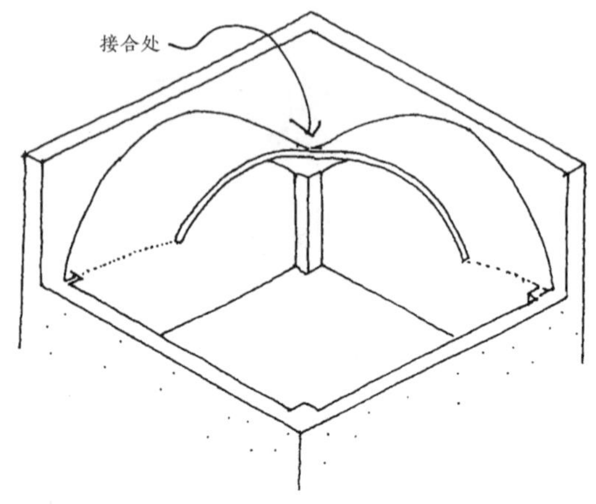

2. 两拱的接合从拱的最低点开始。用小块砖砌筑接合处。

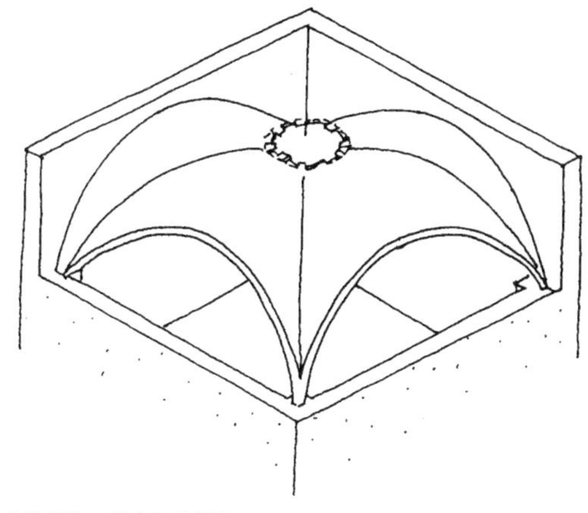

从拱顶的一端看到的景象

3. 封闭中央开口处并盖高一点，使其在固定时不至于下沉。

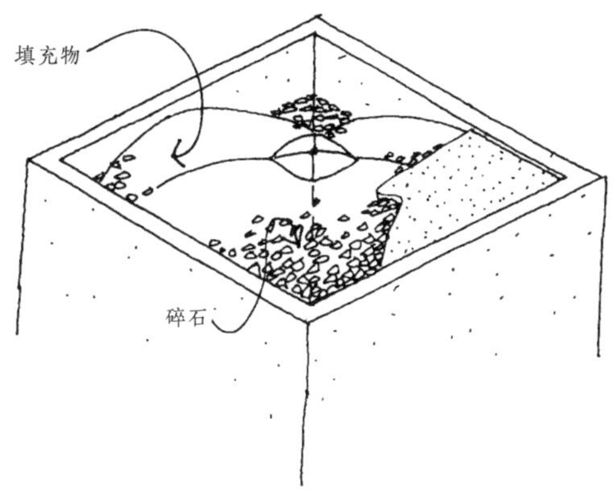

4. 拱顶内表面露出砖块。外侧则用碎石和砂浆填满拱间凹槽。不过在填充之前要先加一层稀释的水泥，以防石灰和石膏接触。

WINDOWS
窗户

如前几章内容所述，小窗户可以防止热量和灰尘进入。因此，在阳光充足的热带干燥地区，即使墙上开口少，也能满足室内照明所需。

房间较大的开口应在内院一侧，在那里有树木和植被保护，可以防止灰尘和阳光的照射。

如果使用大的开口，比如在一个可以看到庭院的走廊上，为了不阻挡视线，在开口的下部建造遮光格栅、横挡或威尼斯式百叶。通常情况下，从石灰屋顶或外墙反射的阳光比直射的阳光更强烈。

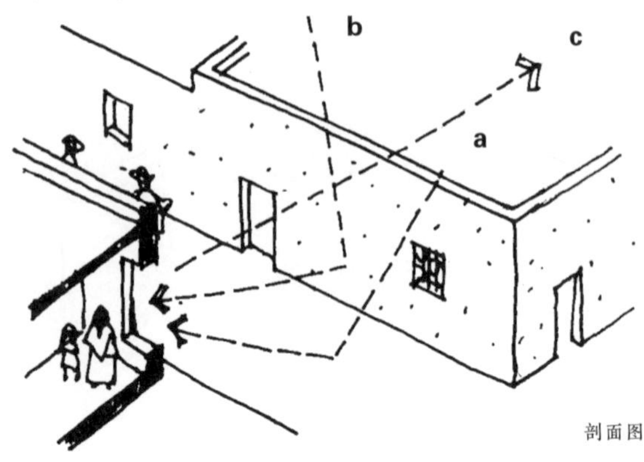

对于室内的人来说，由石灰覆盖的平屋顶(a)和外墙(b)反射的明亮光线比太阳直射光(c)强烈得多

至于横挡，可用圆木棒代替方木条。圆木棒可以让更多的光线过滤进来，提高对外能见度。

光线对比强烈

这样光线更柔和

通风

除了提供更柔和、更多漫射的光线外，这种窗户还能使房间通风。这种窗户可以用以下方式制作：

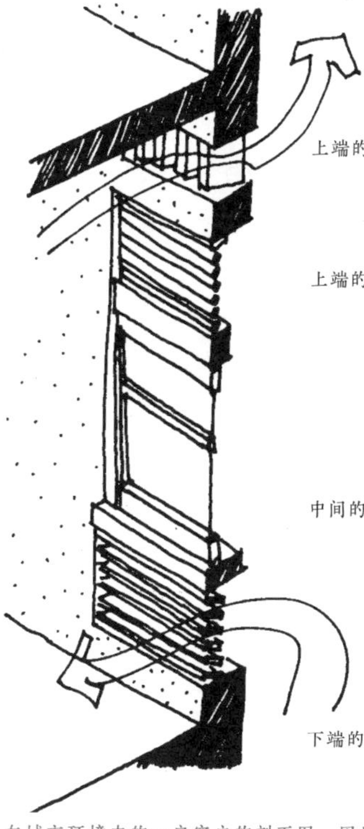

上端的开口让热空气排出

上端的横挡让柔和的漫射光照进来

中间的玻璃窗提供景观视线

下端的百叶板让冷空气进入

在城市环境中的一扇窗户的剖面图，因为道路经过铺装，所以灰尘较少

为了进一步提高防晒能力，可将威尼斯式百叶板作为独立于窗户的元素，使热空气从顶部排出。

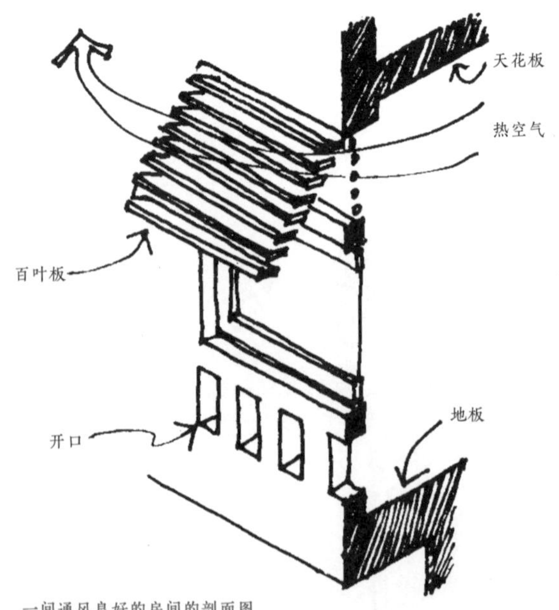

一间通风良好的房间的剖面图

木百叶板比混凝土好，因为木百叶板不吸收太阳的热量，而混凝土会吸收热量并增加外墙的温度，从而使房间变热。

↘ 有储水罐的窗户

进入房间的空气温度可用陶罐或没有上釉或漆的容器来调节。将容器装满水，放在窗户的下方或墙上任意开口处。

空气在水面上流动时温度能降低，进入屋内就能给房间降温。

下面是关于储水容器的两个例子:

室内

上图显示了两个罐子的位置，这两个罐子是墙体开口空间的一部分。在罐子下面垫一块板子以收集从罐子孔隙渗出来的水。

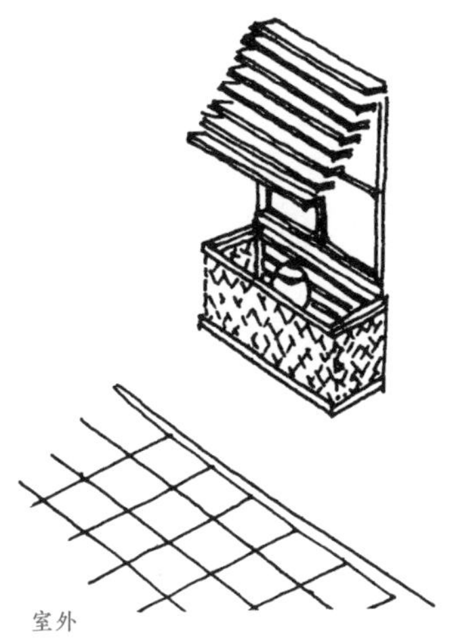

室外

罐子也可以放在室外的阳台上或窗下的盒子里。罐子由屋顶或窗上的遮阳篷遮阴。窗下的百叶板可以关闭或打开以控制空气循环。

带水的捕风斗

另一种给房间降温的方法是将水罐和捕风系统结合起来。

a. 这种空气调节装置几乎不需要维护。水蒸发得很慢，可根据需要给水罐重新加水。

b. 可以在捕风斗底部靠近地面的地方建一个小蓄水池。

c. 在风力小的地区，可以将入口的开口做得比竖井大，并将竖井缩小一半，从而产生较强的气流。

d. 一种更复杂的系统是将水罐放在竖井顶部靠近井口的地方。水滴从木炭格栅上缓缓落入一个容器中。木炭可以过滤空气中的灰尘。

e. 在尘土飞扬的地区，可以在竖井内壁砌几排凸出的砖。当空气在竖井中下沉时，灰尘就会落在砖块的表面。

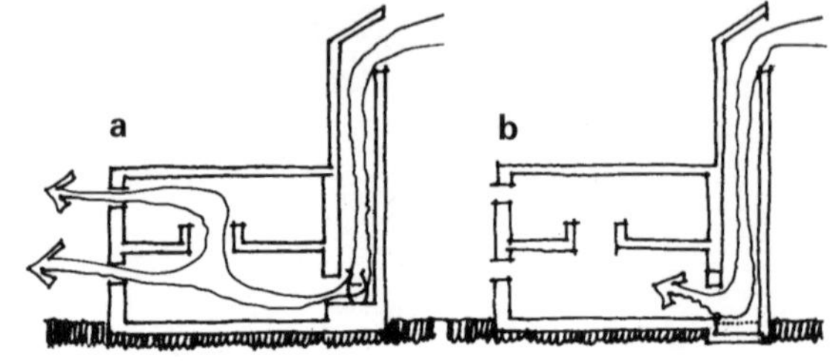

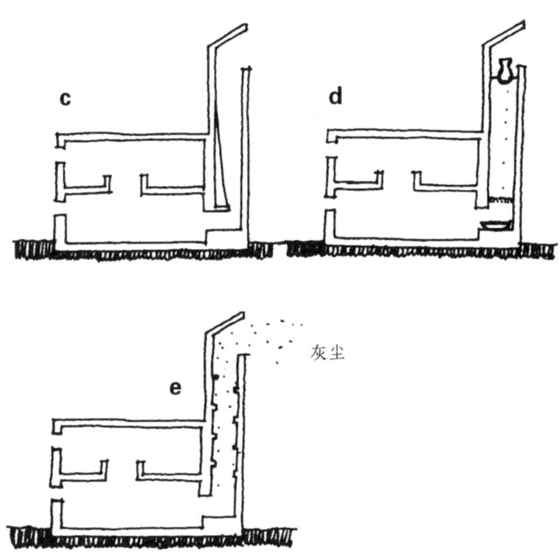

了解了如何控制房子里的冷空气的流通，可以进一步改善系统，可在其他的空气入口和开口处放置水罐。

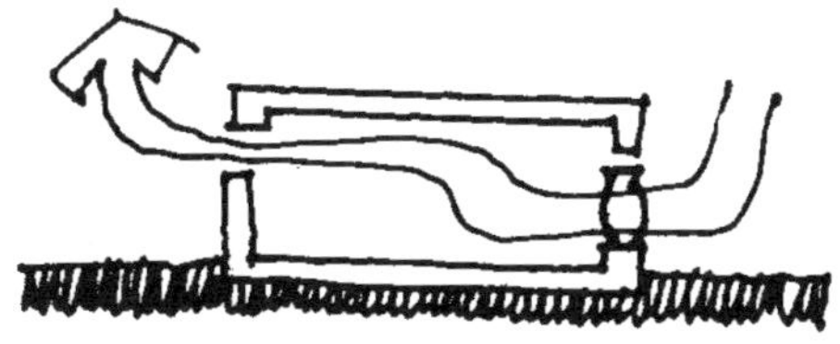

↘ 怎样给空气降温

➡ 建造阴凉的小庭院或狭窄的街道。

➡ 在庭院周围建走廊以获得更多的阴凉区域。

➡ 使用不吸热的浅色。

➡ 安装小窗户。

➡ 种植被和树木。

➡ 使用地下管道。

➡ 使用蓄水池或水罐。

➡ 建造风塔。

上图显示了许多在热带干燥地区给房子降温的想法和方法。试着去探寻吧！

THE
BAREFOOT ARCHITECT:
A Handbook for
Green Building

赤脚建筑师：绿色建筑手册

温带地区

TEMPERATE ZONE

CLIMATE
气候

在寒冷的气候条件下，房屋需要保温，因此，本章所述的房屋设计与前几章所述的房屋设计有许多不同之处。

为了给房子保温，重要的是：

- 防止室外冷空气进入室内。
- 防止屋内的热空气散失。

为此，墙和屋顶必须使用阻断冷热传递的耐用材料来建造。详见本书“附录”部分关于材料热阻值的表格。

炎夏：热量不应进入

寒冬：热量不应散失

在温带地区，天并不总是很冷。在一年中有几个月温度是很高的。炎热的夏天，热量不应进入屋内；寒冷的冬天，热量不应从屋内散失。

在温带，设计中利用风的方式也与其他气候区不同。在多风的炎热地区，墙体的设计要让气流通过，使房屋冷却。在寒冷地区则相反，墙体必须能抵御寒风。

强冷风不仅会使房间降温，而且会将热量从墙壁或屋顶的缝隙中抽出。为了防止热量散失，所有的门窗都要关好。

空间方位

在下面的例子中，房屋的朝向是以**位于南半球**为前提的。

房屋的朝向是非常重要的。例如，南面的大玻璃窗可以使房间凉爽，而北面的窗户则可以使房间变得温暖。一天之中，当太阳移动时，房屋北面的墙壁接受的阳光最多，也是最热的，而南面的墙壁则处在阴凉处，始终保持凉爽。

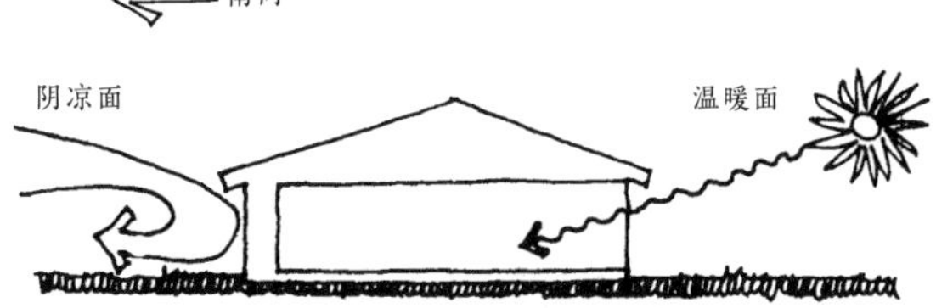

考虑到朝向的影响，在设计时必须防止北边*的热量从南边*逸出。另外，室内的热空气总是上升的，应避免热量从屋顶散失。屋顶和天花板应采取隔热措施，南面*的墙上应少开洞。

太阳会使有北向*窗户的房间升温。应对墙壁和天花板进行保温，防止这些热量迅速散失。

除了冷空气，地面湿气也会使地板降温。地板应建有保温层和隔汽层。

➡ 地板架高的木质房屋，地面的冷空气会流经房屋下面。

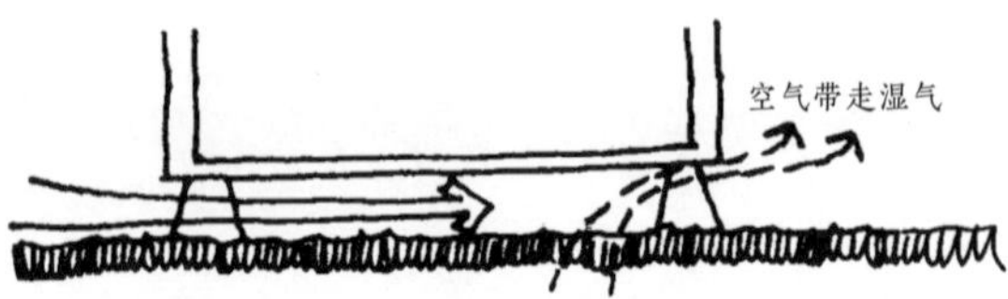

➡ 对有砖墙和石材地面的房屋，要用焦油沥青或其他防渗材料覆盖基础，防止湿气渗透。

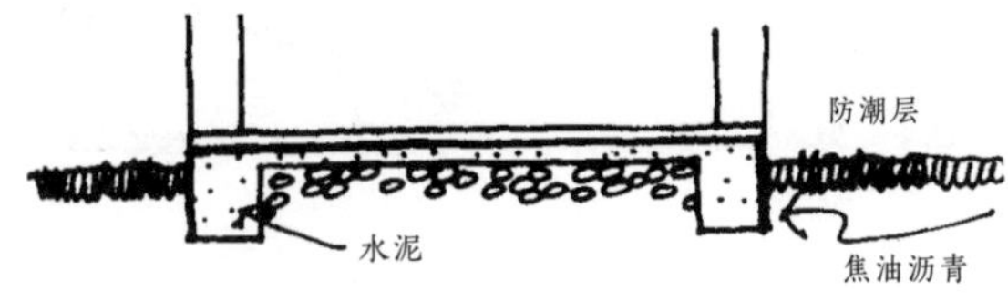

*［**译者注**］　注意南北半球方位朝向的区别。本章标*处同理。

住户较少使用的房间应设在房屋的南侧*。这些房间可以是储藏室或浴室，或者是厨房等产生热量的地方。起居区应该位于北侧*。

以下是更多关于房屋保暖的建议。

- 在炎热气候下，卧室应该位于太阳升起的一侧，这样居住者就会随着阳光的照射而起床。由于低层房间的热量在白天会上升，所以将卧室设在二楼，晚上卧室就会比较暖和。
- 由于热空气总是上升，所以天花板较低的房间对居住者来说更舒适。因此寒冷地区的天花板应该比炎热地区的天花板低，如下面的例子所示。

天花板较高

天花板较低

➡ 寒冷气候下的屋顶通风是不同的。不应像在炎热气候下那样直接采用屋顶通风。

➡ 在寒冷地区，要关闭和密封房屋的所有开口，防止热空气散失。

不要在寒冷气候下通风

➡ 要注意保护房屋不受南向*主导风的侵袭。

如果可能的话，将房屋建在能阻挡主导风的环境附近。

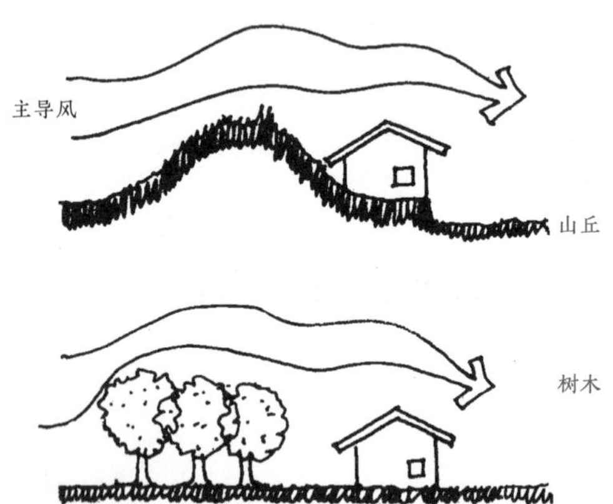

或采用如下技术：

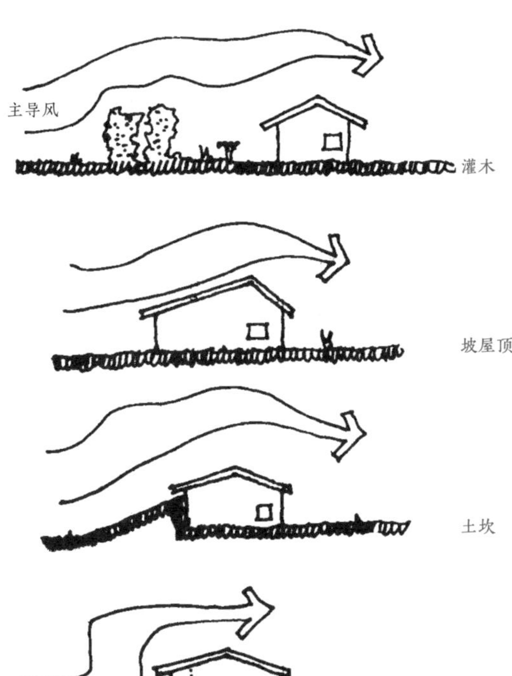

在南侧*，墙体要厚一些，窗户要小一些。

还有其他的保存热量的方法。

HEATING
供暖

地板储存太阳热量

房屋可以利用太阳照射北边*的热量，将其储存起来以度过寒冷的夜晚。一部分地板可以用来吸收和储存热量。

可以这样做：

- 使用深色地板，如黑色或深绿色，它们能比浅色地板吸收更多的热量。
- 使用能吸收热量的地板材料，如石头或瓷砖。
- 防止热量通过地面散失。

地板起着传导热量的作用，因为它能接收、吸收、储存并辐射热量。

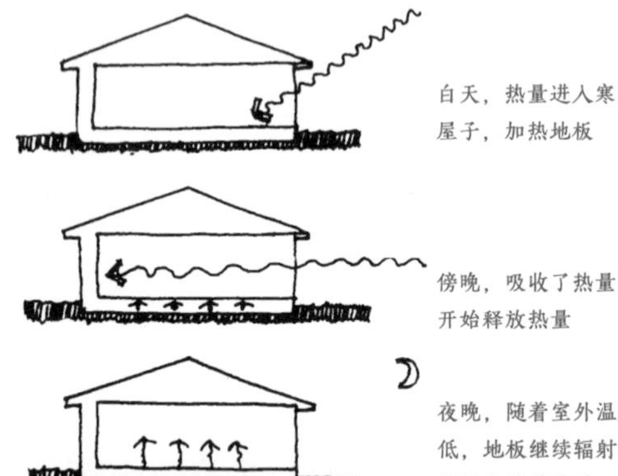

↘利用地热

炎热气候下用于冷却房屋的地下管道同样可以用于寒冷气候下的房屋供暖。

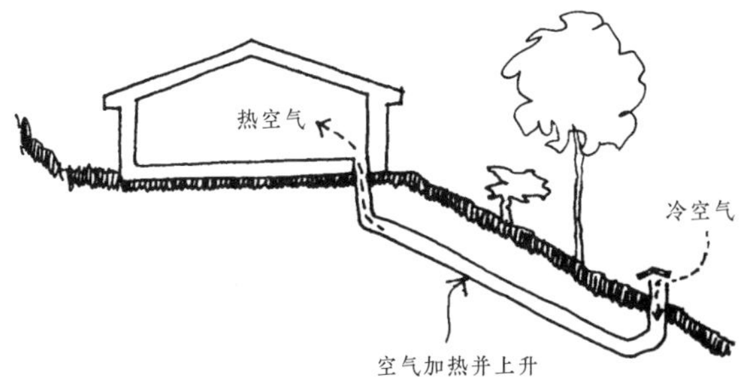

在地势平坦的地方安装一个换气扇，将热空气吸入房间。

使用沥青或塑料覆盖和保护管道，防止湿气降低管道内的空气温度。

↘ 利用垃圾生热

没有被扔进堆肥桶或旱厕的垃圾可以用来产生热量。当垃圾分解时就会释放出热量。

➡ 安装两条塑料管道，从屋内开始，到处理垃圾的坑洞结束。

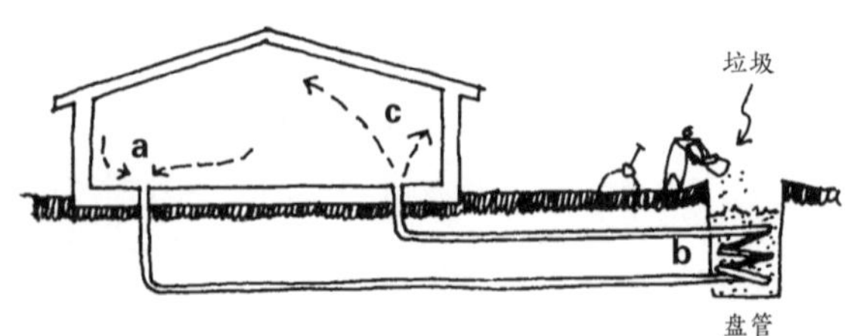

➡ 在垃圾坑中设置一个连接两条管道的盘管。这个盘管是用塑料管制成的。盘管增加了与热量接触的空气量。

盘管

冷空气比热空气重，下沉到地面并进入管道入口（a）。垃圾分解产生的热量传递给盘管内的空气，然后沿管道上升（b）。这股上升的热空气从上部管道排出，被吸入室内（c）。当热空气进入室内后，冷空气被吸入下部管道。

抬高垃圾坑的边缘并用木头或金属顶盖完全盖住洞口，防止雨水进入。

壁炉供暖

壁炉的安装要求是应能给尽可能多的房间供暖。

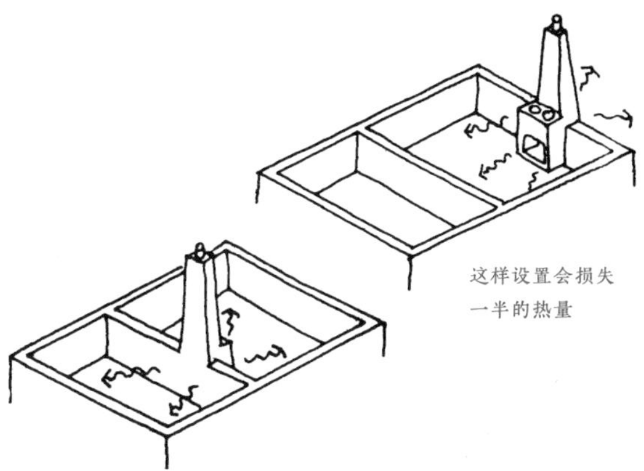

这样设置会损失一半的热量

这样设置，所有的热量都辐射到房子里

在第一个例子中，壁炉的位置不正确，因为损失了产生的部分热量。在第二个例子中，热量辐射到邻近的房间，所以没有损失。

利用屋顶收集热量

房屋的形状、窗户的位置和屋顶的坡度都可以设计得便于收集太阳热量。在下面的例子中，屋顶和天花板都是浅色的，并且有合适的倾斜度，可以从上层窗户反射太阳光。

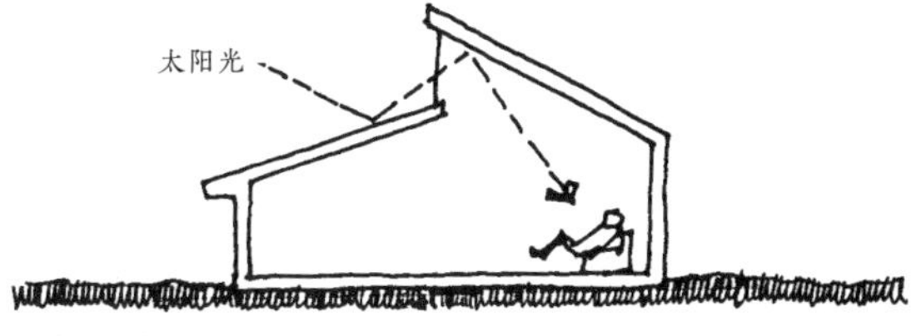

反射光和热

SOLAR COLLECTOR ROOMS
太阳能集热室

一个非常有效的给房屋供暖的方式是使用太阳能集热室。

白天，太阳会加热这个玻璃罩内的空气。晚上，热空气进入房屋的其他房间。集热室的开口应错开（一个在墙的顶部，另一个在底部），以使空气循环。

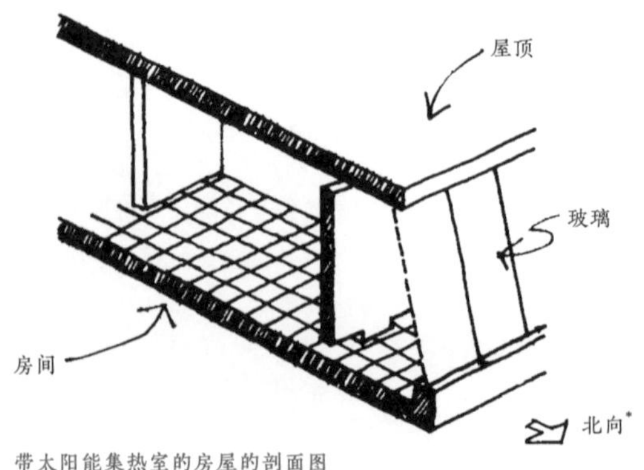

带太阳能集热室的房屋的剖面图

可以用塑料代替玻璃。塑料的价格较低，但不耐用。晚上，要把窗户盖上，防止热量散失。如果不能盖上窗户，则关闭太阳能集热室与房屋其他房间之间的开口，以保持室内的热量。

下图是一座带有太阳能集热室的房屋。这座房屋的建造可以分为两个阶段。第一阶段建造 A 部分，第二阶段建造 B 部分。

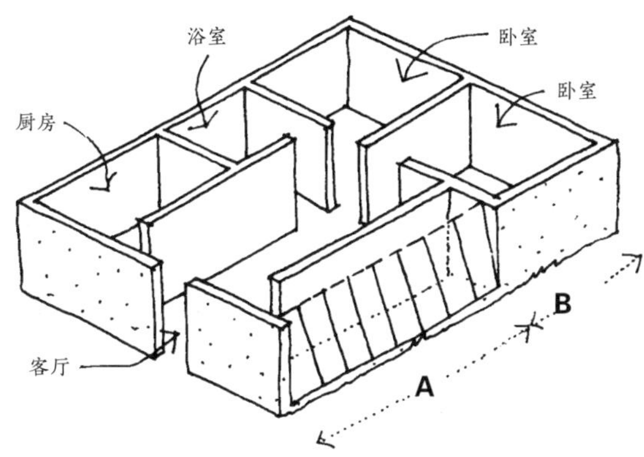

已建成的房屋可以在房子的北面*扩建太阳能集热室。

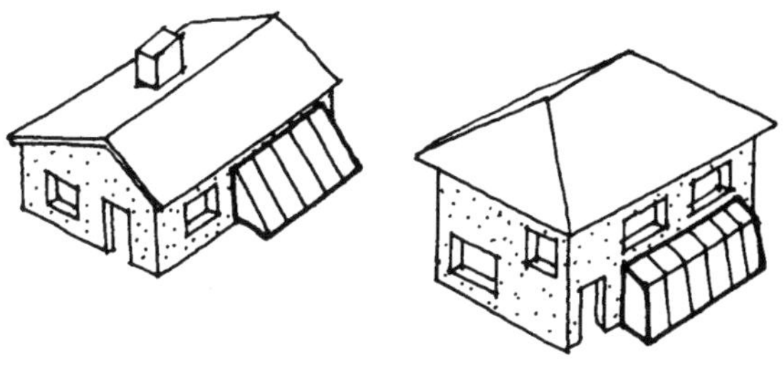

太阳能墙

这些墙的作用和地板一样，可以储存热量。房子北面*的空间有一个大窗户。内墙由活动墙板制成，白天吸收太阳的热量。到了晚上，墙板翻转过来，热量就会辐射到房子内部。

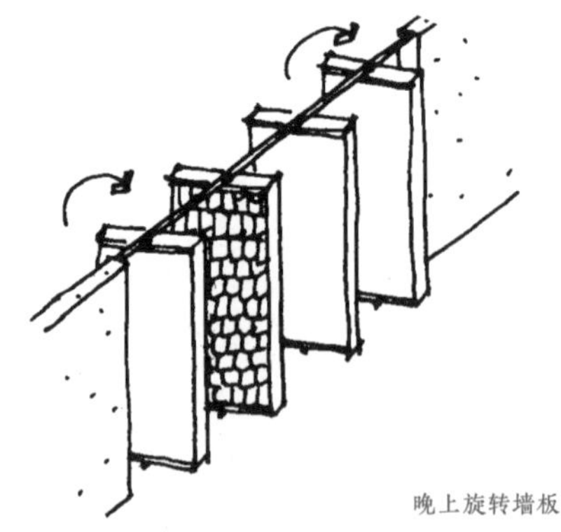

晚上旋转墙板

太阳能集热板是由框架制成的，框架的一侧有一块实心板。在框架下部类似架子的部分安装几排涂成黑色的罐子，罐里盛满水。用铁丝把它们绑在一起。背板可以涂成任意颜色。

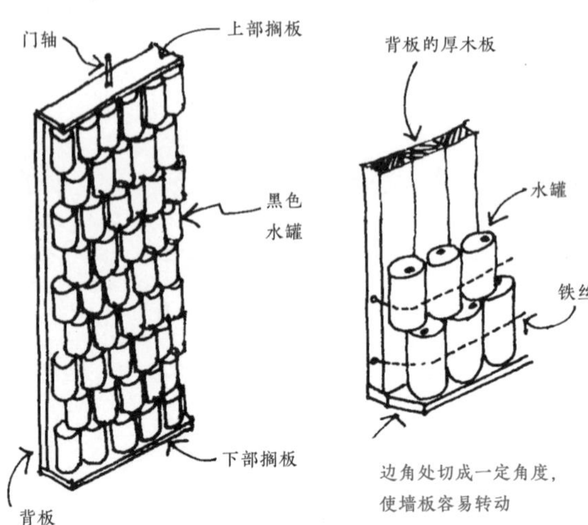

整个墙板就像一扇门，可以沿中轴旋转，而不是只能向一边转。

在下面的例子中，太阳能墙位于大窗户附近。

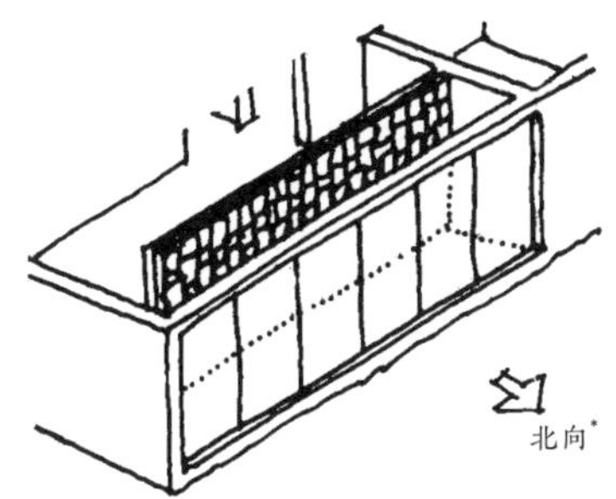

另一种制作太阳能墙的方法是用同类型的罐子盖住大窗户的开口。晚上，用隔热木百叶板从外面盖住窗户以保持室内的热量。夏天的时候，把窗户上的罐子移开。

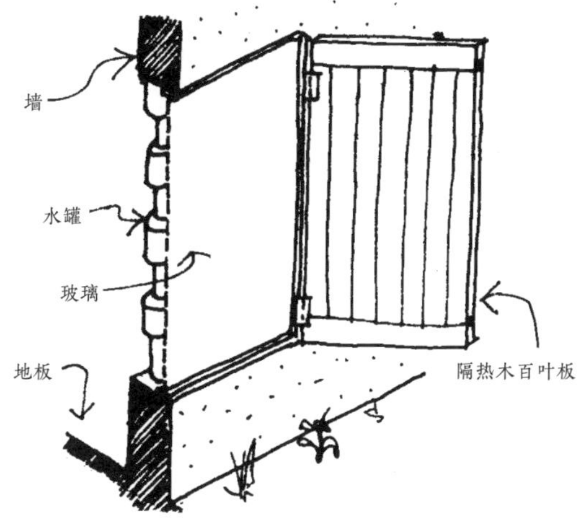

虽然热量总会出现少量渗漏，但也应尽量避免屋内热量流失。窗户和门经常会损失大量的热量，因此，要保证它们关严。墙上开口的框架和门窗之间，以及屋顶和墙壁之间都不应该有缝隙。如果空气通过屋顶泄漏，例如通过瓦片外泄，则应建一个天花板来保持房间内的热量。

↘ 太阳能窗

这种“盲窗”是用玻璃板和深色的石头做成的。如果石头是天然的浅色，则应将其涂黑。空气的流通由上下挡板控制。

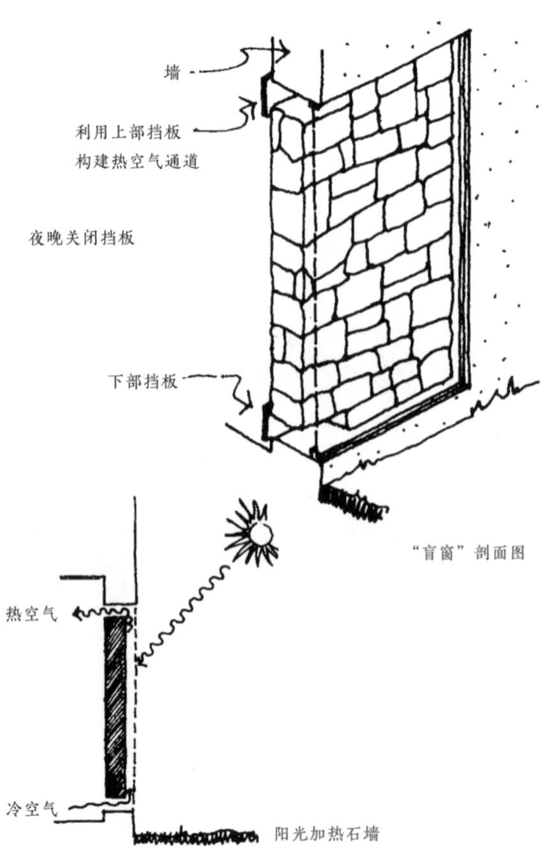

“盲窗”剖面图

墙和玻璃板之间的空气升温、上升并通过打开的上层挡板流进房间。同样地，空气很快就会冷却并下沉到地板上，然后循环往复。

还有其他方法可以捕捉太阳的热量并使其在屋内循环。其中一种方法是在房子北面*的窗户下面搭建一个盒子。这个盒子的工作原理与加热地板的工作原理相同。盒子上罩着一层玻璃板，还有一块木板，可以关闭或打开以控制热量循环。

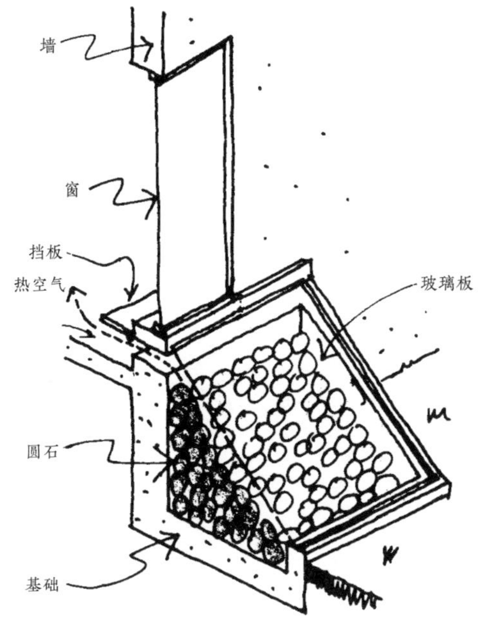

盒子里装满拳头大小的圆石。圆石应松散地堆放，留出空间让空气在石块之间循环。冷空气通过地板下的通道进入这个盒子。

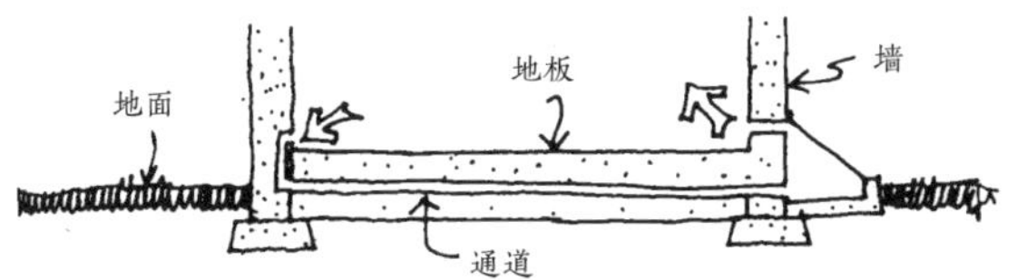

HEATERS
采暖器

↘ 地板采暖器

在基础墙之间浇筑 5 厘米厚的水泥层。在这层水泥的上面和四周涂上一层混合芦苇的焦油沥青。用圆石把这个空间填满以储存热量。

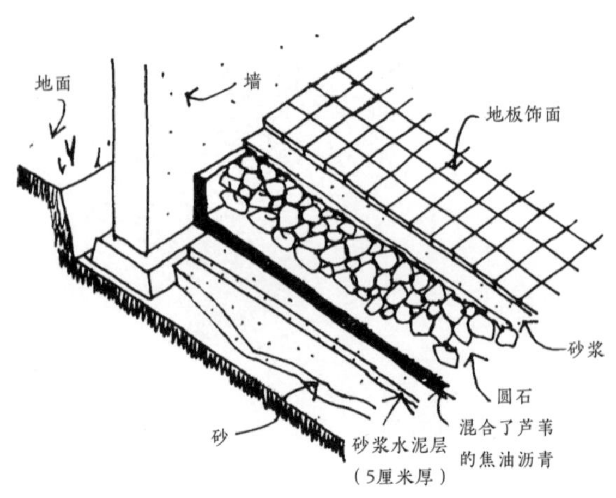

在圆石上涂抹一层砂浆，并铺装深色瓷砖或深色水泥等地板饰面。

在非常寒冷的气候条件下，也可以使用壁炉；具体内容见下页。

↘ 水平烟囱

为了充分利用壁炉产生的热量，可以让热空气排出屋外之前在地板下循环。在管道或“水平烟囱”上建造石地板，热空气通过这个水平烟囱流动并最终进入垂直烟囱。

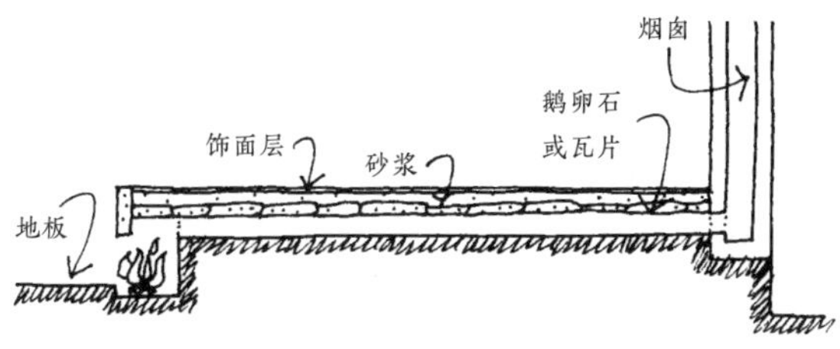

这种结构创造了一个暖和的区域，地板架高，坐在上面非常舒适。

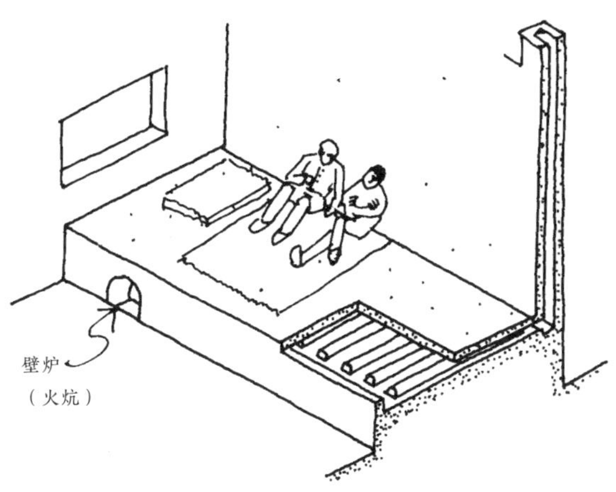

可以在抬升的地方建一个封闭的房间并在地面上放一个床垫。

壁炉

壁炉应建在内墙上，以确保热量不流失。烟囱可以用砖来做，开口尺寸在 20 厘米 ×20 厘米至 40 厘米 ×40 厘米之间。在烟囱上抹灰以提高其隔热效率。

如果要经常使用壁炉，可以在烟囱里嵌入一套盘管来加热水。

要避免烟气（被风带入房间）……

房间之间的壁炉

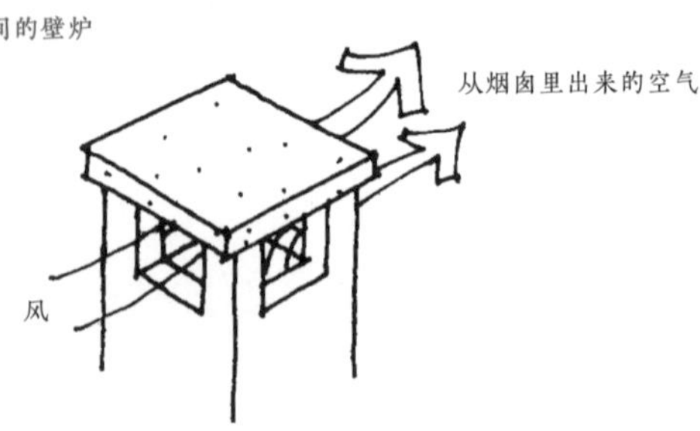

烟囱上有一个小顶或盖子以保护它免受雨淋，并能改善通风。

壁炉口面积应是烟囱口面积的 10 倍。例如，如果烟囱口尺寸是 20 厘米 ×20 厘米（400 平方厘米），壁炉口的面积就有 4000 平方厘米，因此壁炉可以高 50 厘米、宽 80 厘米。壁炉的深度应该是其高度的一半左右，所以在这种情况下，壁炉的深度是 25 厘米。

为了提高壁炉的效率，炉口的侧面和背面应略微倾斜，这样火的热量不会立即窜入烟囱，而是辐射到房间里。

为了避免烟气被风从烟囱的喉部带入房间，应在烟囱的底部做一个架子。

烟气进入烟囱后会经过喉部。这个喉部有一个长方形的开口，比烟囱大一点。下图所示的喉部尺寸是 10 厘米 ×50 厘米。

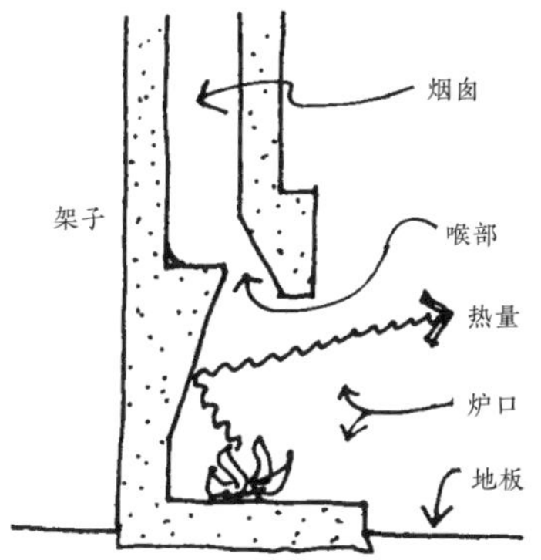

壁炉剖面图

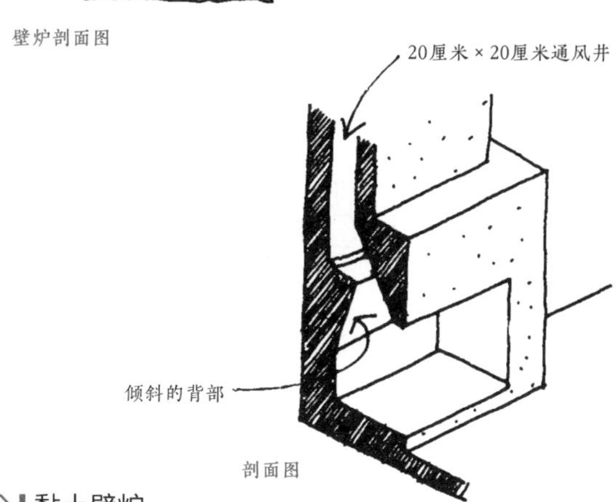

剖面图

黏土壁炉

黏土壁炉可以用少量的木材产生大量的热量。这种壁炉是用黏土和磨碎的陶瓷（chamotte）混合制成的，做成一个大瓶子的形状。壁炉的下部有一个椭圆形的开口用来放置木材。

黏土壁炉的喉部略呈圆锥形，末端是一个直径为 10 厘米的开口，连接到一个金属管道上。也可以在开口处加一个小金属盒，作为小火炉使用。

用两块叠在一起的砖搭建黏土壁炉的底座。砖必须可拆卸，以便能放下壁炉并清理金属盒和管道。

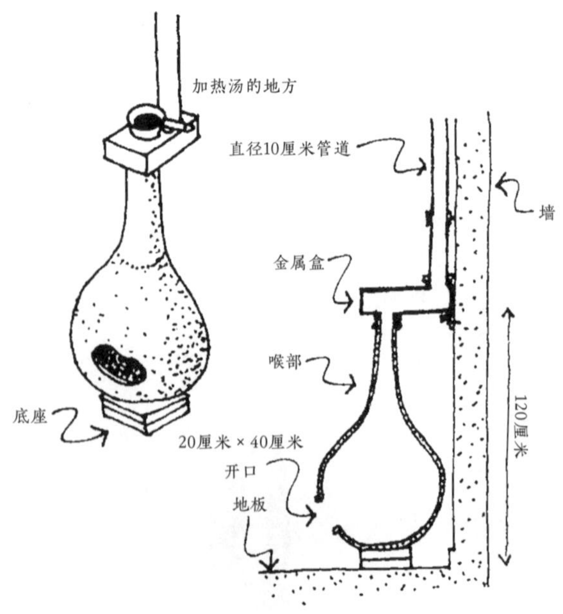

↘ 桶式壁炉

可以用一个 120 升的金属桶制作桶式壁炉（详见下页）。首先开一个口子用于放置木材和清除灰烬。在另一边开一个烟道口并焊上金属管。

将一个无底无顶的小桶安装到大桶中，并在它们之间的空隙中填上黏土。这样可以延长保温时间。在大桶底部焊接金属杆来支撑木头并让底部的空气流通。用砖来搭建桶的底座。

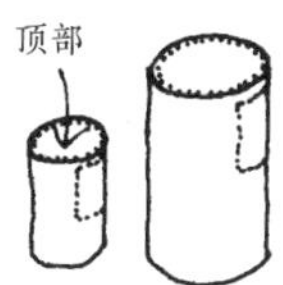

1.切掉桶的顶部，制作壁炉的管道口和门洞。

2.安装小桶和金属杆。

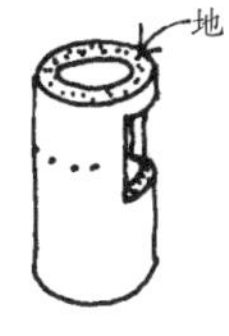

3.用黏土填满桶与桶之间的空间。

4.焊接顶部的盖子。

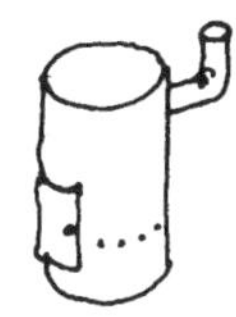

5.安装管道和炉门。

剖面图

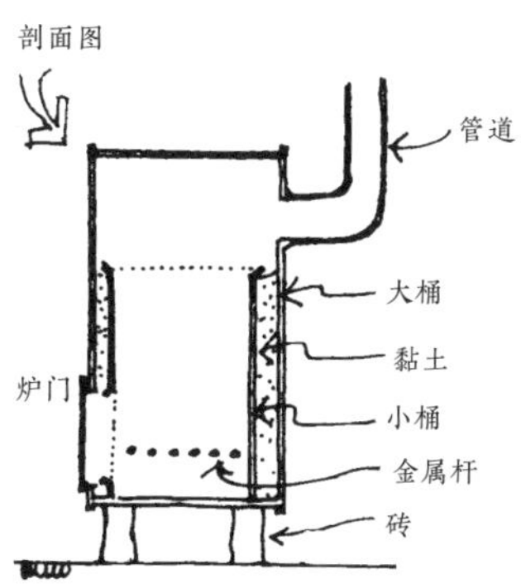

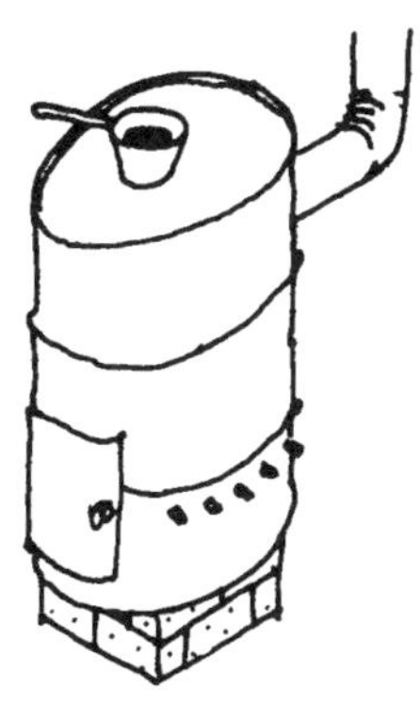

桶式壁炉成品图

↘保温

前面介绍了温带气候下房屋采暖的方法，考虑如何防止房屋产生的热量流失也很重要。

为了保持房屋的舒适性，应注意：

➡ 防止地面产生的湿气渗入房间。

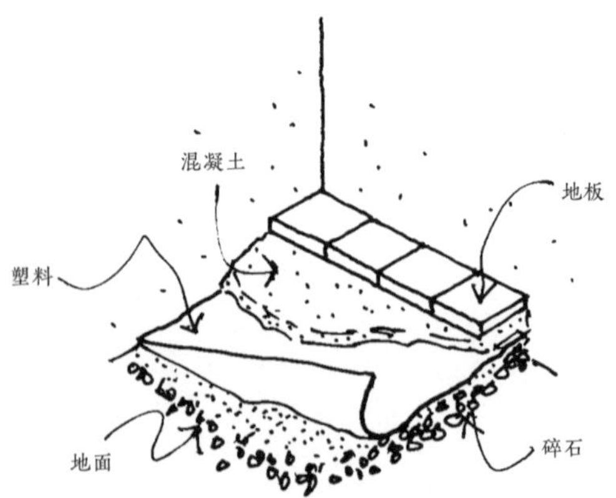

➡ 防止冷空气进入。

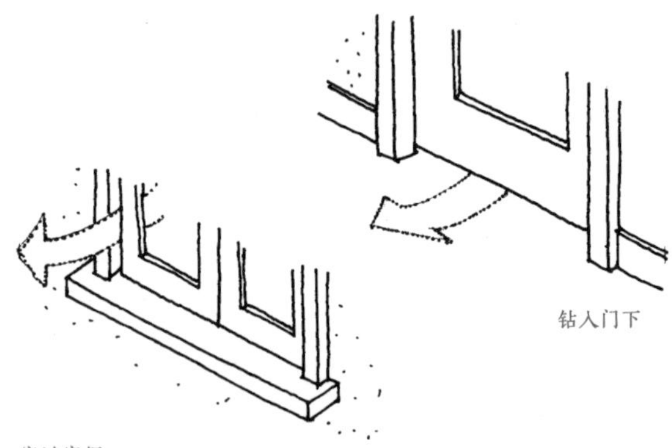

➡ 可以在屋顶上安装一层塑料和竹子，防止热空气从屋顶的瓦片中逸出。

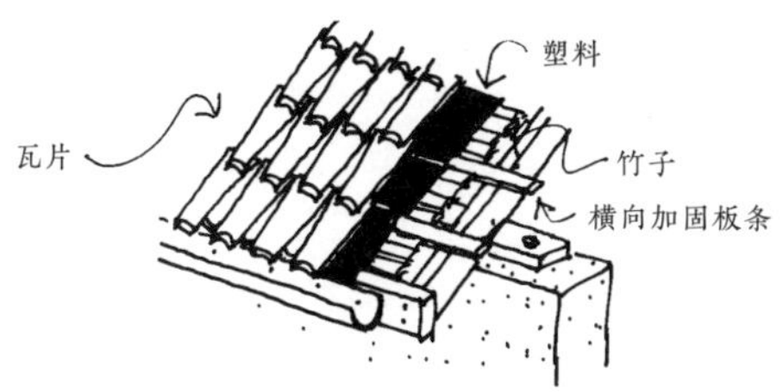

为避免从房屋内部看到塑料，可以放置芦苇或竹子

➡ 避免在房间里建很高的天花板。

工作室

人体能产生热量，在天冷的时候，不妨多请点朋友来家里做客……

好冷！　　现在暖和了！

如果门窗不能完全关闭，就在门窗前挂上窗帘，到了晚上变冷了，就加毯子。

情绪也会影响人的体温。在寒冷的地区，可以给房间涂上橙色、黄色或赭石色的漆，使房间焕发出温暖的光芒。

材料

MATERIALS

SELECTING MATERIALS
材料的选择

在选择房屋或建筑物的建筑材料之前，应考虑以下事项。

- 建筑材料的维护：考虑使材料保持良好形态的长期维护成本。
- 温度对材料的影响：考虑材料对冷热的反应以及是否有助于建造舒适的房屋或建筑物。
- 材料的易得性：考虑使用丰富的当地材料，避免依赖他人、制造条件或运输条件。这适用于基本的建筑材料，因为通常一些新型材料和产品都来自其他地区。
- 材料的制造：考虑该地区是否有将原材料转化为建筑材料的设施或装备，如将泥制成砖。
- 是否有合适的工匠来从事所选材料所需的工作：考虑社区是否有所选材料所需的体力劳动者。例如，没有铁匠就不要安装钢窗，而要请木匠来做木窗。
- 使用其他地区的材料：当本地材料不足而使用外地材料时，考虑材料如何运输才不会损坏、如何储存才不会变质。

- 材料的耐久性：考虑材料的耐用性，以及它们是否适应该地区的气候。有些材料很快就会损坏，而另一些材料在某些气候下比在其他气候下更耐用。
- 材料的组合：考虑材料如何共同发挥作用。例如，用厚重的屋顶材料覆盖轻质的墙体，就需要建造更大和更昂贵的结构。然而，用轻质的屋顶覆盖巨大的墙体，效果并不好，因为虽然墙阻挡了冷热空气，但它们可从屋顶进出。
- 建设的阶段性：如果没办法一次性建成房子，可以考虑分步建设，先住进部分完工的房子里。这就需要规划好材料的种类，以便可以马上住进去，还可以慢慢完成剩下的部分。

产业化的　　自制的

EARTH

材料测试

几乎所有类型的土都可以用来砌墙，如土坯墙和抹灰篱笆墙。土的质量是由黏土和砂的比例决定的。一份土样包含多种类型的土。通常来说，即使地块很小，也可以将一个区域的土与另一个区域的土结合起来。富含大量黏土的沃土需要掺砂来平衡，而贫瘠的土需要用黏土来充实。

要想知道一个地方的土质是否适合做土坯砖，可以进行下述试验。

为了进行这些试验，需要在现场选取几个采样点。首先清除含有有机物质和植被的上层土壤。然后从不同的采样深度取土。

试验

颜色	深色（油性）、白色（砂性）	不适用于土坯砖
	红色、褐色	可用于土坯砖
	浅黄色	最适用于土坯砖
气味	不要使用闻起来有霉味的泥土，因为它含有腐殖质	
质地	如果不进行研磨，就会有很多黏土	
	如果稍微研磨，就会有很多泥	
	如果研磨过多，就会有很多砂	

↘ 沉淀

1. 在圆柱形玻璃杯里装 2/3 杯土。在上面加入水和 2 茶匙盐。盐有助于分离泥土和砂。

2. 将杯中物用力搅拌几分钟。

3. 观察各部分的分离情况。

4. 如果分离得不是很清楚就再搅拌一会儿，并让它静置几个小时。

5. 如果分离清楚了，测量黏土和砂的比例（例如，右图所示的比例是 2 ： 1）。

↘ 收缩

下一步是制作一种具有延展性的混合料，将混合料倒入 4 厘米 ×4 厘米 ×40 厘米的测试模具中。

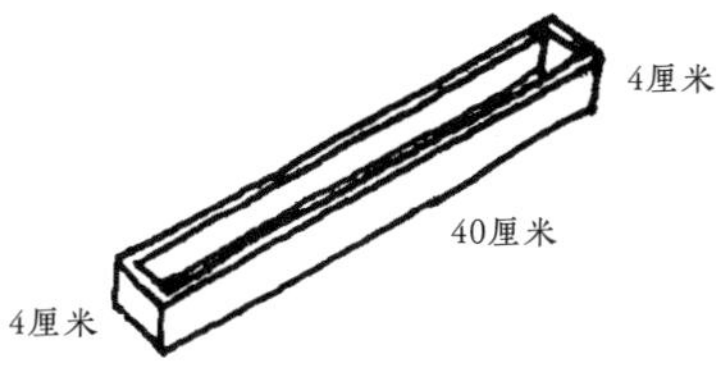

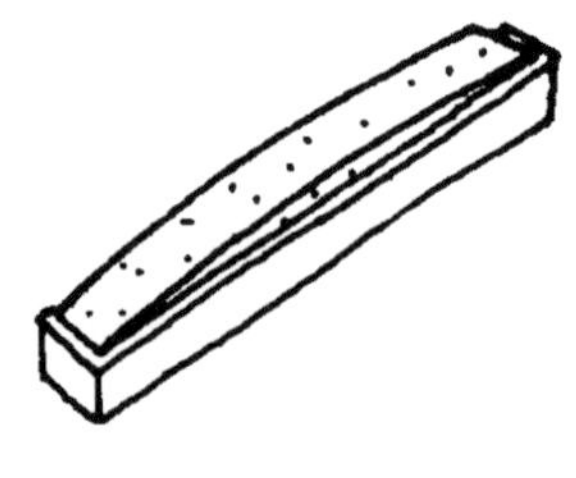

将装好混合料的盒子放在阴凉处晾干。

如果混合料在模具内像一个膨起的蛋糕一样凸起则不能使用，应寻找其他类型的土。

一般情况下，土应收缩开裂。将整块土推到一边，测量收缩量的大小。

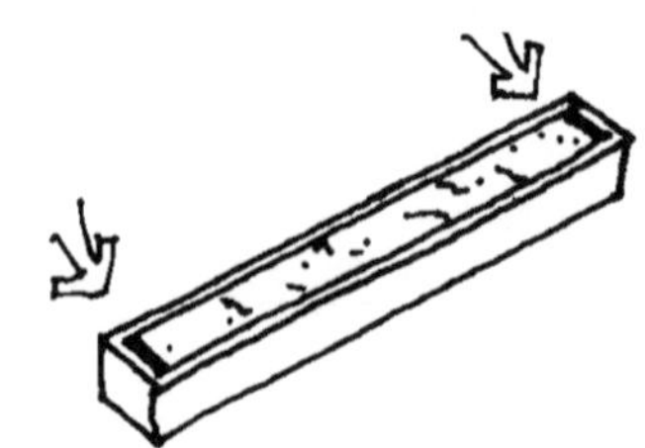

混合料的收缩量应超过整个长度的 1/10，所以当测试模具的长度为 40 厘米时，混合料应至少收缩 4 厘米。

测试土条

往土里加水，将土揉成长 20 厘米、宽 5 厘米、厚 2.5 厘米的条状。握住土条的一端，用大拇指将其向前推出手心，看其何时断裂。

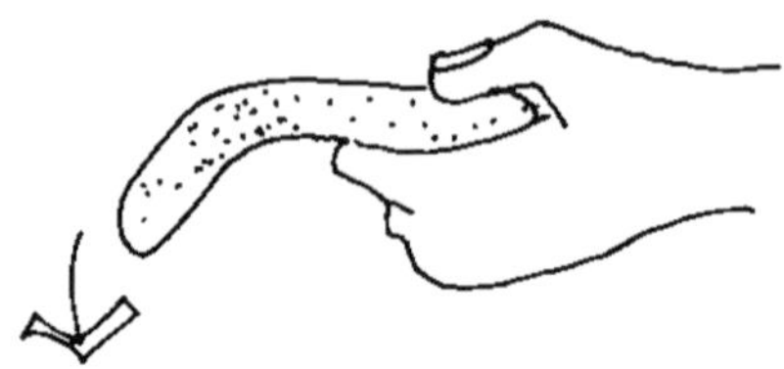

如果在伸出长度达到 5 厘米之前就断裂了，说明含砂太多。

如果在 15 厘米之后断裂，则说明含黏土太多。

如果在 5 厘米到 15 厘米之间断裂，则适合做土坯砖。

现在做一些土坯砖来测试其强度。

为了使土坯砖具有抗潮性，可以在砖上涂上焦油沥青，或者用煅油来代替，只用焦油沥青量的一半。最好的办法是使用少量的有机肥。秸秆、草或松针也可加入土坯混合料中。

如果砂的量不超过黏土量的 2 倍，那么这种土就适合做土坯，不需要再添加砂或黏土。

当土量不足时，可按下表调整成分的比例。

材料	比例
砂	4～8份
黏土	4份
水	4份

这种混合料的用料比例必须根据每种土的类型进行调整，但基本配方不变。

例如，使用 20 升的桶制作 0.2 米厚、3 米高、12 米长的墙时，材料的比例如下：

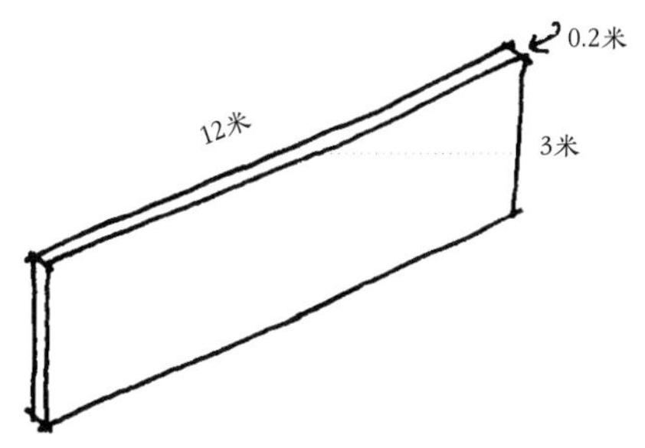

砂：80桶

黏土：40桶

水：40桶

搅拌后的混合料应具有均匀的质地和颜色，不能有不同颜色的大理石状条纹。

↘ 土坯砖测试

要想知道土坯砖的强度是否足以用于建筑，可以做以下试验：

1. 把一块土坯砖放在另外两块间隔开的土坯砖上，然后重重地踩在上面。被测试的土坯砖不断裂即合格。

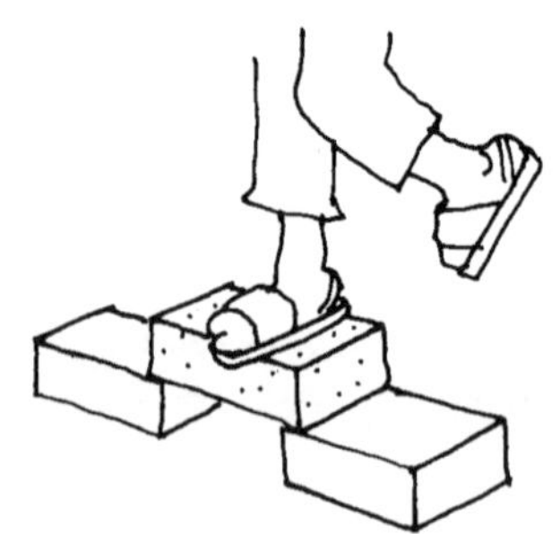

2. 将整块土坯砖在水中浸泡 4 小时。然后将其掰成两半，测量受潮面的厚度，其不应大于 1 厘米。

3. 将另一块完整的土坯砖在水中浸泡 4 小时并将其放在另外两块间隔开的土坯砖上面。在它上面堆 6 块其他的土坯砖。被测试的土坯砖应在 1 分钟内不断裂。

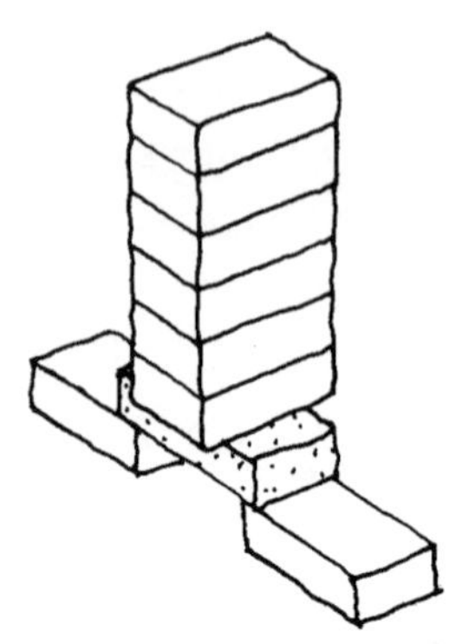

当土坯砖不能通过测试时，应调整混合料的配方，或将其用于室内及非结构性砖墙。

↘ 土的准备

如果有马粪或骡粪，可将其与切碎的稻草混合并添加到土坯混合料中。粪肥能增加土坯的耐久性，因为它能长期抵抗潮湿和侵蚀。这些粪肥还能阻止白蚁和猎蝽危害土墙。

找一块土质最好的地，接着进行如下操作：

1. 把土挖出来。

2. 在约 30 厘米高的土堆上盖上稻草。

3. 放上一层 10 厘米厚的砂和一层 5 厘米厚的干粪肥。

4. 移出一到两辆手推车的量，加水混合。

5. 光脚踩踏，将所有材料混合在一起。

模具

土坯砖的尺寸有很多。最常见的尺寸有 5 厘米 ×10 厘米 ×20 厘米、8 厘米 ×10 厘米 ×40 厘米、10 厘米 ×15 厘米 ×30 厘米。模具可以用木材或金属制作。在两端加装把手，方便携带。

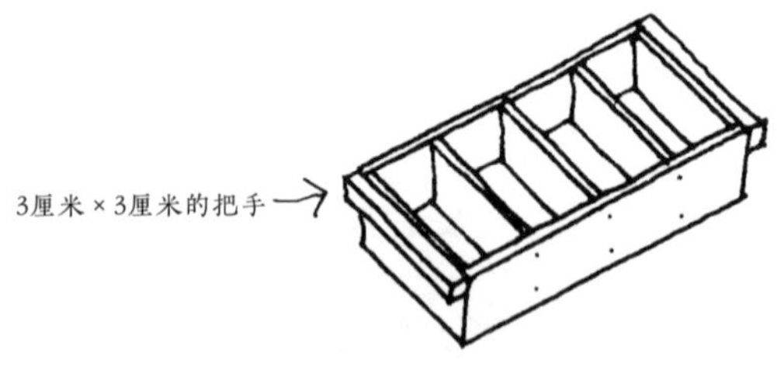

制作模具所用的木材要干净、光滑。在模具上涂上一层煅油，或焦油沥青与油的混合物，或煤油，使模具不透水。

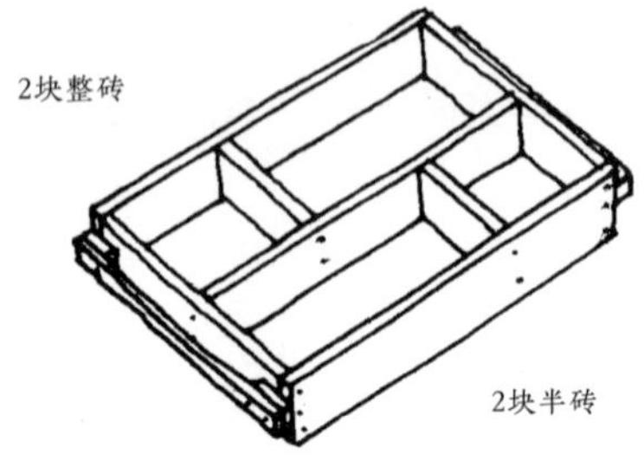

当土坯砖较薄时，模具可以做 2 块整砖和 2 块半砖。

混合料

给混合料加一点水并沉淀 3 天，使其固化。然后再加入更多的水，直到它具有足够的延展性才可以放入模具中。

- 土坯砖应保持和模具一样的形状。如果它们膨胀，说明混合料中的水分太多。
- 如果砖的一部分黏在模具的一侧，说明混合料中的水不够。

土坯砖的成型

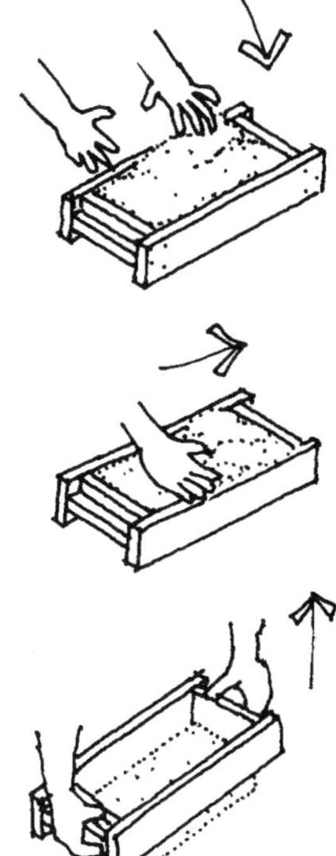

1. 将模具用水浸湿。

2. 将混合料四角铲平。

3. 多加些混合料，填平混合料表面凹陷处。

4. 用润湿的手将混合料表面抹平*。

5. 小心地拆除模具。

6. 根据天气情况，让砖干燥1到2天。

7. 待砖硬化20天后再使用。

*［**译者注**］ 在中国很多地方常用一种以细钢丝做弦的弓，贴着模具表面刮除多余的土坯料。

晾干土坯砖

土坯砖不能放在太阳下晒干。如果没有阴凉的地方晾干它们，可以用树叶盖住砖，每隔一段时间洒水养护。

等土坯砖彻底干燥后，将它们排成一排并间隔开来，以便透气。根据当地的湿度，将砖放置数日。

最好慢慢晾干砖块，防止其开裂或变形。

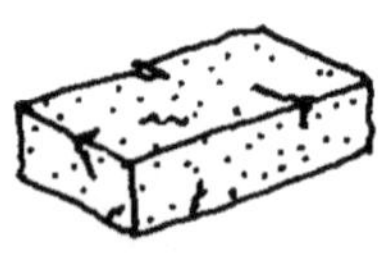
砖块开裂

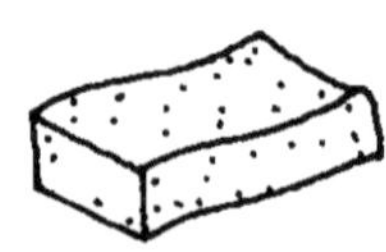
砖块变形

在气候干燥的地方，下午必须给砖浇水，使其在晚上干燥。也可每隔一段时间洒一次水，或用稻草覆盖。土坯砖从模具中取出两天后，应按下图所示将其翻转到另一侧。

干燥位置

盖上稻草

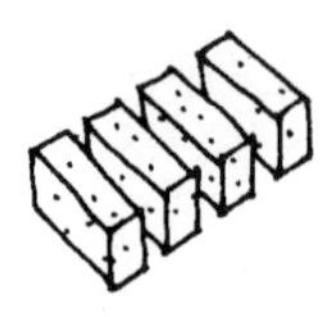
翻转到另一侧

圆角土坯砖可用于墙角，包括门窗周围的墙角。这些曲线使房屋造型更优美。

圆角土坯砖的模具

用土坯砖砌成的墙的墙角特别容易在受到撞击或气候的影响下断裂。可以考虑将墙角倒成圆角，从而降低外露墙角的脆弱性。为了与圆角砖很好地结合在一起，其他砖的长和宽的比例应为 2 ： 1。

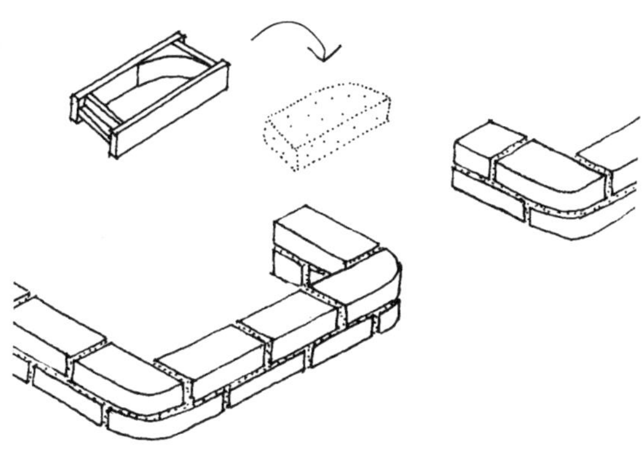

用圆角土坯砖搭建的转角的细部

加入废弃材料

可以在制作轻质土坯砖时加入废弃的材料，如罐头、瓶子、牛奶盒、玉米棒等。

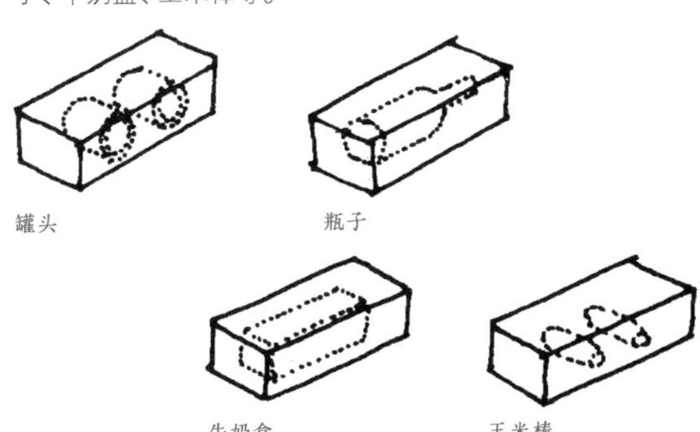

↘ 增强模具

为了使模具能承受混合料的重量，可以用钢杆或木杆进行加固。如下图所示，砖块上的孔是用来放置加固杆件的。

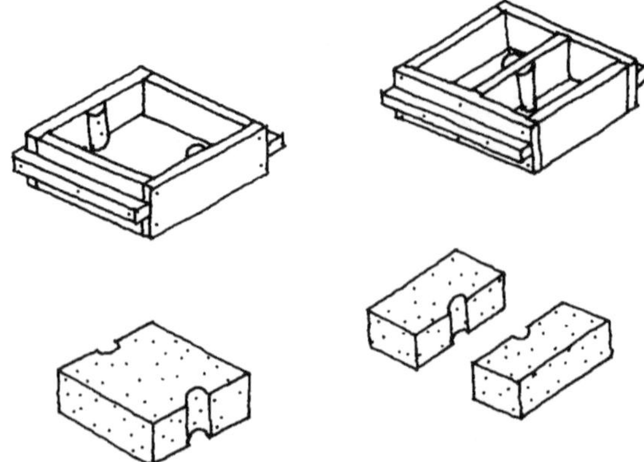

上图所示的砖的四条边长度相等，是正方形。也可将正方形砖块分成两半制作。

↘ 大型模具

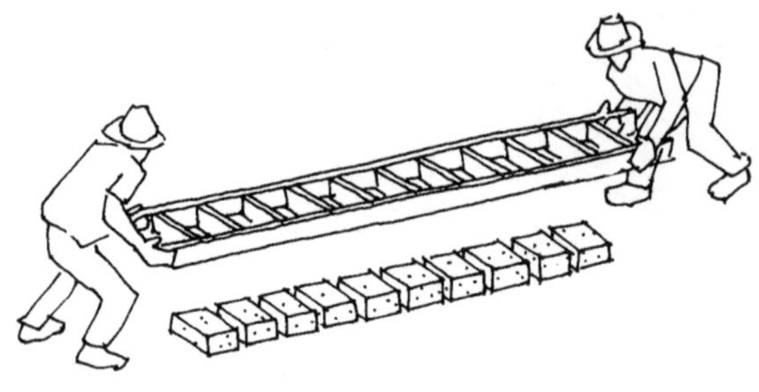

大型模具一次可以制作很多块砖。

↘ 其他类型的模具

还可以制作很多其他形状的模具。

可以做一个一边比另一边长的梯形砖的模具。模具应能容纳 3 ～ 4 块砖。

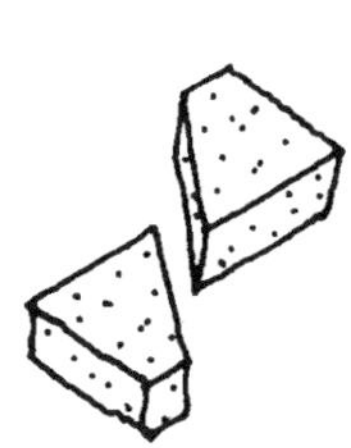

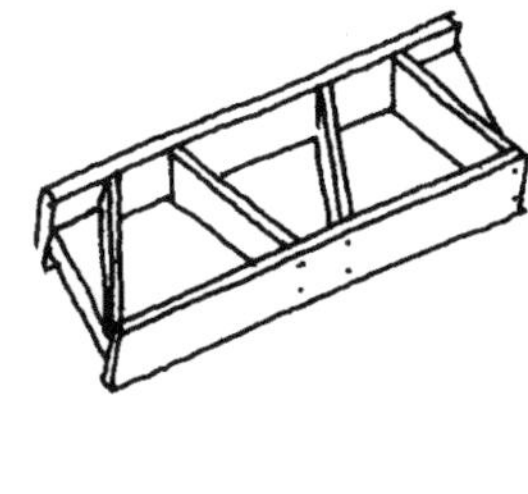

这种形状的土坯砖可以用来砌墙的圆角。

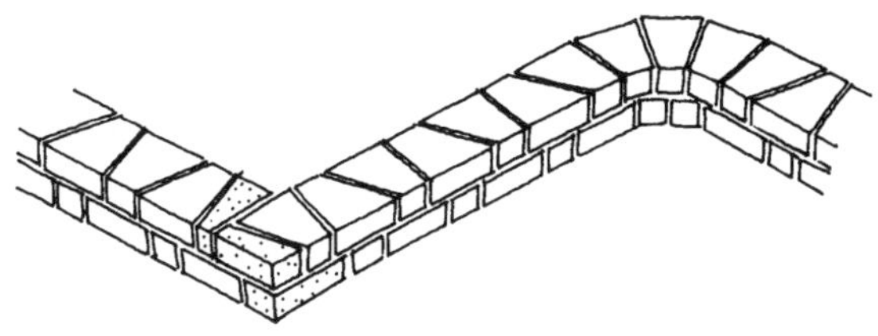

方形转角需要用半砖来砌筑。

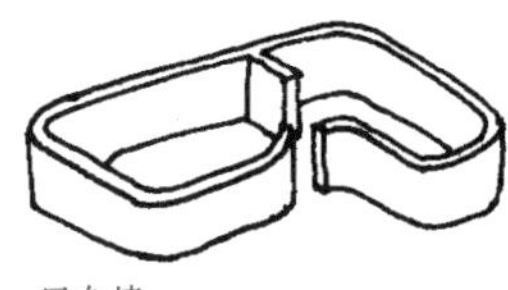

圆角墙

↘ 水泥土砖

强度较高的空心砖可以用水泥土混合砂浆和金属模具制作。

模具是用金属板制作的，边上焊有杆作为把手。

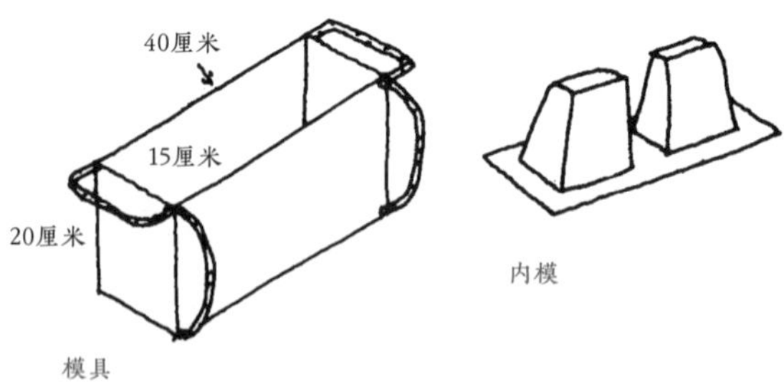

模具

内模

用一根结实的硬木棍将混合料压入模具中。

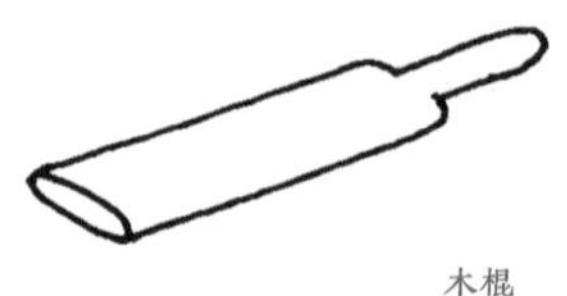

木棍

↘ 制作

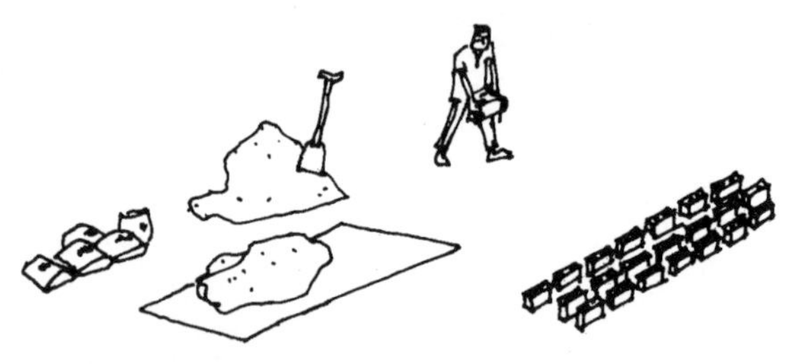

混合材料、填充模具的区域

拆除模具、晾干砖块的区域

混合料的比例参见本书“附录”部分。

1. 将模具带到备有混合料的区域。将内模放入另一个模具内。

2. 用木棍和铲子将混合料填入模具中。

3. 用木棍用力敲击，确保模具的所有角落和空间都被填满。

4. 将填好的模具移到晾干区。

5. 将模具倒放。转动已经干燥的砖块。

6. 把模具翻转过来，小心地取下模具。

7. 小心地将内模拉出。

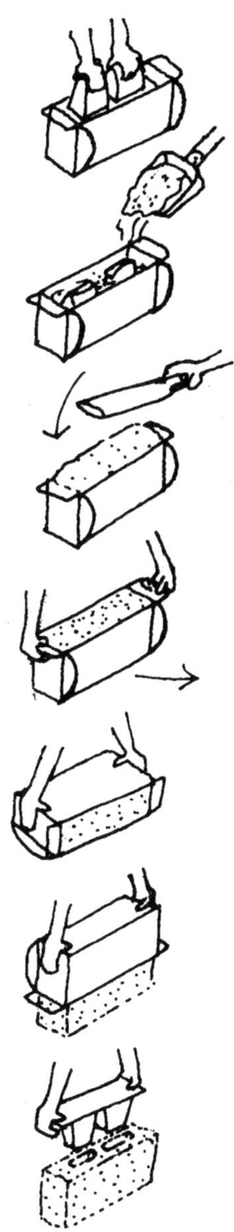

为提高土的质量，可按 1 份水泥兑 12 份土的比例添加水泥。也可以加入石灰，使其成为 1 份水泥、2 份石灰和 24 份土的混合料。

水泥	石灰	土
1	—	12
1	2	24

当土里含砂较多时，可以用 1 份水泥兑 10 份土的方法来改善混合料。由于水泥对皮肤有刺激性，所以不能光脚踩踏，而应使用机械搅拌器搅拌。

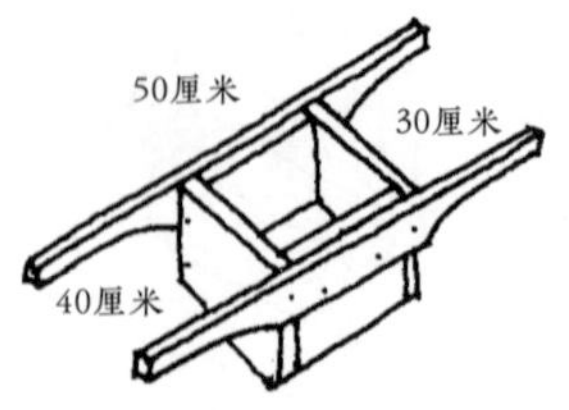

量斗的内部尺寸

左侧是一个量斗，其尺寸便于按比例混合材料。10 个这样的量斗的体积相当于 1 立方米。

石灰和水泥砂浆

6盒筛过的土壤（8毫米筛网）

1袋水泥

2袋石灰

1. 准备好干土和水泥砂浆。
2. 将石灰与水混合。
3. 用浇水壶将水和石灰加入水泥土混合砂浆中。

↘ 压砖机

建造一台压砖机，将砂土制成足够坚固的建筑用砖。

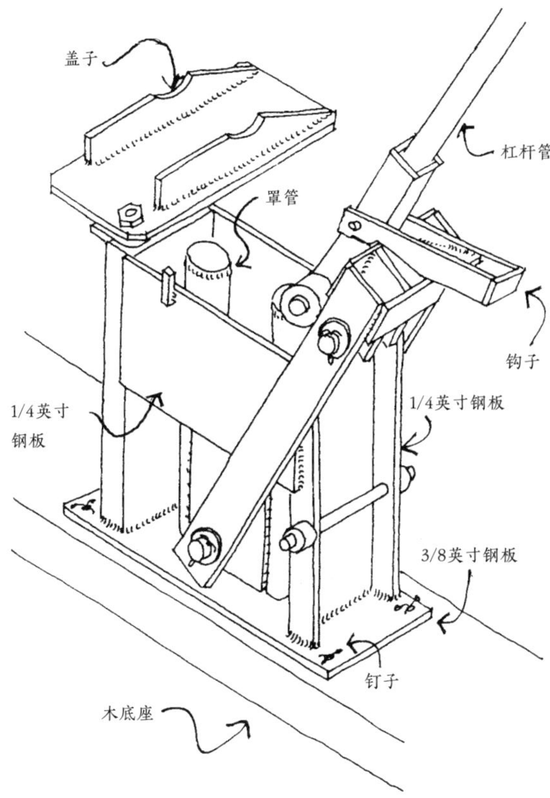

模具内部尺寸为10厘米 × 14厘米 × 29厘米

镀锌管的直径为5厘米，中心与中心之间的距离为15厘米

有几种类型的机器可供选择。最原始且最知名的型号是Cinva-ram。

↘ 沥青混合土

水泥土混合砂浆可以生产出坚固的砖。沥青也可以用来给土加固。每 2 立方米的土，使用 15 升沥青。

1. 将沥青与河砂混合并加入水，得到液态混合料。
2. 加入 1/3 的土，再次加水搅拌。
3. 将剩下的土加入，不加水。混合料应具有砂浆的稠度。

切勿浸泡混合料。一定要用浇水壶来加水。

混合料必须在一小时内使用。每次制砖时，必须将金属板放入模具中。

4. 将湿润的混合料填入模具中，盖上盖子，将杠杆拉到垂直位置。

现在准备开始压砖。

5. 卸下钩子以释放杠杆，下压杠杆以压实混合料。

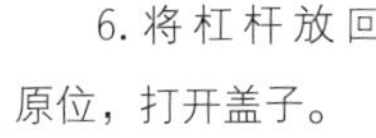

6. 将杠杆放回原位，打开盖子。

7. 将金属板连同砖块一起取出，将杠杆放在地面上。

8. 将砖块侧放在平地上，移开金属板。

FERROCEMENT 铁丝网水泥

铁丝网水泥是一种结构性的混凝土材料，它使用细铁丝网（乡村用来圈围小鸡的铁丝网）代替钢筋。这种类型的水泥可以用于建造屋顶、面板和水池。

网眼小的细铁丝网的强度大于网眼大的细铁丝网。

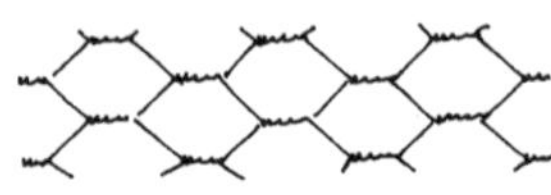

有一种经济的材料可以代替细铁丝网，在大多数情况下都可以使用。这种材料就是普通的网状塑料袋，这种网状塑料袋是用来运输水果和蔬菜的，在市场上经常可以看到。

铁丝网水泥的混合料比例应该是 2 ∶ 1，即两份砂兑一份水泥。不要给混合料浇过多的水。要缓慢加水以控制混合料的稠度。

混凝土壳板

混凝土壳板是拱形板，可用作屋顶和楼板。最常见的尺寸是 50 厘米宽，可跨长度达 4 米。

这种面板是用塑性水泥制成的预制板，它的优点是节省原料。板材中心厚度为 1 厘米，两端的厚度增加到 3 厘米。

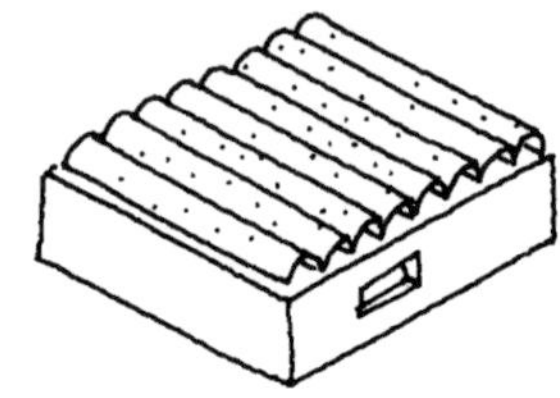

混凝土壳板的制作

50 厘米宽的混凝土壳板一般按 2 米、3 米和 4 米长度成型。

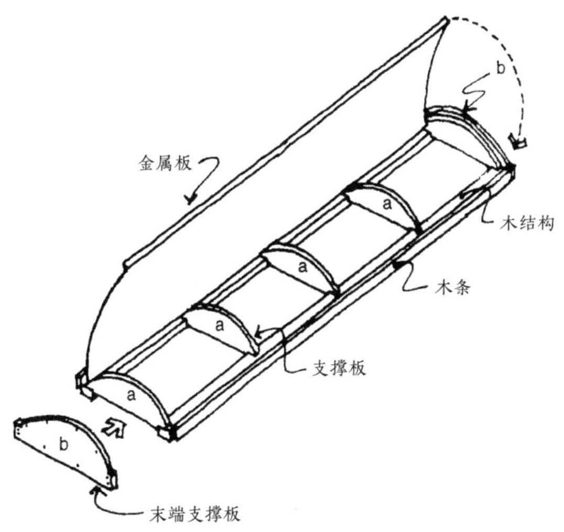

制作混凝土壳板的模具由两块做框架的木材、木条、中间支撑板以及覆盖整个表面的锌板或铝板制成。

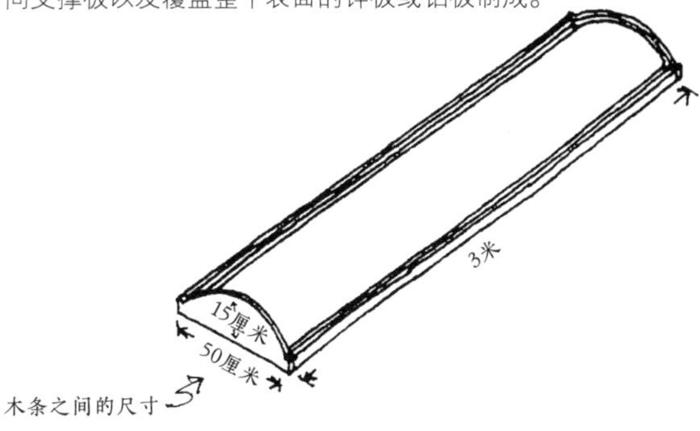

在很多情况下，例如在房屋建设中，一个 3 米长的模具就足以制作混凝土壳。

1. 拱形顶板是用 60 厘米宽的金属板制成的。金属板的两侧各折叠 3 厘米并由木框支撑。这就在拱形顶板和木条之间形成了一个空间，往这个空间里浇筑水泥。

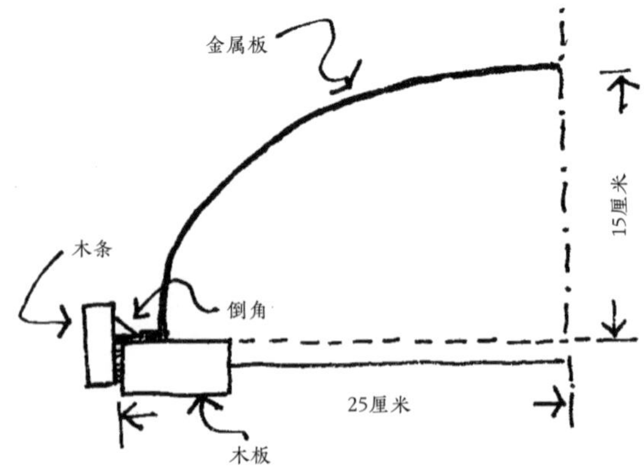

2. 在木板和木条的连接处倒角。这样可以更容易地从模具中取出面板。

混合料由水泥和砂按 1 ： 2 的比例配制而成。

将干的材料混合后，用打了孔的罐子浇水。水必须慢慢加入，使混合料几乎保持干燥。

3. 用一层厚塑料板覆盖外部曲面，并将其平整地铺到模板上。在上面涂上 0.5 厘米厚的水泥作为第一层。

在第一层上放置一块来自回收袋的拉伸塑料网。

剪出与模板大小相同的网条，并将其浸泡在装有纯水泥砂浆的桶中。

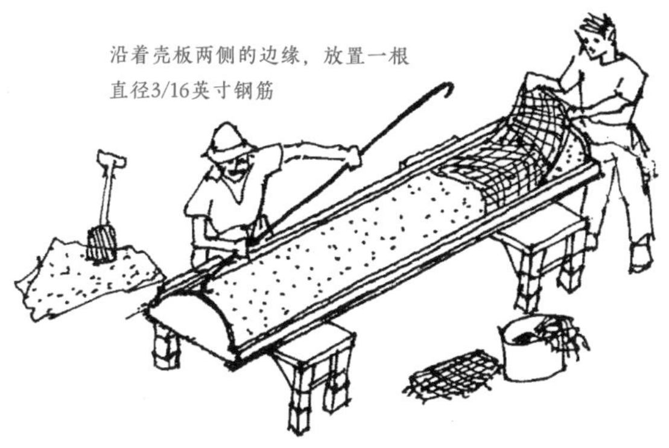

4. 在塑料上面，再加一层 1 厘米厚的水泥。在拱形顶板的边缘和底部，必须有足够的砂浆来覆盖钢筋。

要对整个拱形顶板的下边缘区域进行加厚处理。

5. 将面板在阴凉处晾晒 3 天后，再从模具上移开。

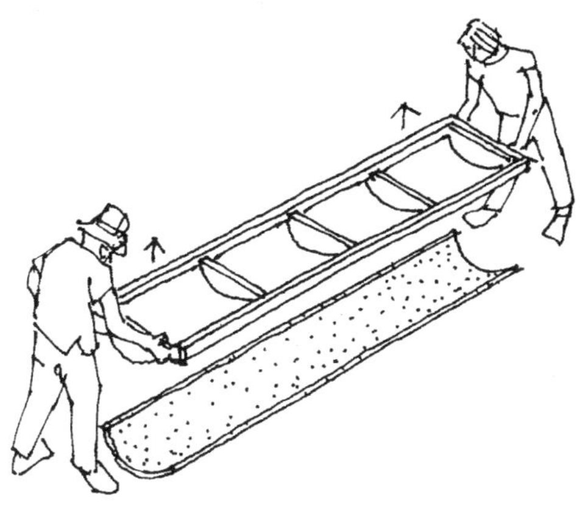

前 7 天要保持面板湿润，防止开裂。

↘ “图拱（tucon）”梁

可以为门窗过梁制作预制件。这样不但节省了模板和钢筋，而且施工时间更短，成本更低。

可以用一个模具制作房屋的所有过梁。这种类型的过梁称为“图拱（tucon）”梁。

模具盒内有一根比盒长 40 厘米的钢管。可以在盒子的内板上做装饰性设计和图案，印在过梁上。

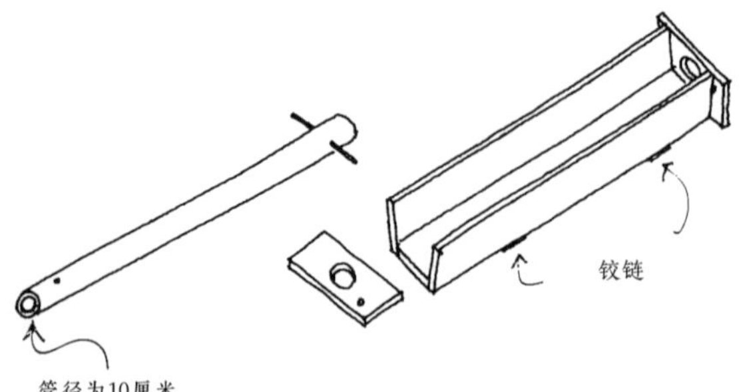

从铰链面板上拉出固定杆，即可取下“图拱”梁

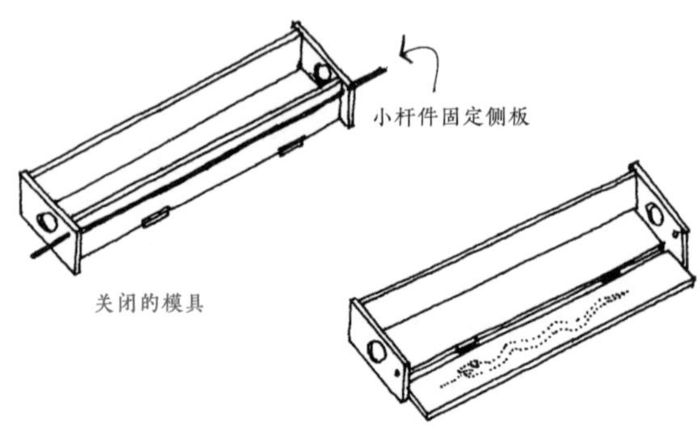

关闭的模具

打开模具，显示带有装饰设计的侧板

↘制作“图拱”梁

1. 剪一块与模具长度相同、宽 100 厘米的塑料网，并将其折叠成双层。

2. 在模板内侧和钢管上涂上煅油。或者用一片塑料网或香蕉叶做衬垫将其包住。

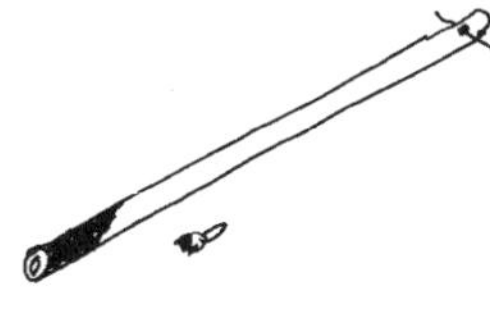

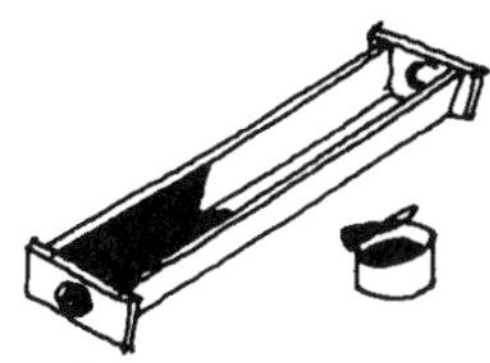

3. 在安装塑料网之前，在模具底部铺上 2 厘米厚的水泥。

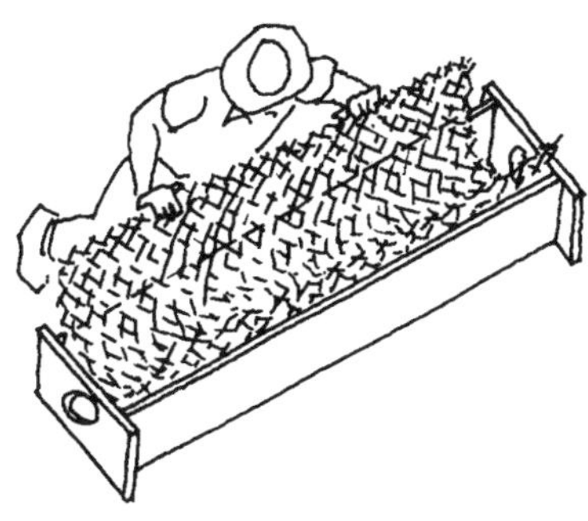

4. 安装塑料网和钢管。

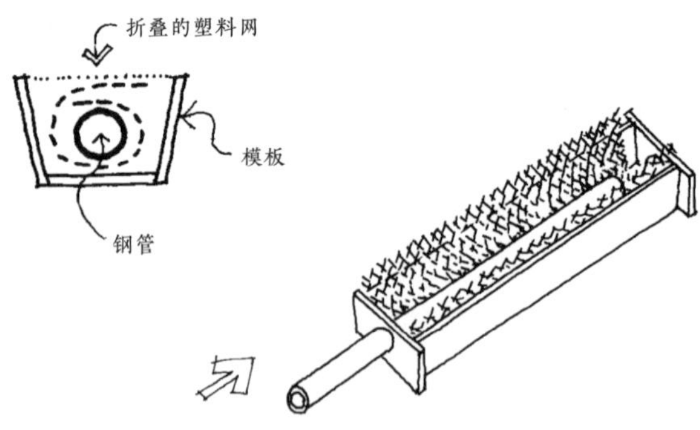

5. 将水泥混合料填入模具中并将表面抹平。将塑料网卷起来。

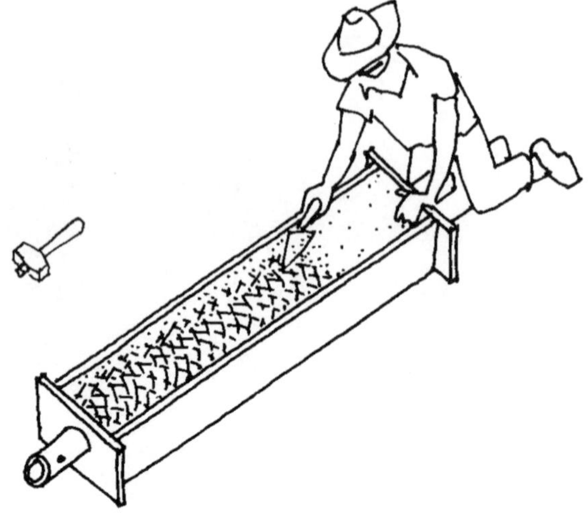

6. 让混合料凝固一天后再拆模。然后在阴凉处晾干，或者将其盖上放两周并浇水养护。

注意事项

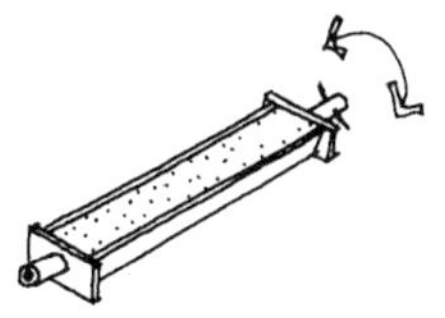

- 在固化的头一个小时里，每隔一段时间就旋转一次钢管。钢管的一端有两个孔，通过这两个孔放置一根小棒作为手柄。

- 一小时后，小心地取出管芯。不要把钢管留在模具中，因为一旦水泥干燥就无法取出。
- 在制作多个过梁时，记得每次制作前都要将煅油重新涂在模具和钢管上。

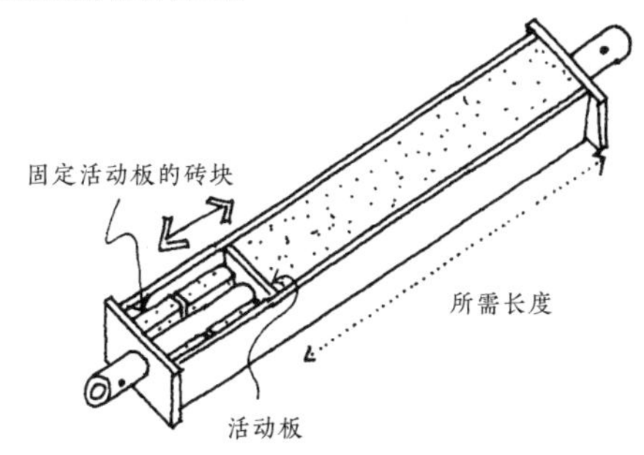

要制作不同长度的“图拱”梁，只需要一个带有活动板的模具。

以下是关于正确使用铁丝网水泥的几点意见：

- 混合料的成分是 2 ∶ 1 的砂和水泥。加水时要非常小心，不要使混合料过湿。
- 铁丝网应选用网眼最小的型号：14.3 毫米 x19 毫米。
- 浇注水泥前，必须先将铁丝网掀起并拉紧，以免黏在模具上。

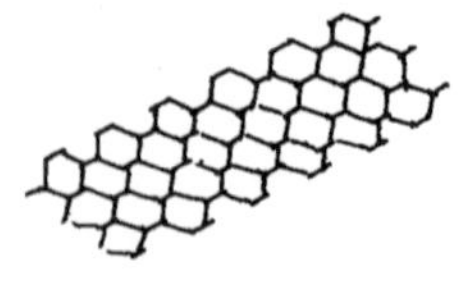

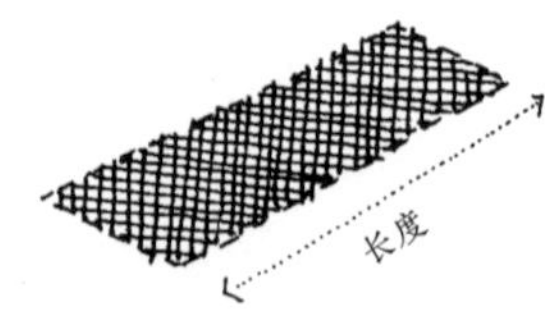

- 如按上图所示的方式使用，铁丝网的抗拉强度是原来的 3 倍。
- 每 1 厘米厚的水泥应该有一层铁丝网。
- 敲击模具两侧 4 分钟，使混合料沉淀并完全填满模具。
- 24 小时后再拆模。
- 用稻草或纸覆盖面板，保持水泥潮湿。
- 面板从模具中取出后应固化 7 天并始终保持潮湿。固化的最佳条件是气温 22℃，湿度 100%。

使用拌和机时，先在砂和水泥中加入所需水量的 10%，然后再加入剩余的水。

SAND

砂

砂可以用来制作砌筑用的混合砂浆。砌墙或隔墙用未经筛选的粗砂，饰面用细砂或过筛的砂。

粗砂	1～3毫米粒径
细砂	0.5毫米或更小的粒径

干净的河砂是很好的建筑材料。海砂则不行。

➩ 要选择合适的砂，可以将不同的砂分别放进玻璃杯里加水测试一下。搅拌混合物，让它们沉淀，看看哪种砂的杂质最少。

➩ 可用金属丝网进行筛砂。

如果场地面积够大，可按下图所示放置筛砂机。

在这个装置中，筛分后的砂直接落入手推车中。

LIME
石灰

石灰来自一种加热后会变成脆块的软质白色石头。

制作石灰最简单的方法是将石灰石块用火煅烧，煅烧时应确保火势均匀，直至石灰石块表面裂开，但仍为完整一块。

将石灰石块慢慢地洒水冷却，同时用耙子不断地拨动石块，把煅烧好的石块打碎。

然后让液体沉淀，直到形成灰浆。

在石灰上铺上砂，这样石灰就不会变硬，静置 6 天后再用于混合砂浆。

↘ 冶炼炉

为了制作大量的石灰，可用砖石建一个高 4 米，底座宽 2.5 米的冶炼炉。在底座上开通风口，便于热空气排出。

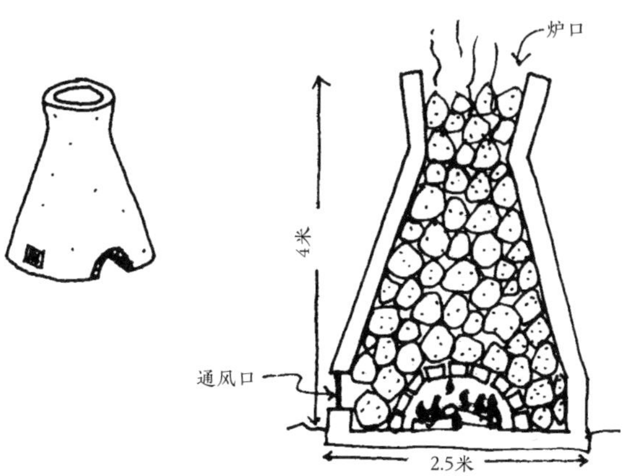

将石灰石从炉子上部的开口放入炉子，点火，加热石灰石。当炉口停止冒出烟雾时，石灰就制成了。

烧制黏土瓦

这些瓦是用延展性好的黏土制成的。根据黏土的质量，模板的厚度应该在 1 ～ 2 厘米之间。

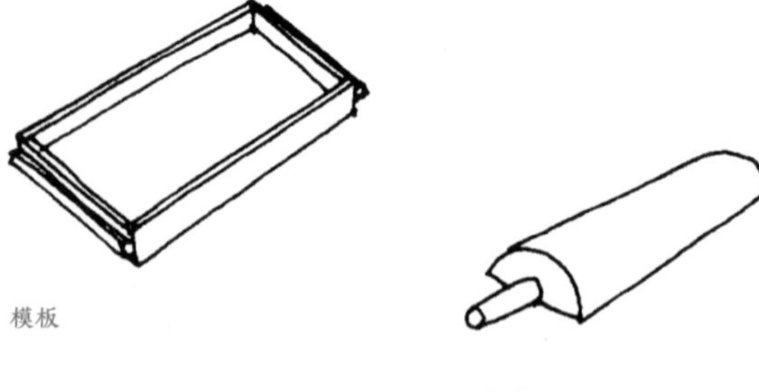

模板

模具

将模板放在浸湿的石头上，用黏土填充。然后把它放在模具上 (1)。移除模具 (2)。让黏土瓦干燥 (3)。

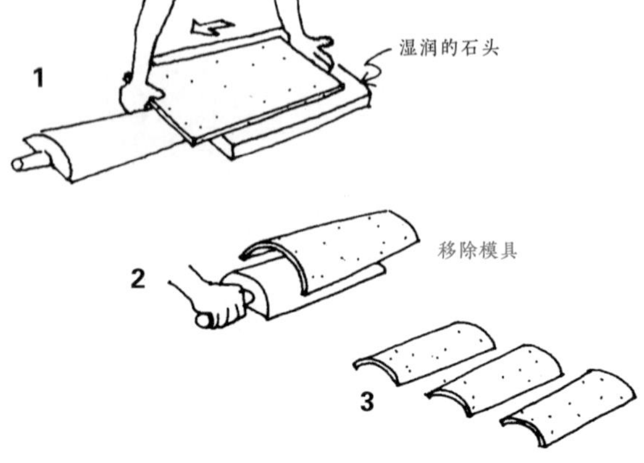

待瓦片干燥后，将其放入冶炼炉中。建议在上部涂上光油或漆，使其不被雨水侵蚀。

WOOD
木材

热带湿润地区有许多类型的木材，不仅经久耐用，而且能抵抗虫害。

遗憾的是，品种好的木材现在很稀缺，不得不使用抵抗性稍差的木材。

为了确保房屋建筑中使用的木材尽可能地耐久，要这样做：

1. 在满月和新月之间的日子里砍树，以获得更耐用的木材。

2. 将整块木材平放在室外暴露在空气中晾干。

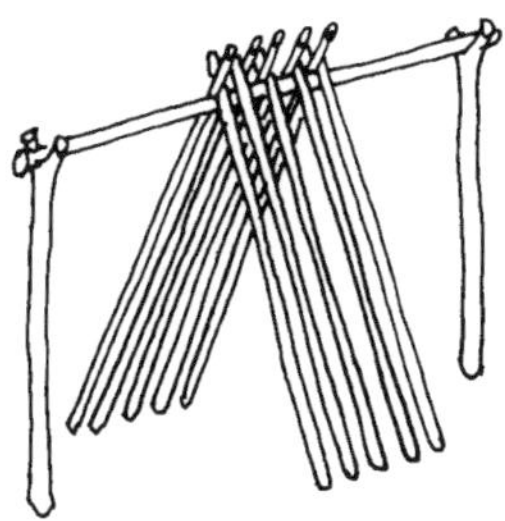

先将其竖立起来

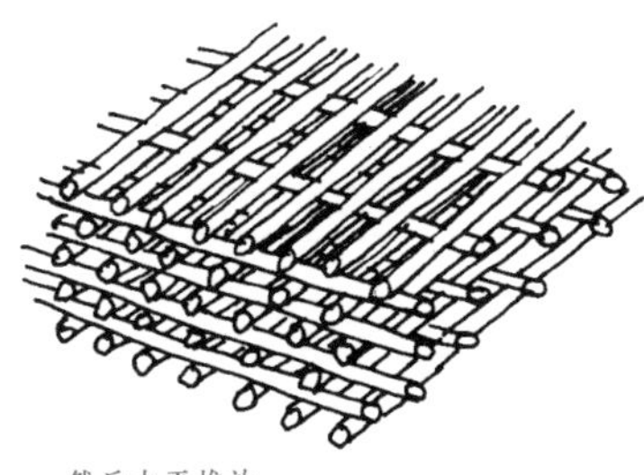

然后水平堆放

↘ 木瓦

在热带湿润地区，屋面板瓦或木瓦可用于装饰屋顶或墙壁。

用于制作屋面板瓦的木材必须是直纹的，并且容易劈开。

↘ 制作

1. 首先将树干切成 40 厘米长的树桩，然后将每个树桩按以下方法分成 8 块。

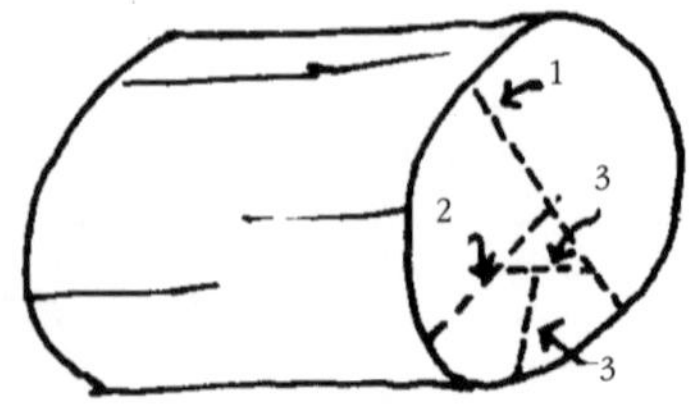

先分成两半(1)，然后从中间分成四分之一份（2），再把四分之一份两等分（3）

2. 去掉树皮，将它们放在避光和防风的地方晾晒数周。

3. 然后就准备劈开木材了。

将每片木材劈成两半，直到每片木材厚 2 厘米、宽 16 厘米。

4. 最终成型的木瓦如右图所示。

5. 一端比另一端薄的木瓦装饰性更好。

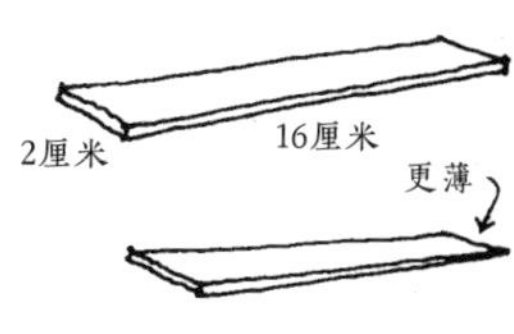

制作木瓦需要一种特殊的刀具。

将金属棒锤入原木，移动手柄将原木劈开。

↘刀具

下面介绍制作刀具的方法：

1. 用一块 1/2 英寸厚的薄钢板制作刀具，将一面削尖。

2. 在一侧焊接一个用 1 英寸的钢筋制成的手柄。

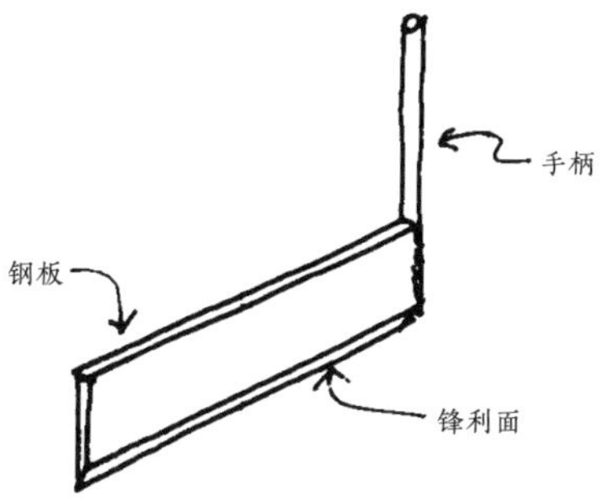

CACTUS
仙人掌

将仙人掌汁与其他建筑材料混合使用可以提升墙体、地面和屋顶的质量，使其更能抵御雨水和湿气的侵蚀。刺梨仙人掌的刺座大而平，呈椭圆形，效果最好。

↘ 准备工作

1. 将切好的仙人掌放入桶中，再将桶内装满水。

2. 一周后过滤液体，仙人掌汁就可以使用了。

3. 挖一个浅坑，把仙人掌汁和新制石灰放在坑里。仙人掌汁和石灰的比例为1 ：2。

每一吨生石灰可生产 2.5 吨熟石灰。

混合料

石灰砂浆

材料	份数
土	3
粗砂	1
石灰	1

光滑的墙壁，地板和屋顶

材料	份数
粗砂	4
熟石灰	1

粉刷墙壁

材料	份数
颗粒状盐	1
熟石灰	20

使用仙人掌防水

当只用仙人掌汁作为防水剂时，在汁液中多加些盐能使防水效果更好。墨西哥的原住民用这种技术使他们的寺庙墙壁不被侵蚀。几百年来，墙壁仍然保持着完好的状态。

为了使防水剂的流动性更强，调制时加入的水应多于仙人掌汁。此外，最好让混合液沉淀几天，使砂和混合液融合。

毫无疑问，还有其他类型的植物具有相同的不透水或防水特性。通常，当你在建筑所在的地区进行调查时，你会发现其他类似的传统。

BAMBOO
竹子

一般用“竹子”（bamboo）一词来形容较大的竹子品种，用“塔夸拉（taquara）”来形容较小的竹子品种。

竹子的竿会在 3 ～ 4 个月内达到最大高度，之后竹壁会越来越厚，越来越结实。在接下来的 3 ～ 6 年内，根据竹子的类型，竹竿会达到最大强度。这时，它们可以用于建筑。

砍竹子

- 要在竹竿达到最大硬度时砍掉竹子，否则竹竿会变脆。

- 最好在一年中较冷的时候砍竹子，因为那时昆虫较少。建议在腊月期间进行。

- 在离地面 20 厘米的竹节处砍断竹子，以防树干积水。积水处是各种虫子，特别是蚊子的繁殖地。

砍掉之前

砍掉之后

↘ 制备竹竿

制备竹竿的方法有两种:一种是风干,另一种是用水浸泡。

➾ 砍掉竹子后，将其竖立在一个围栏内，将竹竿和竹叶一起放置晾干。必须防止阳光直射，以免它们干得太快。竹竿应该在这个位置干燥 4 ~ 8 周，干燥时间取决于当地气候。

在空气中风干后，竹子可以保持其自然的颜色，也不会生长真菌。

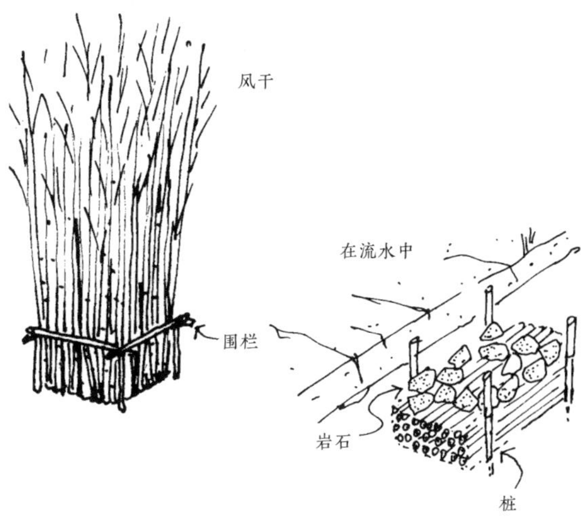

➾ 第二种方法是将砍好的竹竿放在溪流中浸泡至少 4 周。

为了将竹竿都集中在一个区域，可以将其堆在一起，并将岩石压在竹竿堆上，使竹竿能被水浸没。

↘ 干燥

竹竿在水中浸泡好后，必须按以下程序进行干燥。

- 风干：将竹竿分层堆放并用大竹竿隔开，在通风处放置 2 个月，要避免日晒雨淋。

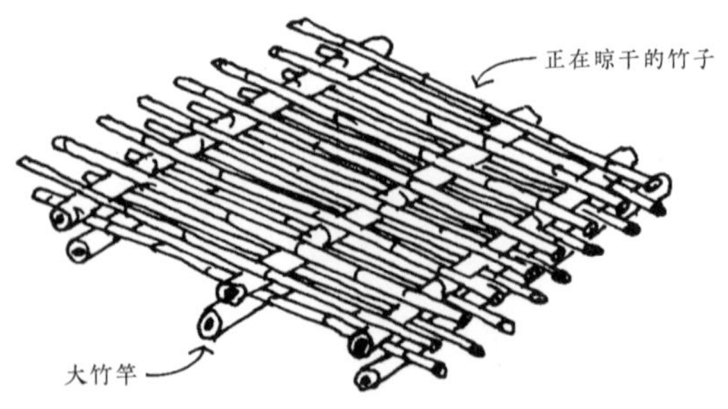

- 烘干：在阴天且需要快速干燥竹竿时，可以用火烘干。

挖一个浅洞，用砖头盖住地面和洞的两侧，以免火蹿起来。竹竿应放在火堆上方 50 厘米处。为了使竹竿能均匀地干燥，每隔一段时间就旋转一次竹竿。这种方法加工出来的竹竿更耐虫蛀。但要注意，如果火势太大，会使竹子变形或开裂。

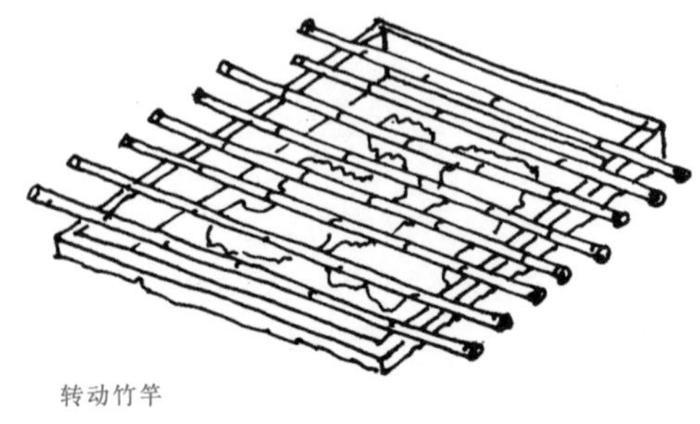
转动竹竿

- 热空气：这是干燥竹竿最快捷的方法。用太阳能空气加热器搭建一个储物空间。加热器是用砌块、黑漆罐子、玻璃或塑料搭建的。
- 储物空间必须有隔热墙，以免夜间热量散失。白天用通风板控制空气循环，晚上关闭通风板。本书“能源”章节有关于太阳能加热器的内容。

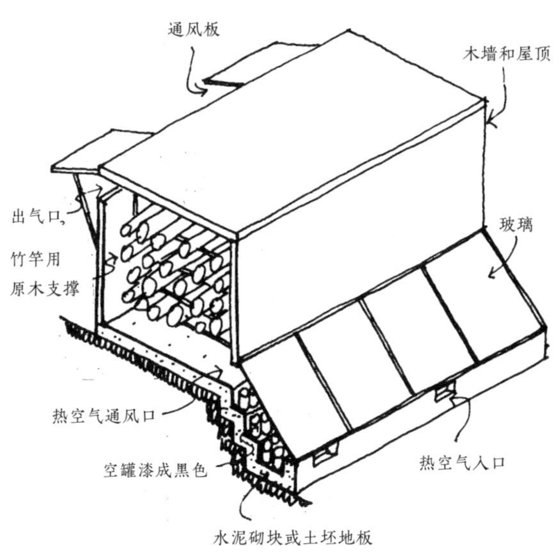

注意：这个储物空间也可以用来干燥木材。

↘ 液体保护剂

要保护软木、竹子、高茎草和树叶不被虫蛀和腐蚀。

建议使用无毒材料，如有机肥、防腐剂或硼砂，这些材料溶于水，利于处理木材。也可以使用未稀释的石灰水、蜂蜡或亚麻籽油。

在特殊情况下需要使用有毒的化学品时，要非常小心，绝对不能将其用于室内木结构或饰面。

最好利用科学的方法建造，避免使用有毒化学品，如防止湿气和地面接触、提供良好的通风、考虑维护的简便。

在进行浸泡处理时，可将桶切成两半，两端焊接在一起，使其成为一个槽。

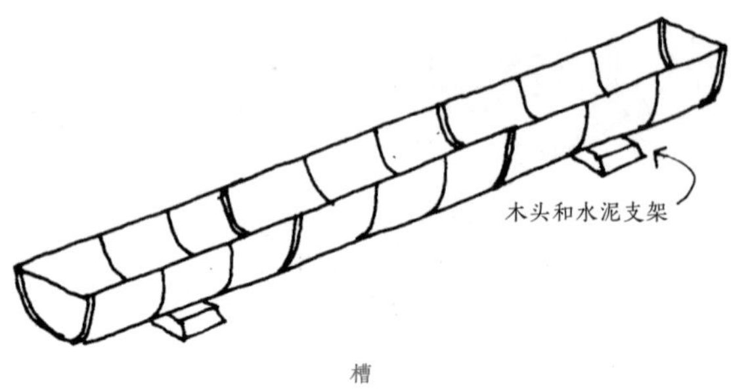

槽

在处理材料之前，应先将材料风干并切割成最终尺寸。

草必须在液体保护剂中浸泡 30 小时，树叶和竹子必须浸泡 40 小时。

如果处理量较小，则只需要使用半个桶。

对于尺寸较长的木材，可先将木材的一半浸泡在液体保护剂中，然后再浸泡另一半。

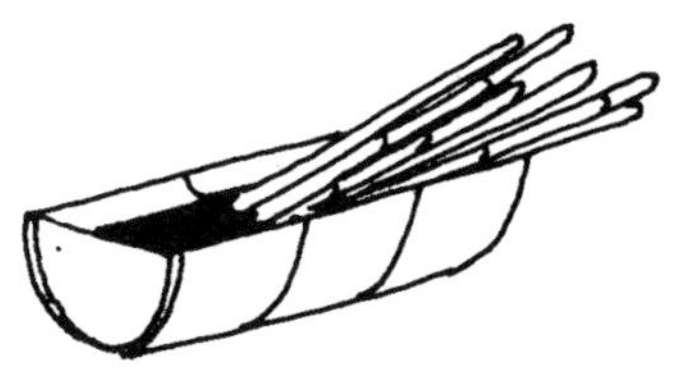

也可以用土与沥青的混合物来处理木柱。

在地上挖一个小洞，里面用塑料铺好。往洞中填入液体沥青。将木柱放入其中，让它们浸泡几天。

另一种方法是往洞中填入焦油沥青和砂的混合物，然后对木柱进行处理。

烤焦

保护地下木柱底座的快速方法是将其表面用文火烤焦，直到其变黑。

烤焦

安装

SISAL
剑麻

龙舌兰植物（又名美洲芦荟或世纪植物）的纤维叫剑麻。这种纤维可以用来将木质屋顶的结构绑在一起。剑麻连接处必须精心处理并做好防雨保护。

➡ 要想知道龙舌兰叶子的纤维是否足以用于建筑，可将叶子的尖端向后折，不要将其折断。如果叶子的末端能回到原来的位置，说明叶子的纤维是适用的。

这片叶子不可以用于建筑

这片叶子可以用于建筑

从植物中提取纤维的方法有很多，下面介绍一个例子。

1. 从基部切开叶子，并从基部开始将纤维从外皮或茎皮中剥出。

2. 将纤维晾晒一天或直至其变硬。

3. 纤维用于建筑之前，要用水桶将其浸湿，使其恢复弹性。

下图是一种屋顶结构。

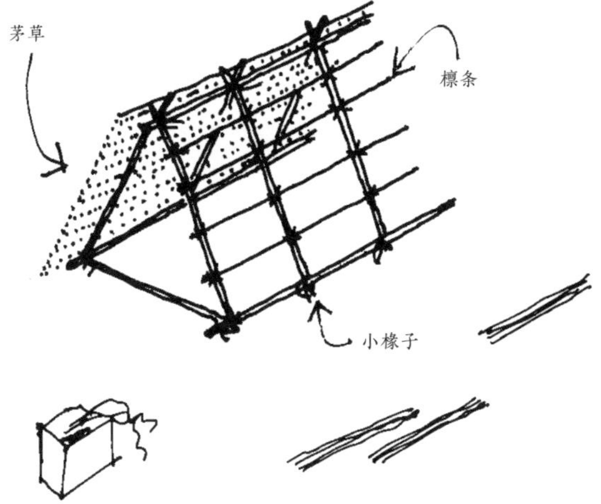

剑麻只能在不受雨水侵袭的地方使用。例如，当使用剑麻纤维将椽子固定在檩条上时，要确保所有的连接处都有瓦片、高茎草或树叶覆盖。外露的连接处必须用焦油沥青处理或用茅草覆盖。

特别提醒：不要使用新鲜的剑麻，因为它的纤维中含有一种会损伤皮肤的汁液。这种纤维必须充分干燥后才能使用。

SEACRETE
海凝砂*

对于靠近大海的建筑，可以用海凝砂来建造蓄水池或其他类型的容器等物品。

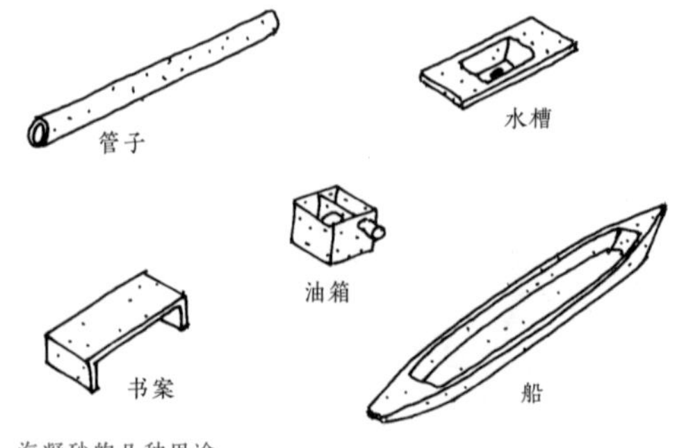

海凝砂的几种用途

1. 建造蓄水池时，首先用铁丝或钢筋做一个框架，然后用金属网覆盖住框架，使容器成型。为了达到最佳效果，请使用网眼尺寸为 12 毫米 ×12 毫米的金属网。

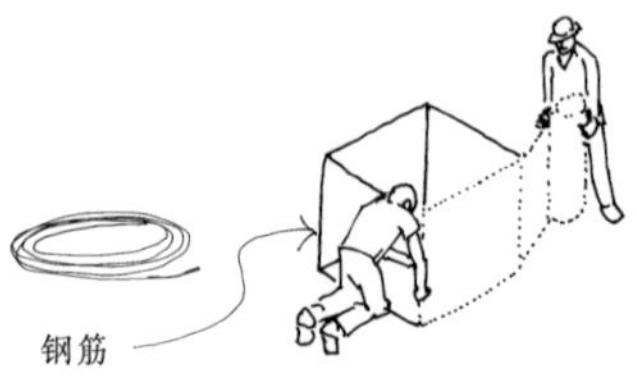

*［译者注］ 海凝砂是一种类似水泥的工程材料，当微电流在置于海水中的水下金属电极之间通过时，会使溶解的矿物质在阴极上增生，形成一层厚厚的石灰石。这种“增殖过程”可用于制造建筑材料或创造人工“电气化礁石”，以利于珊瑚和其他海洋生物生存。1976年由Wolf Hibertz发现的人造岩石受到专利和商标的保护，现在已经过期。

2. 将容器浸没在海面平静、海浪小的地方。将导线的一端连接到容器的一侧，另一端连接到汽车蓄电池的负极。

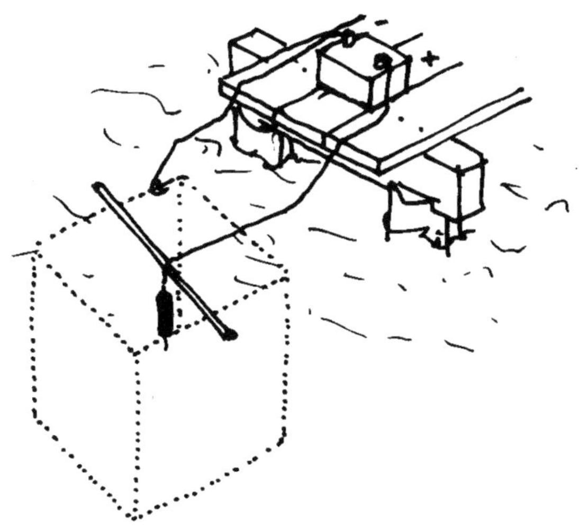

在蓄电池的正极上再接一根电线。在这根线的末端绑上一块木炭并将它悬挂在容器的中心。

3. 几周后，根据海水的成分，金属网会被一层类似珊瑚的海洋矿物（海凝砂）覆盖。

4. 当金属网凝结到所需的厚度后，将容器从海中取出。盐层需要晒太阳才能变硬，所以将容器从水中拉出时要小心。接下来就让盐层干燥。

在容器或物品可使用前，盐层必须经过数周的硬化和沉淀。

在盐层完全干燥之前，可将其表面磨平。

沿海地区普遍风大，可以利用风车提供的能量给电池充电。

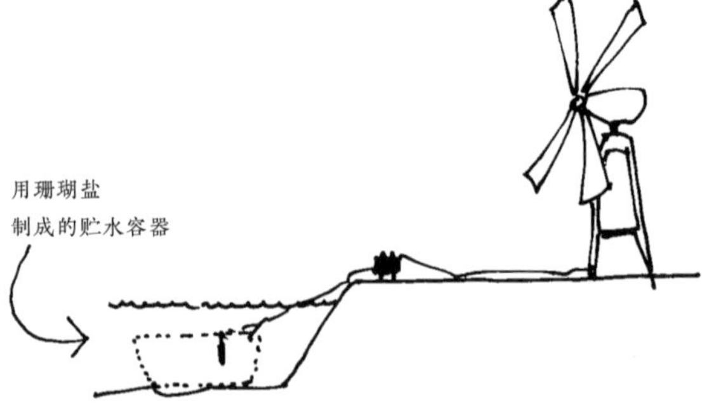

由于不需要恒定电流，电线可以直接连接到风车上，不需要使用蓄电池。

由于电压要在 2 伏到 12 伏之间，可以用旧汽车零件来建造风车。

由于电荷不是连续的，产生的微弱电流不会危害海洋生物。

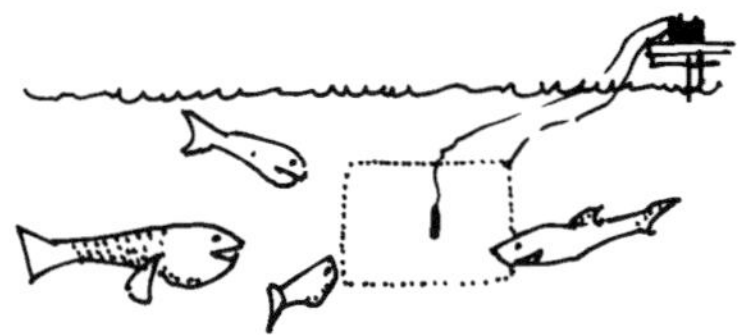

用这种方法可以制作管子、水槽、水箱、凳子、独木舟以及其他许多东西！

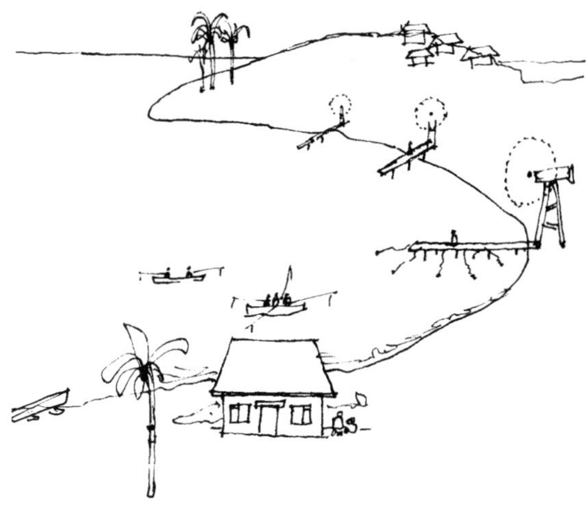

一个海凝砂“工厂”：工厂的“操作员”在垂钓……

建造

CONSTRUCTION

PREPARATION
准备工作

↘ 准备开始

建房子就像旅行一样，目的地和路线可能是计划好的，但无法预知途中会发生什么。一个建造项目可能会遇到一些问题：它的实际成本可能会比预算要高，花费的时间可能会比预测的要长，材料或技术可能会改变，或者天气也可能会使进度变慢。

因此，在规划一个建造项目时，必须考虑许多变量：可用的资金、材料、劳动力以及许多其他因素。在不确定的情况下，不如分阶段建设，这意味着把项目划分成几个阶段。率先考虑建造那些最基本和必要的空间。

有三个基本的建筑要素，必须从一开始就做好设计和建设。

- 一个好的基础，使建筑物不会下沉。
- 一个好的结构，使建筑物能抵抗地震和强风。
- 一个好的屋顶，可以防晒防雨。

其余的部分，如轻质墙体，可以用价格不高、耐久性不那么强的材料慢慢建造。

一个做工精良、有坚固的大椽条的屋顶，允许墙体材料的选择具有更大的灵活性。墙体可以使用较轻和不那么耐久的材料，因为它们被屋顶很好地保护起来，不受风雨侵袭。

1. 材料输送区
2. 砂石仓库
3. 水泥和木材仓库
4. 工作间和设备
5. 建筑工地通道
6. 施工区域

上图所示是一个建筑工地，显示了每项活动发生的地点。

↘施工管理

所有建筑材料必须存放好，以防止雨水侵蚀和人为破坏。材料应存放在靠近交付和使用区域的地方。

如果材料的输送通道没有规划好，工人们就会浪费时间将材料从一个地方搬运到另一个地方。

同样的思路也适用于材料的准备，如水泥和砂的混合。所有这类活动都必须有计划地进行，使材料的储存、准备和应用能够在很短的距离内完成。

安排好材料的到达时间很重要。如果材料早到，可能会因日晒雨淋而损坏。如果材料晚到，工人将无所事事，可能会耽误数小时或数天的工期。

通常，有必要在建筑工地上建一个工作间，以制造建筑构件，特别是那些用木材制造的构件，如门窗框、局部的屋顶结构、柱子或橱柜。工作间可以非常简单，但必须始终位于阴凉且平坦的地方。工作间应保持清洁，所有设备和工具的摆放须便于随手拿取。

在建筑工地上，总会出现工具丢失的情况。在使用后，应立即将工具放回原位。找工具、使用不合适的工具或坏的工具工作，会浪费很多时间。

当同时建造许多房屋，或从事大型建筑施工时，建议预制一些建筑构件。当重复的构件一次性制作完成时，可以节省时间。

“工作围裙”是一个有用的、简单的、能在工地上节省时间的“工具”。它主要供木匠和泥瓦匠穿戴，“工作围裙”用于放工具，包括卷尺、T形尺、铅垂线、细绳、锤子、扳手和螺丝刀。

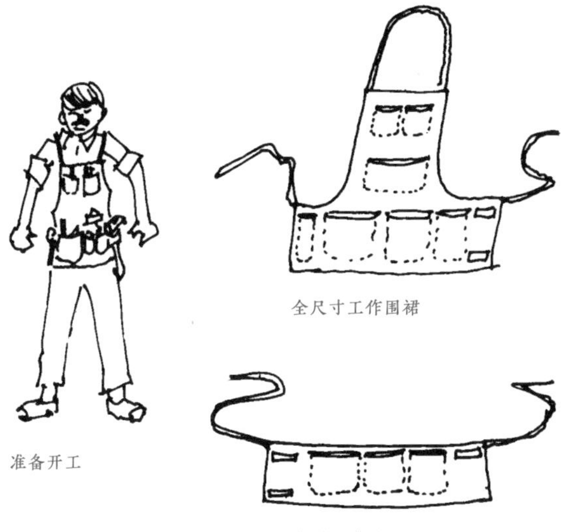

准备开工

全尺寸工作围裙

半腰工作围裙

用帆布、皮革或其他任何耐用的布料或材料很容易制作这种工具围裙。

↘施工计划

在决定建筑物的形状和大小之前，需要考虑:

- 不同空间的功能，房间的数量和大小，以及工作间的类型。
- 可获得的资金总量。一些建筑往往需要分几期建设。

然后收集以下信息:

- 电力、饮用水和排水系统的接口。
- 材料和劳动力的成本和可得性。
- 省、市的建筑和规划法律以及地质条件。

根据这些信息，确定:

- 建筑物的位置、基础的类型以及与服务网络的连接。
- 施工期间和完工项目中通道的位置，特别是车辆通道的位置。
- 用种植树木或平整土地的方式来保护和改善场地。
- 场地排水措施，以免建筑工地被淹。
- 施工中存放材料的最佳区域。
- 工作间的最佳位置，从而使仓库、工作间和工作区之间的运输距离最短。

通常，当工地位于没有水、电或下水道等基础服务设施的地区时，城市相关部门允许在没有计划或许可的情况下进行修建。在申请许可证时，要附上建筑物的图纸（平面图、立面图等），上面标明建筑区域、建筑物在场地上的位置，以及场地与街道的关系。

劳动力

对于一个家庭来说，建造自己的房子并不难。其中有少量难度较大的工作，如吊装屋顶结构，可以在邻居和朋友的帮助下完成。

当为他人建造时，就需要组织好劳动力。应制定一个时间表或日程表，以确定特定工种何时到达现场，如木匠、泥瓦匠或水电工。建造流程必须提前计划好，让他们一到现场就能开始工作。

要想工作顺利推进，就必须知道什么时候需要设备和机器，以及由谁来操作。一些私人公司和政府机构会出租周末不用的设备。

重要的是要有组织，这样建设过程才会有效率，小社区可以成立公共志愿服务项目，服务于全镇的园区或公棚的建设。

↘ 组织工作

➡ 场地准备。

包括选好施工地点，保护现有植被，种植树木（获得水果和遮阴）和开挖。

➡ 基础。

包括建立地下空间的给水、排水、通风等服务系统。

➡ 结构。

建造立柱或支撑墙。支撑墙必须具有一定角度。

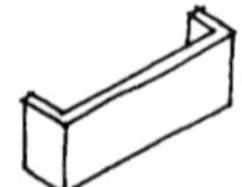
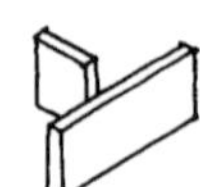

把厨房和卫生间放在一起是很方便的。这样一来，它们处理用过的水（灰水）的过滤器就可以组合使用。详见本书“卫生设施”章节。

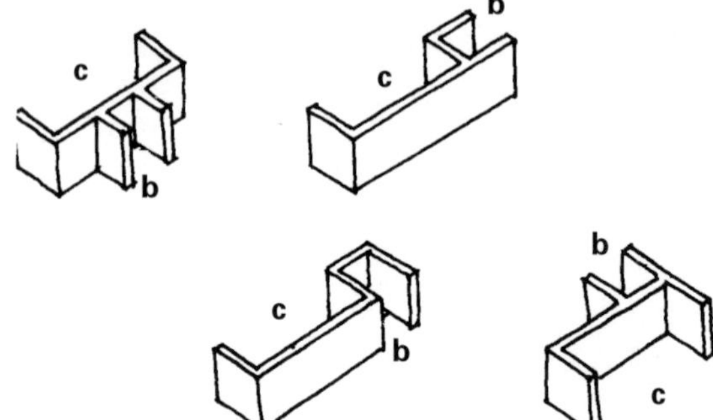

厨房(c)和卫浴(b)结合的几种方式

➡ 屋顶。

屋顶有自己的结构和饰面材料。

➡ 墙体。

储物柜或衣柜可以整合到墙体中。

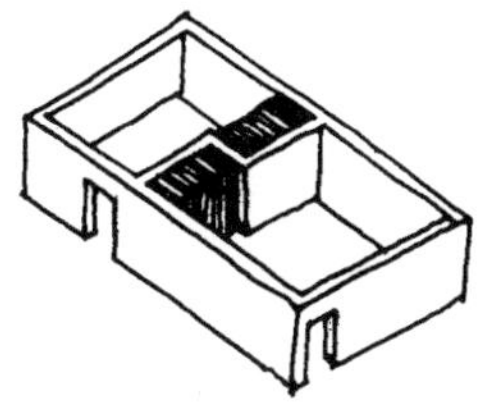

两个房间之间

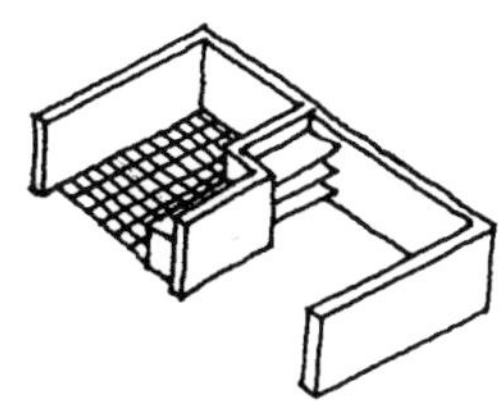

餐厅与厨房之间

➡ 服务。

所有配水管道和供电线路均可在墙体施工时安装，而且必须便于维修。这些服务性部件位于隔断墙中，而不是支撑墙中。

➡ 门与窗。

门窗框是在墙体施工时安装的。

➡ 饰面。

饰面包括地板、墙面，以及厨卫表面。

USING MATERIALS
使用材料

↘ 材料的使用

在决定建筑材料的种类时，有两个要点需要考虑：

- 材料是否能抵御各种自然条件，如雨天、热天、冷天、虫害和地震。另外，还需考虑材料是否经久耐用、易于维护。
- 材料是否来自当地。由于没有运输费用，因此当地的材料更容易获得，价格也更便宜。此外，它们的易得性使其方便用于维修。

将来自农业或工业的回收材料与常用的材料结合起来使用是非常重要的。例如，仙人掌汁可以用作防渗饰面，瓶子可以用来代替砖头。

选择一种材料不应仅仅因为它的外观或邻居也在用，必须有其实用性。

通常在建造时不知道会在同一个地方待多久。在这种情况下，可以使用轻型材料并建造具有可拆卸结构和顶部的“壁橱墙”。搬家的时候，房子的一部分可以拆下来，在另一个地方重新组装。其他墙可以使用土坯或夯土来建。

一个活动箱，安装后可转换为搁架。

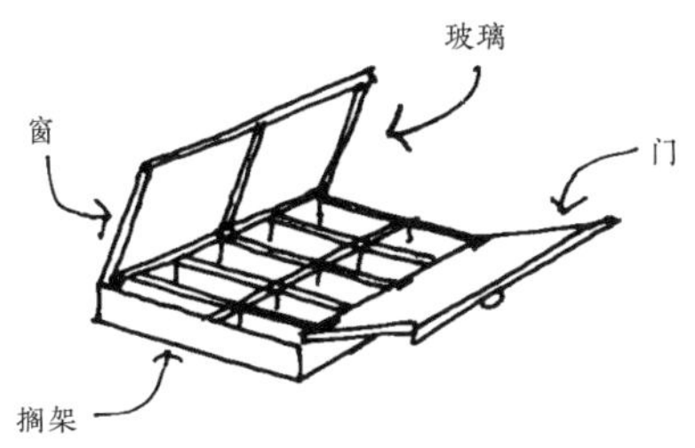

当这种活动箱安装在两面墙之间时，就会形成一扇窗(1)、一个搁架(2)和一扇门(3)。

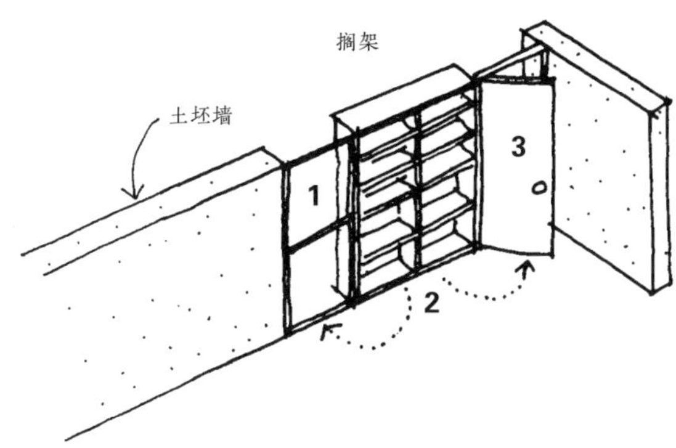

木质屋顶结构可以用波纹金属瓦覆盖，便于搬运和重复使用。

这个系统对于在大型建筑工地上临时工作的人来说是很实用的。当工作结束后，可以把房子搬到另一个地方，只留下几堵土墙。

材料的用量

要计算一个工程的用砖量，就必须知道建筑物的大小、隔墙和开口的大小以及所选砖的尺寸。

例如，当 20 厘米厚的墙体使用 10 厘米 ×20 厘米 ×40 厘米的砖时，每平方米墙体需要的砖量如下。

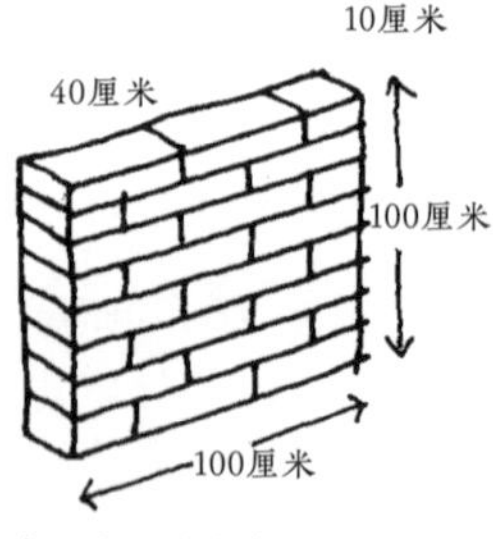

每平方米的砖墙需要20块砖

每排有 2.5 块砖。垂直方向的墙高为 8 皮砖，加上砂浆缝，总高度为 1 米。因此，砖的数量用 8 乘 2.5 计算，等于 20 块。

如果有一个像这样的平面：

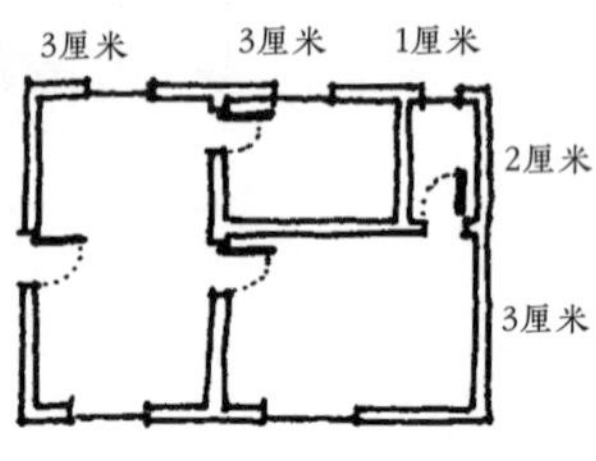

这个房子的平面尺寸是5米 × 7米

我们认为内墙的高度应该是 2.5 米。

外墙长度为（3+3+1+2+3+4+3+5）米，等于24米。内墙长度为（2+2+4+3）米，等于11米。

这样一来，墙体总共长35米、高2.5米，需要2.5米乘35米，即87.5平方米，或者说88平方米的砖。

现在需要从这个总数中减去洞口的面积。

减去4扇门（每扇面积为2平方米）的面积8平方米，再减去5扇窗（每扇面积为1.5平方米）的面积7.5平方米。这样一来，总共减去15.5平方米，约16平方米。

墙体面积88平方米，减去洞口面积16平方米，剩余72平方米。

72平方米，每平方米需要20块砖，共需要1440块砖。在此基础上再加上10%在运输和施工过程中产生的损耗，因此总共需要1600块砖。

碎砖可以粉碎成粉末，用于灰浆混合料。

↘ 测量放线

建造的第一步是用木桩进行墙体放线，这些线将作为基础工程施工的基础。

为了正确定位墙基的地槽，需要一些简单的工具：

1. 一把公制卷尺。
2. 一条有十二个结的绳子，每隔一米有一个结。
3. 铅垂线。
4. 一根透明的橡胶管。

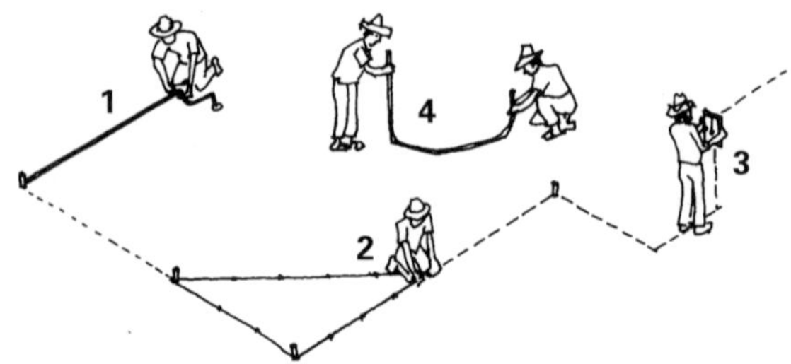

这些工具是用来标记施工线的，还用来标明将建造墙基的地槽中心。

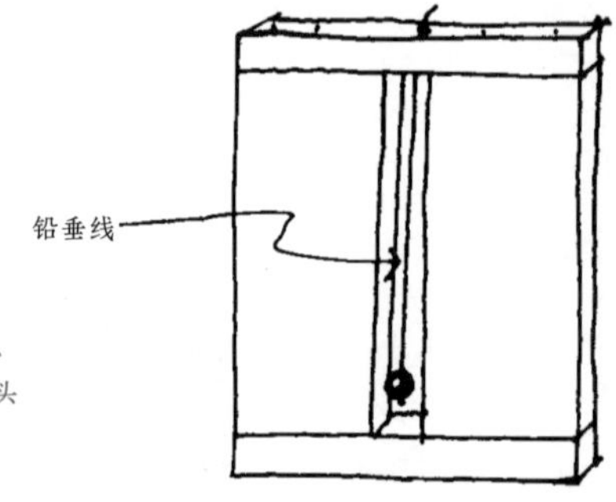

右图是用一根绳子、一个铅锤和四块木头做的铅垂线的示例

用木桩和线标出地槽的宽度。

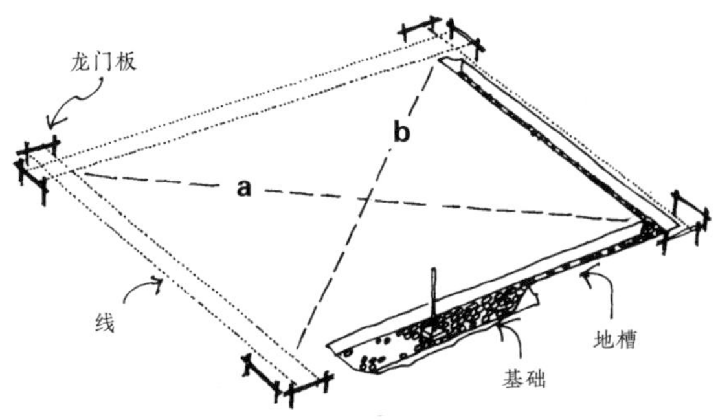

要验证一个矩形平面中相交线之间是否为 90 度，可放置两根对角线。一条对角线（a）的一半尺寸必须等于另一条对角线（b）的一半。

挖出土，用压土机压实。

然后加入砂、砾石或碎石作为基层。

可以用一根杆和一个装满新拌混凝土的桶来做压土装置（夯土锤）。将杆的一端钉上钉子，插入桶中，让混凝土凝固。

FOUNDATIONS
基础

通常情况下，木墙或土墙直接建在地下埋着树干的地面上，但是，最好用基础来支撑墙体和屋顶结构。基础能减少因沉降和地面湿气造成的材料损坏问题。

黏土和硬土是不稳定的，因为当它们膨胀时，会吸收一定量的水。这种膨胀会使基础移动，导致墙壁出现裂缝。

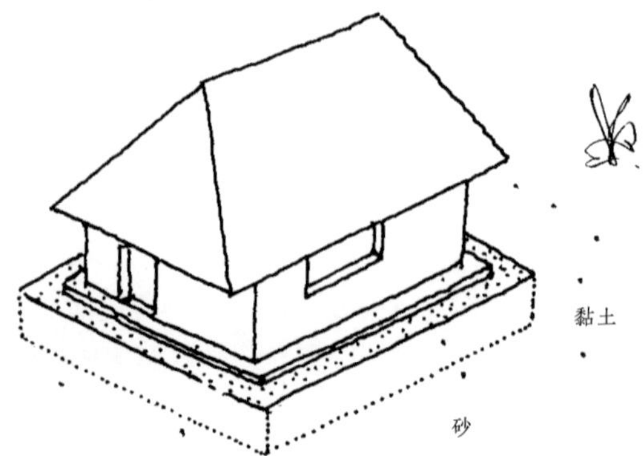

在黏土上建房，要将将来房屋区域内的土全部清除，换上砂。

在土壤十分潮湿而又有木材可用的地区，如河滩湖沼之地，最好在地面以上用高脚或柱子支撑搭建地板。

一所接缝处做工精良的木屋，可以建在与地面松散连接的地方。地震时，这种房子会在地面上摇晃，但不会倒塌。所有的接缝处都要撑牢。详细内容请参阅本书“热带湿润地区”章节。

在地表不规则、地质坚硬或坡度很大的山区，也可以建造下面这种高脚屋。

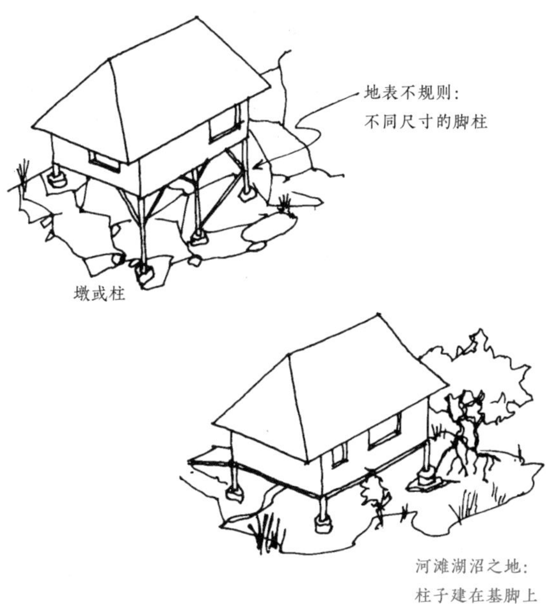

在地面平坦而坚实的情况下，要打连续基础。

地基的高宽尺寸

下层必须建在地面以上，以防雨水流入。墙底应高出地面 20 厘米。通常基础采用比墙体更耐用的材料建造，这样水流过地面时就不会损坏墙体。

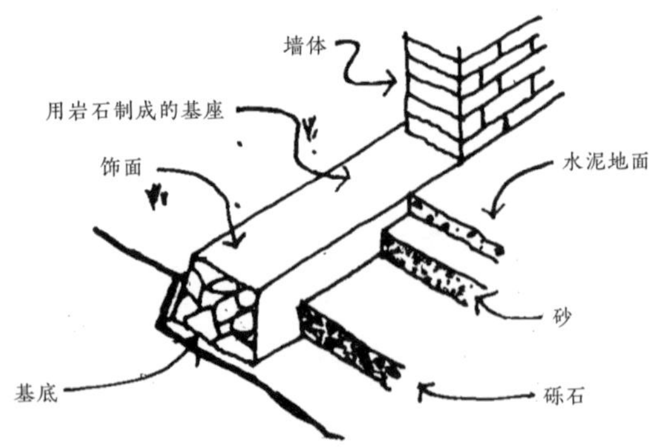

基础的宽度取决于土壤的稳定性以及墙和屋顶的重量。用竹墙和茅草屋顶建造的房子的基础比砖房的基础要窄。基础墙可以收分，顶部比底部窄。

挡土墙

较高的挡土墙的底部必须比顶部宽。这种倾斜的墙体可以提供额外的强度以抵抗来自地面的压力。

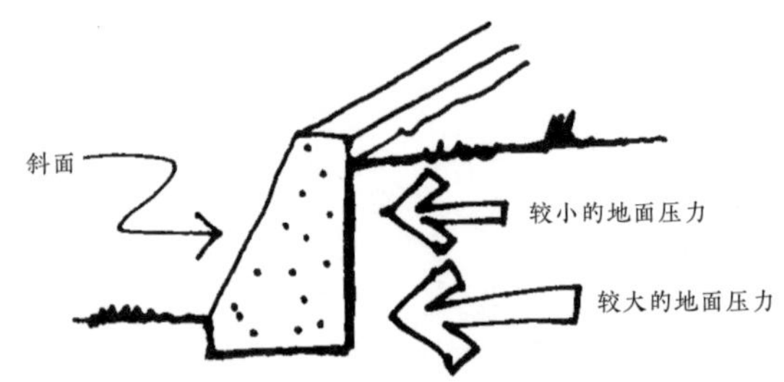

尺寸

土壤类型	基础	基脚
软质土	60	90 90
中等土	50	60 60
硬质土	40	40 40

上表显示的是混凝土墙基座的尺寸。对于木屋来说，尺寸可以小一点，对于重的砖房来说，尺寸应该大一点。

➡ 也可以用其他材料来做基础。

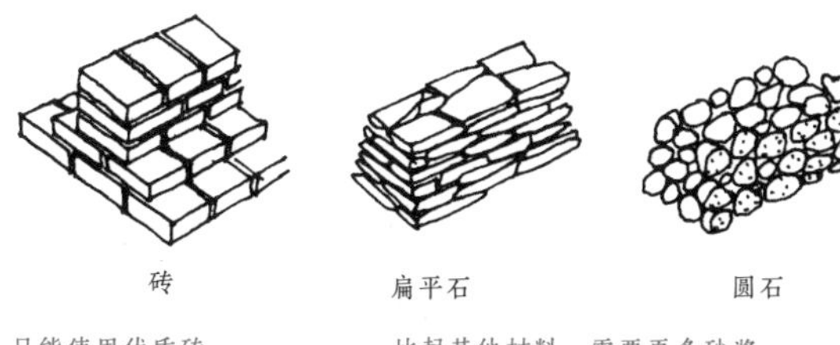

砖　　扁平石　　圆石

只能使用优质砖　　比起其他材料，需要更多砂浆地震多发区的房屋需要更精良的基础。

1. 先用石块在基底上砌出一半的基础。挖一个 20 厘米深的地槽，沿整个地槽嵌入钢筋。

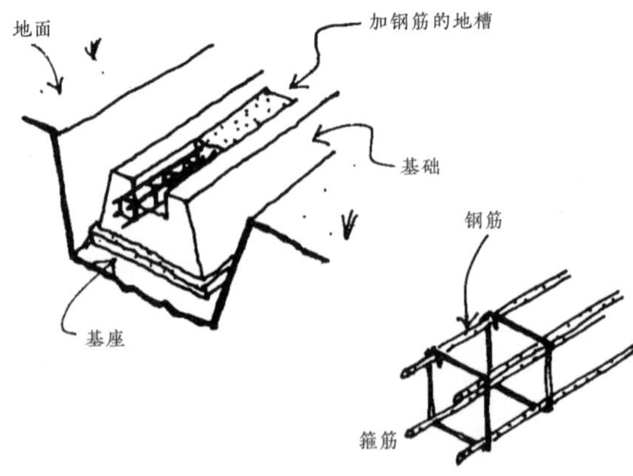

2. 用混凝土填平地槽。待其凝结后，用石块和砂浆砌另一半基础至所需的高度。准备建造混凝土柱时，将混凝土柱内的钢筋与基础的钢筋连接起来。

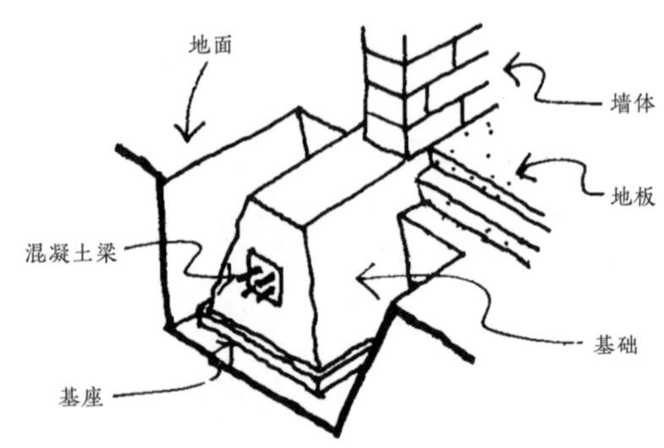

十分松软的土壤不能支撑建筑物的重量，要在槽底铺一层 40 厘米厚的砂，加固基础的基座。这样可以避免建大型基础而浪费材料。

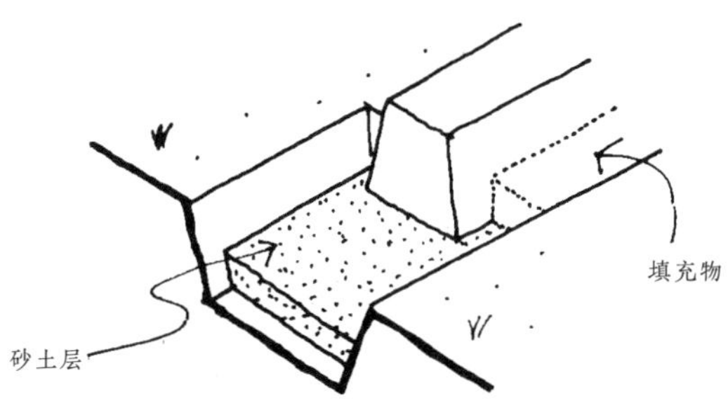

接下来将基础周围，以及地槽边与基础墙之间的空间用土填平。

↘ 挖土

从地槽中挖出的土，可以用来填充基础之间的空隙，使之成为平坦的地面。

因此，最好将挖出的土放置于地槽的中间。

在坡地上修建连续基础时，基础应顺着坡度逐步降低。

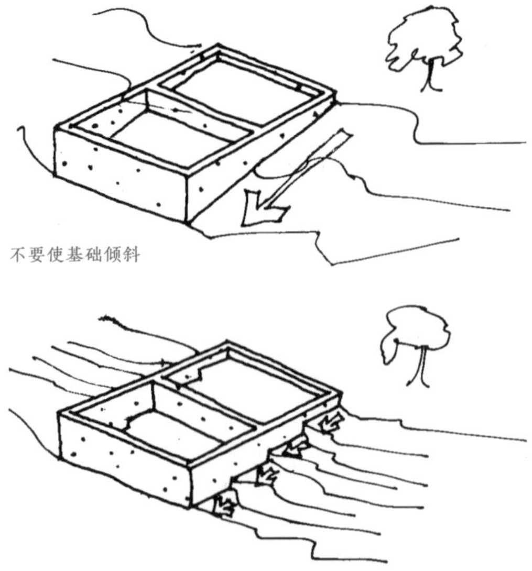

不要使基础倾斜

基础必须顺着坡度逐步降低

另一种在坡地上施工的方法是顺着地面建不同高度的地面层，每一层的基础高度都不相同。

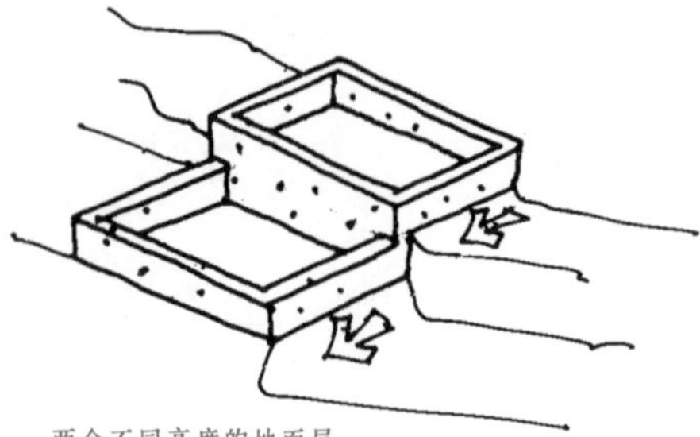

两个不同高度的地面层

对基础进行加固是值得的。经常有业主浪费大量的时间和金钱去修复由于基础不牢固造成的断裂或移位的地板和墙体。

制备基础

将石块与水泥和砂的混合料填入地槽中，建造基础。

基础应高出地面 20 ~ 40 厘米。用木制的直角工具来验证转角的角度。

砂浆

见本书“附录”部分“混合料”中“饰面”相关内容。

如果用作基础的石块较小且形状不规则，不妨用它们制作砌块。

制作这些砌块时，要制作一个 30 厘米 ×20 厘米 ×15 厘米的模具或模板。将石块与砂和少量水泥或石灰一起放入模具中。

↘ 黏土和竹子基础

1. 开挖地槽。

2. 将挖出的土润湿。

3. 在地槽里放数根竹子，每根竹子之间有 10 厘米的空隙。然后将润湿的土填入沟内。

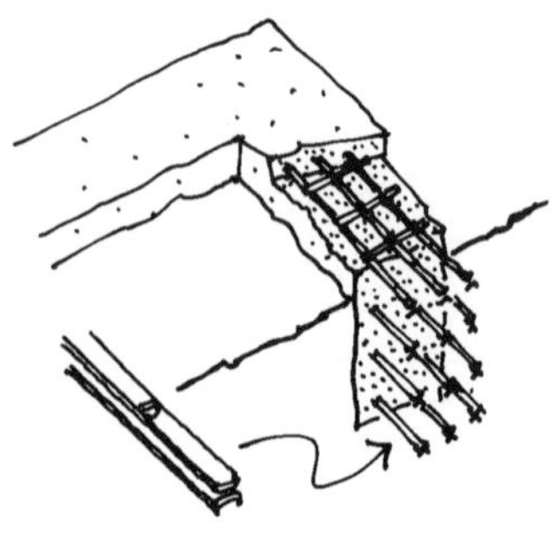

基础可高出地面 40 厘米，高出的部分可以形成长椅。

↘ 水泥土

一层或两层的房子可以用水泥土来做基础。

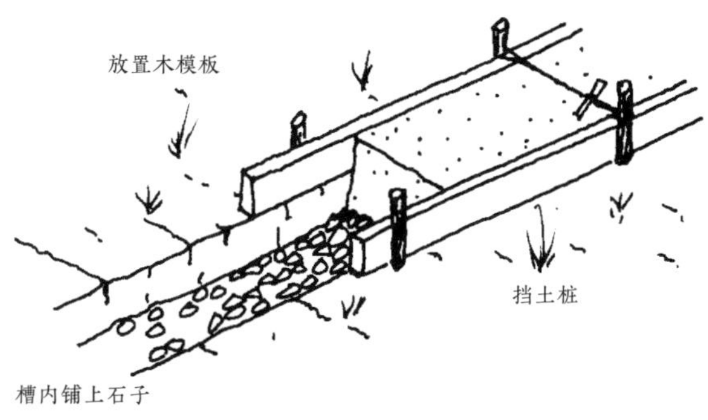

在干旱或半干旱地区，将土和水泥按照 10 ： 1 的比例混合制作基础。用 5 千克重的夯土锤将混合料压实。

将夯土锤抬离地面40厘米

土和水泥混合完成后必须立即浇筑，因为这种混合料的水泥硬化速度非常快。浇筑完成的第一天需要加入适量的水，使其保持潮湿，接下来一周只需使之保持微湿。

富含黏土的土壤不能直接与水泥混合。应先按每 20 份土兑半份石灰的比例将其混合，再将此混合料与水泥混合。

↘坡地建筑

建得不牢固的挡土墙一旦遇到滑坡或暴雨就会坍塌。由于制作混凝土柱的成本很高，下面介绍在坡地上建造安全的房屋的其他方法。

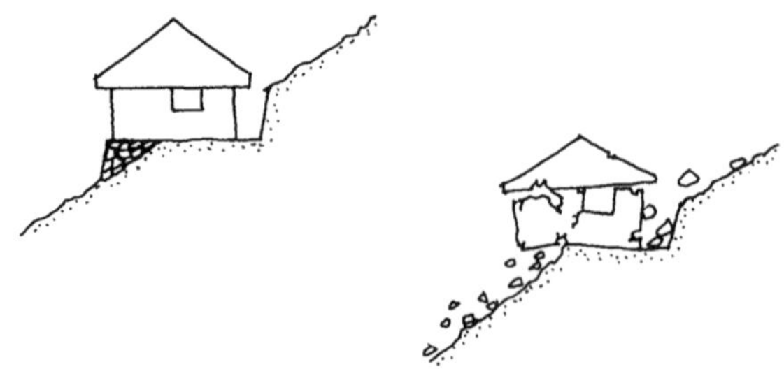

当地面坡度很大时，必须把房子建得像一个凸出来的台阶支撑。这样可以减少结构和水泥的成本。

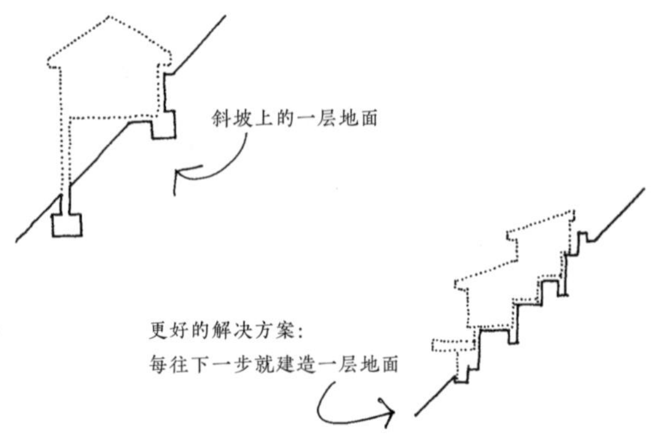

虽然第二种方法的设计工作较多，但施工成本较低，尤其适用于储物间、壁橱以及长椅等水平面有变化的区域或墙体。

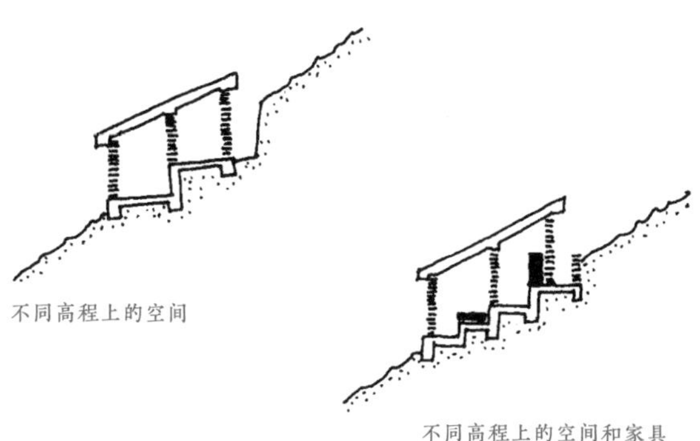
不同高程上的空间

不同高程上的空间和家具

例如：

平面 1 可作为卧室的地面，平面 2 可作为床的底座，平面 3 可作为起居室的地面，平面 4 可作为壁橱的底座。

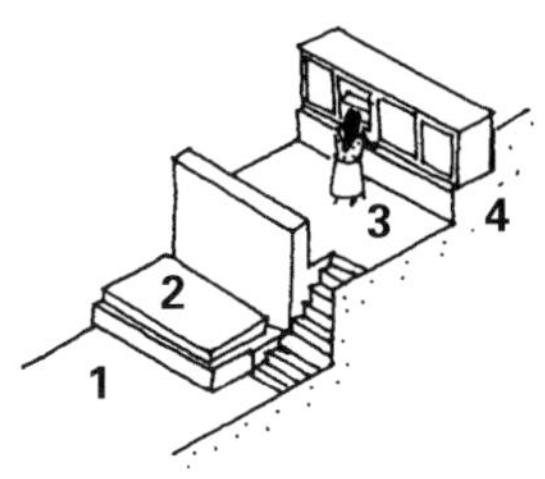

在拐角处建造基脚，以防地基在软土中发生位移。

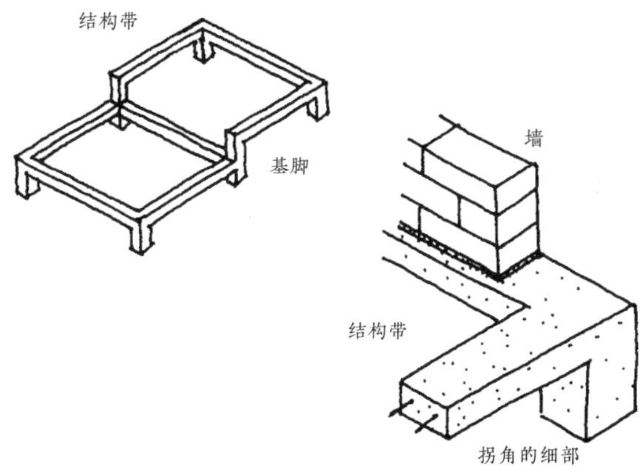

拐角的细部

↘原木或支柱

柱子可以安装在坚实牢固的土壤中。

当土壤是砂质的且不太坚实时，柱子插入土壤的那头不宜做成尖的，而应用石头或砖块进行支撑。

挖一个洞

放置石块

插入柱子

填充

在没有石块和砖块的地区，可使用耐用的原木或经过处理的木头，有关内容详见本书“材料”章节。

挖一个洞

放入原木

插入柱子

填充

底部原木的细部

在底部的原木上开一个凹槽以便插入柱子。

原木也可用作斜柱。

斜柱

混凝土柱

混凝土柱可以用砖和混凝土砌成，也可在碎砖中间加上混凝土砌成。当柱子支撑超过一层楼时，要在混凝土中安装几根钢筋。

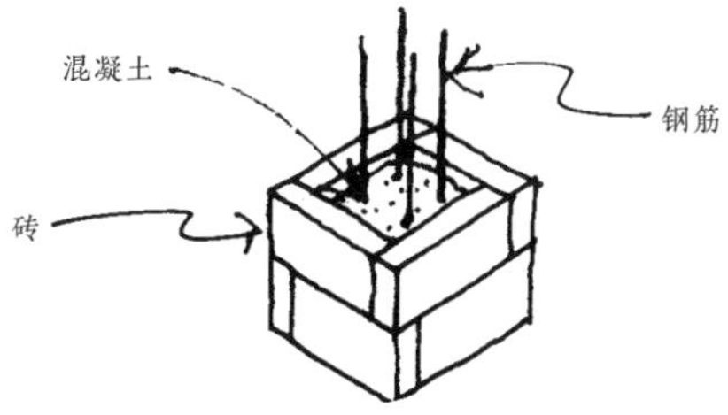

砖柱

砖柱根据其间距和所支撑结构的重量，可以有各种尺寸。

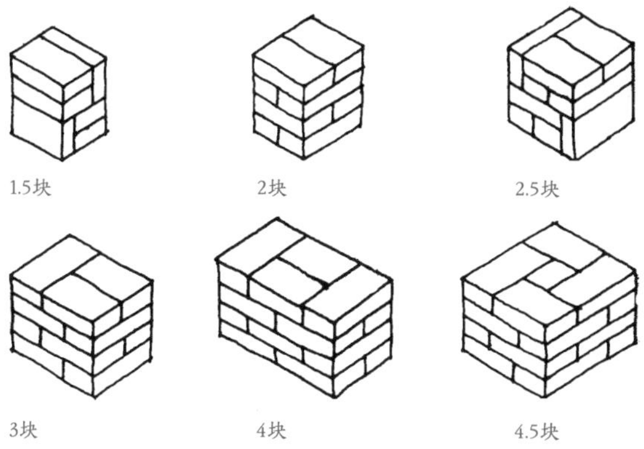

上图介绍了几种砖柱砌筑的方法。

WALLS
墙

要建造墙，可以使用许多材料。应选择那些在项目所在地区容易获得的材料。

↘ 石墙

石墙的灰缝一定要一排一排地错开，这样在地震时石墙才不会裂开。

这堵墙裂开了

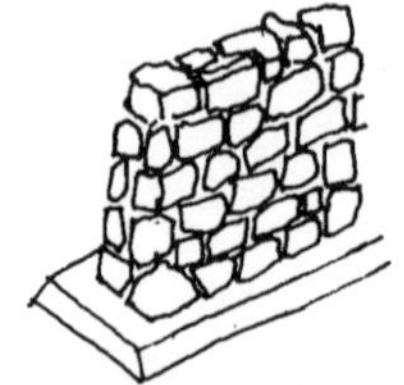
错缝更耐用

在石墙一侧放置一根带有两根细绳的横木，绳子连接到转角处，以确保墙体在施工过程中是水平的。

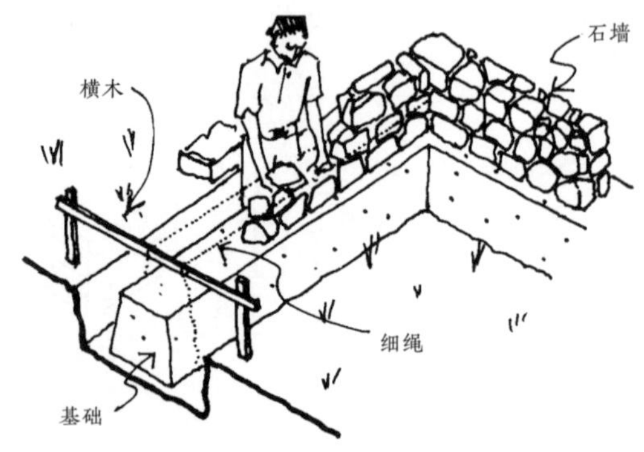

↘ 土坯墙

在建造土坯墙的时候，必须在基础的顶部涂抹一层厚厚的焦油沥青，以防湿气渗入而使墙体不稳固。

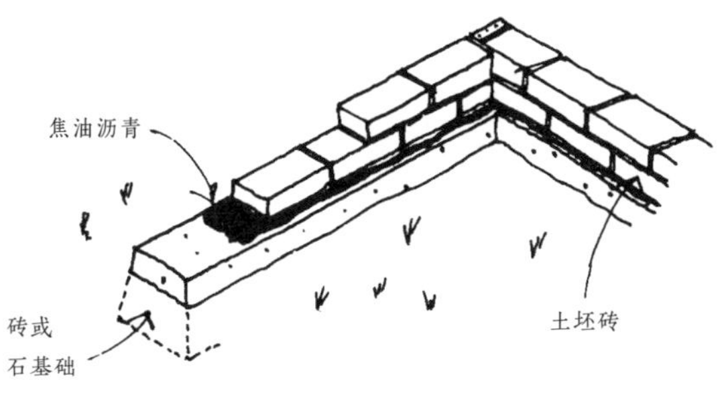

在木材易得的地区，可将土坯砖与木质构件相结合以填充木结构内的空间。

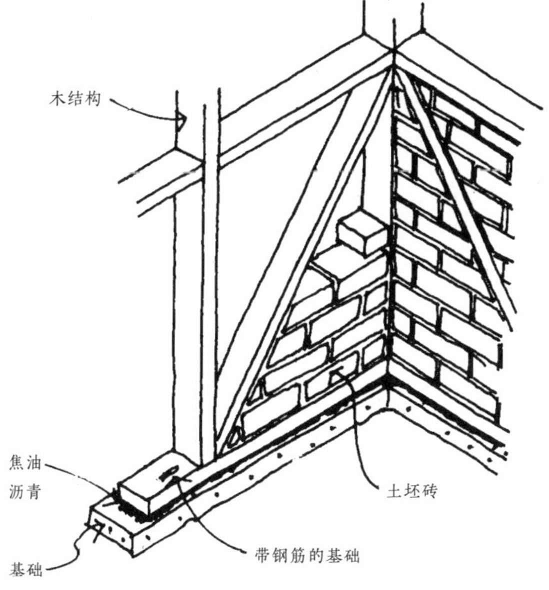

土坯砖的尺寸

土坯砖的传统尺寸是 10 厘米 ×40 厘米 ×40 厘米。现在最常用的尺寸是 10 厘米 ×20 厘米 ×40 厘米。

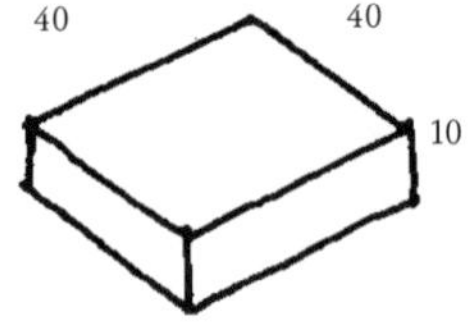

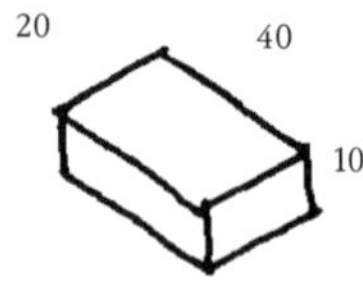

下图为传统的墙体构造模式。在砌块墙中，为了显示下皮砖的位置，上皮砖被抬高到墙的上方。

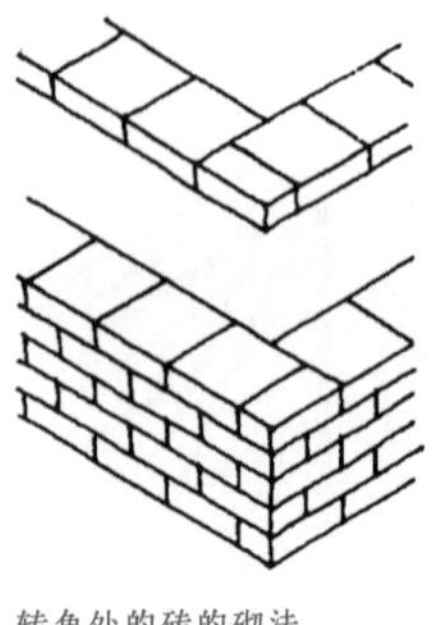

转角处的砖的砌法

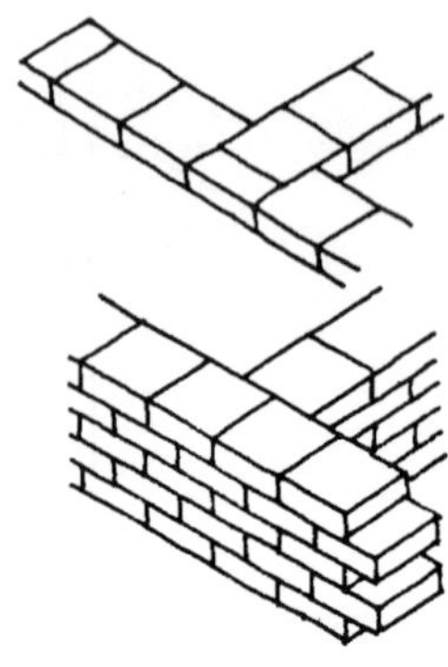

与另一面墙连接处的砖的砌法

土坯砖采用错开的砌法，以防墙面出现垂直裂缝。

在地震多发区，采用过墙角、跨墙凸出的方式加固墙体。

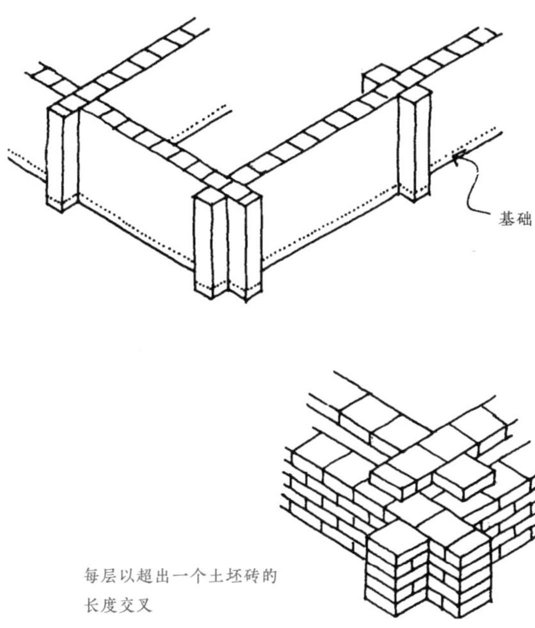

每层以超出一个土坯砖的长度交叉

土坯砖的砌法取决于其大小。下图是用大块土坯砖砌成的墙。

一堵两边都用土坯砖砌的窄墙需要更大尺寸的砖

建议在转角使用烧制的黏土砖，以防转角处断裂。

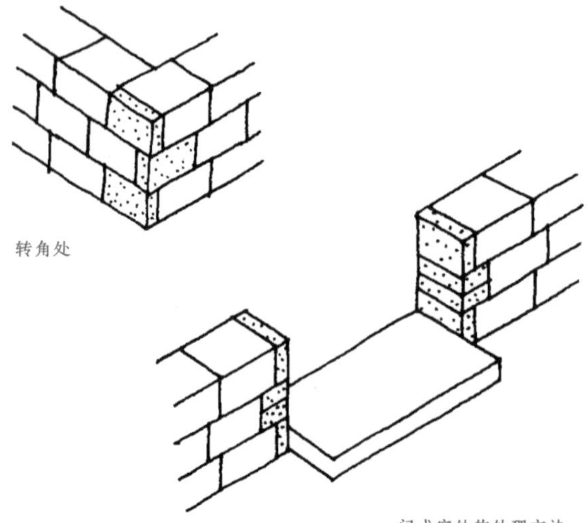

转角处

门或窗处的处理方法

烧制好的黏土砖在砌墙之前一定要打湿，这样才不会吸收砂浆中的水分。在使用土坯砖之前，不要把它们打湿，这一点非常重要。

土坯砖和砌块有很多优点：

- 如果黏土和砂的混合料配比得当，它们是不透水的。
- 它们是良好的绝缘体，可以防寒、隔热以及隔声。
- 它们能抵抗昆虫的侵蚀。
- 它们能防火。
- 它们易于成型。
- 它们易于建造、钻孔以及修复。

地里的土也可以成为建造房子的材料！

↘抹灰篱笆墙

建造抹灰篱笆墙，有如下建议：

1. 用砖或石块制作基础，基础至少离地面 30 厘米。

2. 墙体与基础、门窗之间的接缝处应采用沥青防渗并进行调整以防漏水。

3. 墙的转角和顶部用钢筋、木头或竹子加固。

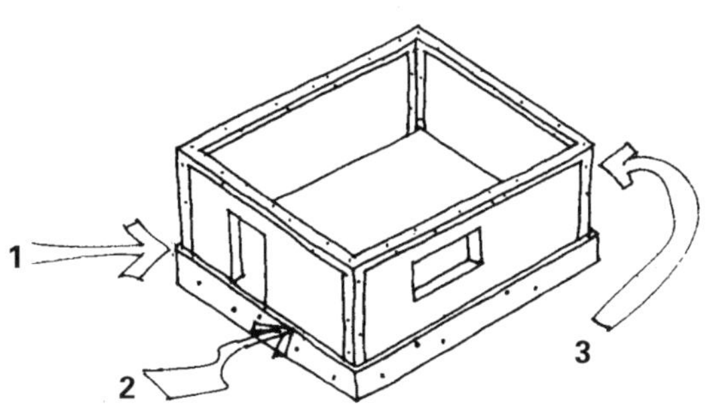

最简单的抹灰篱笆墙是用芦苇和劈开的竹子或整根竹子编织成的，然后抹上泥土。

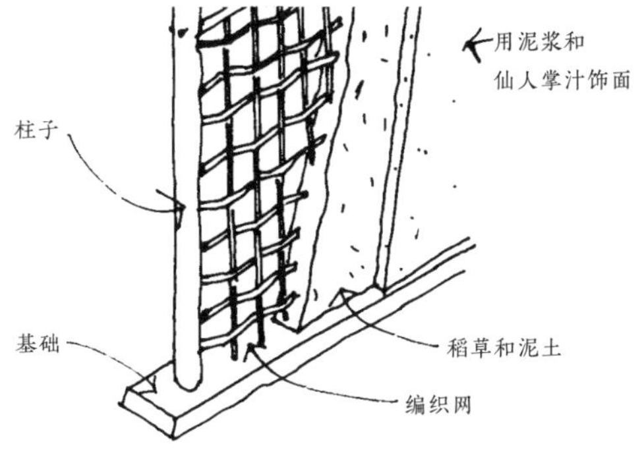

另一种用泥土筑墙的方法是用木板和支架组成的模板做夯土墙，在两块木板之间的空间填入一种比较干燥的混合料，然后夯实。

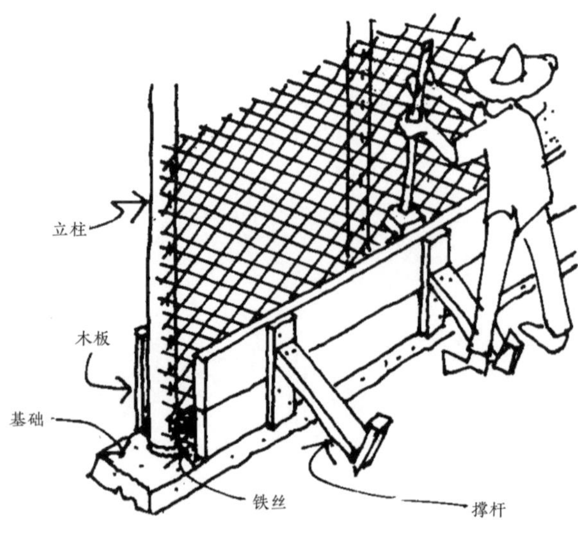

将木板放在墙的两边，做成一个 30 厘米高的木框，可根据墙体的厚度调整木框宽度。木板用斜撑杆固定。

将细铁丝网做的墙体结构钉在立柱上。木板每隔一段时间必须用水浸湿以便拆卸。

合适的混合料由 1 份水泥、1 份石灰和 8 份土混合而成。土必须事先用网眼尺寸为 0.5 厘米 ×0.5 厘米的铁丝网过筛。

混合料中可以加入许多其他材料，包括锯末、桉树种子、坚果壳、稻草、玉米片、咖啡或甘蔗。此外，可以通过添加成分或使用另一种颜色的黏土，使墙的外部与内部有所不同。

外部可以用土与沥青、焦油沥青或仙人掌汁的混合料。

在地震少的地区，不一定要用细铁丝网。下图所示是一种滑动模板，用木质竖杆做支撑，用铁丝将竖杆绑在一起。

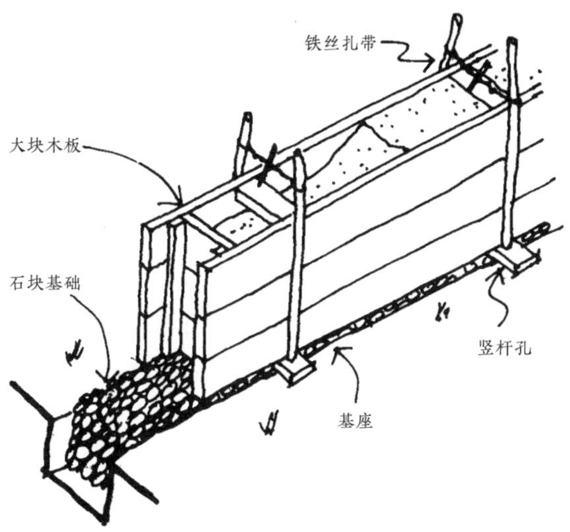

先从墙的下部开始建。等到下层的土干了以后，拆除木板，再建墙的上部。

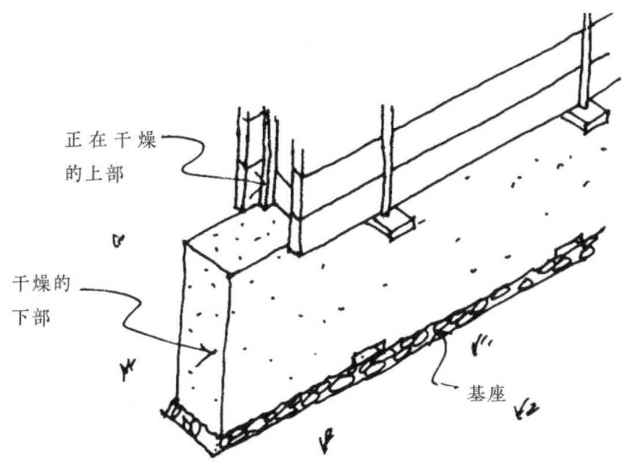

墙是分段建造的，一段段地筑高，直到达到所需高度。

草泥墙

将在阴凉处晾晒了几天的茅草与泥土混合，然后挂于绑在立柱上的竹竿上。茅草混合物不能太干，太干会导致开裂。

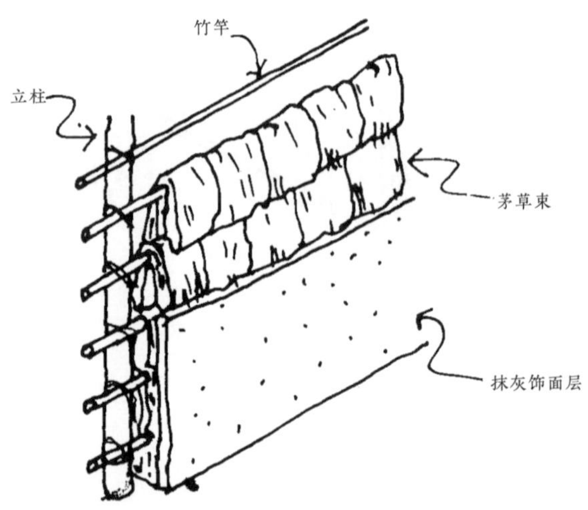

准备混合料

当用第一批不同类型的黏土来准备第二批混合料时，要将泥浆在阴凉处放几天来硬化。这种泥浆与茅草在混合之前，要加入足够的水，使其变成有稠度的液体。然后用混合料制作茅草束，将其挂在竹竿上。

待墙面半干时，再涂一层薄泥，使墙面光滑。

竹泥墙

用竹条编织竹泥墙的方法有两种，可以水平编织，也可以垂直编织。利用这种技术造墙，木结构、基础、墙体混合料以及饰面的做法都与前面的例子相同。

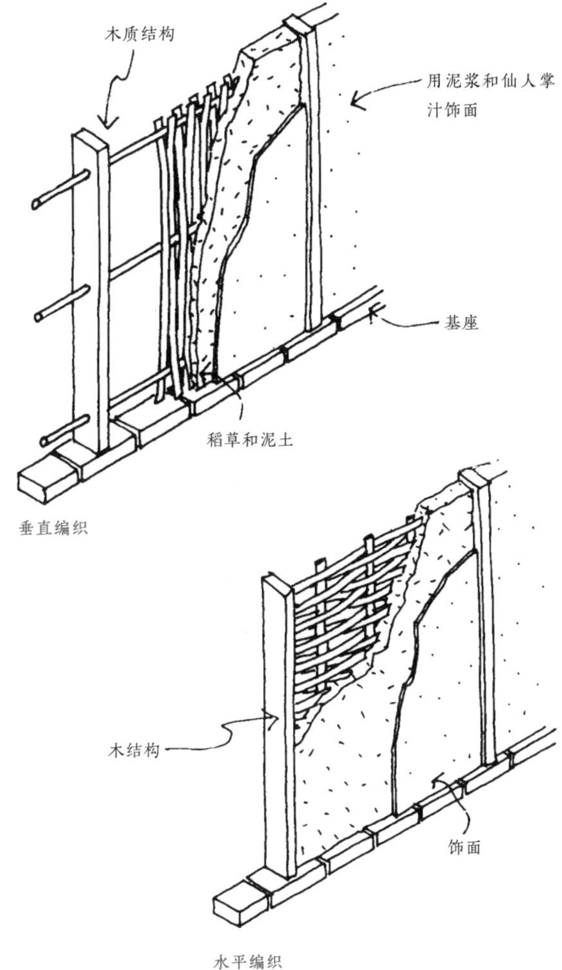

垂直编织

水平编织

↘ 植物纤维墙

在热带湿润气候条件下，墙体必须轻巧，可使用竹竿、树枝和茅草束来建造。

轻巧的墙体：

- 可以减少对热量的吸收。
- 在暴雨后迅速变干。
- 使房间通风良好。

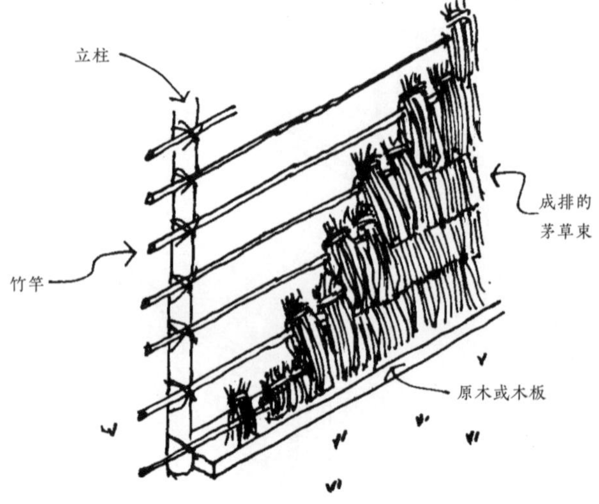

将茅草捆扎成束，然后一排排地挂在与立柱相连的竹竿上。

下图所示是用树枝或棍子做的墙。

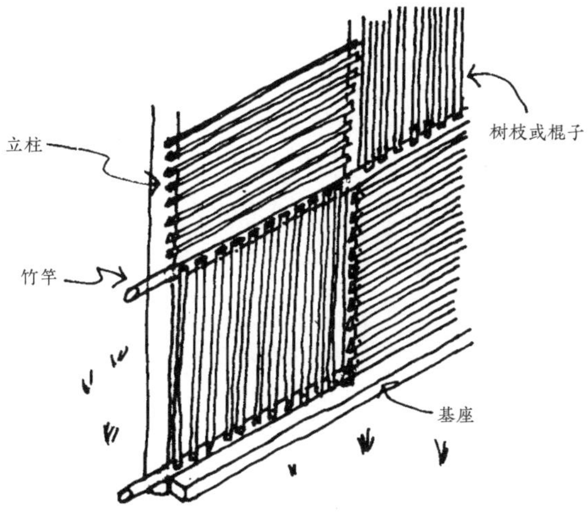

将棕榈叶的茎钉在或用麻绳绑扎在树枝或木结构上。

下图所示是用细竹片做的墙。

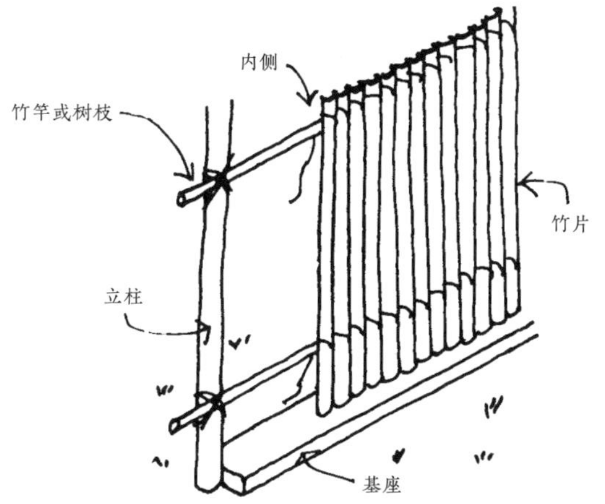

由于竹子内可能藏有昆虫，所以应将竹子劈成两半。

下图所示是用龙舌兰（世纪植物）的叶子做的墙。

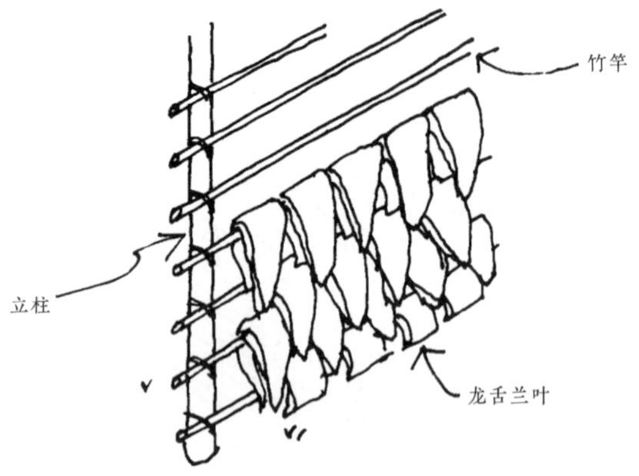

将叶子折好挂在竹竿上，上下行错缝排列。

下图所示是用竹篾做的墙。

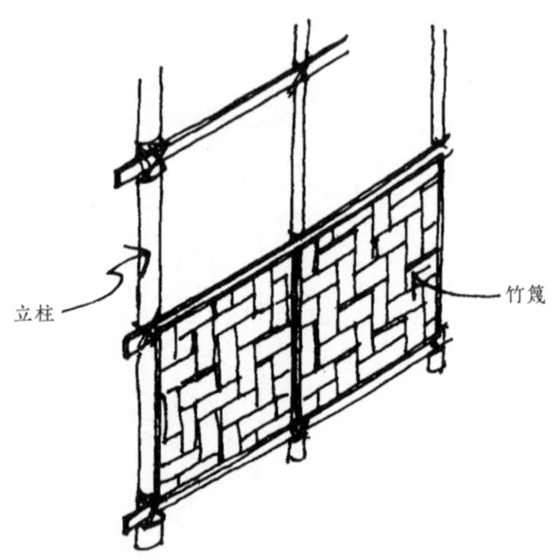

竹编工艺详见本书“热带湿润地区”章节。

木墙

在木材资源丰富的温带气候地区，可以用紧密连接的大块木板做墙，以防冷空气进入。

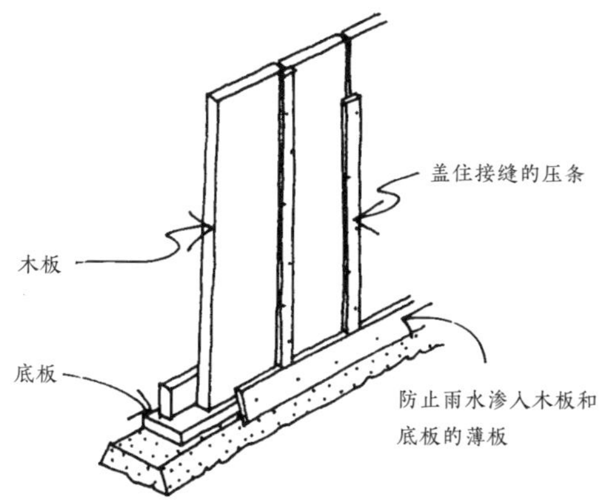

质量好的木材可以暴露在日晒雨淋中。

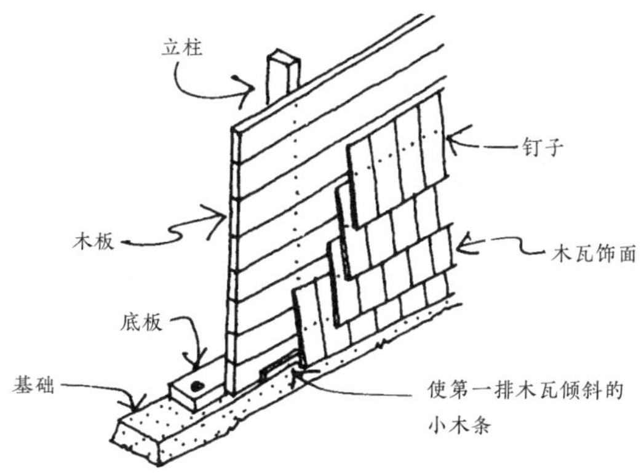

质量不好的木材需要加上像木瓦这样的保护层。安装时，上排的木瓦要遮住下排木瓦上的钉子。

砖墙

烧制的黏土砖一般比土坯砖要好。砌砖的方法有很多。

A. 砌直墙的一种简单方法是将砖纵向摆放。

B. 对于较厚的墙体，砖是横着摆放的。转角用两块3/4 大小的砖砌成。

C. 当砖砌的外墙没有任何饰面（清水墙）时，改变砖的排列方向可以创造墙面图案。

D. 一种更复杂的砌砖方法。注意：砌砖方式在转角处会发生变化。

E. 一种使用原砖的3/4、1/2和1/4大小的砖的砌砖方法。

砖也可以与长度相同但厚度不同的混凝土砌块组合，创造一种将一层砌块和两皮砖交替结合的砌砖方法。

转角衔接很简单

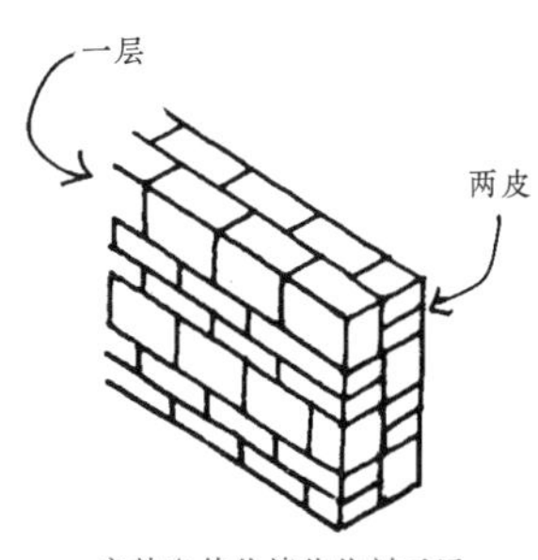

交替砌筑的墙体的剖面图

特殊墙体

用混凝土砌块砌墙：

砌块在内侧，外侧用饰面砖覆盖。

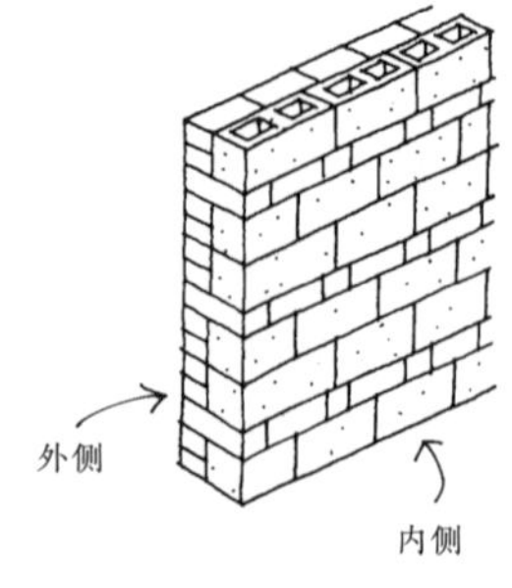

适用于潮湿地区的墙：

在炎热潮湿的地区适合建造空心墙。下雨之后湿气没那么快渗入墙体，并且干得较快。

在空心墙中，湿气会留在外墙。必须使用连接筋来连接两层墙体。

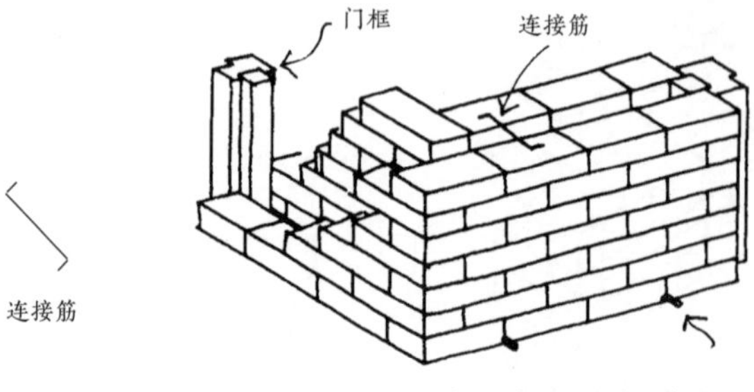

每 8 皮砖安装一根连接筋，每根连接筋间距为 1 米。

使用混凝土砌块时，可通过填平转角和墙顶将两墙之间的空间做成柱和梁。柱子里的钢筋要扎入基础并绑扎进连续梁中。

梁需要用一种特殊的砌块。这种砌块顶部开孔，尺寸只有普通砌块的一半。

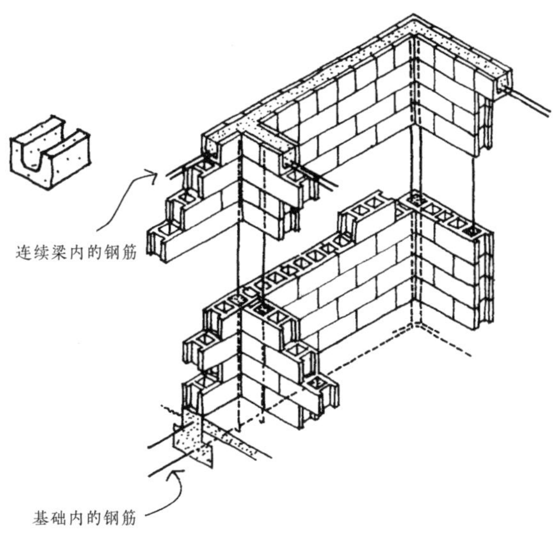

砖的表面没有饰面时，可通过不同的砌砖方式创造出有趣的墙面。

当砖的尺寸不规则时，摆放时要使其外侧平整。

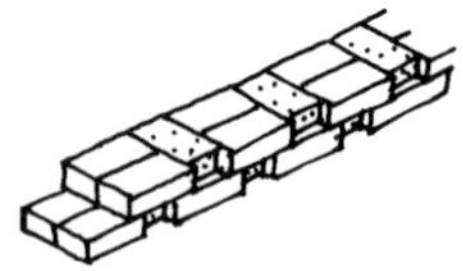

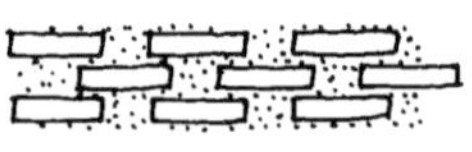

然后进行内部涂饰去填充孔洞和接缝处，并且做出有趣的墙面图案。

斜砖可以用不同的模具来制作。这不需要花费太多功夫，还给墙面和护栏提供了更美观的装饰。

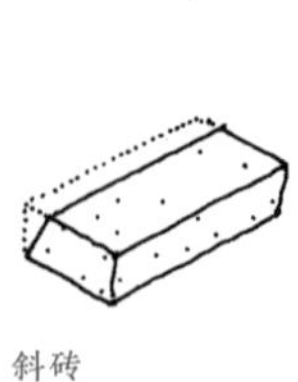

斜砖

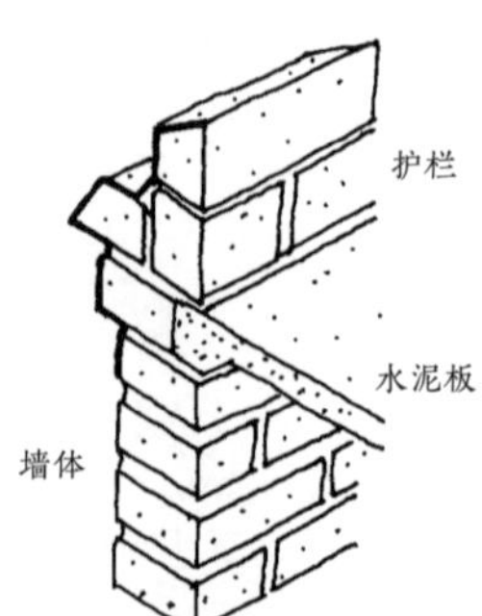

发挥你的想象力……

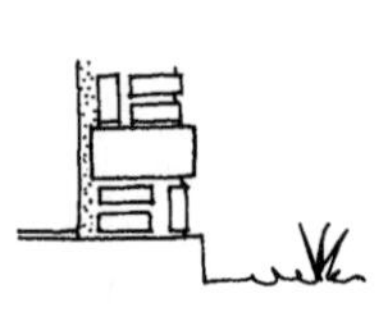

外部视图

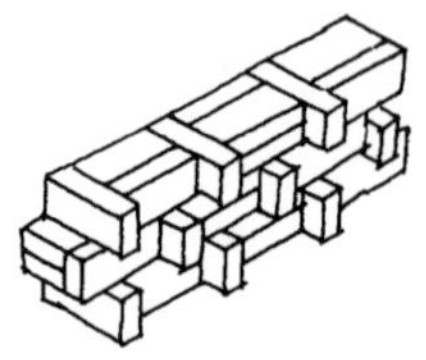

内部视图

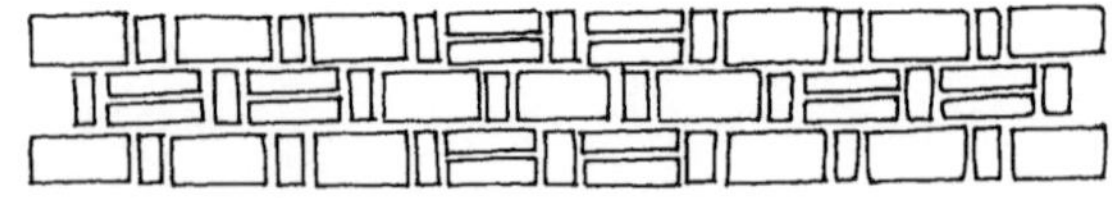

↘ 灰缝

铺砖过程中，在砂浆还未干透时，可以在灰缝处添加其他材料。

用这种方法可以减少砂浆的使用量，并且更好地保护墙体不受雨水侵蚀。此外，这些墙上的所有饰面都能保持得更久。

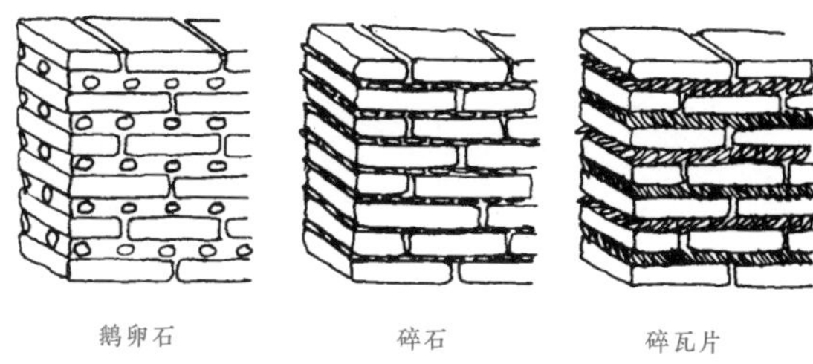

鹅卵石　　碎石　　碎瓦片

↘ 防雨灰缝

要处理好裸露的砖墙的灰缝，在砌筑完一个区域后，要先将灰缝处多余的砂浆清除，再用硬刷子将砖面清理干净。

必须在灰缝处的砂浆刚填上去时就进行这项工作。然后就可以涂饰出防水性更好的灰缝。这种灰缝的砂浆是由水泥、石灰和砂按 1 ： 2 ： 6 的比例混合而成的。

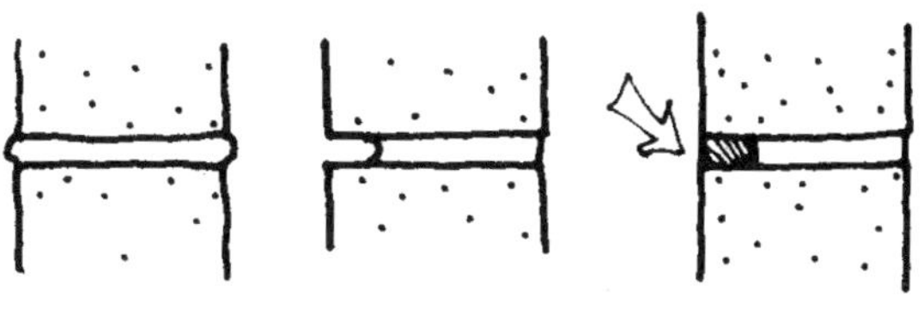

刚做好的灰缝　　清除一部分砂浆　　抹上1：2：6的砂浆混合料

↘ 在不稳定地块上建房

在土质不稳定的地区，如山上，必须用混凝土柱和支柱加固墙的转角和接缝。

有了这种加固系统，可以减少墙的厚度，而且仅需要砌单层砖。

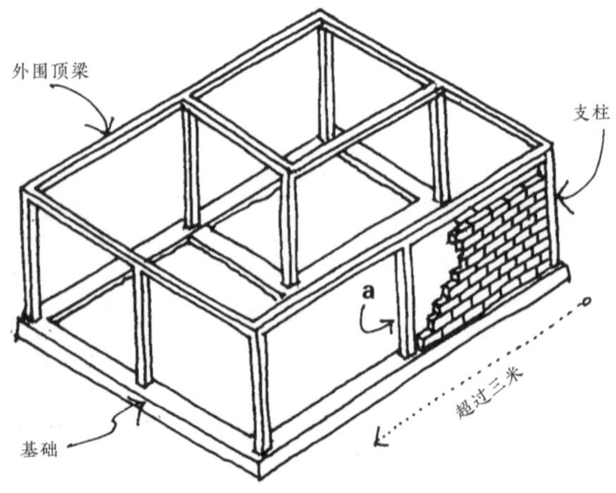

当墙的长度超过三米时，需要在中间建一根柱子（a）。

在干燥的热带或温带气候地区，建议建造厚墙，为建筑提供更多的防止温度变化的保护。

以下是在地震多发区用砖砌墙的一些建议:

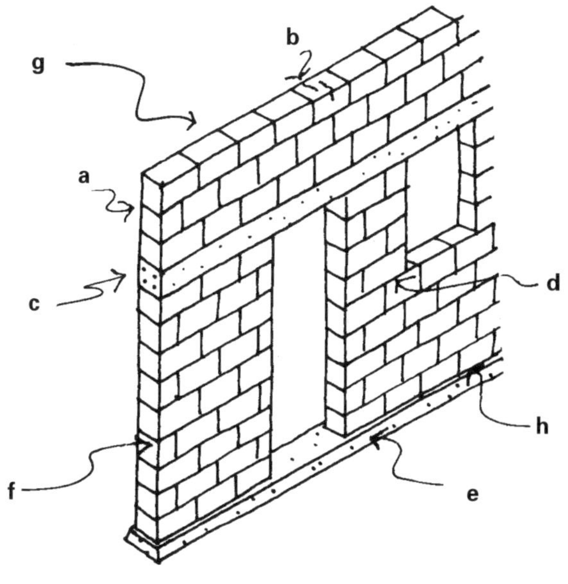

a. 使用优质砂浆（参见本书“附录”部分）。

b. 不要使用碎砖。

c. 在门窗上部建连续的混凝土梁。

d. 门窗之间至少留 100 厘米的距离。

e. 用石头或混凝土砌块建基础。

f. 墙的最小厚度应该是其高度的 1/12。

g. 没有内部支撑（栓）的墙的长度不应超过其厚度的 20 倍。

h. 在砖上涂几层焦油沥青或水泥灰浆，以防地面的湿气渗入砖中。

↘ 地震和山体滑坡

要建造一所能抵抗地面沉降的房子，需考虑以下几点。

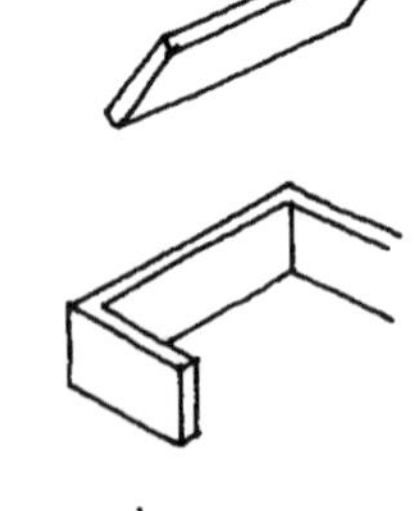

- 没有扶壁的墙会在第一次地震或山体滑坡时倒塌。
- 有转角的墙更稳固。

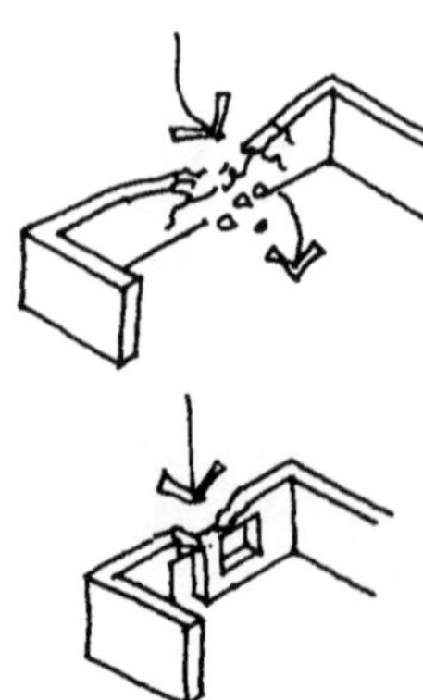

- 太长的墙容易倒。
- 当门窗之间的距离很小时，墙容易损坏。

墙必须有“凹凸”，要利用屋顶或楼板来抵住墙体。

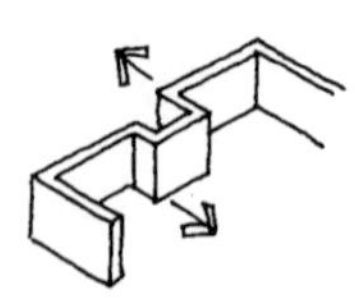

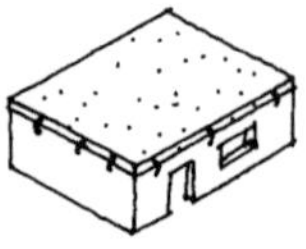

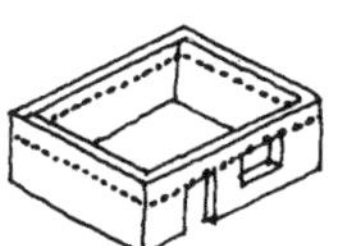

连续的加固带（圈梁）

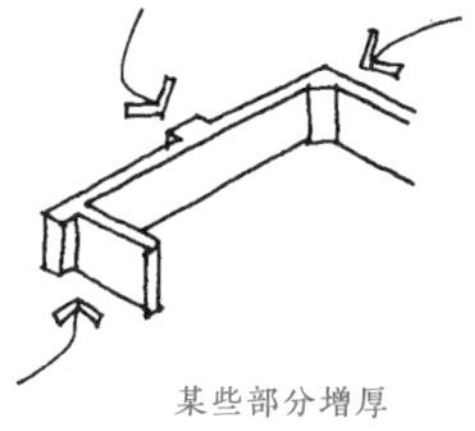

某些部分增厚

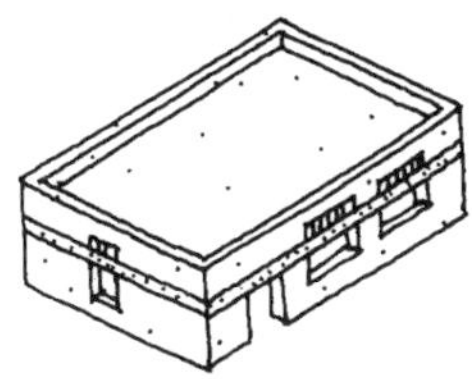

在墙上留出屋顶和圈梁之间的开口，让热空气排出

地震时墙会开裂，墙角是最先倒塌的地方。

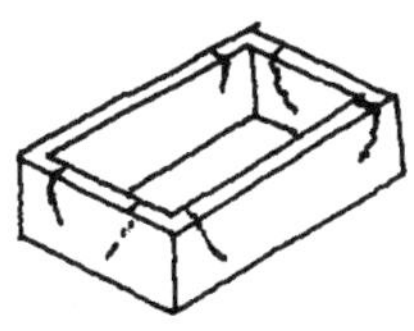

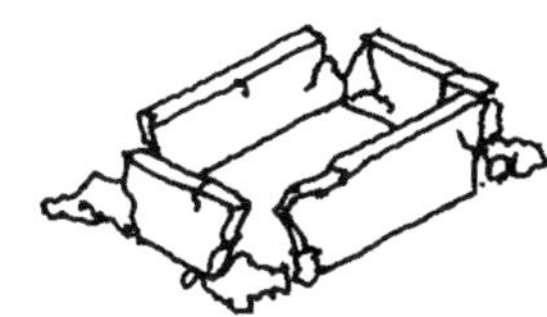

设计不当的房子

门窗之间的距离不能太近，也不能把门与窗设计在靠近墙角的位置。

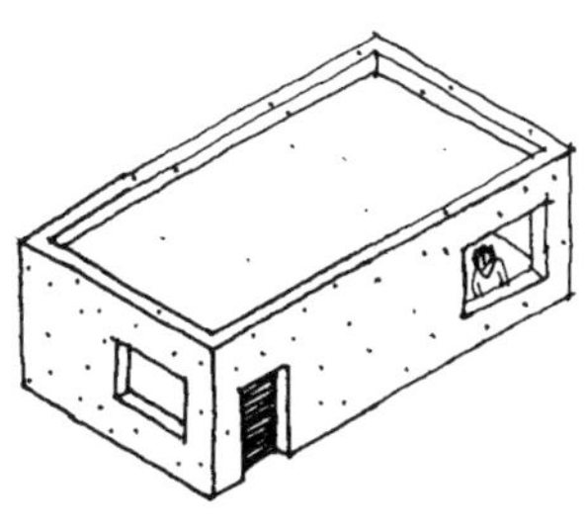

为了使结构更坚固，使用以下准则确定洞口之间的距离。

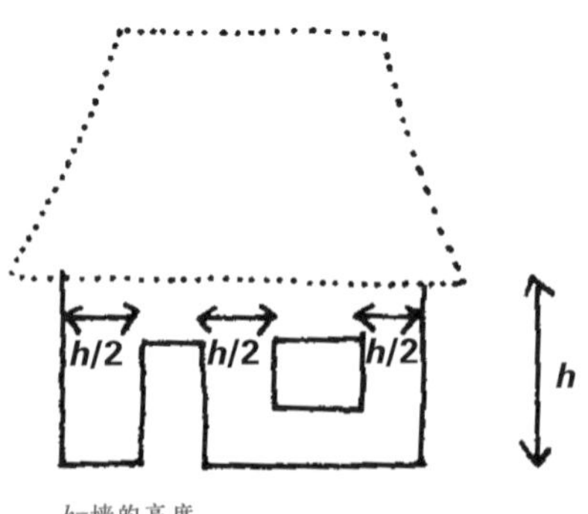

h=墙的高度

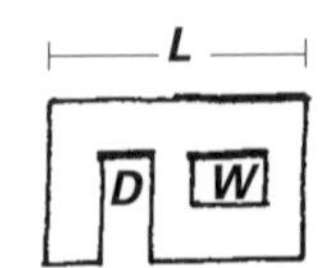

可使用以下公式：

$$D+W \leqslant L/2$$

即门的宽度和窗的宽度之和不应超过墙的长度的一半。

例如，墙长4米，门宽80厘米，窗宽就不能大于120厘米。

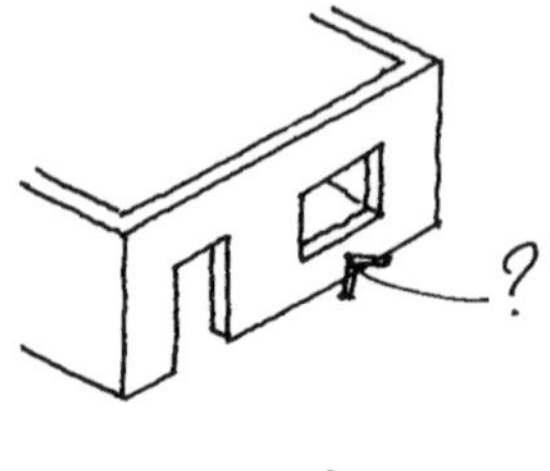

墙长的一半 =200 厘米

门长 =80 厘米

留给窗的长度 =120 厘米

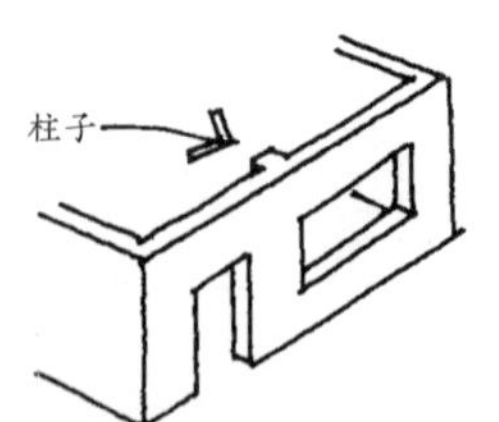

当要建造更大的窗户时，必须建一根柱子。

通过建造坚固的转角和

墙体来加固房屋是值得的，以防紧急情况下没有时间撤离房屋。可以做一个小的安全区域来存放贵重物品。在发生洪水、坍塌或地震等灾害的紧急情况下，人们试图挽救他们的贵重物品时往往会被困。

一般情况下，房屋不会在第一次微震时就倒塌，但由于框架已经受损弯曲，门往往无法被打开。在不稳定的地震多发区，门框的材料必须用较厚的木框。

入口大门的框架

在发生地震这种紧急情况下，很多人晚上不能及时醒来逃离房屋。可以在卧室里挂一个铃铛，这样一有地震铃铛就会响起。

↘ 墙角

在地面不太稳定的区域，最好用小部件加固墙角。

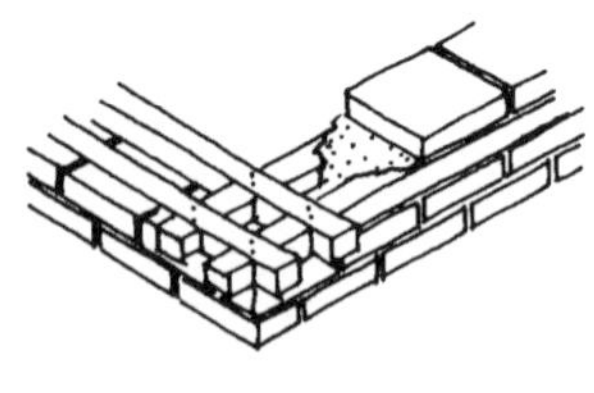

安装的木质构件宽度与墙体宽度相同。

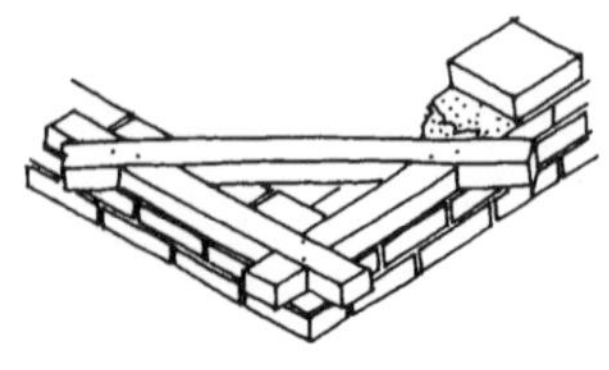

将较大的木质构件搭成三角形安装在门槛的上方。

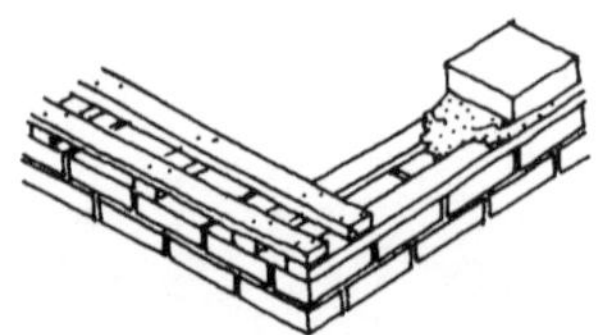

同样的技术也适用于较小的构件。

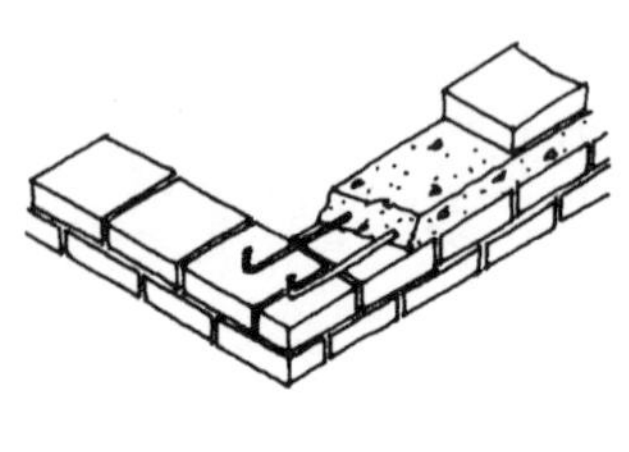

在转角处浇筑一层混凝土，内置搭接在一起的钢筋。

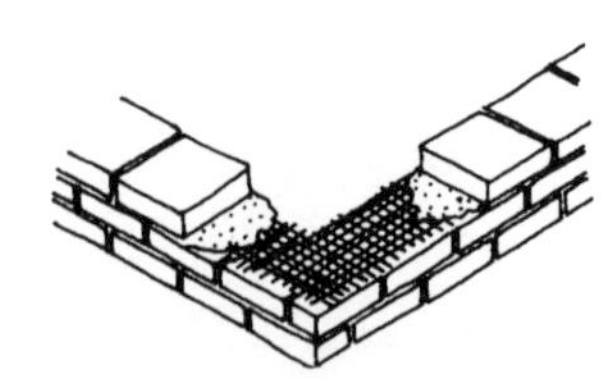

简易的加固技术，即安装一张在转角处交叉的金属网。

用水泥土砌块砌筑石墙时，必须对墙角进行加固。如果没有钢筋，可使用竹竿或裹上焦油沥青和粗砂后绑在一起的棕榈叶茎。

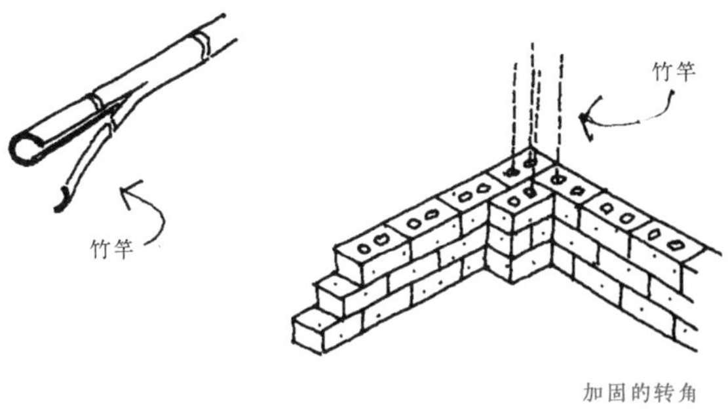

加固的转角

同样的技术也可用于建造接缝处有开口的土坯墙。

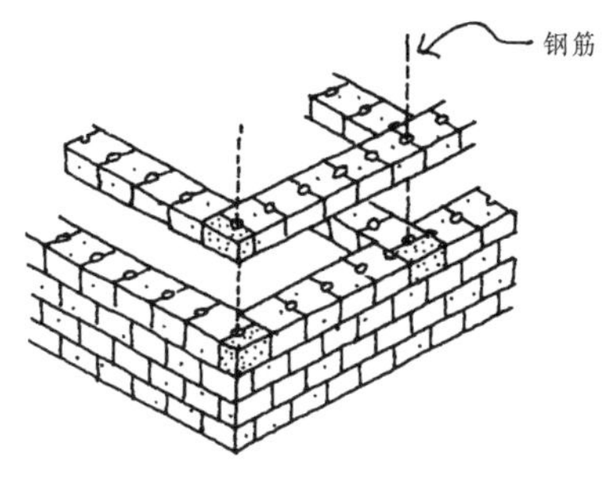

注意用于砌筑墙角的半砖的摆法。

在墙角和墙体交接处的孔中插入竹竿或钢筋进行加固。

在为大面积土坯墙建连续的结构带时，还应建圈梁以加固墙体。

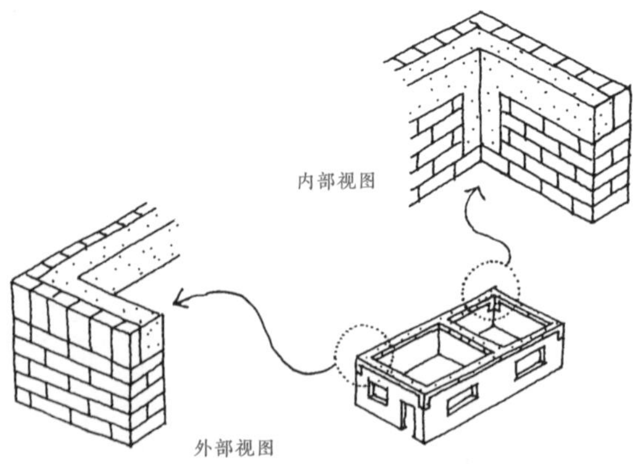

但加固土坯墙角最好的方法是建混凝土柱。
为了避免转角处经常性地损坏，应使用圆角土坯墙。

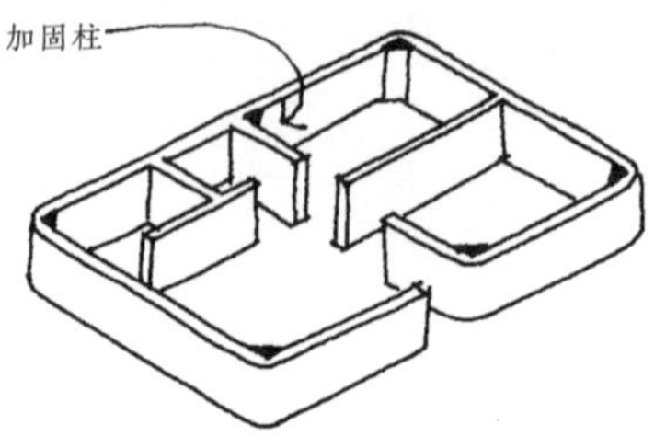

在内部，建造三角形的加固柱。

↘加固圆角

1. 基础的每个角都必须建一个三角形的混凝土柱。基础中的钢筋应与加固柱中的钢筋相连。

2. 每砌四皮砖，都要在接缝处加上两米长的棘铁丝。铁丝也必须绑在加固柱的钢筋上。

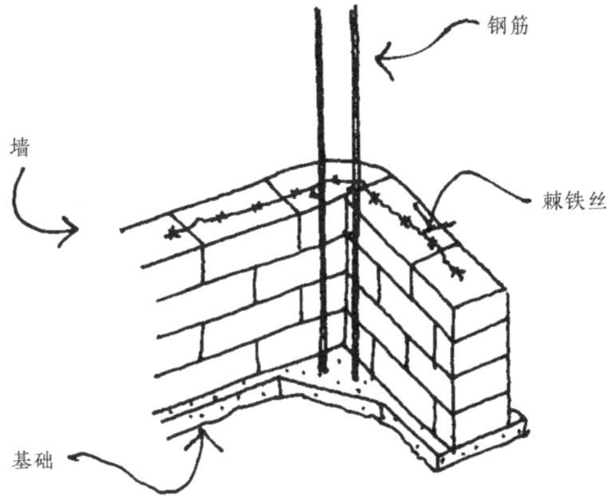

3. 每砌十皮砖，都要在转角安装一块木板并用混凝土填充转角和板之间的空间。敲击木板并压实，以防混凝土形成气泡。

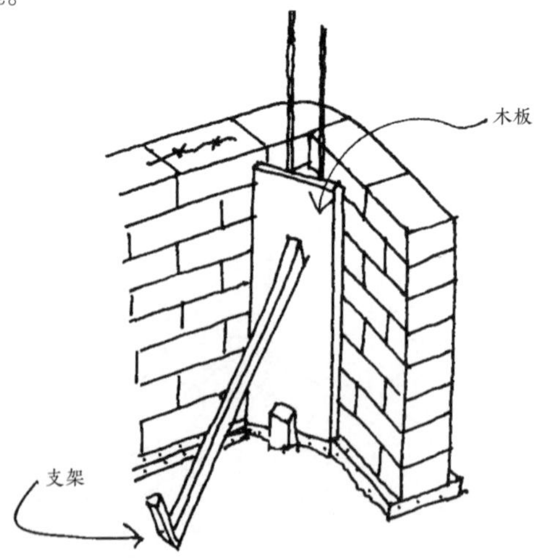

4. 墙顶部的钢筋要与圈梁连接。

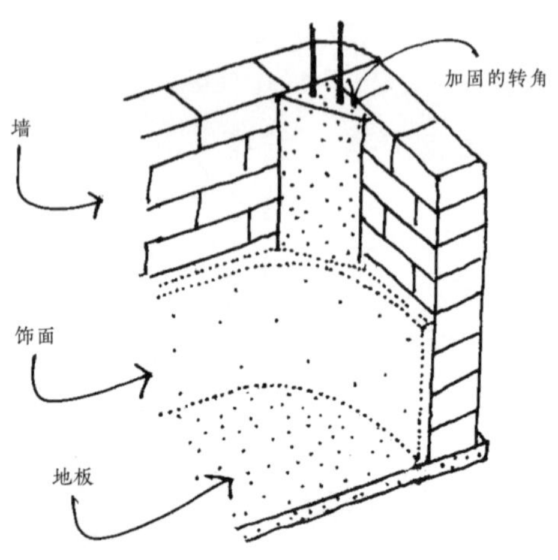

5. 然后在墙角处加上曲线流畅的内部涂饰。

↘ 木砖墙

在木材和砖的价格差不多的地区，可以尝试把这两种材料结合起来建墙。

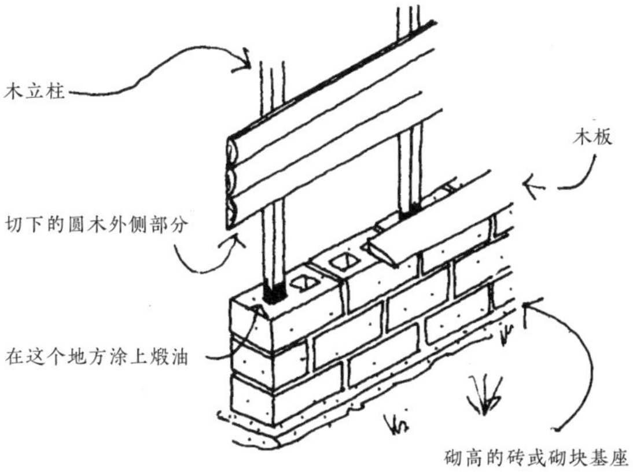

在雨水充沛的地区，砖石墙要做得够高，屋顶必须建有足够宽的屋檐来保护由木材建造的墙体。在气候干燥的地区，砖石墙可以只有两三皮砖高。

雨水充沛的地区

气候干燥的地区

↘ 隔热防寒

用土坯砌的墙比砖墙有更好的隔热防寒作用。在砌每一层时用土或砂填充孔洞，可以提高空心混凝土砌块的保温性能。

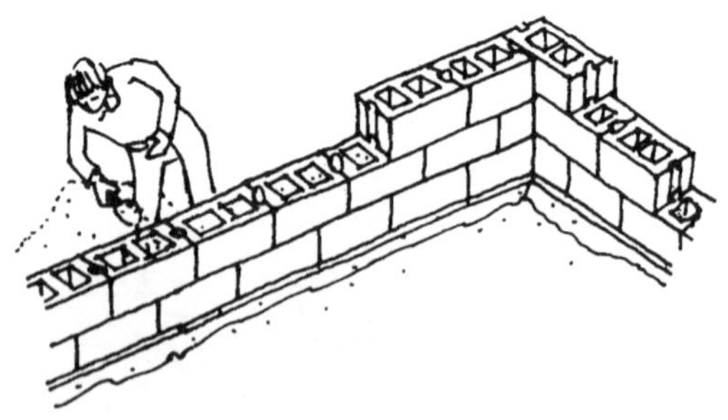

在砌第二层之前，先将第一层的孔填满。这种技术的保温值（隔热和防寒）为 32 ～ 40。详见本书“附录”部分。

↘ 可食景观墙

在房屋挨得很近、庭院很小的地区，可以用砖或砌块砌一堵能种植粮食的墙。这堵墙可以建在街道和入口庭院之间。

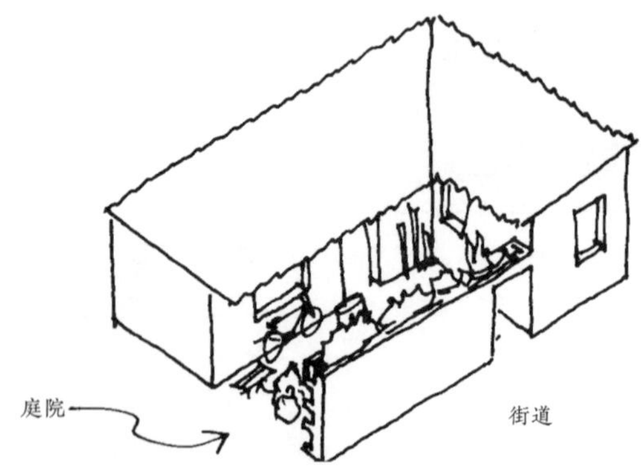

墙的顶部可以建个小花园，里面种植蔬菜和低层隔间中的鸡或兔子的食物。这些动物能为花园生产肥料。

庭院内的景象

这面墙也可以用来存放工具和材料等物品。动物隔间可以用砖来砌，开口朝外。

沿街生态墙的景象

↘ 垂直花园

在没有优质土壤、空间有限的情况下，可以用金属管建造垂直花园。

1. 将一根 2.5 米长的金属管交替切开，每个切口的距离为 20 厘米。

2. 将切口的上部拉开，做成小架子。

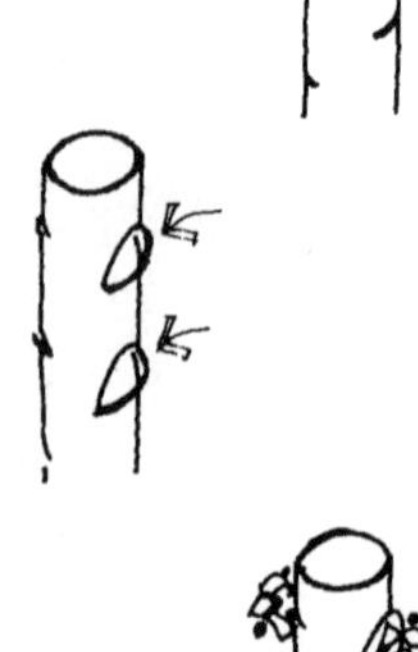

3. 将管子填满土，然后种上草莓、蔬菜或草药等各种植物。

也可以用竹子代替金属管。在本书“供水”章节关于输水的内容中，可以了解如何去除竹竿上的竹节。

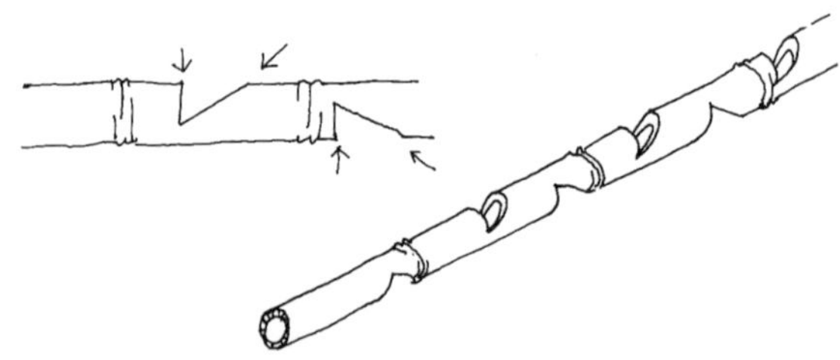

如下图所示，将黏土花瓶一个接一个地装起来，这是另一种建垂直花园的方法。

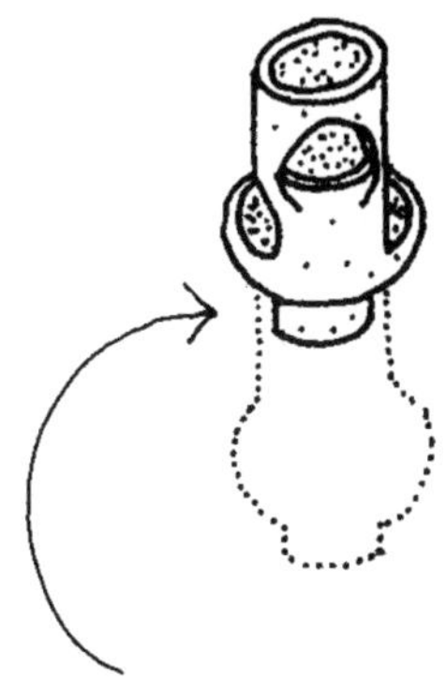

上面花瓶的瓶底放入下面花瓶的瓶口

这种类型的“花园”只需要少量的土，也不怎么需要浇水。 用挂在水槽上的湿细绳给它们浇水即可。

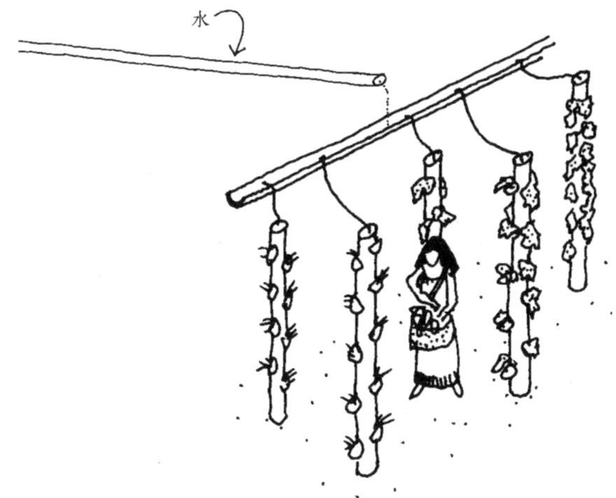

管子的下部埋在土里。

↘陶罐墙

先用柱子建一堵墙，在立柱的两边水平地绑上杆子。将陶罐口朝下地放在杆子中间。

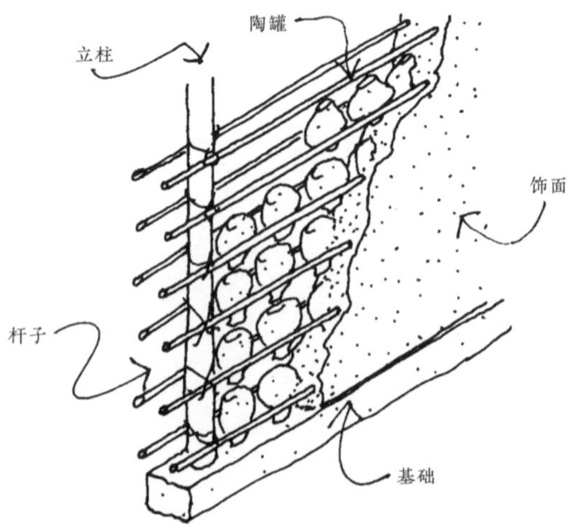

在墙上抹上由泥、砂和草或切碎的稻草混合而成的草筋墙饰面涂料。

↘土坯砖的灰缝

土坯砖的灰缝宽度不应大于土坯砖厚度的一半或三分之一。

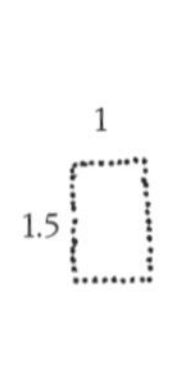

土坯砖的比例

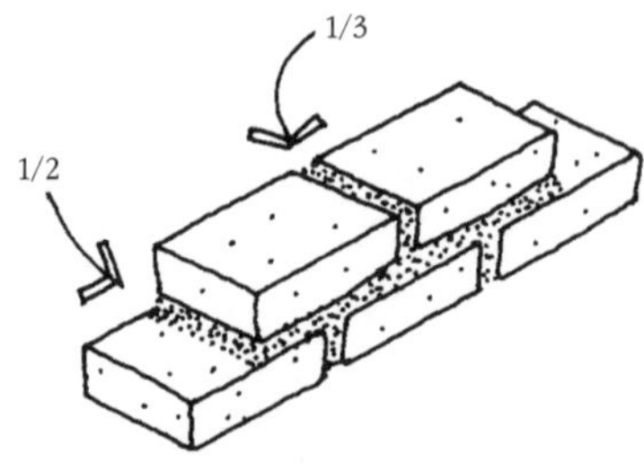

↘ 墙体洞口

墙体上的门窗洞口处应该设置过梁。过梁可以用木材、砖或混凝土制作。

可以用砖砌一个一米宽或更窄的洞口，但必须安装更大的窗框或门框。

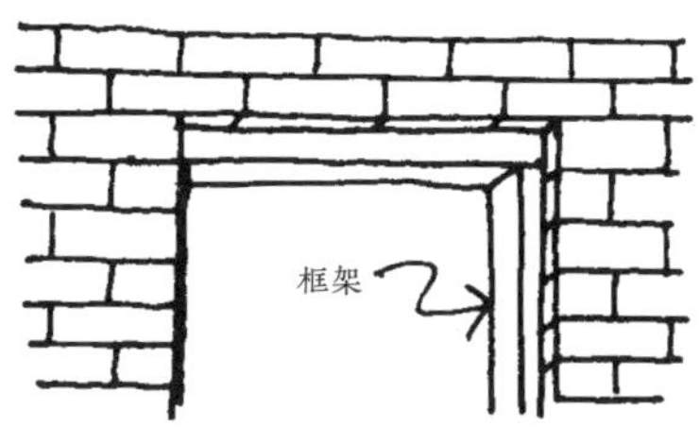

较大的洞口必须安上由混凝土和钢筋做的过梁。

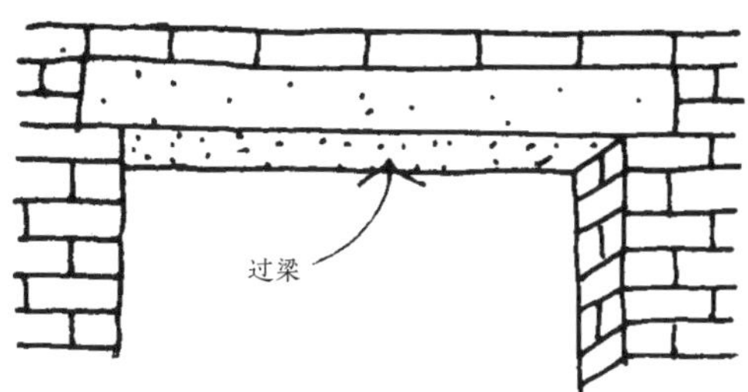

可以用砖来砌一种扁梁（平拱或过梁），如下图所示。

这种砖砌过梁是一种传统的跨越洞口的方式。

另一种跨越洞口的方式是砖的叠涩，砌砖时每一皮砖在洞口处向中心凸出一半，如下图所示。

砖也可以用作隐蔽式混凝土过梁的模具。

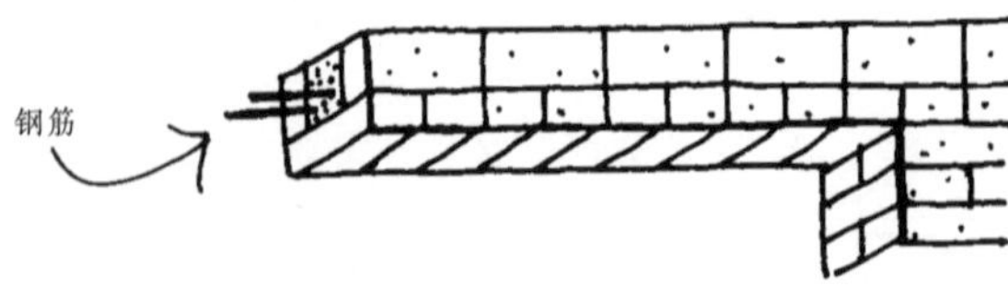

↘ “图拱”梁

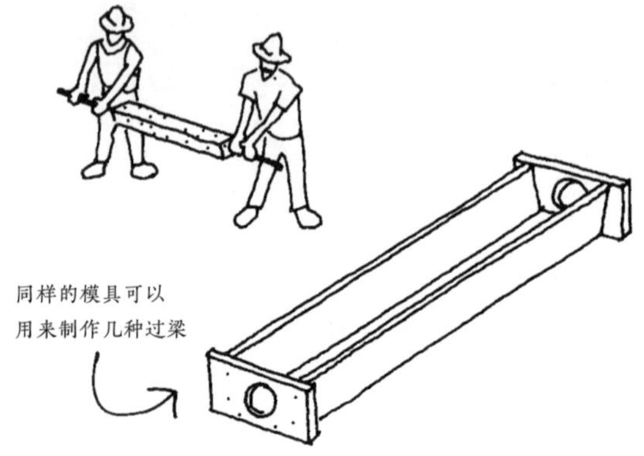

关于制作“图拱”梁的说明，参见本书“材料”章节。

“图拱”梁可以在没有框架或支架的情况下安装。

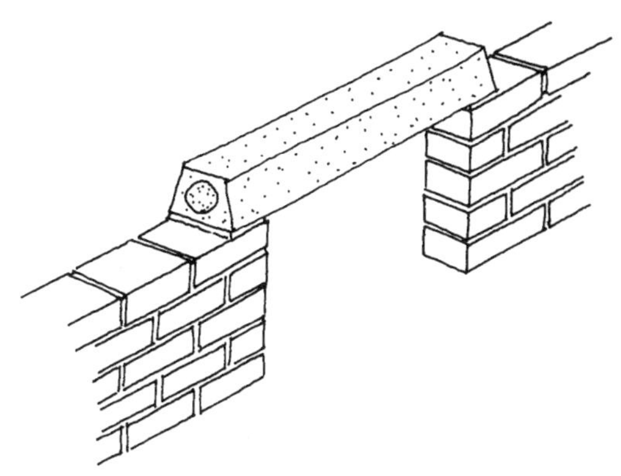

“图拱”梁可以加快施工进度

当洞口上方的重量过大时，必须在梁的孔内装入钢筋并填入混凝土。

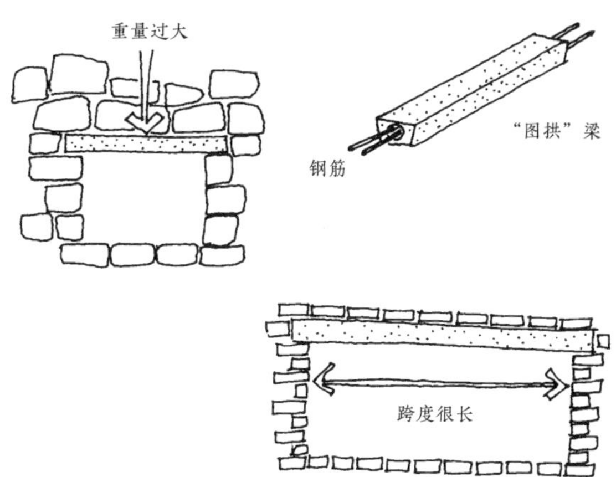

洞口较大时也应使用相同的做法。

拱形窗

下面介绍两种建造拱形窗的方法。

第一种，用砖做支撑。

把砖砌成拱形，不使用砂浆。等砖拱砌好且干燥后，再将这些砖移除。

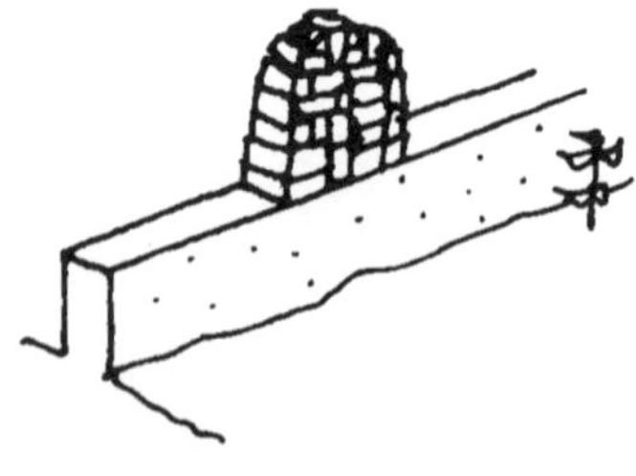

1. 依照洞口的形状砌砖，不使用砂浆。

2. 用砂浆砌好洞口的砖拱，再一层层地砌墙体的其他部分。

3. 移走洞口内没有用砂浆砌的砖，然后粉刷墙面。

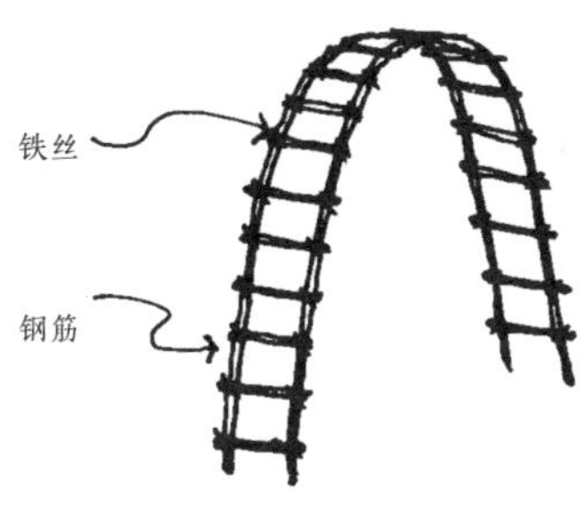

第二种，用框架支模。

用钢筋和铁丝制作一个简单的拱形框架模具。这种支撑模具的优点是便于调整以适应其他窗户的形状。

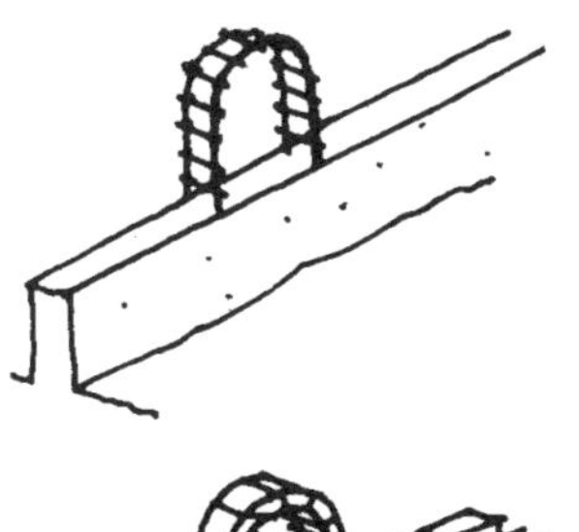

1. 将框架模具摆成需要的弧度。

2. 沿着拱形模具砌好砖拱，然后一层层地砌好墙体。

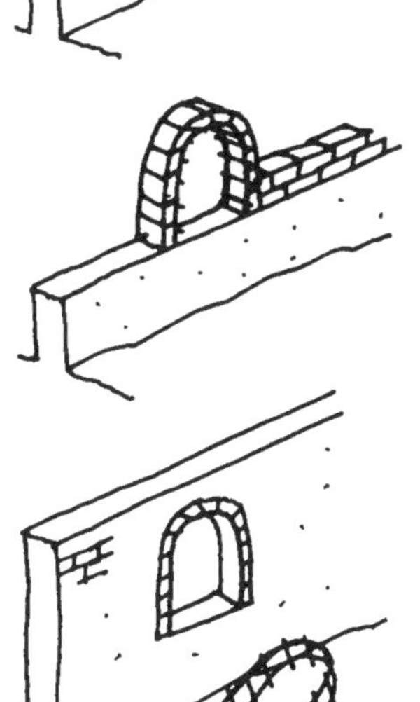

3. 将拱形模具移走。

↘装饰墙

用品质好的砖或混凝土砌块砌墙，墙上不需要粉刷涂饰也可以砌出不同的墙体图案。

在尘土非常多的地区，建议砌平整的墙面。在其他地区，可以按不同的角度砌砖，创建出曲曲折折的墙体。这种墙除了具有装饰性，还比较散热，因为这种墙体会带来阴凉和更多的空气流动。

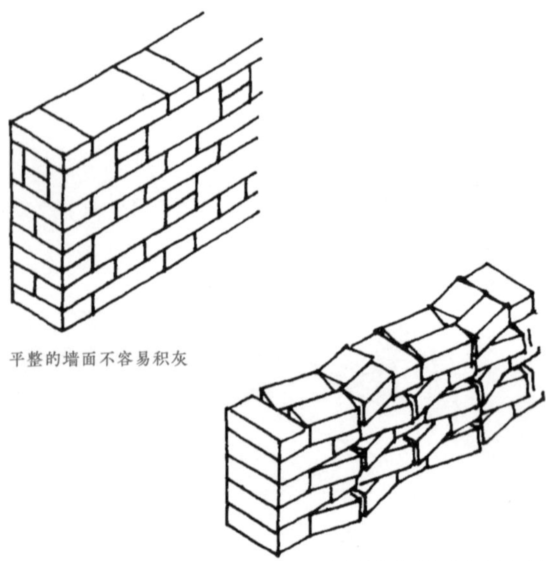

平整的墙面不容易积灰

曲曲折折的墙体自身就能遮阴

墙体下部必须平整，以防砖石被车辆、园艺设备，以及想要向上爬的动物或儿童损坏。

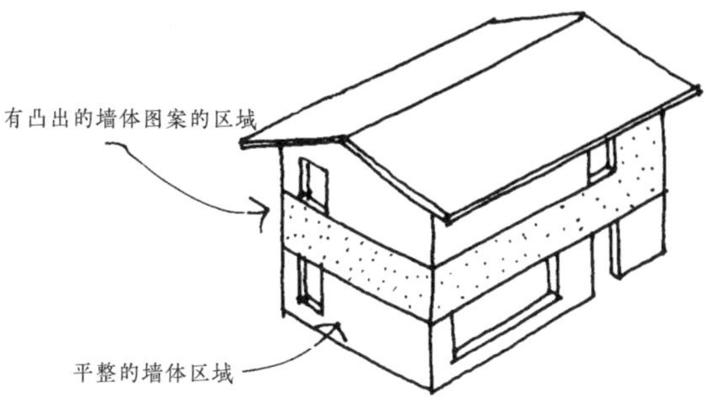

↘示例

梯形的土坯砖可以制作有趣的墙体或隔断。

砖可以用不同颜色的砂制作。效果如右图所示。

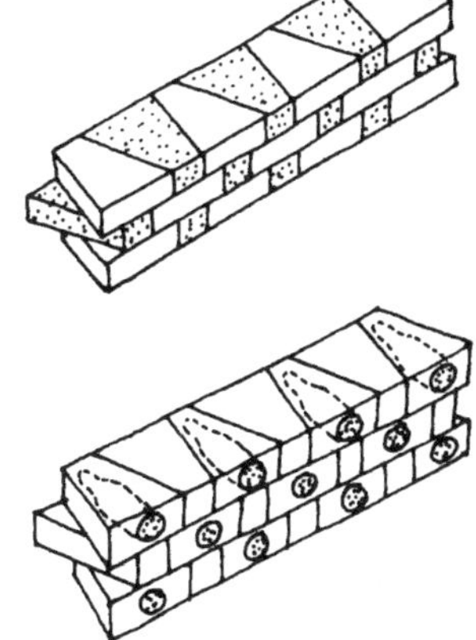

还有一种做法是在梯形砖里放玻璃瓶，让瓶底露出来。

让瓶底露出来

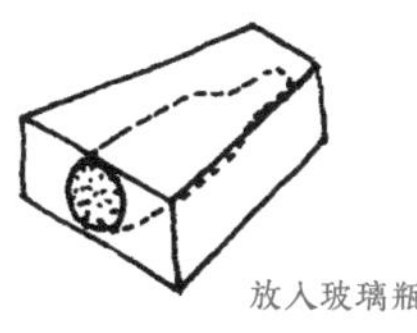

放入玻璃瓶

即使是没有装饰的砖，也可以砌出不同图案的墙。

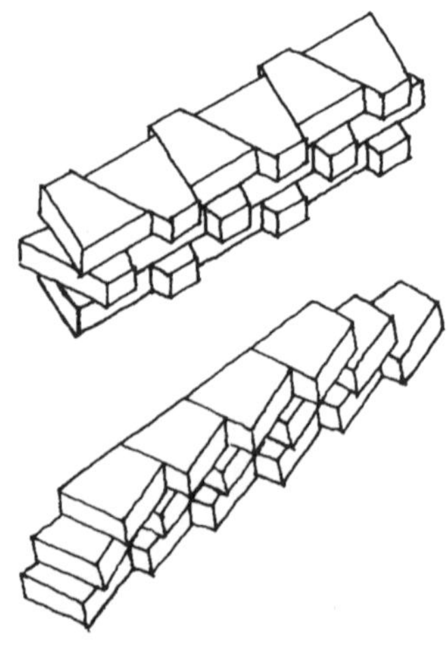

一块砖朝里，另一块砖朝外。

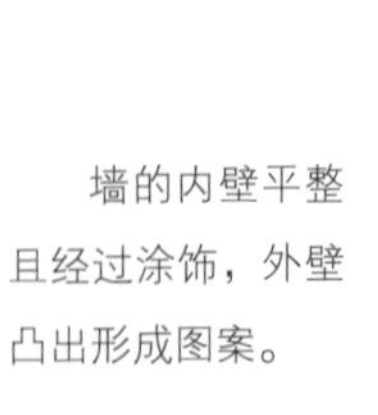

墙的内壁平整且经过涂饰，外壁凸出形成图案。

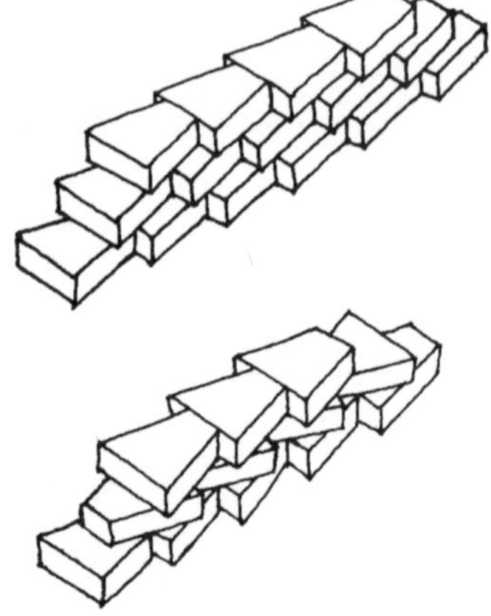

每皮砖都按相同的方向砌，墙的两面都形成图案。

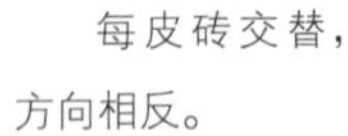

每皮砖交替，方向相反。

每皮砖交替，形成偏移的图案。

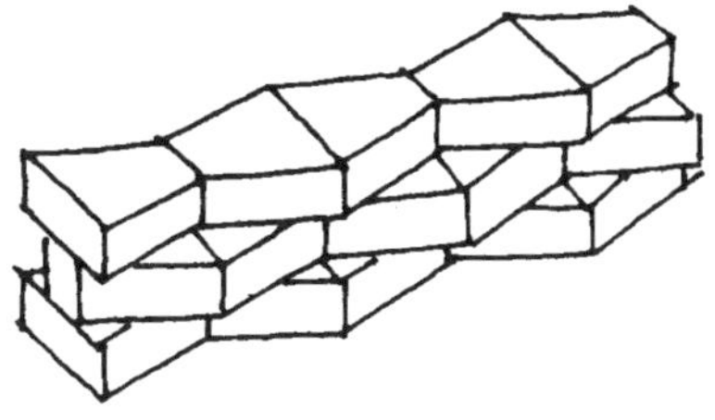

有洞口的墙，用于建隔断或者花园。

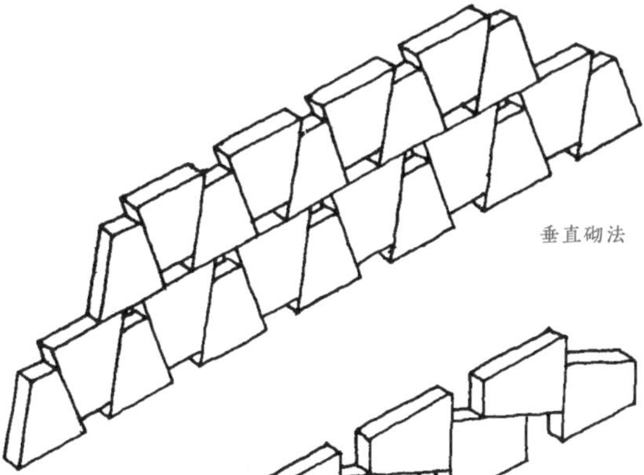

垂直砌法

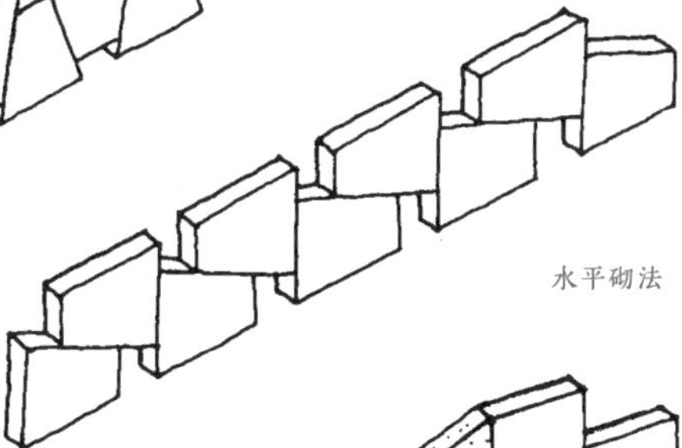

水平砌法

砌出具有彩色图案的封闭墙面。

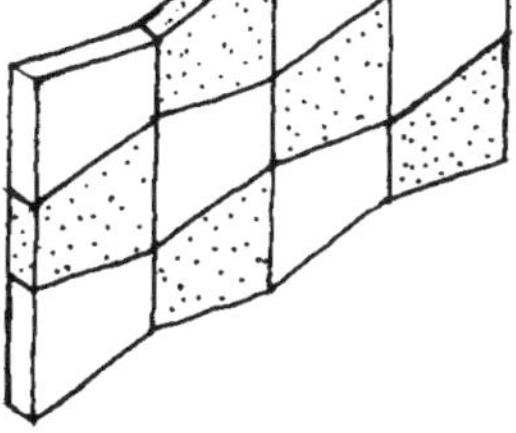

长方形的砖也可以砌出有不同图案的墙。

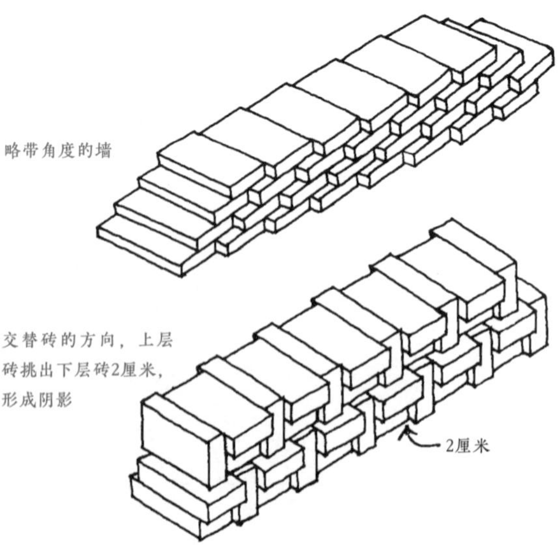

混凝土砌块也可以砌出有装饰性图案的墙。

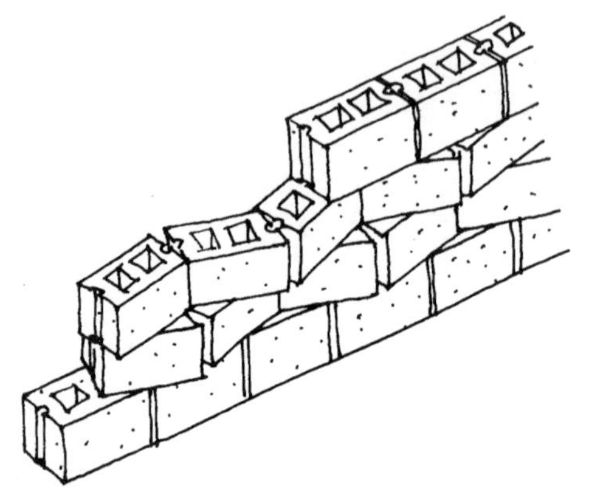

平整的墙体可以用一两层砖砌出不同的图案。一定要使用质量好、不容易断裂的砖。

外墙压顶

为了防止雨水渗入室外砖墙的灰缝，可采用特殊砌法用砖压盖住墙顶。

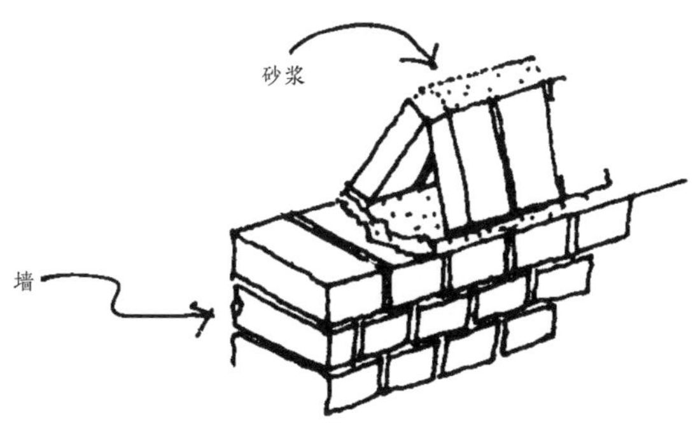

花园围墙的上部可以砌成有洞口的墙顶。

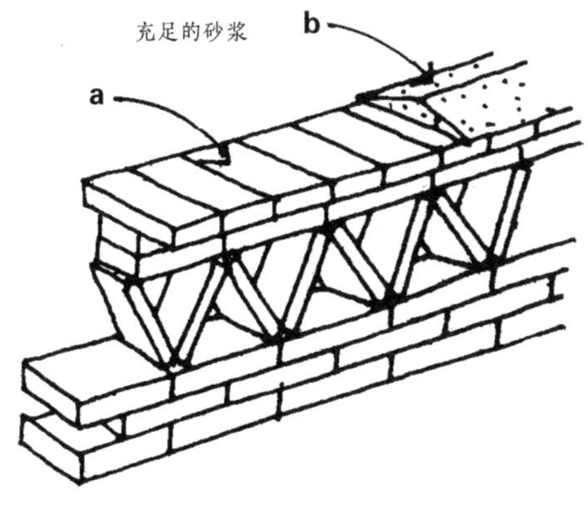

在雨水充沛的地区，墙顶处应使用充足的砂浆，以防雨水渗入灰缝（a）。另一个解决办法是在墙顶部加一个倾斜的水泥饰面盖板(b)。

门廊的墙一般用弧形瓦片盖顶。

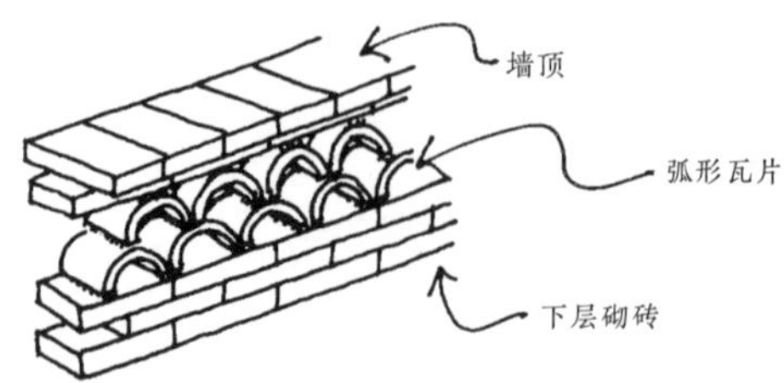

瓦片和墙顶之间的洞口可以是空的，也可以用砂浆填充，然后涂上石灰。

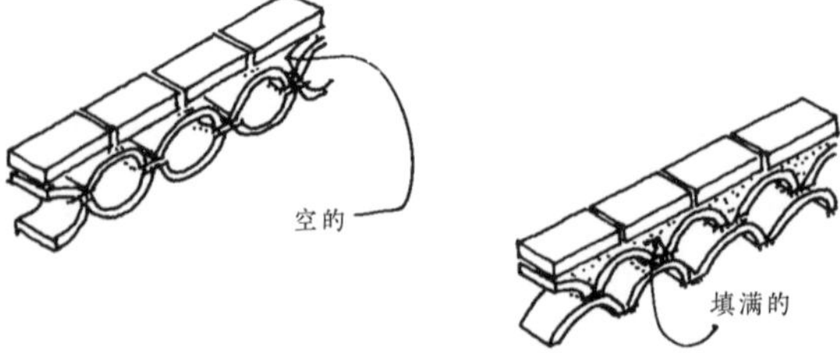

为了将墙顶封上，可以沿垂直于墙顶的方向再加一皮砖。

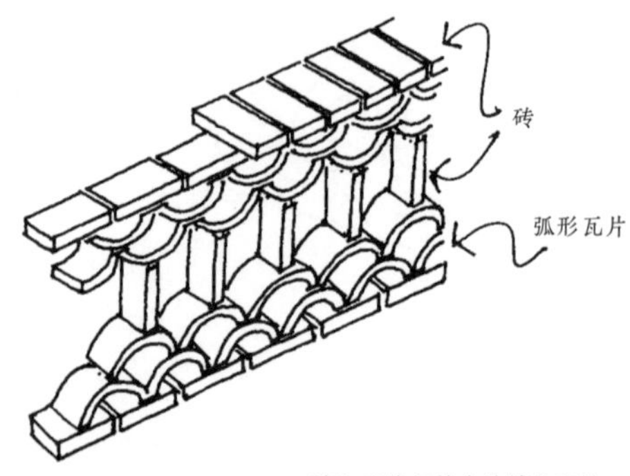

砖和瓦片相结合的墙体砌法

运用这种技术，可以砌出许多不同的图案来装饰栏杆。

这些图案也可以用来装饰花园围墙。

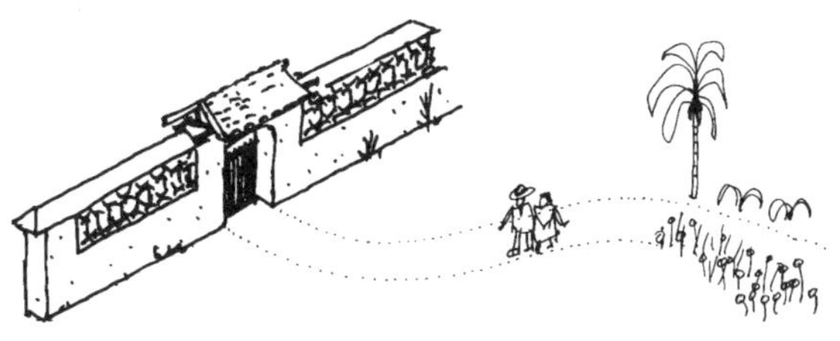

这种技术也适用于室内隔断。

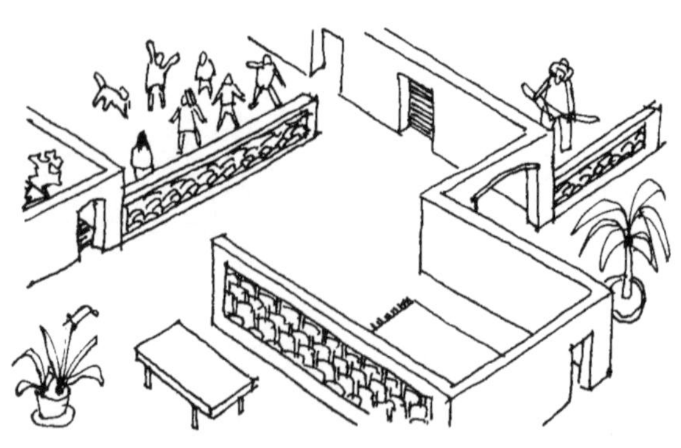

↘ 用多种材料建的墙

房屋或建筑物的墙并不是都要使用相同的材料和技术来建。

也没必要立即建造最终的墙体，可以先用轻质材料建造，以后再换成其他更耐用的材料。

一开始就建造稳固的基础和结构来支撑屋顶很重要。墙可以是结构的一部分，也可以不是。交替使用的墙体材料要有清晰的不同的砌法以方便区分。

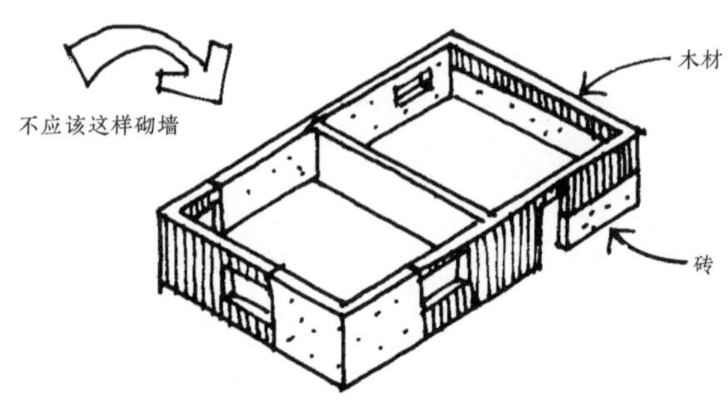

像下图这样建墙更好。

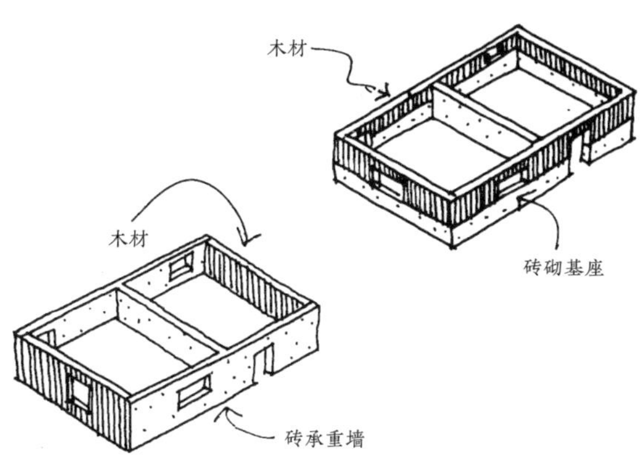

土坯墙的厚度

两层楼房的一楼墙体的厚度应为二楼墙体的 1.5 倍。

另一种计算墙体厚度的方法是根据墙的高度来计算。例如，3 米高的墙应有 30 厘米厚。

墙的厚度还取决于材料的质量和区域气候。

↘石灰砂浆

抹石灰砂浆需要一些特殊的工具。下面讲解涂抹技术。

1. 打湿砌筑的墙面，抹上石灰混合砂浆。

2. 用铅垂线确认墙壁在同一平面。

3. 用木板将墙面抹平。

4. 用木制或金属制的抹子收光墙面。

↘楼板模板

在混凝土地板和屋顶的施工中，往往由于空间规划不正确而造成材料的浪费。

利用模块化单元模板来设计房屋尺寸，整个楼板都可以使用同一个模板。因为木材被切割后一般不能再利用，这样做可以节省木材。

由于木材成本很高且不能重复使用，混凝土施工的成本可能比计划的更高。

下面展示的是一所以 50 厘米为单元模块设计的房子。

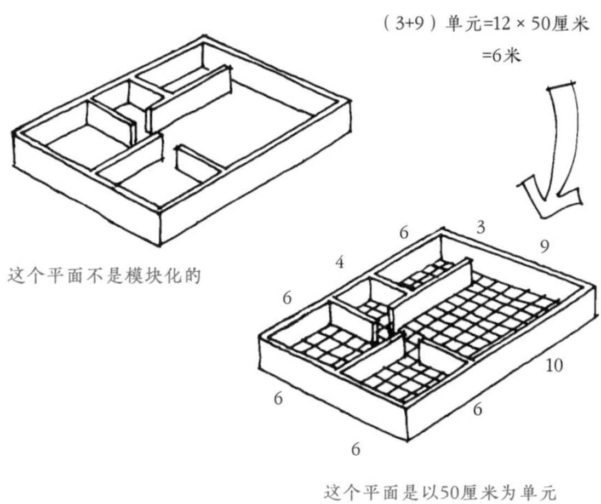

这个平面不是模块化的

这个平面是以50厘米为单元完全模块化设计的

↘模块化施工

如果要用模块化施工技术来建造，首先要确定好最适用的单元。根据现有木板的尺寸来选定模块化单元，这样就不会因为切割而浪费木材。用选定的模块来设计房屋的平面图。

下面以 1 米 ×1.5 米的模块为例。胶合板模板不能太大或太重，以方便操作。用木板做的面板比较重，所以一般都做得较小。

一所小房子的平面图如下：

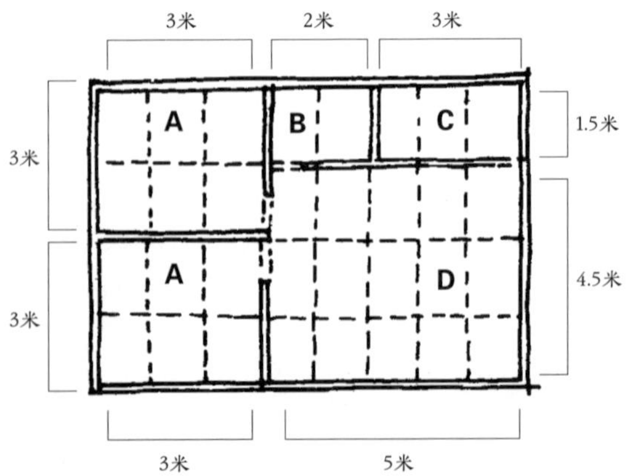

注意：房间的尺寸以米为单位，计算的是从一面墙到另一面墙的距离。这些都是空间的内部尺寸，不包括墙的厚度。

房间	功能	模块数	尺寸
A	卧室	12	3米 × 3米
B	浴室	2	2米 × 1.5米
C	厨房	3	3米 × 1.5米
D	客厅	15	5米 × 4.5米
	总计	32	

此框架需要 32 个模板。

搭建模板面板的方法有两种。

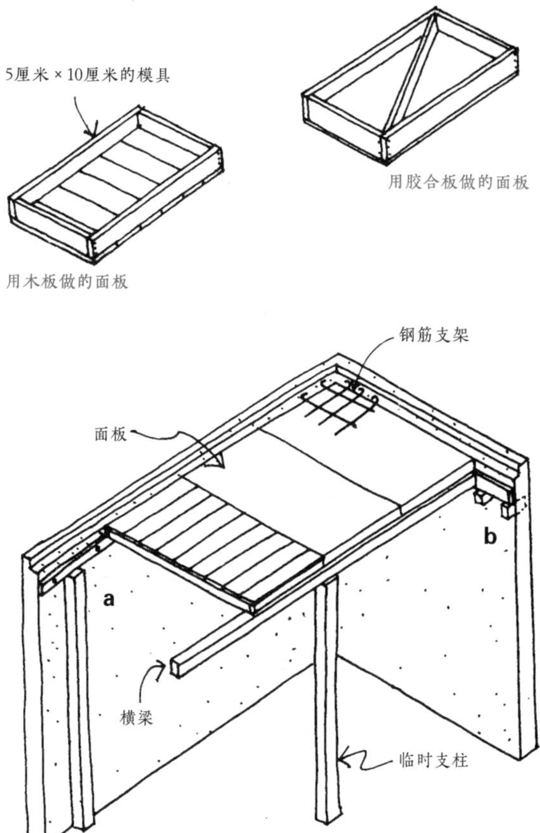

如果不能用木材做立柱（a），则必须用凸出的砖块(b)来支撑面板。

PANELS
面板

预制面板通常便于封闭屋顶和墙体上部之间的空间。这些类型的面板叫作天花板。

建造天花板有多种方法，可以使用黏土和草料、石膏和剑麻纤维，或者竹子和水泥。

↘ 黏土茅草板

黏土和茅草是用来建造耐久的天花板和上部储物间表面的材料。

1. 安装托梁之前，在上面打一排孔。

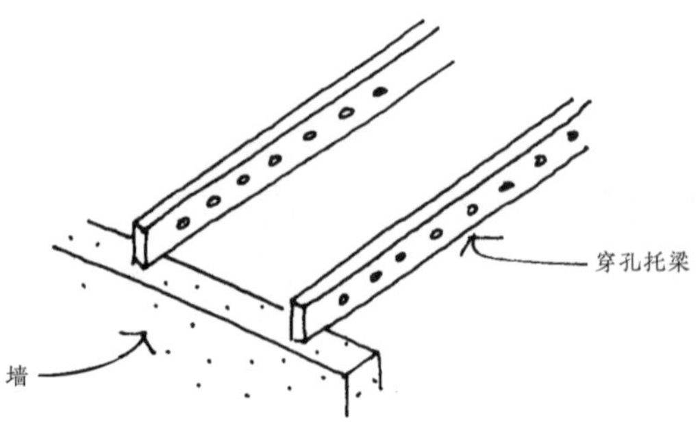

2. 然后将裹了黏土的稻草或茅草缠到树枝上，树枝的长度要超过两根托梁之间的距离。

3. 将用草和黏土缠好的树枝安在托梁之间。先将树枝的一端插入横梁的一边，再插好另一端。

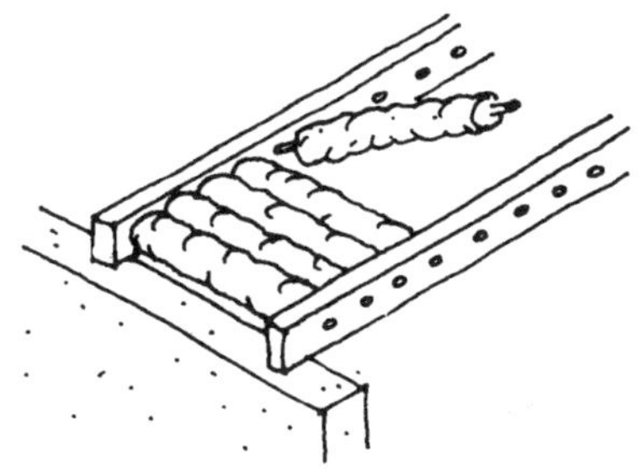

4. 在面板的上下分别抹上一层由砂和黏土混合而成的光滑的饰面层。

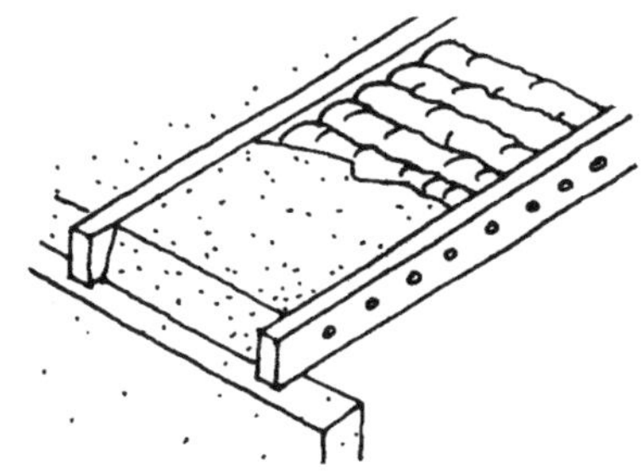

竹泥茅草板

这种面板由纵向劈开的竹片，以及泥和切好的茅草的混合料共同制成。

竹子的圆面朝上，下部深嵌入泥中。

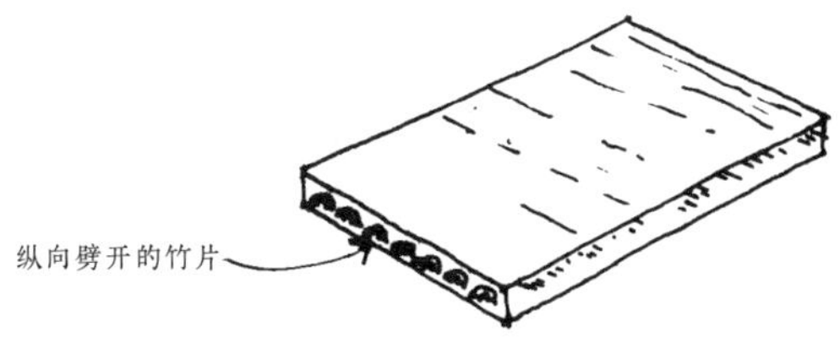

竹浆板

这种面板或台板也可以用来做室内隔断。

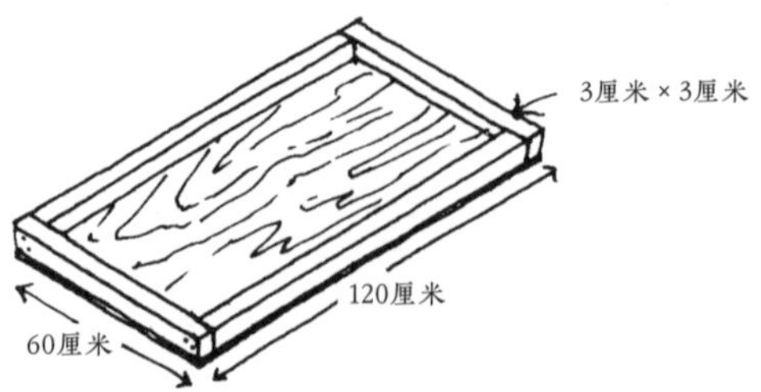

1. 用 3 厘米 ×3 厘米的木框和胶合板制作模具。

2. 在面板和木框上涂上煅油。

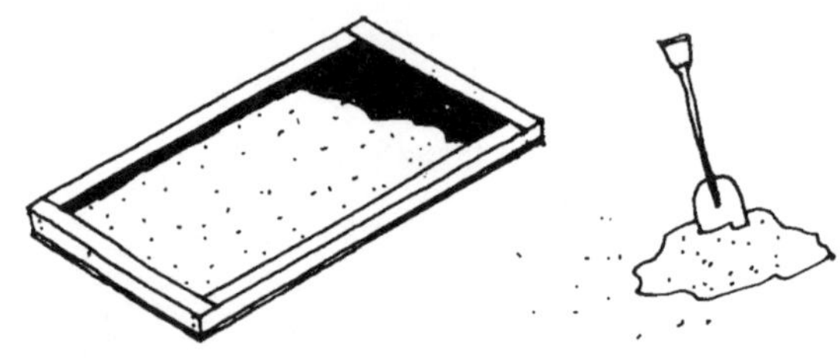

3. 模具中铺上一层细砂浆。砂浆由一份水泥和两份砂混合制成。

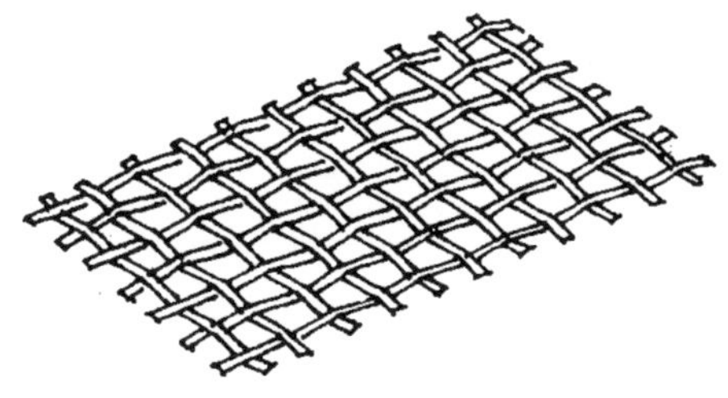

4. 在面板内安装竹垫，该竹垫由 2 毫米厚、1 厘米宽的竹条互相间隔 4 ～ 5 厘米编织而成。待竹垫干透后涂上焦油沥青，并在上面铺上一层细砂。将竹垫压入水泥砂浆中。让面板干透。

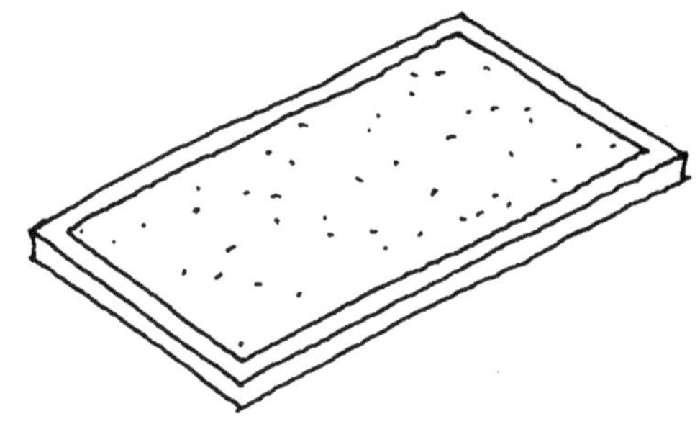

5. 用水泥砂浆覆盖整个竹垫直到和框架的边缘重合，用一块木片刮走多余的水泥。将表面修饰平整。

6. 将面板放置 8 天，3 周之后再安装。

为了节省木材，可以做一个 3 厘米 ×3 厘米的木框，用压平的硬纸板或报纸作为底座。

注意：厨房台面板的厚度为 5 厘米。

↘ 剑麻石膏板

施工过程中可以用轻质无加筋支撑的石膏和剑麻纤维板建造天花板。

在桌子或工作台上放置一块约 50 厘米 ×100 厘米的玻璃板。用 1 厘米厚的木条搭建框架，用钢筋制成的夹子将框架固定住。

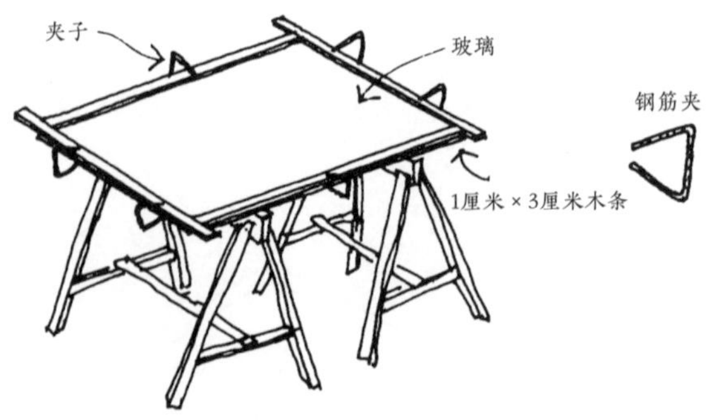

1. 混入少量的石膏，刚好够盖住玻璃板。

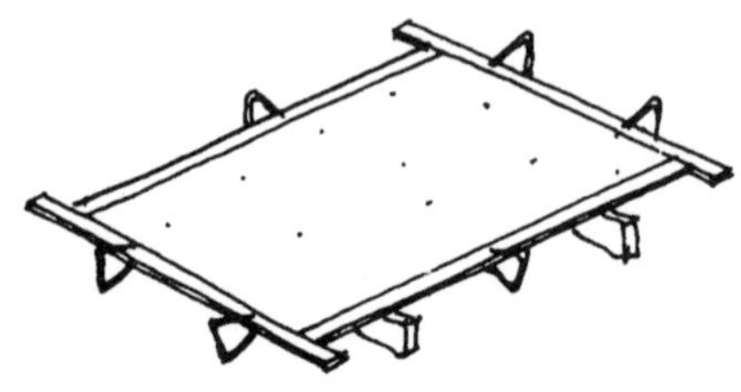

2. 在框架内填满石膏，填至框架木条的边缘。
3. 在面板表面铺上一层薄薄的剑麻纤维。

4. 等几分钟让面板干燥。

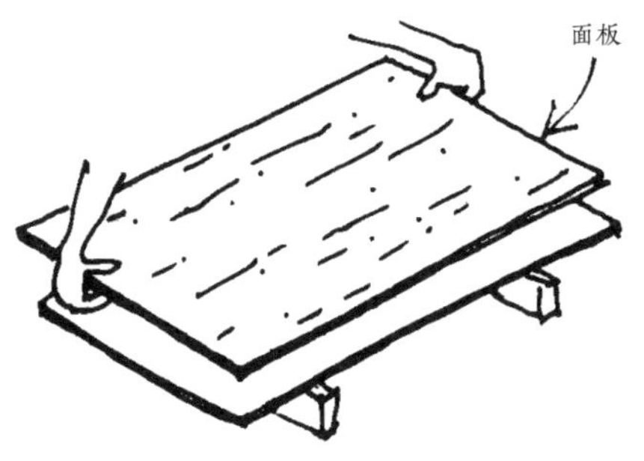

5. 拆下木条，然后抬起完全干燥的面板。

安装剑麻石膏板的方法如下：

这些石膏板可以挂在屋顶的托梁上。面板由两个人共同配合安装。一个人举着面板，另一个人将剑麻纤维浸入石膏混合料中、搭到托梁上，并将剑麻纤维的两端黏在面板上（参见下一页的插图）。安装完成后，下面的人仍将面板举着，直至面板完全干燥。

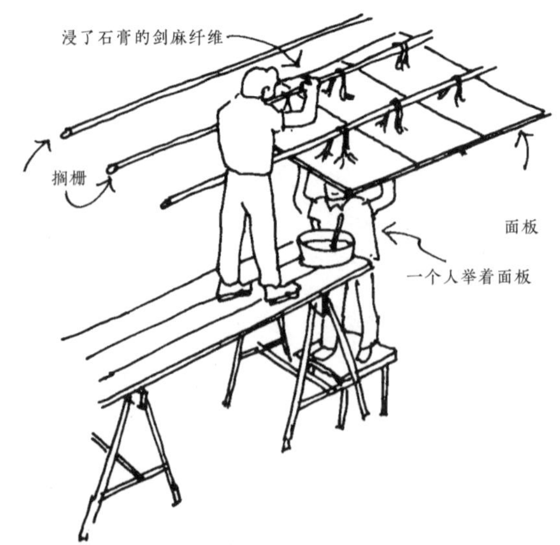

当所有面板安装完毕后，在接缝处抹上石膏，使墙面光滑平整。

修整接缝

为了防止面板在与墙的连接处开裂，要在墙和面板中间留出 2 厘米的空间。这段空间可以用木条或拱形线脚来掩盖。

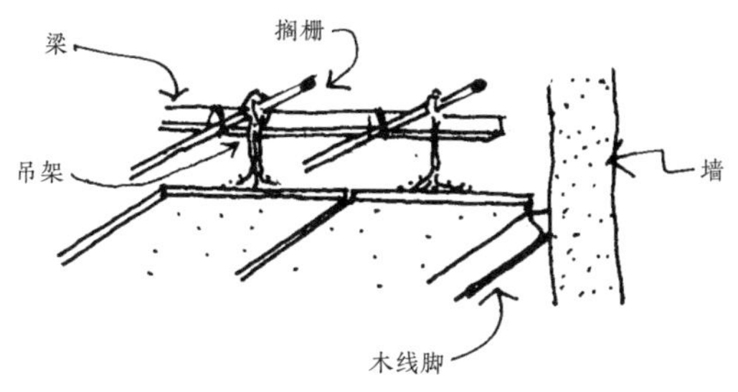

另一种方法是将面板安装在混凝土楼板下，面板挂在钉入上层楼板的销钉或者木桩上。

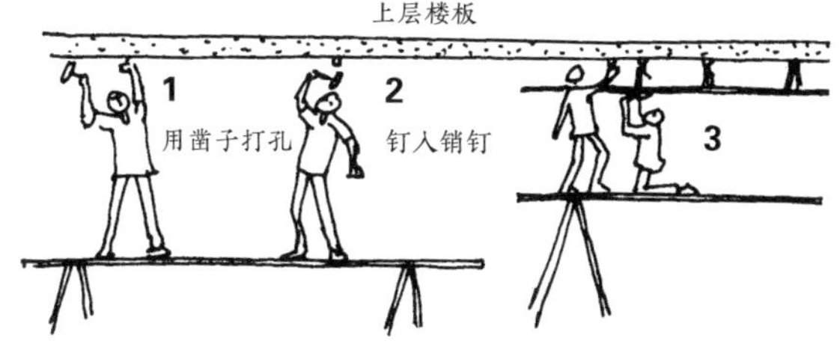

1. 用凿子和锤子打孔。

2. 用锤子固定销钉。

3. 将浸满石膏的剑麻纤维面板连到销钉上。

这些面板很容易被凿穿，安装电线时也很容易被切开。请记住，最好是在用吊顶封闭空间之前安装电线。

FLOORS
地板

↘ 泥土地板

屋内立柱之间的地面区域必须高于外围区域。墙体要防止雨水沿房屋平整的外墙流淌。

泥土地板的材料由泥土、砾石、水或沥青混合制成，几种材料相应的比例为 10 ∶ 2 ∶ 1。

建造优质地板的另一种方法是使用浮石砂，浮石砂可以为极寒或极热地区的房屋提供隔热基底。

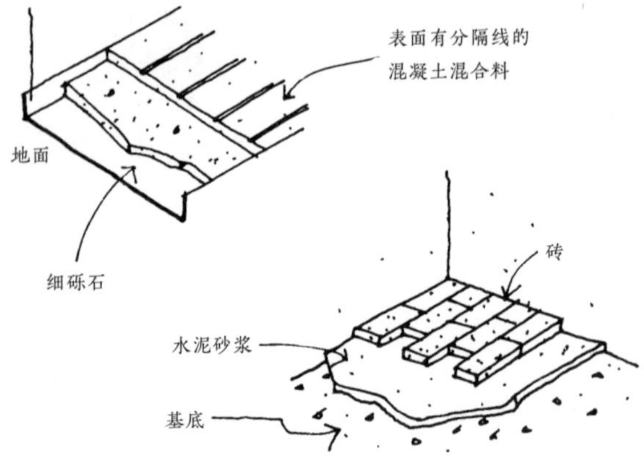

在地板表面用树枝或稻草生火，这样可以硬化泥土或黏土地板。

通风地板

为了使地板免受冷热的影响，地板上要开孔以使空气流通。在非常热的地区，通风孔或通道可以让冷空气流通。在寒冷地区或寒冷的季节，墙底部的这些孔可以封起来。

通道从房屋的一侧延伸到另一侧。在通道连接处，沿相反的方向建一个集合通道。这种通风地板包括一层薄薄的混凝土，以及陶瓷或木地板。

通道可以由多种材料建成。

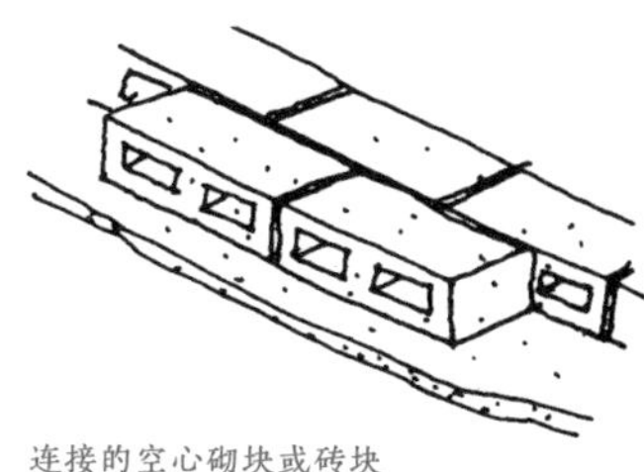

连接的空心砌块或砖块

嵌入混凝土的排水管

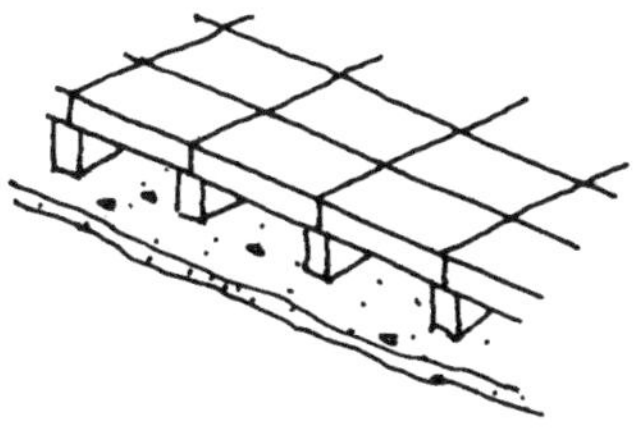

以混凝土为基底的陶瓷地板

注意：在外墙周围种植几种如香茅这样的植物，以防昆虫进入通道。

屋面板

在横梁上安装槽形屋瓦，使瓦片较大的一端与另一块瓦片较大的一端相接，下一排的方向则相反。

在瓦片上铺上细铁丝网并在铁丝网上铺一层 3 厘米厚的混凝土。稍微提起铁丝网，确保混凝土完全渗透且黏附于瓦片和铁丝网上。

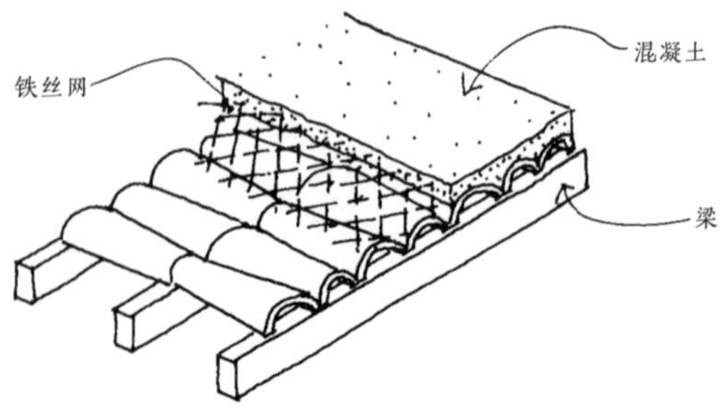

从上方看

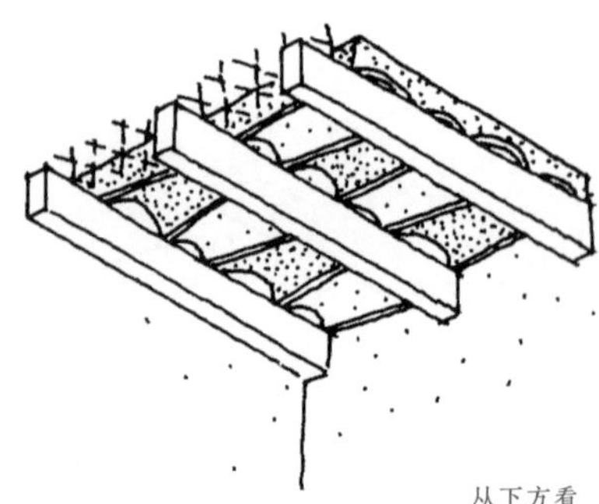

从下方看

要装饰从下方看到的天花板，可以每间隔一块瓦片就涂上石灰。

房子的装饰不应局限于墙壁或地面。天花板也是一个值得装饰的区域。

砖竹板

在本书“材料”章节,有关于制备竹子用于建造的说明。下图展示了如何建造一个坚固且成本低的地板。

1. 安装竹子，使之平行于其中一面墙。
2. 如右图所示，铺好砖块。
3. 在竹槽中装上钢筋。
4. 在竹槽里填满混凝土。
5. 在表面涂上一层水泥。

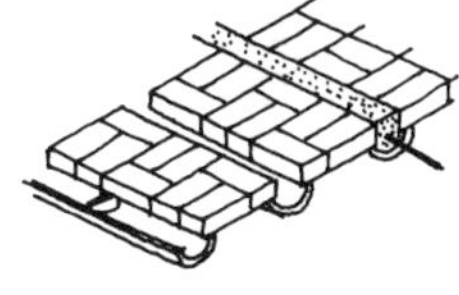

在用混凝土和竹子制作砖竹板之前，建议先制作1米 ×2 米的测试板。并不是所有类型的竹子都适合用来制作砖竹板，有的竹子必须先进行加强处理。详见本书“附录”部分。

混凝土竹板

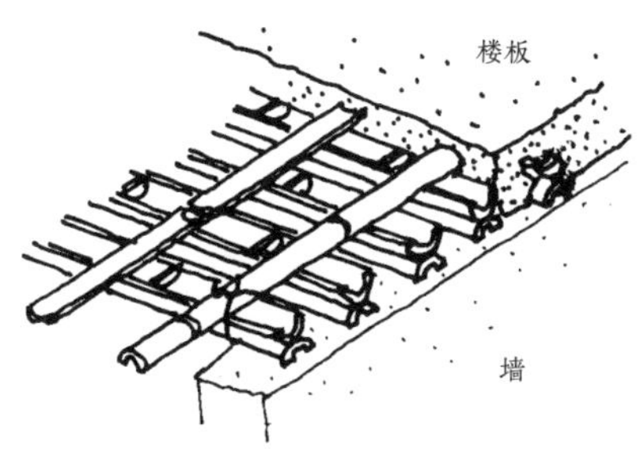

竹片之间间隔 5 厘米。

↘ 拱形薄壳板

拱形薄壳板（卡斯卡耶,cascaje）是用轻质混凝土制成，这种预制板可用于制作地板和屋顶。这种做法是 TIBÁ 发明的，并被证明比典型的混凝土楼板更经济，因为后者使用更多的水泥和钢筋。它具有良好的视觉效果，经久耐用，留有管道和电线的空间。

在安装壳板的过程中，用中间的立柱和横梁支撑。然后用竹子填平壳板的沟槽以节省钢筋。

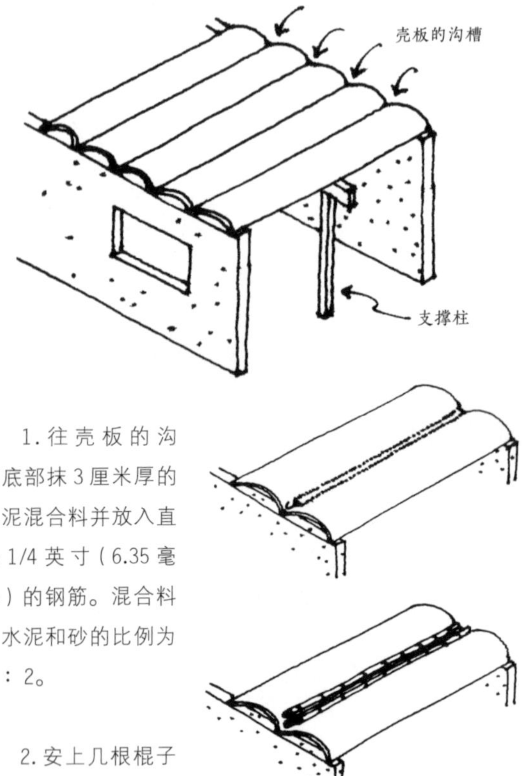

1. 往壳板的沟槽底部抹 3 厘米厚的水泥混合料并放入直径 1/4 英寸（6.35 毫米）的钢筋。混合料中水泥和砂的比例为 1 ： 2。

2. 安上几根棍子或竹子。

3. 用 1 ：6 的水泥和砂或黏土的混合砂浆填平沟槽。

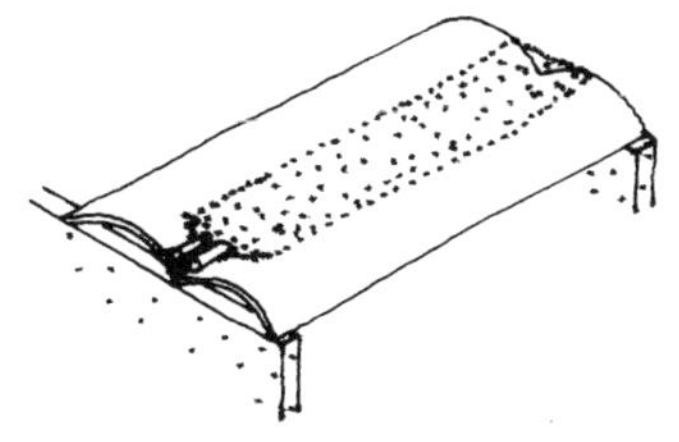

4. 所有的沟槽都填满后，用 2 厘米厚的 1 ：4 的水泥和砂的混合砂浆覆盖整个沟槽，然后抹上水泥饰面。

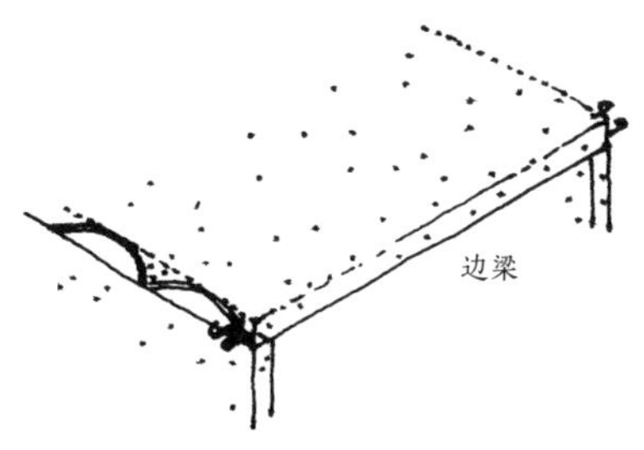

在外墙边缘用两根钢筋搭建混凝土梁，以防楼板断裂（拱形壳板受侧向力作用会断裂）。然后在梁的上方建造一堵矮墙（1）。接着封上壳板末端敞开的弧形空间（2）。

↘ 竹筋梁

可以用竹子代替钢筋来制作混凝土梁。

1. 用木板搭建模板。

2. 在竹节附近钉入钉子并用棘铁丝包起来。

3. 在模板底部填入 2 厘米厚的水泥砂浆（水泥、砂和碎石），然后放入竹子填满模板。如果梁比较大，就多放些竹子。

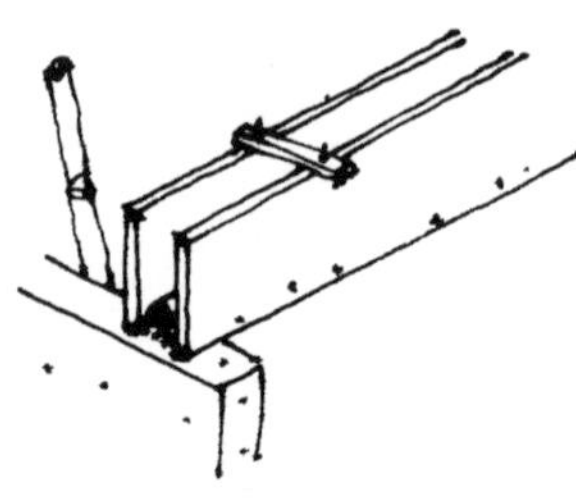

4. 将水泥压实，确保竹子位于梁的中心。

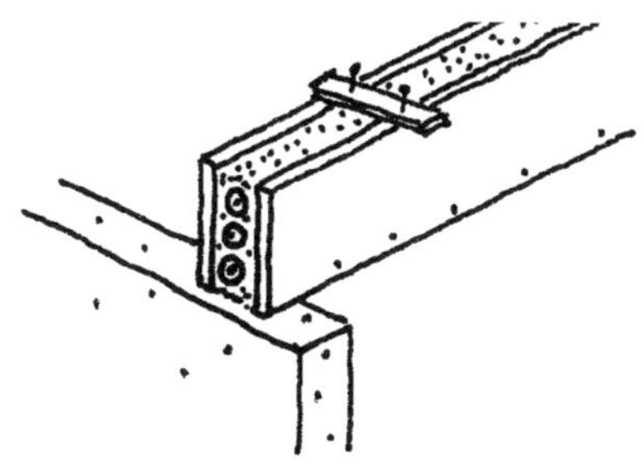

5. 2 天后拆除模板两侧的木板。底部的木板应保留 2 周。

下图所示是一栋采用了多种生态技术建造的房屋，如拱形薄壳板和绿化屋顶。

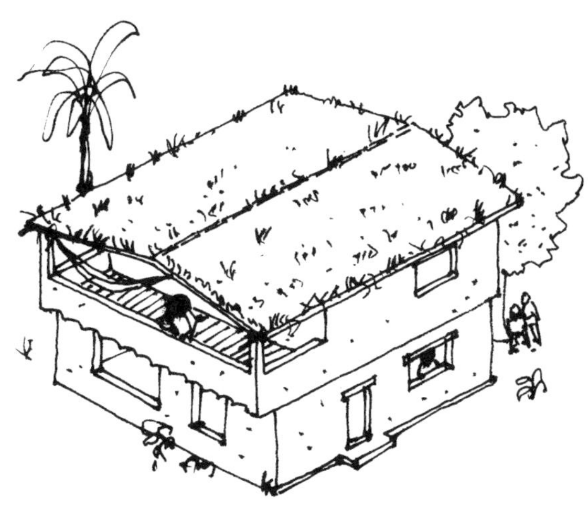

ROOFS
屋顶

下面介绍如何用木柱和木梁搭建一个基本的屋顶。木材的尺寸取决于木材的种类和房屋的大小。

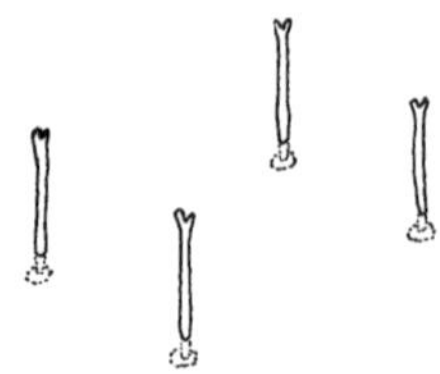

1. 将木柱安装在嵌入地下的平石中。

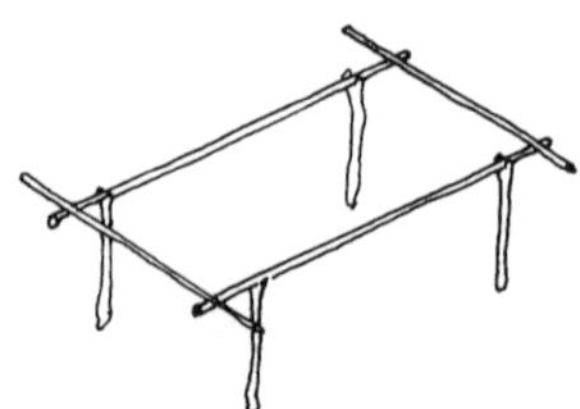

2. 将主梁与木柱牢固地连接起来以确保房屋能够抵御地震和强风。

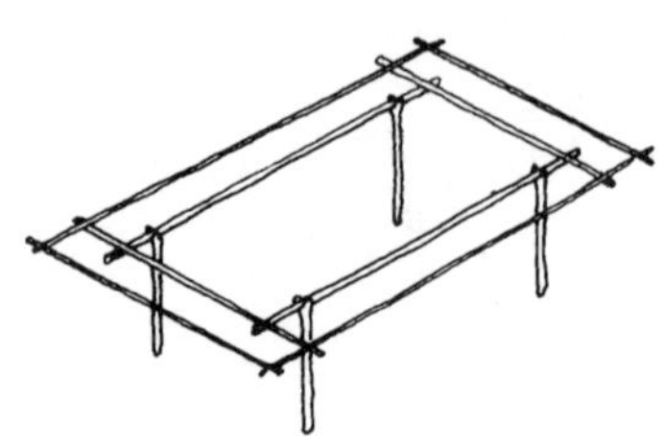

3. 安装支撑屋檐的次梁。

4. 搭建屋顶的主体结构。

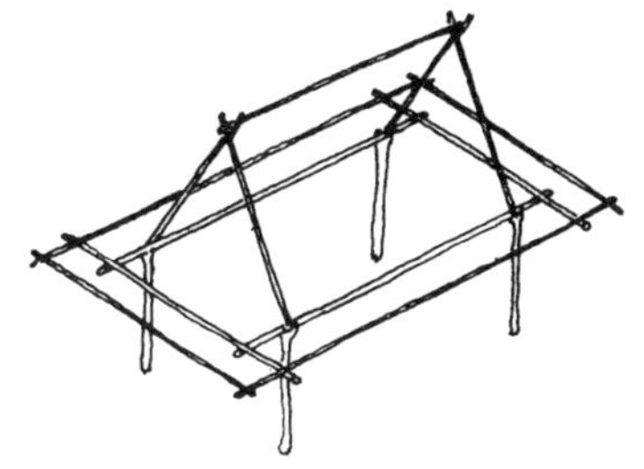

5. 为了使结构更牢固，沿着倾斜屋面构件的对角线和中间位置搭建斜撑。

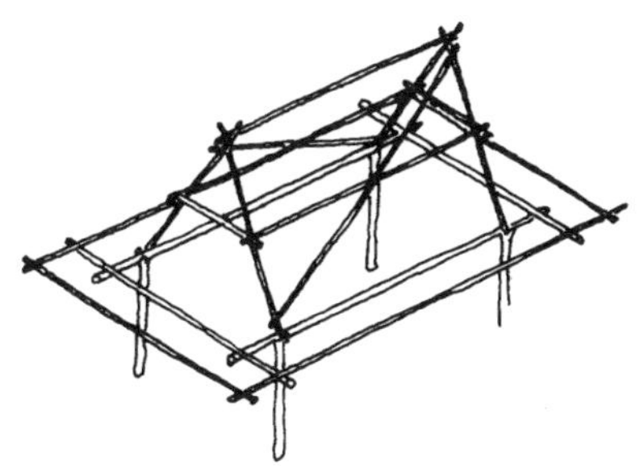

6. 搭建椽子形成屋檐。在椽子上安装檩条，檩条可以固定屋顶的饰面。

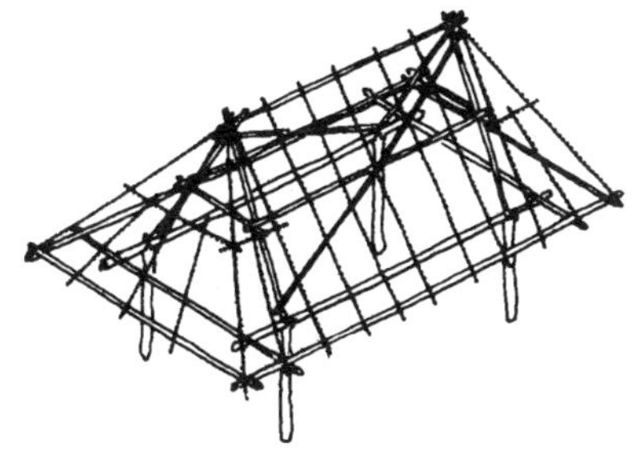

编织垫墙体可以从结构中独立出来。

下面展示的是其他类型的屋顶。结构类似，但屋顶下面的空间不同。构成墙体的柱子和那些支撑屋顶的柱子是相同的。

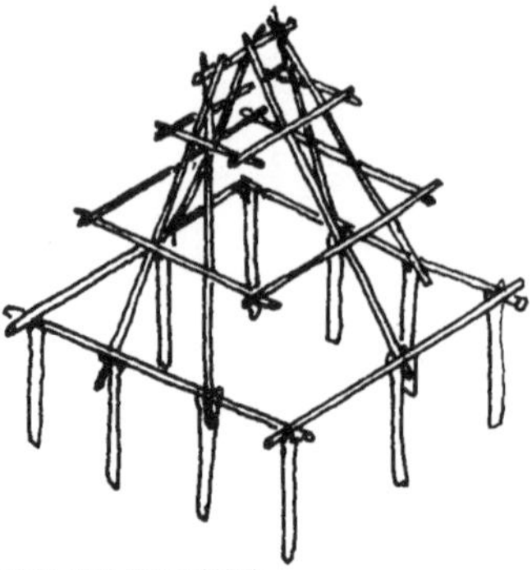

方形房屋的屋顶结构

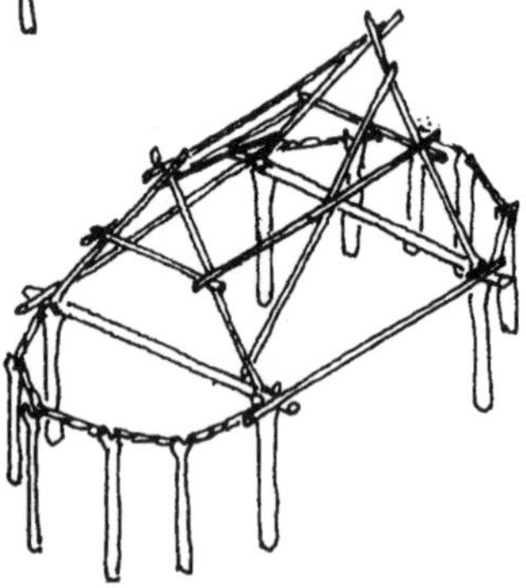

圆形房屋的屋顶结构

组装梁

当原木和分叉的树枝不好搭建时，可将柱、梁和椽子的拼接部位凿出凹槽，使之能相互连接。

柱

椽子

可用以下方法组装各种构件：

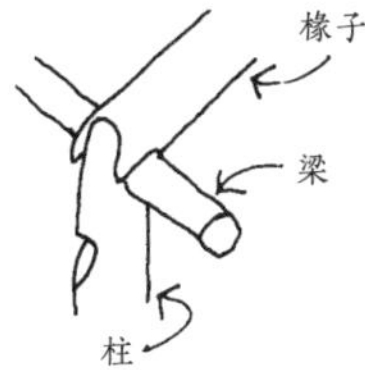

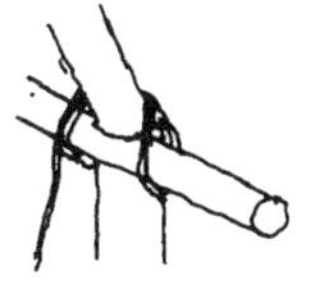
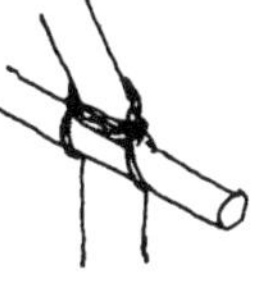

从里面看梁和椽子的连接

连接椽子

连接梁和支撑柱

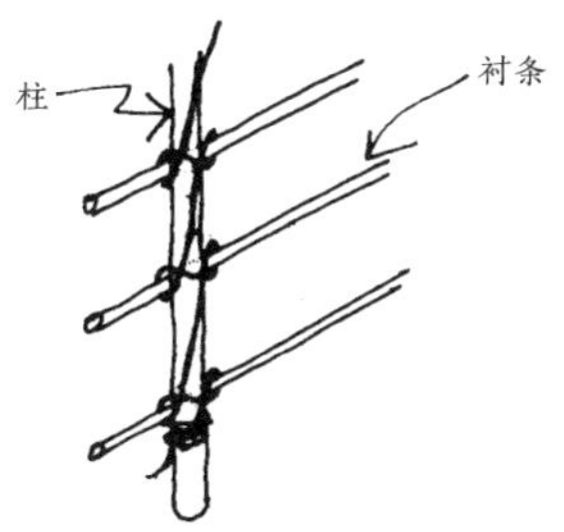

连接衬条和支撑柱

↘芦苇茅草屋顶

用长捆芦苇做茅草屋顶，要用到铁丝、绳子，以及 1 ～ 2 米长的带茎芦苇。

芦苇要晾干，但不要太干，以防折断。

➡ 以下是这种屋顶结构的细部：

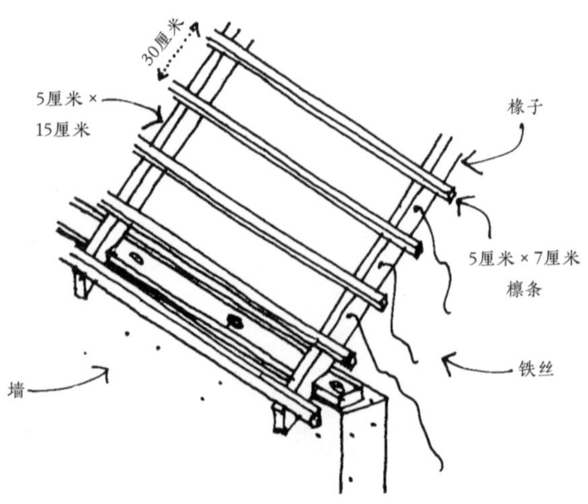

先把一捆芦苇穿入第一根椽子，穿好一排。再用细绳穿好下一层芦苇，同时穿过上一层。每层芦苇盖住上一层的2/3，并在三个点上捆好。穿芦苇时要有一定的角度，使每一捆芦苇之间没有任何空隙。可使用具有以下尺寸的木针。

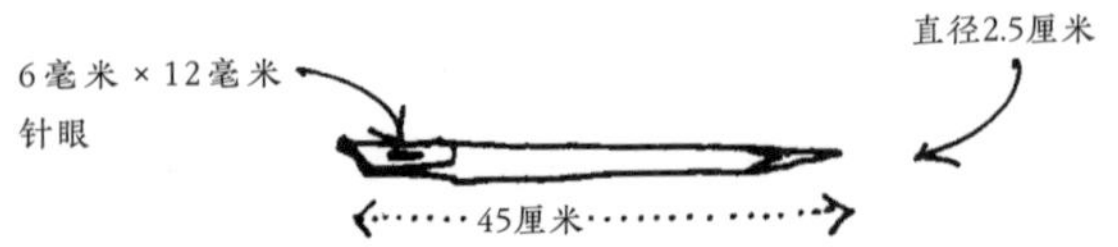

芦苇束的直径为 15 厘米。

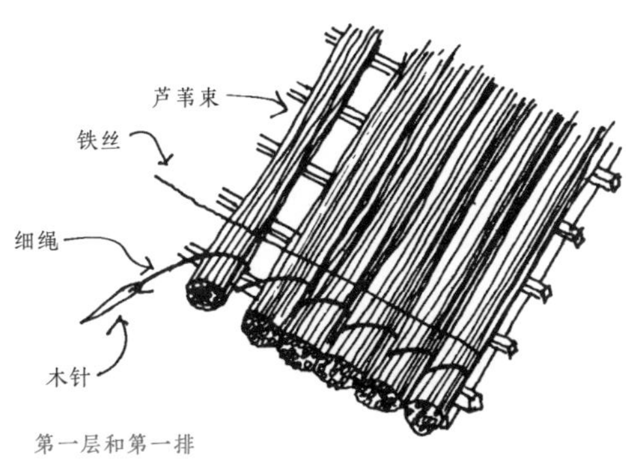

第一层和第一排

下一层芦苇束的下部盖住上一层的铁丝和细绳。

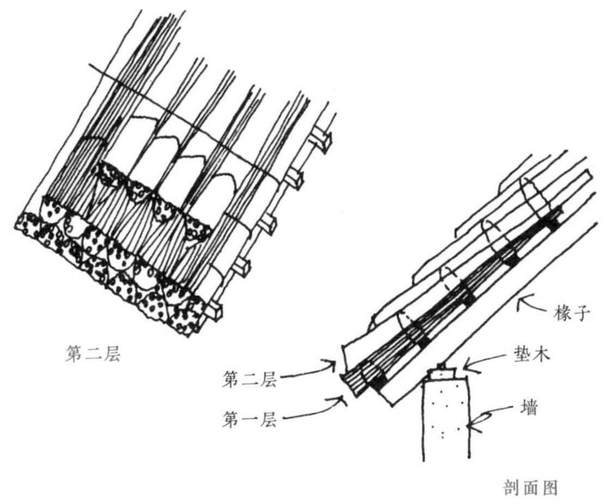

第二层

剖面图

↘ 芦苇泥浆屋面板

1. 首先搭建一个工作台。

2. 把芦苇放在桌子上，薄的一端全部放在一边，让它们伸展到模具之外。如下图所示，在薄端的末端安上一根木棍，完成模具制作。

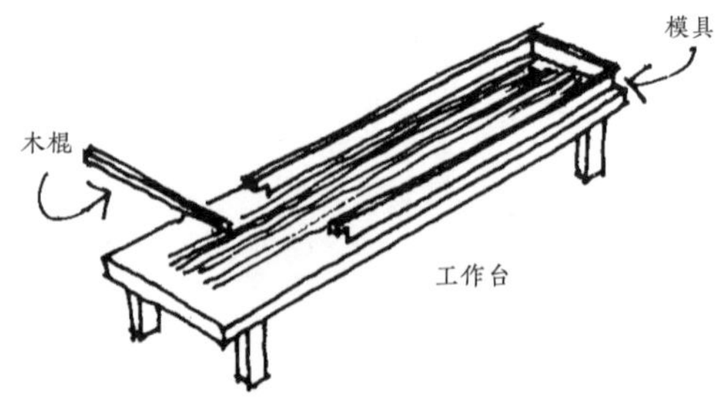

3. 然后在模具中填入泥浆，将芦苇的薄端沿着棍子往内折，压入泥浆中。

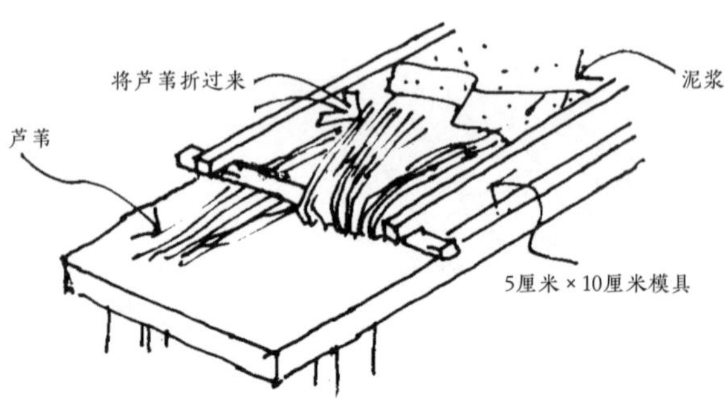

4. 取出面板，放在平坦的表面上晾干。轻轻地将木棍抽出，保留成型的孔洞。

用铁丝将面板绑在屋顶的檩条上。铁丝从成型的孔洞穿过。

这种类型屋顶的坡度必须超过 45 度，这样雨水才能全顺着屋顶表面流下去。

木瓦屋顶

木瓦屋顶的坡度必须大于 15 度，以防风吹起瓦片。每片木瓦的中间要钉两个钉子,从屋檐往屋脊钉。瓦片钉在两个区域内，由三根檩条支撑。

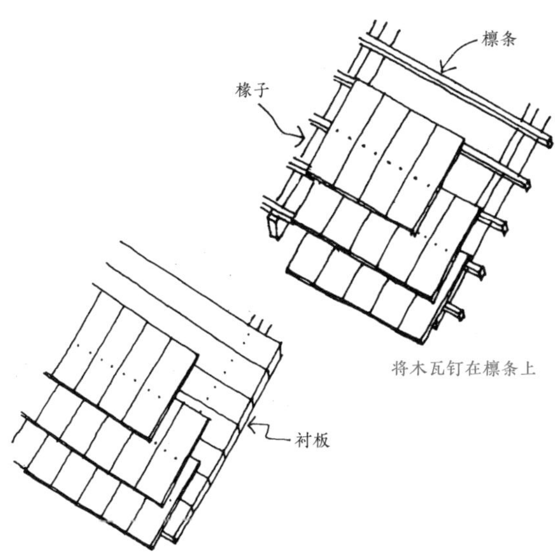

将木瓦钉在檩条上

将木瓦钉在衬板上

还有一种支撑木瓦的方法是用耐用型木材制成的衬板去支撑。使用这种支撑方法时木瓦必须完全干燥。

安装衬板是为了给木瓦打一个基座，没有切割木板的设备时，可以将木瓦直接钉在屋顶结构上。

木瓦的大小取决于木材的质量和当地的气候。

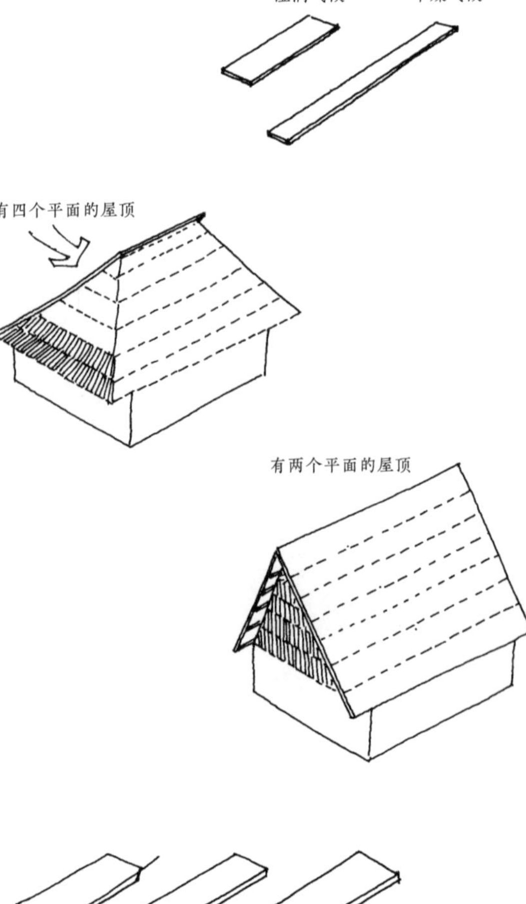

通常屋顶用的木瓦比墙面用的木瓦更大、更厚。

下面详细介绍一种处置木瓦的方法，可使屋顶防雨抗风。

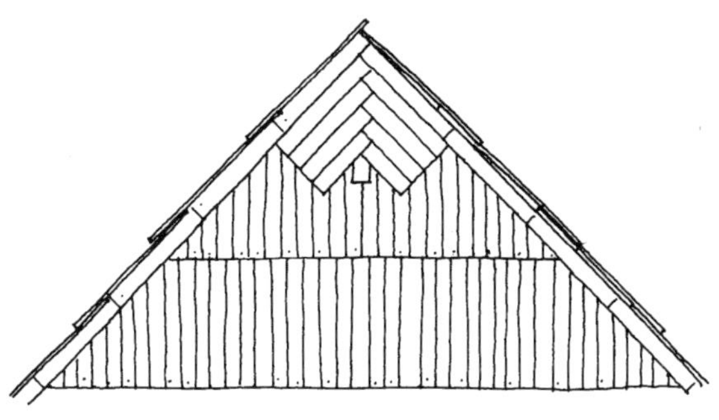

在有大雨和强风的地区，要根据主导风向来确定屋顶的方向。

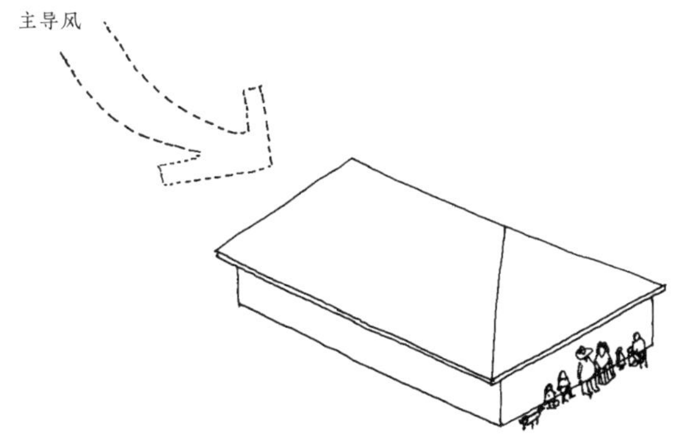

风吹在屋顶面积较小的那一面……

↘ 波纹板平屋顶

此处展示的是用波纹金属板制作平屋顶的细节。平屋顶必须有轻微的坡度，以防雨水积聚在屋面。

由于波纹板不能隔热和御寒，所以必须找到其他方法来保护房屋。

1. 在屋顶下加盖第二层屋顶或吊顶，让空气在两层屋顶之间循环。在炎热地区，流动的空气会使屋顶降温。在寒冷地区要使用隔热材料，防止热量从房间中散失。

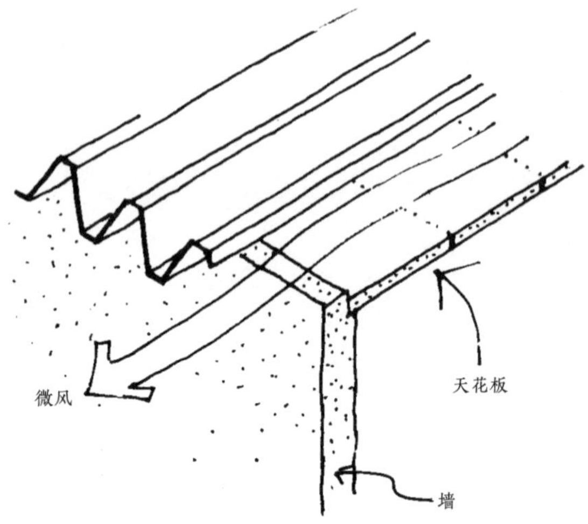

2. 屋顶要使用隔热材料。首先将波纹板屋顶的方向调整到与主导风向相反的方向。然后用棕榈叶、芦苇或草填满波纹板的沟槽。

在风大的地区，必须用铁丝将保温材料绑在屋顶上。

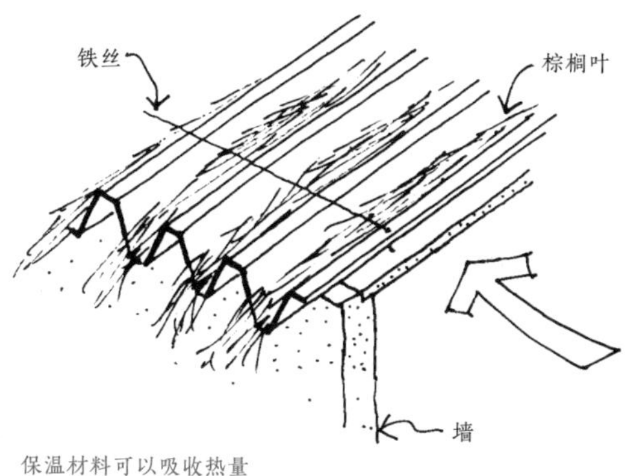

保温材料可以吸收热量

在有暴雨的地区，为了保护墙体，房子的屋檐会做得很大，这时需要延长房梁来支撑屋顶。如果没有这种额外的支撑，屋顶的两端可能会断裂。

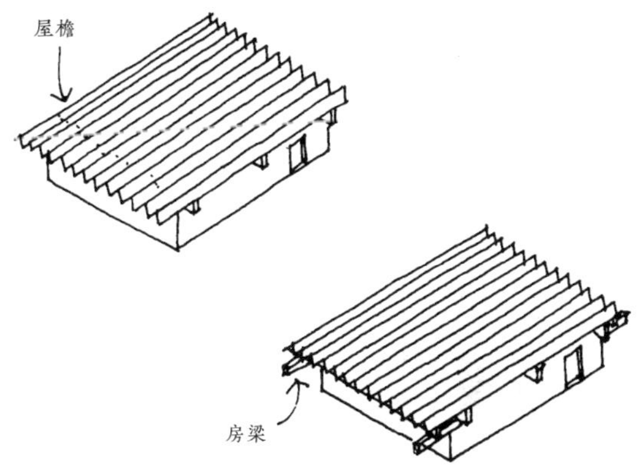

注意：屋顶结构、托梁和檩条必须平直，以防安装瓦片或其他屋顶材料时出现问题。

茅草或树叶屋顶

要用茅草做屋顶，首先要把茅草的一头扎起来，扎成茅草束（草把子）。

然后将草把子绑到屋顶结构的檩条（挂瓦条）上。

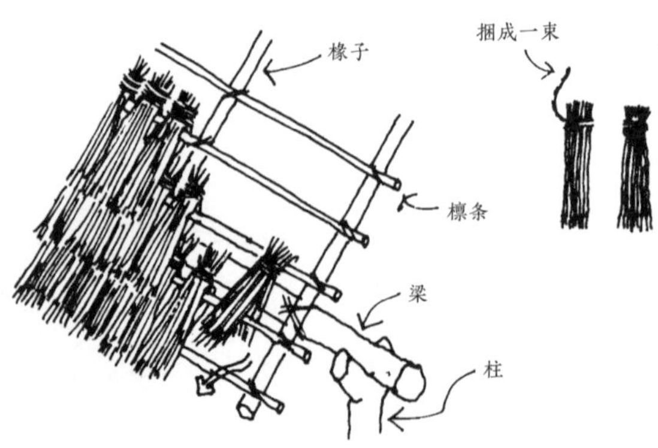

另一种方法是先将草把子的一端在檩条上翻折，然后再将草把子绑扎在一起。

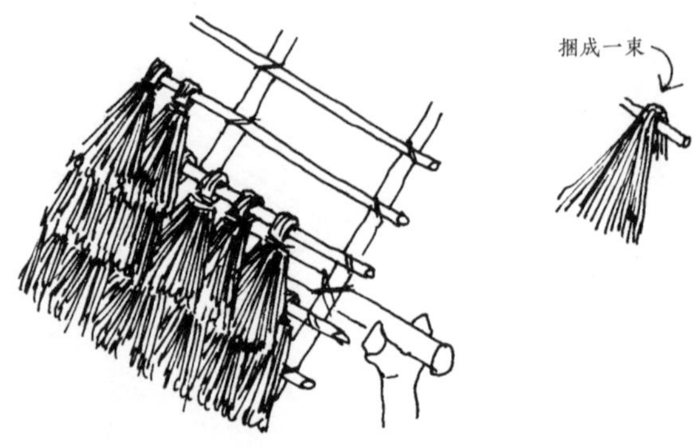

扇形棕榈等棕榈的叶子可以有多种用途。长条叶子既可以编织，也可以绑在一起。

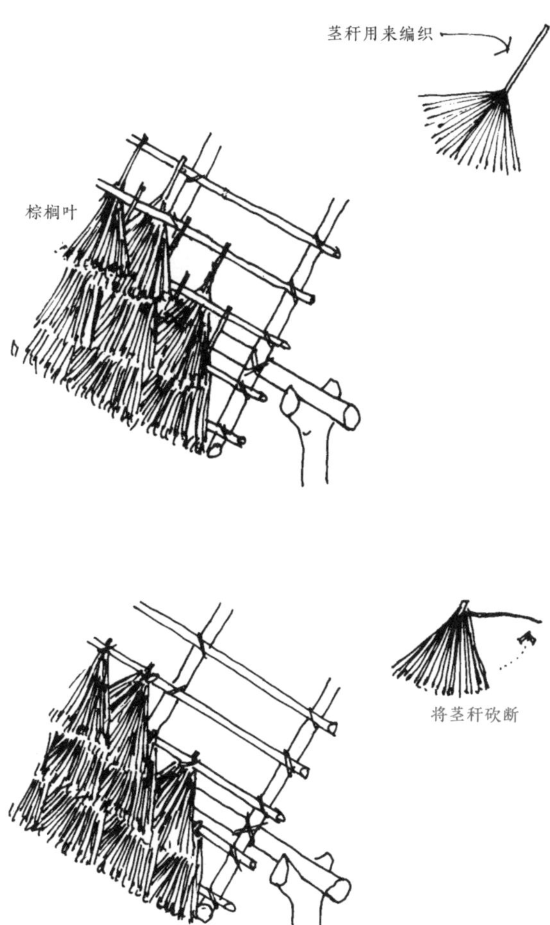

用长条叶子将棕榈叶绑在檩条上

将棕榈叶纵向折叠或切断。然后直接绑在椽子上，椽子可以选择较小的尺寸，但间隔要近一些。

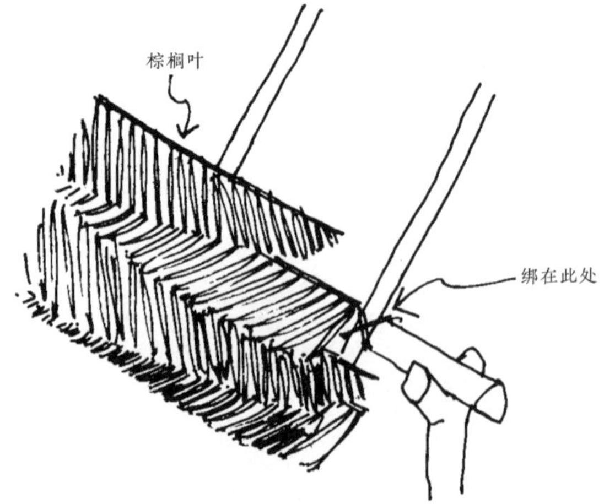

用木针将稻草或芦苇把子绑在檩条上。

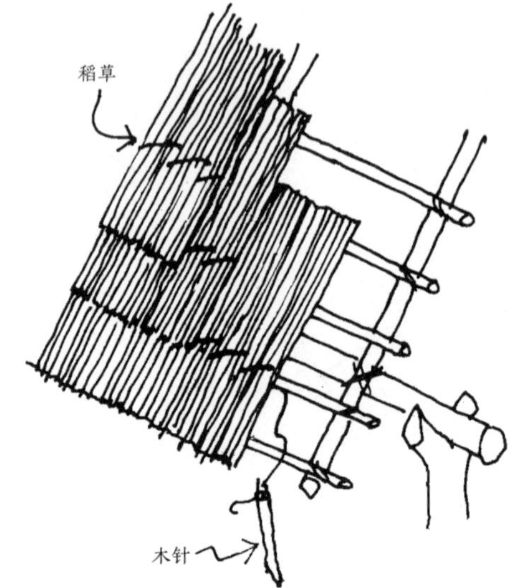

龙舌兰叶也可用作屋顶。

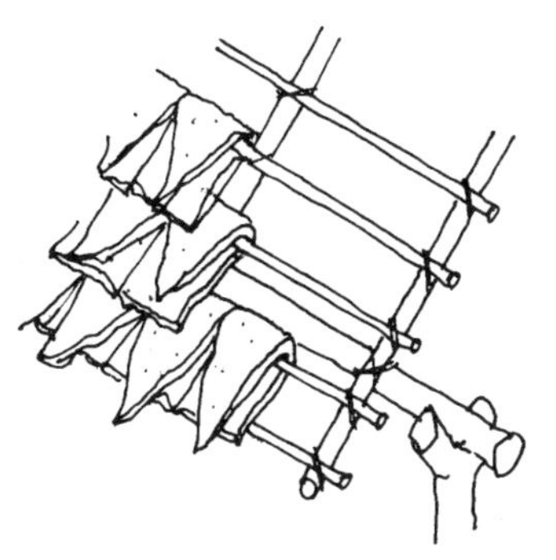

折叠的叶子

帝王棕榈树的部分茎干可用作瓦片。

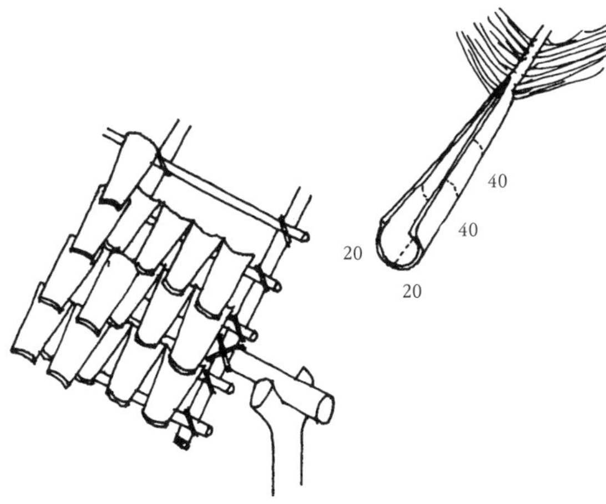

将茎切成20厘米×40厘米的片状，
在平坦的表面上晾干，然后涂上防护油密封

可在热带湿润地区建造的其他类型的屋顶参见本书“热带湿润地区”章节。

黏土瓦屋顶

黏土瓦屋顶的坡度必须为 30 ～ 45 度。

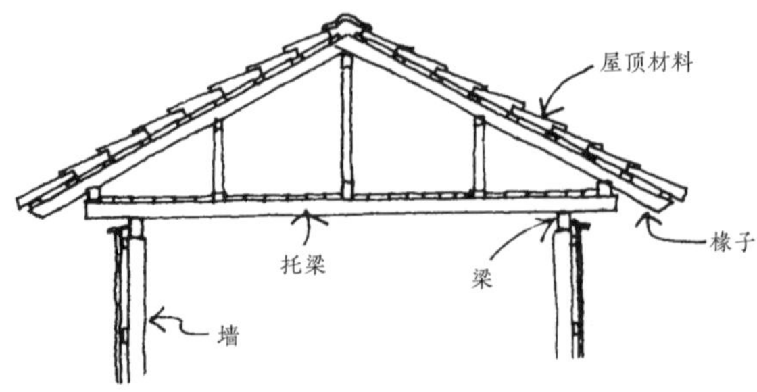

没有天花板的屋顶（冷摊瓦屋面）：

倾斜的椽子被钉在墙上的垫木上。

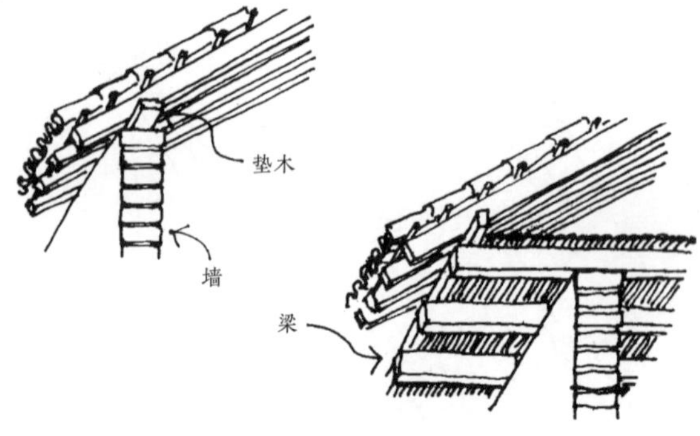

有天花板或阁楼空间的屋顶：

如果有充足的木材可以用来做房梁的话，这种解决方案更好。它保护房屋不受温度变化的影响，更宽的屋檐可以保护墙壁免受雨水和阳光的影响。延伸出挑的梁支撑着椽子的末端。

有三种在椽子上安装黏土瓦的方法。

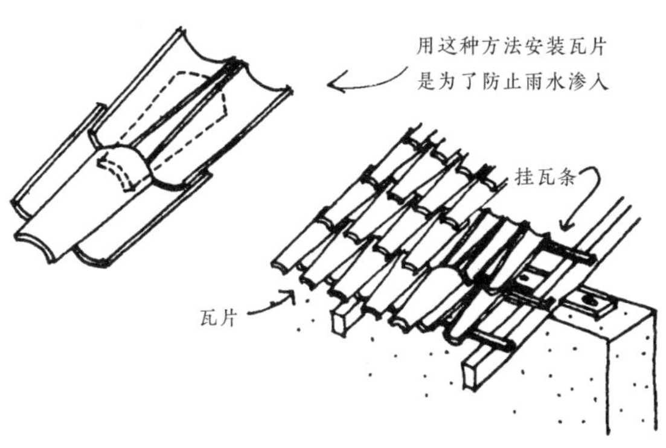

最简单的方法是直接将瓦片铺在椽子上的挂瓦条上。

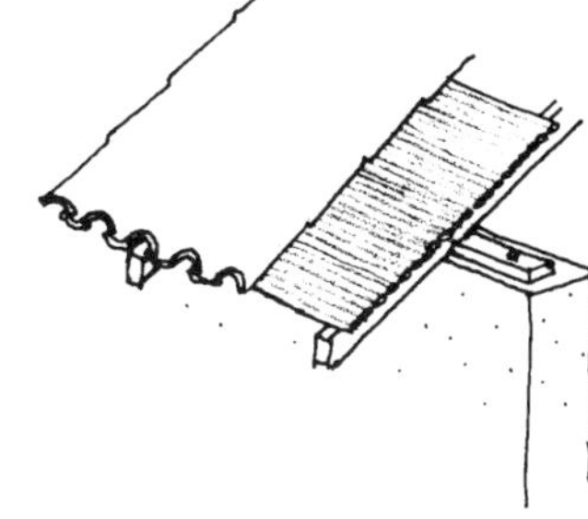

为了减少冷热空气在瓦片间的流通，将瓦片铺在椽子之上的小竹子衬板（望板）上。

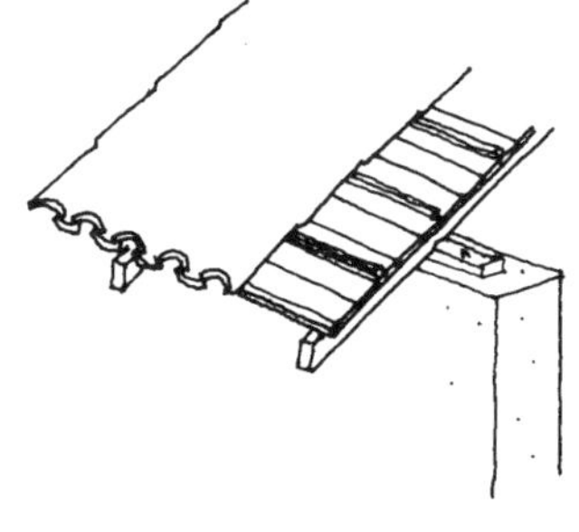

在容易获得木材的地区，可以用木板做望板，然后在望板上铺设瓦片。

↘ 屋顶檐沟

在屋顶椽子的末端安装檐沟以收集雨水。

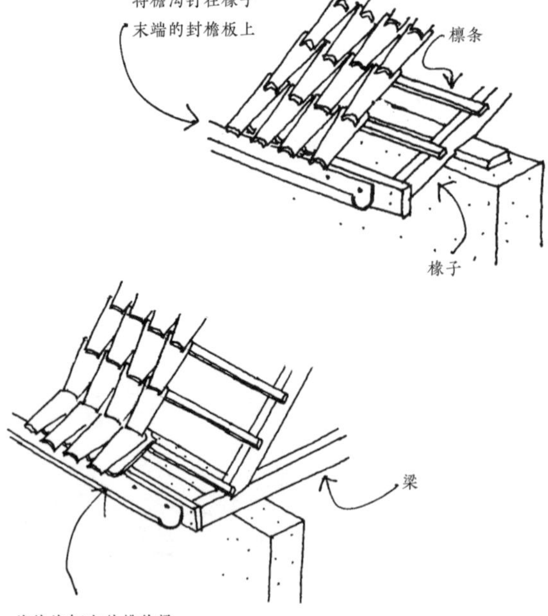

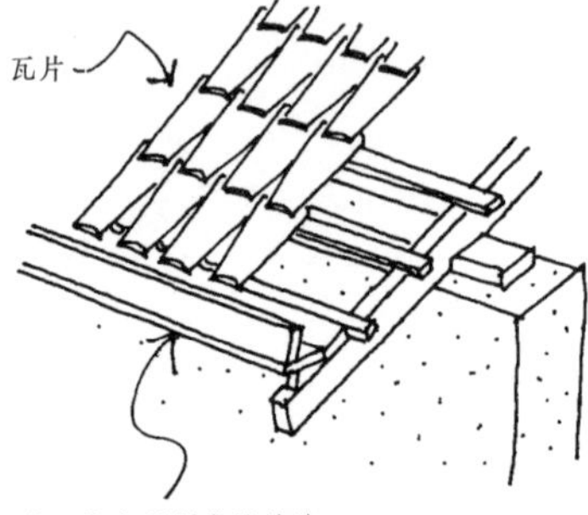

可以在屋顶和墙体的交接处安装檐沟。

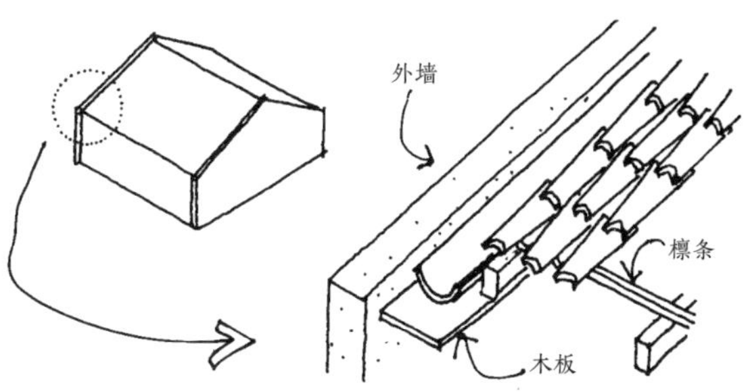

也可以用半根直径 10 厘米的排水管来做檐沟。

混凝土瓦屋顶

许多类型的屋顶都可以用长的混凝土瓦来建造。

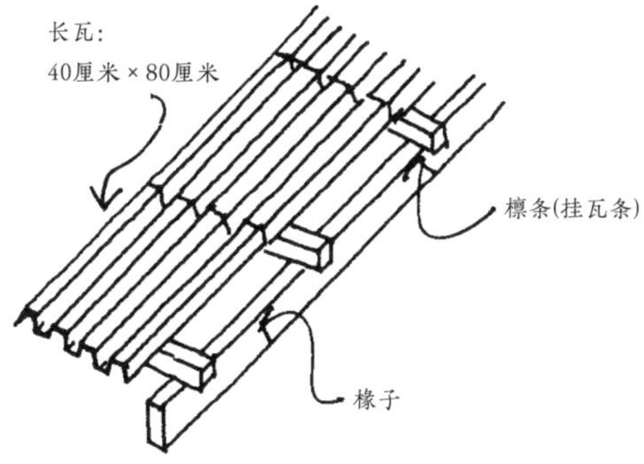

同样的瓦片可以用来做混凝土楼板或平屋顶。

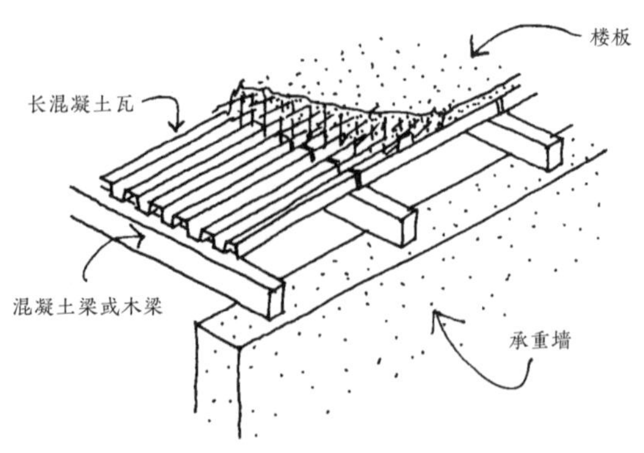

在瓦片上铺上细铁丝网，再铺上 4 厘米厚的混凝土。

稍微抬起瓦片，让混凝土沉淀。可以在瓦片的沟槽中安放连续钢筋，这样可以搭建更坚固的楼板。

↘绿化屋顶

一个漂亮的屋顶可以用天然的材料建成，如竹、土、草等。这种类型的屋顶具有很高的热值，因此隔热性很好。这种屋顶价格低廉，可在一天内建成。

冷

热

1. 建造木竹结构屋顶，屋顶坡度至少为 1 ： 10。

坡度更大时，最好使用不同直径的竹竿，这样可以形成一个起伏的底座，以防土层滑动。

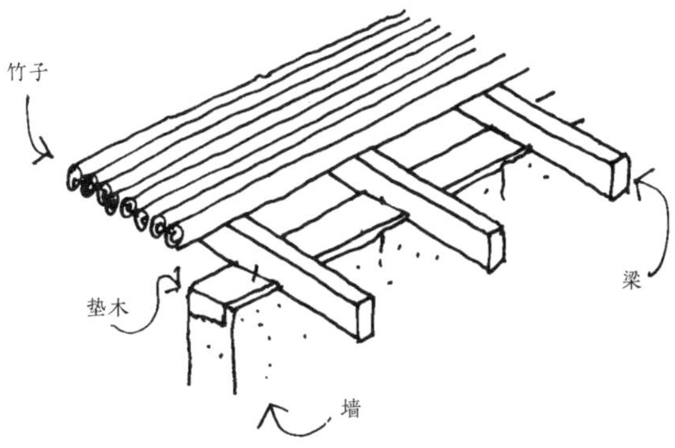

2. 在椽子的末端钉上一块直立的檐口板（搏风板），再铺一块塑料膜，以防水渗入。

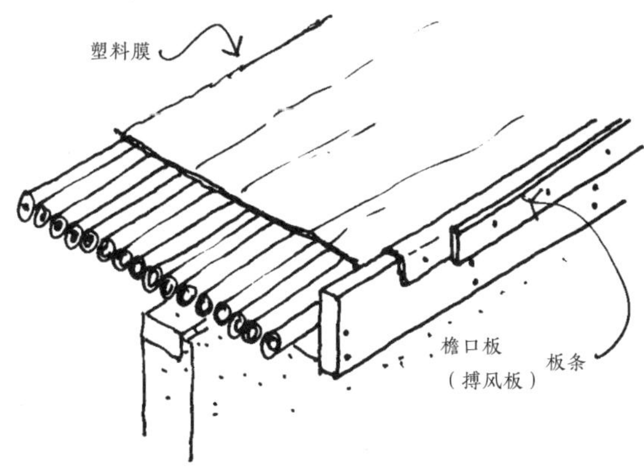

将塑料膜的一端折到檐口板上，然后用板条钉在檐口板上固定住。

3. 沿着屋顶的最低端，装一根排雨管，管子每隔 20 厘米就打一个孔，在管子上铺上碎石，以免其洞口被堵塞。

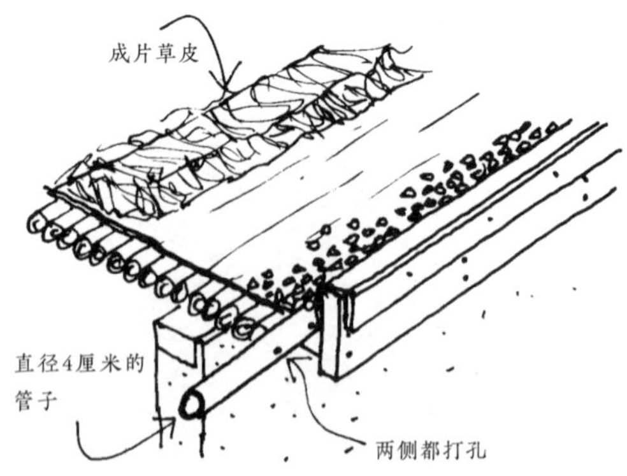

4. 在塑料膜上铺成片草皮。

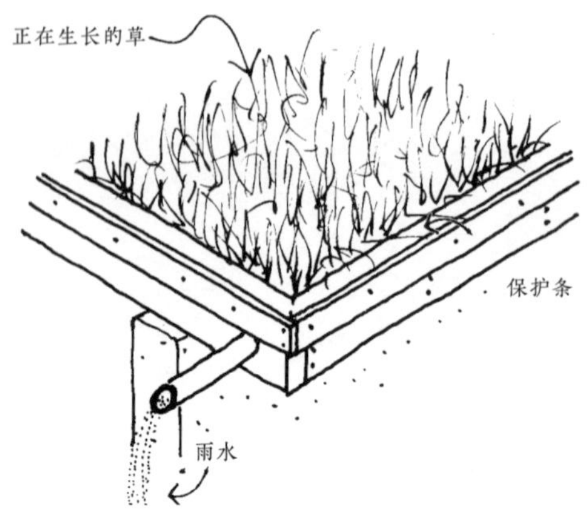

为了保护塑料膜不被太阳晒到，在塑料膜的水平面上装上木条保护。

在气候比较干燥的时候，可以用安装在屋顶最高处的带孔的软管给屋顶浇水。

绿化屋顶可以有多种形态，非常灵活。

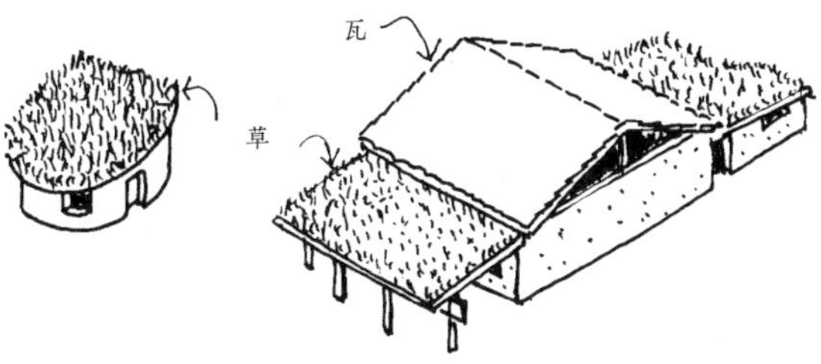

绿化屋顶可以与其他类型的屋顶相结合。

- 选择当地最适宜的草种并进行测试。由于土壤不多，要注意不能让草的根部干枯。
- 乔木和灌木的种子可能会落在草皮屋顶上。建议将其幼苗移走。

种花或者不同颜色的草，会使屋顶更有生机。

将香料植物和草药用来烹饪，有益我们的健康。

绿化屋顶是在热带气候下建造屋顶的理想解决方案。在干燥的季节，需要对屋顶进行灌溉。

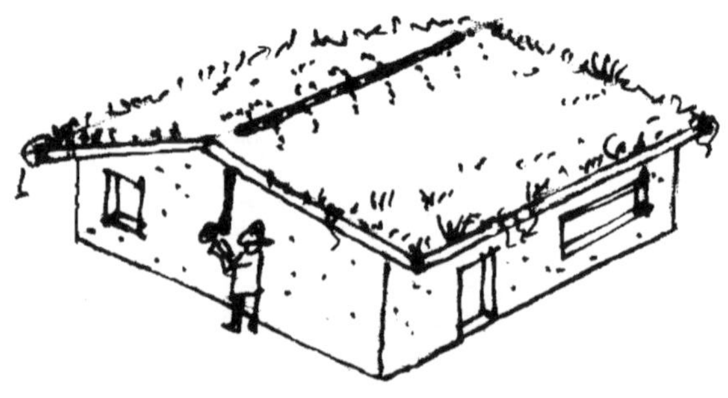

在气候干燥的地区，要在屋脊上安装一个穿孔管，再在墙角安一个水阀。

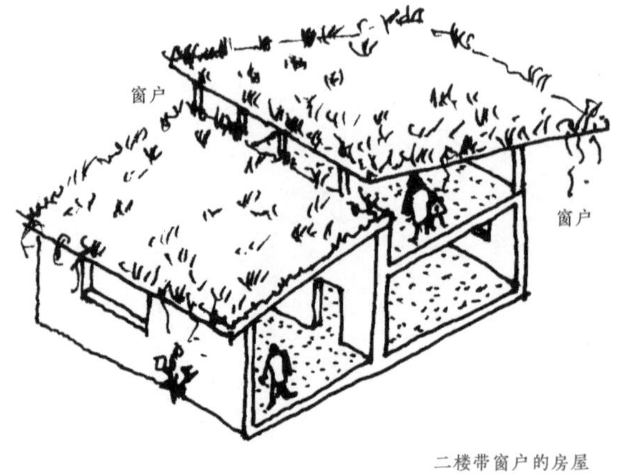

二楼带窗户的房屋

一定要坚持安装质量好的塑料膜。推荐使用建造大坝或水池时常用的膜材。

绿化屋顶也为鸟类提供了落脚处。

通常绿化屋顶的坡度都较小。如果屋顶很陡，如高达45度，则需要考虑采取某些措施以防止其滑动。

木条

塑料膜

木板

竹子

塑料膜

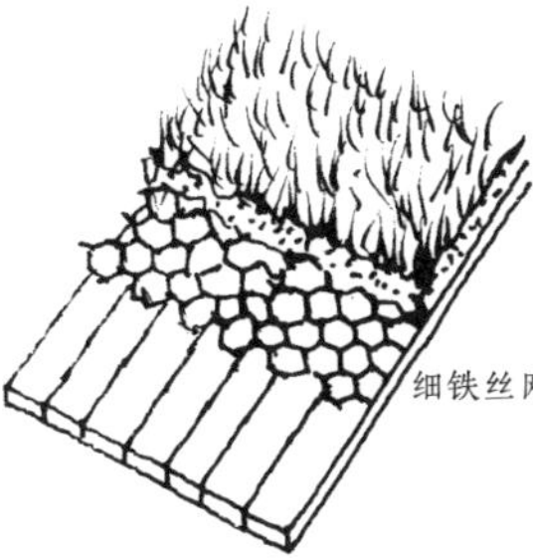

细铁丝网

↘ 桁架

在只有木条可用于屋顶结构时必须建造桁架，可以用铁轨枕木等回收木材来建造桁架。

下面介绍几种将常见的 20 厘米 ×20 厘米铁轨枕木切割成木材的方法。

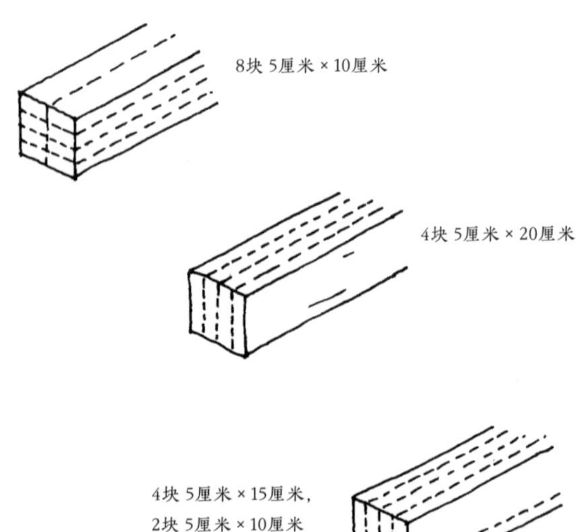

制作桁架时将长方形木材直立放置。一块正方形的木材可以制作两块长方形的木材，所以一般使用长方形的木材。最好用相同高度的轻质木材跨越空间。

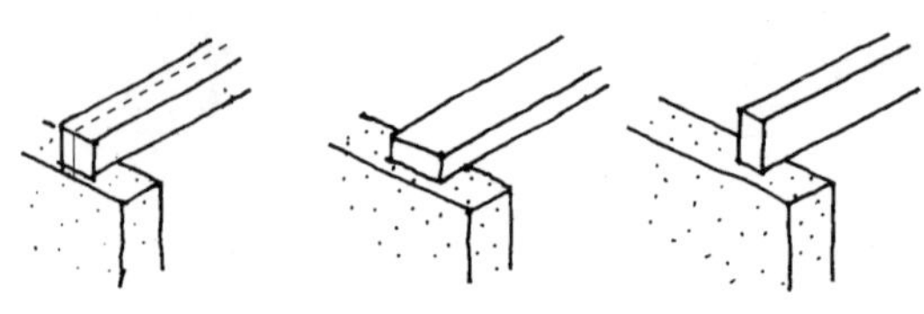

正方形房梁　　长方形房梁的错误安装　　长方形房梁的正确安装

建桁架的木料用螺母和螺栓连接。

下面是一些将木材组装成桁架的示例，这些桁架的跨度为 6 米至 20 米。当木材尺寸不同且没有足够长的木材来跨越整个空间时，搭建桁架更为方便。

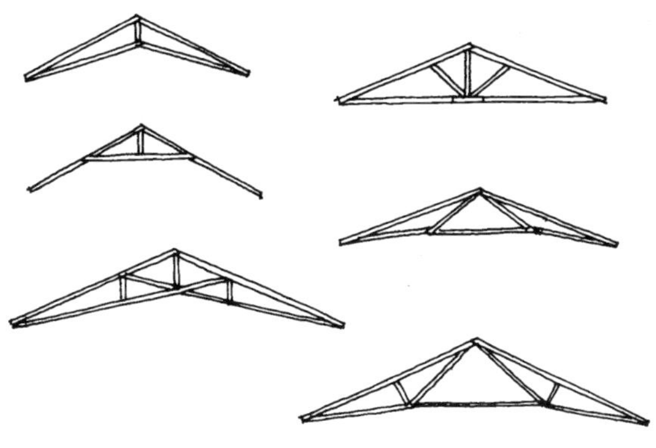

桁架是这样构建的：

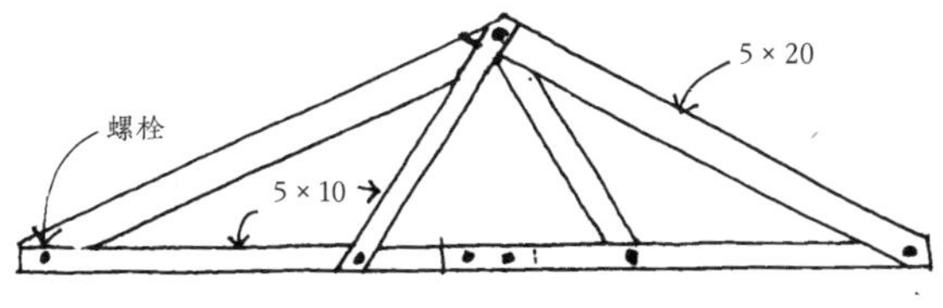

顶部对角线尺寸为 5 厘米 ×20 厘米且下方尺寸为 5 厘米 ×10 厘米的桁架，可以跨越更大的距离。

↘ 木钢丝梁

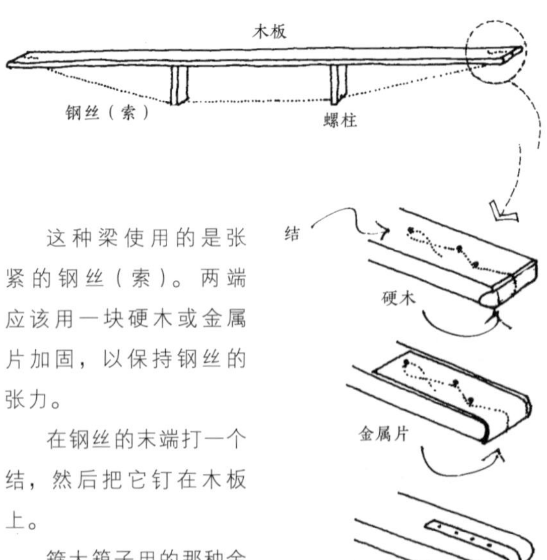

这种梁使用的是张紧的钢丝（索）。两端应该用一块硬木或金属片加固，以保持钢丝的张力。

在钢丝的末端打一个结，然后把它钉在木板上。

箍大箱子用的那种金属带可以用来代替钢丝。

在螺柱下面，用相同类型的金属压住钢丝。

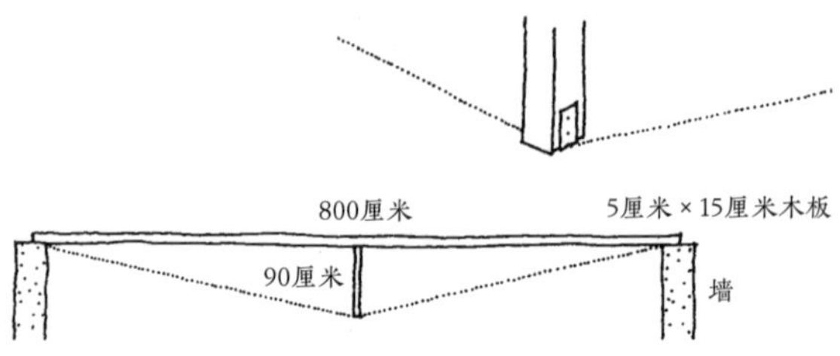

用 5 厘米 ×15 厘米的木板搭建 8 米以上跨度的屋顶，木质螺柱至少要有 90 厘米长。

螺柱越长，钢丝的张力越小。

下面是两个 3 米长跨的结构示例。由 15 厘米长的螺柱支撑的横梁，可以承受 50 千克的荷载。由 60 厘米长的螺柱支撑的横梁，可以承受 200 千克的荷载。

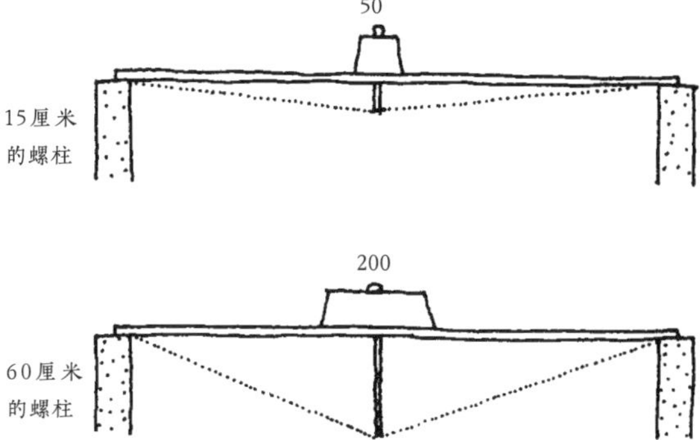

安装梁架前先在两端钉上钢丝。然后计算螺柱的长度。由于螺柱是承压的，所以最好是正方形，比如 5 厘米 ×5 厘米的尺寸。

在施工过程中，由于工人在房屋结构上施工，就使得结构的承重比设计的要大。因此，在施工中应安装临时的工作支撑柱。

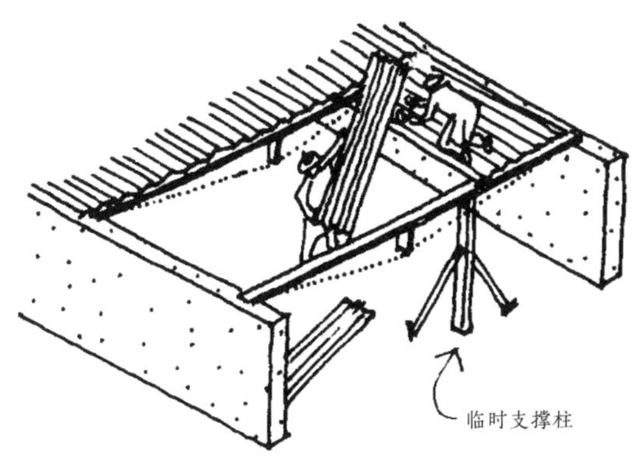

当没有足够大尺寸的木材去跨越房屋墙体之间的空间，也没有足够多的工具或螺栓等连接构件时，可以建造柱子。

将柱子装在远离房间中心的地方，以提供尽可能多的可用空间。

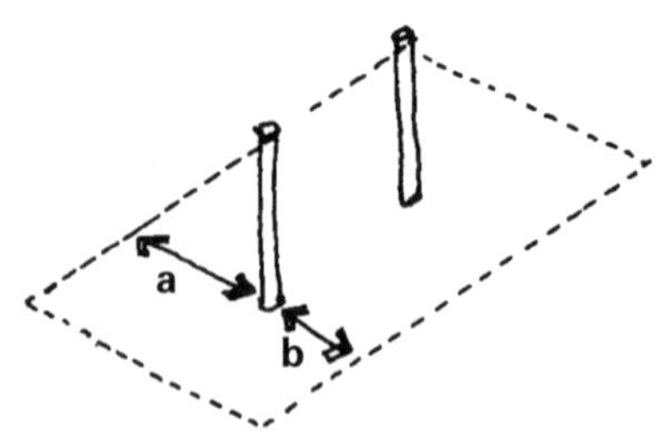

a 处的尺寸比 b 处的大。

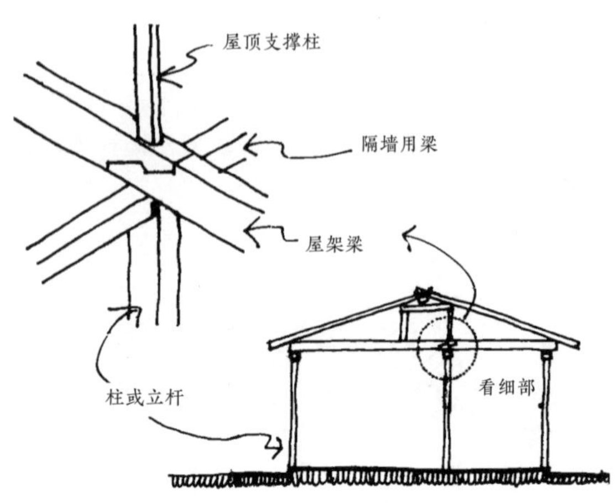

先安装跨度较短的梁，再安装跨度较长的梁。然后安装支撑屋顶的小柱子。

下面展示的是几种类型的木接头的细部。

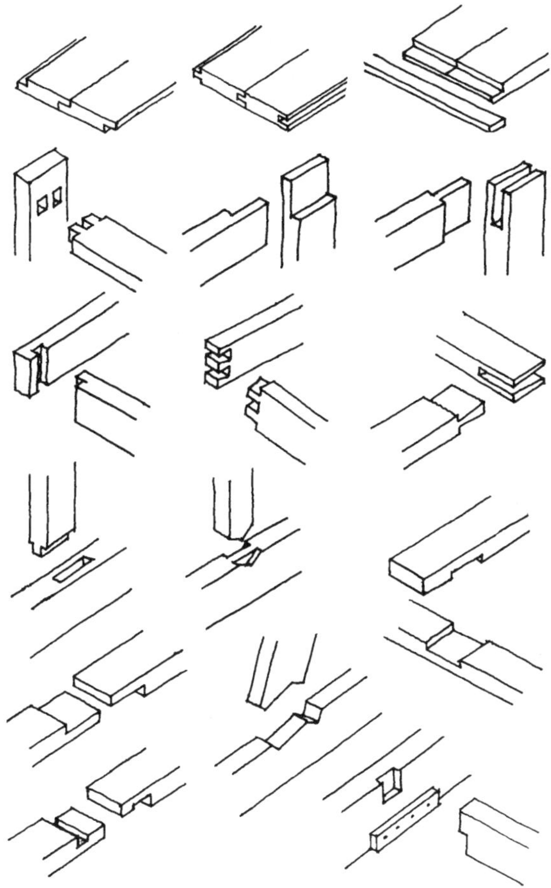

DOORS AND WINDOWS
门窗

前几章介绍了如何针对不同气候条件设计和建造房屋。在决定一个项目的门窗类型时，也必须考虑气候因素。

本书考虑了三种气候条件：

- 热带湿润气候：炎热多雨地区。
- 热带干燥气候：炎热干燥地区。
- 温带气候：山区。

关于这些气候之间的差异，详见本书“设计”章节。

热带湿润气候

在热带湿润气候地区，如果有微风穿过房间且房间通风良好，居住者会感到舒适。在木制或竹制的墙上开洞是使空气流通的一种方法。

但是，在这种气候地区的寒冷季节，居住者更喜欢把房子的门窗都关起来，将冷空气挡在屋外，当然，在人口非常密集的地区，把房子完全锁好再离开是很重要的。

有的地区，在炎热的季节，凉风会从某个特定的方向吹来，而在寒冷的季节，潮湿和寒冷的风会从另一个方向吹来。

在这些地区，可以建两种墙：一种半开放，让冷空气流通；另一种封闭，防止冷空气进入。

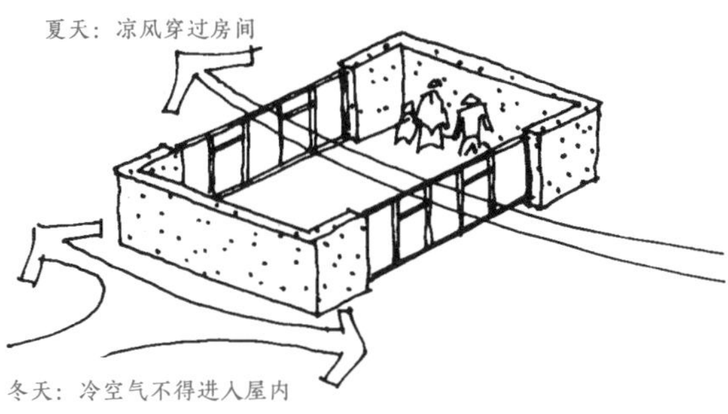

开窗的位置也必须进行同样的思考，要开在夏季风的一侧，而不在冬季风的一侧。至少吹冷风一侧的窗户应该小一些。

在昼夜温差较大的地区，窗户的高度和位置会有很大的不同。

白天，居住者可以在屋内感受到微风

晚上，空气在睡着的人上方流动

为了让空气在门窗关闭时也能在屋内流动，可使用板条百叶窗或威尼斯式百叶窗。

下面是几例威尼斯式百叶门窗。

门：

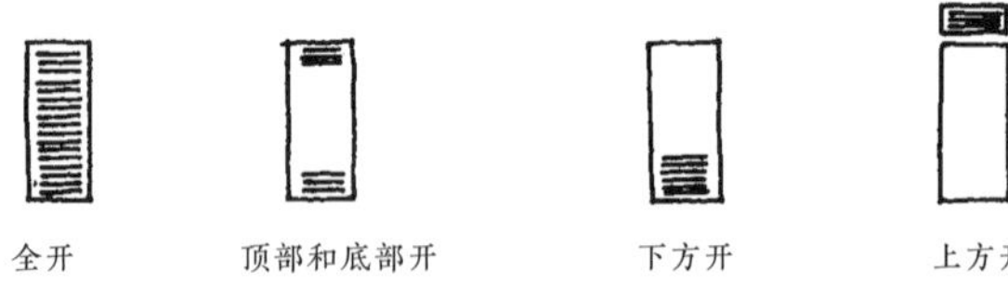

窗：

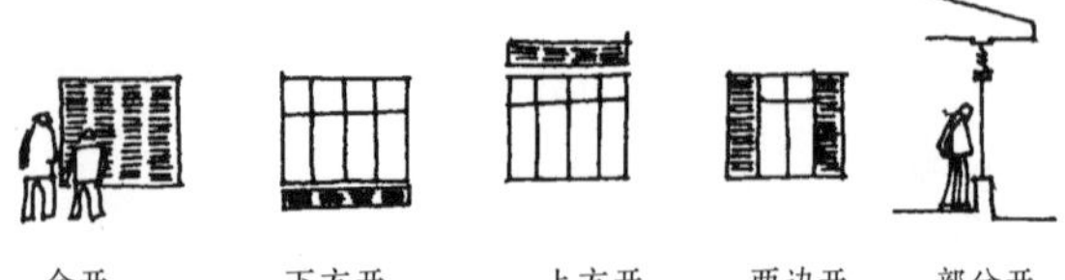

对流通风指的是风从房间的一侧进入，从另一侧排出。这种类型的通风可以通过威尼斯式百叶门窗实现。

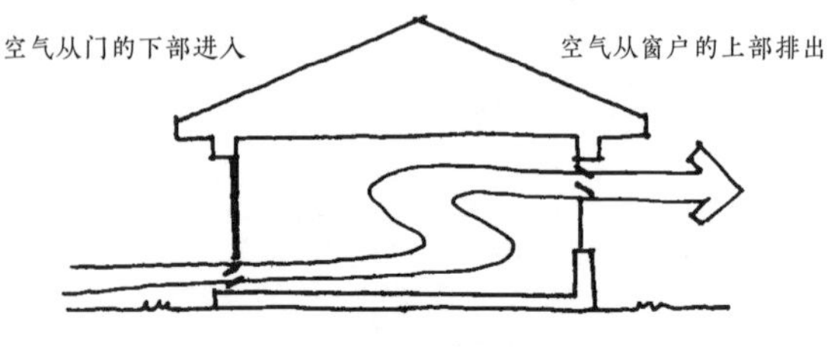

上图展示的是利用威尼斯式门窗的对流通风。

↘ 热带干燥气候

热带干燥气候地区的建造条件有所不同。因为这里植被稀少、阴天少，阳光不断地从平面和地面反射到建筑物中。

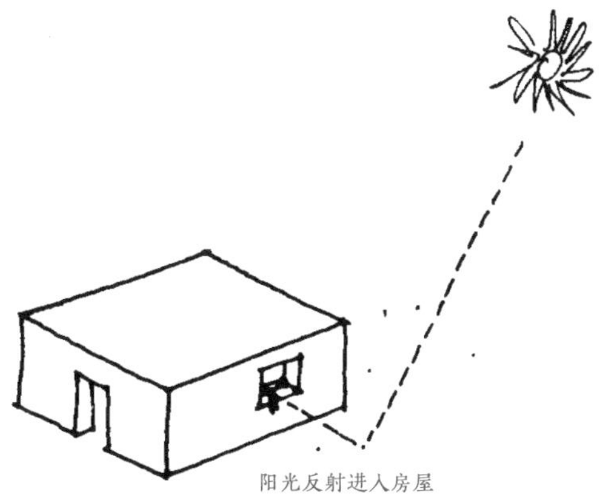

阳光反射进入房屋

这些干燥的地区通常都有风沙。因此，外墙最好开小窗。灰尘较少的院墙内可以开大窗。

由于这些地区的墙体通常较厚，可以将固定的玻璃窗往里退让，以免太阳光直射在玻璃上。

阳光照不到玻璃上

厚墙

从本书“热带干燥地区”章节可以了解如何通过在窗户下方和上方开通风口来给房间降温。

↘温带气候

在较冷的地区，屋内的热量大多从门窗散失。南面*的窗户，也就是房子温度较低那一面的窗户不宜过大。北面*的窗户可以大一些，让阳光进入，使屋内变暖。这种方法适用于南半球，北半球则要反其道而行之。

另外，门窗框架的制作和安装也很重要。框架和墙体之间不能有缝隙，这样热量就不会外泄，冷空气也不会从这些地方进入。下面几页详细介绍了如何正确安装门窗框架。

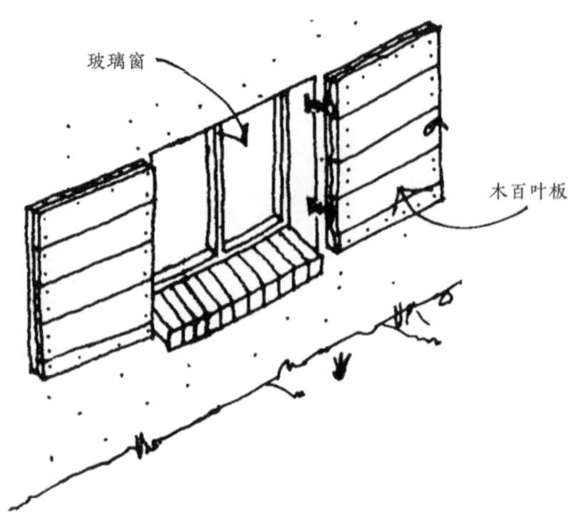

所有的窗户都必须关好。为减少夜间房屋的热量损失，可以在玻璃窗外安装木百叶板。

↘ 门的定位

在传统的房屋中，如果一个房间只有一两扇门，窗户也很少，门应设在墙的中央。

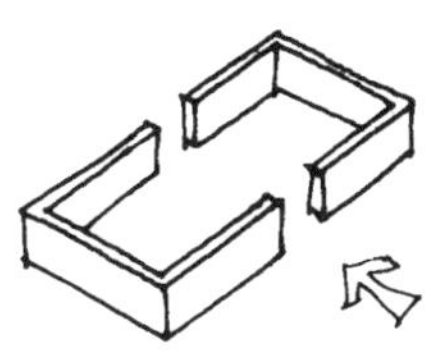

在有许多独立空间的房屋中，家具较多，所以门应设在墙的一端。这样可以为家具和人的活动提供更多的空间。

下面是在一个房间中设门的示例。

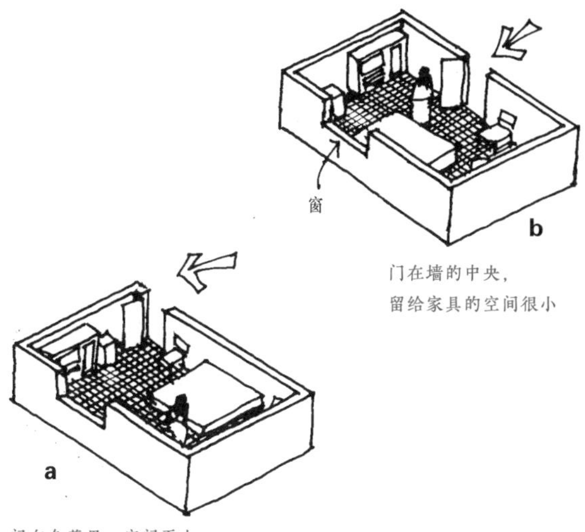

门在墙的中央，留给家具的空间很小

门在角落里，空间更大

a 例中的衣柜和床比 b 例中的更容易摆放。

不要忘了，门要设计成朝着房间或向房子的内部打开，而不是朝外面打开！

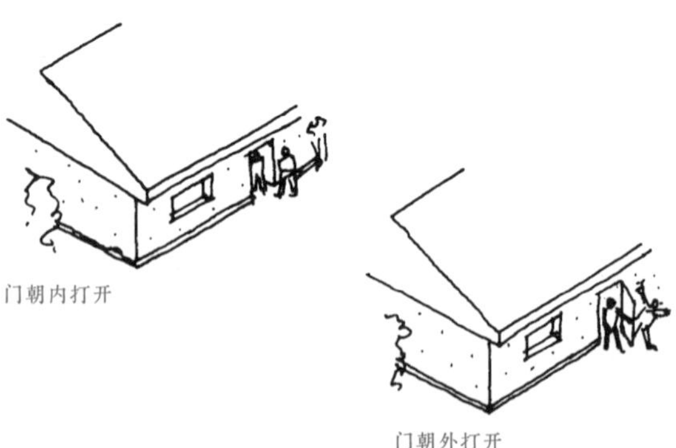
门朝内打开

门朝外打开

遮阳篷窗

在下雨或阴天时，遮阳篷窗可以一直开着。半开时进入房间的光线较少，这时可以进一步撑开遮阳篷。

晴天

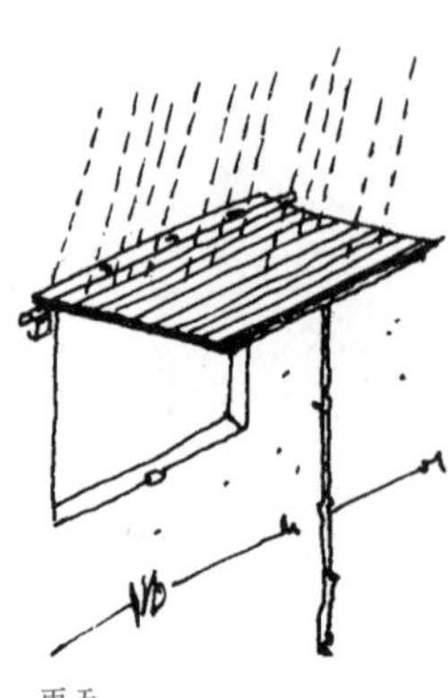
雨天

↘ 店铺窗口

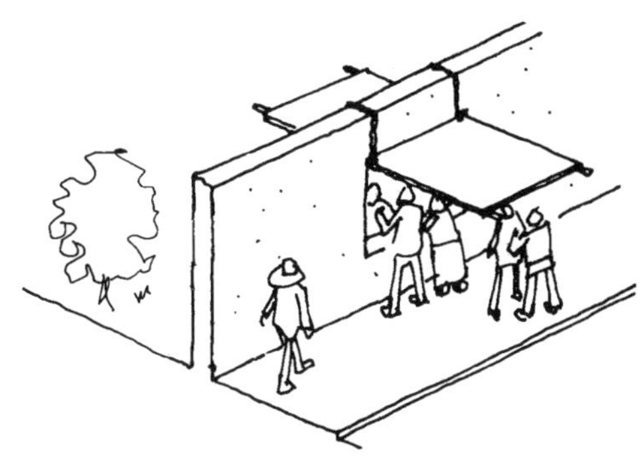

可以通过在墙上开一大扇窗并使用两个吊杆和遮阳篷或编织垫，将小商店的窗口设在庭院或花园的墙上。

在内部搭一张桌子布置店铺的商品。

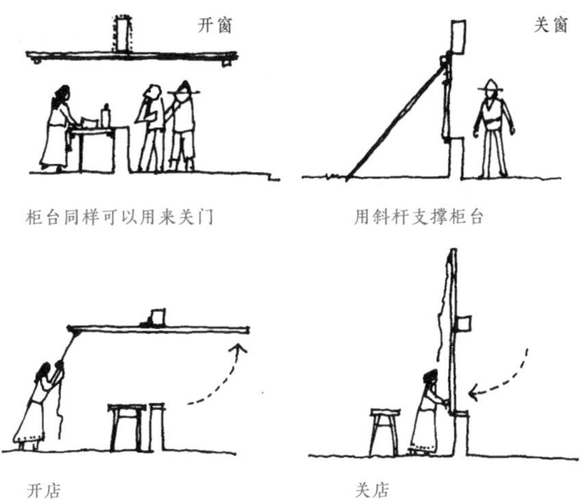

另一种方法是在铰链上安个小木遮阳篷，也可以用来关门。

在炎热多雨的地区，可将厨房的湿区设在屋外并打开屋檐下的遮阳篷窗。

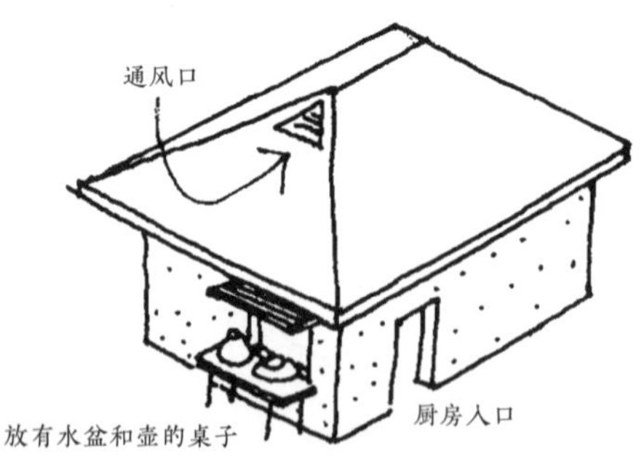

室外地面是倾斜的，有利于排出屋内的水。

↘ 窗框

当安装窗户之前建造墙体时，要在洞口周围留出空间，以便能恰当地安装窗户。可以在砌墙时就安装好窗框，以免墙体和窗框之间留有空隙造成空气穿过。

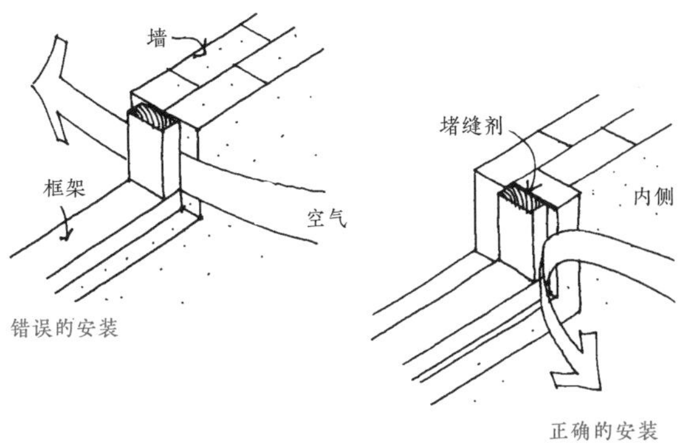

在墙体和框架之间填入堵缝剂，密封接缝。

在寒冷地区，风从缝隙中吹过，使房屋内部降温。

土坯砖在没有饰面层的情况下，应该有保护角，以免墙角损坏和破裂。

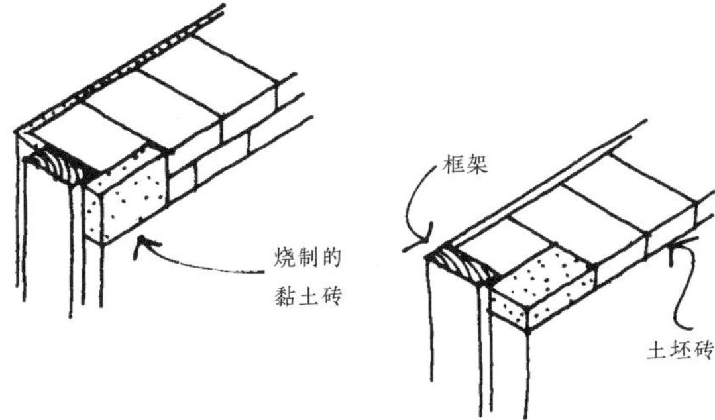

上图显示的是用烧制的黏土砖保护墙角的方法。

用圆角土坯砖保护洞口处的转角更为简单。

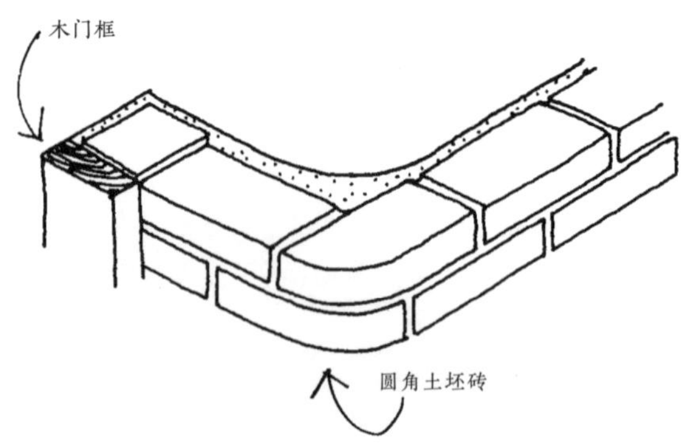

门可以往里退让，形成一个温馨的入口，游客在门廊下就可免受雨淋。

窗户也建成圆角的。

适于恋人的入口

↘窗台

窗台应设在窗户下沿以保护墙体不受雨淋。

窗台可以用石材、混凝土、砖或木材制作。窗台上表面应略微向外倾斜以利于排出雨水。

窗台下表面有一个小通道或凹槽，可以收集雨水并将雨水引离墙面，从而保护墙面不受水和灰尘的影响。

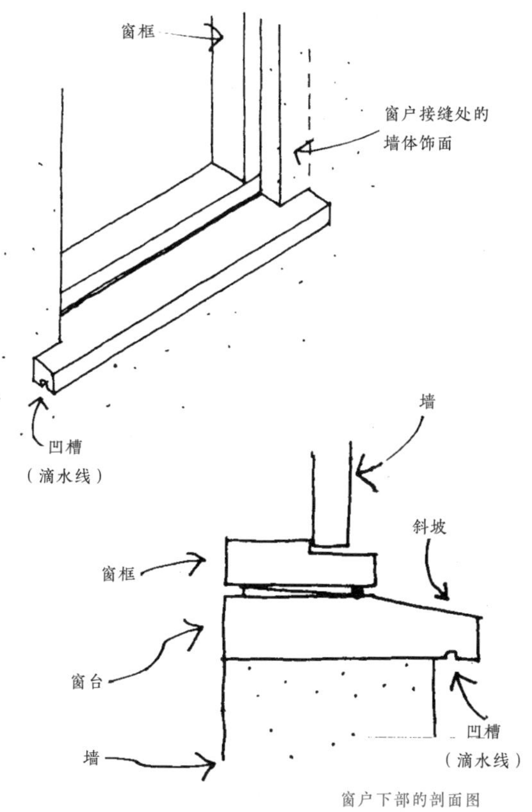

窗户下部的剖面图

窗台的外侧开口一定要大一点。要将窗台嵌入墙体的砖块中，以免松动或损坏。

施工细节

可以用木板做简单的面板。施工时可将框架安装在墙体中，也可后期用小木块固定在墙上。

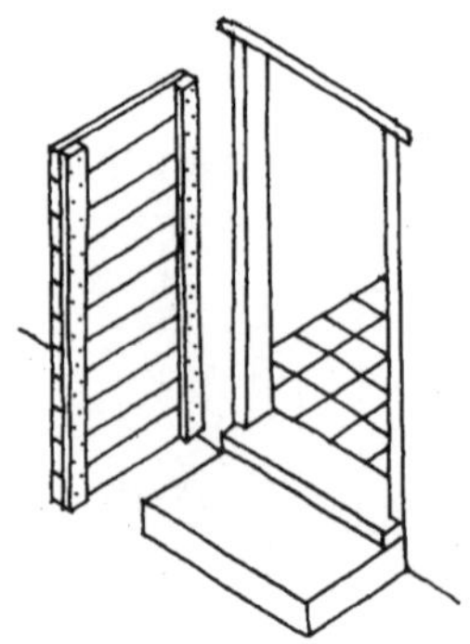

铰链

窗户可以通过以下方式打开。

钉子或螺栓

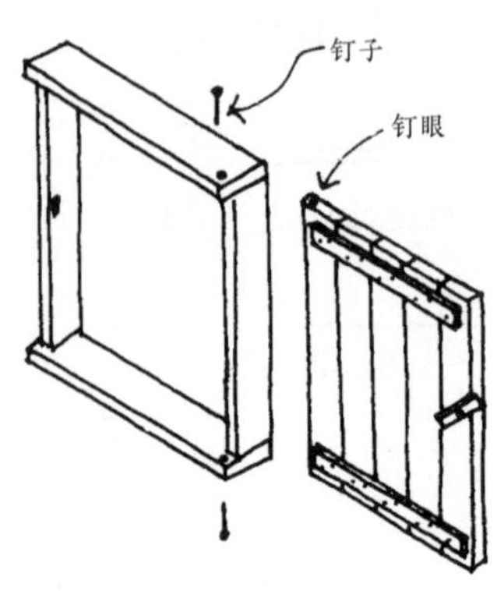

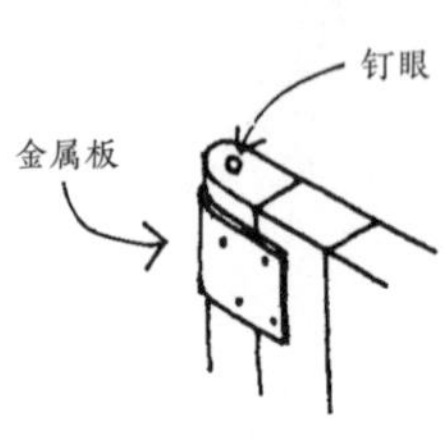

如果木头不是很结实，就用金属板加固

这种窗户向外打开。

皮革

铰链可以用皮革制作。

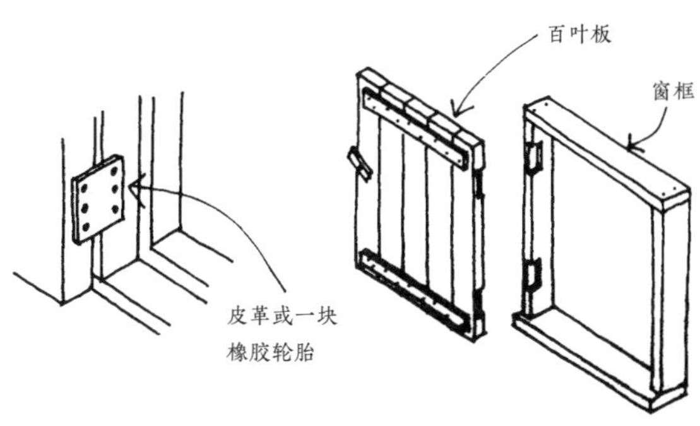

轨道

在气候干燥地区，如果窗户有屋檐保护，可以将窗户建在滑动的轨道上。

在窗户或百叶板的上下部分各开一个凹槽，使窗户或百叶板可以沿着木条滑动。

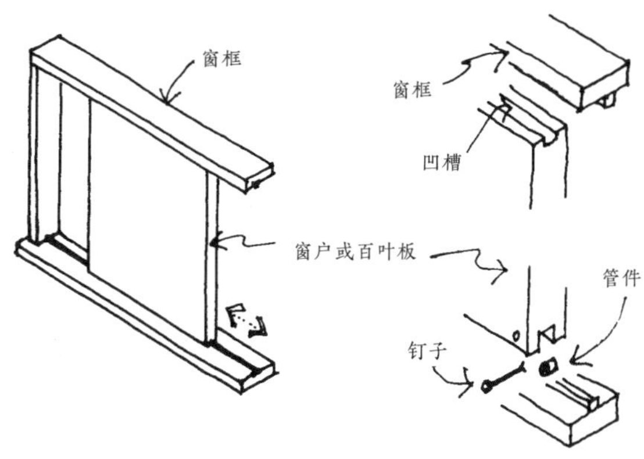

窗户可以向两侧滑动。

另一种建造推拉窗的方法是将木条钉在窗框上并将窗户的边缘磨圆，如下图所示。

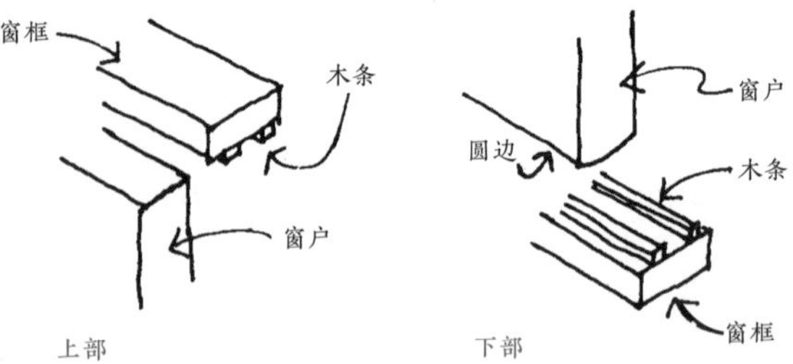

重型门

墙或大门上的重型门经常会随着时间的推移而变形。为了防止它们变形，可以利用斜撑来建造这些门。斜撑是一块沿着门框对角线斜着安装的木板。可以用钉在门上的木轴代替铰链。在门的底部，木轴在石头上旋转，在顶部则绕铁圈转动。

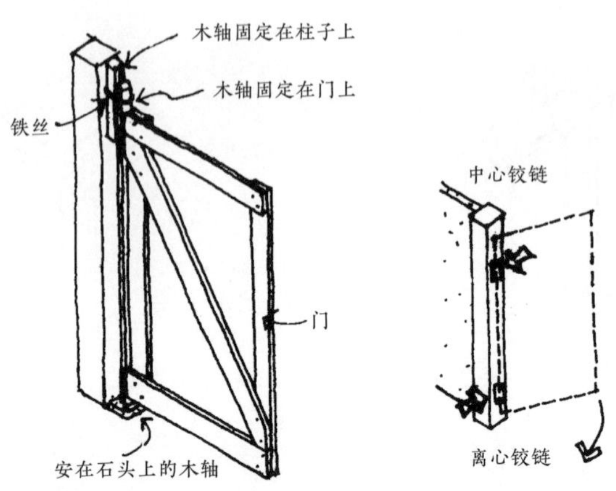

注意：顶部的铰链与底部的铰链不要安装在一条线上，这样门就能靠自身的重量关闭。

↘ 窗户和门板

门窗可以用实木板做，也可以用格子框面板、威尼斯式百叶窗或玻璃板来做。

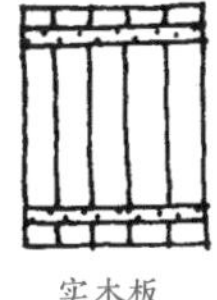
实木板

格子框面板

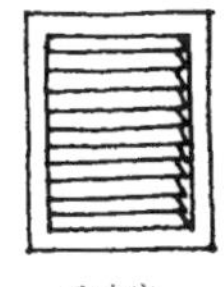
百叶窗

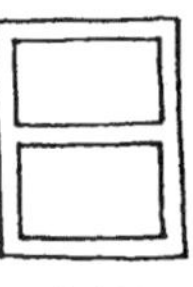
玻璃板

制作框架的工具一定要充足，这样才能保证门窗制作精良。

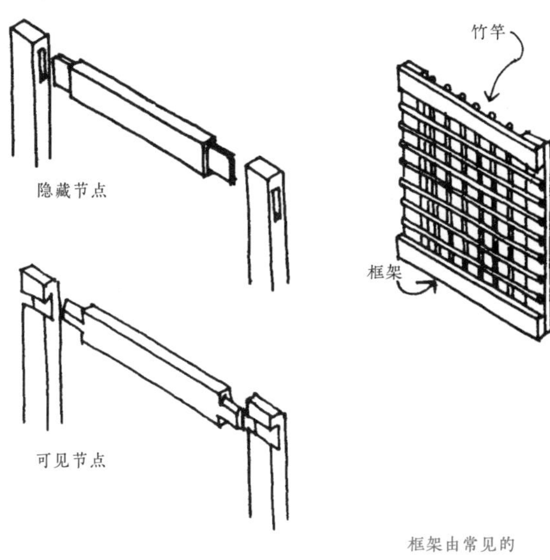

框架由常见的乡村木材制成

应确保在关闭门窗时无法将铰链从屋外拆卸下来。关闭的门窗必须完全覆盖铰链。

有一种百叶窗是用纵向劈开的竹子做成。弯曲有光泽的一面要朝外，防止室内反光。

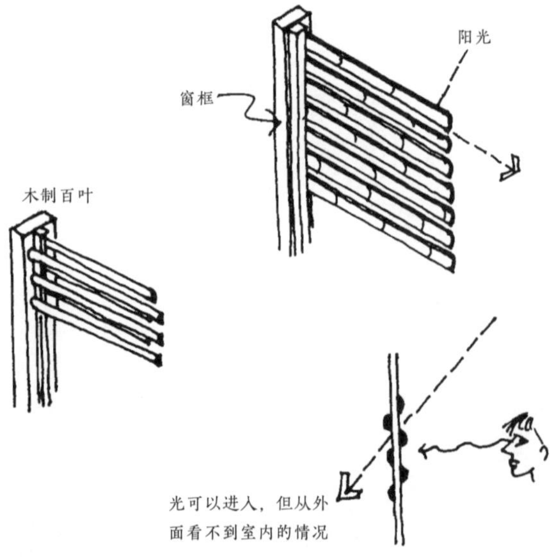

阳光从百叶窗进入，但从外面透过开口几乎看不到室内的情况。

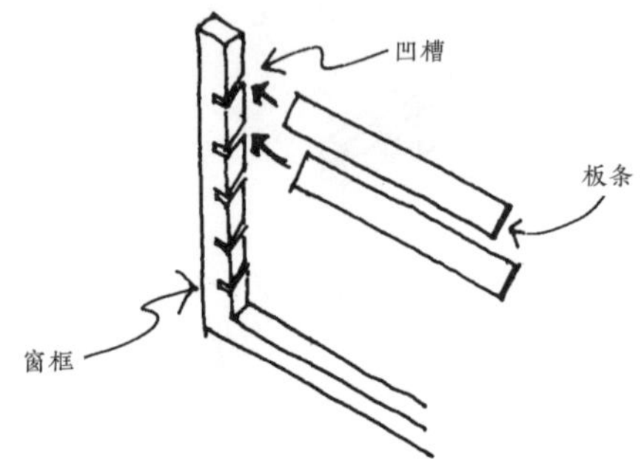

百叶窗的板条放置在窗框上有一定角度的凹槽中。

本书“设计”章节提供了更多关于门窗洞口的建造思路。

↘“图拱”梁

混凝土“图拱”梁的尺寸是根据窗户的宽度加上两块砖的长度（两边各一块）确定的。

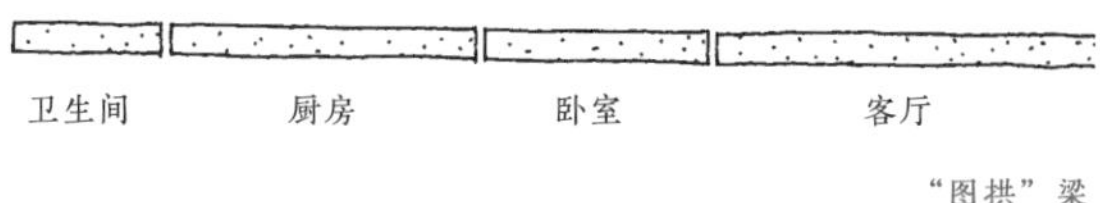

“图拱”梁

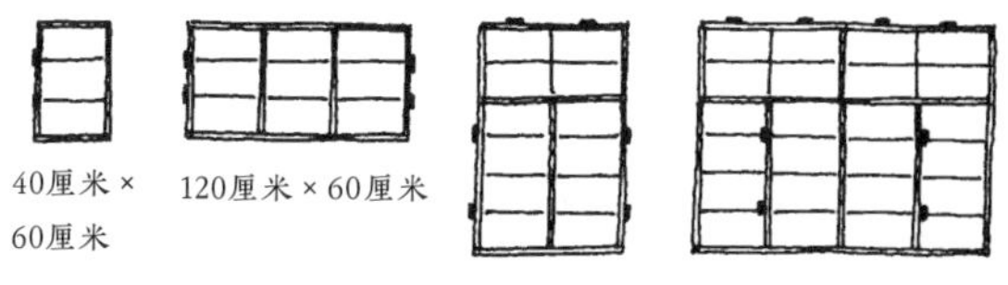

以上窗户尺寸针对的是在温带气候下建造的房屋。建房时需要根据当地的气候条件适当调整尺寸。

砖墙中的框架

建议在砌筑墙体的时候就安装门窗框，而不是在墙体完成之后再安装。

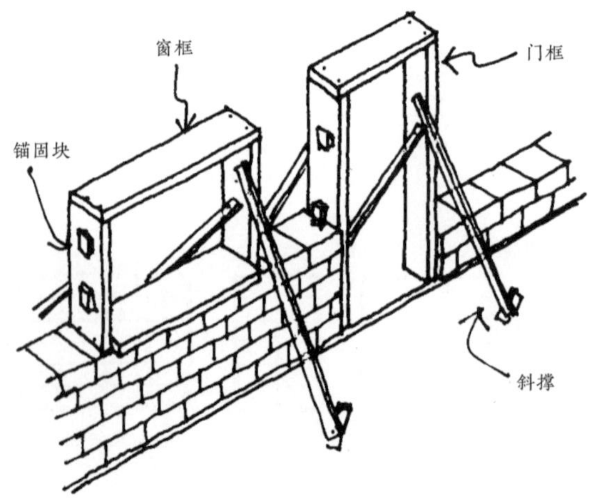

用锚固块或钉子将框架安装在墙上。如果用土坯砖砌墙，要在靠近框架的一侧开槽。

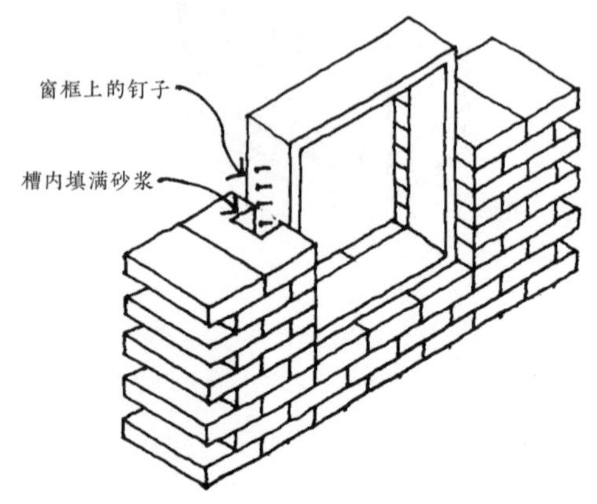

门槛

门槛是用来防止雨水从门的下部进入室内的。

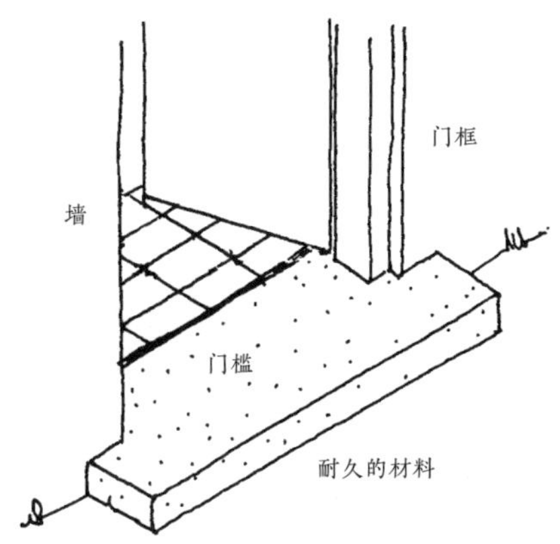

门前的地面区域应使用耐久的材料。门槛可以用与窗台相同的材料制作。

简易门锁

推下和拉出门闩时，门闩就会锁住门。抬起和拉入门闩时，门就可以打开。

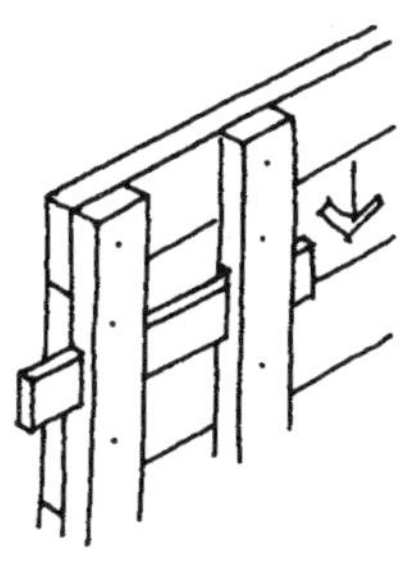
关

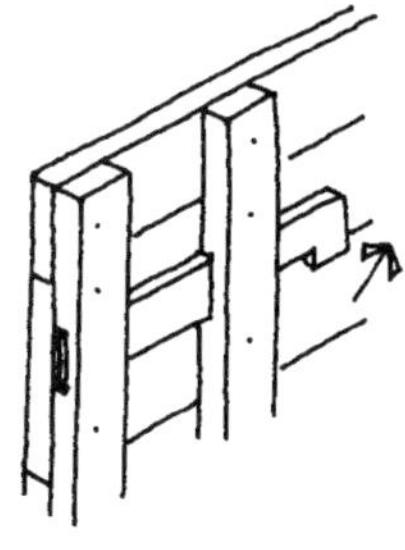
开

为了防止蝎子进入室内，可在门槛上嵌入玻璃瓶。这种方法可以防止蝎子爬上来。

1. 挖出门槛区域。

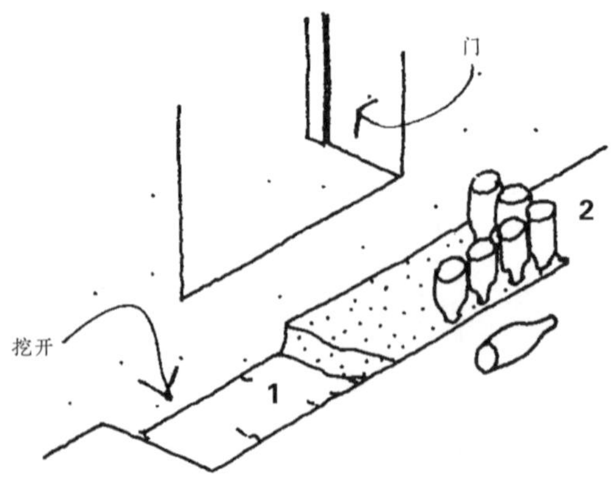

2. 用混凝土填满挖开的区域，将瓶子瓶颈朝下放置。

3. 用混凝土填满墙和瓶子之间的空间。

4. 加入砂浆，做一个砖或瓦的门槛。

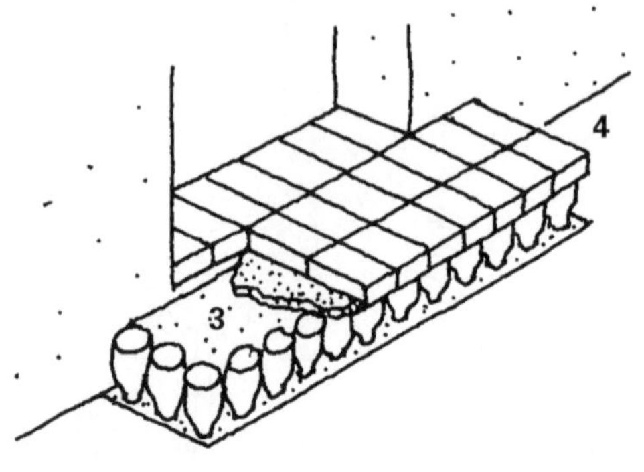

这种做法不仅保护了房子，也使得入口处更有吸引力，颜色更丰富。

↘ 室外地面

庭院和房屋周围的外部地面，如花园小径，可以使用空心砌块来铺设，以便让水流过。

用于墙面的空心砌块同样适用于地面。

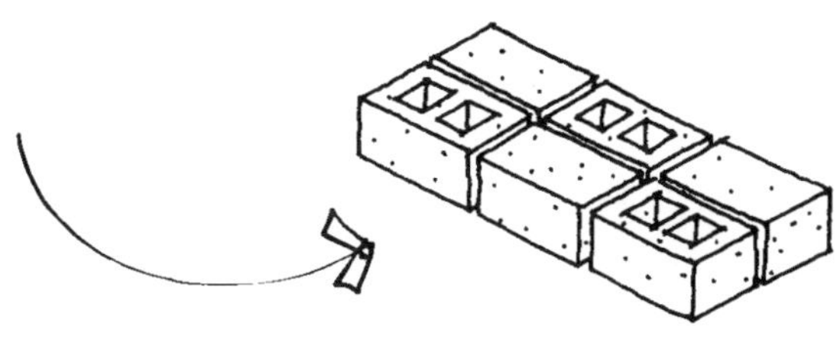

在车库或其他有汽车通过的地方，应使用更耐用、更坚固的砖。

如下图所示的互锁式砌块，不会因为车辆的重量而迅速松动。

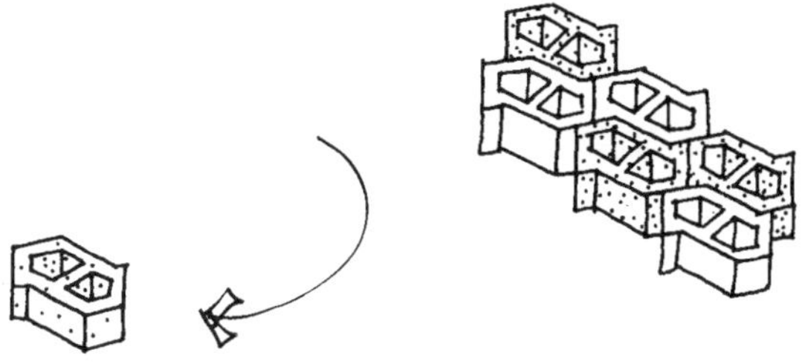

将砌块放置在一层砂中，在它们之间留下小的间隙。然后再加入更多的砂或土来填充接缝和间隙。

SERVICES 服务（管线）

电力

房子的照明和用电需要以下物件：

- 一个控制面板：主控板是所有电路与供电线路连接的地方，也是控制房屋用电的地方。通常这个面板位于房屋入口处靠近电表的地方。
- 保险丝或断路器：当发生过载或短路时，它们就会熔断或断开电路，从而防止住户受到电击伤害。
- 灯具插座：用螺丝固定灯的部件。
- 开关：用于每个插座或插座组的断路器开关。
- 墙面插座：用于插入电器或灯具。

安装

所有零部件都需要两根电线，一根不带开关，一根带开关。

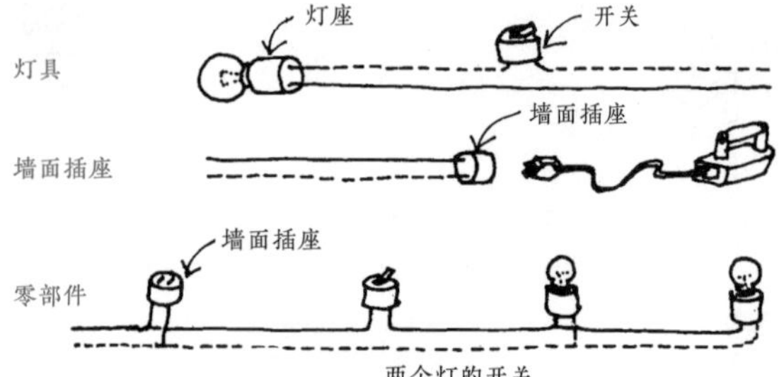

只能使用有保护塑料涂层的电线。

使用绝缘钉或弯曲的钉子安装电线，注意不要刺破塑料涂层，以免损坏电线。用轻锤将钉子锤进去。

也可以用纵向劈开的竹子来覆盖和保护安装在墙底的电线。

电线的接头处必须用绝缘电工胶带覆盖好。不要将灯具或电线接线处设置在草皮天花板或屋顶附近。漏水可能会弄湿没有正确安装的线路并引发火灾。在气候湿润地区，建议将电线安装在嵌入墙壁的预埋线管或软管中。

在设计了外露砖墙的建筑中，必须事先决定插头、灯具和开关的位置，以便在墙体施工期间安装电线。当房屋的外墙有灰泥、水泥或其他饰面时，可以将电线埋入这个饰面层里。

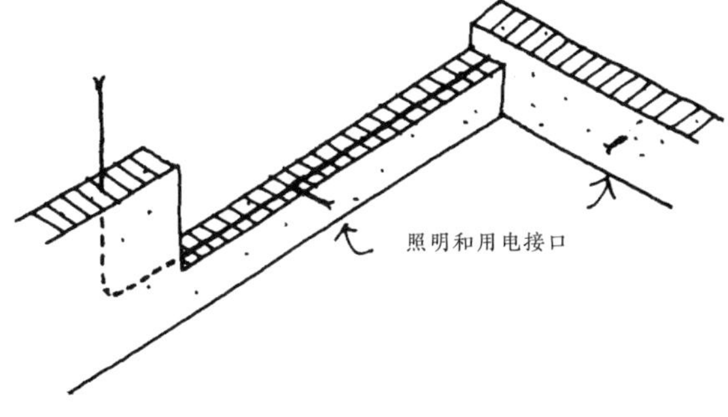

下面是一个简单的电气安装的例子。

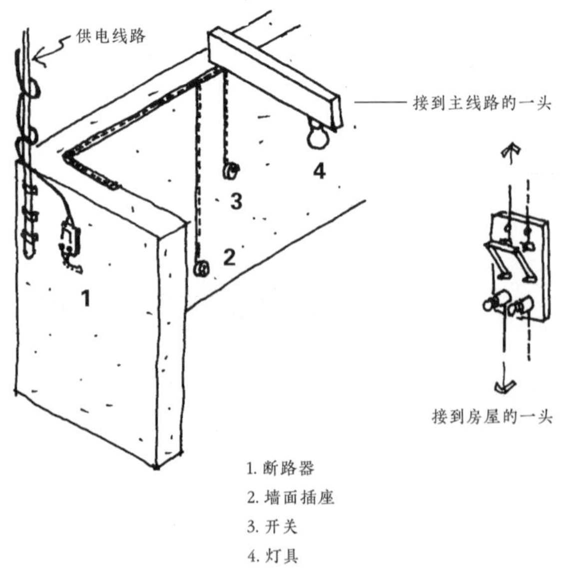

1. 断路器
2. 墙面插座
3. 开关
4. 灯具

电线应安装在墙的顶部，远离儿童，还要防止湿气侵蚀电线。

最好先将预埋线管或软管安装在墙上，再穿入电线。

在没有保护线路的墙上必须安装绝缘材料。在插头和开关的周围以及布线方向改变的地方，用木块固定绝缘材料。在下图中，请注意厨房和卫生间中的插头是如何安装在地板之上的较高位置的。

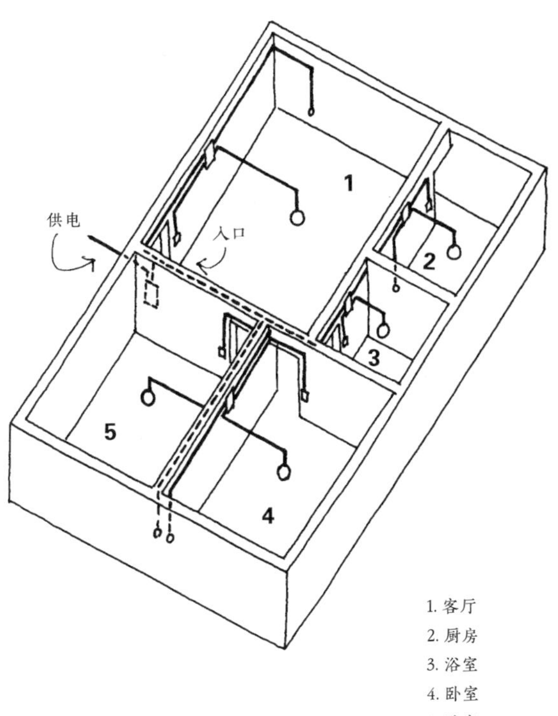

1. 客厅
2. 厨房
3. 浴室
4. 卧室
5. 卧室

↘ 确定插头和照明设备的位置

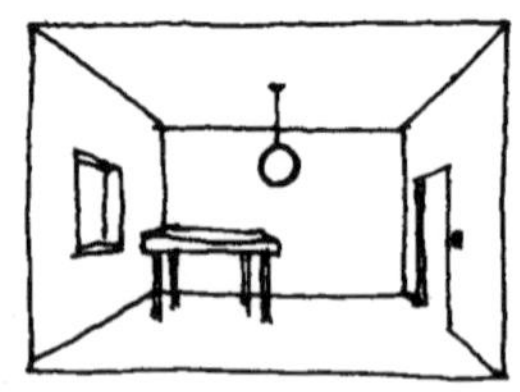

在正方形的房间

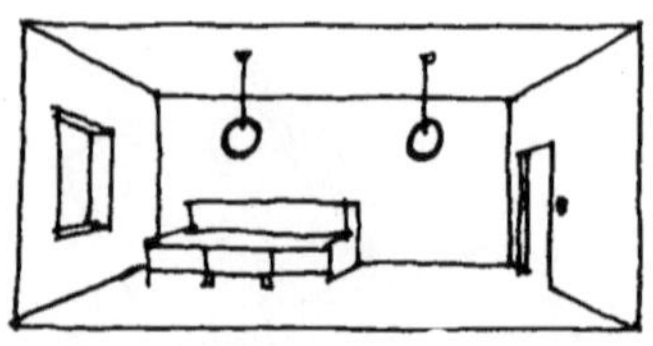

在长方形的房间

开关应设置在靠近房门的地方，方便进出房间时开灯或关灯。

墙面插座必须高出地板 20 厘米。

墙面插座应设置在水槽、炉灶等内置部件的上方。

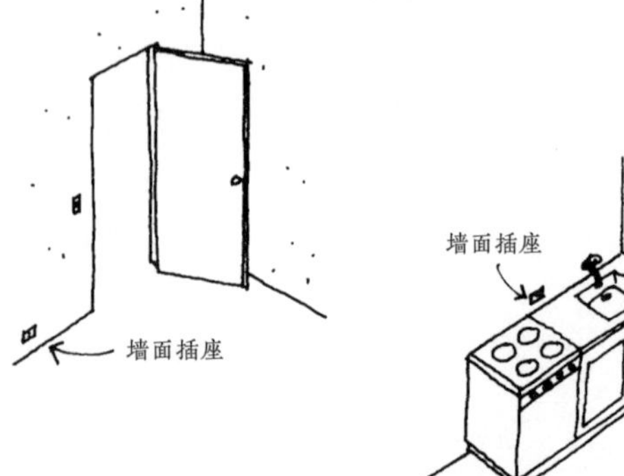

↘ 安装饮用水管道系统

房屋内的饮用水管道必须与浴室的水槽和淋浴器、厨房的水槽，以及盥洗室的面盆相连。

太阳能加热器可以把水加热。关于如何建造太阳能加热器，参见本书“能源”章节。

建议安装旱厕以节约用水，不污染当地的水路和土壤。详见本书“卫生设施”章节。

通常来说，普通给水用 3/4 英寸管，特定处用 1/2 英寸管。

水管和电线一样，要安装在墙内。

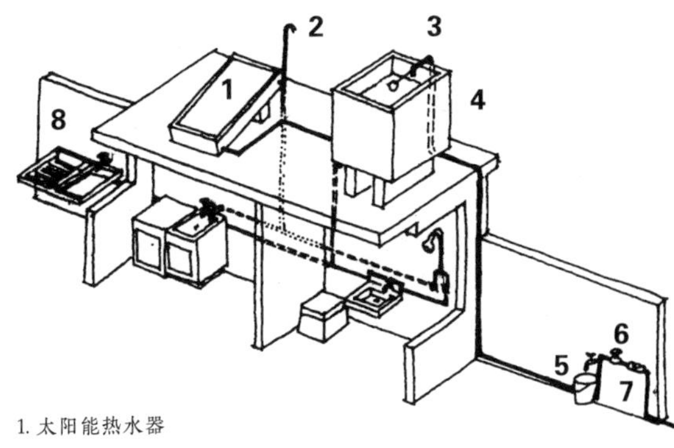

1. 太阳能热水器
2. 通风管/烟囱
3. 浮球阀
4. 水箱
5. 水龙头
6. 阀
7. 水表
8. 水盆

设计平面图时，将卫生间和厨房按照背靠背或者一上一下的方向布置以节省管线。同时，考虑到房屋未来的扩建，这样设计的话管线就方便延伸到其他卫生间。所有的管线都应该安装在人容易接触到的位置，这样维修管线时就不需要过多地拆除墙和地板。

由水槽和面盆排出的水必须通过 p 型存水弯，以防下水道的气味进入房屋。

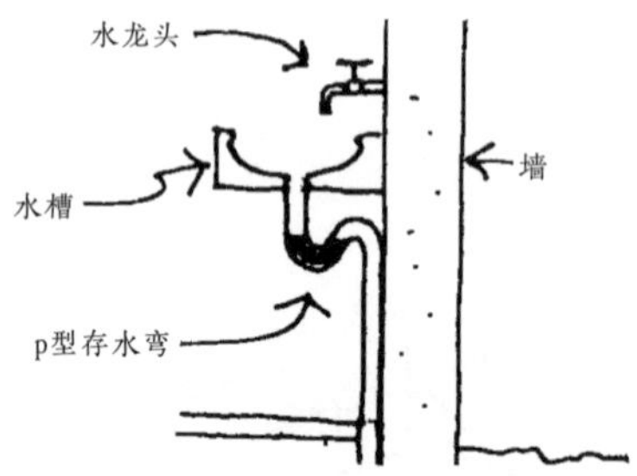

p 型存水弯是用弯曲的管子安装而成，这样的话在弯曲处总会留有少量的水，阻碍气味上窜。

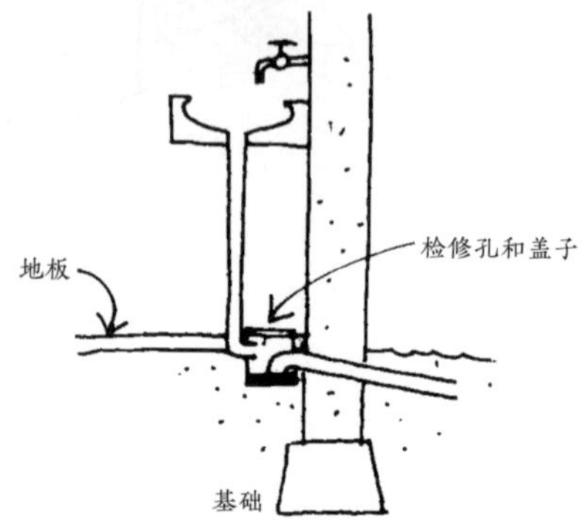

没有提前做 p 型存水弯时，可以在地板上用两根 L 形管的端头和一个带有盖子的检修孔制作一个存水井。检修孔必须方便清洁和清理掉落的物品。

SPECIAL ITEMS
特别项目

↘ 烤箱

烤箱适合用来制作面包和蛋糕。可以用拱形的竹结构搭建烤箱。外层可以涂抹石膏，最后用泥和切碎的草或稻秆的混合料完成饰面。

涂抹石膏后，先将烤箱预热。放入木头并点燃，烧制竹结构表面。

烧制好的泥就成了一个牢固的结构。

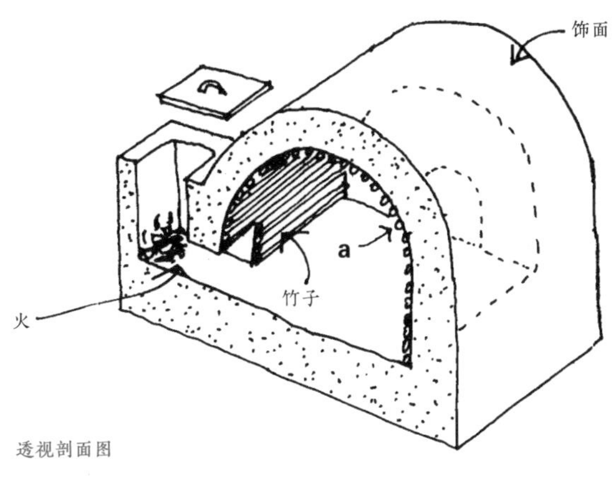

透视剖面图

可以在烤箱的一侧安装一个小门（a），用于放置食物。

↘ 楼梯

为了使楼梯走起来舒适，每一阶楼梯的踏板宽应为 25 厘米，踏步高应为 17 厘米。

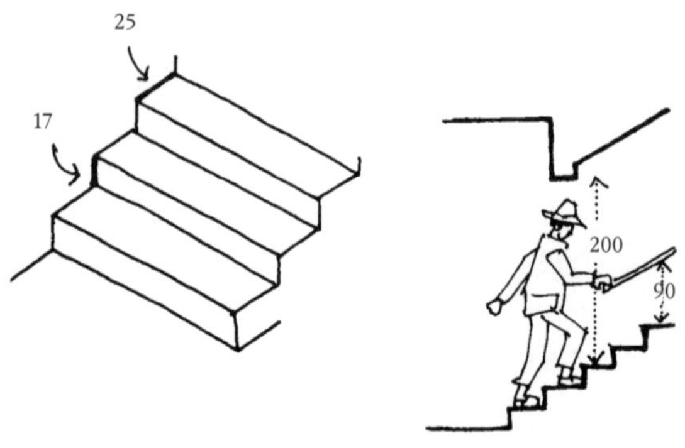

楼梯与天花板或屋顶之间的高度不应小于 200 厘米。

搭建简易木楼梯时，可以用两根 5 厘米 ×15 厘米的木材做支撑。

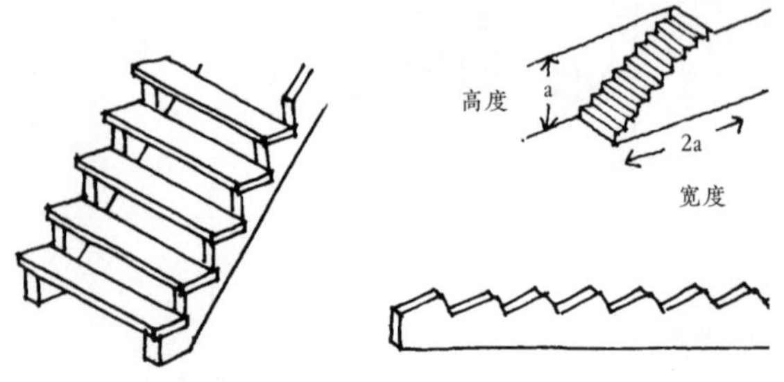

踏板用 3 厘米或 4 厘米厚的木板制成。

石、砖或混凝土楼梯可以根据其用途建造出多种形状。例如：

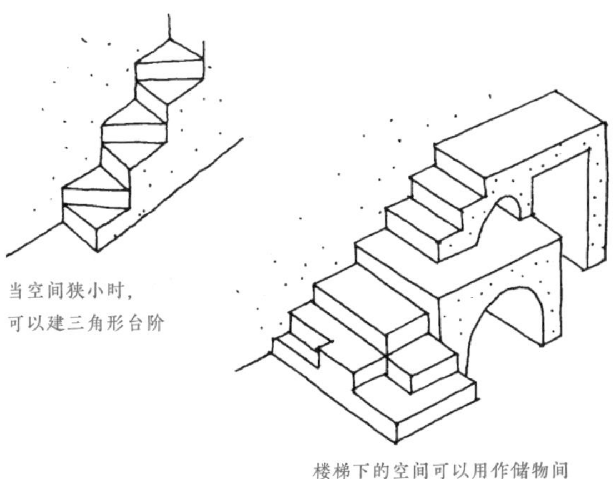

当空间狭小时，
可以建三角形台阶

楼梯下的空间可以用作储物间

空间较小时，楼梯可以建成陡峭的角度。

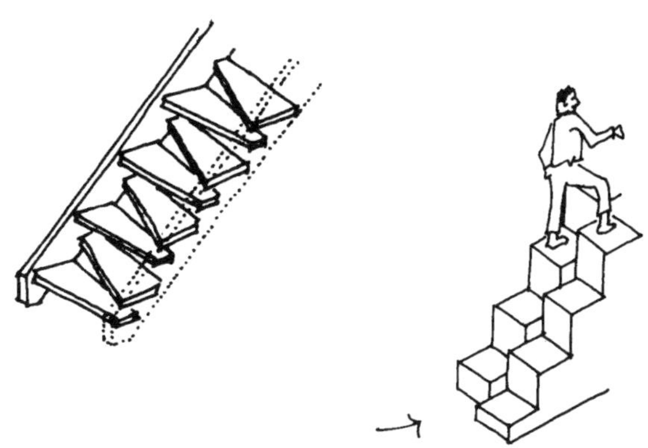

用砖来建楼梯时甚至可以建成这种形状。

当同时建造多栋房屋时，可以用钢筋混凝土预制楼梯。

占用空间小的楼梯可以用两种不同的模板来建造：一种用于直梯，另一种用于转角梯。

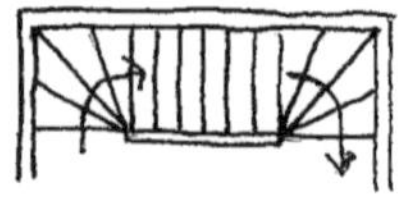

1. 在一块 90 厘米 ×90 厘米的胶合板上切割出三角形。

2. 从同一块胶合板上切割出四块 18 厘米宽的板作为转弯处的踏步支撑。

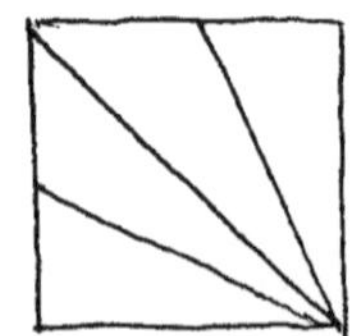

3. 再切割出更多 18 厘米 ×90 厘米的直梯踏步支撑（踢步）和 25 厘米 ×90 厘米的踏板。

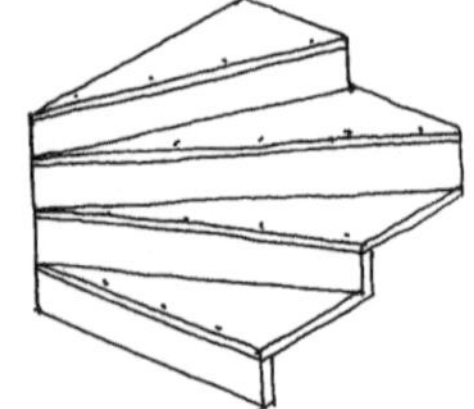

4. 如图所示，将这些部件钉在一起。

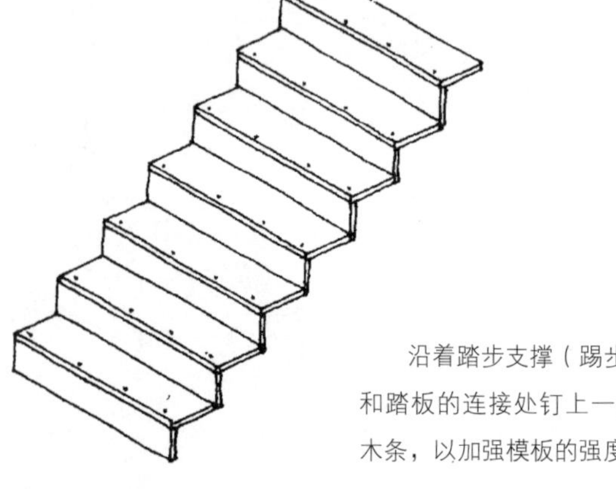

沿着踏步支撑（踢步）和踏板的连接处钉上一条木条，以加强模板的强度。

当准备涂水泥砂浆时，将模板放在地面上，如下图所示。

5. 准备好 2 ： 1 的砂和水泥的混合砂浆，并在模板上涂抹第一层 1 厘米厚的砂浆。放置塑料网（见第 316 页），并铺上第二层 1 厘米厚的砂浆。

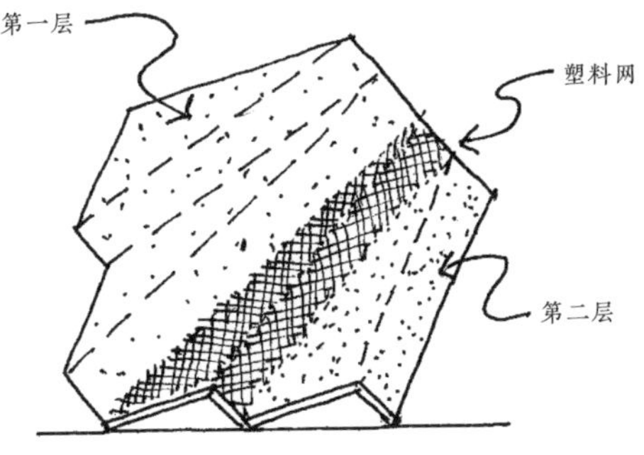

6. 抹完水泥后，让楼梯在阳光下晒 3 天，然后拆除模板。让楼梯干燥 2 周后再进行安装。

↘ 保护措施

木材经常会被潮湿土壤里繁殖的昆虫损坏。

为了防止此类损坏，木质屋顶和墙体结构不要与地面接触。

木料靠近地面的部分必须保护起来，可将其架设在混凝土基座上，或者用焦油沥青做防水处理。

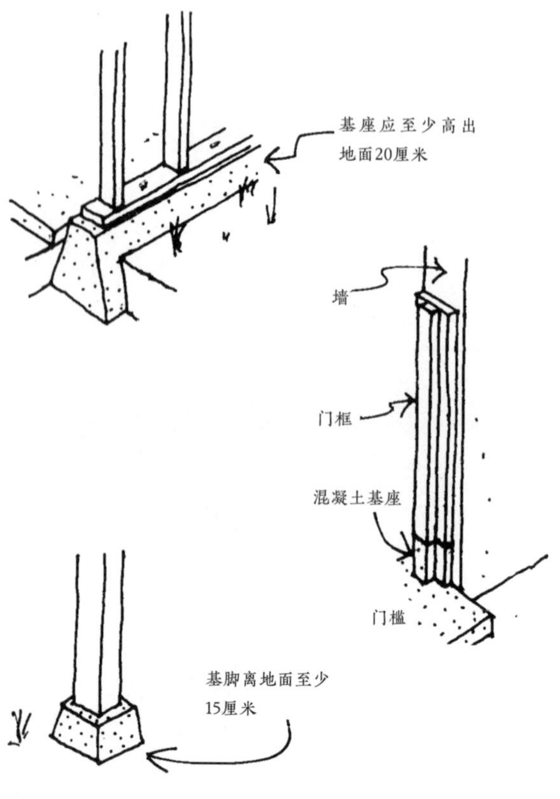

门框的底部要高出地面 15 厘米。

建在柱子上或水沼地区的房屋需要采取保护措施。

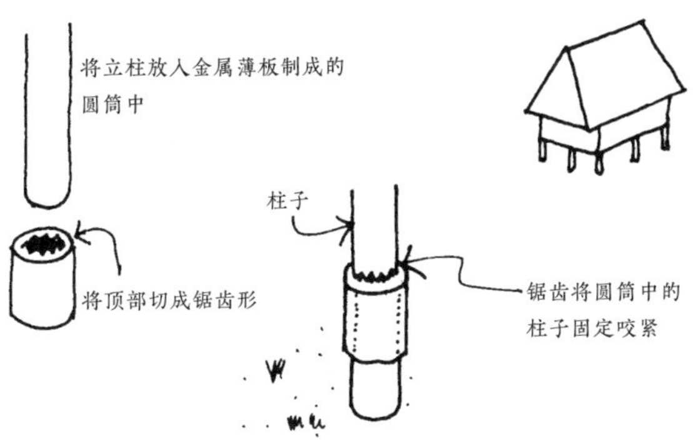

白蚁爬不上去薄薄的边缘，会返回地面。

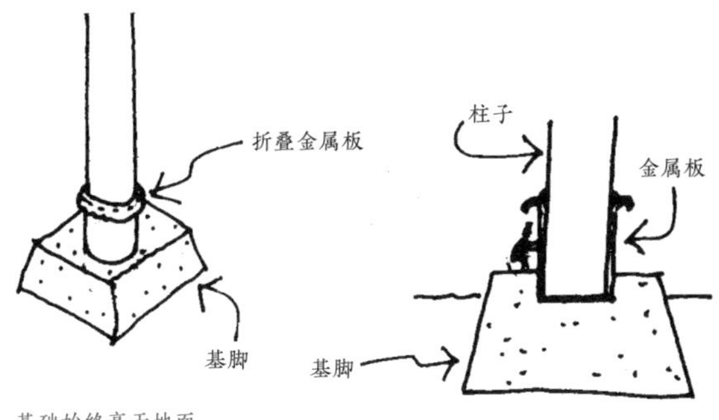

基础始终高于地面

将柱子安装在混凝土基座上之前，先套上金属圆筒，圆筒的边缘向外且向下倾斜。

更多细节参见本书“热带湿润地区”章节。在这些地区，木材是最常用的建筑材料。

建造筒仓

筒仓是用来储存玉米或小麦的容器，可以用土、草或秸秆建造。

将筒仓做成球形可以防止老鼠或其他害虫的侵害，还可以避免阳光的暴晒和雨水的侵袭。

上图所示的筒仓建有石头基座和草皮屋顶。

准备工作

用等量的砂和黏土制成混合料来建造筒仓，同时往里面加水，直到混合料具有延展性。将混合料在阴凉处放置几天，使其固化。

接下来按照以下方法将草或稻秆混入混合料中。

1. 在地上放一些草。

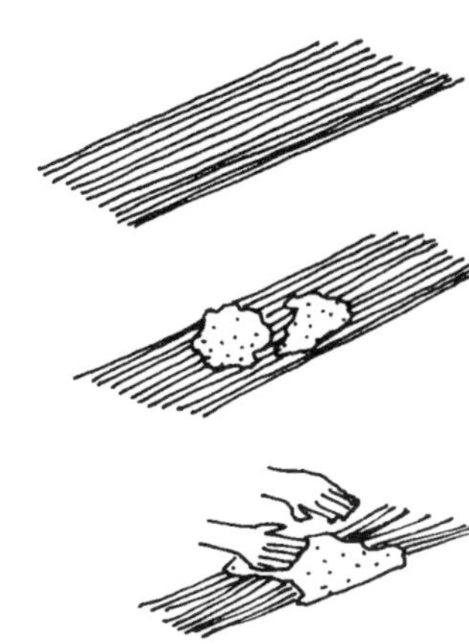

2. 加入两把混合料。

3. 将混合料揉进草料。

4. 将混合料卷起来。

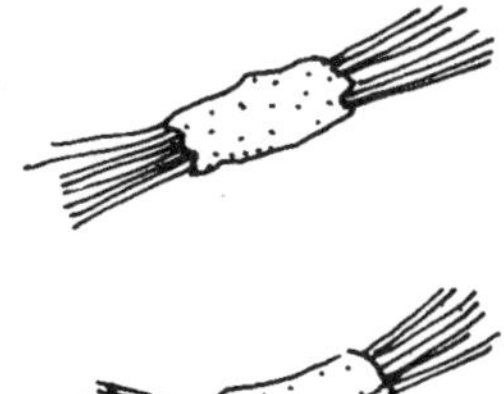

5. 做一个看起来像有两条鱼尾的鱼形草卷。

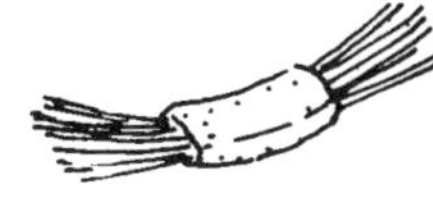

6. 将草卷弯曲。

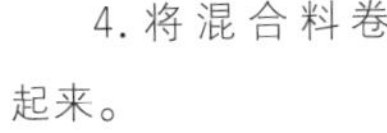

接着将草卷晾晒一天。

7. 将草卷一个挨着一个地放置，做一个直径为 2 米的圆环。它们应该略微向圆心倾斜。

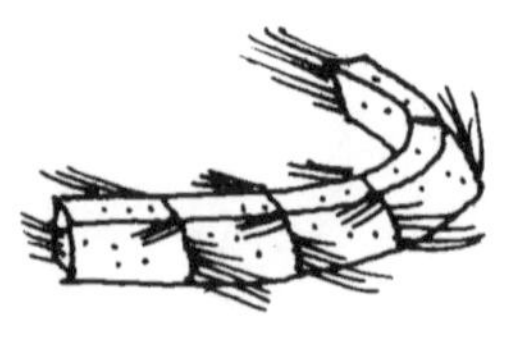

用泥把所有的草卷连接起来，将草尾留在外面，交替着朝向环内和环外。

8. 在第一圈草卷之上放置第二圈草卷。

9. 放置第三圈草卷。所有的草卷在放置时都要向环的内侧略微倾斜，使圆环的顶部直径小于底部。草尾仍留在外面。

10. 接下来将草尾交叉，用泥覆盖，使三圈圆环合并在一起。将覆盖物涂在圆环的内外两侧，直到两侧表面光滑为止。

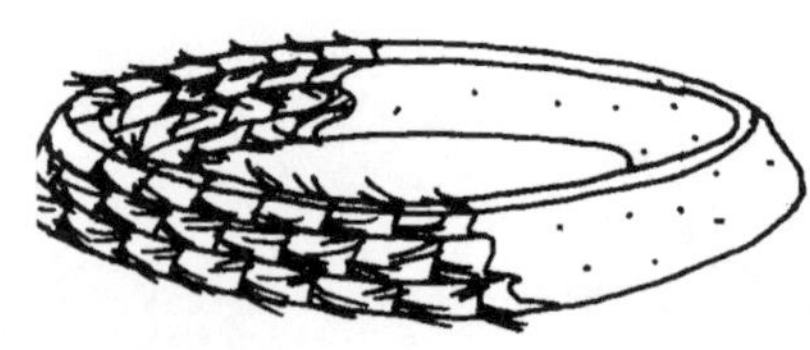

然后在上表面涂上草灰，使第二组草环不要粘在第一组草环上。

11. 第二天，安装第二组由三圈草卷组成的大草环。这个大环应更加向内侧倾斜，使其比下面的环更小。

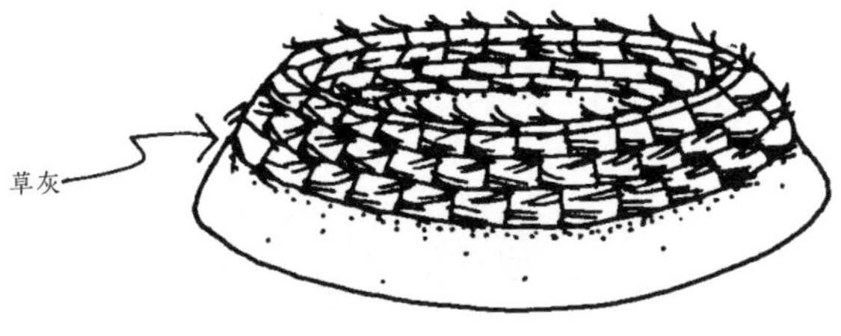

加草灰，让圆环在一夜之间变干

12. 再做一组更小的草环。一共应该有三组大草环，用草灰层隔开。

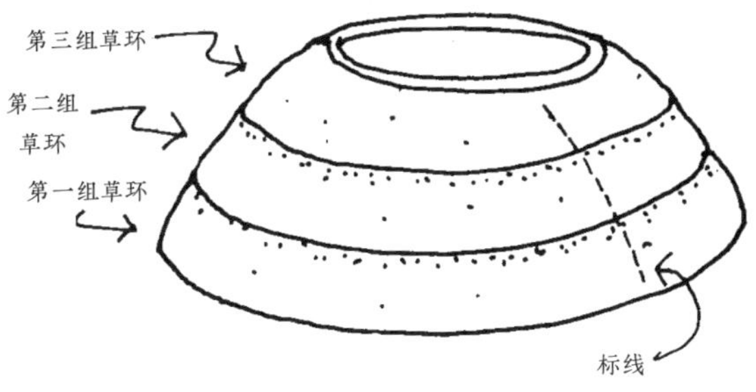

建好草环后，用线把它们标记出来。这条线有助于以后正确地重新组装草环。

13. 现在用同样的工艺再建三组大草环。这些草环要晾晒一周。在这段等待的时间里，建一个石头或夯土基座来支撑筒仓。

14. 筒仓顶建在顶环上。仓顶结构用木杆与麻绳绑在一起。

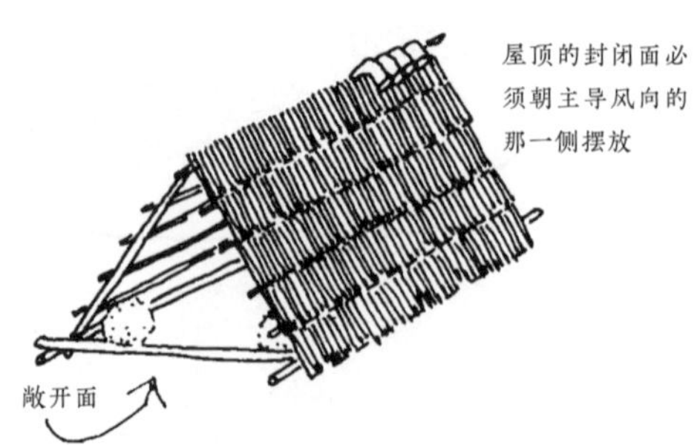

用同样的草束覆盖屋顶结构，有两面不用覆盖，其中一面的开口用来填充筒仓。

15. 组装筒仓的六组草环，最小的环放在底部。

在放置下一组草环之前，在上一组草环上涂上少量的泥，将两个环黏合在一起。在环的内表面涂上泥，使其光滑。

16. 组装好筒仓后，用混合了仙人掌汁的泥浆涂满整个筒仓内外。

17. 接着在筒仓的上部覆盖两排草束。在上部区域涂一层泥，这样草束就和筒仓黏在一起了。

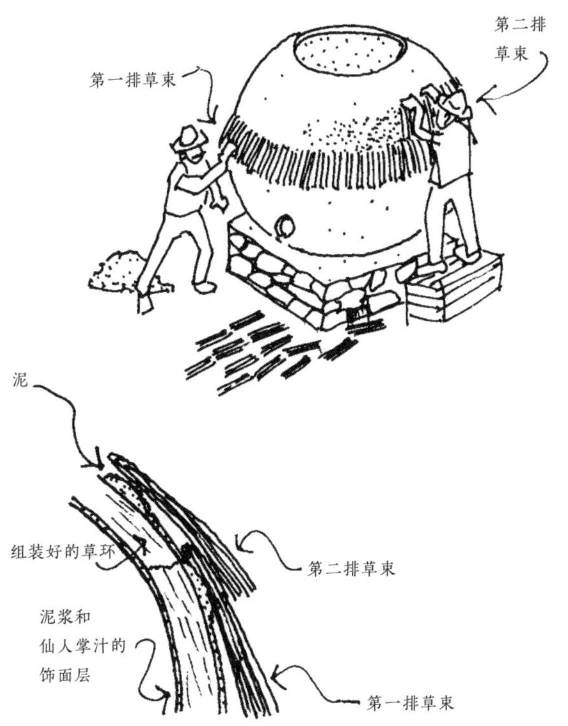

18. 在筒仓的下部开一个洞，方便取出谷物。筒仓的上下开口处用纱网做罩子，这样动物和昆虫就不会进入筒仓，谷物也能透气。

最后，在筒仓顶的四角各压上一块石头。强风可能会吹打仓顶，但不会损坏筒仓。

塑性筒仓

可以使用水泥砂浆和塑料网袋（如用于运输蔬菜的那种）建造筒仓。这种技术被称为塑性（plasto）。用一袋水泥就可以建造一个3立方米的筒仓。

这种筒仓形似足球，由六面板（六边形）和五面板（五角形）组成。建一个这种筒仓需要20个六边形和12个五边形。

1. 首先用0.5厘米厚、8厘米宽的木条搭建模具。

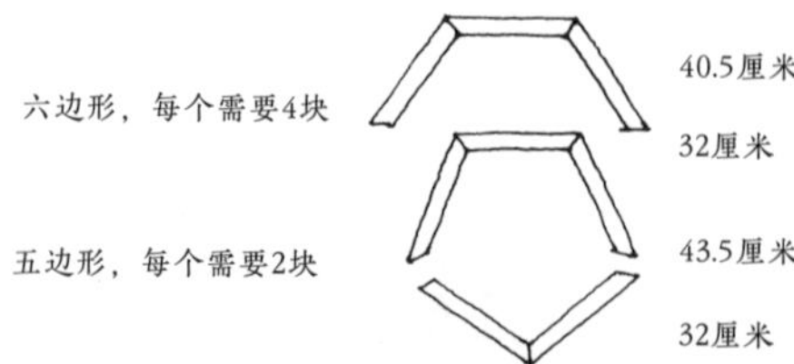

2. 将砂和水泥按2∶1的比例混合。

3. 在平坦的地面上铺上报纸，将第一种模具用的木条放在纸上，用木桩固定。往模具内填满水泥砂浆，直至和模具边缘齐平。

4. 将细铁丝安在模具的六个角上，用塑料网袋盖住模具。

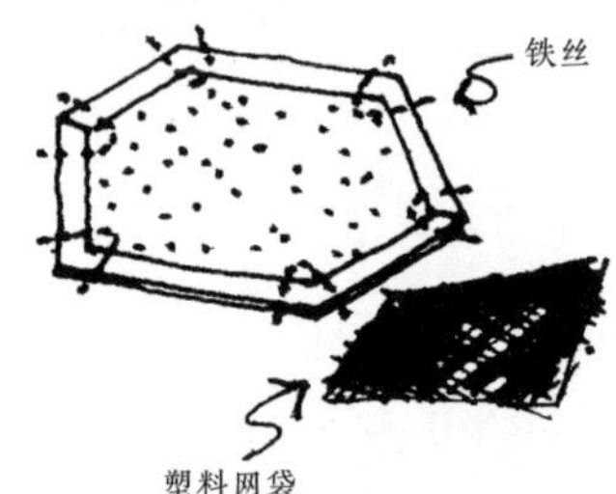

5. 将第二个模具放在第一个模具上面，用超过 0.5 厘米厚的水泥砂浆填充模具。然后将模具的木条从侧边移除。

边缘留
3厘米网袋

6. 将水泥板晾晒一周，做好防雨措施。

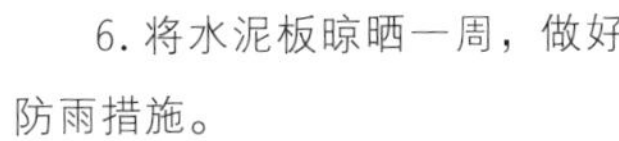

7. 用砖或石头为筒仓做一个带开口的支撑底座，安装一个直径 10 厘米的倾斜 PVC 管，用水泥砂浆做一个小石墩。上下滑动管子可以关闭或打开出口。

8. 在地面上，从底部的六边形开始，将筒仓的下部倒过来组装。

9. 水泥板的连接方法是扭紧凸出的细铁丝，将板固定。完成后，挤出的塑料网袋边缘用水泥砂浆覆盖。

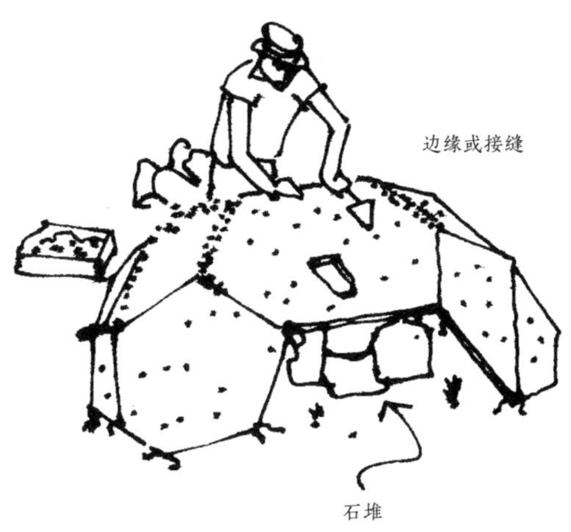

10. 等待一周后，再将筒仓的这部分安装在底座上。在安装的同时，可以用水泥覆盖内部的接缝。在底部六边形上开一个孔，与 PVC 出口管连接。

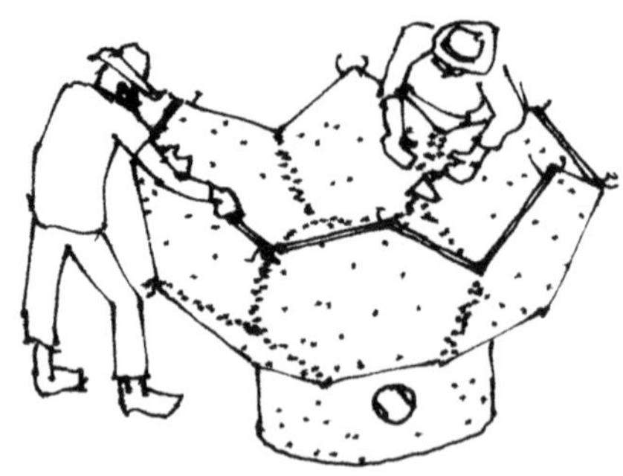

11. 现在组装其他水泥板，每次安装一圈。让一圈干燥三天后再安装下一圈以等待接缝处硬化。

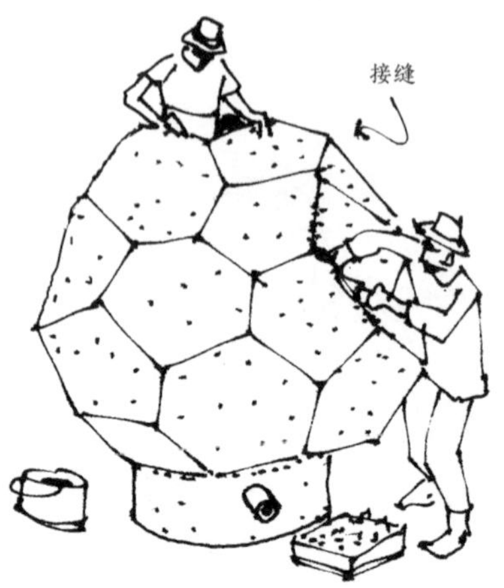

12. 最后一个六边形是便于向筒仓内倒谷物的盖子，不应密封。为了保护筒仓不受日晒雨淋，可以根据现有的不同材料，如茅草、瓦片或护板，建造多种类型的筒仓顶或盖板。

在筒仓底座上装一根 PVC 管作为移出谷物的通道。当管子被拉出时，通道打开，谷物顺着通道流出。当管子被推回时，通道关闭。

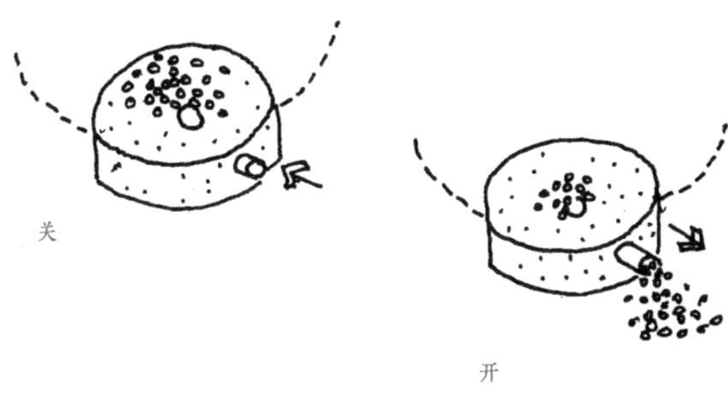

↘ 筒仓的其他用途

这种筒仓也可作为蓄水池使用。用砖作支撑加固底座。这种筒仓可储存约一吨水。

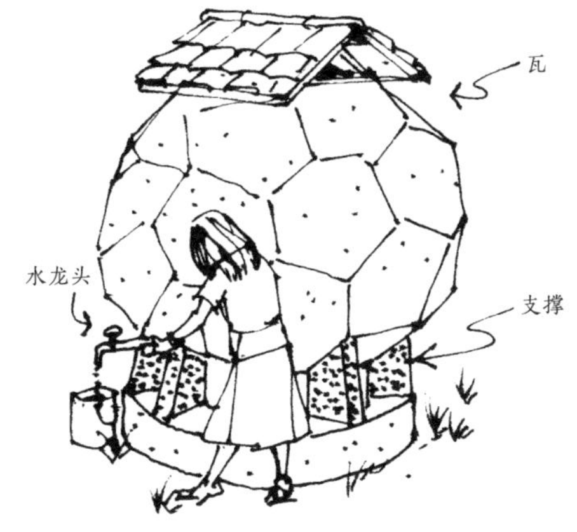

可以事先用砂石过滤器对水进行过滤，这样就只有干净的水进入蓄水池。

预制水槽

可以用制作筒仓类似的技术来预制水槽和盆。使用一个倒置的圆底黏土碗作为模具。

1. 在平坦的表面上盖上报纸作为工作面，将碗倒置，用塑料膜盖住，以免水泥粘在模具上。水槽台面的模具是由0.5 厘米厚的木条制成的，这些木条放置在平坦的工作面上。

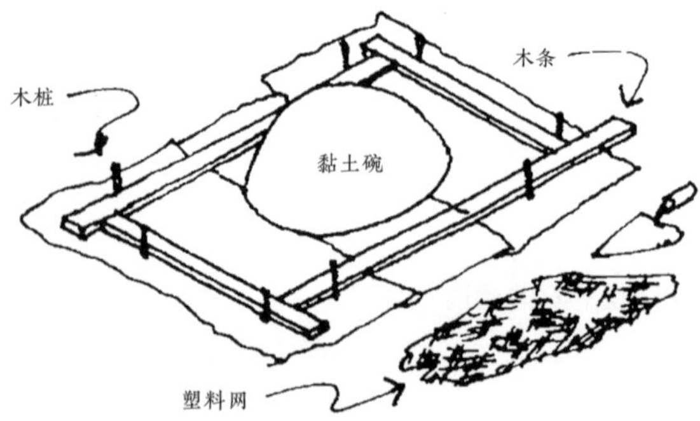

2. 在水槽台面的模具内填充一层 0.5 厘米厚的 2 ： 1 的水泥砂浆。黏土碗上也涂上同样厚度的砂浆。

3. 将塑料网浸泡在一桶水泥砂浆中，然后放在已经涂抹好的水泥上面。

4. 在塑料网上再涂抹第二层 0.5 厘米厚的水泥砂浆。

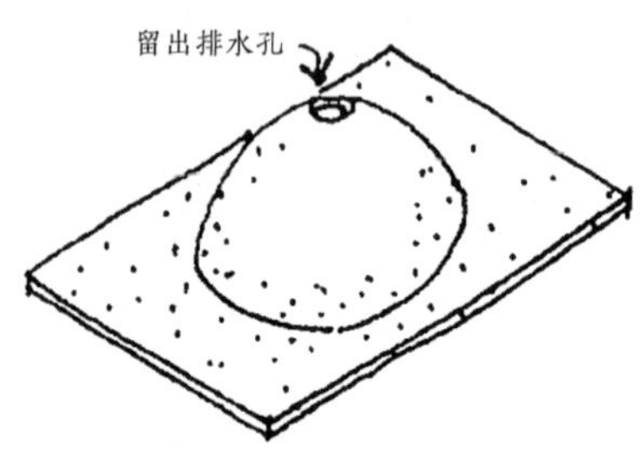

将水槽置于阴凉处晾晒一周后再安装。安装好后，涂上白色或彩色的水泥饰面。

TOOLS 工具

每一种类型的工作都要使用正确的工具，这一点很重要。实践中往往会因为缺少工具而耽误施工。下面介绍如何制作工具以方便施工。

水平工具

水平仪用于验证地面水平，以便建造基础或街道。

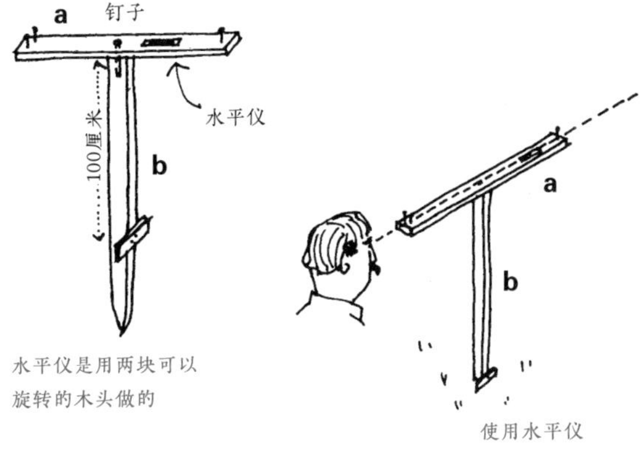

水平仪是用两块可以旋转的木头做的

使用水平仪

在木块 a 上固定一个略微弯曲的透明塑料管，里面有一个空气泡。在木块的一端钉上两颗钉子，另一端钉上一颗钉子，确保它们在同一高度。在木块 b 上距离木块 a 一米的地方，钉一个横着的小木条。

↘ 其他类型的水平工具

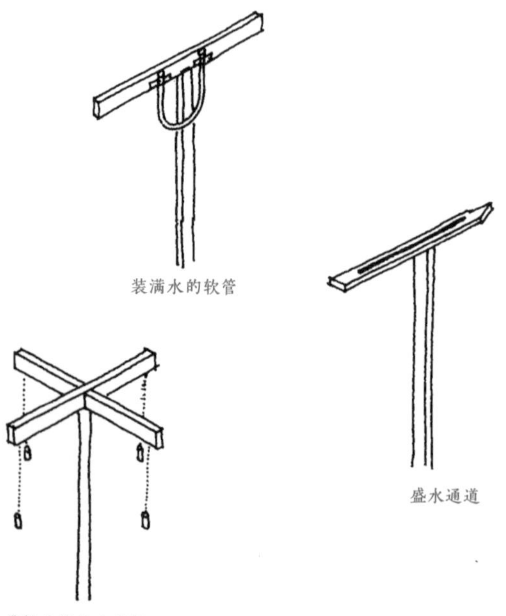

装满水的软管

盛水通道

带铅垂线的十字架

所有这些工具都安装在支撑杆上。

在施工现场，使用装水的透明软管来调整高度。

使窗户的高度相同

水平仪可以和涂有20厘米宽的黑白条纹的两米水平杆结合使用。

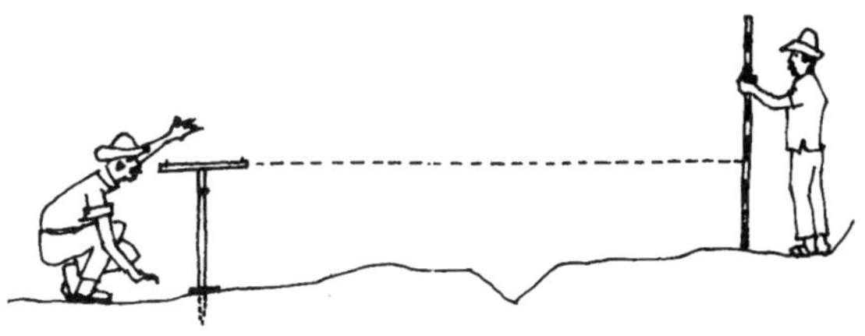

将水平仪放在地面上，转动木块a，使气泡始终处于水平状态。

在上图中，拿着水平杆站立的人的所在地比蹲着的人的所在地高出20厘米。

另一种水平仪可以用塑料管或软管按以下方法制作。

切割一段5厘米长的透明塑料管，插入一个软木或塞子，在管子的一端套上一个钩子，围绕着管子和塞子，使管子微微弯曲。

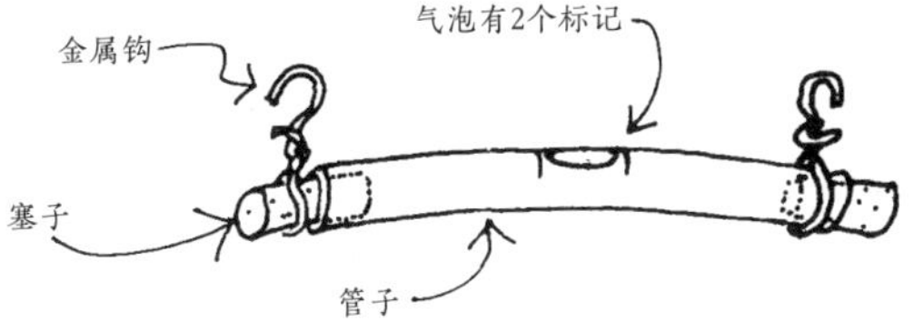

往管子里注入酒精，在管子的另一端也插入塞子并在管子里留下一个气泡。再套上一个金属钩，钩子只套在塞子上，以便管子能够打开来调整气泡。在塞子上涂一点蜡，这样酒精就不会漏出来了。

现在需要用木工水平仪对该水平仪进行校准。用木工水平仪在两根柱子之间安装一条水平的细绳。然后将水平仪挂在绳子上，调整挂钩，使气泡正好在两个标记之间。

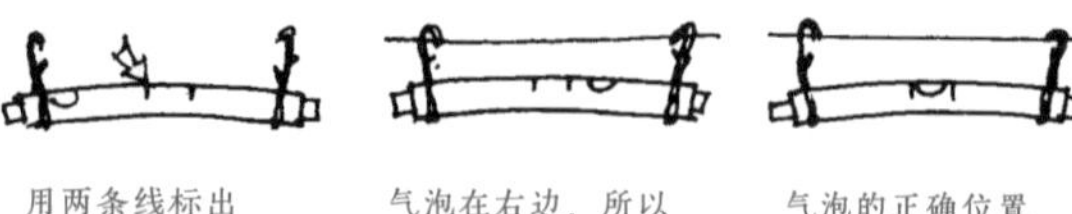

用两条线标出中心位置　　气泡在右边，所以抬起左边的钩子，让它居中　　气泡的正确位置

例如，为了验证所建造的一堵墙的高度，使其与现有的一堵墙保持水平，拉出一根绳子，把水平仪挂在上面。当气泡在标记之间的中心位置时测量墙的高度。这样就知道墙的正确高度了。

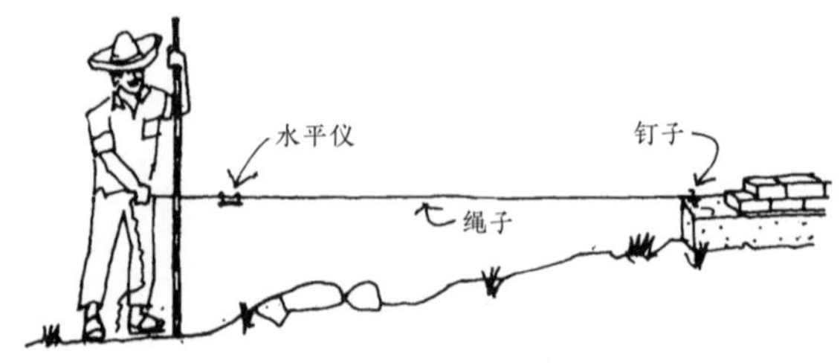

可以用钉子做铆钉。

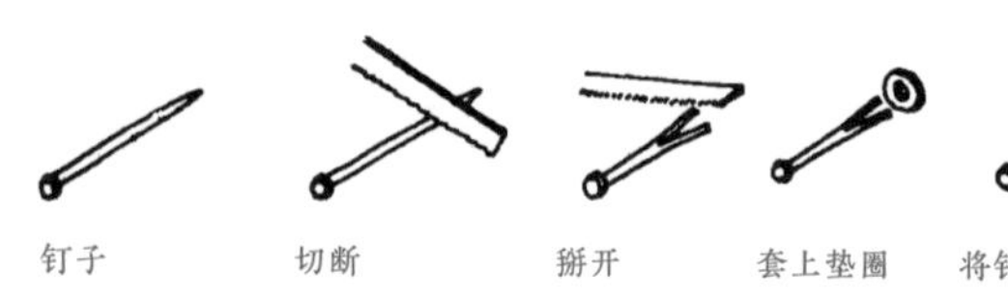

钉子　　切断　　掰开　　套上垫圈　　将钉子掰弯

切割工具

可以用钢片制作刀具或开罐器。

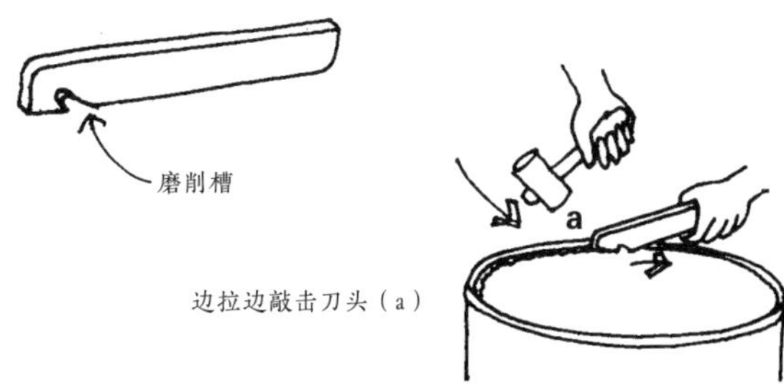

压土机

为了压实土壤，可以使用金属桶。

在金属桶的两端各焊接一个 3 毫米厚的十字钢条作为车轴。轴的一端用钢棒压扁，另一端做一个钩子。

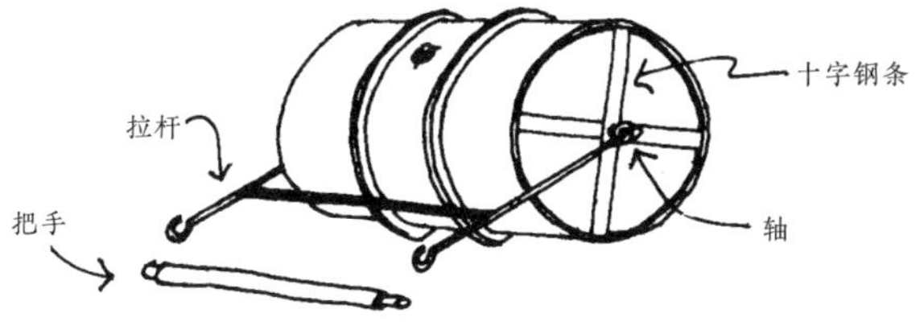

安装一个木把手，方便用手移动压土机。也可以用动物来拖动压土机。

在使用金属桶前，先将桶内装满水。工作完成后，将水倒空以方便运输。

建造车床

下面介绍的车床是一个基础工具的例子。如果该地区有持续的风或流动的水源，可以用风车或水车来增大这个车床的功率。详细内容参见本书“能源”章节。

车床的底座是用木材大料制作的。在工作台的顶部用两块木板为圆柱搭建一个支架，将圆柱放在带有金属轴的木板之间。圆柱的直径越小，车床的转动速度就越快。在工作台的一侧固定一根灵活的杆。将绳子的一端绑在杆的顶端并将绳子缠绕在圆柱上，另一端绑在地面的踏板上。

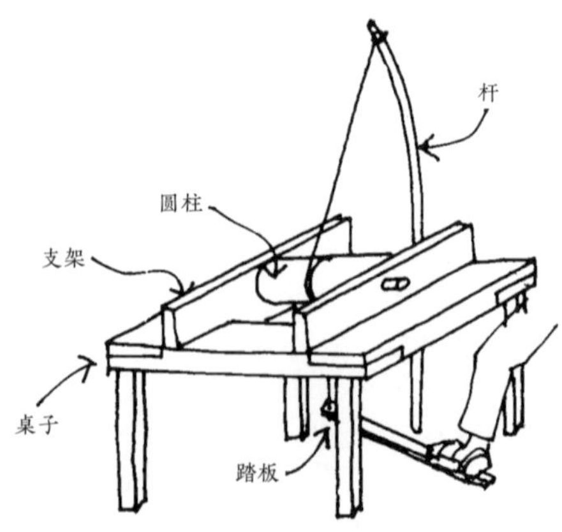

当踩下踏板时，绳子就会被拉下，并使圆柱转动。绳子在杆上的张力使圆柱以相反的方式转动，形成绕轴的连续旋转运动。

量斗

可以用没有盖子的桶来制备水泥混合料和砂浆。在桶顶的内侧边缘钉上一根 2 厘米或 3 厘米的木条，便于搬运。

独轮车

可以制作独轮车来运输建筑材料。

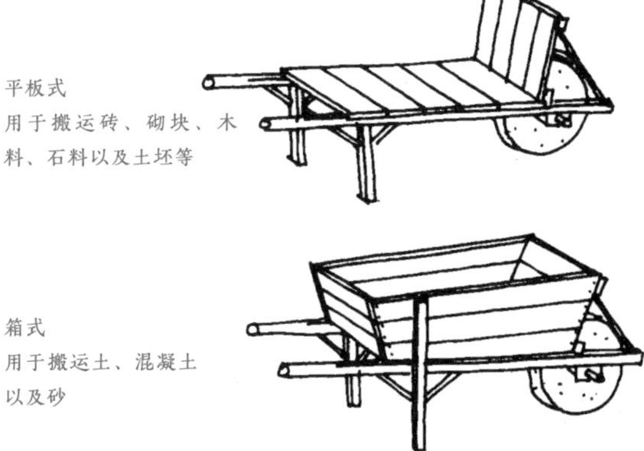

用金属加固平板式和箱式独轮车的四角。

轮子可以用摩托车轮胎来做，也可以用木头和一个金属圈来做。

木桶或金属桶的一半可以作为独轮车的车斗。用焊枪将桶从中间斜切开，使一端比另一端高。

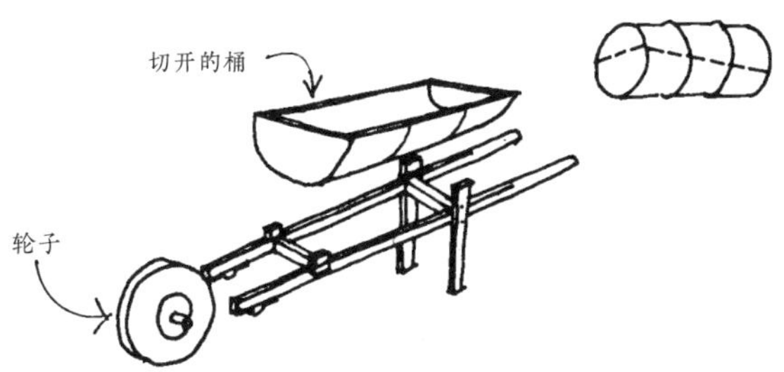

↘ 电焊

将配电箱上的一根电线绑在要焊接的金属件上，作为地线。将另一根电线接到装有 18 升水和 5 千克盐的桶上。

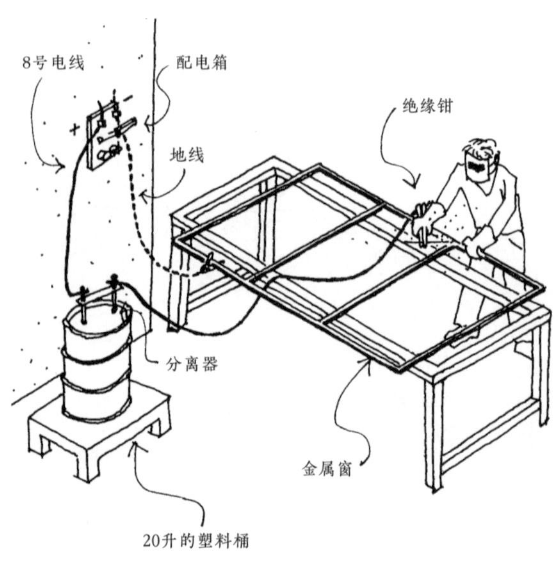

电焊的能量取决于金属棒在水中的深度。水桶的盖子应该是塑料的，而且金属棒之间必须由绝缘体隔开*。

*［译者注］ 注意用电安全！

↘ 梯子

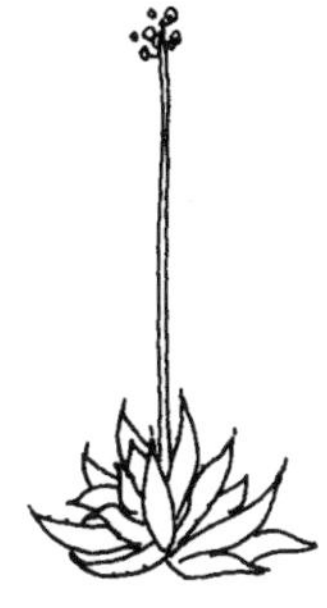

可以用龙舌兰花茎做梯子。

将花茎充分晾干，然后在一侧切开一排相距 30 厘米并对齐的缺口。

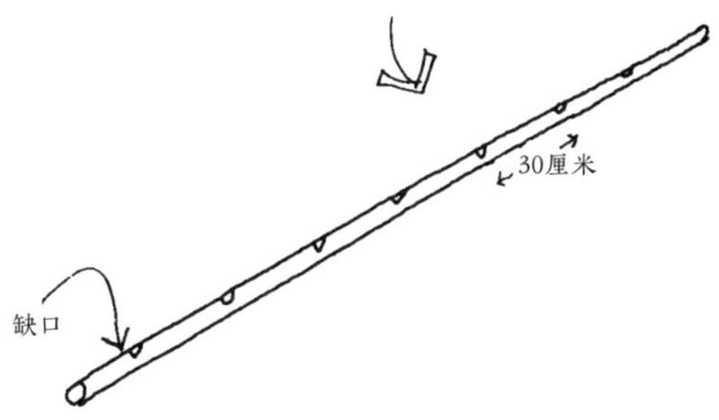

用硬木做踏板。

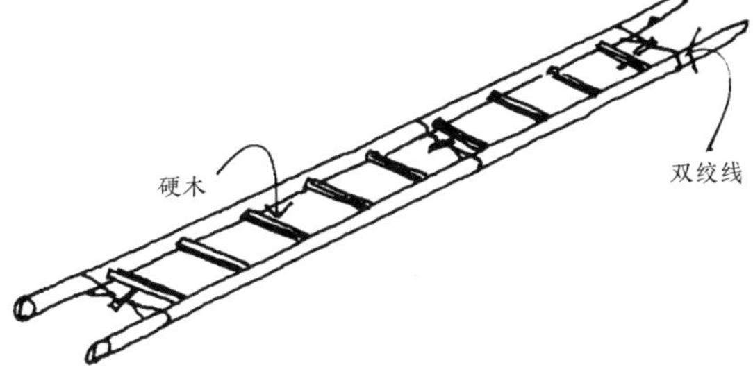

用三根双绞线将梯子的两边绑在一起。也可以用大竹竿代替龙舌兰花茎。

ECOTECHNIQUES
生态技术

什么是生态技术，它相比其他技术有什么不同?

例如，当一种工业在某个地区落户时，它有可能帮助改善居民的生活条件，但这种情况很少发生。通常，工业活动只使少数人受益，并且弊大于利。当一种工业试图改善社区中每个人的生活条件时，可以说这种工业使用的就是生态技术。

同样的情况也发生在建筑中。当一栋房子氛围愉悦、温度舒适、通风良好、阳光充足、不潮湿且隔音好时，你可以说它是用生态技术设计和建造的。

什么是生态技术

用太阳能热水器代替木头、煤气或电来加热水是一种生态技术。利用垃圾生产天然气，或者用回收的自行车零件制作水泵取水等，这些也是生态技术。

为什么

太阳能热水器不需要砍伐森林作为柴火。生态技术的另一个特点是帮助社区独立自主，不受其他地区工业的影响。用当地的黏土生产土坯砖是另一种生态技术，因为材料和劳动力都来自同一地区。

在设计或建造房屋、商店或作坊之前，社区成员必须考虑他们是否会使用生态技术。要回答这个问题，请考虑以下几点：

- 新技术是否能满足人们的基本需求，如住房、营养、健康和教育？
- 是否能利用当地的劳动力和材料？
- 在应用新技术时，当地人是否会自发地进行工作，并且接受当地人的指导？
- 新技术是否考虑到社区的传统价值？
- 新技术是否简单易行，是否允许人们富有创造性地参与进来？
- 该技术是否会导致濒临灭绝的资源或物种的灭绝，或污染环境？
- 这种新技术对项目周边的建筑和环境有什么影响？

下面是几个使用生态技术的例子。

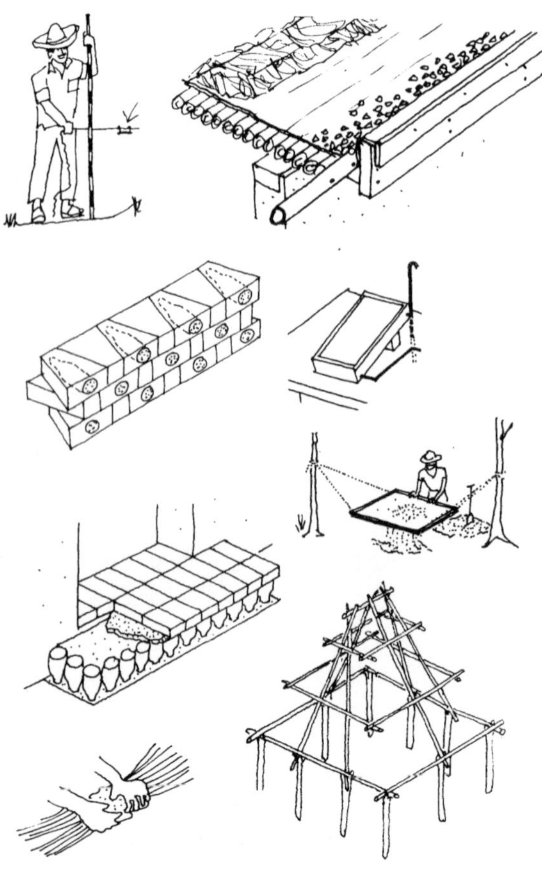

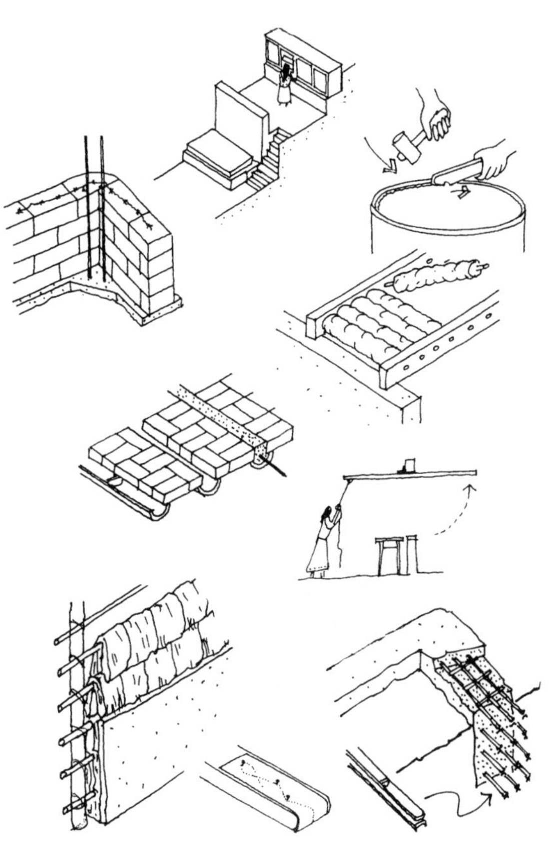

你能认出这些技术吗?

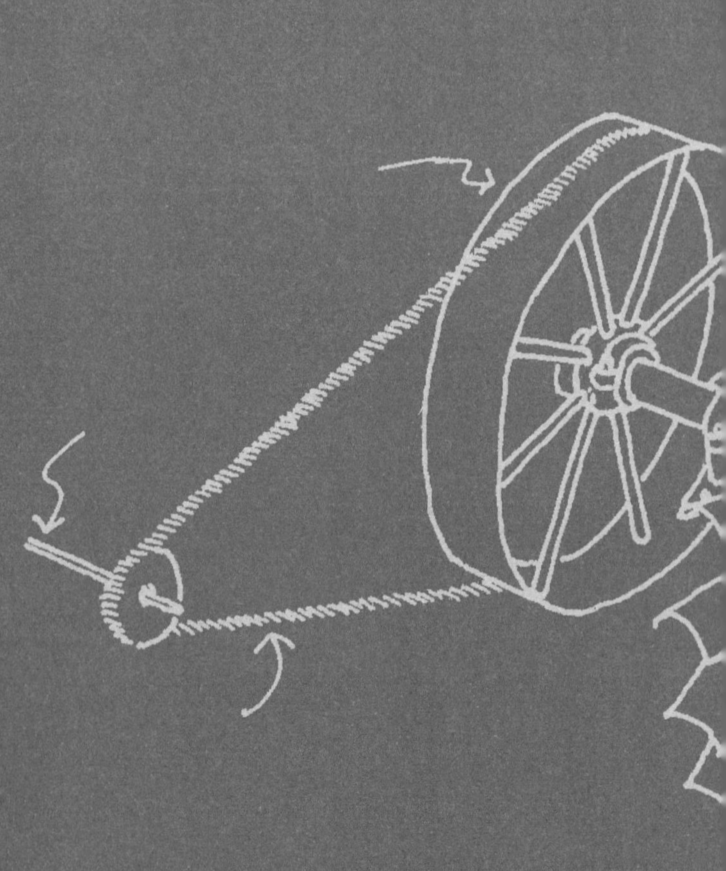

能源

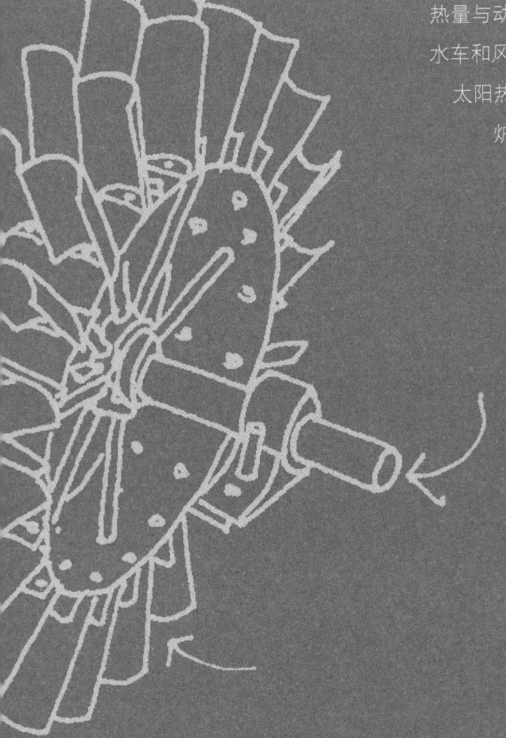

ENERGY

HEAT AND MOTION
热量与动力

能量可以来源于热量（热能）。能量也可以来源于动力（动能）。

在寒冷的天气里，热能被用来做饭或给房屋供暖。能源也被用来驱动设备或工具，如水泵和伐木工具。

大自然提供了许多形式的能源来产生热量。这些自然能源可以在没有其他资源（如燃烧木材）的地区使用。通过使用这些替代能源，森林不会被破坏，特别是在那些树木不会被取代的地区。

其他能源有太阳能、风能和水能。水能是由河流的运动产生的。热能也可以通过分解有机废物或燃烧分解产生的气体来生成。

当考虑使用这些类型的能源时，重要的是要知道它们并不总是随时可得的。

如果没有风，由风车提供动力的水泵就不能工作；如果下雨，太阳能热水器就不能工作。但是，当有太阳和风的时候，这些能源就是上天赐予的免费礼物。

一定要准备好备用系统。例如，安装一个蓄水池为无风的日子蓄水，或者安装一个柴火炉在阴天的时候加热水。

↘轶事一则

很久以前，有一个地方停电了，而且没有恢复供电。居民们非常不安，因为现在他们晚上都得生活在黑暗中。

社区的人们聚集在一起，试图找到解决问题的办法。一个人问道："既然我们没有油，没有木材，也没有天然气，那么我们怎样才能再次获得能量和光呢？"

另一个人说道："嗯，我们的田地里到处都是花。我们可以用蜂蜡制成一种油，为我们的机器提供动力，这些机器就能发电，照亮我们的家。"

所有的人似乎都同意这是个好主意。这时又有一个人说道："如果我们想要光，为什么不直接用蜡本身呢？"

大家都笑了，宣布这是不可能的事情，"这怎么可能呢？"

然后，提出这个建议的人从包里拿出一块蜡，把它卷在蜡烛芯上，点燃了蜡烛。光出现了！

从此，人们明白了，利用自己手头的东西，寻找最简单的解决办法总是最好的。

总是尽量用最少的东西做最多的事！

MILLS
水车和风车

↘ 水动力锤（蒙特罗，monjolo）

水动力锤是欧洲的一项发明，它用简单的机械装置取代了舂玉米的繁重劳动。水动力锤类似一个巨大的跷跷板，由一根巨大的木梁组成。木梁的一端被掏空，形成一个槽，另一端的底部有一个木锤头，通过一个支点平衡，木锤头比槽重时，落在一个装玉米的钵里。当水灌满槽，槽一端更重时，木锤头就会上升，直到槽触地。然后水溢出，使木锤头落到装满玉米粒的木钵里。一遍又一遍，木锤头起起落落，水灌满槽，泼在地上。吱呀声、哼哼声、咚咚声一直响个不停，最终，水动力锤用最少的人力生产出了玉米面。

建造这个谷物磨坊，要用一根杠杆梁，中间用一根柱子自由支撑，一端安装一个容器，另一端安装一个重物。水落入容器（a），使其因重量向下移动，然后排空，而另一端（b），也就是现在较重的一端，落在支撑的钵里，碾磨谷物（c）。

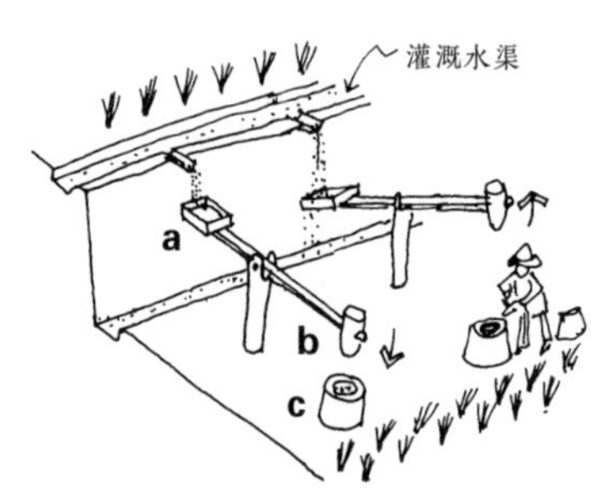

要先测量杠杆的长度和容器的大小，以确保它们的大小与田间流过的水量相符。

风车磨机

这个磨机是由一个缓慢旋转的 200 升的筒制成的，筒可由安装在木质支架上的金属桶制作。磨机可以利用来自任何方向的风。

将桶切成两半，然后将两个半桶围绕中心轴杆重合，如下图所示。轴杆焊接在桶的两端的两块圆板上。连接两个半桶的板子是两块比桶的底部更大的圆盘。

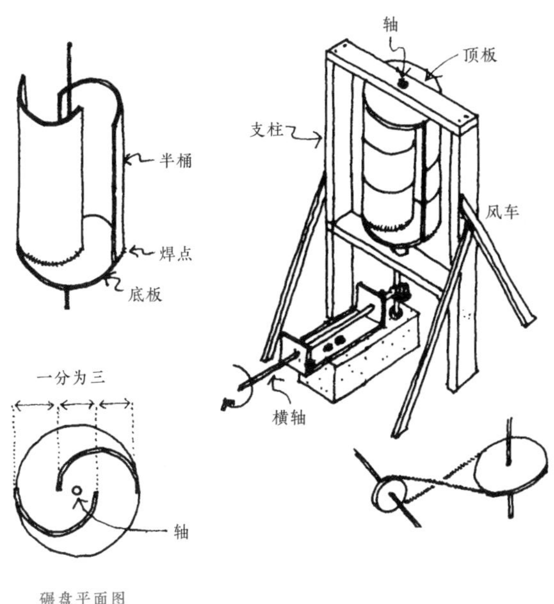

碾盘平面图

利用风车的轴线运动的方法有很多。大图展示的是水平方向的转动，右下角的图展示的是使用皮带的类似方式。

↘ 十字桶风车

可以用两个 200 升的桶来制作一种以微风为动力的风车。

1. 将桶切成两半，在半桶的上下各开一个直径 1 英寸的孔。

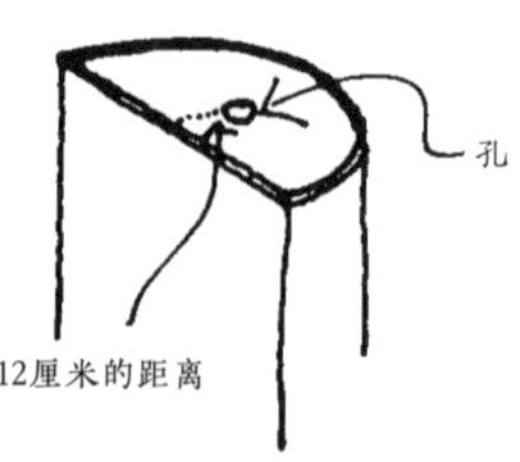

2. 制作一个 10 厘米 ×10 厘米的木十字架，上面用 2 厘米厚的木板组装，下面用 4 毫米厚钢板组装。将十字架黏在木板上，用螺栓固定钢板。用 5 厘米 ×10 厘米的木材和两块木板搭建第二个相同的十字架。

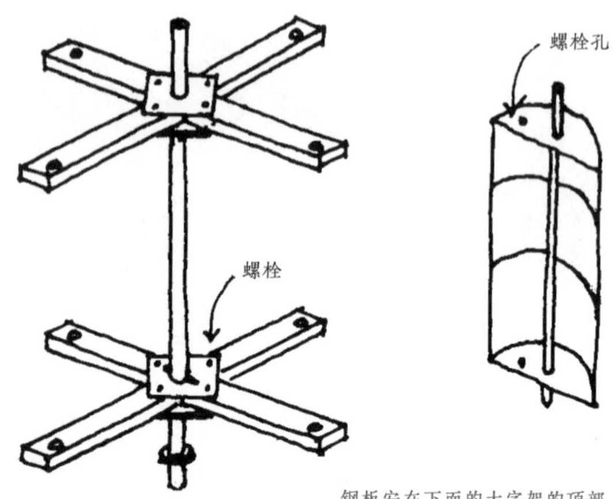

钢板安在下面的十字架的顶部

3. 现在用螺栓将半桶用扫帚棍固定在十字架上，使其不松动。

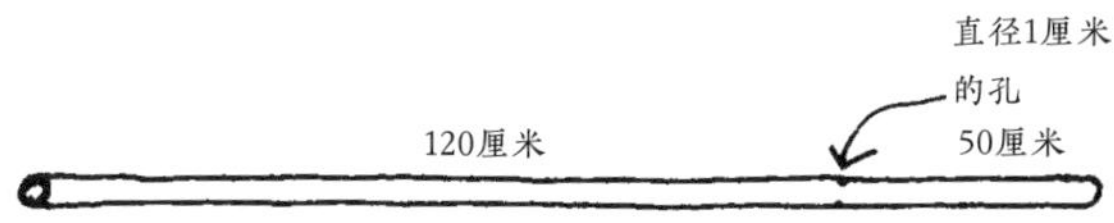

4. 在一根长 1.7 米、直径 3 厘米的管子上开一个直径 1 厘米的孔。

5. 将十字架安装在管子上方，下面有一个环或轴承，然后整体安装在水平结构构件上。

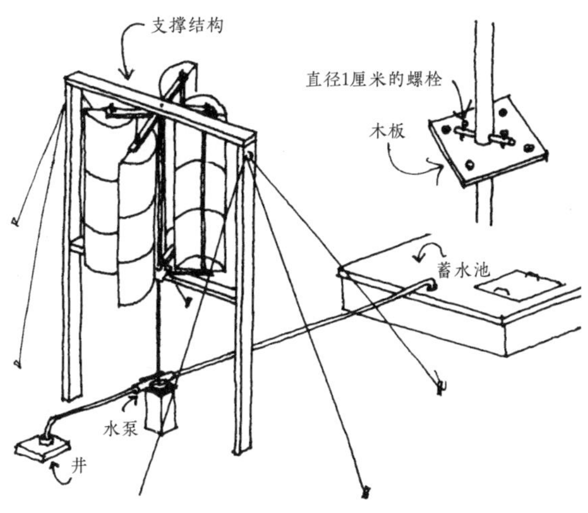

6. 在半桶的顶部安装另一个十字架。支撑结构用 8 厘米 ×8 厘米的木材制作。将支撑结构置于地面的最高点，使其尽可能地接收最多的风力。十字桶风车必须做好支撑，将拉长的铁丝绑在支撑结构与地上的木桩上，以加强结构。

在有强风的地区，要建立安全系统来关闭半桶（螺旋体），以免风吹坏水泵。

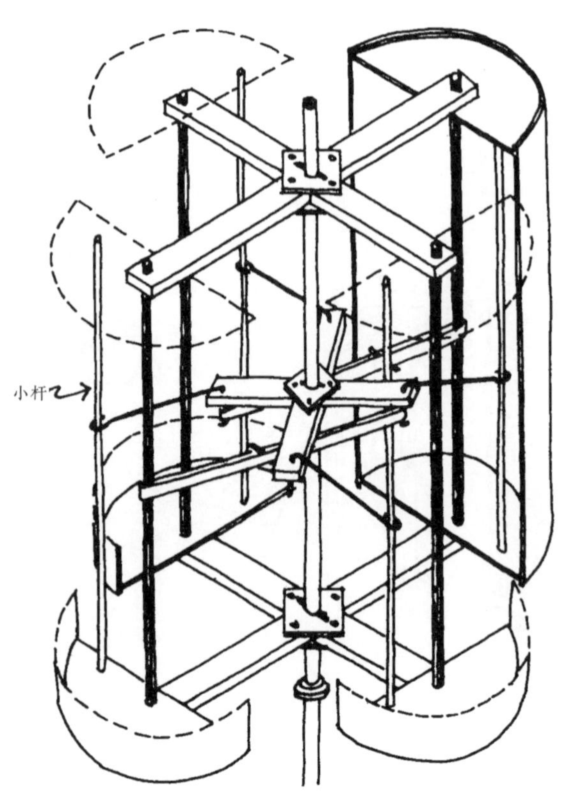

上图为十字桶风车的局部视图。用一根杆和两个自行车内胎在螺旋体的轴棍上绑上第三个十字架。用一个固定在内胎上的螺栓校准内胎的张力。

第三个 5 厘米 ×10 厘米的木十字架长 26 厘米。

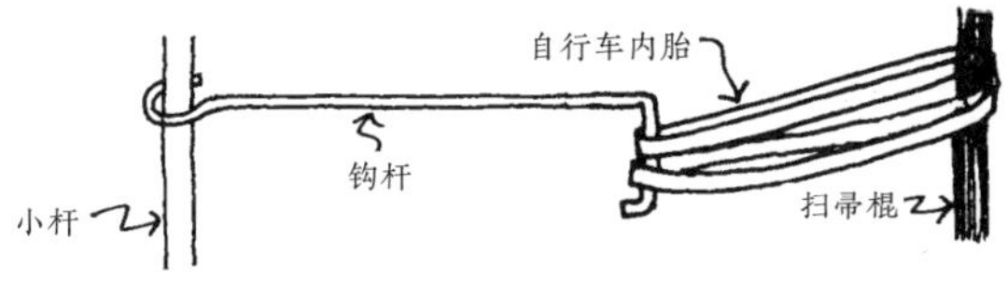

安装内胎

水轮发电

在有各种材料和工具的地区，可以建造一个金属水轮。轮子与发电机和泵或其他类型的装置相连，可以旋转。

轮子是由一系列的管子切成两半制成的，其底座与轴轮相连

溢流板剖面图

轮子的下部浸没在溪流中。轮轴的 端与驱动发电机或水泵的皮带相连。

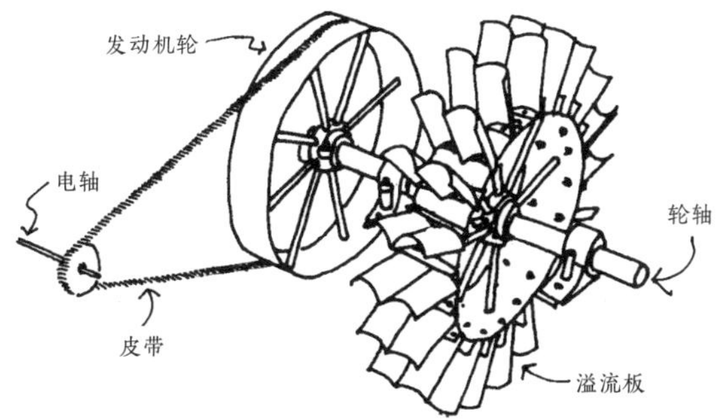

SOLAR HEAT
太阳热能

↘ 热水器

下面描述的是一种建造水箱的方法，它可以放在太阳底下加热水。

但首先，应该怎么做呢?

试试用一个空啤酒罐、一些黑色油漆、白纸片和一个透明塑料袋来做试验。

1. 把罐子外部涂成亚光黑色。

2. 将罐子装满水，放在房子的墙附近。墙一整天都会吸收太阳的热量。如果墙壁没有刷成白色，可以在罐子和墙壁之间放一张白纸。

3. 在罐子下面再放一张白纸。

4. 用一个塑料袋把罐子松松地盖住，塑料袋的封闭性很好，这样热气就不会外泄。

5. 将这个微型加热器在阳光下放置几个小时。然后检查水的热度。

罐子应该从早上到傍晚都在阳光下曝晒，不能被阳台或树木等遮住。

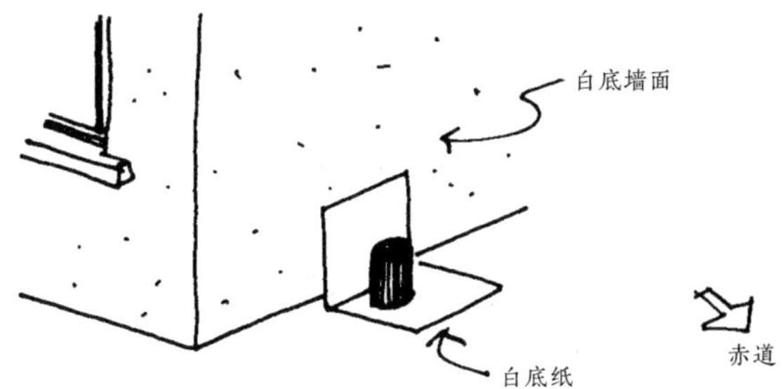

在为家庭建造一个大型热水器之前，要考虑将需要些什么：

- 热水器的水箱必须涂成黑色以吸收太阳的热量。
- 背景（墙壁或地面）必须是白色的，以便将太阳光反射到黑色的水箱上。
- 水箱必须用透明的塑料或玻璃覆盖，这样太阳的热量就不会外泄。另外，如果没有盖子，微风会将热量吹散。
- 为了防止白天存储的热量在夜间散失，水箱必须盖上用稻草或木板等材料制成的保温盖。

阴天时，热水器也能发挥作用。只有在下雨的时候，热水器才不会储存热量。

↘ 加热器

制作一个加热器，需要以下材料：

- 一个 40 升或 60 升的桶（如果我们使用较大的桶，冷水的体积将随着储水器的体积成比例地增加，并且需要更多的时间来加热）。
- 亚光黑漆。
- 透明塑料布（膜）。

首先将储水器内部清洗干净，使其没有异味。在内部刷上防腐漆，防止金属生锈。将油漆倒入桶内，转动整个桶，使油漆完全覆盖桶的内部。然后将桶的外部刷成亚光黑色。

如果家里没有水管，可以把储水器放在桌子上面，方便取用。

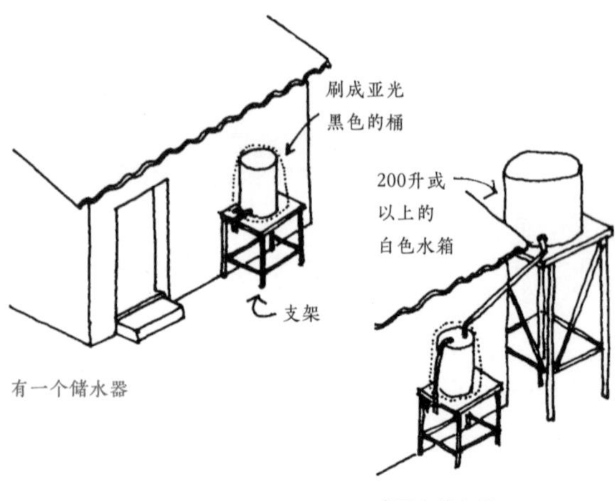

有一个储水器

有两个储水器

该系统的最佳效果是使用两个储水器：一个较高的储水器用来储存冷水，一个较低的储水器用来加热水。

冷水的入口在太阳能加热器的底部，热水的出口在太阳能加热器的顶部。

➡ 这样放置管道的原因很简单：热水的密度比冷水小，并且在储水器中热水总是试图上升到较高的高度。

和罐子试验一样，加热器的水箱必须靠着接收大量阳光的那面墙放置，在南半球，这面墙就是北墙。墙和桌子都应刷成白色。

用塑料布盖住整个水箱。水箱和塑料布之间的热空气一定不能外泄。

另一种保存热空气的方法是建造一个带玻璃盖的盒子。加热器的水箱必须安装在它的里面。盒子的其他部分可以用木头来做，内部涂成白色。

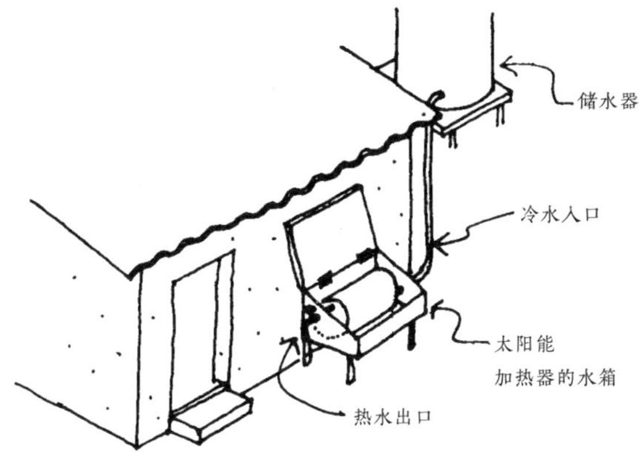

晚上，要用木质顶盖封住玻璃盖。

↘ 整成式集热器

前面的例子是关于位于屋外的热水器。将热水器集成到屋内也是有可能的。这种类型的热水器最好安装在卫生间或厨房的上方，利用那里已有的管道。

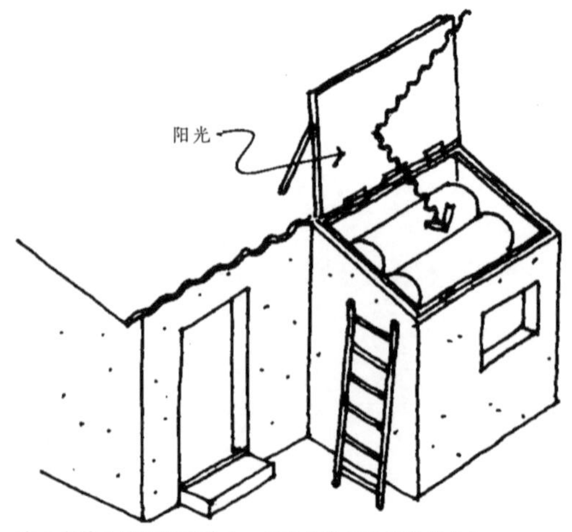

晚上水箱上的面板要盖上。面板的内表面要涂成白色，从而将太阳光反射到水箱上

热水的需求量大时，几个小水箱比一个大水箱效果更好。

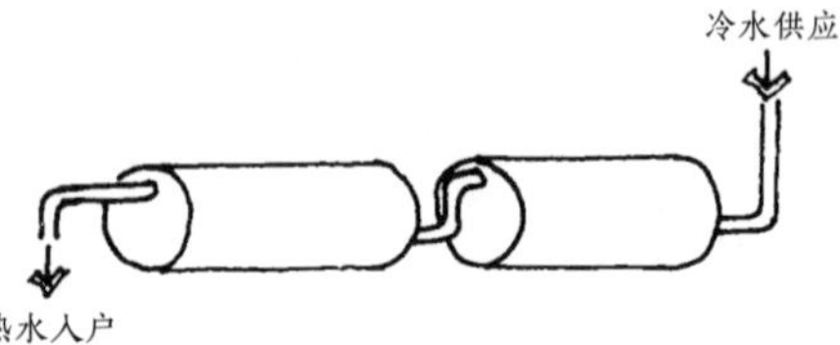

↘ 屋顶集热器

另一种建造热水器的方法是将其集成到屋顶上。它应尽可能地安装在卫生间或厨房的上方，以减少管道的数量。

在玻璃顶下面安装一个可移动的保温罩。这个保温罩应该能从屋内关闭和打开。

在靠近屋顶最低边缘的地方开一个洞。为了防止漏水，屋顶的瓦片要高出热水器上方的玻璃板几厘米。

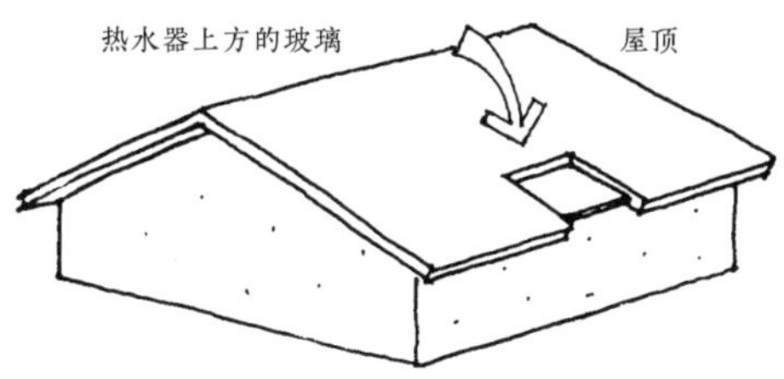

将冷水管道安装到供水入口处。水管的末端要盖住，管子沿底部打孔。热水出口通常在水箱的上部。

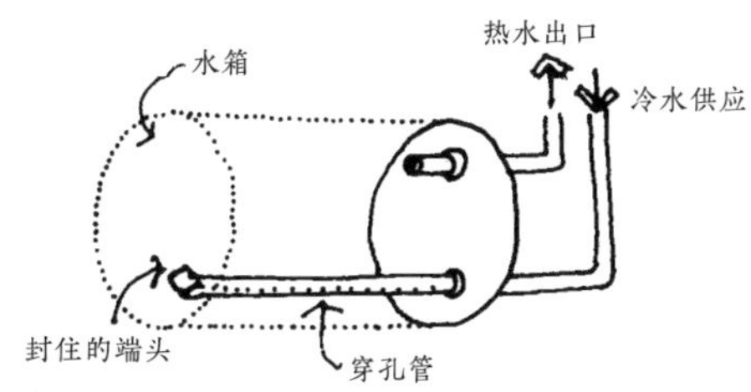

下图所示是一些施工的细部。

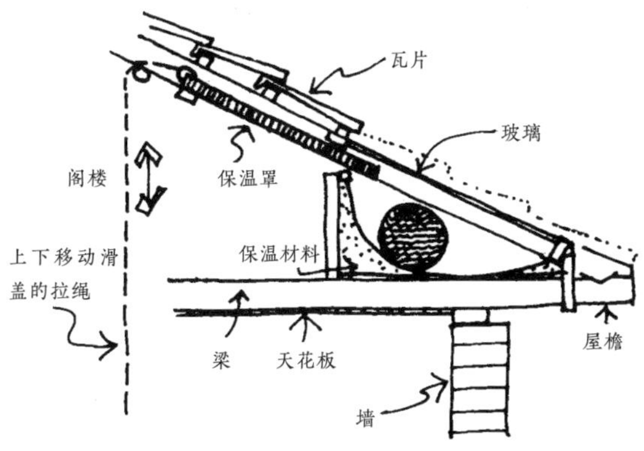

↘ 太阳能板箱

汽车的油箱可以用来建造高效的太阳能热水器。用油箱、玻璃板和保温材料可以制成一个板箱。冷水管（c）中的压力将热水（h）推出。冷水箱必须放置在太阳能板箱的上方。

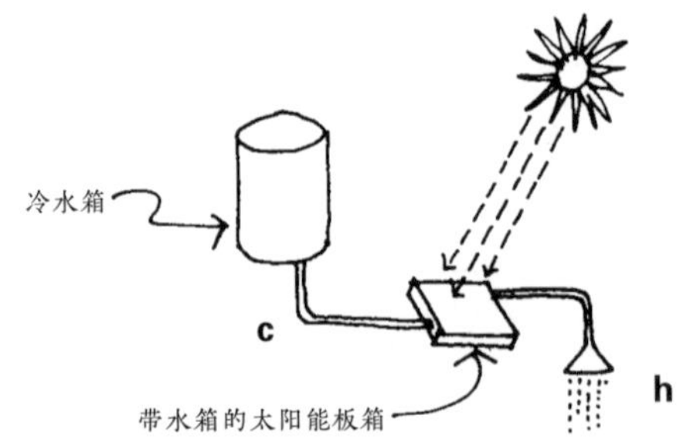

这种类型的热水器不需要压力阀或溢流管，因为当热水器中的压力增加时，储存的冷水会被排出。

用一个 40 升的水箱建造太阳能板箱，水箱可以是各种形状。

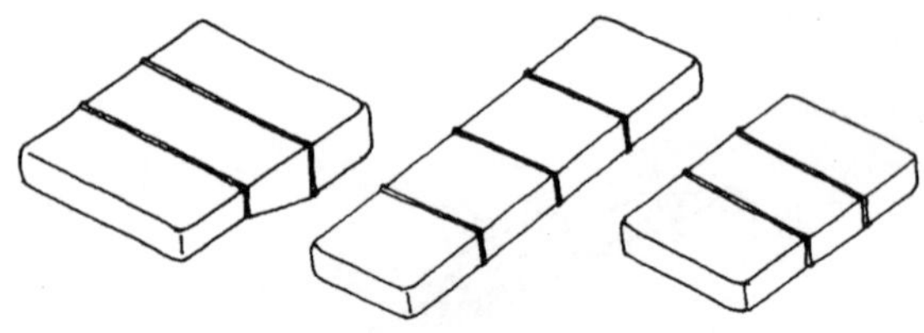

↘ 施工

1. 将水箱的内外清理干净。然后准备两根水管，一根长 12 厘米，另一根比水箱长度长。水箱内部的水管末端要封住，沿管子的下表面每隔 3 厘米打一个直径 2 毫米的孔。

2. 焊接管道，并在压力下用水测试接头的密封性以确保不漏。水箱外侧用黑色亚光漆涂刷。

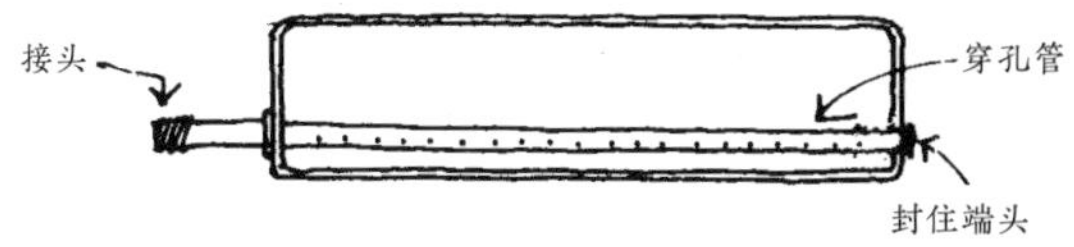

3. 安装面板和保温材料。然后做一个相同形状的盖子，并在其内侧放置一张铝箔或将盖子漆成白色。

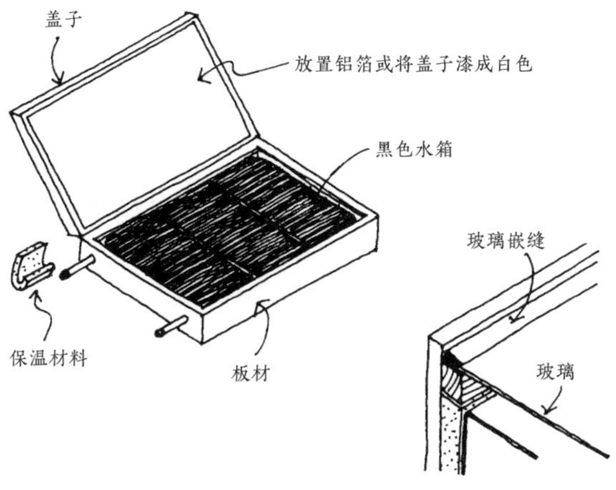

板箱的边缘下方 2 厘米处安一条 3 厘米 ×3 厘米的木条，用来支撑玻璃。玻璃用硅酮或其他类型的填缝剂密封。

确保玻璃边缘或管道接头没有漏缝。夜间要关闭板箱，以免白天积聚的热量外泄。

板箱的内部尺寸为水箱尺寸加上保温层厚度。

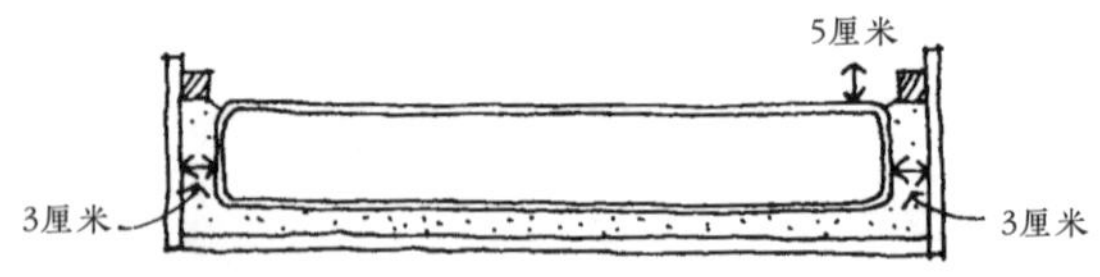

盖板可以是松动的，也可以用铰链固定在板箱上。要注意板箱的制作，以免空气外泄。当盖子打开时，阳光会反射到水箱上。

板箱的位置取决于屋顶的类型、房屋的朝向和储存冷水的位置。

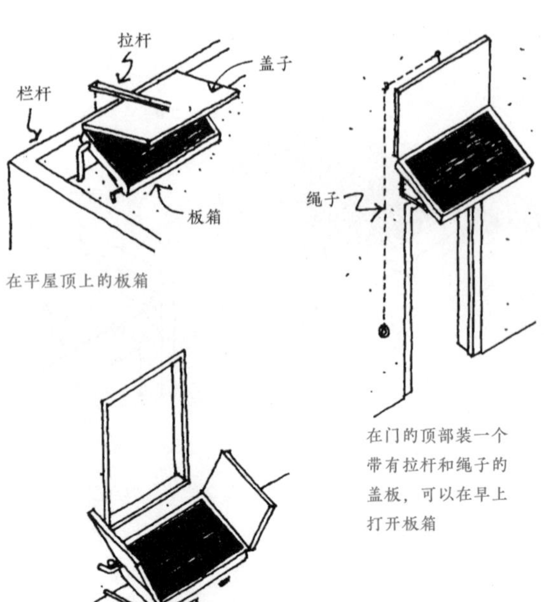

在平屋顶上的板箱

在门的顶部装一个带有拉杆和绳子的盖板，可以在早上打开板箱

平行于窗户下部的板箱

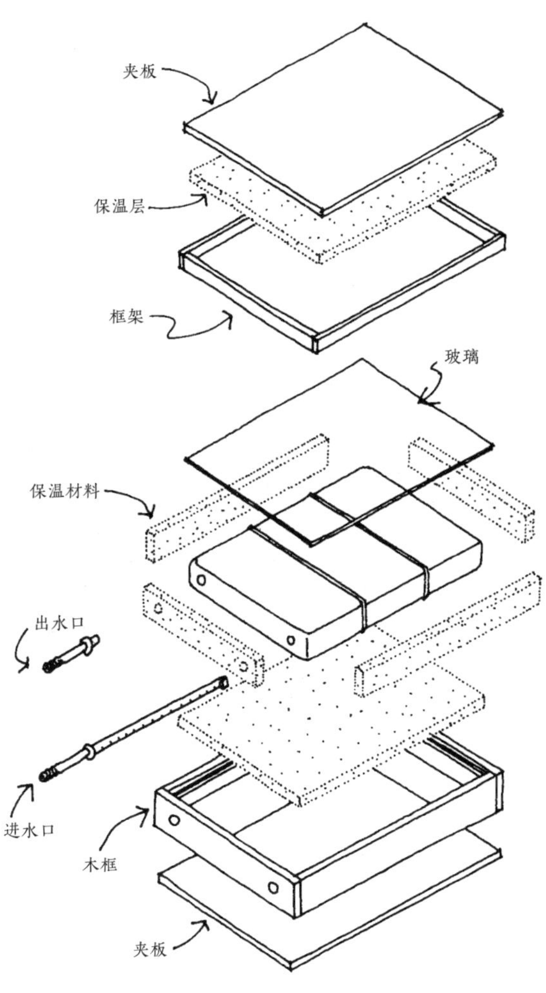

一个40升太阳能板箱的构件

↘ 热虹吸式热水器

热虹吸式热水器与之前介绍的热水器不同，因为热水储水箱与集热板是分开的。有了这个系统，就不需要打开和关闭板箱了。

储水箱可以用一个 120 升的桶来做，上面盖上稻草或报纸等保温材料，这样热量就不会外泄。

板箱是一个箱子，就像之前介绍的一样，用木材和保温材料制成。里面的金属板上有一个管网。如果没有金属板，可以使用厚铝箔。管网是用直径 1/2 英寸的铜管、弯头接头和 T 形接头制成的。板箱上有一个凹槽，用于支撑玻璃。

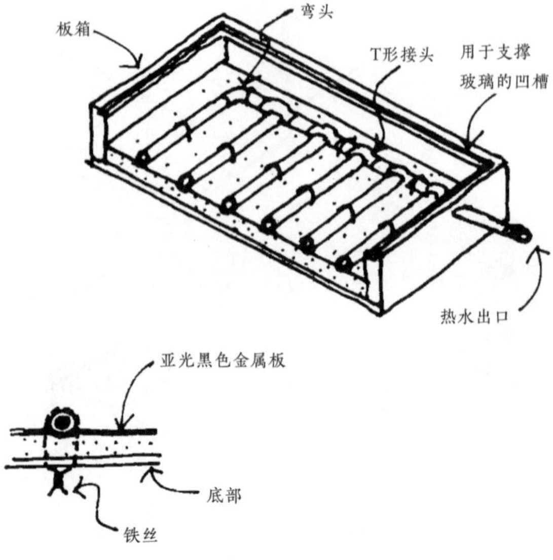

管网必须与金属板保持接触。在金属板和板箱的胶合板底部穿孔。在管的周围绑上一根铁丝并穿过孔，使管与金属板保持接触。

在控制罐内做一个带浮球的阀。这个阀可以用来控制来自水箱或蓄水池的冷水的入口。

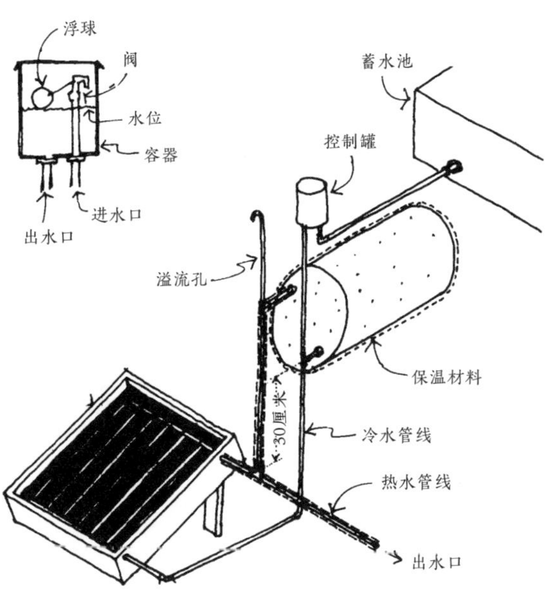

热水管线和向厨房、卫生间供应热水的管道都要用保温材料包裹。

从冷水管线到蓄水池的进水口应至少高出热水管线接头 30 厘米。

由于保温储水箱中的水温永远没有集热板箱中的水温高，所以当水箱中温度较低的水进入集热板箱时，集热板箱中的水会不断上升到水箱中。这种自然的分离效应称为热虹吸效应。

太阳能集热板箱安装在屋外，储水箱可以设在屋内。集热板箱必须始终比储水箱低至少 30 厘米。

↘ 朝向

热水器应安装在建筑物或房屋北面*的屋顶或墙壁上。确保所选区域全天都有阳光，而且不会被屋檐或树木遮挡，特别是在上午 10 点至下午 4 点这段最热的时间。

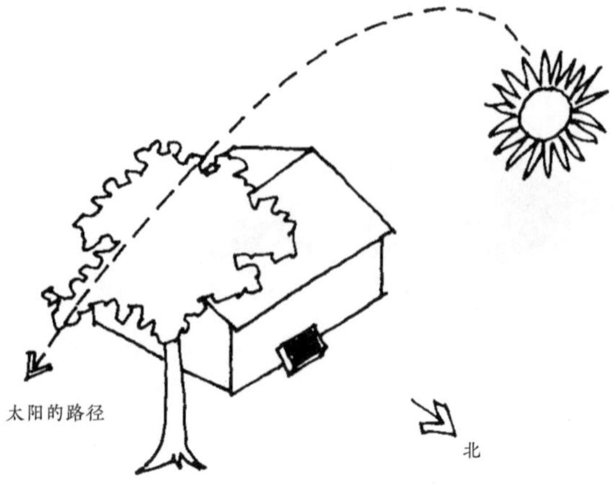

仔细看上图。太阳能板箱的位置合适吗？在冬天，当太阳很低的时候这个位置是可行的，但在夏天，下午 1 点以后树会遮挡面板。必须将板箱向右迁移，并且还要抬高。

*［译者注］ 适用于南半球，在北半球则相反。

关于太阳能板箱的问题

- 用来加热、冷却或蒸馏水的集热器必须建好并安装在屋顶上。在有强风的情况下，支架可能会松动，因此要用螺母和螺栓来加固。集热器必须安装在能够尽可能多地吸收阳光的位置，并且必须利用高于屋顶的树木、墙或护栏来防风。

有护栏

有树

- 随着时间的推移，水管有可能被腐蚀或堵塞，所以每隔一段时间就要检查水是否顺利通过了水管，以及是否需要更换水管部件。
- 集热器绝对不能空着。如果没有水来吸收太阳的热量，板箱内的温度就会升高，木质木箱可能会裂开。任何用于保温的塑料材料都会融化并释放有毒气体。

可以购买现成的太阳能板箱。通常它们比自制的效果更好。然而，在炎热的热带气候下，非常热的水并不是洗澡或洗碗等家庭使用所必需的。

↘ 软管热水器

用黑色或深绿色的塑料软管可以制作简易的太阳能热水器。

1. 搭建一个底面尺寸大致为 1 米 ×1 米、高 5 厘米的木箱。还需要稻草垫、报纸或锯末等保温材料。

2. 在底部放置 1 厘米厚的保温材料。在底部的中心位置开一个与软管直径相同的孔，并将软管穿过木箱，如下图所示。

3. 用铁丝将软管与底部连接。软管的另一端穿过角落上的孔。

4. 用一块玻璃板盖住箱体。将热水器倾斜着安装，热水出口设置在比冷水进口高的位置。

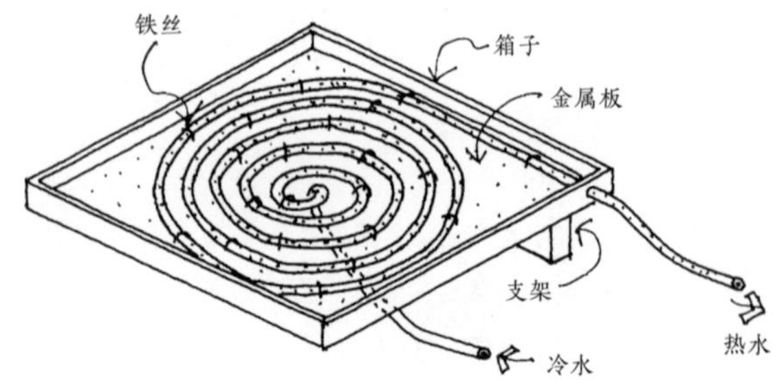

在上图中，螺旋软管的间距比实际的宽度要宽，是为了更好地展示热水器的构造。

显然，要让这个热水器发挥作用，还需要阳光和水。

如何寻找水源?

在热带湿润气候地区，找到水源并不困难。问题是水的质量，因为水往往会被固体或液体废物污染。

在温带气候地区，水通常是在场地的低处、有植被的地方或通过挖掘找到的。挖掘找水的深度取决于植物的种类。

在某些地区，雨季要收集和储存雨水，以便在旱季使用。

在热带干燥气候地区，地下水位较深，定位起来比较困难，所以必须找到其他的解决办法。了解场地下是否有水的方法之一是在日出前趴在地上，观察土地的表面。当第一缕阳光将潮湿的地方晒热时，会有一丝水汽升起，这就意味着在更深的地方有水源。

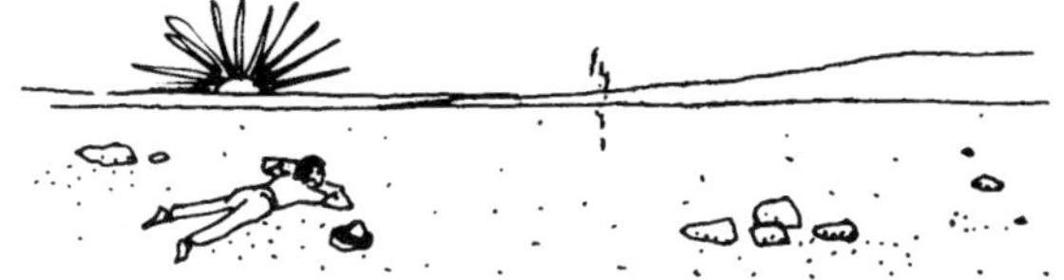

太阳的热量对干燥食物甚至制作冰块也很有用。

↘ 太阳能烘干器

太阳能果蔬烘干器可以用木材和玻璃制作。烘干器也是储存食物的好地方。

烘干器朝向北方*，暴露在阳光下。在箱体的底部放置三个抽屉，抽屉底部有金属网或木板条，可以让空气流通。

箱子用木板或胶合板制成，里面有一层保温层。在侧面和底部开孔，以便蒸发水分。孔要小，以免昆虫进入。

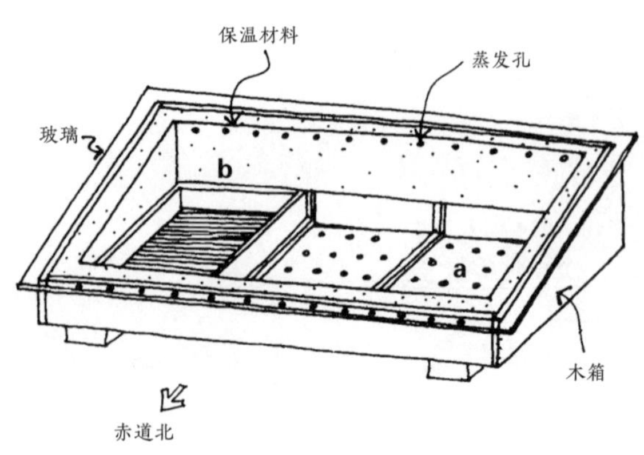

a. 有孔的底座
b. 抽屉底部有用来放水果的支撑板条

*［译者注］ 适用于南半球，在北半球则相反。

下图所示是另一种类型的烘干器，在烘干器前面安装了一个加热板箱。

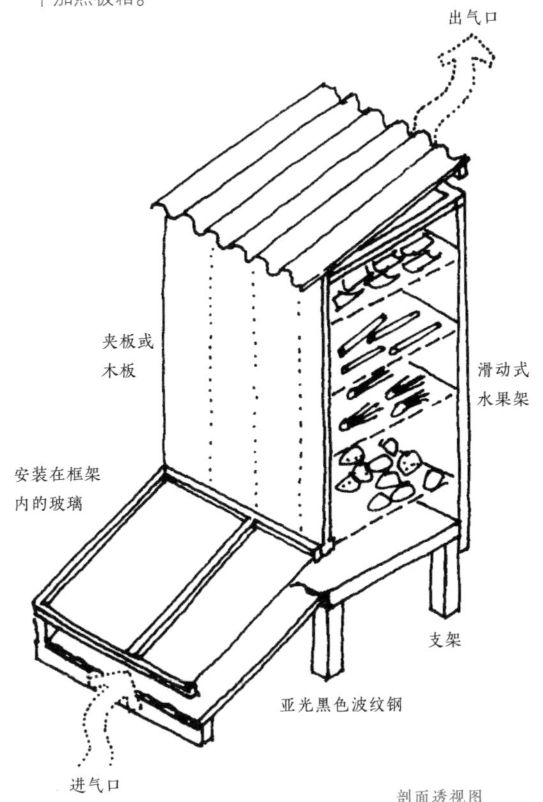

剖面透视图

在木质基脚上建一个带有滑动式抽屉格的柜子，使空气在食物周围循环。也可以用不同类型的固定的穿孔、板条或托盘架代替滑动架。

烘干器用金属片或瓦片顶防雨。在架子的上方和架顶的下方有一个出气口，供热空气排出。下面还有另一个开口，与用黑色金属板制成的加热板箱连接，板箱上面覆盖着玻璃板。

制冰器

在有沙漠的炎热干旱地区，夜间温度较低，可以制作冰块。

所需的气候条件如下：

- 晴朗无云的夜晚
- 无风
- 干燥的空气

要想知道一个地区的条件是否足以制作冰块，可以尝试以下试验：

1. 在靠近房屋或树木的空地上挖一个洞。

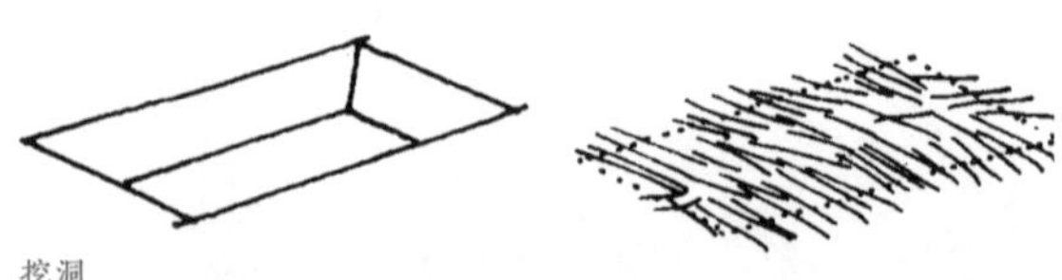

挖洞

2. 在洞里填上稻草或树叶等保温材料。

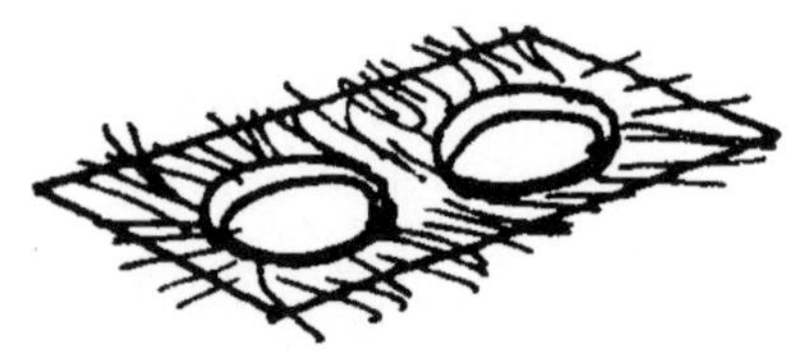

3. 在稻草上放几个装了水的黏土盘，放在大约低于地面 5 厘米的地方。

在没有风的晴朗夜晚，圆盘中的水会在清晨变成冰。必须在冰块随着太阳的升起而融化之前将圆盘取出。可以把它们放在一个有保温盖的盒子或罐子里，详见本书“供水”章节。

在夜间有风的地区，用砖和水泥灰浆在来风向的洞口周围砌一小堵墙。

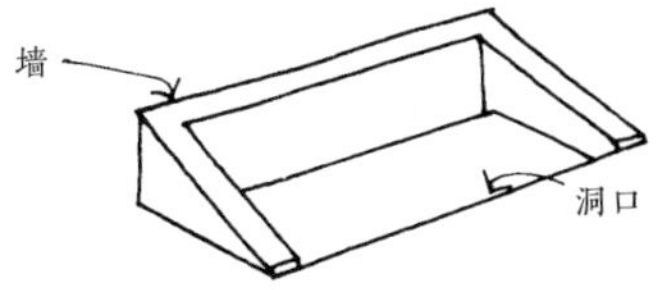

另一种洞口防风的方法是做一个木结构，上面覆盖塑料布。

收集装置必须远离夜间辐射热量的建筑物和树木。

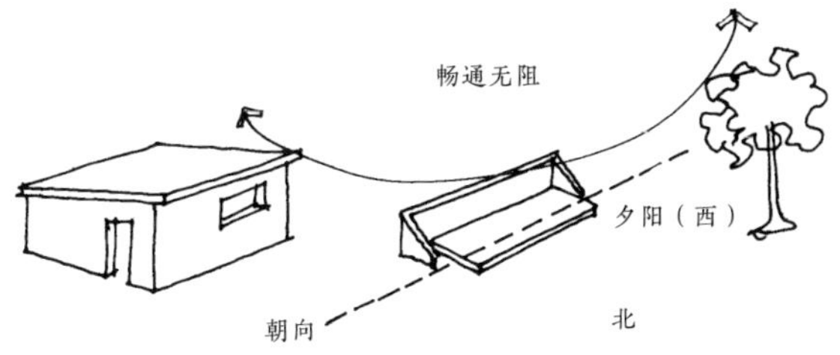

STOVES
炉灶

在许多地区，木材是稀缺材料。因此，应建造炉子来尽可能多地节省热量和能源。

有关热效率的一个例子是圆底锅，与平底锅相比，圆底锅能更快地加热水并使热量均匀分布。

热量不会到达侧面，只到达底部

热量分布更均匀，水热得很快

黏土炉

这种黏土和砂制成的炉子不但效率很高，而且节省了木材的用量。

黏土的类型决定了混合砂浆使用的比例。如果比例不正确，炉子可能会开裂，所以最好先测试混合砂浆。

先从 2 份黏土兑 1 份砂的混合砂浆开始。

↘施工阶段

1. 用砖砌好炉子底座，下面留一个开口，用来放木头。

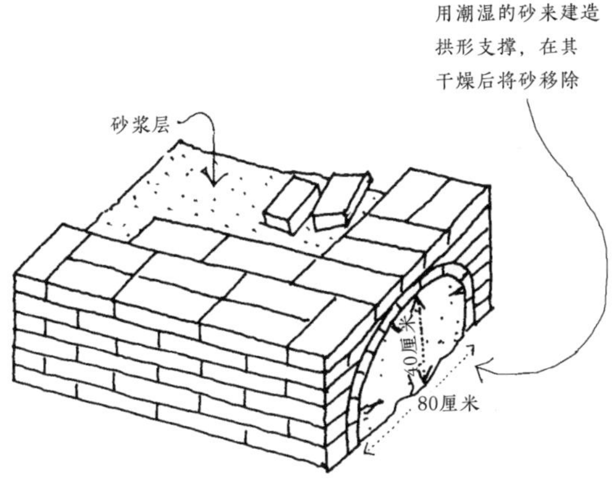

2. 用四个可以重复使用的部件搭建一个模板。将混合砂浆填入模板中并压实。

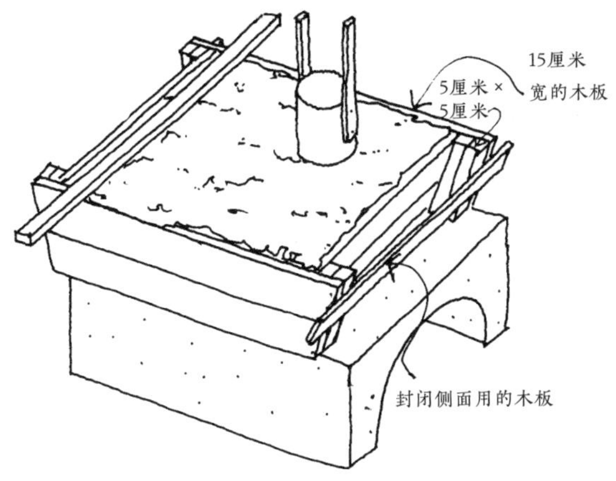

3. 两天后，在炉子上开四个洞，其中的三个洞给锅用，还有一个小洞用于连接烟囱。用湿铲子将洞成型，然后将一口锅底部打湿，将洞口的顶部塑造成适合锅的形状。

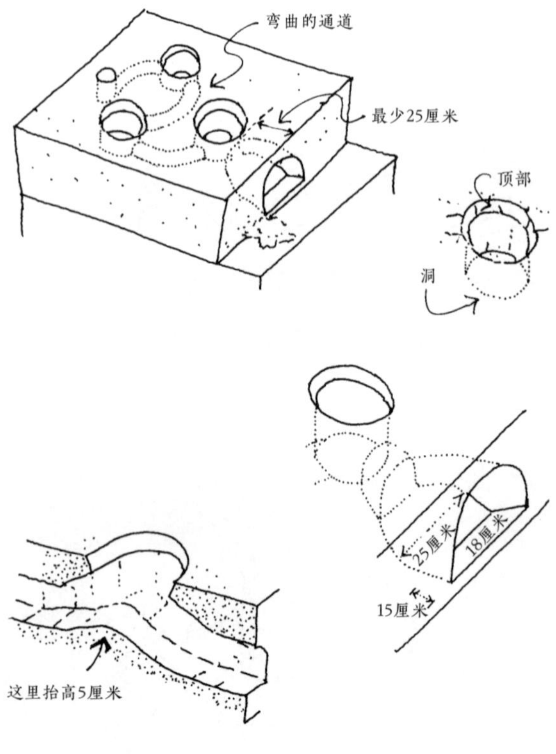

4. 洞口和10厘米宽的通道连接，用打湿的刀或刀片制作。通道必须是弯曲的。将通道表面抬高到洞口下5厘米的位置。

5. 两天后等砂浆干透，再安装通风管道和门，以控制烟囱内的空气循环。

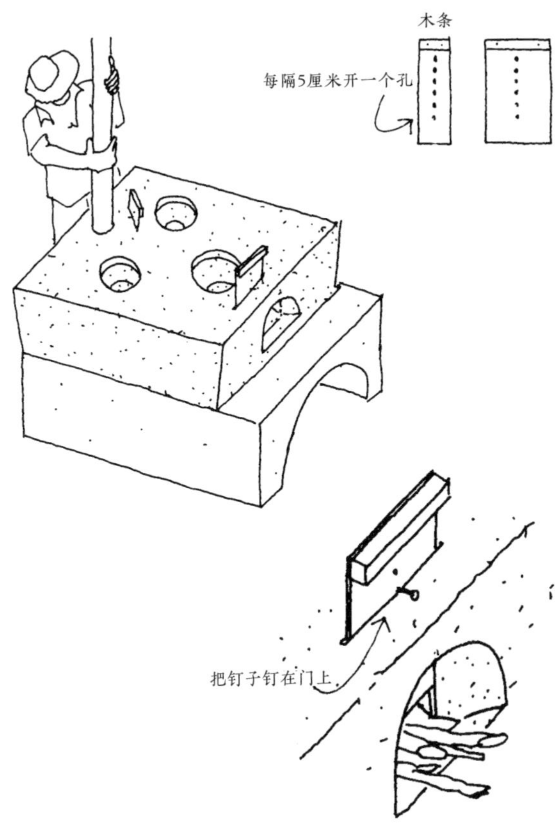

↘ 注意事项

- 饰面完成后，要等两天再生火。
- 烟囱管道不能与屋顶的木制品接触。
- 烟囱里的烟灰必须每半年清理一次，以防火灾。

其他类型的炉子

在下面的模型中，第三个洞被替换成一个金属容器，用来加热水。

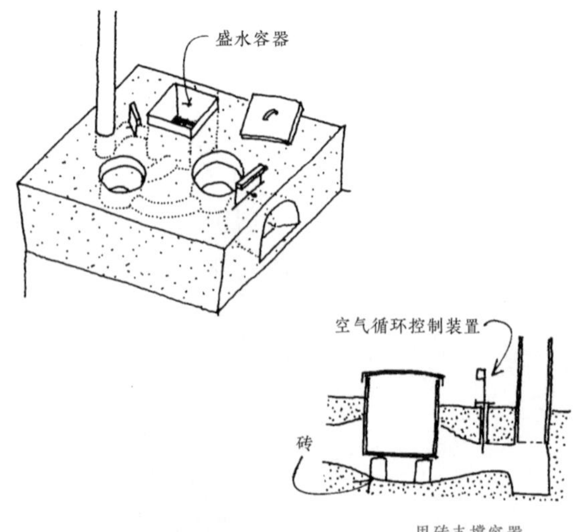

用砖支撑容器，烟囱下面有一个凹陷，可以帮助空气流通

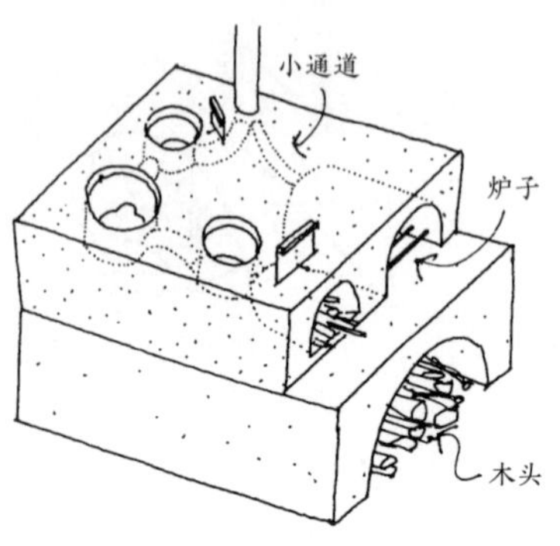

如果要增加一个烤箱，就要改变通道的位置。烟囱管道的位置在侧面。在炉子用的木头下面，放上生火的木炭。烤箱和烟囱之间的通道直径应在 5 厘米左右。

太阳灶

如果想做一个简单的炉子来烹饪米饭、豆子和香蕉，就需要两个盒子，其中一个要比另一个大。

先在大盒子的底部覆盖 5 厘米厚的保温材料，如纸、锯末或椰子纤维。

然后将小盒子放入大盒子中，并在盒子之间的空隙中填上保温材料。

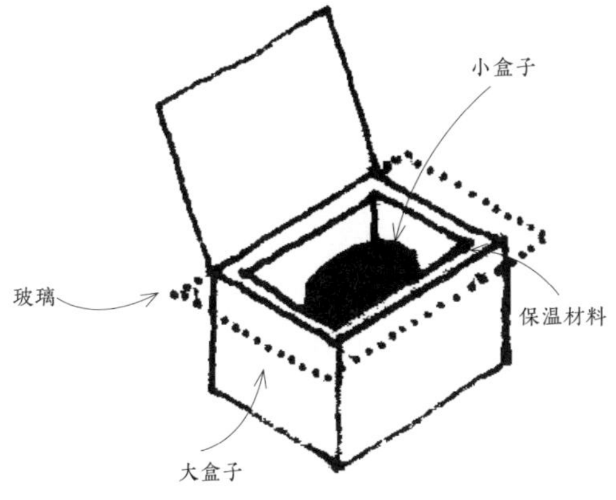

在底部，安装一块黑色钢板或黏土板。把要煮的食物放在盒子里。

用一小片玻璃或透明塑料盖住盒子。确保玻璃和盒子之间的连接处密封良好，以免热量外泄。

为了进一步提高温度，可以安装一个用铝箔制成的反射物，使用原理与太阳能热水器相同。

可以用金属板和砖做一个更牢固耐用的太阳能烤箱。

1. 做一个不锈钢盒子，在一侧斜切一个开口。在另一侧做一个小门板。

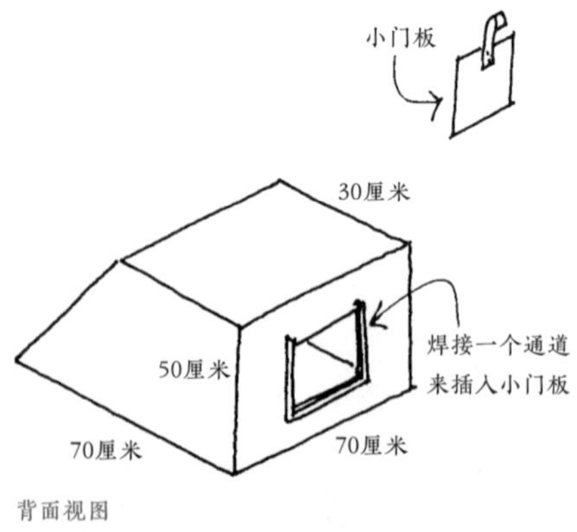

背面视图

2. 在盒子的斜面上焊接四块向外的遮护板，像头饰一样。将盒子的外表面涂成黑色。

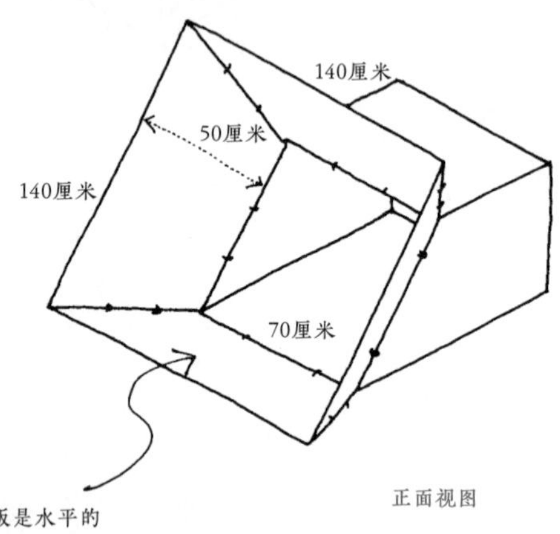

正面视图

3. 在盒子上安装三个或四个脚轮。

4. 盒子下面用砖铺设好。

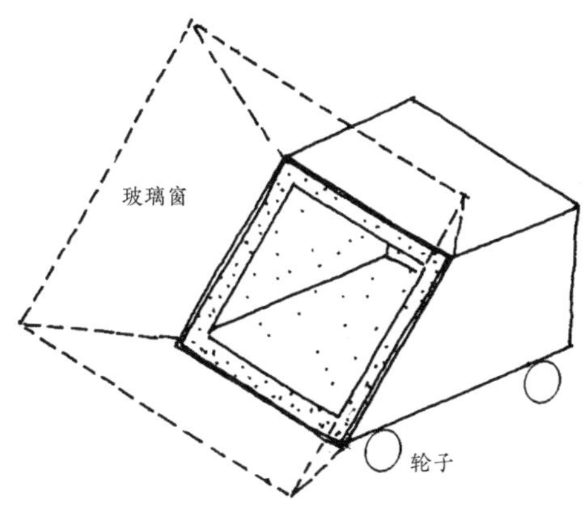

5. 安装一个用硅或填缝剂密封的玻璃窗。

加热烤箱时，将开口朝向太阳。将要烹饪的食物从小门放入烤箱。

每隔半小时转动烤箱，使其开口始终朝向太阳。

↘ 各地的技术

在某些地区或某些季节，雨天和阴天很难用太阳能加热水。这里介绍其他加热水的方法。

1. 在传统炉灶的上部安装线圈管。将水引至一个用稻草或纸等保温材料包裹的蓄水箱内。

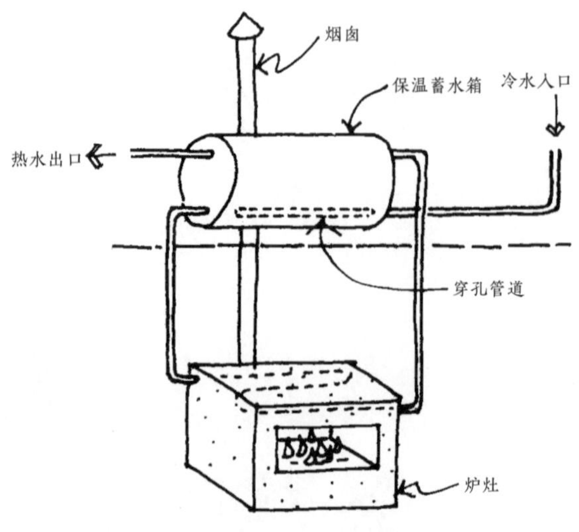

2. 在林区，热水器可以用桶制作，以尽可能少使用木材。

使用 200 升的蓄水箱。将一根管道焊接到炉子上作为烟囱，焊接到水箱上的管子作为进水口和出水口。炉火燃烧时，水箱里的水会被加热。

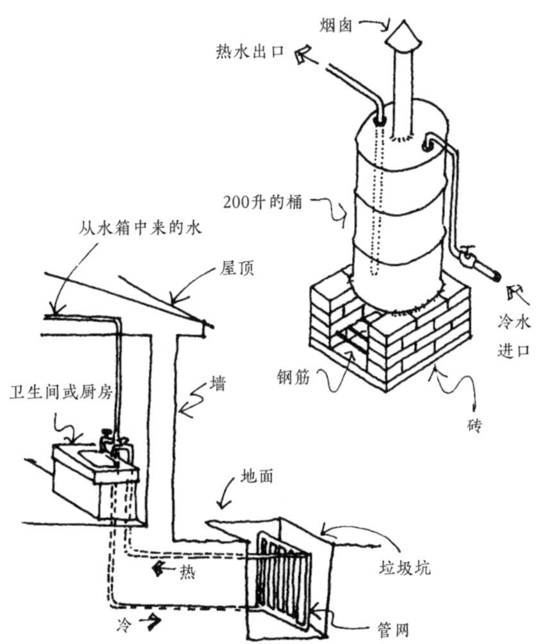

3. 还有一种方法是在垃圾坑中安装一根管子，垃圾坑用来将厨余有机物进行分解。

由于分解过程中会产生热量，可以在垃圾坑中放置一个线圈或回收的汽车和卡车的散热器。

➡ 堆肥是有机废物的分解过程，温度足够高时产生的热量可以收集和使用。如果认为这不可能，可以做个测试。在堆肥中放几个鸡蛋，几个小时后检查它们是否已经熟了。不过，在吃之前一定要把鸡蛋洗干净！

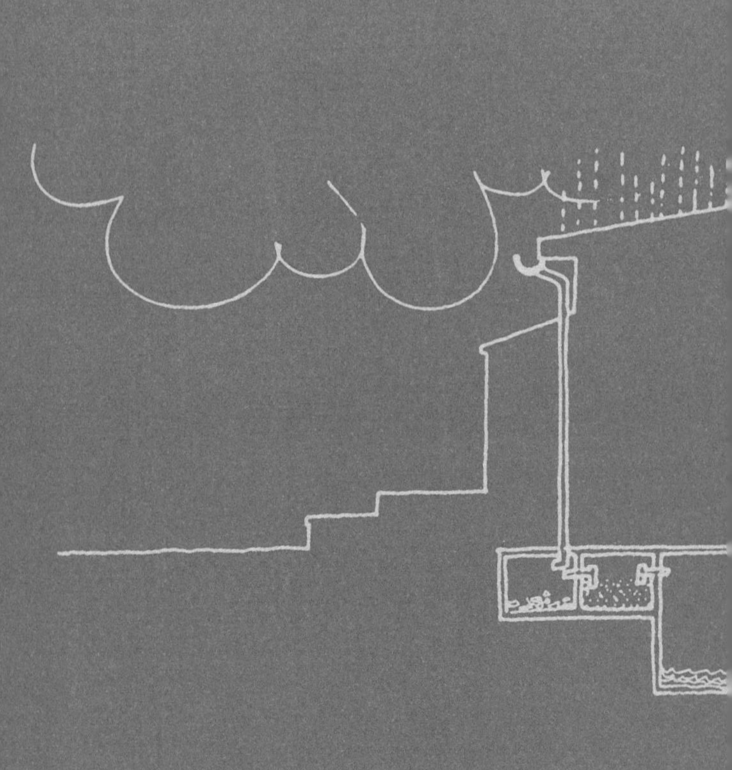

THE BAREFOOT ARCHITECT: A Handbook for Green Building

赤脚建筑师：绿色建筑手册

供水

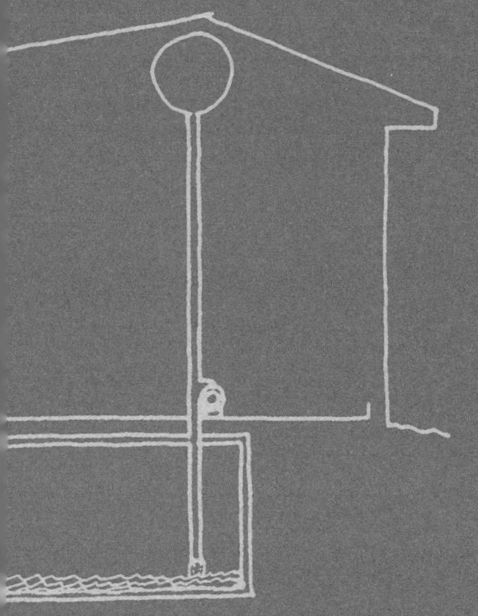

WATER

LOCATION
选址

↘ 水源

安装饮用水龙头或公共喷泉必须注意:

- ➡ 要安装在靠近用水的地方，以节省管道和水渠等基础设施的建设费用。
- ➡ 为了方便用户使用，不要设置在离房屋较远的地方，也不要设置在人不好接近的陡峭土地上。
- ➡ 要靠近可供未来建设的土地。当地的商业可能会在此区域周围发展。
- ➡ 要防止浪费水，将多余的水用于植物灌溉。
- ➡ 要位于铺设好地面的区域，防止地面泥泞。若要在附近洗衣服，可在附近用树木或棚架搭个遮阴处。

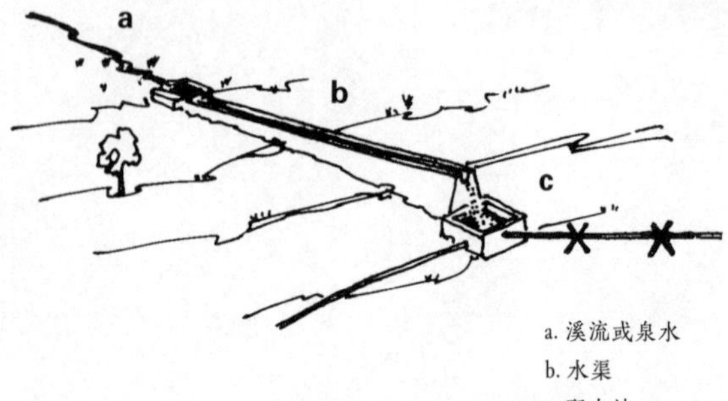

a. 溪流或泉水
b. 水渠
c. 配水池

其他可能性：

- 安装太阳能热水器提供热水。
- 在气候干燥地区，提供太阳能蒸馏器来回收水。

太阳能热水器和太阳能蒸馏器也可以安装在用水量大的城市市场的屋顶上。

随着水管的安装，当地的喷泉失去了原有的功能。因此，要将喷泉设置在将来可以作为休闲空间使用的宜人区域，因为靠近水和植物会让人感觉很清爽。

d. 主水管
e. 太阳能热水器
f. 太阳能蒸馏器
g. 灌溉的田地

↘ 来自河流或小溪的水

净化河水的第一步是在河床中埋入一个桶或混凝土箱。桶的上部是封闭的，底部（即桶口）是穿孔的。河水通过碎石和砂过滤，然后用泵抽上来。

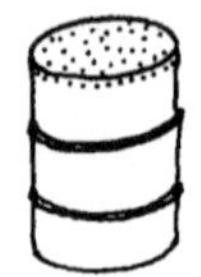

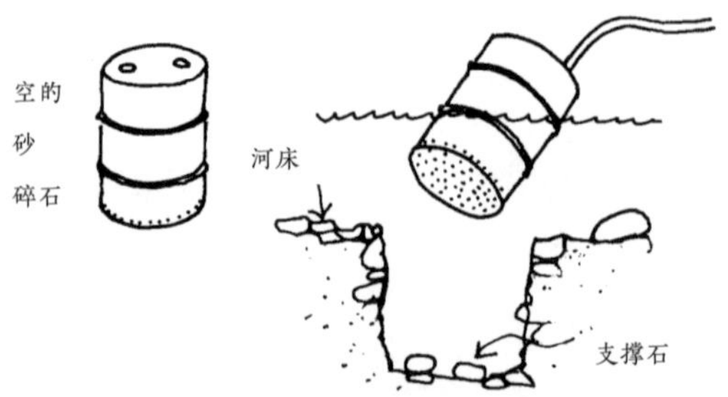

1. 用钉子在桶的底部和下部打孔。

2. 在桶内装上碎石和砂：1/6 的碎石，4/6 的砂，距桶顶 1/6 的地方留空。

3. 将软管固定在顶盖上。

4. 在河床上挖一个洞来安放桶。

5. 用石头或其他可获取的河床材料来覆盖桶体。

6. 连接一个泵用来抽水。

下一幅图展示了河水在进入水桶之前如何通过河床过滤。

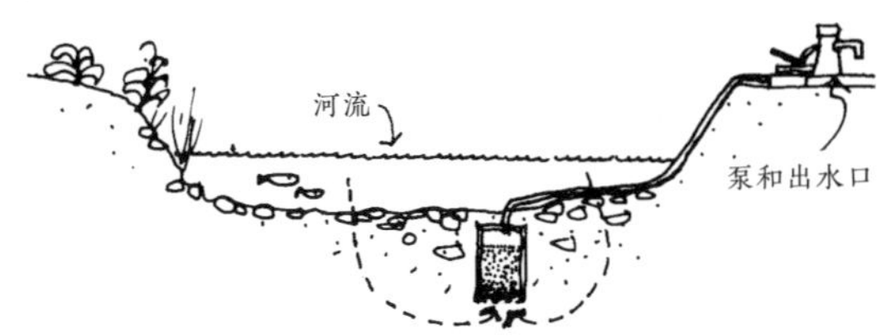

泉水

为了保护泉水，要做到以下几点：

1. 清除河床中的泥土，直至防渗层。

2. 用砖石建造一个箱子，并用水泥和砂饰面。

3. 安装出水管。

4. 用盖子盖住砖石箱。

5. 在砖石箱上方挖出一条排水沟以疏导雨水。

6. 用土将盖子和出水管埋起来。在出水管下砌一堵支撑墙。

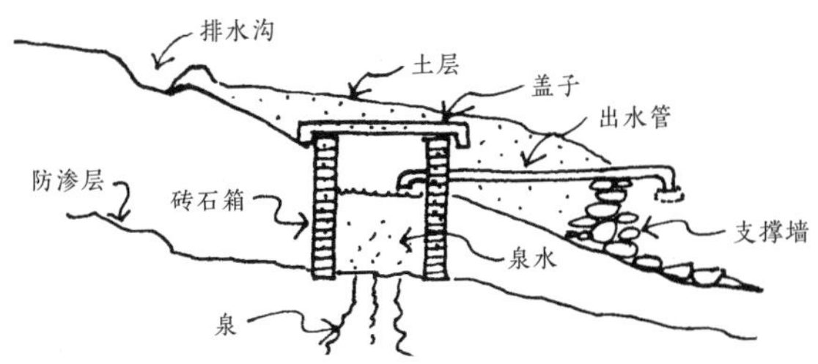

PUMPS
水泵

↘ 小口径筒井

将一根长 2 米、直径 4 厘米的管子浸入井水中。管子里的水会上升至和井水一样的高度。用一只手盖住管子的上端，然后抬起管子，水会随管子向上移动。迅速降低管子，同时手从管口上拿开，水的压强和大气压强的作用会使得更多的水进入管子。继续重复这一系列动作，直到水从管口喷出。

这个原理可以用来制造水泵。可以用一根直径 75 毫米、长 4.5 米的管子从 4 米深的小筒井中取水。

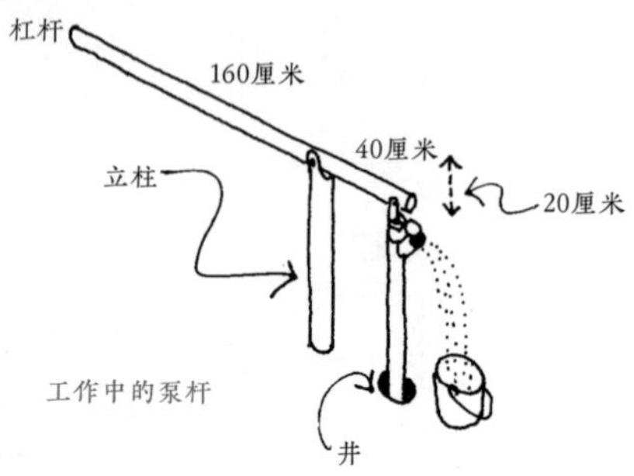

工作中的泵杆

杠杆和立柱是用木头做的。杠杆长 2 米。抽水时动作要短促——管子的移动距离不能超过 20 厘米。

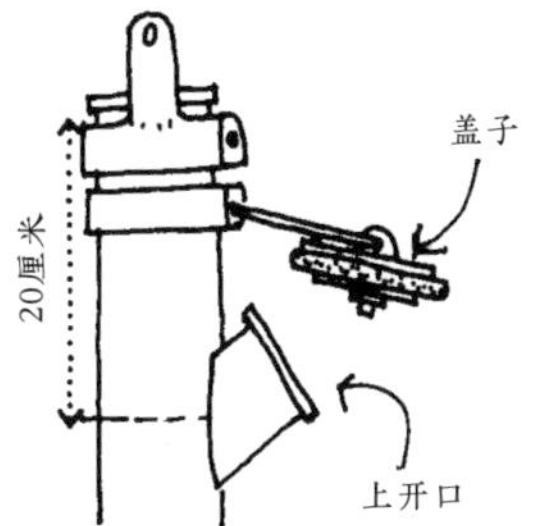

1. 管子的上开口是盖住的。安装一个金属铰链来连接杠杆。

2. 在上开口下方 20 厘米处，以 45 度角焊接一段相同尺寸的管子。

3. 铰链盖由两块圆形金属片制成，中间有一个橡胶密封圈。

4. 将接头处锉平抛光，使其气封严密。

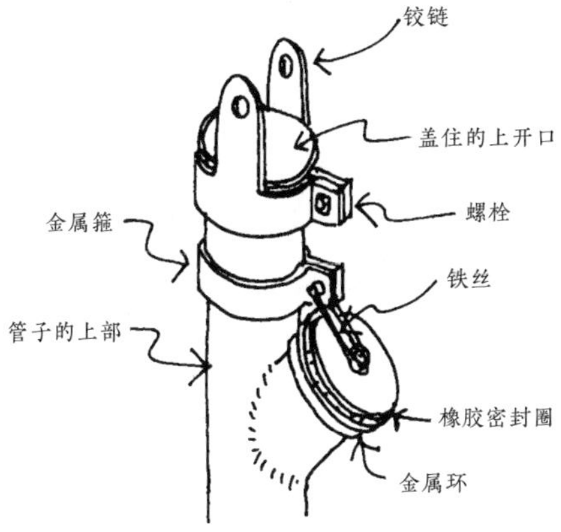

铰链盖是由两个金属环和一个橡胶密封圈组成的。由一根铁丝连接盖子与金属箍的螺栓。下环较小，所以它可以进入管内。当管子上升时，橡胶密封圈会关闭开口，就像用手测试时一样。

注意：如果有塑料管的话，可以用它来完成大部分的工作。

下面介绍另一种类型的水泵。

这种泵可以用现成的材料制成，如竹子、钢管或塑料管。尺寸是可变的；应该通过试验来确定各种条件下泵的最佳尺寸。

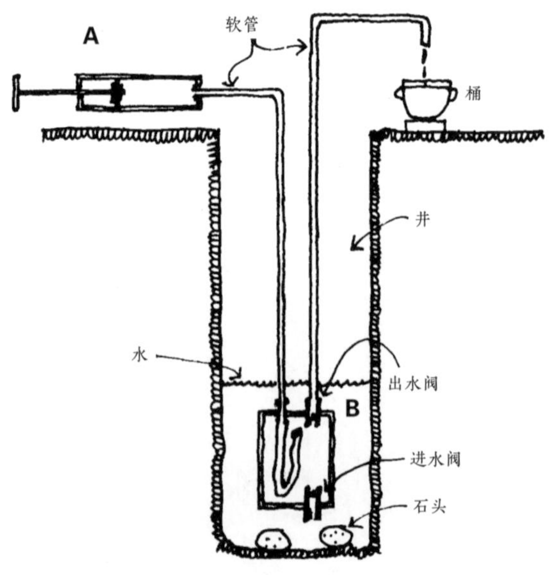

这个装置有两个部分：泵系统（A）由一个泵和一根装满水的密封软管组成，它在一个密封的容器（B）内给一根有盖的内管充气，这个容器有两个水阀和一个出水软管。容器应放置在井底的石头上，以防泥浆堵塞进水阀。

泵推动水沿着软管向下流动，然后像气球一样使盖着的内管膨胀。内管的膨胀迫使容器中的井水通过出水阀流出并沿着出水软管向上流动。

1.当泵的活塞被推入时，内管中充满水，并在容器中产生压力。因为水不能从进水阀出来,必须通过出水阀上升。

2.当泵的活塞被拉出时，水被吸进泵内，内管被排空。这样容器内就会产生负压，井水就会通过进水阀被吸进容器内。

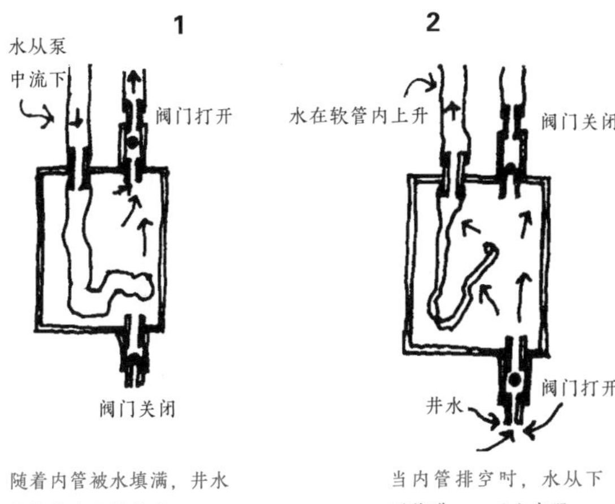

随着内管被水填满，井水被迫从出水阀出来

当内管排空时，水从下面的进[illegible]进入容器

↘施工细节

该泵由一根2英寸的两端带有孔盖子的管子，以及一根带皮垫圈的螺杆组成。将一根小管焊接到其中一端盖子的孔中。将螺杆从另一端盖子的孔中插入，将一个螺母、一个垫圈、一个皮垫圈、第二个垫圈和第二个螺母依次连接到螺杆上。最后将两端的盖子连接到管子上。

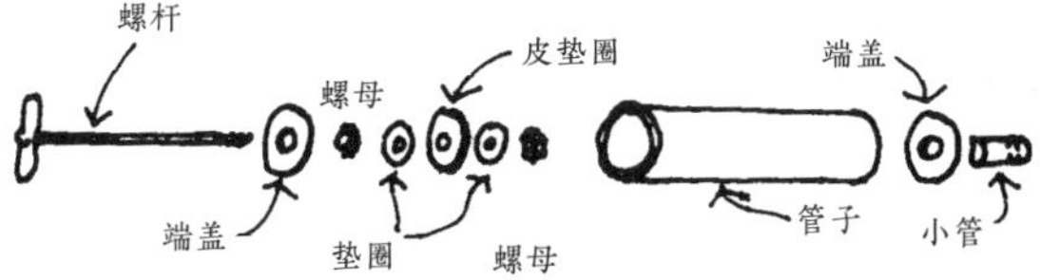

将两个阀和一根 1/2 英寸的金属连接管焊接到金属容器上。将有盖的内管穿过金属管插入容器中，然后将内管的端部折叠在金属管（a）上。

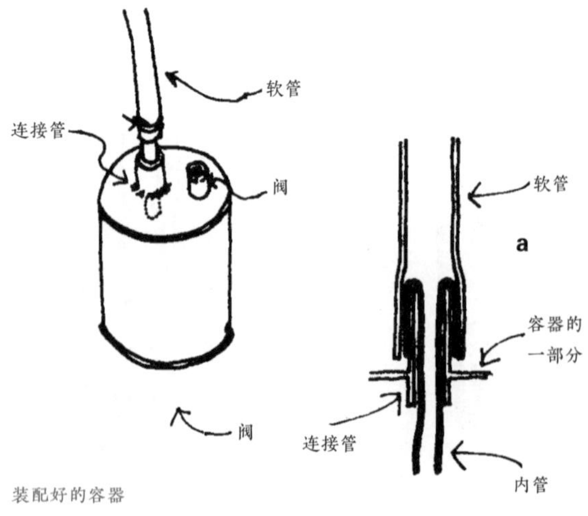

装配好的容器

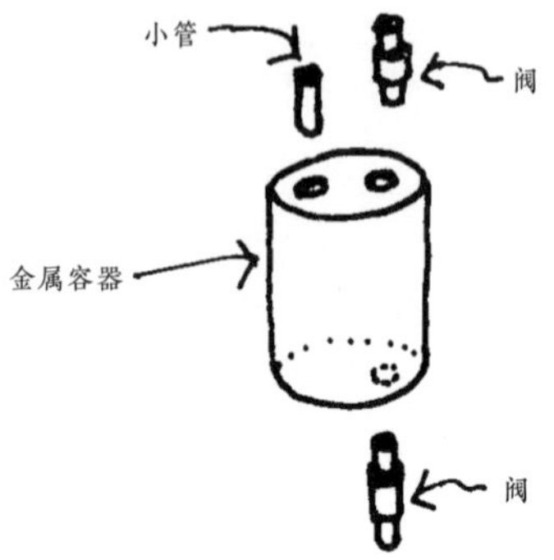

阀是用含有轻质金属滚珠的钢管制成的，金属滚珠必须够轻，能被水抬起，也必须够重，落下时能密封开口。

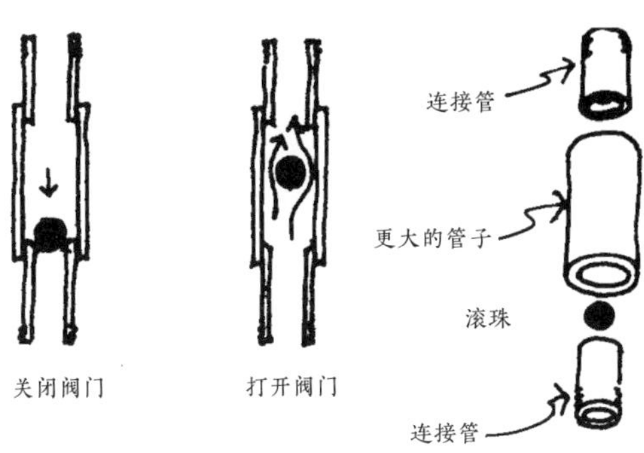

滚珠因自重落下，封闭管口。当滚珠下方的水压增加时，滚珠上升，水就会进入容器。

另一种制作阀的方法是使用塑料管，用螺丝将圆形的橡胶螺帽固定在一侧。这种阀的优点是可以水平安装。

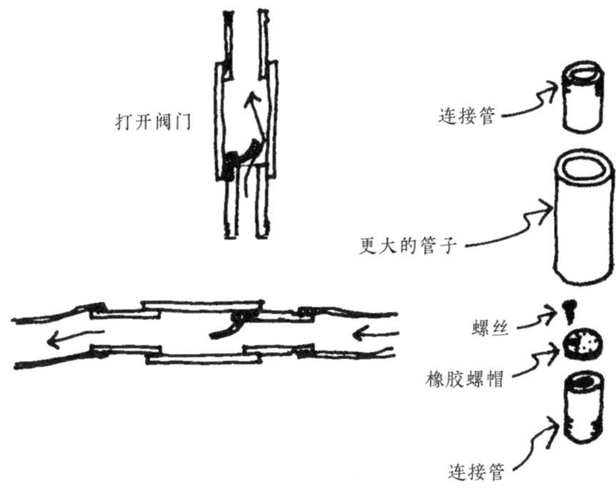

要确认止回阀只允许水从一个方向通过。

止回阀可以用一根大管和两根连接到进水和出水软管的小管制成。将一根小管穿过其盖子伸入大管中并将其塞住，在其侧面钻几个孔。在最终将盖子安装到大管上之前，用一个松紧适度的橡胶管套住小管的孔。

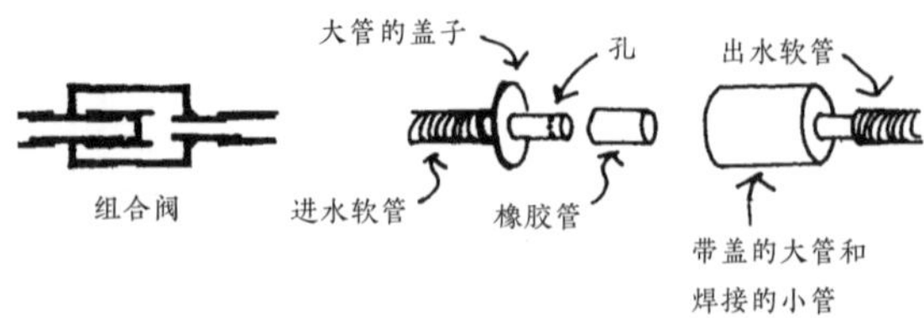

在风力持续的地区，可将泵的活塞与桶式风车连接起来。详见本书“能源”章节。

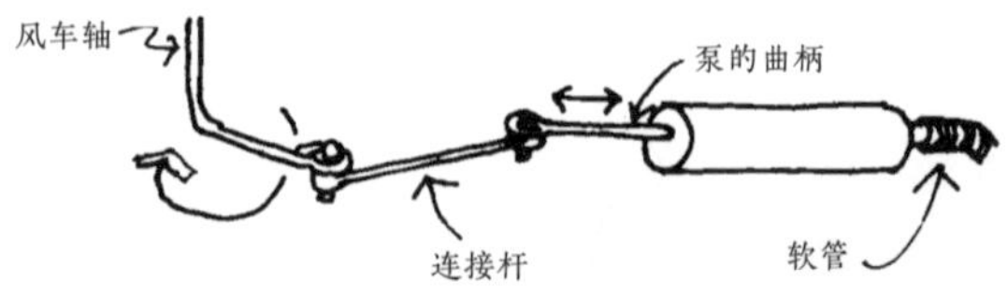

然后将软管连接到附近的蓄水池。

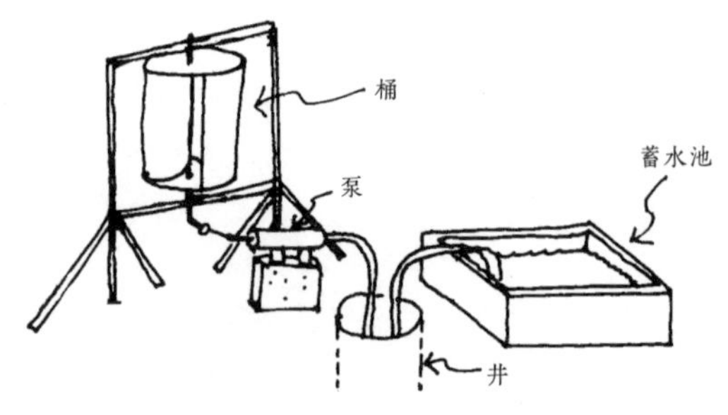

↘冲击泵

在有支撑的橡胶软管上安装一个止回阀。用锤子敲击软管，可以看见水从一端被泵送到另一端。

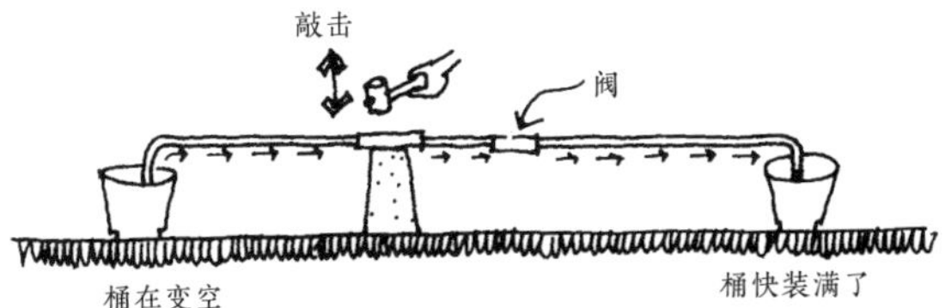

每分钟至少需要敲击 400 次，水才会移动。敲击得越快，移动的水就越多。例如，在直径为 10 厘米的软管上，每分钟敲击 1600 次，每小时可以抽出 1000 升水。

如何产生这么高频次的敲击？可使用由风力驱动的桶式风车，并在桶的外侧底座上焊上一条金属链。

每根链节以快速的节奏撞击拨杆，将橡胶软管压在金属背板上。拨杆为圆角三角形，用螺丝固定在板上。可根据需要进行润滑。

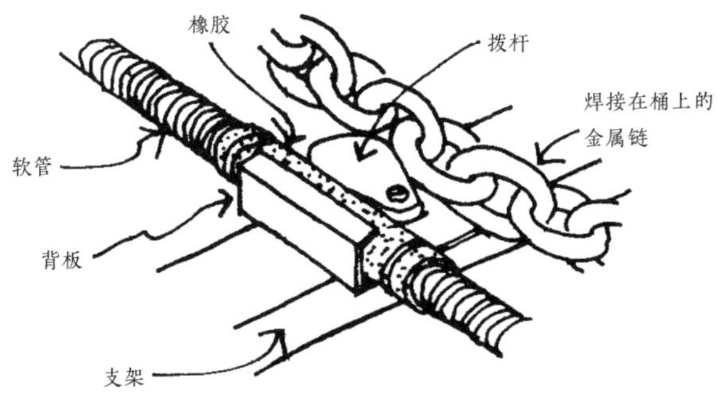

把桶式风车组装在支架上，放在井和蓄水池之间。

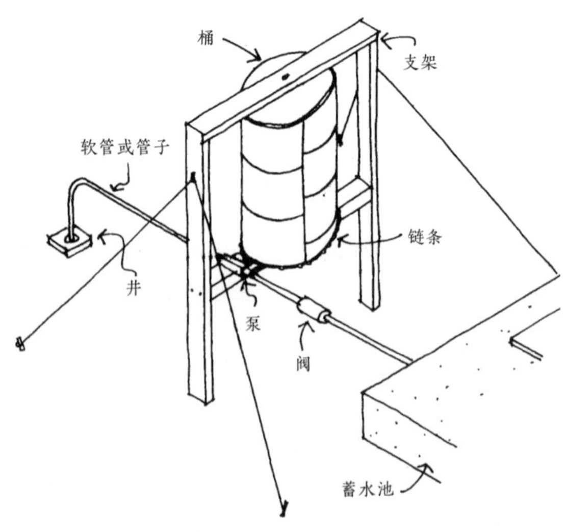

在微风不断的地区，泵始终在运动，即使是一个漏水的蓄水池也会一直充满水。

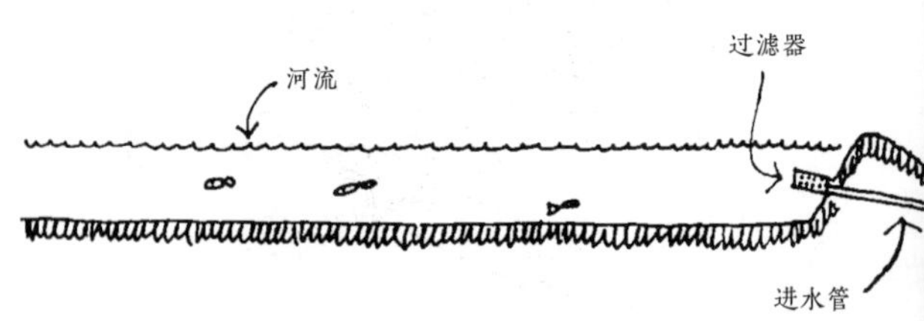

↘ 如何用水力汲水

为了将河水送到倾斜的河岸之上，可以建造一个液压冲压泵，利用进水口与泵所在位置的水位差作为能量来源，用机械动力将水汲上去。

下图是这个系统的一个例子，进水口与泵的高差为 2 米，上面的水箱距地面 8 米。利用这个差值，每天可以泵出 200 升水到 20 米的坡上。

随着上升幅度增大，泵出的水量就会减少。例如，每天只能泵出 80 升水到 40 米高的地方。

水通过一根斜管进入泵内。水从进水管冲下去，在泵的地方产生有节奏的涌动，迫使水上升到泵上方的水箱。

必须调整泵的节奏，使其缓慢地工作，同时要注意始终保持河流的水位在进水管的上方，以防空气进入。

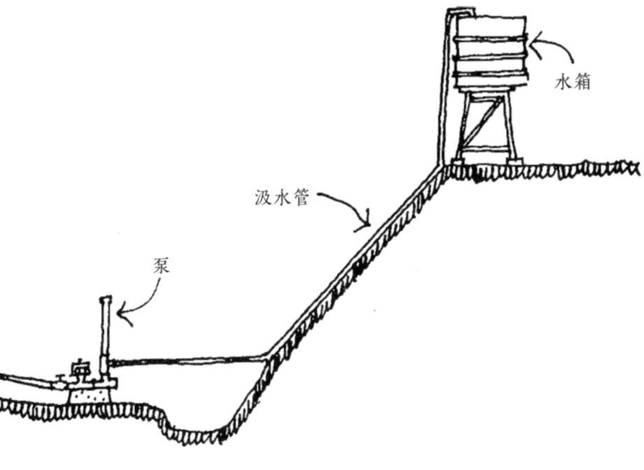

部件

进水管的坡度为 1 ：4 (15度),不能有任何弯曲或接头。可在进水口上放置过滤器或细网。

泵由 3 个 50 毫米 T 形接头、1 米相同规格的管子、几个钢制连接配件、一块 3 毫米钢板、一个 $2^3/_4$ 英寸减压接头和几个带螺母的螺栓组成。泵必须牢固地安装在木底座或混凝土底座上，从而让流动的水平稳地运动。

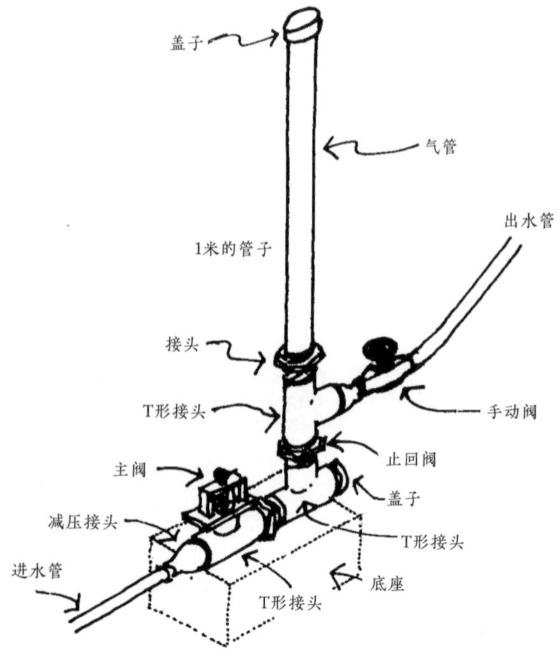

施工

1. 首先用 3/4 英寸角钢和 50 毫米 x300 毫米钢板组装主阀的支撑结构。所有部件必须焊接牢固，因为主阀引起的强烈锤击可能会使接头松动。

2. 接下来，组装主阀的部件。将 4 厘米弹簧加到螺栓上，然后将螺栓插入支撑结构中，拧紧螺母以压缩弹簧。

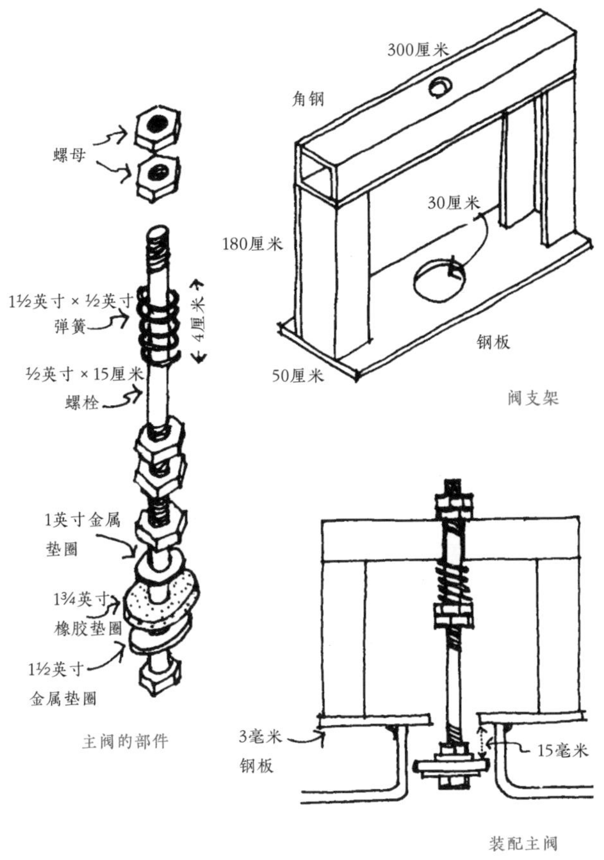

阀支架

主阀的部件

装配主阀

钢板和橡胶垫圈之间留有 15 毫米的空间。可通过调整弹簧的压缩量来调节泵的节奏。

3. 现在组装防止水倒流的止回阀。它是由一个连接接头制成的，里面焊接了一个带孔的钢盘。将一个小开口销装到连接接头侧面的一个 1 毫米的孔中，保持松动，作为减压装置。

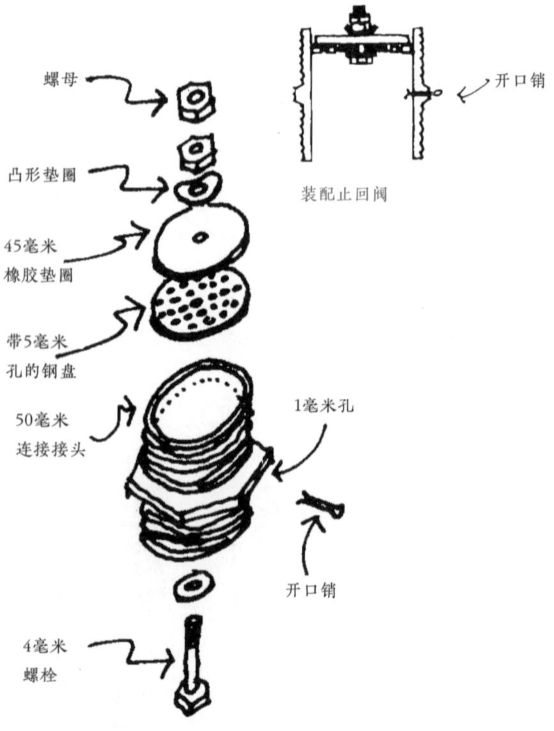

止回阀的组成部分

4. 用螺栓将橡胶和金属垫圈固定在盘的顶部。金属垫圈应该是凸形的，以便水通过橡胶垫圈的顶部边缘。

5. 安装有盖的 1 米气管，然后连接进水管和出水管。在出水管和泵之间安装一个中断阀。

泵的运行

在运行之前，往出水管注水，使其做好准备。

当水从倾斜的进水管流下并通过打开的主阀流向地面时，泵就开始工作。水的速度迫使主阀猛然关闭。由于水的动量激增，水流冲过主阀，然后通过止回阀并进入出水管。这就释放了主阀的压力，然后主阀被弹簧推开。当水再次从进水管流下，以上过程会重复。

主阀的弹簧张力控制着这个过程的速度。如果弹簧张力太大，阀门就不会关闭；如果弹簧张力太小，阀门就会一直保持关闭状态。适当的张力可以使流经主阀的水有力地关闭主阀，使水涌过止回阀。

泵的运行速度必须在每分钟 40 次到 130 次之间。较慢的速度可以抽出更多的水。

问题

- 如果调整主阀弹簧张力后泵不工作，检查橡胶垫圈是否关闭严密。
- 如果出水管有空气进入，在止回阀孔内安装更紧的开口销。
- 如果泵的噪声很大，在止回阀孔内安装更松的开口销。

这种类型的泵几乎不需要维护。过滤网必须保持清洁。螺母必须紧固，因为它们会随着时间而松动。还要检查橡胶垫圈，并且根据需要进行更换。

MOVING WATER
输水

接下来的两页将展示两种水源是如何受到其邻近社区发展的影响的。

想象一下，一个地方有一座小山和一片树林……

- 一群人在有水的小树林里建造他们的房子。大量树木被砍掉了。没有了植被，雨水就不会被吸附，而是流到山脚下。现在仅存的几棵树也缺水了。

- 在山脚下，水积聚起来后很快就蒸发掉了。现在人们必须把山上仅存的一点水用管道输送到他们的房子里。

与此同时……

➾ 另一群人在山下建造他们的房子，没有砍掉任何树木。

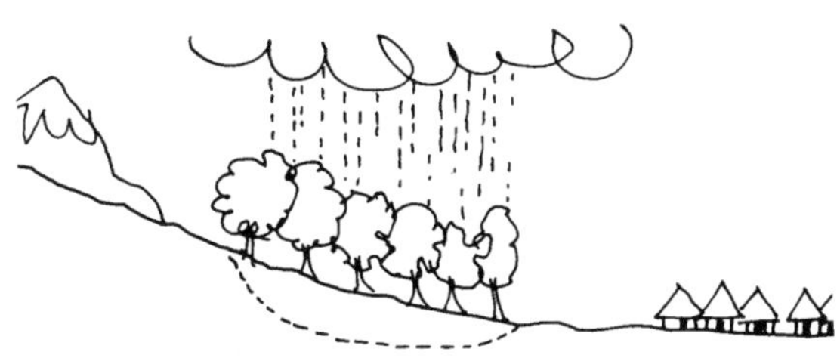

➾ 下雨的时候，水留在小树林里，没有蒸发。水直接引向定居点。

➾ 毋庸置疑，美丽的小树林仍然在那里，可供人们散步与休闲。

↘ 制备竹管

在制作竹管之前，要先做一把凿刀除去竹子上的竹节：

1. 截取一段直径 12 毫米的螺栓或钢棒。将端头用锤子敲平。

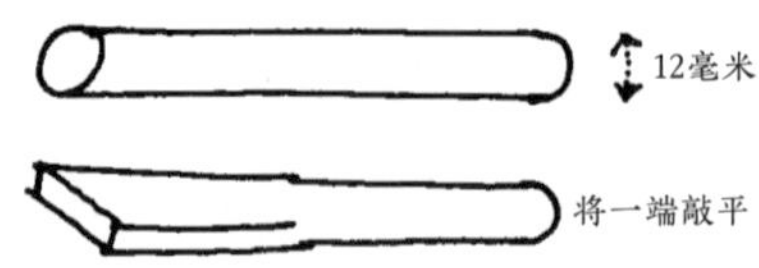

2. 用锉刀或石块将端头磨平。

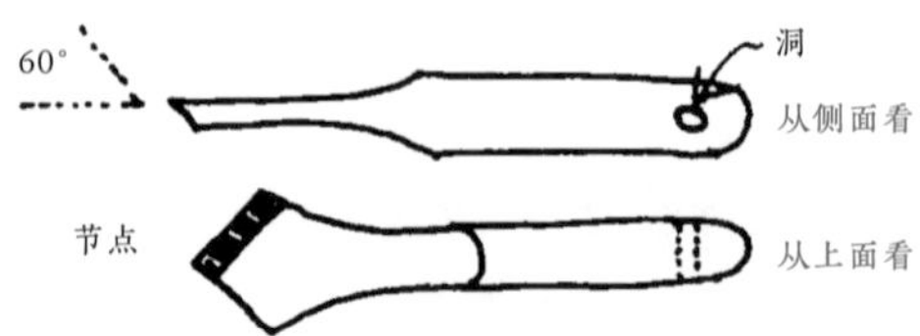

3. 将端头插入直径 1/2 英寸、长 6 毫米的普通水管。打一个 4 毫米的孔，用钉子或螺栓将它们固定在一起，如下图所示。

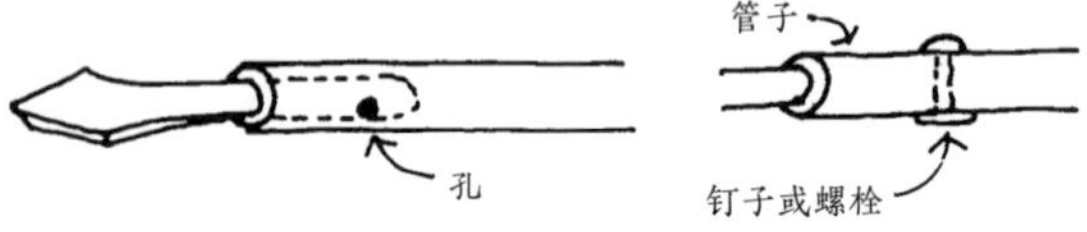

4. 在管子的另一端安装一截一端带竹节的竹竿，做成手柄。

凿刀的使用方法如下：

一个人拿着竹子，另一个人插入凿刀，第三个人用水管工扳手（带齿的）转动管子。

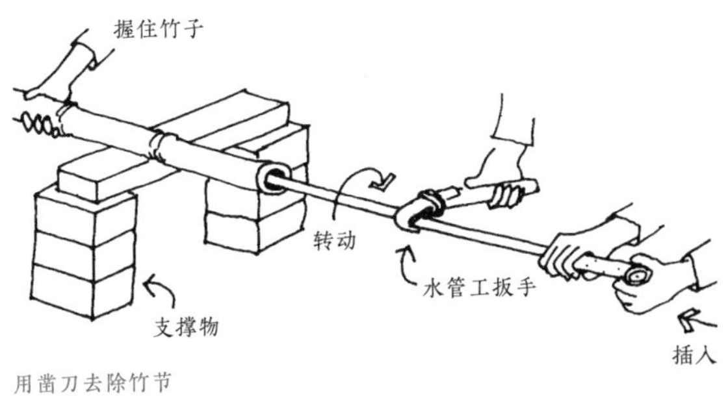

用凿刀去除竹节

如果没有扳手，可以用一根皮革带和一个木把手做一个带式扳手，如下图所示。

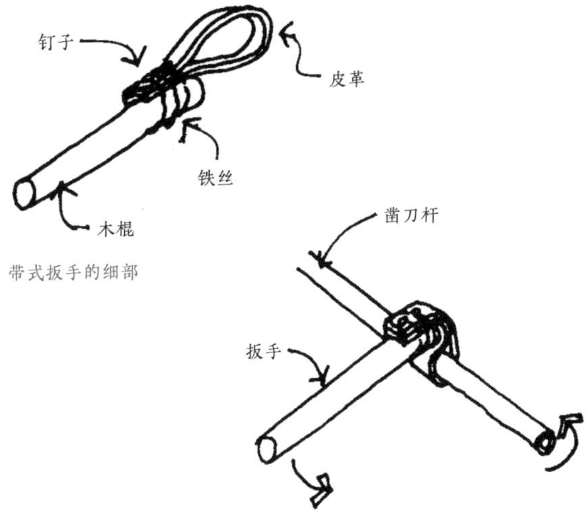

带式扳手的细部

使用带式扳手

↘ 竹管

竹管可使用 4 ~ 6 年，这取决于竹子的质量和当地的气候。

最好在铺有树叶和泥土的地上安装竹管。

有些地方不能埋竹管，比如在陡峭的河岸上。

竹子之间的接缝用皮革或内胎的橡胶片绑好。

皮革必须浸泡一夜并在湿润时安装；当它干燥时，会紧紧地包裹在竹子周围。

这种连接方式的优点是竹管可以稍微弯曲。

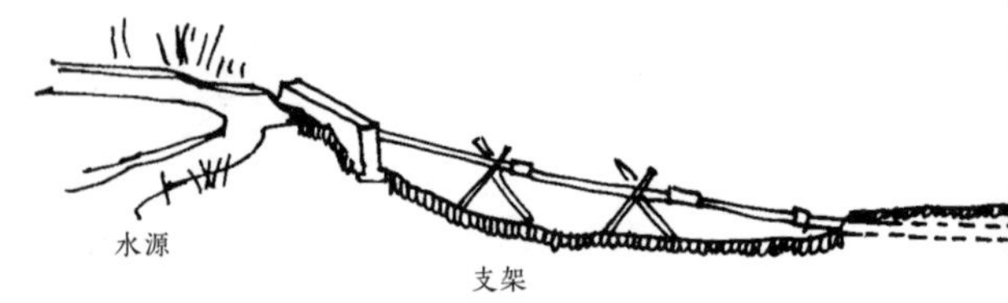

↘ 开放式管道

有些种类的竹子不适合做管道，但可以用来做水槽。

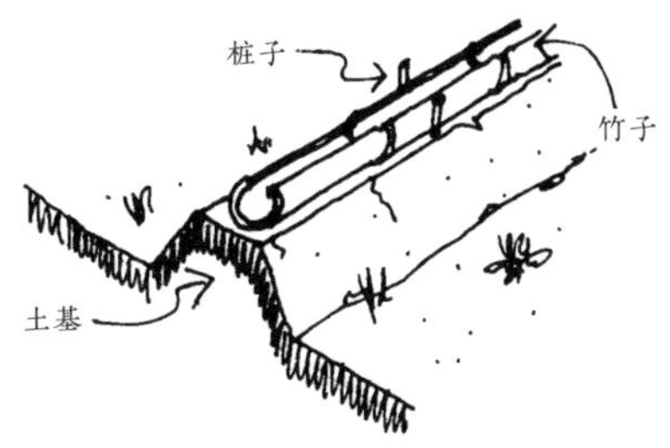

↘ 竹制花园水龙头

安装好管道后，做一个竹制的水龙头阀。

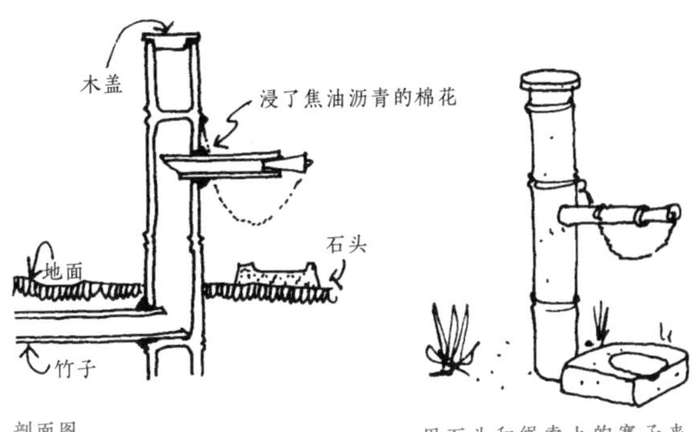

剖面图

用石头和绳索上的塞子来关闭出水口的水龙头

↘ 水泥土管道

用作饮用水分配主管道的大型管道可使用水泥土混合料和柔韧而坚固的塑料软管来制作。软管长 20 ~ 30 米，充满水后直径为 20 厘米。

1. 在沟槽底部铺上一层薄薄的水泥土。

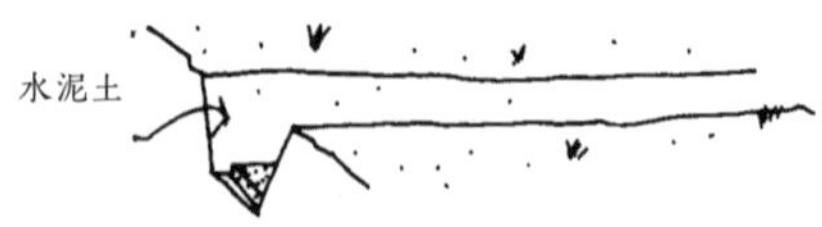

2. 将软管的一端封紧，另一端高出地面 1 米并支撑在柱子上。

3. 给软管注水。抬起的一端会对软管壁产生压力。

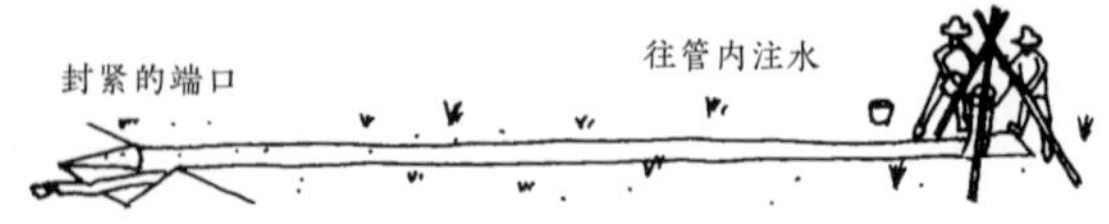

4. 用 8 ： 1 的土与水泥的混合料盖住管道。让它干燥几天。当水泥干燥后，用土填满沟槽内剩余的空间。

5. 最后，降低软管的抬起端让水排出，将整个空软管从水泥土管道中抽出。重复整个过程，直到管道达到所需长度。

水车

可以用竹筒搭建一个水车，从湍急的河流中取水。

每根竹筒的两端都绑在支架上。一端绑在转子叶片的前面，另一端绑在后面。每根竹筒的封闭端比开口端离轴更远，所以水会从抬升的管中流出。

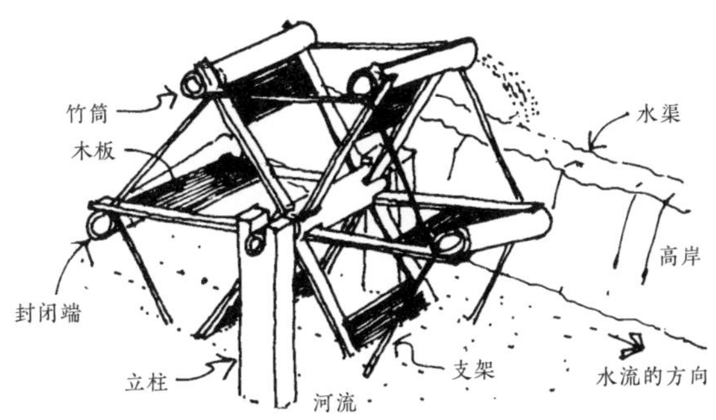

支架用竹条或麻绳相连，以加强水车的结构强度。连接在竹筒上的是用木板制成的转子叶片，固定在两个支架之间，这样河水的流动就会使水车旋转。

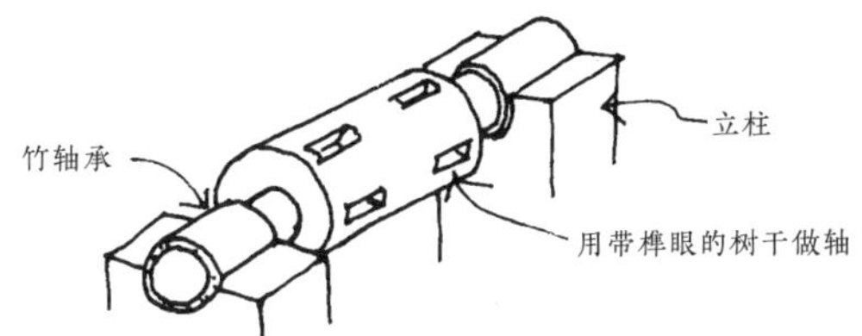

轴用一根大原木制成，上面有榫眼，可以插入支架。在轴的两端用竹片作为轴承。这些竹片支撑在立柱的凹槽上，使轴顺利转动。现在可以建造一条水渠将水输运到农田或蓄水池里了。

CISTERNS
蓄水池

在干旱期较长的地区应设置蓄水池，以便储存雨水。雨水可以收集在屋顶的排水沟中，然后引到蓄水池内。排水沟可以用金属、劈成两半的竹子或树皮制作。

- 蓄水池必须靠近房屋，远离厕所、马厩或化粪池等污染区。
- 蓄水池的大小取决于旱期的长短和家庭的日常用水量。
- 在雨季开始时，刚收集的几升雨水要排掉，因为它们被屋顶上的灰尘和污垢污染了。

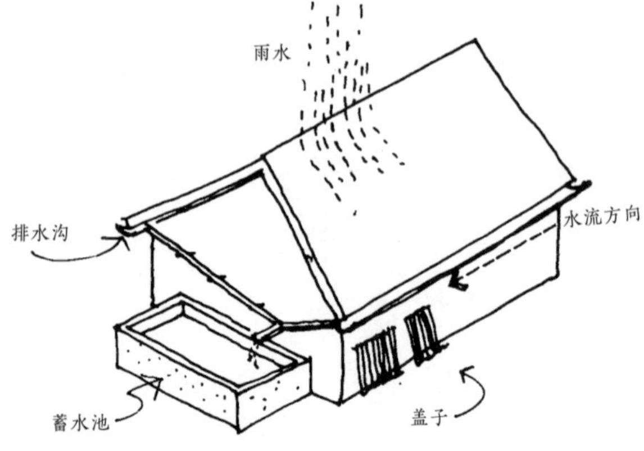

从茅草屋顶流下的水必须经过过滤才能使用，因为烟囱的烟气会污染茅草并使水的味道变得难闻。

一个好的储水系统由三个部分组成：

A. 一个蓄水池，用来储存水。

B. 一个砂石过滤器。

C. 一个沉淀池。这个水池必须定期清洗以清除底部的淤泥。

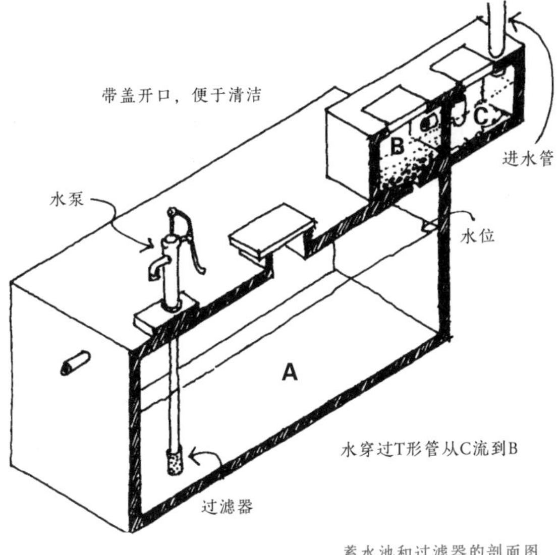

蓄水池和过滤器的剖面图

可根据可用空间，用不同的方法来安装这三个部分。

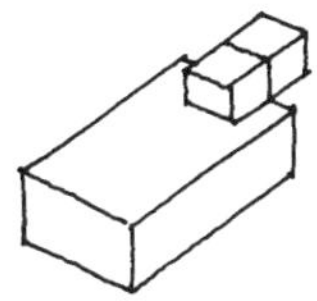

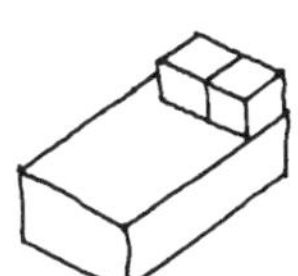

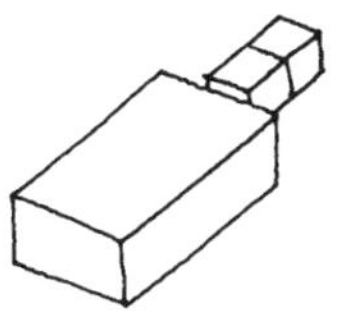

墙由石块、水泥砌块或砖砌成：

1. 先将地面压实并铺上石块，将它们放置几天。
2. 涂抹水泥土混合料并填满石块接缝。
3. 为了防水，在地板上涂抹仙人掌汁。
4. 用掺细砂的混合料打造光滑的手工打磨的饰面层。

重复上述过程来砌墙。

↘ 桶式水箱

在没有旱季的多雨地区，不需要大型蓄水池。蓄水池可以整合到房子里。

雨水可以储存在水箱、蓄水池或与屋顶排水沟相连的桶中。

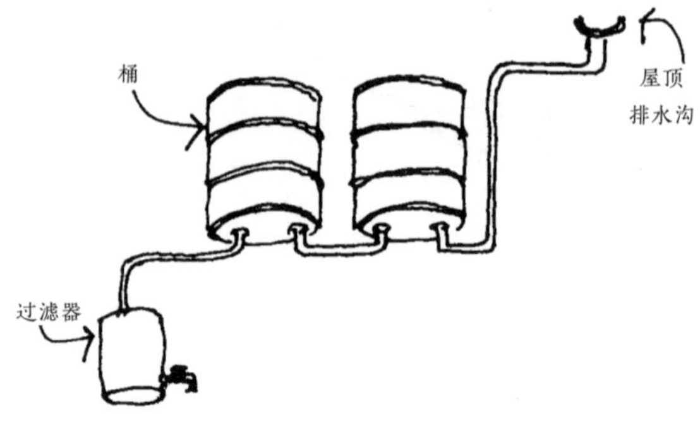

桶必须安装在屋顶下方，并且要安装在需要用水的地方，如厨房和卫生间的上方。使用该系统不需要泵。可以使用一整个桶或半个桶。桶顶有盖子，无须密封。

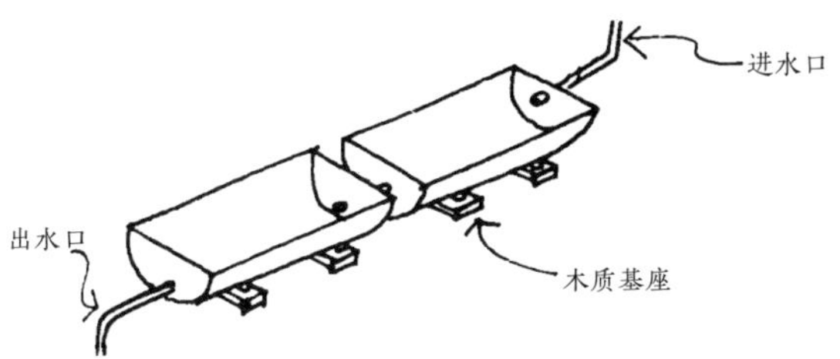

下面展示两个安装示例，第一个是建在坡地上的房子，第二个是建在平地上的两层楼房。

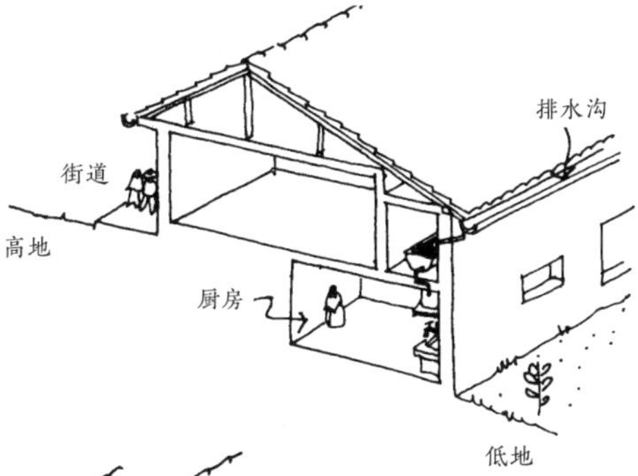

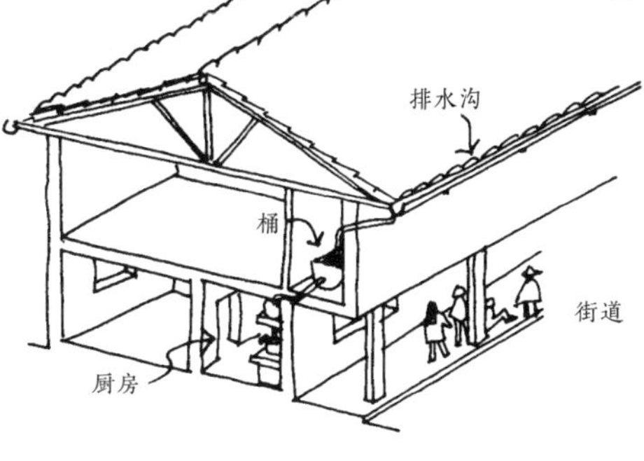

在房屋建得很近的城市地区，可以利用庭院或街道来收集雨水。

↘ 威尼斯式*蓄水池

威尼斯式蓄水池的水可以从庭院里收集。在蓄水池的中央或一侧安装一个水泵来提升过滤后的水。

水泵的井壁不透水，下部有孔，以便水进入。

在地面有间隔地铺设铺路砌块，使水能流到地面。略微倾斜的斜坡减缓了水通过碎石上面的砂层的过滤速度。

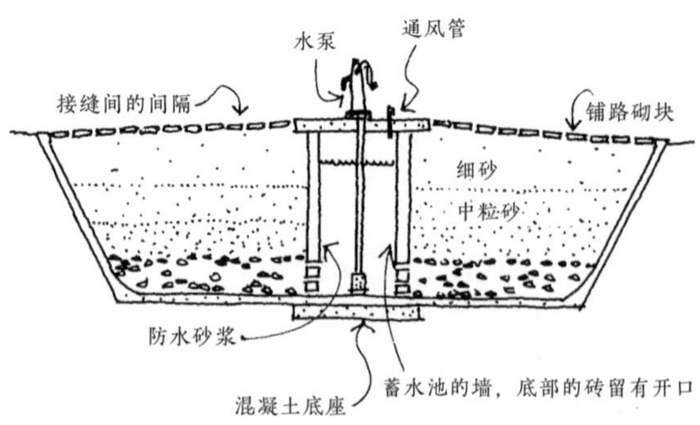

蓄水池用砖砌成，表面用砂浆处理。如果房屋没有庭院，蓄水池可以建在花园里。

↘ 挖井

如果地面非常松软，必须砌一堵坚固的墙。

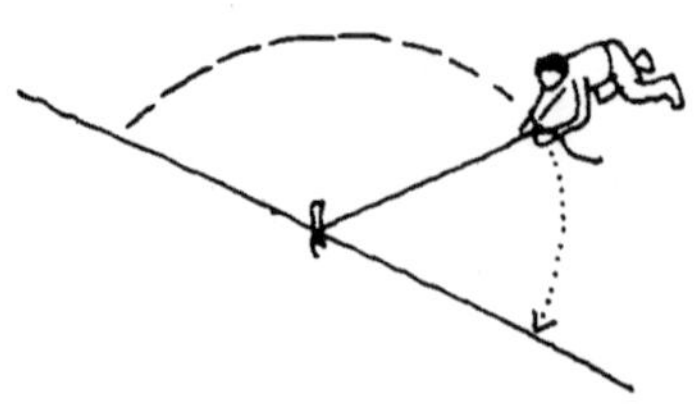

*［译者注］ 这种蓄水池因在威尼斯的庭院或广场中普遍使用而得名。可参见Giulia Foscari所著的《Elements of Venice》（LARS MULLER出版社2014年10月出版）。

1. 将 10 厘米 ×20 厘米的木板用金属带固定在一起，制作一个直径 2 米的平木圈。

2. 在地面上划出一个比木圈稍大的圆圈。挖出一条深 50 厘米的沟渠并在沟渠内建一个圆形的混凝土基础。

3. 在木圈上方筑墙，在前四层砖中留出开口供水进入。

4. 当墙体达到 1 米高时，向木圈的底座以下开挖，使墙体的底部逐渐降到地面以下。

5. 当墙体的底部低于地面后，再砌起 1 米的墙。

6. 重复上述过程，直到井底远低于地下水位，确保能产生足够的水。

↘ 竹-水泥蓄水池

可采用竹板的建造技术制作蓄水池。详见本书“建造”章节。

在一个大竹筐的下部安装排水管并在竹筐上涂抹砂浆。在竹筐的外侧和内侧都涂上 4 层砂浆，用湿布包裹住并让它固化一周。然后再让它完全固化三周。

下面介绍涂抹砂浆层的方法。

1. 用 1.5 厘米厚的砂浆装满一个盒子。

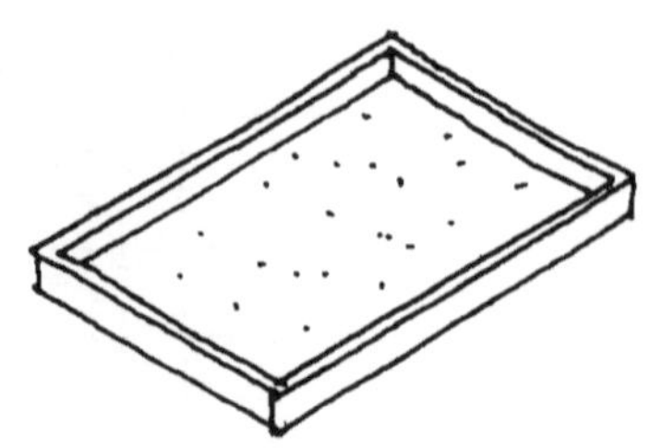

2. 将竹筐放在盒子和砂浆上，将排水管插入砂浆上方。

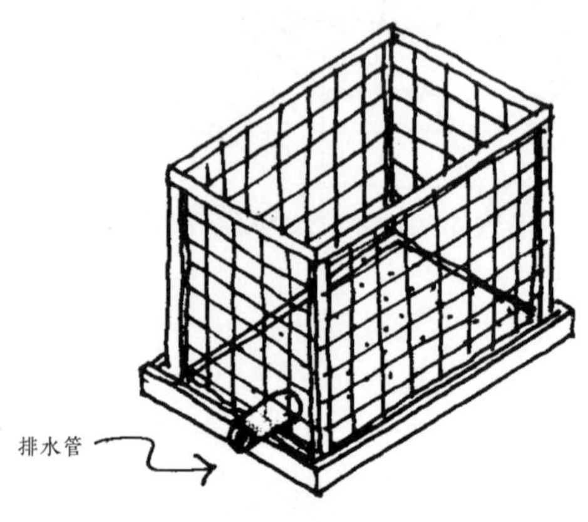

竹制排水管应在水中浸泡三小时后再涂抹砂浆。

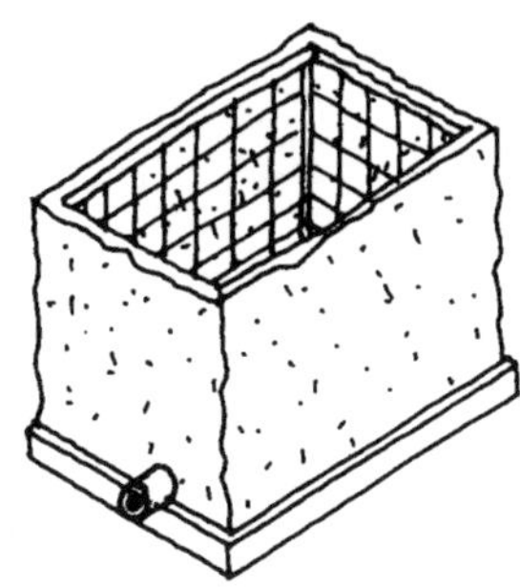

3. 接着在竹筐外表面涂上一层1厘米厚的砂浆。

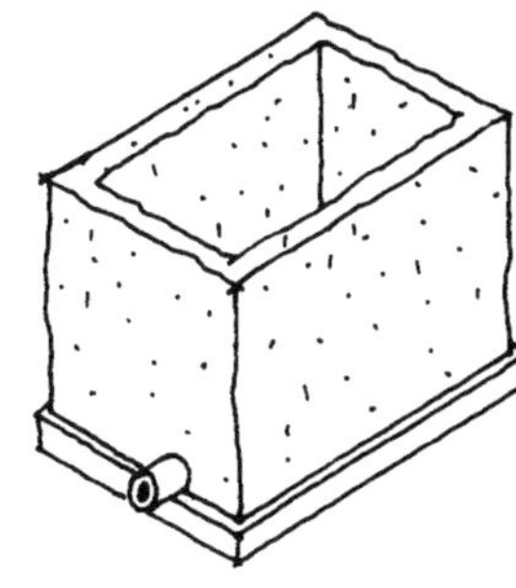

4. 两天后再涂抹竹筐内表面。

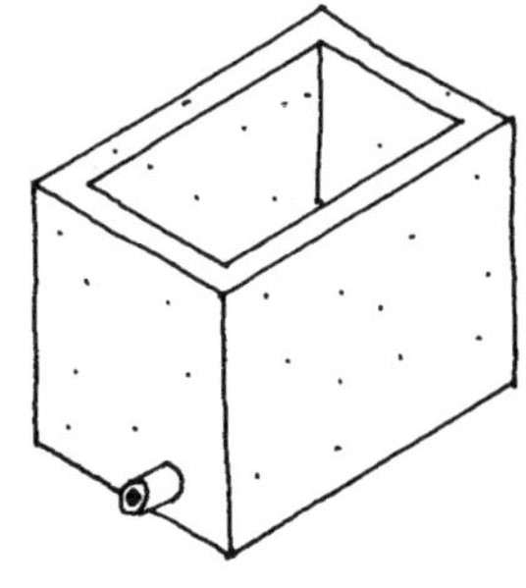

5. 一天后，再在内外表面上涂抹第二层砂浆。

用浓稠的砂浆混合料对最后一层的表面进行涂抹和磨光。

FILTERS
过滤器

↘ 水处理

可以做一个桶式过滤器来过滤水。在顶部焊接一个漏斗以便装水。偶尔清洗一下砂，去除沉淀物。当只剩下一半砂时，换上新的砂和木炭。

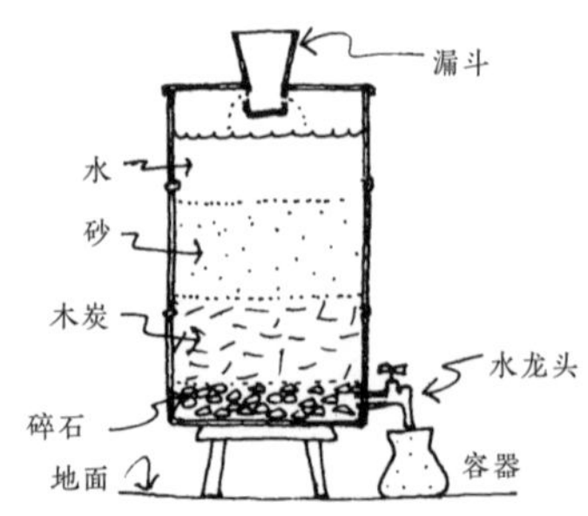

污水必须事先进行消毒，让水从覆盖着一层石灰和一层砂的容器中过滤和消毒。在过滤器下面放一块板，防止水将砂淘空。第 636 页介绍了一种更好的过滤系统。

a.石头
b.砂和石灰
c.石头
d.孔眼

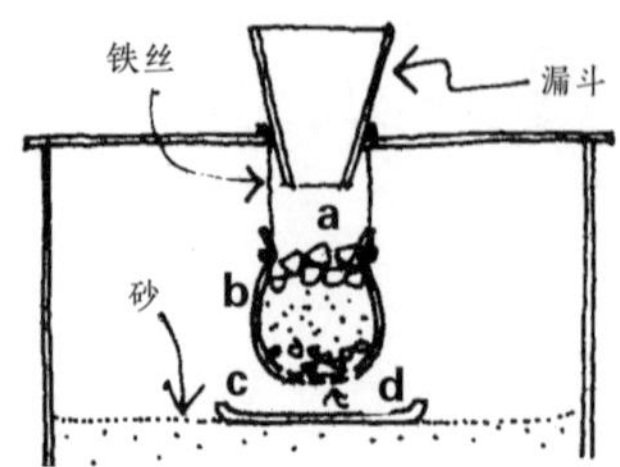

也可以将水煮沸 20 分钟，然后多次从一个容器倒入另一个容器中，使水氧化去垢（oxiginate）。

↘ 易于维护的过滤器

下面介绍的是一种易于维护的桶式过滤器，水从桶的底部进入，从顶部排出，是一种自清洁过滤器。

建造方法如下：

1. 将桶一端的盖子割下，修剪成适合桶内的形状。在盖子上钻一些 2 ～ 3 毫米的孔，孔与孔的间距为 5 厘米。

2. 钻好进水管和出水管的孔并清理干净。

3. 在桶的内表面刷上无毒的防腐油漆。

过滤器使用一段时间后，必须清除砂中的沉淀物。先关闭进水阀，取下盖子。再打开排污阀。用排污阀排出的水通过冲走杂质来洗砂。最后关闭排污阀，盖上盖子并打开进水阀。

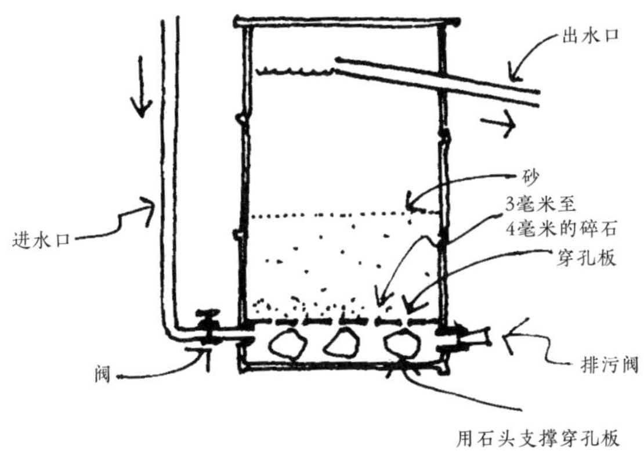

上图是桶式过滤器的剖面图。

生物滤池

生物滤池是一层有机物质，是一种黏液层，使用两周后会聚集在砂的表面。这层细小的物质是一种有效的生物过滤器，能阻拦和消化水中可能存在的有害微生物。事先用细筛过滤水，因为黏液层只过滤微生物。

建造钢筋混凝土生物滤池

采用第 522 页上介绍的技术，建造 6 块 2 米 ×0.6 米的长方形面板和 2 块边长为 0.6 米的六边形面板。

1. 将面板连接起来，做成一个六边形的容器。将容器安装在一个砖石底座上。

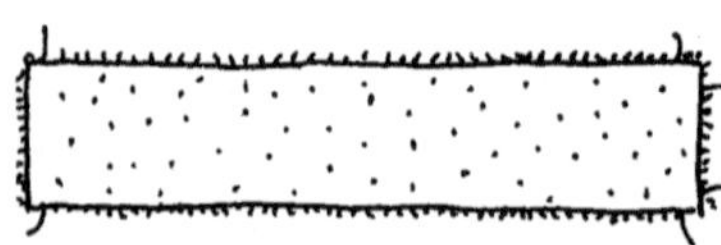

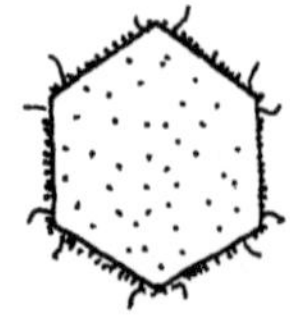

2. 在容器的侧面安装进水管、出水管和清洗管（见下页图纸）。

3. 在容器的内外表面都涂上一层不透水的仙人掌汁。详见第 332 页。

4. 给容器注水，检查是否有漏水现象。

5. 在过滤器底部放置 50 厘米厚的碎石，在碎石上铺上 50 厘米厚的砂层。

一个高 2 米，有一个边长 0.6 米的六边形底座的生物滤池的过滤面积大约为 1 平方米，每天可过滤 1600 升水。

生物滤池的维护

随着时间的推移，滤池中的黏液层会变厚、变多，水的通过率降低。清洗滤池时，将进水软管（e）与出水口（s）连接，使水反向流动。在打开阀门之前，先堵住清洗管（t）。水流上升时会掀起黏液和杂质。清洗完毕后，将软管放回原位，等待两周，待新的黏液层形成后再饮用滤池里的水。

在这两周的等待时间里，滤池内的水可以用来洗澡、洗衣服或浇灌花园。

理想的情况是建两个滤池，这样总有一个能提供饮用水。

滤池中的砂必须是细砂并预先清洗过。在进水管上加一个软管喷淋附件将水分散开，以减少水落下时对顶层砂产生的冲击力。

出水口的阀用来调节过滤水的流量。对于1平方米的过滤区域，水的流速不得超过每分钟1升。

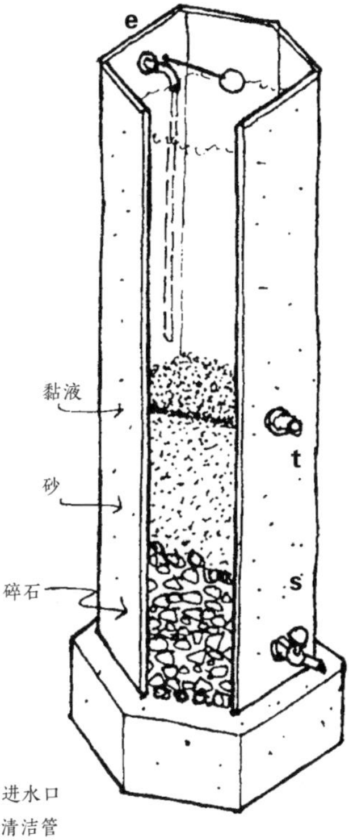

e
黏液
t
砂
s
碎石

e.带浮球的进水口
t.带塞子的清洁管
s.带阀的出水口

上图中，一块垂直面板没画，以显示过滤器的内部结构。

↘ 水池过滤器

可以制作一个水池过滤器，以防房屋附近的泥土被洗涤剂和肥皂污染。

1. 在普通的水池或水槽中,安装一根 25 厘米长的排水管。

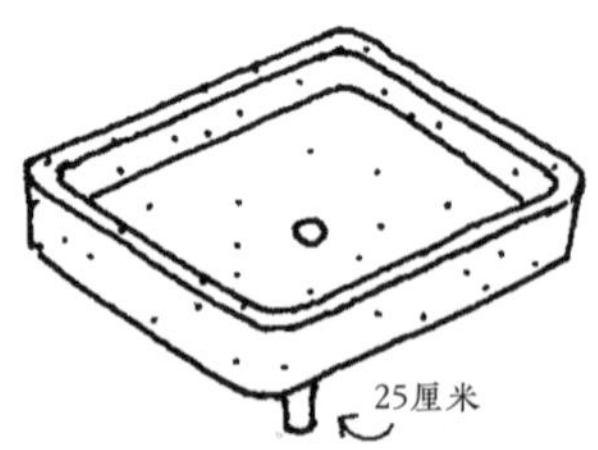

2. 在混凝土底座上建造一个隔油箱（见第 614 页）。 在箱内抹一层不透水的水泥。使用两根直径不同的管子，防止脏泡沫进入过滤器。

3. 将一根管子插入另一根管子中，然后将两根管子连接到油脂箱的其中一个角上。

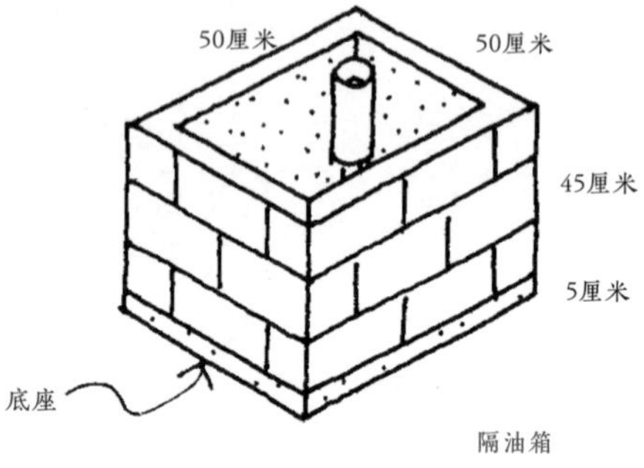

隔油箱

4. 砖砌的过滤箱建在混凝土底座上。在箱体一侧的下方安装一个出水口。在箱体另一侧的内部上方安装一块凸出的砖作为挡板，以分散进水的冲击力。

5. 将过滤箱的底部填满粗砂并加入一层木炭，然后在上面铺上细砂。盖上盖子，把油脂箱安装在过滤箱的顶部。隔一段时间就需要拆开过滤器清理出油脂和换砂。

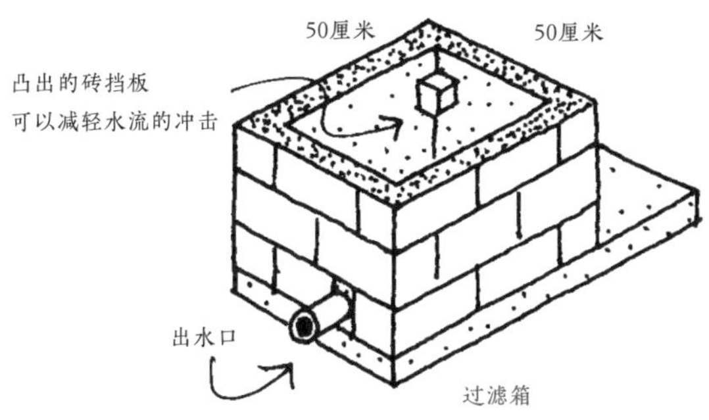

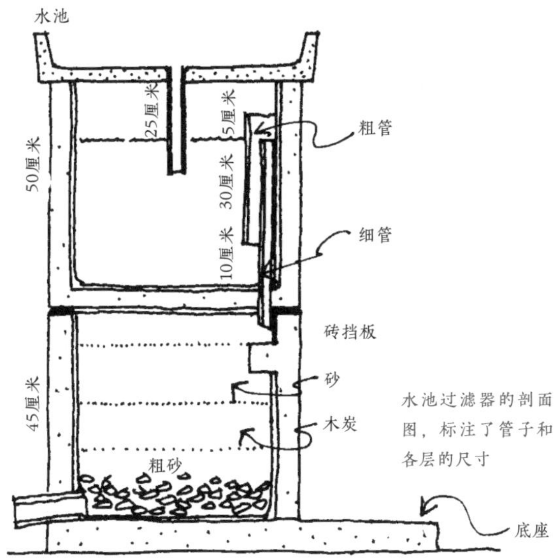

水池过滤器的剖面图，标注了管子和各层的尺寸

如果过滤器已经使用了一段时间，要将隔油箱中的水倒出，以免其变臭。

过滤后的水可以用来浇灌植物。

PURIFICATION
净化

水的净化

太阳能蒸发器可以用来将水槽或淋浴器中的咸水和不干净的水转化为饮用水。要想了解它的工作原理，不妨试做下面的试验。

1. 在地上挖一个 60 厘米 ×60 厘米 ×60 厘米的坑。
2. 将一个罐子放在坑的底部中央。
3. 用透明塑料盖住坑口，用砂压住塑料的边缘。
4. 在中心放置一块小石子，使塑料表面微微向下凹陷。

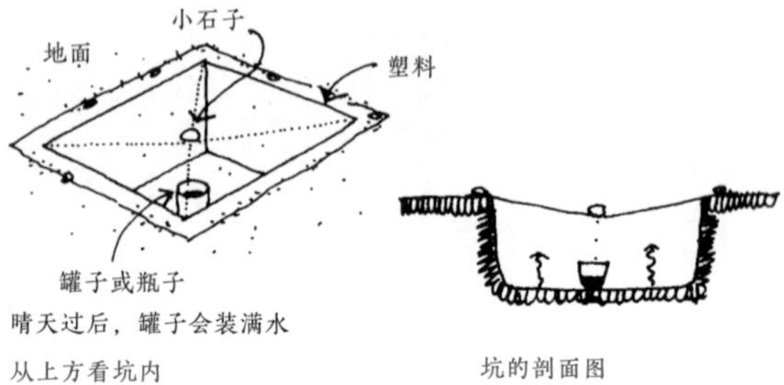

晴天过后，罐子会装满水

从上方看坑内

坑的剖面图

在这个试验中，当塑料下面的温度上升时，潮湿土壤中的水就会蒸发。当水蒸气接触到塑料时，会在凝结的过程中转变为水滴。石头的重量导致塑料表面倾斜，使水滴向塑料中心聚集，落入罐中。

如果在坑内放置一些植物，可以产生更多的水。

↘ 太阳能蒸馏器

在日照充足、水资源匮乏的地区，可以使用太阳能蒸馏器来净化咸水或受污染的水。

蒸馏器由带玻璃盖的木箱和内置托盘制成。箱子的一边比另一边高，形成一个倾斜的表面，把水引到排水沟。箱子的托盘区周围必须密封良好。

根据箱体的结构和气候条件，这种带一米见方的托盘的蒸馏器每天可以净化 4 ～ 9 升水。

↘ 蒸馏器的工作原理

1. 阳光将水加热，水会蒸发并上升。

2. 当水蒸气碰到玻璃时，凝结成水滴。

3. 水滴顺着倾斜的玻璃盖板流到用一半的管子做成的排水沟中，水滴通过倾斜的管子流到容器中。

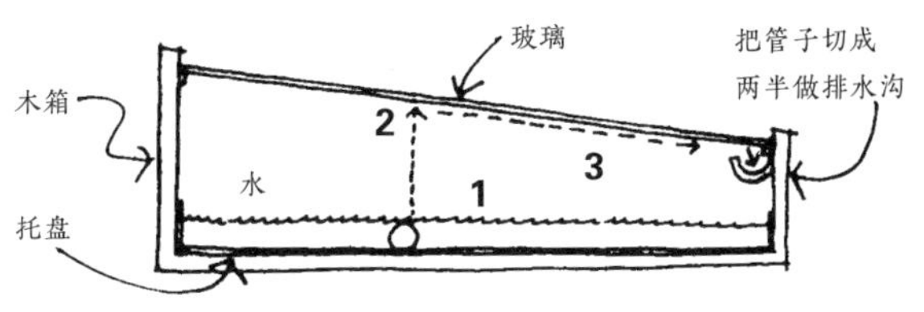

排水沟从箱体中伸出，和连接了储水容器的柔性管相连以收集蒸馏水。

如何蒸馏更多的水

- 将玻璃倾斜安装在水面的顶部附近。
- 在水面上放置一块黑色细布。布的纤维有助于水的蒸发。
- 将蒸馏器安装在有风的地方，风从玻璃上吹过使其冷却，从而加快水的凝结。
- 在水进入箱体之前，用一个 10 升的小型太阳能热水器对其进行预热。连接管必须是隔热的。
- 振动玻璃可以使水滴落得更快。可以在蒸馏器上安装一个小风车来产生振动。

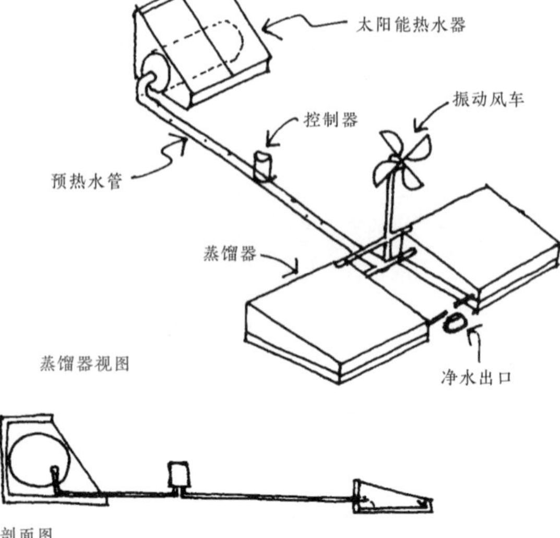

蒸馏器视图

剖面图

使用预先加热的水时，必须先安装一个控制器，使托盘中的水位保持一致，参见关于热虹吸式热水器及其控制器的内容（第 560 ～ 563 页）。

选址

要将蒸馏器设在房屋的向阳面。为了控制托盘中的水量，并且便于清洗玻璃，要将蒸馏器放置在便于靠近的地方。蒸馏器不能被屋檐或树木遮挡。

蒸馏器的放置

常见故障

下图所示是一个安装不正确的蒸馏器。

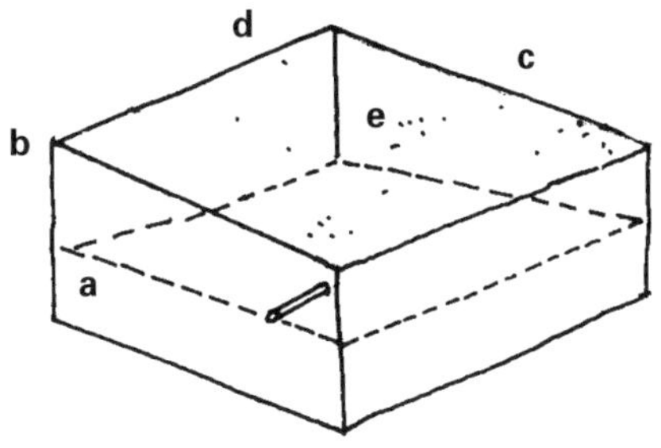

为什么不正确：

a 水位太高（超过 5 厘米深）。

b 水和玻璃之间的空间太大：玻璃设得太高。

c 玻璃的倾斜度不够，所以水滴不会落向管子。

d 玻璃上的灰尘太多，水不能被加热。

e 蒸馏器上的阴影太多。

↘ 建造大型蒸馏器

托盘由 130 厘米 ×90 厘米的金属板制成。

1. 将四边折叠 5 厘米，然后将边角点焊在一起。

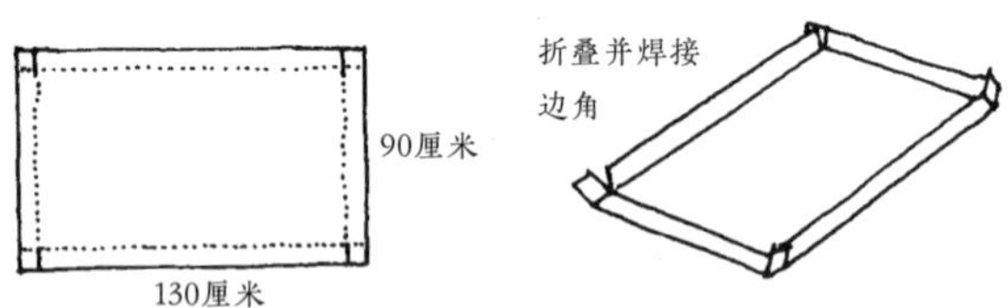

2. 在托盘内部刷上亚光黑漆，并用 1 英寸厚的发泡胶等隔热材料包裹。如果当地没有这种材料，可以用椰子纤维或锯末。

3. 搭建一个木箱框架。

在箱子的下部安装一根纵向剖切成两半的管子，从箱子的两边伸出来。将管子的内侧涂成白色。现在，安装一根进水管，让非饮用水从这里进入。

在箱子顶部，使用玻璃填缝剂或硅胶将玻璃板安装在框架中。

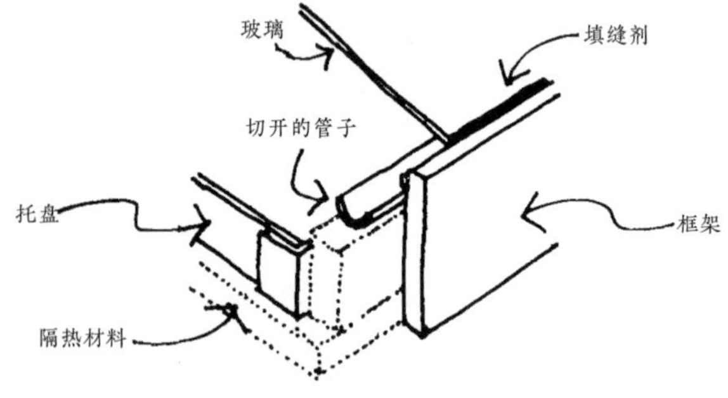

所有的连接处必须密封良好，以防热空气外泄。

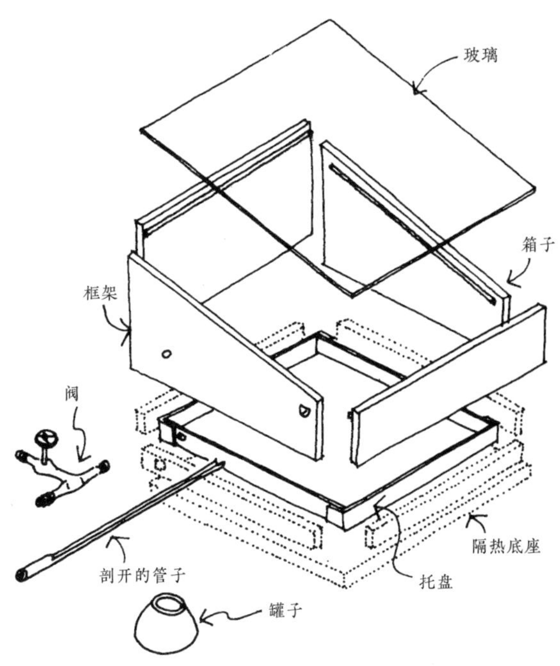

蒸馏器的维护

玻璃必须始终保持清洁和无尘。隔一段时间就要检查密封的接头，以确保木框和玻璃板之间没有空气外泄。

早上取出饮用水后，要将非饮用水重新注入托盘。

↘ 其他类型的蒸馏器

在有工业产品供应的地区，可以制作一种易于维护的蒸馏器。

- 使用透明的塑料盖，并在箱体的一侧安装一根纵向切开的出水管。
- 底座由混凝土、砖或金属制成，并且是隔热的。底座装非饮用水的区域涂成黑色，其他部分涂成白色。

盖子略微嵌入地面，这样热空气就不会外泄，如下图所示。

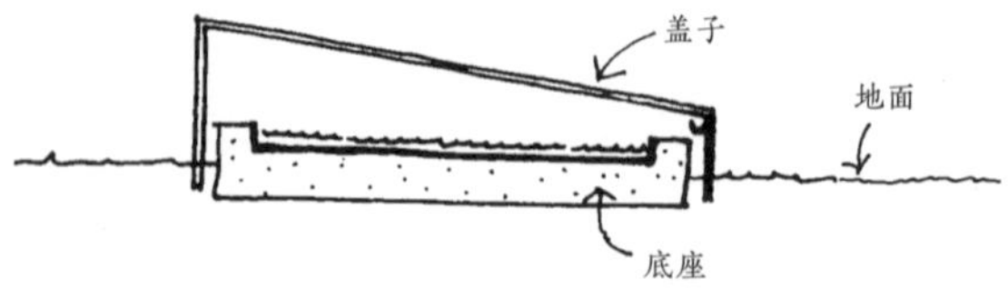

将罐子埋在地下，以便使饮用水保持凉爽。

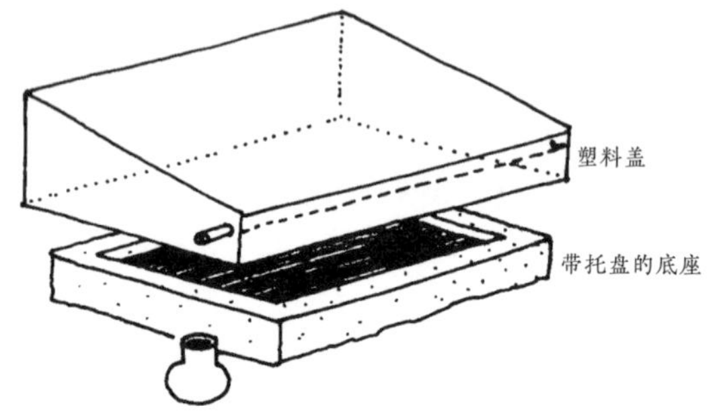

另一种能简易快速制作的蒸馏器是用一个框架、一根纵向切开的管子或一块折成V字形的金属制成的。它的底部可以用黑色塑料制作。透明塑料盖由短杆支撑。

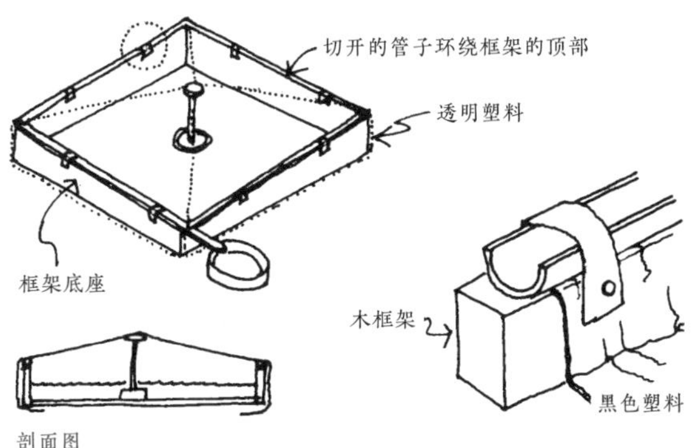

无石棉混凝土瓦或金属波纹板可以用来制作大跨度屋顶，也可用作蒸馏器的底座。凹槽上覆盖着玻璃，如下图所示。

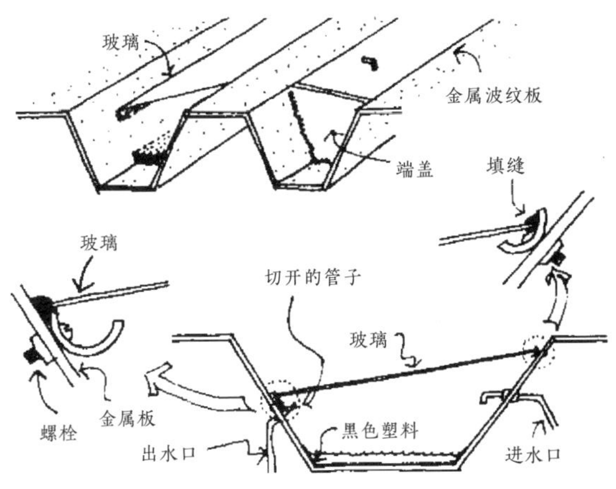

波纹板凹槽的剖面图

↘ 冷却净化器

处理咸水或用过的水（灰水）的净化器也可以用来冷却水。先搭个中间有隔板的箱子。用黑色塑料盖住底部和侧面。

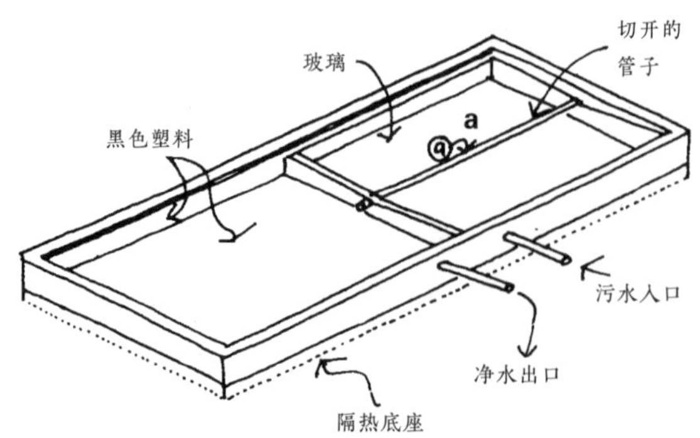

必须在箱子的一边装一根纵向切开的管子以收集从玻璃盖上落下的水滴。两块玻璃向中间倾斜并支撑在一个倒置的钢制 T 形槽上。

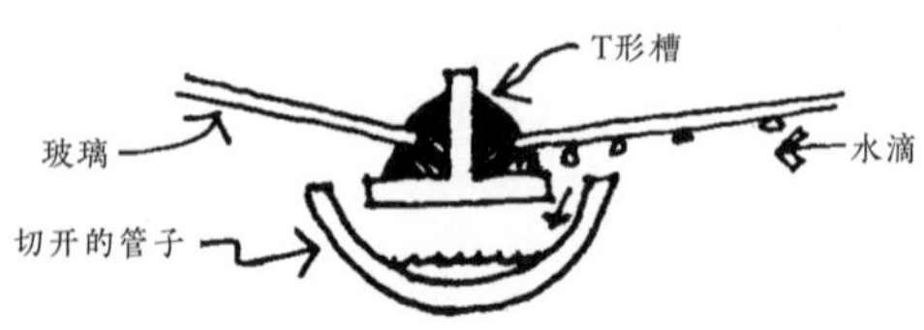

下图是蒸馏器 a 部分的详细剖面图。

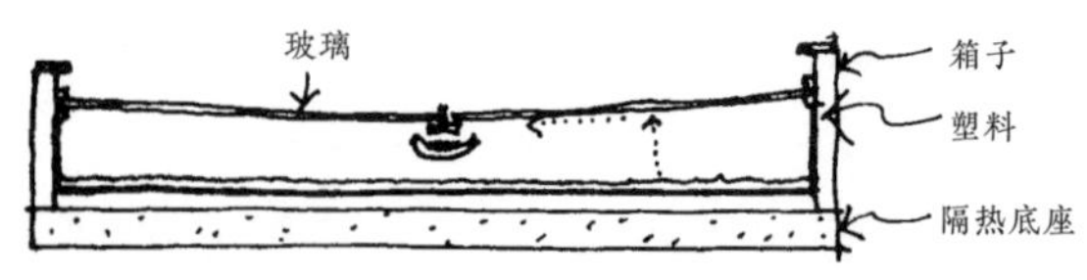

净化后的水流入箱子的另一边中冷却。箱子的一边有一个污水入口。在玻璃板的上方固定一个可以在轨道上滑动的木盖。

晚上，将玻璃盖滑到木盖上，使已蒸馏过的水暴露在夜晚的寒冷中。白天，玻璃盖和木盖的位置是相反的，木盖能为已经蒸馏出来的水隔热。

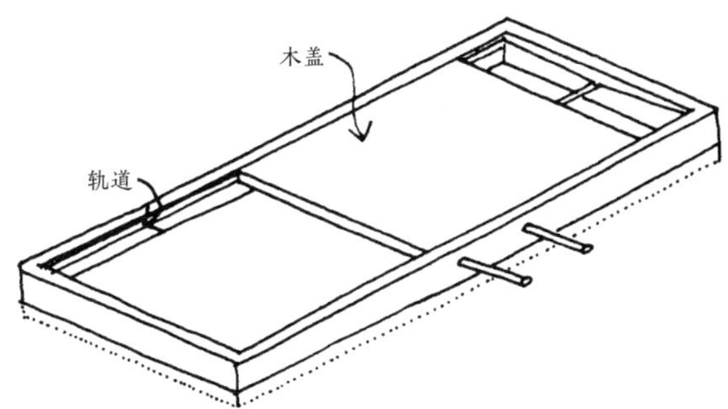

晚上，敞开存水区，使水冷却。白天，盖上这个区域，使水保持凉爽。

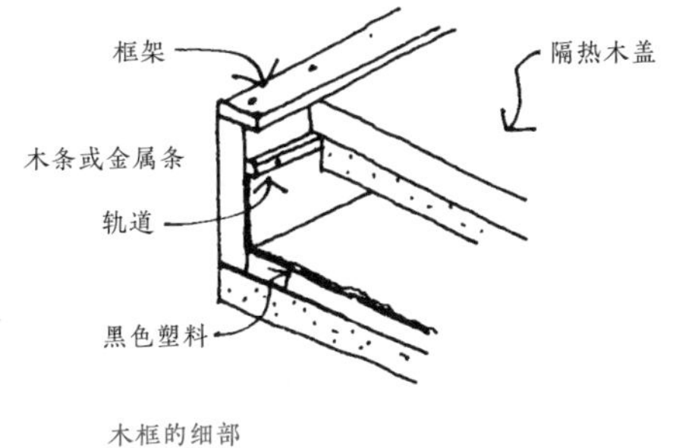

木框的细部

底座和盖子都是隔热的。

根据屋顶的形状，蒸馏器可以安装在屋顶的顶部或侧面。

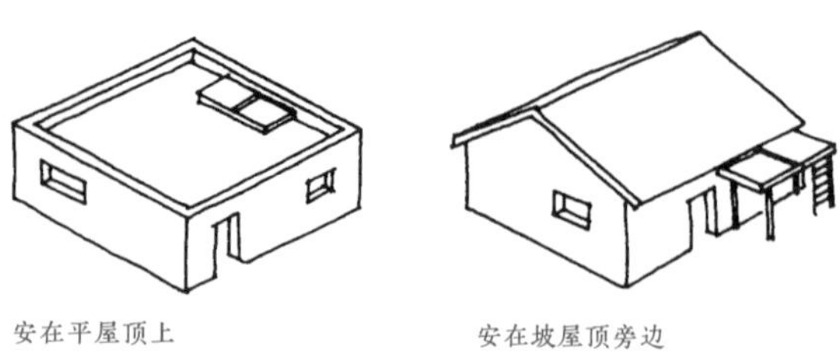

在某些地区，水里可能会有爬进去的昆虫，或有很多灰尘，可以用玻璃或透明塑料盖住冷水箱。

可以拉动绳子来移动盖子或者搭个梯子爬上去拉动盖子。

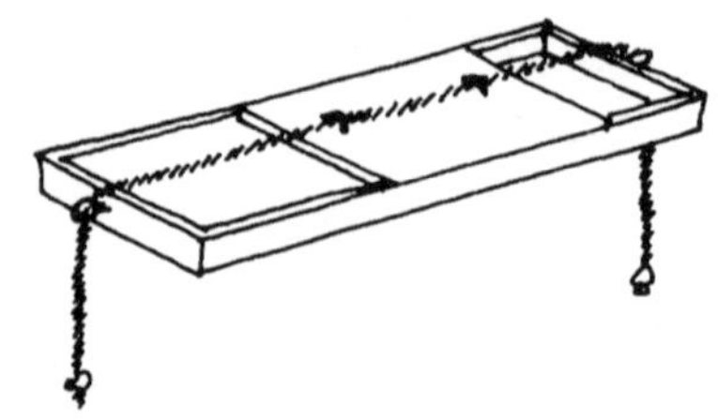

冷却水

要保持水温凉爽，可以将装水的罐子放在装满湿砂的盒子里。罐子要盖紧。

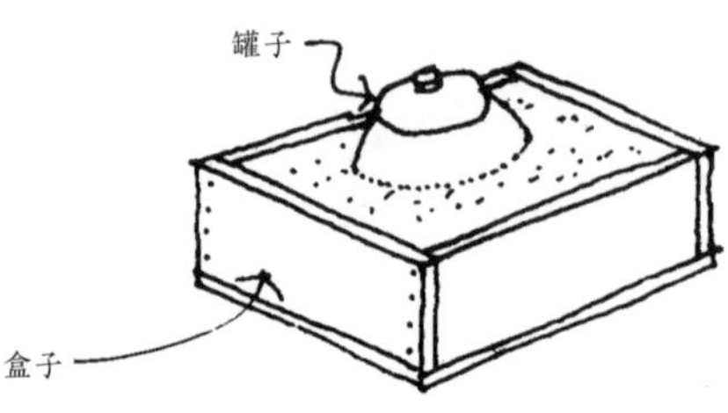

烹饪用的陶罐还有其他用途：

➡ 冷却空气：把装满水的罐子放在窗户下或其他空气流通的地方。有关此技术的更多细节，参见本书“热带干燥地区”章节。

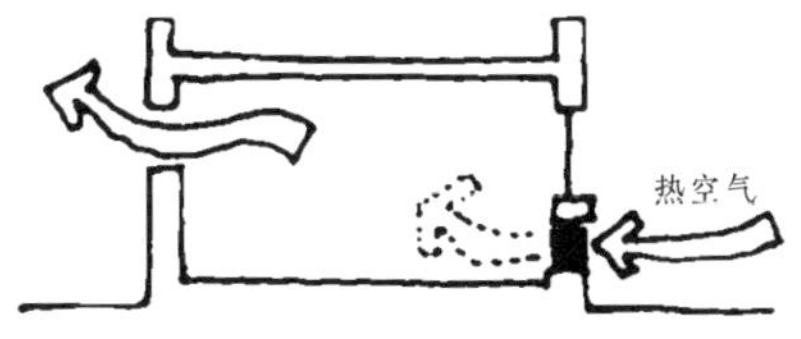

一所在窗户下放置冷却罐的房屋的剖面图

➡ 保存食物：将装有食物的釉面罐放在一个无釉（多孔）罐里，然后在两个罐子之间加水。

➡ 灌溉花草树木：使用带盖的陶罐或花瓶。在容器的底部开小孔。将容器埋到土中，土面覆盖至罐子的颈部。每隔 3 到 5 天往罐子里加水。这种灌溉方式的用水量比直接往地面灌溉要少得多。

IRRIGATION
灌溉

↘ 陶罐滴灌法

将陶罐埋入园圃之前，必须先铺设好土地。

1. 铺设园圃。

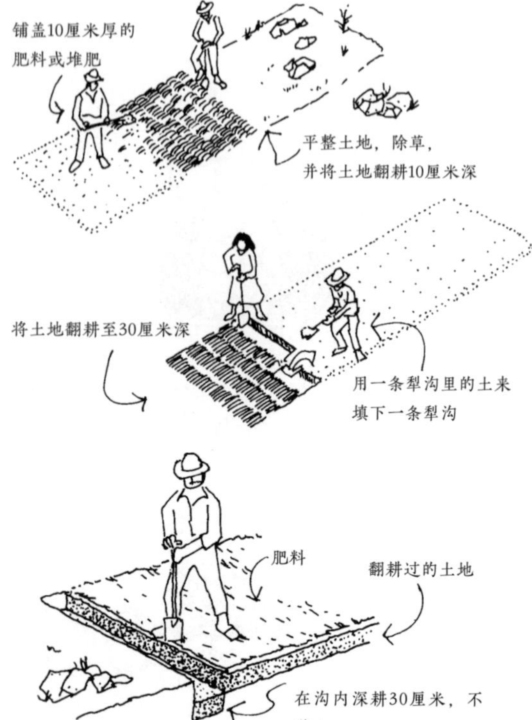

2. 往园圃上再施一层肥，然后每间隔 40 厘米打一个 25 厘米深的孔，并往孔里放入罐子。

3. 播种前，先将罐子里装满水，用盖子或石头封住罐口。

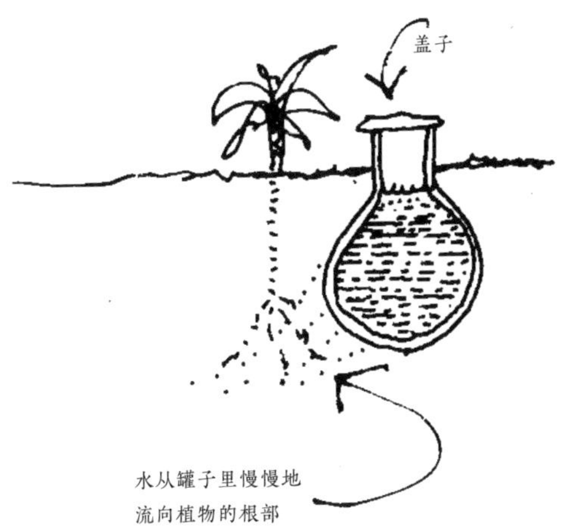

在有树木的菜园或果园里，罐子之间要留出 2 米的距离。

另一种灌溉方法是在树干或灌木丛周围放置石头以从空气中收集水分。

太阳能过滤器

要净化少量不纯的水，可以将水倒入一个 2 升的透明玻璃瓶或者塑料瓶中，瓶口要用细布盖住。摇晃瓶子。塞住瓶口，将瓶子面向充足的阳光（而不是阴凉处）以 45 度角放置 6 小时。

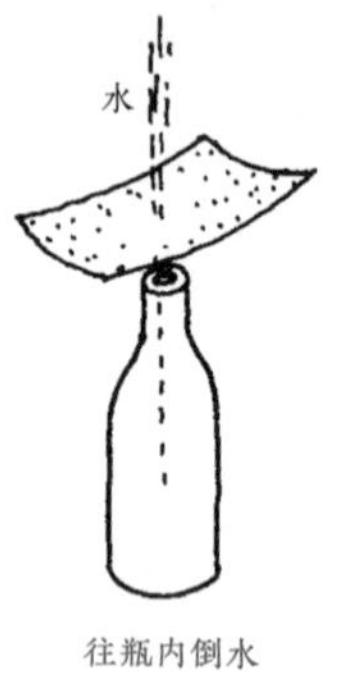

往瓶内倒水

放置6小时

此瓶中的水必须在接下来的 6 小时内使用，如果水放置时间过长，细菌会重新聚集繁殖。

COOLING & CONSERVATION 降温与保存

食物储存

搭建一个顶部有托盘的搁架，搁架底部是一个更大的托盘，搁架立在底部托盘中。将上层托盘中装满水，用细布把托盘四周盖住,布的下端连到底部的托盘。水慢慢将布打湿，也将搁架打湿，从而冷却搁架上的食物。

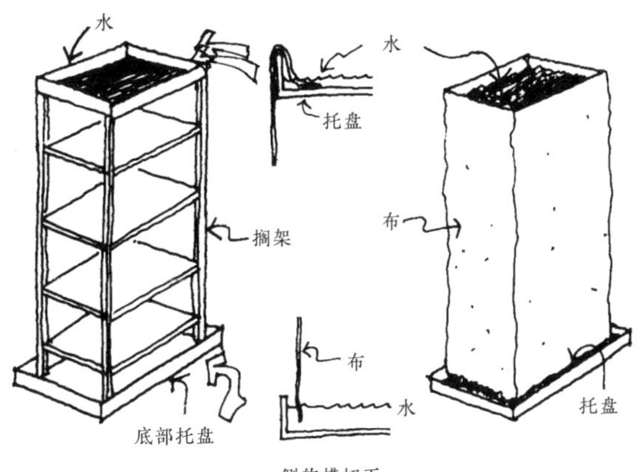

一侧的横切面

布可以保护食物不被昆虫和攀爬的动物吃掉。

另一种类型的“冰箱”是用纱网和木炭做成的。在储存柜上放一个装满水的托盘和一块接触木炭的挂布。

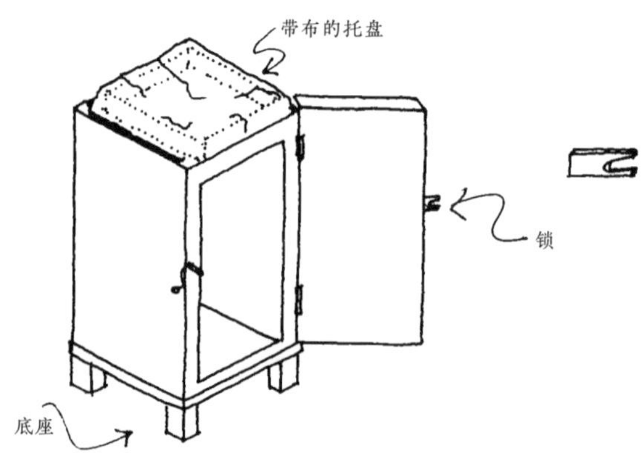

锁是用一块木头和一根打着大结的绳子做成的。

布与布之间的空间里装满木炭片。

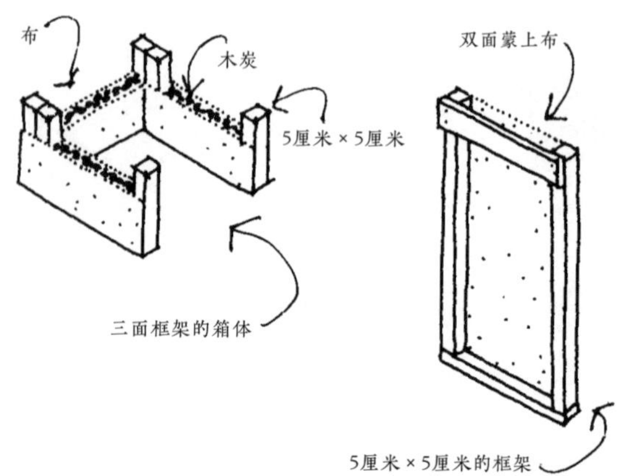

在缺水的地区，可以使用喷雾器洗澡。

喷雾器是一个带泵的容器，它能将水汽化并像水雾一样喷出。这些水滴可以渗到皮肤表面。这能很好地清洁皮肤，不需要使用肥皂。

小型或大型的喷雾器也可以用来浇灌植物。

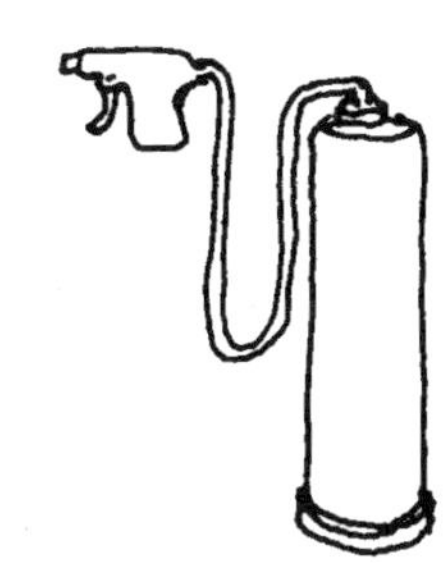

使用喷雾器或喷雾罐节水

节约用水

减少用水量的办法如下：

- 安装干式厕所以显著减少日常用水量。详见本书“卫生设施”章节。
- 过滤灰水（用过的水），再将其用于灌溉或洗涤。
- 用来自太阳能热水器的热水洗碗和洗衣服。热水的清洁效果更好，因此用水量更少。
- 使用喷雾器洗澡，用水量更少。

本书“能源”和“供水”章节介绍了节约能源和水的方法。

下图展示了如何使用这些方法。

在这里，厨房用水是用太阳能集热器加热的。

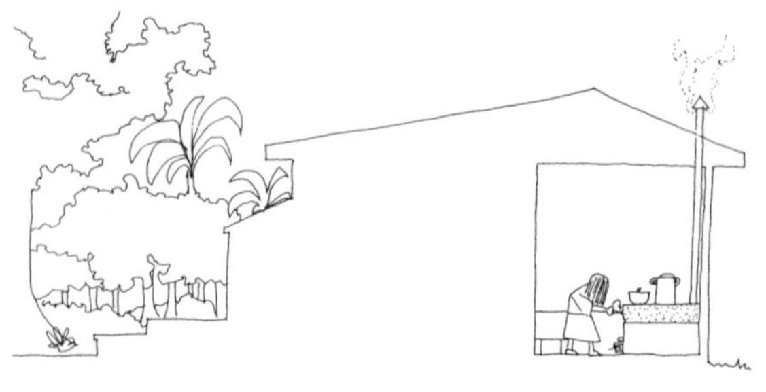

在这里，使用高效的炉子减少了木材的使用。

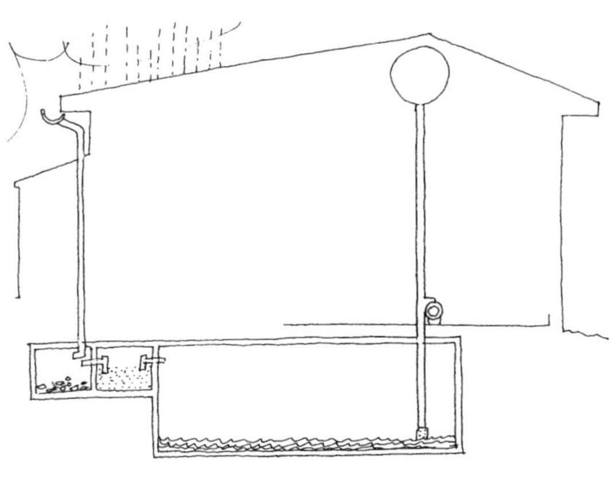

这些雨水经收集、过滤后，储存在水箱中，为蓄水池提供水源。

太阳能墙安装在客厅和冬季花园之间，热空气上升后可以温暖生活空间。

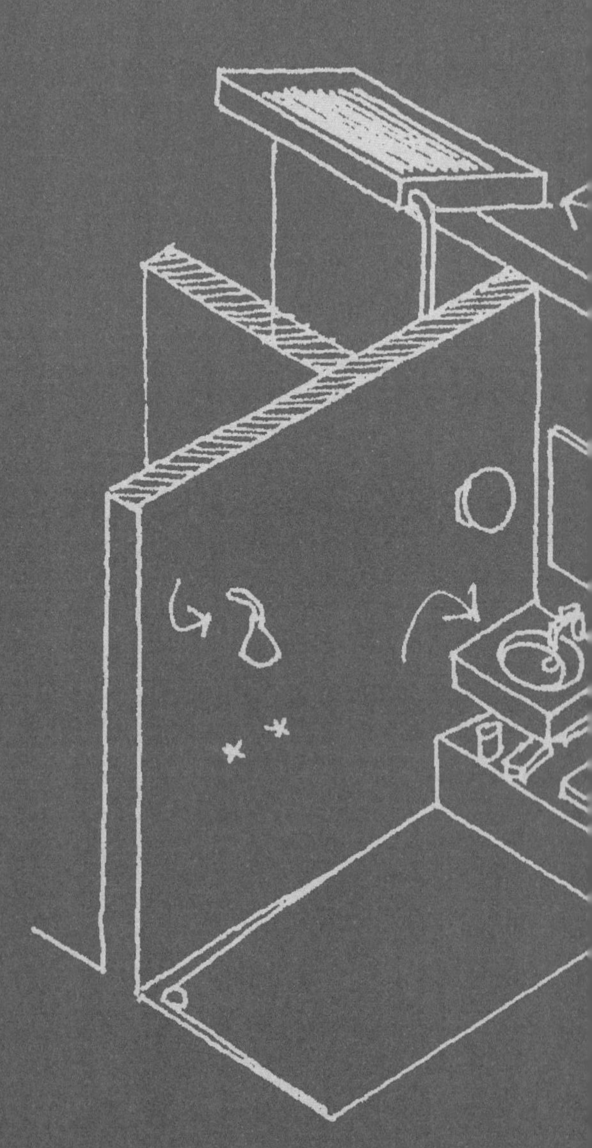

THE
BAREFOOT ARCHITECT:
A Handbook for
Green Building

赤脚建筑师：绿色建筑手册

卫生设施

SANITATION

EQUIPMENT
设备

从本质上来说，厕所有两类：一类是用水冲走人体排泄物，另一类是将排泄物变成堆肥。

选择使用哪一类厕所，必须考虑如下因素：

- 可用的水量。如果水量有限，我们应该安装一个“干式”厕所。
- 是否想栽种菜园并利用堆肥作为肥料。
- 环境方面，无水厕所不会污染底层土壤和地下水位。

冲水式厕所

屋外厕所用过的水不能污染饮用水源。因此，冲水式厕所与水井之间的最小距离必须是 15 米，且厕所至少离房屋 5 米远。

在有坡的地方，屋外厕所必须位于饮用水井或泉水的下方。

建造屋外厕所

1. 先用砖或树干在茅坑的周围做一个坚实的边缘。

2. 然后在上面搭一个混凝土板，在板上安装马桶并搭建一个小木屋。

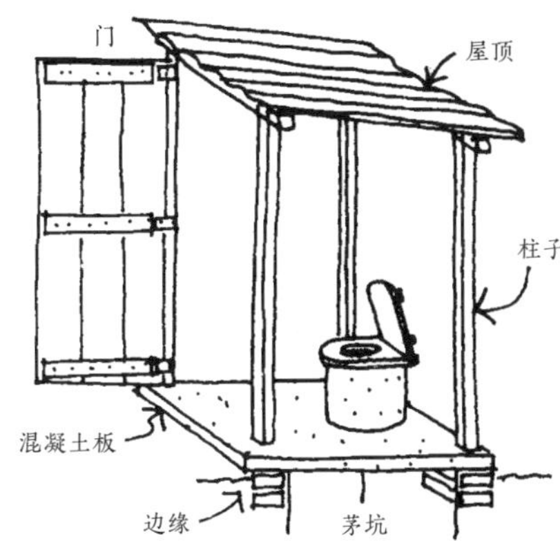

没有画墙体的屋外厕所的视图

加固的边缘可以防止屋外厕所的重量压垮茅坑的边沿。此外，还可以防止雨水直接涌入茅坑使其冲毁。

马桶可以用木材或砖来做，上面加上木盖。下图所示是一个用砖砌的马桶。

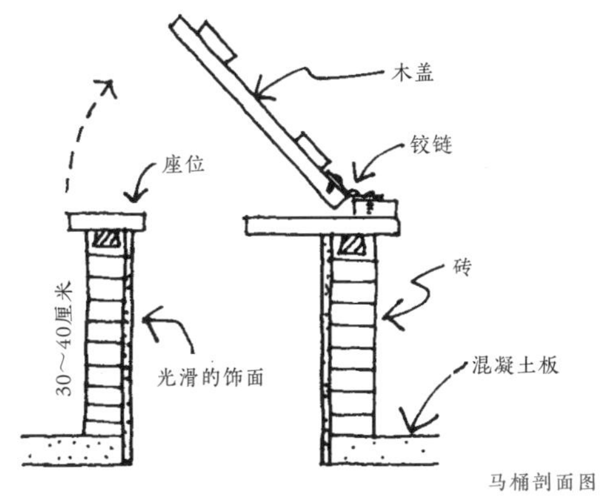

马桶剖面图

不建马桶的话，可以制作一块混凝土板，带有直径 10 厘米或 15 厘米、长 30 厘米的排水管。

将现浇混凝土板平放在地上，在上面铺上一块塑料，四周围着木框，待混凝土凝固后，拆除木框。

排水管嵌在混凝土板中，上边缘略高于板的表面。为了不弄脏脚，可在洞口两边安上脚垫。

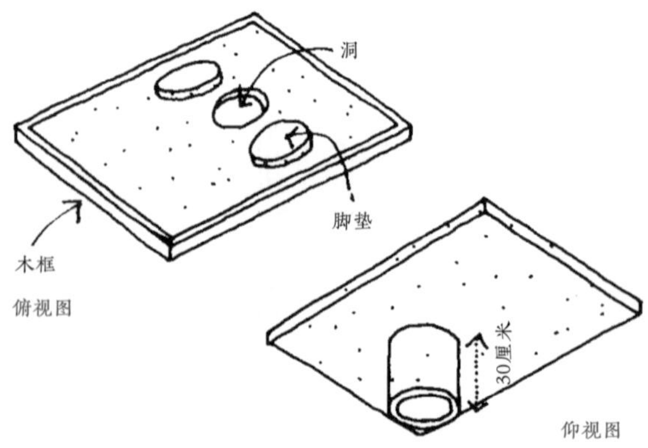

↘ 建造茅坑

混凝土板下是用砖或混凝土块砌成的茅坑。茅坑通过管道或排水管将污物排入沟渠。

第一次使用该系统之前，要将坑里灌满水。坑里应始终保持足量的水，以确保混凝土板的管道底端始终浸没在水中。

对于这种类型的马桶，不一定要用干净的水，可以用洗衣服或洗碗的水。

经过一段时间后，坑中会有泥浆堆积。

为了方便清除泥浆，可以做一个倾斜的底板，盖板不需要固定在边缘。在正常使用的情况下，需要每两年清理一次茅坑。下一页显示了该装置的剖面图。

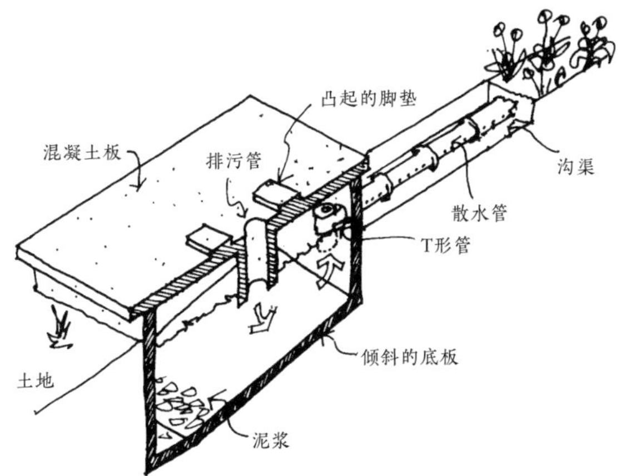

直径 5 厘米或 10 厘米的出口排水管通过 T 形管与水槽相连，以便将固体物质留在水槽中。

沟渠中的植物有助于净化水，但净化水不适合饮用，也不应靠近饮用水源。

↘ 渗流槽

在面积较小的地段，不使用上述的排水沟渠，而是建造渗流槽或污水池。

离开主水槽的废水会进入渗流槽，渗入周围的土壤中。渗流槽的尺寸和渗水量以及排水速率都取决于土壤的类型。

渗流槽的底板和坑壁是用砖或石块砌成的，并且留有开口让水通过。

下图是其剖面透视图。

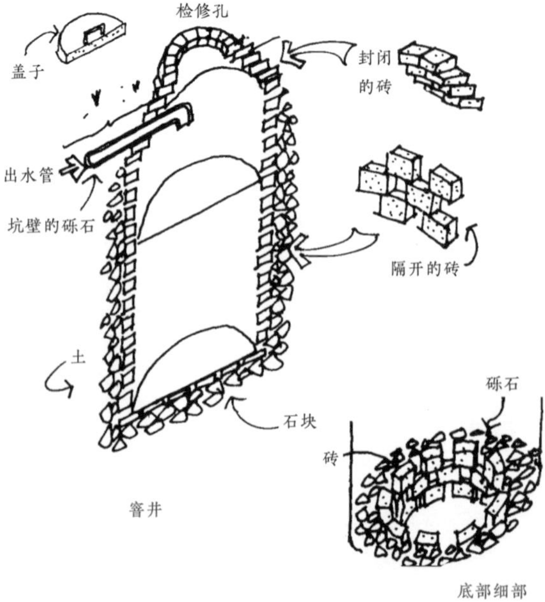

检修孔
盖子
封闭的砖
出水管
坑壁的砾石
隔开的砖
土
石块
砾石
砖

窨井

底部细部

槽底的边缘用砖砌筑而成。坑壁和开挖洞穴之间的间隙用砾石或石块填充。

↘ 堆肥厕所（旱厕）

无水或堆肥厕所适用于以下情况：

- 土壤类型不适合挖深坑（如果是岩石或松土）。
- 地下水位在地表以下不到一米处。
- 需要堆肥来改善花园土壤。

有时人们就在地上挖些深坑。当一个坑被填满后，就用土把它盖住，然后再使用下一个坑。

或者把这个坑当作堆肥厕所，每次使用后，在上面种上植物，将坑内的东西变成植物的肥料。

↘ 两格式旱厕

1. 首先要挖一个深 150 ～ 180 厘米的坑。底部将作为隔舱的底板。

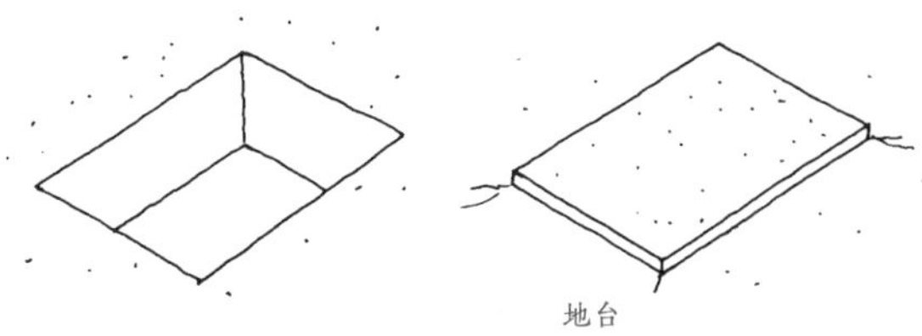

在潮湿地区，用水泥加固地台。

堆积废物的隔舱用砖或砌块制作。下图中使用的是 10 厘米 ×20 厘米 ×40 厘米的砌块。

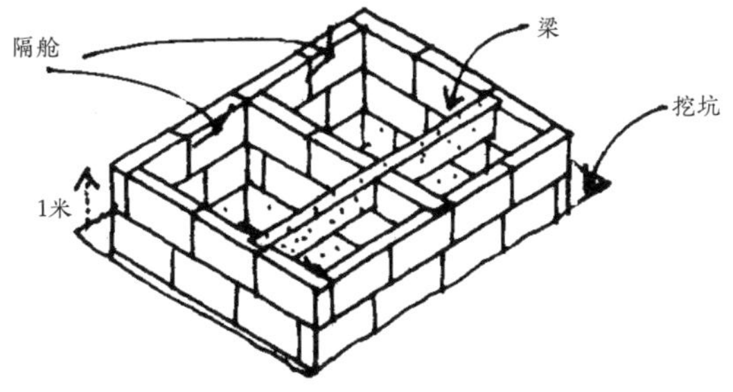

2. 将隔舱的下部砌高至离底板 1 米左右。使用小木梁或混凝土梁来支撑盖板。

3. 搭建顶部，留出双孔作为通风管的通道。

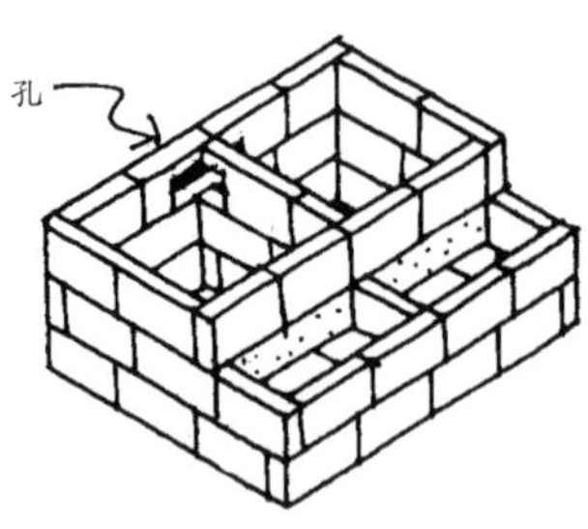

4. 用细铁丝网做两个混凝土盖板。在要安装排污管道的位置放上一块木块。

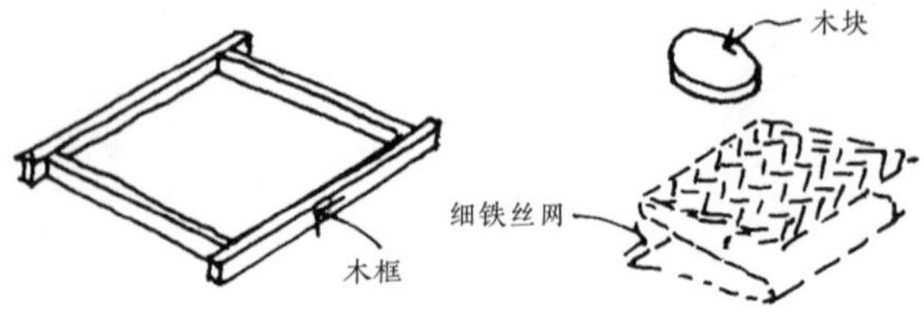

5. 为避免昆虫进入，将混凝土盖板和通风管密封起来。然后为隔舱的底部另做两个盖子。

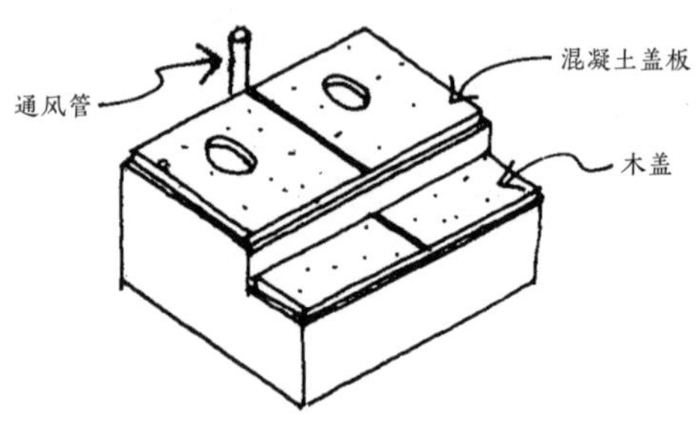

6. 接下来为堆肥口做两个木盖。

7. 屋外厕所可以用与房屋相同的材料建造，通风管可以是竹管、金属管或 PVC 管；如果用空心砖砌墙，可以留出连续的开口，就像一个内置烟囱一样。

如果屋外厕所的入口朝南*，则应将盖板涂成黑色。

在难以获得水泥的地方，另一种加固挖开的坑的边缘的方法是使用树干。

1. 将 4 根树干放在坑口上方。

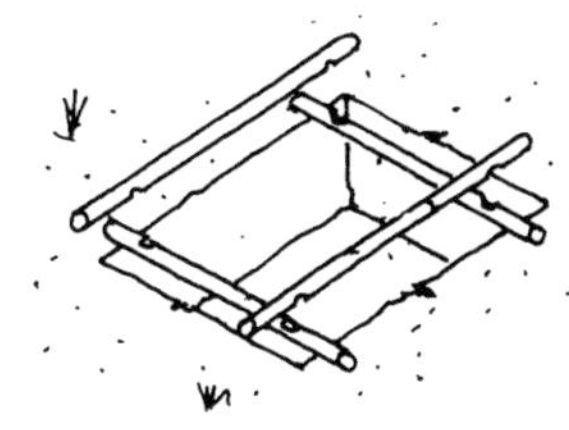

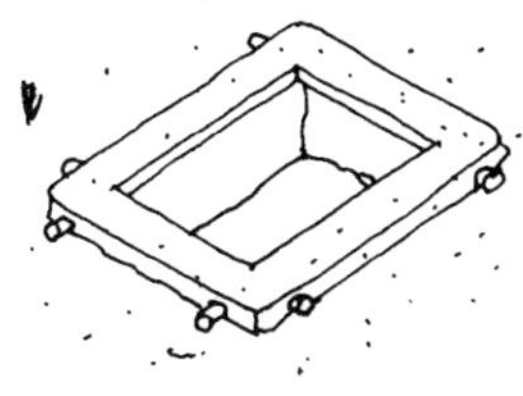

2. 做一个泥框盖住树干。

3. 用树枝或竹子作为加固物，将覆盖着泥土的地台作为底座。

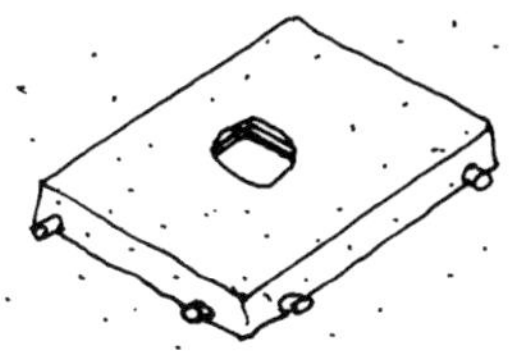

*［**译者注**］ 适用于南半球，在北半球则相反。

两点重要建议：

- 为避免雨水渗漏，隔舱必须密封良好。
- 为了防止可能携带疾病的昆虫进入隔舱，盖板之间的连接处应紧密贴合。

如何使用它们

第一次使用堆肥厕所之前，要在底部填入腐殖质，如干树叶、稻草或锯末。这样做的目的是吸收液体，这对堆肥过程至关重要，还可以防止内容物凝固。

一次只用一个隔舱。填满后，用切碎的草和薄薄的一层土将其盖住，然后在盖子上放一个重物，比如石头，接着开始使用另一个隔舱。

在屋外厕所里放一把小扫帚，用来清理隔板。还可以准备一个小盒子，里面装上秸秆草灰、锯末或干土。在使用完厕所后，就往里面洒一点草灰混合物，作用是减少气味。

当第二个隔舱也满了，就可以清理第一个隔舱了，里面的内容物已经变成了堆肥。

这种堆肥是干燥无味的。用铲子将其取出，在用作花园的肥料之前，先将其在户外放置一段时间。

不过，处理废物最好的方法是建造一个地坑（bason）。

BASON

地坑

↘ 地坑厕所

人类的大小便等排泄物可以与有机厨余垃圾混合，这种混合物会慢慢变成松散的黑土状的有机肥料。

它的一些优点如下图所示：

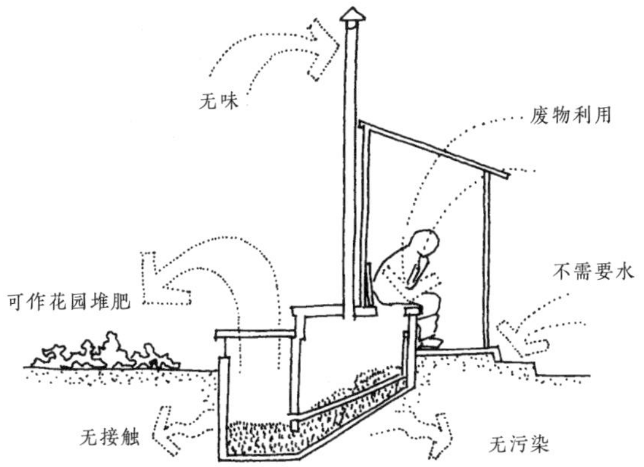

因此，我们可以看到：

- 人类排泄物与有机厨余垃圾接触后，会在一段时间（大约六个月）内转化为一种优良的肥料。
- 进气管和通风管使得在厕所使用的过程中没有异味。
- 该装置的底部有一个 30 度的斜坡，以减缓堆肥废物的下滑速度，并将废物留在堆肥区较低的部分，方便每年将其取出。

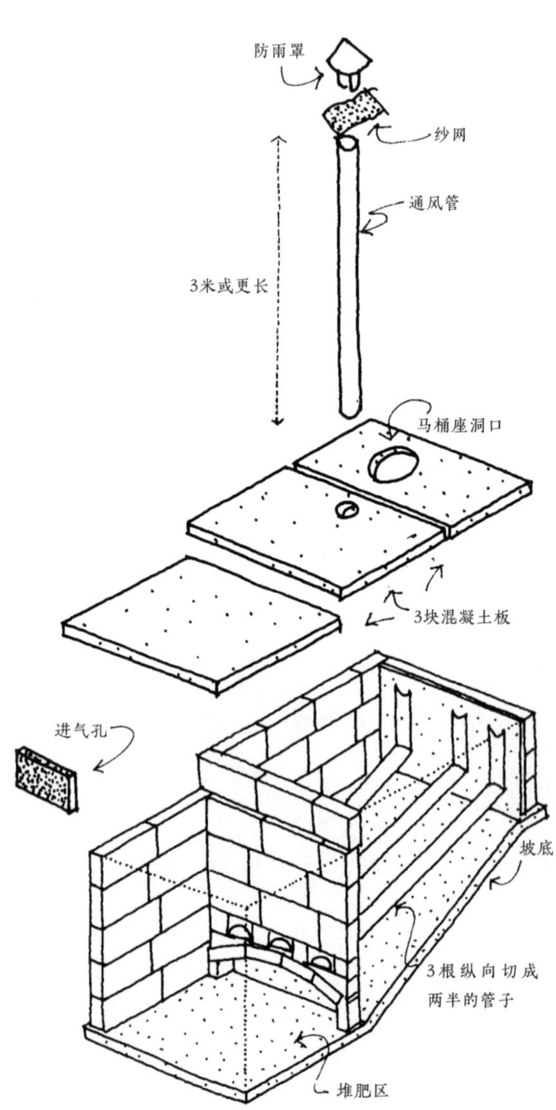
防雨罩
纱网
通风管
3米或更长
马桶座洞口
3块混凝土板
进气孔
坡底
3根纵向切成
两半的管子
堆肥区

除了砖和水泥,还需要 3 厘米宽的木条、1 根用于通风的金属管、1 根直径 10 厘米的 PVC 管、细铁丝，以及一些用作马桶座和外部出口盖的木板。

1. 挖一个 2.5 米 ×1.25 米的坑，最下面的部分，也就是堆肥区，应在卫生间地面以下 1.2 米处。从堆肥区开始，底部抬升 30 度。

2. 在挖开的坑底浇筑 1.2 米 ×1.2 米的混凝土作为底板。

3. 从基础处开始砌墙，当一排排的砖砌到斜坡区域时，用砂浆做垫层。

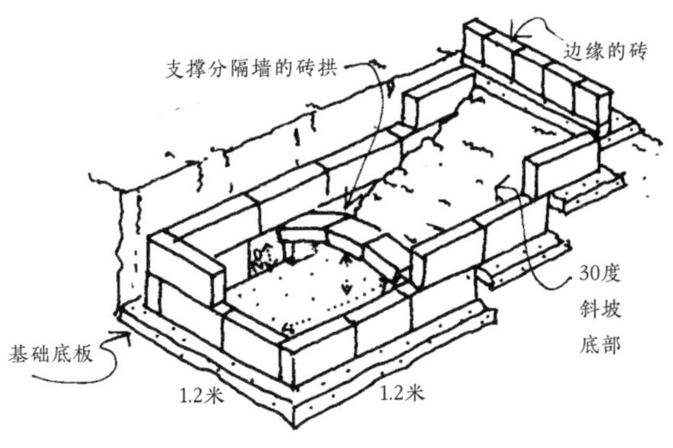

为了支撑分隔墙，在距离端墙 60 厘米处做一个砖拱，拱距离底部 30 厘米。墙顶必须用薄砖做，以腾出马桶座的空间。

4. 在斜坡部分铺上混凝土，上面的薄墙表面必须是光滑的。

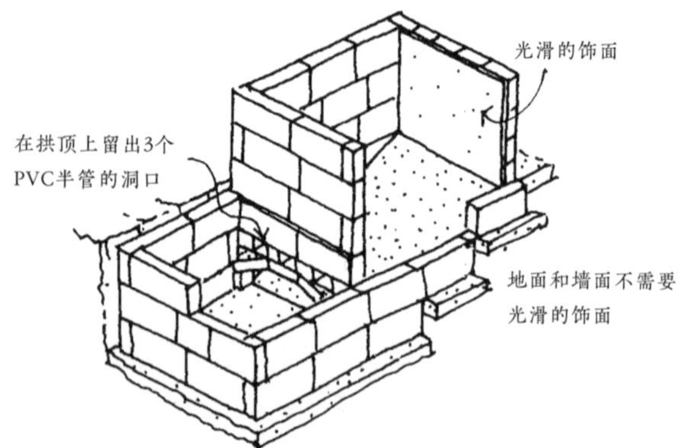

注意：上图所示的砖的尺寸为 20 厘米 ×40 厘米 ×10 厘米。

5. 将 PVC 管切成两半，做成圆形通道；倾斜的部分是 3 段长 1.5 米的 PVC 管，顶部墙上需要钉 3 段长 0.5 米的 PVC 管。

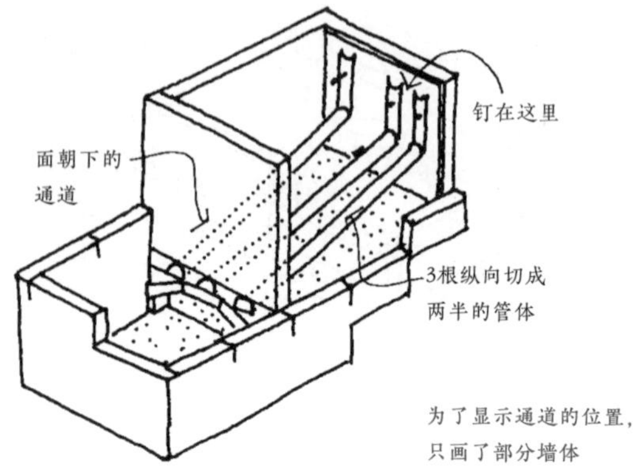

半管通道的一端安在分隔墙的开口处，另一端安在顶部墙的边缘下方约 10 厘米处。

先将管子切成 2 段，每段长 150 厘米，再将它们纵向切成两半。

如果没有管子，那就切几根宽 20 厘米的金属板条，由中间向两边纵向弯曲，并将边缘对折以加强强度。

利用管子的倾斜和垂直部分做一个弯头接头；可用燃烧的蜡烛烤一烤 PVC 管以便弯折。

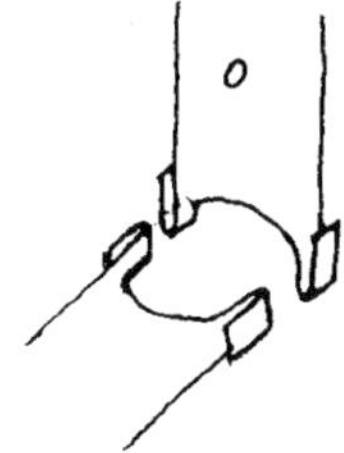

6. 用木条制作模板（见下图），做出通风管和马桶座的开口，马桶座用罐子和桶制成；用 3/16 英寸钢筋做一个 15 厘米 ×15 厘米的网格，嵌入混凝土中。

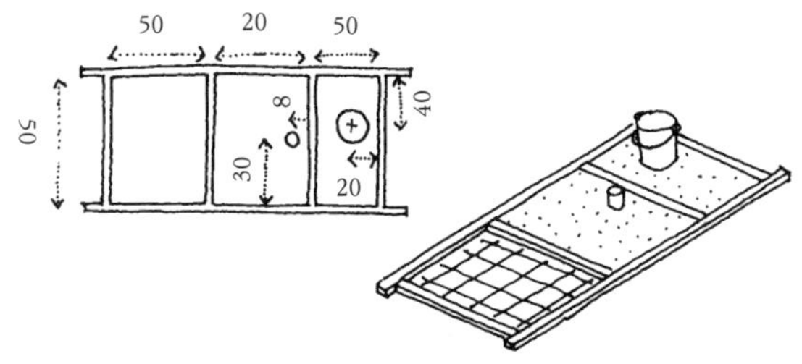

也可以用折叠的细铁丝代替钢筋。

上面所示的尺寸必须在操作过程中进行调整，因为面板必须和墙体的顶部紧密贴合。

7. 用砂浆将两块面板固定在大隔舱的墙顶上，确保没有任何缝隙让昆虫进入。用薄一点的砂浆将第三块面板固定在墙端，这样就可以不时地取下面板来清除堆肥。

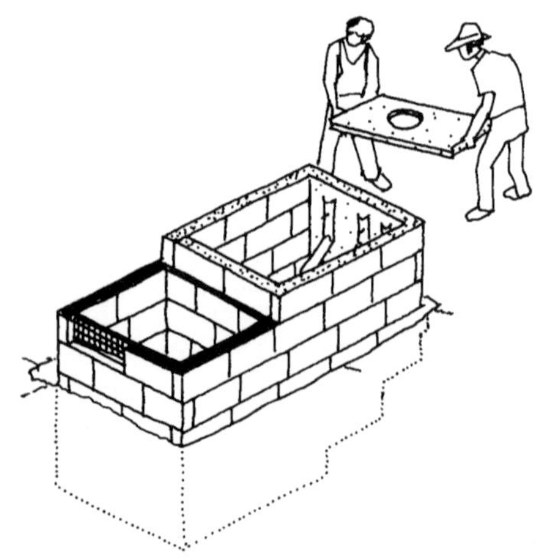

➡ 在用混凝土板盖住地坑厕所之前，先在坑底放一层 30 厘米的干树叶、稻草或干草，用来承接第一批废物。

8. 马桶座也可以用木板来做，将一块花园用的软管钉在盖子上，封住洞口。

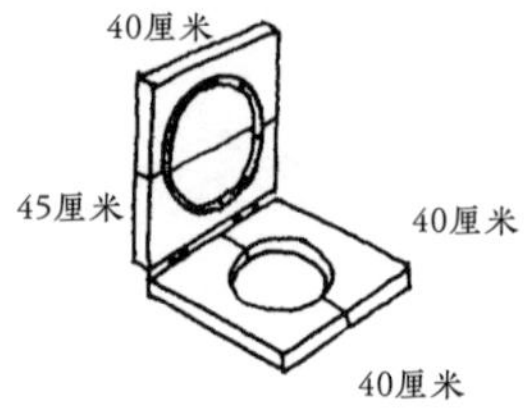

也可以买一个由工厂生产的塑料马桶座和盖子；不过盖子必须紧密贴合马桶座，以防昆虫进入。

小通风窗用纱网盖住。窗户的尺寸与墙体所用的混凝土砌块的尺寸相同。

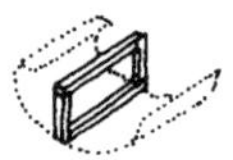

开口距离地面约15厘米

➡ 通风管必须至少有 3 米长，管子的下端应埋设在上层隔舱的顶端。

9. 将通风管的外侧涂成亚光黑色。这样太阳光就会加热里面的空气，从而产生上升气流，将堆肥的气味排至屋外。

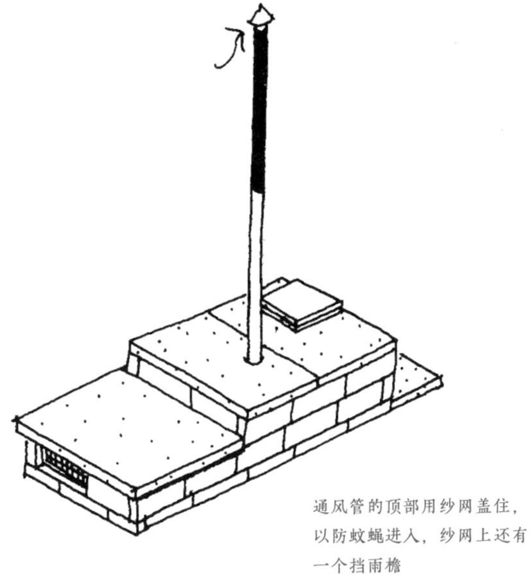

通风管的顶部用纱网盖住，以防蚊蝇进入，纱网上还有一个挡雨檐

下层面板的边缘出挑可以挡雨。

↘ 地坑厕所的放置

在有坡的地段，地坑厕所必须放置在房屋的低处，以免雨水在基础处积聚。

此外，该装置的放置应使通风管的黑漆部分暴露在阳光下，不受房屋或周围树木的遮挡。

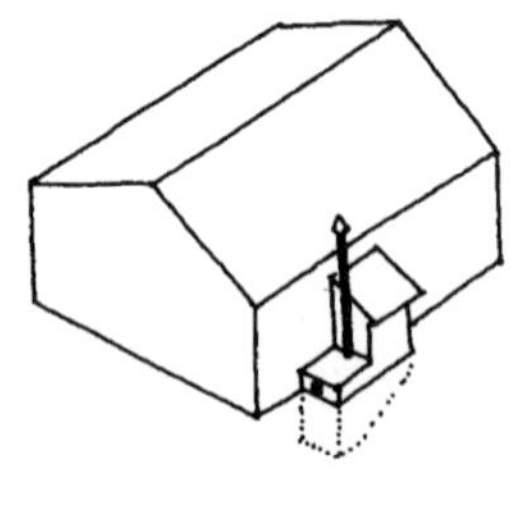

对于已建成的房屋，地坑厕所应靠外墙建造。

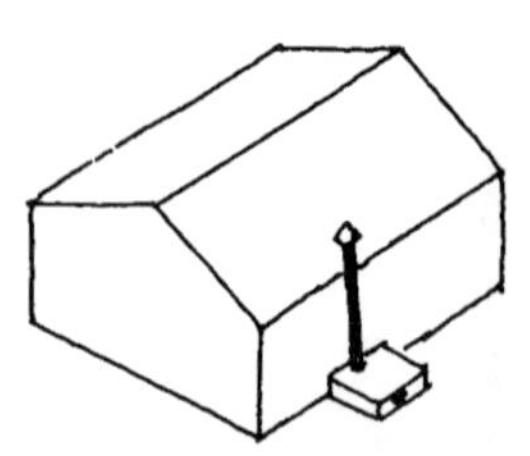

对于新建的房屋，地坑厕所应建在房屋内部，堆肥舱是基础的一部分。

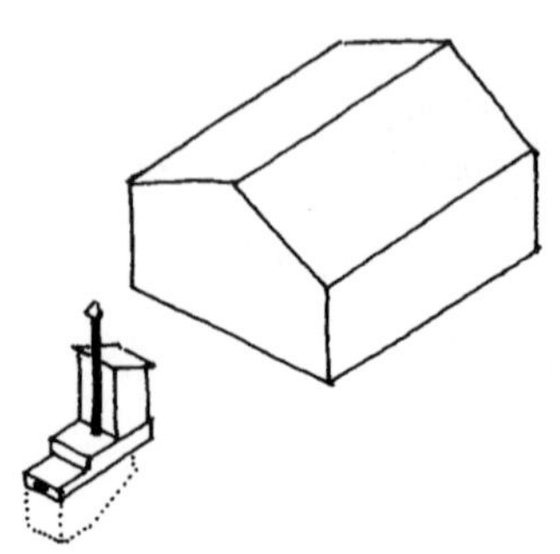

地坑厕所也可以作为一个独立的装置，但不要靠近水井，因为水可能会渗入隔舱，减缓堆肥的速度。

注意：建议按图纸所示建造地坑厕所。任何建造的偏差都可能影响隔舱内的堆肥效果。

如果建有多个地坑厕所，如在学校，每个独立隔间的地板下都应该有一个单独的隔舱。由于公共建筑中堆积的液体排泄物的比例会更高，所以要在下层隔间的底部开一条窄沟。沟的底部是开放的，里面填满木炭和砾石。

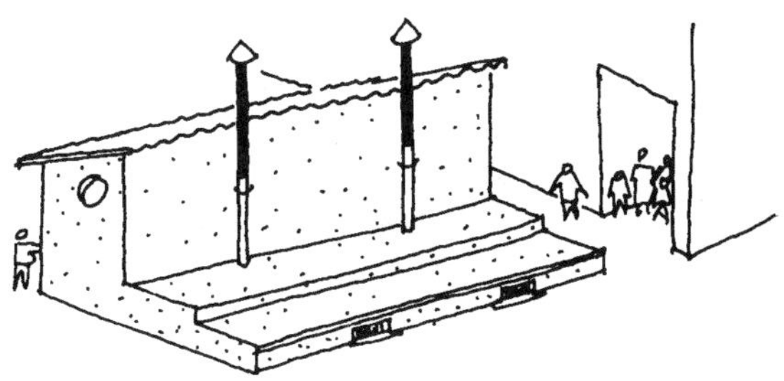

关于地坑，人们应该知道什么

为了方便最初的堆肥，应该在坑底铺上一层腐殖质类的东西：树叶、干草、锯末和一点土。

这层腐殖质会吸收尿液。不能将任何其他液体倒入隔舱。

在第一周，腐殖质中可能会孵化出苍蝇；此后，堆肥内的温度会上升，高温会消灭昆虫的幼虫或卵。

不使用地坑厕所时，必须关闭马桶座上的盖子和出口的盖子，以保持内部空气循环。

地坑中除了人产生的固体和液体排泄物，还可以加入有机厨余垃圾，以及各种植物垃圾，如果皮、果核。

切勿将罐头、玻璃、塑料、木头、金属、肥皂、油漆、药品、洗涤剂或纸板等扔入地坑。

↘ 预制地坑厕所

使用薄板是一种更快捷、更经济的建造地坑厕所的方法，可以在附近的工厂生产，从而为当地提供就业机会。

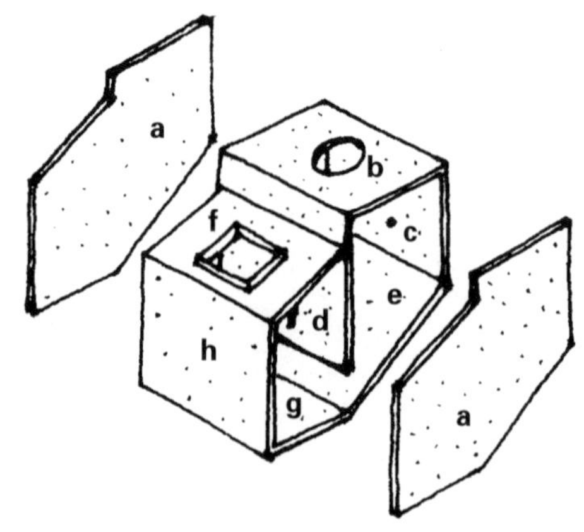

要组装这种类型的厕所，需要 9 块以下尺寸的面板：

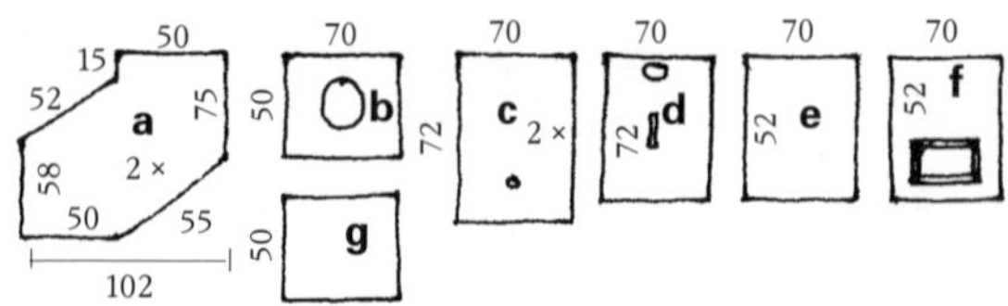

板 c 上有一小块金属管，用来对接旋转手柄的末端。在制作板 b 时，中间要留出马桶座的位置，可使用椭圆形的胶合板制作开口。在板 d 中用同样的方法留出一个直径 10 厘米的圆形空间，和一条 1 厘米 ×15 厘米的窄缝。板 f 的开口为 30 厘米 ×40 厘米，外缘高度为 2 厘米。

将 0.5 厘米厚的木条摆放在平面上来制作这些面板的模板。用 8 根 8 厘米宽的木条，可以预制所有的面板。

板 a 的大小是边长 102 厘米的正方形。图中所示的尺寸是满足一个普通家庭所需的大小。可以扩大容量，例如，将该装置的宽度从图中所示的 70 厘米扩大到 100 厘米。

1. 将木片平铺在平坦的地面上，用小木桩固定边缘。

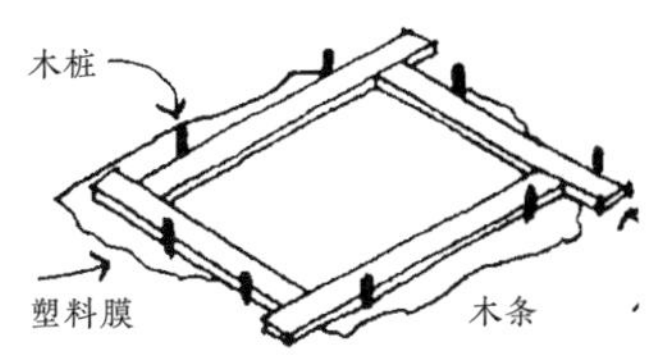

2. 用 1 ： 2 的水泥和砂的混合砂浆填充该区域，填至 0.5 厘米厚。

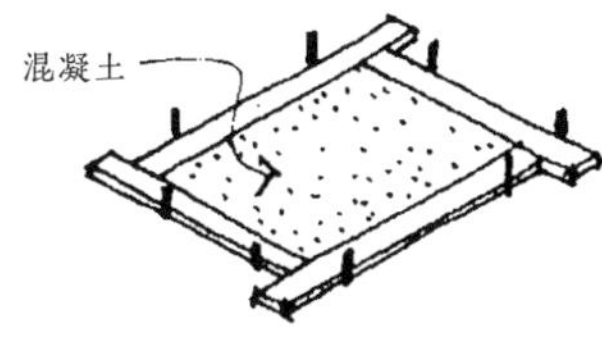

3. 用浸过水泥的塑料网（用来装水果或蔬菜的网状塑料袋）覆盖第一层。网眼大小必须能使砂浆渗入。网向四面伸出 3 厘米左右，以方便面板的连接。在四个角上都缠上 U 形铁丝。

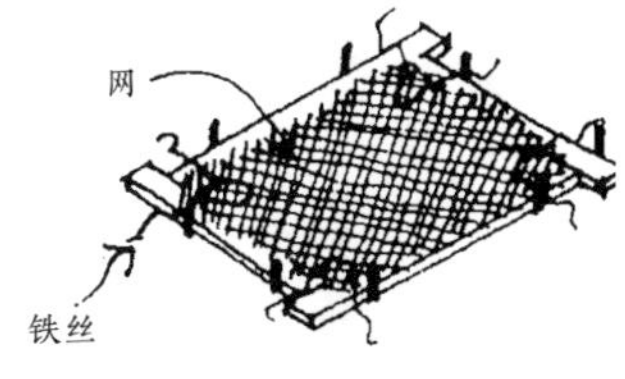

4. 在第一块模板上，多放几块同等厚度的木头，然后在中间填上另外一层 0.5 厘米厚的混凝土砂浆。10 分钟后，小心地将木桩和木条取下来。

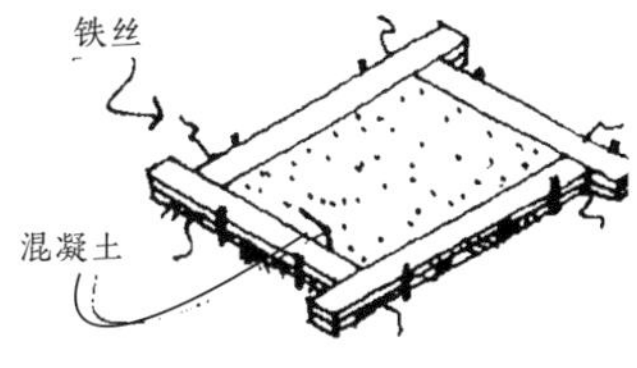

将面板晾晒一周，避免阳光直射。在最初的几天里，让面板保持湿润。

使用同样的程序制作其他的板，记住要在板 b、c、d、f 中留出所需的开口。

以侧板 a 为基础，切割和调整模板上木条的端部以适应侧板 a 的形状。

组装地坑厕所

首先将板 a 平放在地上，然后从板 d 开始逐步组装其他面板，用嵌入面板四角的铁丝将它们绑在一起，再用相同的混凝土砂浆将它们连接起来。

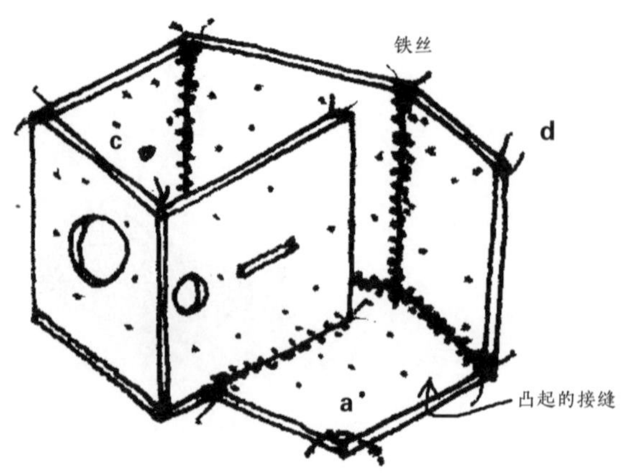

折叠塑料网的凸出边缘，并用混凝土砂浆涂抹连接处，留下一个略微凸起的连接边缘。

注意：板 c 上的嵌入式管道朝向顶部并指向地坑厕所的底部。

将板 a 连接到顶部并在接缝处的外侧和内侧涂抹混凝土砂浆，将地坑厕所封闭起来。让整个装置干燥和硬化至少一周，再把它直立起来，完成剩余的接缝作业。

用 3/8 英寸的螺纹钢制作手柄，每周翻转一次内容物，从而使堆肥松动并混合氧气，而不是仅靠管道为废物混合物提供空气。

手柄穿过板 d 的窄缝，推入板 c 的管端中。久而久之，手柄会生锈，这时必须插入另外一个手柄。

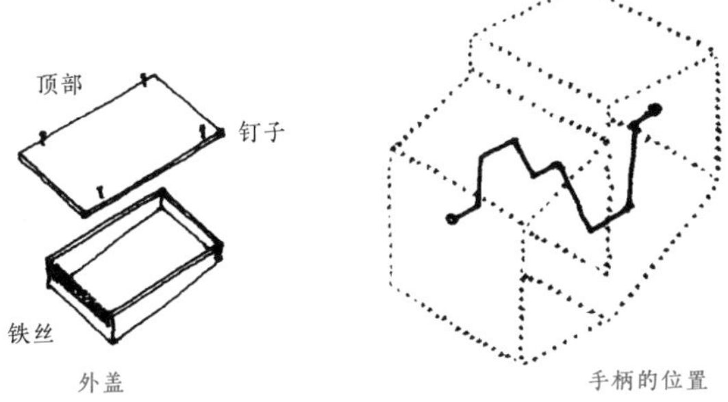

取出制成的堆肥的开口的盖子是用木头做的。进气口要用纱网盖住，防止昆虫进入。

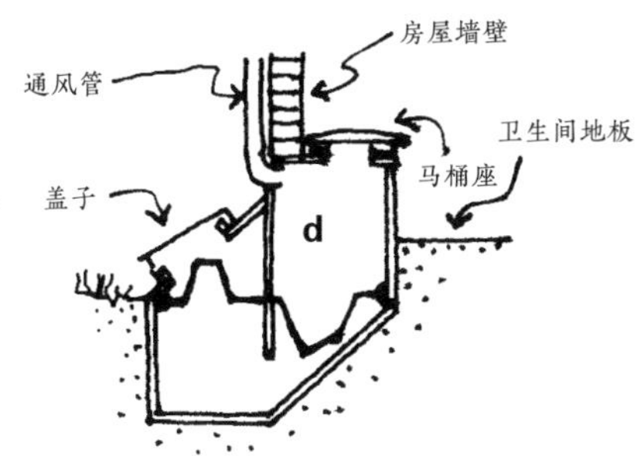

将板 d 开口中涂黑的通风管用弯头固定在地坑厕所上。

地坑厕所的变化形式

前面几页所示的地坑的尺寸适合小家庭使用。为大家庭或公共设施设计的地坑应该有更大的容积，只需扩大下部空间，就像下面这个地坑那样增加 30 厘米高度。

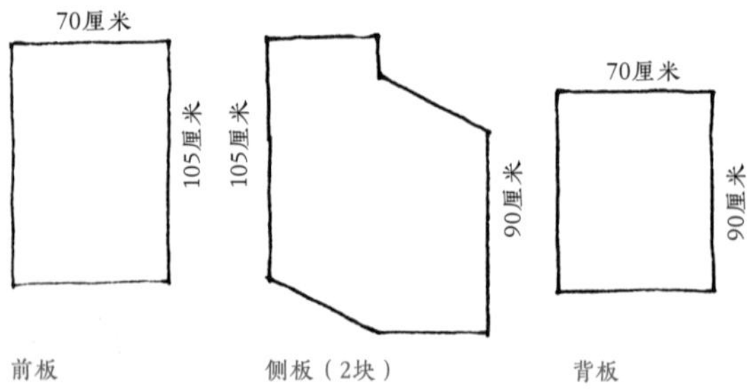

在这里，分隔两个隔舱的内板应为 70 厘米 ×100 厘米高。

制作地坑不需要特殊的技能，因为过程很简单。在组装面板时，可能会发生部件拼接不顺利的情况，在这种情况下，可以用钳子夹掉多余的边缘；如果有一个狭窄的缝隙，可以用连接面板时使用的相同的水泥砂浆填充。

抬高的马桶座

如果该装置被放置在地下室或地板下的空间，作为基础的一部分（取决于土壤条件），地坑的顶部应与地板持平。一个由塑性混凝土制成的圆筒位于顶部开口处，配以常用的木质或塑料马桶座。

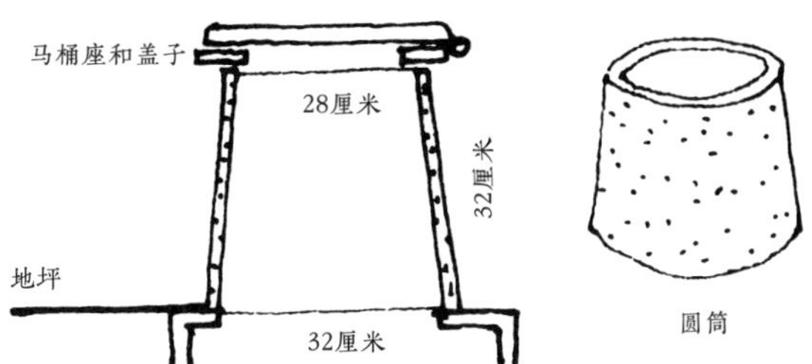

圆筒是用同样的混合砂浆制成，用塑料桶作为模子。马桶座必须固定好，使得昆虫无法进入。

分离液体

在潮湿的气候条件下，最好将尿液与其他废物分离。这可以通过在圆筒内侧的前部添加一块弧形板来实现。还是使用相同的混合砂浆，将这块板制成半漏斗形，底部的孔用于连接软管。

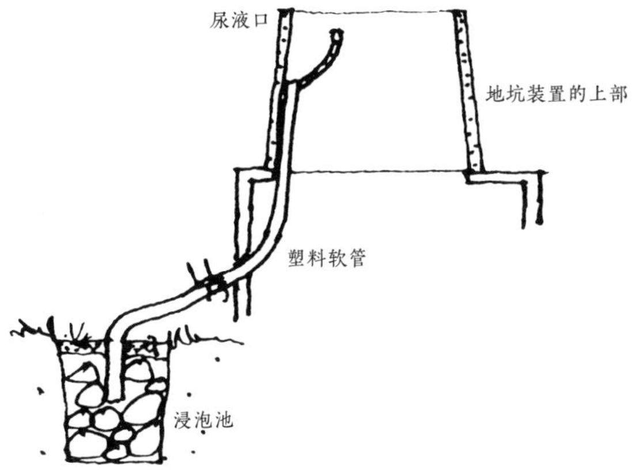

软管贯穿地坑厕所的内部并在低点穿过侧板进入浸泡池。

↘ 安装地坑厕所

安装地坑厕所时，应使外墙建在板 f 和相邻的板 d 之上。

马桶座板 b 必须高出卫生间已建成的地面 30 厘米。

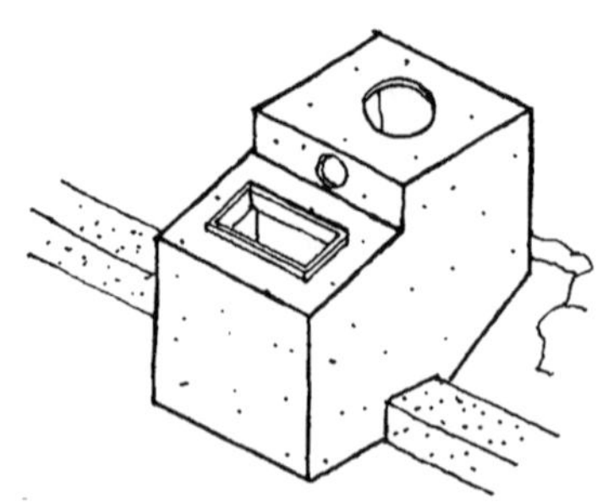

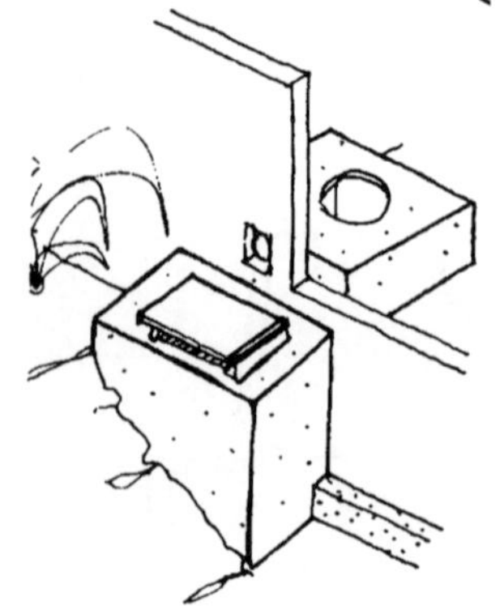

继续加高墙面并留出一个开口让通风管穿过。

墙的基础从坑体的两侧开始。

为了给厕所通风，可在阳光直晒的地方安装一根直径 100 毫米的 PVC 管，涂成亚光黑色。

阳光加热管子，管内的热量上升，产生向外排放的气流。

最后，用木盖盖住板 f 的开口（堆肥可从这里取出）。

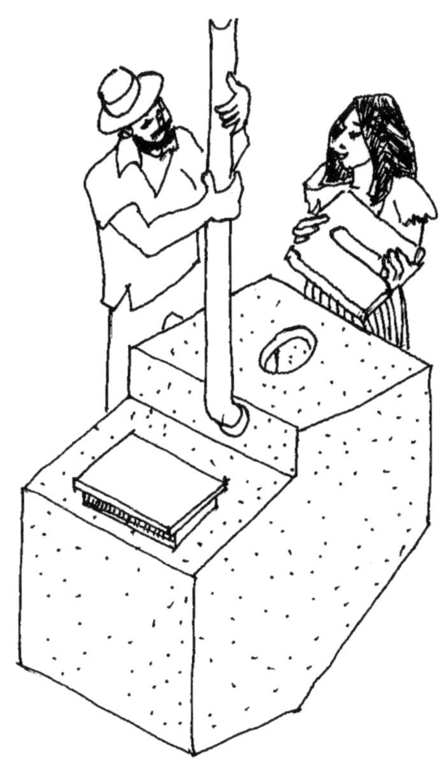

木盖的边缘要与开口重叠，以防止雨水进入。

一旦墙面和地面整饰完成，就可以安装一个普通的马桶座并将其调整到适合洞口的位置。

砂滤器

砂滤器是一个装了多层砂和砾石的砖或混凝土箱体。水从一侧流入，从另一侧流出。只要有污垢堆积，就必须不时地换砂。在这种情况下，流出的水会变色。

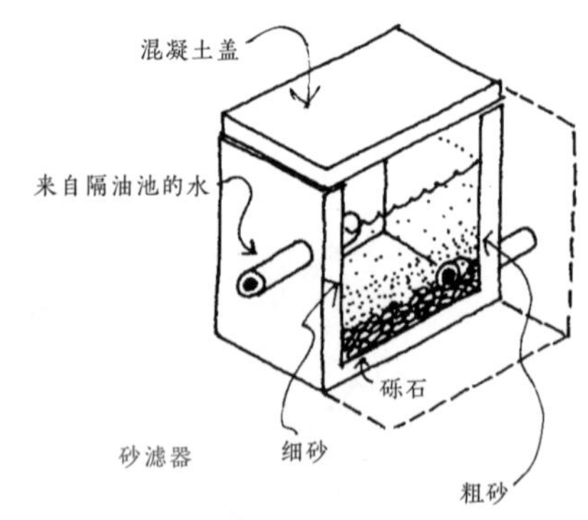

砂滤器

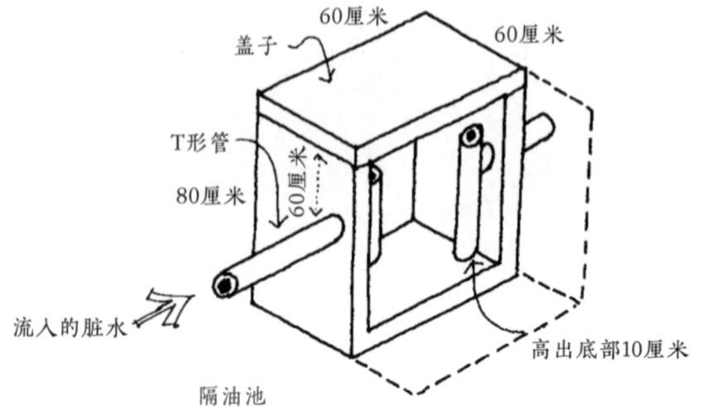

隔油池

隔油池

如果决定使用砂滤器来回收灰水（即来自水槽、淋浴房或洗衣房的水），就必须安装一个隔油池，从废水中分离出油脂物。

灰水中含有杂质，应予以清除；隔油池和砂滤器应设置在同一直线上。隔油池内侧应使用砂浆进行防渗处理。进水管道位于水面正上方，出水管道由 T 形管制成。

隔油池有一个混凝土盖或木盖。每隔一段时间必须清洗该装置，清除漂浮在水中的油脂块。

↘ 没有下水道连接的住屋

下图显示了一个采用综合水利用系统的住屋。来自厨房和卫生间的非液体废物被送到一个堆肥池，即地坑厕所（a），液体废物首先进入隔油池（b）和砂滤器（c），然后用于浇灌花园。雨水从屋顶收集，保存在储水箱（d）中作饮用水，需要时可以用太阳能热水器（e）加热。

显然还可以做得更多。在气候非常干燥的地区，可以使用太阳能蒸馏器将废水回收来饮用。

COBAN
厨卫组合墙

在建造卫生间和厨房时为了节省管材，可以采用这种方式，即在它们之间建一个“后勤专用”墙。此外，如果要对使用过的水进行过滤，安装一个隔油池并使用地坑厕所，那就不需要再建化粪池了。

这样就可以不使用市政污水管网，意味着城市也可以通过使用更少的管道来节省配水系统的费用，因为水的需求将大幅下降。

这种共享的墙体组合被称为厨卫组合墙（壳版，coban）。

↘ 组合设计

管道和线路被安装在一个 H 形的墙里，这面墙还包含了支撑屋顶下方和天花板上方的水箱的结构。

1.地坑厕所
2.淋浴房
3.洗脸盆
4.滤水器
5.水槽
6.洗衣房
7.隔油池
8.砂滤器
9.废水容器
10.储水箱

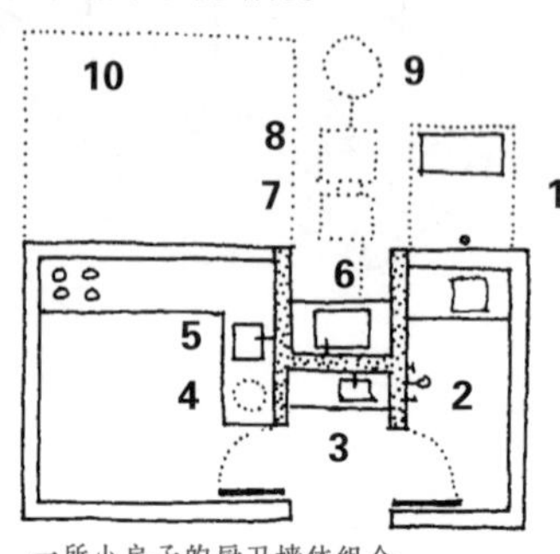

一所小房子的厨卫墙体组合

雨水直接流入水箱，它可以被泵送至屋顶上的太阳能热水器的加热板或水箱里。所有的管道都安装在一个 H 形墙的表面，以方便以后的维修或更换。

采用更大的空间，可使水循环得到改善，厨房的垃圾则可以通过外部空间（11）直接进入地坑。

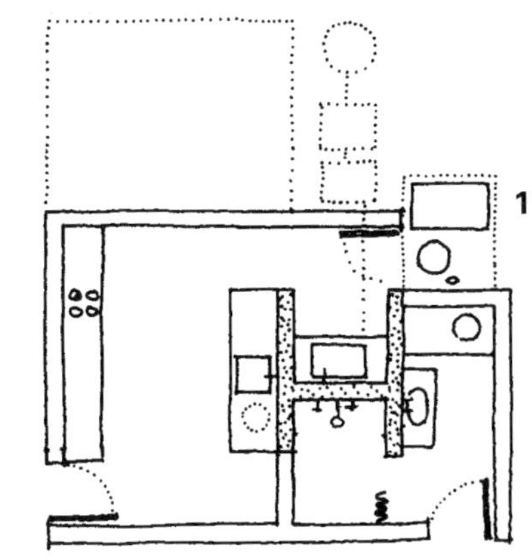

一所大房子的厨卫组合墙

厨房更宽敞，淋浴房的位置更好。

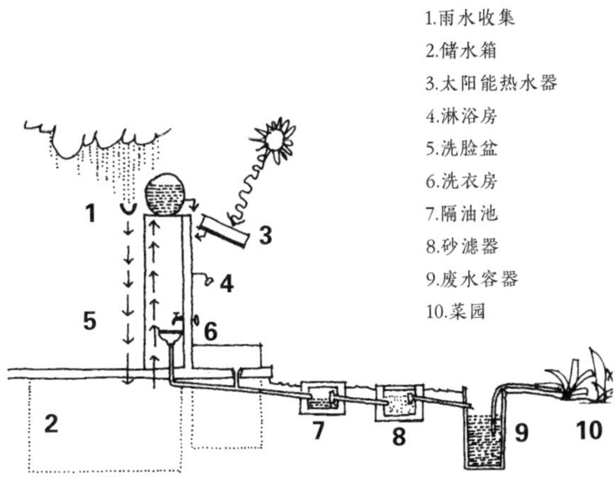

上面的剖视图显示了水的循环过程，从云雨到菜园。

下图是厨卫组合墙组件的透视图。

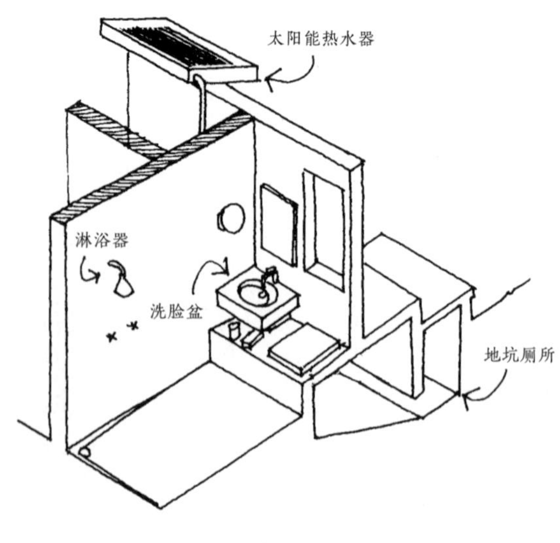

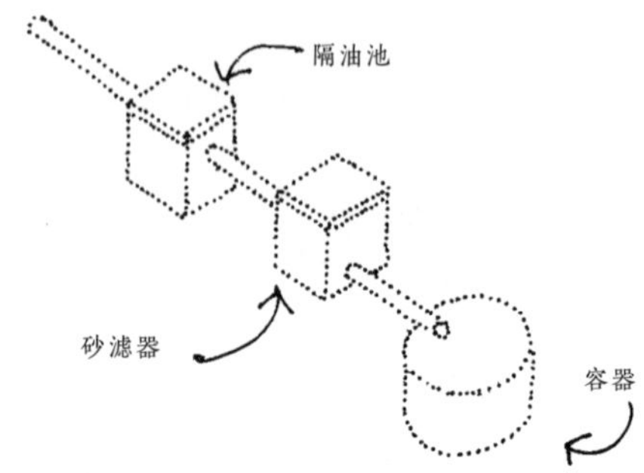

在使用冲水马桶的情况下，最好把冲水的排水管分开，使污水流入下水道。另一种废水，也就是灰水，可以过滤后循环利用。

前面看到的是透视图，现在来看平面图。

这可能是一个建筑的第一阶段：建 H 形墙的一部分。

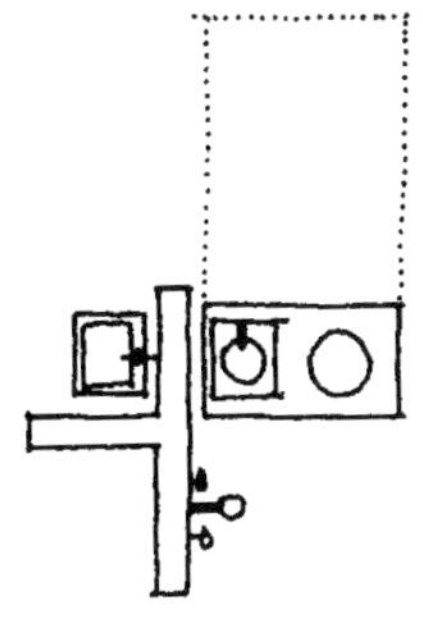

若干年后，当房子扩建时再加建 H 形墙的其余部分。

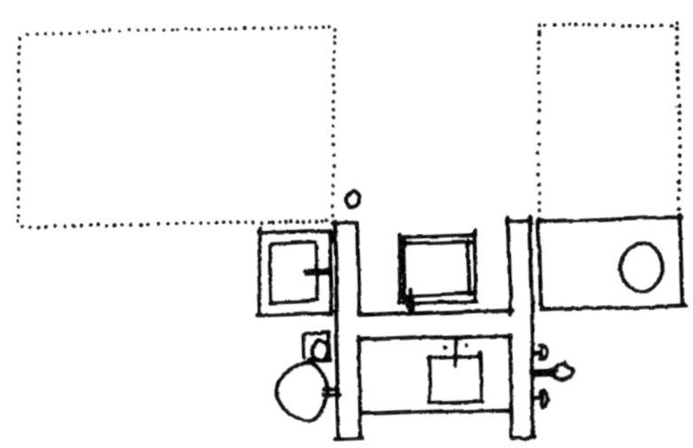

循环用水

为了拥有自来水，社区必须在运输、净化和分配方面进行大量投资。那么这些水都用来干了些什么呢？通常情况下，几乎一半的水被用来清除房子里的人体排泄物。这种被严重污染的水（即黑水）在处理厂中净化的成本很高。其余的水（即灰水）则被排至溪流和河流，造成了污染。

使用堆肥厕所便可解决黑水问题。灰水过滤后可以用来浇灌植物，因为污染颗粒已被清除。过滤后的灰水还可以用于洗涤和清洁。

在选择厨卫组合墙的设置位置时，必须考虑:

a. 该地块必须没有大石头，这样才能挖出地坑的位置。

b. 该地应位于地段的高处，这样雨水会流向花园，避免淹没基础。

c. 地基情况，看是否有岩石或水。

d. 其余区域的位置，卧室要朝东*，客厅要朝西*。

e. 主要通道的位置与街道的关系。

f. 景观、风向，以及场地上现有的树木。

g. 场地的工作空间、建筑材料的储存和进入建造区的通道。

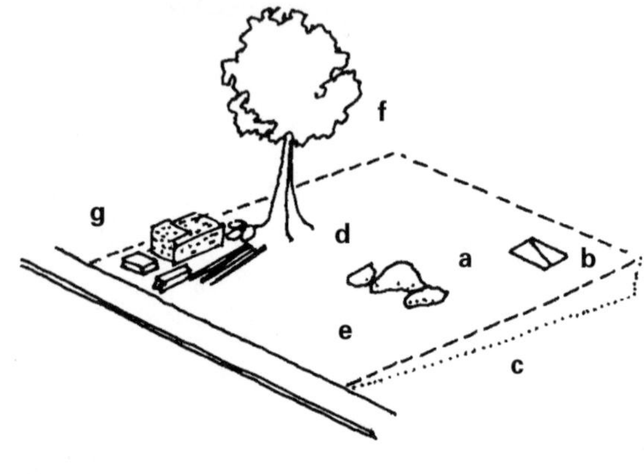

*［**译者注**］ 注意南北半球方位朝向的区别。

DRAINAGE
排水

如果可能的话，房屋应该位于地势高的地方。否则有必要对房屋周围的地面进行排水组织，以防雨水流入房间。

设计排水系统的目的是确保没有水洼地，否则该地区会变成一个泥泞的地方。这样还能防止积水中滋生蚊子。

排水是通过黏土瓦管或管道进行的，这些管道从房子延伸到一个不会形成水洼地的地方。管道略微向下倾斜以使水流动。

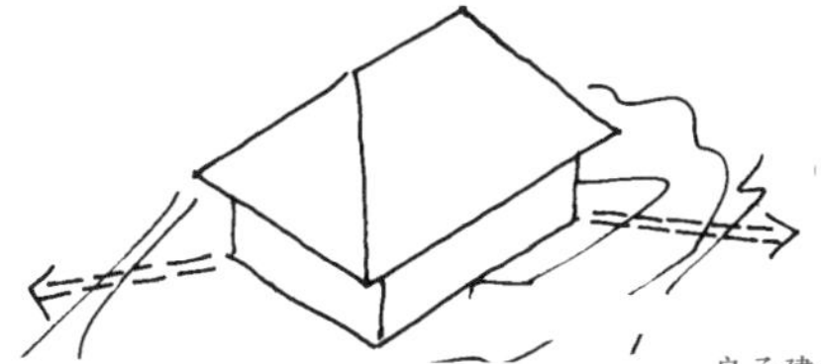

房子建在平地上

当房子建在坡地上时，雨水不应积聚在基础墙上部。水必须排向房屋的侧墙并顺着斜坡流下去。

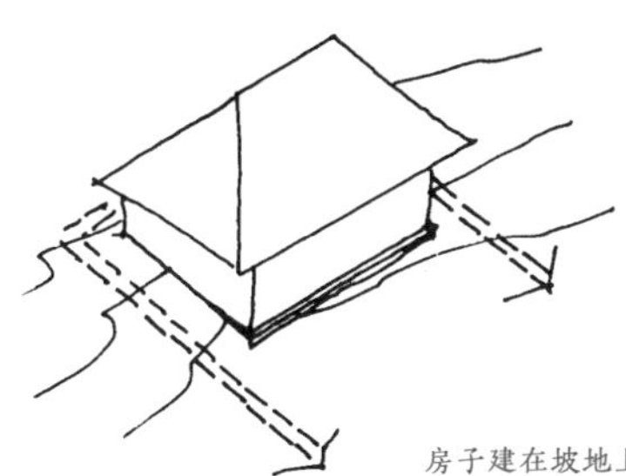

房子建在坡地上

铺设管道

大多数排水瓦管的直径为 10 厘米，铺设在有砾石的排水沟内。铺设时，它们之间的间隔为 1 厘米，接头处用沥青油毡覆盖。

接着，在上面多撒一些砾石，盖住排水瓦管。然后用土将排水沟填平。这样一来，水就可以很容易地进入排水瓦沟并从基础中排走。

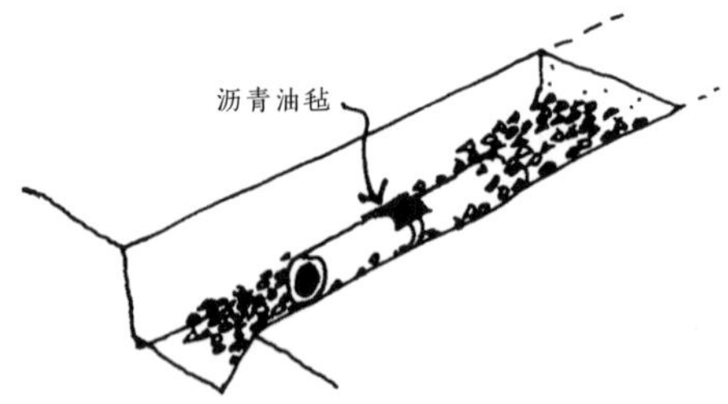

如果没有排水瓦沟或管道，可以用砾石或碎石建造排水系统：

- 挖出一条壕沟，然后铺上 15 厘米厚的砾石、石块，甚至砖块或屋瓦。用土将壕沟整平并压实。
- 在土质松软的地方，先铺上一层沥青油毡，以防下面的泥土堵塞砾石。

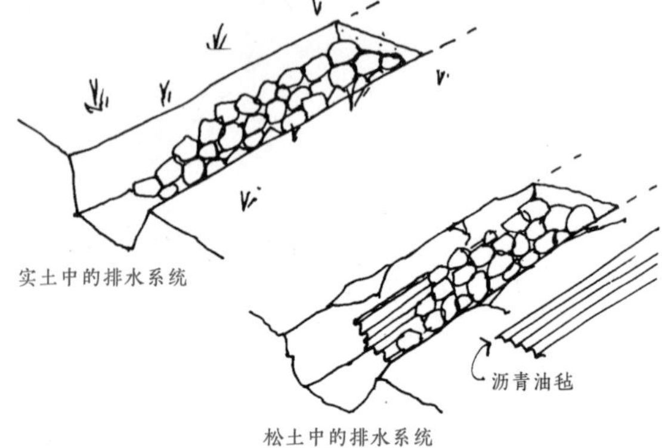

实土中的排水系统

松土中的排水系统

这种制作排水系统的方法也可以让雨水流到道路下面。

附录

MATERIALS AND HEAT
材料和热量

室内的温度总是与室外的温度不同。

即使没有墙，屋顶下的温度也不会与室外空气的温度相同，而被遮盖的区域可免受日晒雨淋。

房子内部的舒适度取决于建筑材料的类型。

用土坯墙和稻草屋顶建造的房子比用混凝土建造屋顶和墙壁的房子要冬暖夏凉。

有大窗户的房子则效果相反。热量很容易通过玻璃传递进来，使房子冬冷夏热。

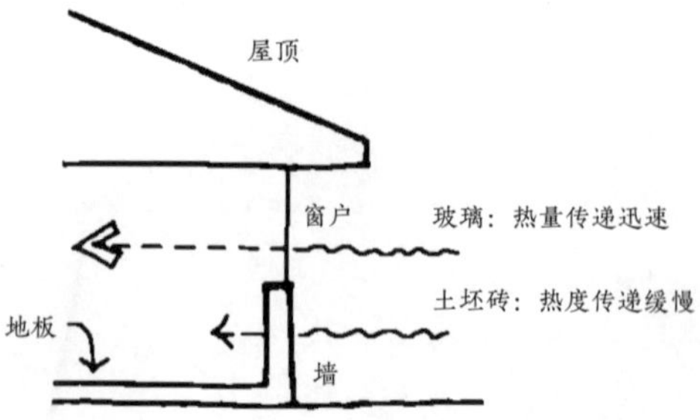

有些材料比其他材料热阻更大。很明显，所用材料的量也很重要，因为与采用同样材料制成的薄墙相比，热量通过厚墙的速度会更慢。

↘ 一些材料和它们的热阻值

下一页的表格展示了一些建筑材料以及它们的热阻值。

首先将 4 毫米厚的玻璃片的热阻系数定为 1。它将作为与其他材料的热阻值进行比较的一个参考值。

为了计算每一种材料的热阻值，设定其作为建筑材料最常见的厚度。

例如，10 厘米厚的砖墙的热阻值是玻璃幕墙的 10 倍。砂浆饰面（外侧 3 厘米，内侧 2 厘米）的热阻值也是玻璃的 10 倍。

同样地，用砂浆饰面的砖墙的热阻值是玻璃的 20 倍。

房屋部位	材料	热阻值
屋顶	金属薄板	0.5
	沥青油毡	4
	混凝土	4
	木瓦	24
	黏土瓦	28
墙体	玻璃：4毫米	1
	木材：25毫米	25
	胶合木：10毫米	12
	石膏：25毫米	40
	石膏：50毫米	10
	土：200毫米	40
	砖：100毫米	20
	石头：200毫米	24
	浮石：200毫米	42
	空心水泥砌块：200毫米	32

MEASUREMENTS
度量

长度单位

km	1千米	1000米
m	1米	100厘米
cm	1厘米	10毫米
inch	1英寸	2.54厘米
	1/2英寸	12.6毫米
	1/4英寸	6.3毫米

空间单位

m^2	1平方米	1米×1米
ha	1公顷	100米×100米
		10000平方米

重量单位

kg	1千克	1000克
t	1吨	1000千克

注意：1 升水的重量为 1 千克。

木梁尺度

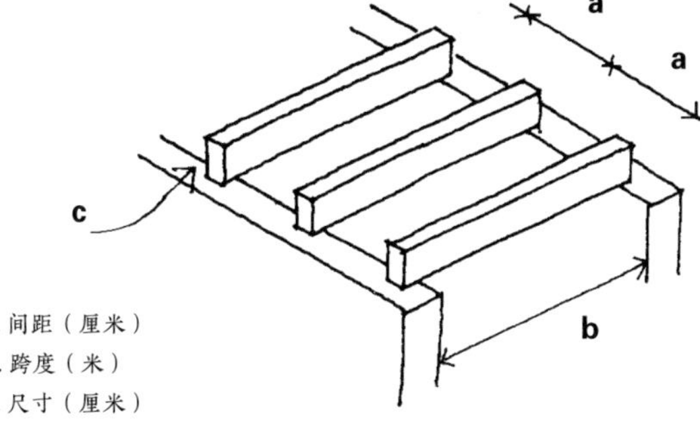

a. 间距（厘米）
b. 跨度（米）
c. 尺寸（厘米）

楼板托梁		30	40	60	a
5×15	c	4	3.5	3	h
5×20		5	4.5	4	
5×25		6	5.5	4.5	
8×15		5	4.5	3.5	
8×20		7	6	5	
8×30		10	8.5	7.5	
屋顶椽子					a
5×15	c	5	4.5	3	b
5×20		7	6	5	
5×25		9	8	6.5	
8×15		6.5	5.5	4.5	
8×20		8.5	8	6.5	
8×30		11	10.5	9.5	

假设要在一个 5 米宽的房间里铺设地板，也就是跨度为 5 米，使用 8 厘米 ×20 厘米的横梁，必须使它们的间距为 60 厘米。如果使用较小的梁，比如 5 厘米 ×20 厘米的，这个间距应为 30 厘米。

MIXTURES 混合料

砂浆混合料

石灰	水泥	沙*	砂	应用
0	1	2	—	防水
4	1	12	—	外墙
4	1	16	—	内墙
2	1	—	6	砌砖

沙*：细砂。

按体积计算比例：

1 份石灰，5 份砂；即，一桶石灰，五桶砂。

混凝土混合料

水泥	砂	沙*	砾石	应用
1	3	—	5	店铺地板
1	2	—	4	办公室地板
1	2	—	3	梁、柱
4	5	1	10	防水

灰浆混合料

一个好的（防水的）土坯墙饰面包括：

石灰	砂	沙*	土	应用
1	—	6	—	基层
1	5	—	1	面层

一些其他的混合料可能会在使用一段时间后出现细微的裂缝。

石灰	沙*	砂	应用
2	5	—	基层
1	—	5	面层

可以用水泥代替石灰：

水泥	砂	应用
1	10	基层和面层

水泥	石膏	应用
1	20	墙壁和天花板

除了这些可以混合的材料，还可以使用浮石、石头、稻草、锯末、贝壳、玻璃（瓶）和屋瓦。应该经常测试用混合材料制作的砖的耐久性。

测试方法见本书“材料”章节。

防水添加剂

仙人掌汁	将仙人掌切碎，加水浸泡，一周后再使用此黏液
黄皂	溶于沸水
浮石	煮沸并去除泡沫
汽车用过的机油	去加油站收集

为了提高木材的耐久性，可以将剩余的油漆混合，再加入一些焦油沥青，将其刷在木材上。这种油漆是深褐色的。

土坯墙饰面

<table>
<tr><td>砂</td><td>3</td><td rowspan="3">易于涂抹，但必须定期涂抹</td></tr>
<tr><td>石灰</td><td>1</td></tr>
<tr><td>水泥</td><td>1</td></tr>
<tr><td colspan="2">涂两层焦油沥青，
每涂完一层就铺上洗净的砂</td><td>不好涂抹，但可以保持很长时间</td></tr>
<tr><td colspan="2">使用热亚麻籽油</td><td>仅适用于气候干燥地区</td></tr>
</table>

1. 用宽幅剑麻刷来刷墙。

2. 在干燥的墙面上，刷涂一袋 50 千克水泥与 20 升水的混合料。

3. 每天润湿墙数次，持续 5 天。

4. 再次刷涂水泥和水的混合料，这次可以加入颜料。

如何涂抹土坯墙的饰面层

➾ 如果想让混凝土砌块建成的墙面看起来很朴素，可以做如下处理：

1. 在砌块墙面上涂抹添加了密封剂的水泥砂浆混合料，以达到防水效果。

2. 用常用的土坯混合料抹平墙面。

3. 待表面干燥后，再次将墙面抹平，但这次要用更细的混合料。

4. 保持墙湿润 3 天。

最后用一袋 50 千克的水泥、两手推车土坯和 6 到 8 升防水液混合，将混合料涂抹上去。

CLIMATE ZONES
气候区

我们经常用热带湿润气候来描述丛林。我们也称沙漠为热带干燥气候。温带要么位于山区，要么位于北回归线或南回归线之外。

然而，我们经常可以在一个山区看到这三种气候：山谷是潮湿的，更高的地方是干燥的，而在山顶，气候温和。

要知道我们生活在哪个气候区，以便我们建造的房子能与自然界和谐相处，可以看下表：

要素	热带湿润地区 △
雨	几乎全年
天空	午后多云
温度	昼热夜冷
湿度	始终很高
植被	茂密的森林， 有许多品种的高大树木和攀缘的藤本植物
动物	美洲虎、猴子、彩鸟、昆虫、 食蚁兽、水蚺
土壤	土壤非常潮湿，地下水位接近地表

温带地区 □	热带干燥地区 ○
6月至9月，下午	夏季的某段时间
下雨后天色变暗	总是晴朗的
冬天很冷，晚上有霜冻	昼热夜冷
下雨时湿度高	湿度小，空气干燥
针叶树、多种果树	仙人掌，一些小树
美洲狮、鹰、蛇、昆虫	鹿、蝎子、响尾蛇、鸸鹋、昆虫、犰狳
有树叶的黑土地，高处有岩石	低地下水位、有岩石、干旱

建造	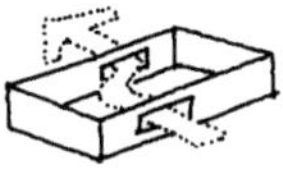 窗户	对流通风	△
	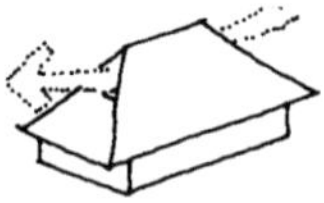 通风口	去热排烟	△
	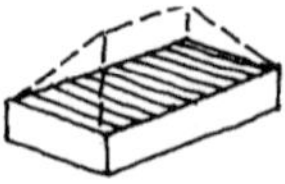 天花板	滞留暖空气	○ △
	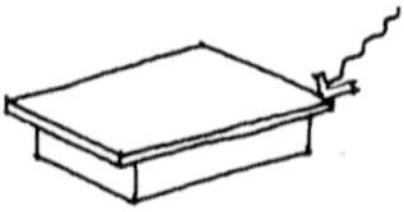 悬挑	为墙壁遮阴防潮	△ □
	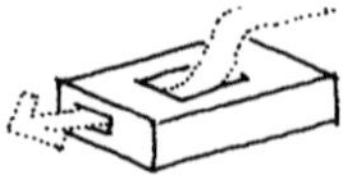 天井	改善新鲜空气的流动	□
	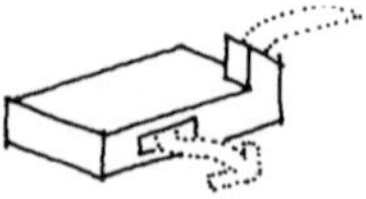 捕风斗	捕获冷空气	□
	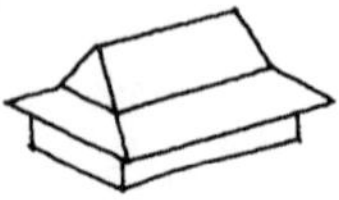 屋顶	屋顶形状有助于雨水排水和室内空气的流动	△ ○
	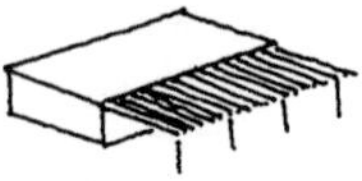 遮阳篷	制造阴凉和凉爽的空气	△ □
	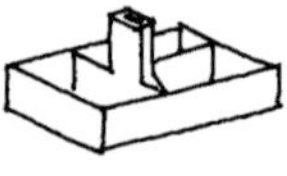 壁炉	装在正确的位置有助于热量分配	○

自然	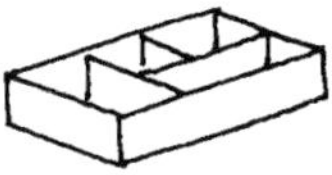 朝向	关乎内部空间的正确布局	△ ○ □
	 植被	提供阴凉，增加空气的湿度	△ ○ □
	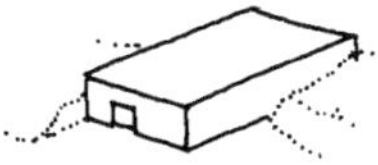 土地	抵御极端天气	○ □
	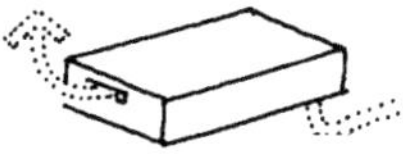 土壤	底土温度可调节房屋舒适度	□
材料	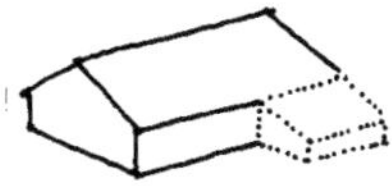 玻璃	吸收太阳热量并将其传递到室内	○
	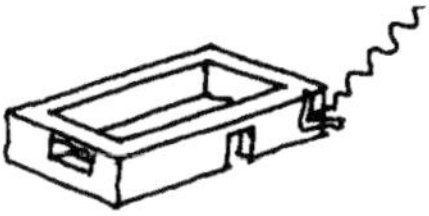 墙	减缓热传导	○ □
	 柱列	在酷热天气下有利于通风	△
	 曲面	提高风速	△ ○ □
	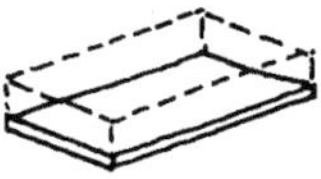 地板	防止湿气和寒气上升	△ □

ANGLES
角度

角度与倾斜度的关系

太阳能集热器的倾斜度和屋顶的坡度以度为单位，通过边的比例得出。

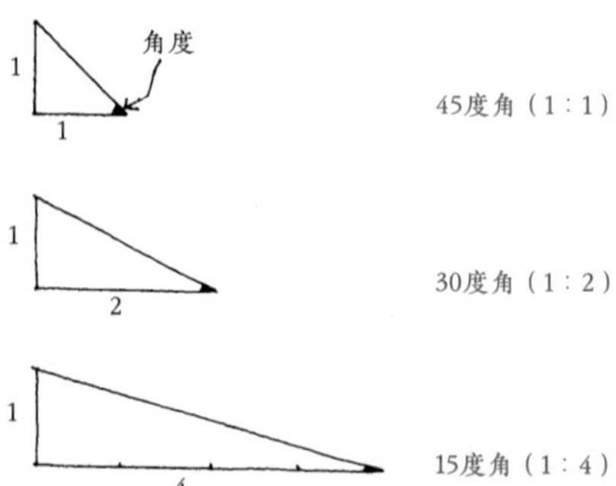

当决定屋顶的坡度时，必须考虑气候及屋顶材料。

屋顶：

材料	角度
草纤维	在45度至60度之间
瓦片	在30度至45度之间
木瓦	在15度至30度之间
土	小于15度
混凝土	小于5度

在潮湿多雨的地区，屋顶的坡度一般比较长以改善水的径流。

如何计算角度

准备一张正方形的纸。

为了获得准确的角度，可以用不同的方式折纸。

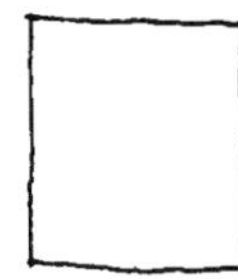

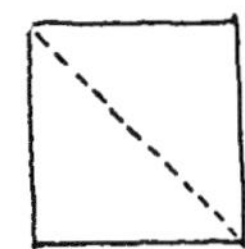

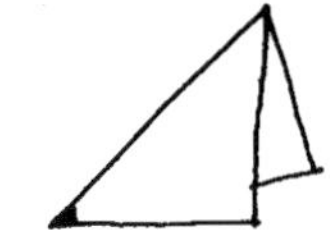

沿对角线折出45度角

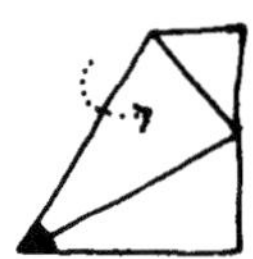

折出纸张的三分之二获得60度角

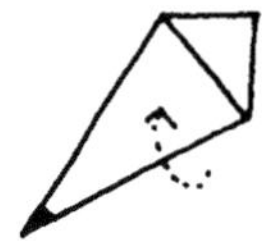

折出纸张的三分之一获得30度角

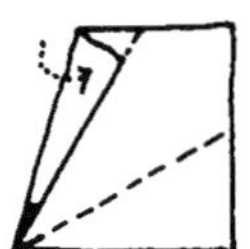

折出纸张三分之一的一半获得15度角

另一种得到30度角和60度角的方法：

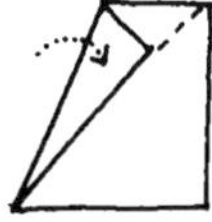

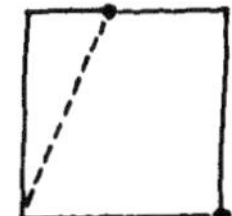

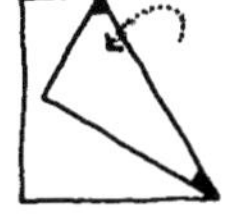

要得到一个 90 度角，将三边按 3 ：4 ：5 的比例画一个三角形即可。

例如，下图画出了一个边长分别为 6 厘米、8 厘米和 10 厘米的三角形，得到了一个 90 度角。

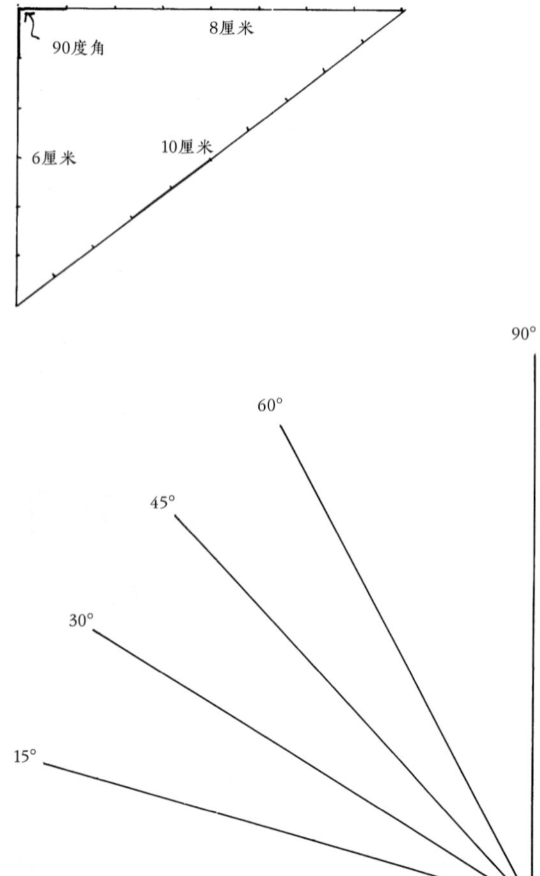

典型房屋的平面图

以下平面图中都包含了厨卫组合墙。

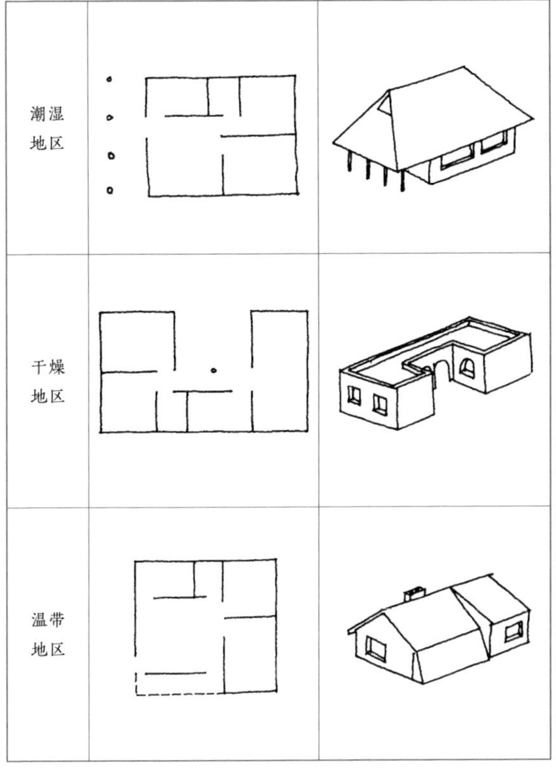

这些平面图并不是最终的施工图纸，只是展示了一些理念。正如我们之前所了解到的，房屋的最终平面图取决于家庭的规模、场地的坡度、植被的类型以及太阳的位置。

↘ 太阳能热水器的倾斜度

为了使太阳能热水器发挥最大的作用，必须根据当地的纬度将其向太阳倾斜。下图*显示了太阳能热水器在世界不同地区的倾斜度。

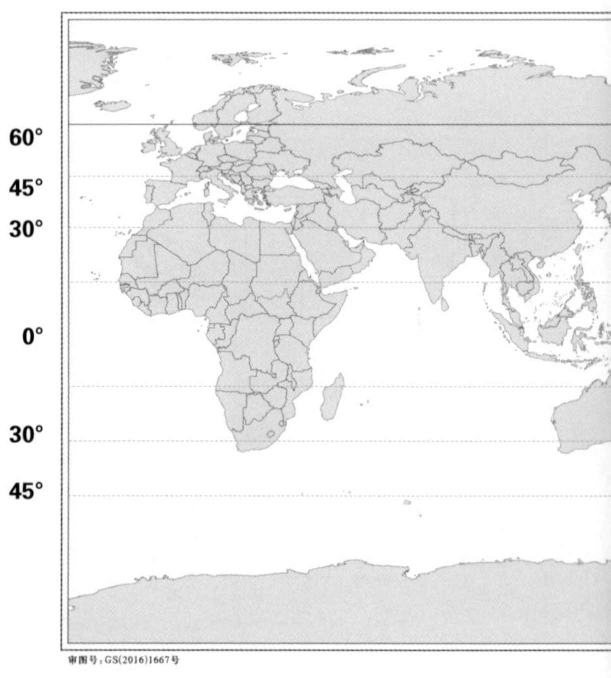

审图号：GS(2016)1667号

注意：在赤道以北，太阳能热水器必须向南倾斜，反之亦然。

*［**译者注**］ 图片在原著的基础上进行了更新。

例如，在赤道以北很远的国家，就需要将热水器倾斜45度。

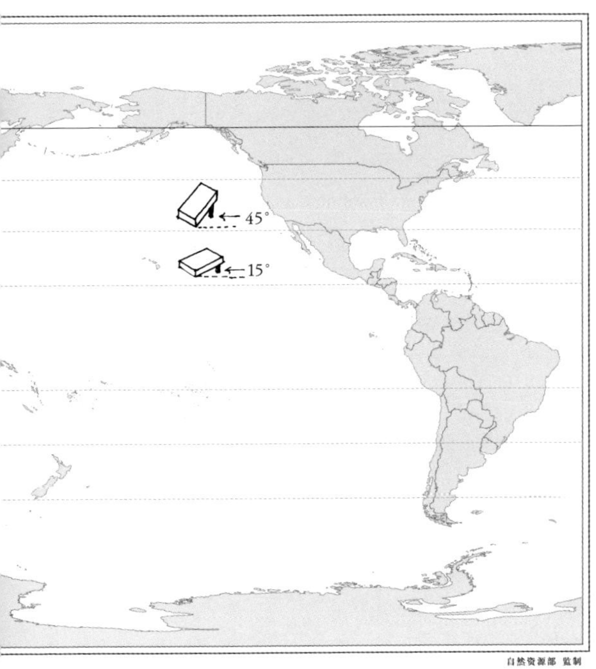

自然资源部 监制

Glossary

词汇表

厨卫组合墙：卫生间和厨房之间的墙，用来放置水管。

窗台/门槛：窗户或门框的底部。

窗台底板：与屋顶椽子相连的混凝土墙或砖墙顶部的木板。

地坑厕所：无水堆肥厕所，它能用人类排泄物和有机厨余垃圾生产丰富的花园肥料。

拱形薄壳板：弯曲的混凝土薄板，用于屋顶或楼板。

脊：坡屋顶的最上面部分。

夹层：在建筑物主要楼层之间的中间楼层，天花板较高。

焦油沥青：黑色石油基物质，用于墙和地板防水。

栏杆：低矮的砖墙或混凝土墙，通常有小开口，作为露台或阳台上的栏杆。

模板：通常由木板或胶合板制成，作为混凝土或夯土的模具。

木瓦：用于覆盖屋顶或墙壁的长方形的、一端逐渐变薄的木片。

铁丝网水泥：混凝土薄板，使用细铁丝作为加固材料，有许多用途，如建造屋顶、墙、水箱甚至船体。

土坯：黏土、砂和粪肥的混合料晒干后制成的砖。有时还会加入切碎的稻草或其他植物纤维，使砖块更轻。

瓦片：屋顶材料，通常由烧制的黏土、金属或沥青制成，大多用于棚屋或车库。

屋檐：屋顶伸出墙外的部分，用来保护下面的墙体不被大雨淋湿。

柱子：用木材、竹子、砖、石、混凝土或钢制成的用来支撑上层地板、楼板或屋顶的垂直结构部件。

Bibliography
参考文献

Accretion, Hilbertz, revista Hawaii Architect 6/82, USA.

Arquitectura Autogobierno: Cuadernos de Material Didactico, Vol. 2, Mexico, DF.

Bamboo, Tool, Amsterdam, Netherlands.

Bouwen in Indonesia, Gmelic, Uitgevery Stam. 1953, Haarlem, Netherlands.

Cartilla de la vivienda, Colegio Nacional de Arquitectos, 1958, Mexico, DF.

Desechosy Agua, Cornelio Hoogesteger, 1986, Mexico, DF.

Ecotecnicas de la Vivienda: SEDUE. 1984. Mexico, DF.

Fiches Institute Tunisien de Technologie Apropriee, 1986, Tunfsia.

Fiches Groupe de Recherce sur les Techniques Rurales, Paris, .1979, France.

Freedom to Build, Turner and Fichler, 1972, McMillan Co., New York, USA.

Houses, How to Reduce Costs, Laurie Baker, Cosford, 1986, Trivan-dum, India.

Indigenous Building and the Third World Development Workshop, Tehran, 1976, Iran.

Inva-ram, Sjoerd Nienhuys, INVA, Tegucigalpa, Honduras, 1981 Manual on Hydraulic Ram, Watt, Intermediate Technology Publication, London, 1978, UK.

Mejores Viviendas de Adobe, COBE, 1978, Lima, Peru.

Manual de Construccion Rural, No. 2, Michmaker, Butters e Vai lot, Gamma, Paris, 1979, France.

Manual de Saneamiento, SSA, 1978, Mexico, DF.

Methane Digesters, Newsletter No. 3, New Alchemy Institute, MA., USA.

Molino Tambo, Pascal Delcey, CEETEM, 1980, Mexico, DF.

Nuevas Tecnicas de Construccion de Bambu, Lopez, CIBAM, 1978 Bogota, Colombia.

Oekologisches Bauen, Per Krusche, Umweltbundesamt, Bauverlag, 982, Berlin, Germany.

Radical Technology, Boyle & Harper, Pantheon Books, 1974, USA.

Shelter, Shelter Publications, 1973, Bolinas, California, USA.

Technical Research Bulletin, PWO, Papua Guinea, Vol 1.

Ten Books on Architecture, Vitrivius, Dover Publications, New York, USA.

The Ecol Operation, Alvaro Ortega et al, McGill University Press, 1972, Montreal, Canada.

Index

索引

Postscript
译后记

这是一本我想要写的书。因前人做得更好，所以便翻译引荐进来。出版社曾问书名直译为“赤脚建筑师”是否恰当，我的回答是“再恰当不过了”，作者范伦根在书中也阐明了赤脚建筑师这个名称的来历。我在境外第一次看到这本书时，首先想到的是“赤脚医生”，脑海浮现出当年母亲当赤脚医生时行走在乡间为乡民服务的场景。母亲其实并没有高明的医术和精深的医学知识，只是经过一些培训，就背起药箱行走在田间地头，或是在农闲时为乡亲们发一些糖丸（疫苗）、看些简单的病。多年以后这份在她看来还有点“荣耀”的职业（或作为农民的兼职）跟当年的药箱一样没了影踪。在那个卫生状况欠佳、医疗条件贫乏但却质朴的年代，最基本的医疗技能、最常用的药品、最温暖的服务就是最好的治疗手段。这与本书所倡导的理念和情愫非常一致。

从乡村走出来的我，在城里学习和工作的时间已经超过了在乡村的时间，但依然喜欢传统民居，享受每次的田野调查，关注和记录乡土材料的运用和民间的智慧，践行乡村建设。在境外访学期间，除了探访一些明星建筑外，我对城乡环境中最量大面广的居住建筑和生态环境也情有独钟，我这个“老外”常驻足于当地的自助建屋的工地。高考前没有出过县城的我参与过自家房屋的建造，也独立盖过厕所，以至于认为人（至少是农民）都应该会盖房子，因而心中总有一个念想，希望通过某种方式让大众知道怎么建房子，或是让更多的人享受 DIY 的乐趣。

这是一本迟到的译作。原作写成于 1982 年，大约 10 年前我也曾联系某出版社，希望能将该书翻译引介到中国，但未能成行，个中原委无须赘述。正如本书中所说的那样，当国家处于建设热潮时，人们更认可宏伟、辉煌的工程。在很多人更倾向于能带来物质利益的解决方案的时期，本书自然不会有“市场”。

这是一本无需过多翻译的译作。某种意义上讲“目不识丁”的人翻看本书也能略懂一二。原作中大部分的表述都浅显易懂，配以大量图绘，全面而细致。对构造节点的阐释清晰而简明，对关键问题的分析严明而富有逻辑。哪怕只用一句话，也能主次分明地依次呈现需要阐述的内容；有时将限定语拆开，配以三四张插图，方便读者阅读理解和掌握。翻译时我们尽可能兼顾学术性和通俗性，一些专有名词和表述则兼顾中文的习惯。原作中部分纯粹原住地的用语在翻译时采用音译和意译相结合的方式，或采用解释性的短语配上原文的方式。因能力有限，本书的翻译和表达难免有错漏和不当之处，还请读者谅解和赐正！

这是一本有关“常识、常理”的书，而不

仅是一本技术手册。本书呈现了大量满足“住”这种基本需求的技术理念，但都是基于日常生活的记录和常识的总结，其间蕴含了大量的民间智慧，粗陋原始之中蕴含着先锋理念。少见即为创新？“凡物皆有常理”。书中文字不时促人思考，甚或触及灵魂。本书的翻译正逢新冠肺炎疫情，期间工作和生活的状态不禁让我思考：工作中哪些事情是最基本的（必须的）？生活中什么需求是最基本的？“草木得常理，霜露荣悴之。谓人最灵智，独复不如兹”。原作者是一位中国传统文化的崇拜者，也借此书表达了其思想观念，正如书中开篇便引用的中国古谚语（引自《管子·权修》）：

一年之计，莫如树谷；
十年之计，莫如树木；
终身之计，莫如树人。

正是华中科技大学出版社和王一洁编辑的努力才得以让这本国际畅销书进入中国，在此谨表谢忱。还要感谢安道普合事务所的刘莎（小）所做的细致的文档整理等工作。感谢仲继寿教授和宋晔皓教授对译文的订正和润色！尤其感谢崔愷院士、李保峰教授、仲继寿教授、张彤教授、宋晔皓教授的拨冗鉴阅和倾情推荐！感谢原作者奉献这么好的著作，也唤起我们旧时的记忆和对简单美好的向往！

谭刚毅　谨识

TIBÁ工作坊

在巴西的土著语言——图皮语中，tibá 的意思是“一个许多人聚会的地方”。TIBÁ 是一个位于巴西沿海丛林 Mata Atlantica 的生物建筑和生态建筑技术中心。工作坊在雨林中环绕着迷人的鹅卵石广场的建筑中进行，周围有瀑布、大池塘、果园和花园。这里有小径可供探索，人们可以观察丛林中的许多鸟类和其他动物。

当 1987 年 TIBÁ 成立时，其主要目标是指导人们在建筑中使用当地材料，如土坯或竹子，并结合使用被动式加热、冷却和通风技术。如今，天然材料已被广泛使用，而 TIBÁ 也继续帮助人们改变他们的思维模式：简而言之，就是少一些逻辑，多一些直觉。工作坊和志愿者项目都是针对运用右脑的直觉思维和设计。

这里有用土和竹子建造、可持续建筑、“持久农业”的工作坊，也有利用花园进行粮食生产的“农林复合型”课程，以及利用热带森林中的水果、根茎和草药的课程。

当一个君主去世时，他的人民说：
“他做了这个，做了那个……”
但当一个伟大的君主去世时，他们会说：
“我们自己做了一切。”

——中国古语*

关于TIBÁ和作者在巴西的工作坊的信息：

TIBÁ
Rua Inglés de Souza, 296
CEP 22460-110 Jardín Botónico
Rio de Janeiro - RJ - Brazil
Tel: (55-21) 2274-1762/Skype: tibarose
email: info@tibario.com
Website: http://www.tibario.com

*［译者注］“功成事遂，百姓皆谓我自然。”——《道德经·第十七章》

Notes I take as an barefoot architect

Notes I take as an *barefoot* architect

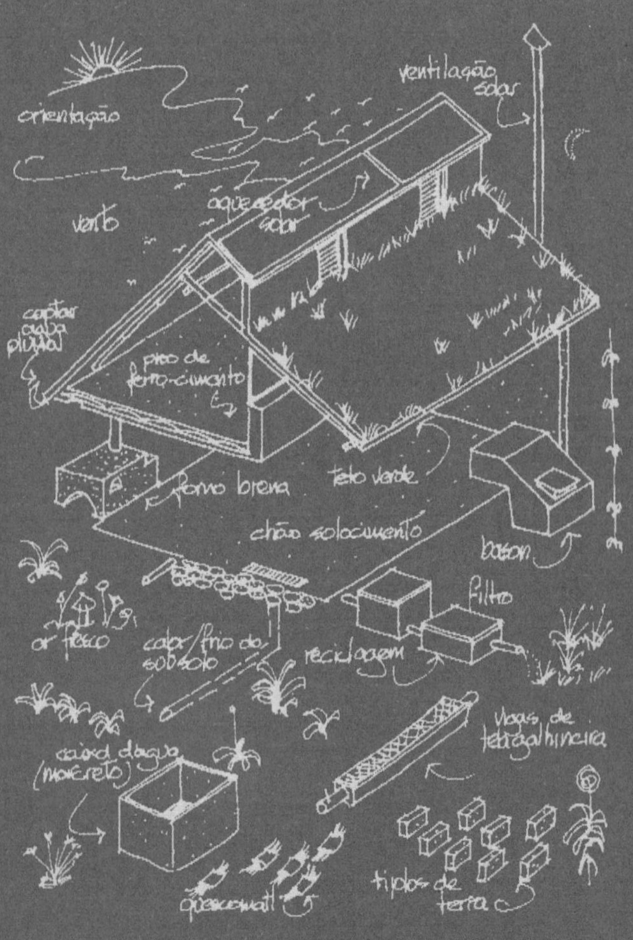

orientação
ventilação solar
aquecedor solar
vento
captar água pluvial
piso de ferro-cimento
forno breno
teto verde
chão solocimento
bason
filtro
ar fresco
calor/frio do subsolo
reciclagem
vigas de tela galhinheira
caixa d'água (microreto)
tijolos de terra